TRAITÉ

DE

LA CHALEUR

I

CORBEIL, typog. et stér. de CRÉTÉ.

TRAITÉ

DE

LA CHALEUR

CONSIDÉRÉE

DANS SES APPLICATIONS

PAR

E. PÉCLET

ANCIEN INSPECTEUR GÉNÉRAL DE L'UNIVERSITÉ, PROFESSEUR DE PHYSIQUE
APPLIQUÉE AUX ARTS A L'ÉCOLE CENTRALE,
MEMBRE DU CONSEIL DE LA SOCIÉTÉ D'ENCOURAGEMENT.

———

TROISIÈME EDITION

ENTIÈREMENT REFONDUE.

TOME PREMIER

PARIS

LIBRAIRIE DE VICTOR MASSON

PLACE DE L'ÉCOLE DE MÉDECINE

M DCCC LX

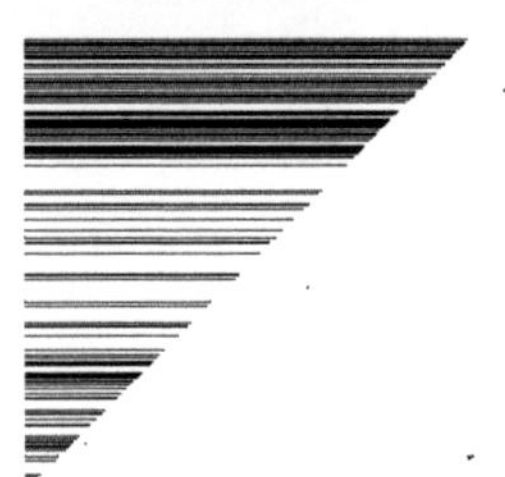

Le manuscrit de cette troisième édition du *Traité de la chaleur* était entièrement terminé, et M. Péclet allait le livrer à l'impression, lorsque la mort est venue l'enlever à ses travaux. Occupé toute sa vie des sciences physiques, sur lesquelles il a écrit de remarquables traités qui ont fait école, M. Péclet s'était plus spécialement consacré à l'étude approfondie des principaux phénomènes de la chaleur. En réunissant, le premier, en corps de doctrine, les principes théoriques et les règles pratiques qui depuis ont servi de guide dans les applications industrielles, il a créé une science nouvelle, la physique appliquée aux arts. Cette science, il l'a enseignée pendant près de trente ans à l'École centrale, avec le talent dont se souviennent ses anciens élèves, et il n'a cessé de l'enrichir par ses nombreuses expériences et ses continuelles recherches.

Cette troisième édition diffère complétement des éditions précédentes. Le remaniement de toutes les parties, les importantes additions qui y ont été faites, les sujets qui y sont traités pour la première fois en font un livre entièrement nouveau.

L'ouvrage se compose de trois volumes. Le premier volume renferme les éléments nécessaires à l'étude des divers modes d'emploi de la chaleur. Il traite successivement des combustibles, des mouvements des gaz, des cheminées, des foyers, des appareils de ventilation et de la transmission de la chaleur. On y trouvera les résultats des expériences récentes de M. Péclet, sur l'écoulement des gaz comprimés et sur la transmission et l'émission de la chaleur.

Dans le second volume sont examinés les appareils de vaporisation, d'évaporation et de séchage, ainsi que ceux qui servent au chauffage des gaz, des liquides et des solides.

La question du chauffage et de la ventilation des édifices publics et des maisons particulières est étudiée dans le troisième volume avec tous les développements que mérite son importance.

L'ouvrage est terminé par deux notes renfermant les détails des dernières expériences de M. Péclet.

M. Ser, ingénieur, ancien élève de l'École Centrale, répétiteur du cours de M. Péclet et le collaborateur du savant professeur dans ses derniers travaux, était naturellement désigné pour la tâche si délicate de diriger la publication de cette troisième édition. Tout en respectant religieusement les idées et les intentions de l'auteur, M. Ser n'a rien négligé, au cours de l'impression, pour que l'ouvrage fût au courant des plus récentes découvertes de la science.

De nombreuses figures, toutes dessinées par M. E. Wormser sous la direction de l'auteur et intercalées dans le texte, ont été substituées à l'atlas qui accompagnait les premières éditions.

L'Éditeur.

Septembre 1859.

TRAITÉ
DE LA CHALEUR

LIVRE PREMIER.

DE LA COMBUSTION ET DES COMBUSTIBLES.

On peut produire la chaleur d'un grand nombre de manières différentes, soit au moyen d'actions chimiques ou mécaniques, soit par
l'électricité. Nous nous occuperons seulement de l'action chimique
connue sous le nom de combustion, qui est le mode ordinaire de production de la chaleur.

CHAPITRE PREMIER.

DE LA COMBUSTION EN GÉNÉRAL.

1. La combustion réside uniquement dans le fait de la combinaison
d'un corps avec l'oxygène; ce phénomène est souvent accompagné de
chaleur et de lumière, mais il ne l'est pas toujours.

2. L'oxygène est un corps gazeux, incolore, sans odeur ni saveur;
il jouit de toutes les propriétés de l'air atmosphérique, dont il forme
un des éléments. L'air est composé, en volumes, de 79 parties d'azote
et de 21 d'oxygène. L'azote ne joue qu'un rôle passif dans les phénomènes de la combustion; pour cette raison, nous n'en décrirons point
les propriétés, dont la connaissance n'est pas nécessaire pour l'objet
que nous nous proposons.

3. L'oxygène jouit de la propriété remarquable de se combiner avec
tous les corps simples, et avec un grand nombre de corps composés.
Tous ces corps portent alors le nom de combustibles.

4. L'affinité des différents corps combustibles pour l'oxygène est

extrêmement variable; il en est qui l'absorbent à la température ordinaire, d'autres exigent une température plus élevée; d'autres enfin ne peuvent se combiner avec l'oxygène que lorsqu'il se dégage à l'état naissant d'une combinaison.

5. L'oxygène peut être mis en contact avec un corps combustible de bien des manières différentes : on peut, en effet, produire la combustion des corps par l'air, par l'oxygène pur ou mêlé avec d'autres gaz, et même par des combinaisons solides ou liquides qui contiennent de l'oxygène. Dans tous les cas, il se forme une combinaison du corps combustible et de l'oxygène. Quand la combustion d'un corps a lieu dans l'air, c'est ce dernier qui fournit l'oxygène nécessaire; si le volume dans lequel s'opère la combustion est petit relativement au poids du combustible, l'oxygène est bientôt épuisé, et la combustion cesse; aussi l'air doit-il être constamment renouvelé. Quand un métal est dissous par un acide, le métal éprouve une véritable combustion, et c'est l'acide ou l'eau qui, en se décomposant, fournit l'oxygène nécessaire. Enfin, dans la détonation de la poudre, les matières combustibles qu'elle renferme, le soufre et le charbon, éprouvent encore une combustion réelle, pour laquelle l'oxygène est fourni par le salpêtre.

6. Il résulte évidemment de ce qui précède, que le produit de la combustion doit être plus pesant que le corps combustible, de tout l'oxygène absorbé. Mais les produits de la combustion peuvent être solides, liquides ou gazeux. Dans les deux premiers cas, le résidu de la combustion en est tout le produit, et on reconnaît facilement qu'il y a augmentation de poids. Dans le dernier cas, les produits se dégagent à mesure qu'ils se forment, et le résidu est uniquement formé des substances incombustibles qui existaient dans la matière brûlée. C'est ainsi, par exemple, qu'en brûlant du plomb dans un vase d'argile ou de fonte, on obtient pour produit une matière grise beaucoup plus pesante que le plomb employé; tandis que dans la combustion du bois ou du charbon, il ne reste pour résidu que les matières étrangères qui étaient contenues dans ces combustibles. Ainsi, il faut bien distinguer les produits des résidus de la combustion. Les produits sont des combinaisons d'oxygène et des corps combustibles, dont le poids excède toujours celui de ces derniers, mais qui restent avec le résidu, ou se dégagent, suivant qu'ils sont solides ou gazeux.

7. Nous avons déjà dit que la chaleur et la lumière accompagnent ordinairement la combustion dans l'air. Il paraît qu'en général la lumière ne commence à se manifester qu'autant que la température du corps est au moins à 400°. A cette température la lumière est d'un

rouge obscur à peine visible; mais à mesure que la température augmente, la lumière prend plus d'éclat, elle devient rouge cerise, et presque complétement blanche à une température très-élevée.

8. Lorsqu'un combustible est solide, et reste tel, quelle que soit sa température, pendant toute la durée de la combustion, ce phénomène n'a lieu qu'à la surface du combustible, et cette surface seule est lumineuse. L'air environnant, quoique soumis à une température très-élevée, n'est point lumineux, parce que les gaz ne sont point susceptibles de le devenir par une chaleur communiquée, quelque grande qu'elle soit. Ils ne le deviennent que dans leur propre combustion. Ainsi, le charbon privé d'autres matières combustibles n'est lumineux qu'à sa surface. La flamme qu'il produit ordinairement, du moins au commencement de sa combustion, est due à une certaine quantité d'hydrogène, qu'il renferme toujours, et à l'eau que le charbon a absorbée par son contact avec l'air, et qui se décompose à une haute température.

9. Mais si le corps combustible est susceptible de se réduire en vapeur à une température inférieure à celle qui se développe dans la combustion, la combustion s'effectuera sur la vapeur elle-même. Le lieu de la combustion sera un espace situé au-dessus du combustible; car toutes ces vapeurs, à la température élevée à laquelle elles se trouvent, sont plus légères que l'air. Cet espace lumineux, que l'on appelle flamme, aura une forme qui dépendra à la fois de la direction et de la vitesse du courant de vapeur et du courant d'air. Si le corps combustible, au lieu de se réduire en vapeurs, se décompose et dégage des gaz combustibles, comme, par exemple, le bois, la houille, les huiles, ces gaz en brûlant donneront lieu au même phénomène.

10. La flamme est réellement produite par la combustion des gaz, ainsi qu'il est facile de le reconnaître par expérience. En effet, si l'on éteint une chandelle de manière que la mèche conserve encore quelques points en ignition, il se dégage un filet de fumée épaisse et très-odorante; si l'on approche un corps enflammé de cette fumée, elle s'enflamme, la combustion se propage rapidement de haut en bas jusqu'à la mèche, la flamme de la chandelle redevient ce qu'elle était d'abord, et la fumée cesse. On peut même brûler cette fumée à une certaine distance de la mèche, et empêcher la combustion de se propager jusqu'à elle ; pour cela, il suffit de placer une toile métallique un peu au-dessus de la mèche, et d'enflammer le gaz qui passe à travers ; on obtient ainsi une flamme et de la fumée au-dessous. Mais, pour produire cet effet, il faut que le tissu soit d'autant plus serré que le gaz dont on veut arrêter la flamme est plus combustible. Cette propriété singulière des toiles

métalliques a été attribuée par Davy au refroidissement qu'elles produisent dans la flamme. Mais il est possible qu'elle résulte d'une véritable répulsion entre les corps échauffés.

11. La flamme n'est lumineuse qu'à sa surface, parce que c'est là seulement que le gaz combustible est en contact avec l'air ; il est d'ailleurs facile de s'en assurer en plaçant une toile métallique en travers de la flamme d'une chandelle ; le tissu métallique intercepte la flamme, et en regardant au-dessus de la toile, on voit la partie centrale de la flamme complétement noire.

12. La longueur de la flamme est le chemin parcouru par une tranche transversale du gaz, pendant que la combustion se propage de la circonférence au centre de cette tranche. Elle a évidemment d'autant plus d'étendue, que l'air se renouvelle avec moins de vitesse. On peut reconnaître l'influence de la vitesse du courant d'air sur l'étendue de la flamme au moyen d'une lampe à cheminée : si l'on augmente la longueur de la cheminée avec un cylindre de papier de même diamètre, circonstance qui augmente la vitesse du courant d'air, la hauteur de la flamme diminue ; si l'on réduit la longueur de la cheminée ou si l'on rétrécit son ouverture, circonstances qui diminuent la vitesse du courant, la flamme s'allonge. Il résulte de là une conséquence très-importante dans les arts : on peut, à volonté, allonger ou raccourcir la flamme, en diminuant ou en augmentant le tirage.

13. Lorsque des gaz combustibles partent d'une très-grande surface d'un corps en ignition, ils ne peuvent jamais brûler complétement, du moins quand on n'emploie pas un moyen particulier pour augmenter la vitesse du courant d'air, parce que la partie centrale de la colonne de gaz se trouve à une température trop basse lorsqu'elle arrive en contact avec l'air. C'est pourquoi, jusqu'à la découverte d'Argant, on ne pouvait employer dans les lampes que des mèches d'un très-petit diamètre, et par suite on ne pouvait obtenir que des foyers de faible intensité. Mais avec l'emploi des becs annulaires, simples ou multiples, à cheminées, dans lesquels l'air est appelé à l'intérieur et à l'extérieur de la mèche, et où la vitesse du courant se trouve accélérée par le tirage de la cheminée, on est parvenu à obtenir des foyers d'une intensité beaucoup plus considérable, une combustion sans fumée et un effet utile des huiles beaucoup plus grand que dans les anciens appareils.

14. La flamme a naturellement une direction verticale de bas en haut, à cause de la haute température des gaz ; mais cette direction est modifiée par celle du courant d'air ; la flamme peut être inclinée d'une

manière quelconque ; elle peut être rendue horizontale, et même dirigée de haut en bas.

15. La combustion des corps gazeux produit une température beaucoup plus élevée que celle des corps solides ; c'est ce qu'on voit par la couleur et l'éclat de la flamme, éclat que l'on ne peut produire sur les corps solides qu'à l'aide d'une combustion alimentée par un courant d'air forcé, ou par l'oxygène pur. On s'assure directement de ce fait en plongeant dans la flamme des corps solides d'une petite dimension ; ils prennent un éclat qui ne peut être produit que par une température extrêmement élevée.

16. Les gaz, pour s'enflammer, exigent une température plus ou moins haute, suivant leur nature. Il en est qui s'enflamment dans l'air à la température ordinaire : tel est le gaz hydrogène phosphoré. D'autres exigent une température plus élevée que le rouge-cerise : tels sont la plupart des gaz produits par les combustibles employés dans le chauffage et l'éclairage ; tout le monde sait en effet qu'un corps au rouge-cerise ne peut pas allumer la fumée d'une lampe, d'une chandelle, du bois, etc.

17. Quand la combustion d'un corps quelconque, solide, liquide ou gazeux, est complète, la quantité de chaleur dégagée, comme nous le verrons plus tard, est toujours la même pour la même quantité du même combustible, quelles que soient les circonstances de la combustion ; elle est la même quand la combustion s'effectue avec de l'air, sous une pression plus grande ou plus petite que celle de l'atmosphère, quand l'oxygène est en quantité plus ou moins grande dans l'air, et même quand la combustion a lieu dans l'oxygène pur. La lumière, au contraire, pour le même combustible et la même consommation dans le même temps, varie avec les circonstances qui accompagnent la combustion, et surtout avec la vitesse du courant d'air.

18. Pour que la flamme d'un gaz combustible soit la plus brillante possible, il faut que sa température soit très-élevée, et par conséquent que le courant d'air qui alimente la combustion soit très-rapide. Mais à mesure qu'elle augmente en éclat, elle perd en étendue, de sorte qu'il arrivera un moment où sa faculté éclairante diminuera. Il y a dans chaque cas particulier une vitesse du courant d'air qui donne le maximum de pouvoir lumineux : c'est celle qui amène sur la flamme une quantité d'air seulement suffisante pour effectuer complétement la combustion.

19. Pour qu'une flamme soit très-brillante, il faut qu'elle renferme des matières solides ; et pour cela il faut, ou qu'il y ait des corps solides

en permanence, ou que le gaz, avant de brûler, en dépose, ou enfin que le produit de la combustion soit solide. Toutes les combustions de gaz qui ne satisfont pas à l'une ou à l'autre de ces conditions, ont lieu avec une faible lumière. Ainsi, la combustion de l'hydrogène pur ou du soufre donne une flamme peu brillante, parce que le produit de la combustion de l'hydrogène est de la vapeur d'eau, et que celui du soufre est de l'acide sulfureux gazeux. Mais les flammes du phosphore, de l'arsenic, de l'hydrogène carboné, ont un grand éclat, parce que la combustion des deux premiers produit des corps solides, et que celle de l'hydrogène carboné est précédée d'un dépôt de charbon. De même, quand on environne les flammes peu brillantes par leur nature, comme celle de l'hydrogène, d'un réseau de fil de platine, le métal prend un grand éclat et le gaz en brûlant produit beaucoup de lumière.

20. Nous n'entrerons pas maintenant dans de plus grands développements sur la combustion ; mais en parlant de chacun des combustibles qui sont employés dans les arts, nous étudierons les circonstances particulières que présente leur combustion, ainsi que les produits qu'elle fournit.

CHAPITRE II.

DES COMBUSTIBLES EN GÉNÉRAL.

21. *Calorie.* — *Puissance calorifique.* — Nous désignerons désormais sous le nom d'*unité de chaleur* ou *calorie*, la quantité de chaleur nécessaire pour élever d'un degré centigrade la température d'un kilogramme d'eau, et nous appellerons *puissance calorifique* d'un combustible, le nombre d'unités de chaleur qu'un kilogramme de ce corps produit par sa combustion complète.

La première définition suppose nécessairement que la chaleur spécifique de l'eau est constante, ce qui est très-sensiblement vrai ; la seconde suppose que le même poids d'un même combustible produit toujours en brûlant la même quantité de chaleur, quelles que soient les circonstances dans lesquelles se fait la combustion : c'est un fait également constaté par l'expérience.

22. *Méthodes employées pour déterminer la puissance calorifique des combustibles.* — Rumford est le premier physicien qui se soit occupé de la détermination de la puissance calorifique des combustibles. L'appareil dont il s'est servi est décrit dans tous les traités de physique. Il

consiste en une caisse de cuivre rouge de peu de hauteur, dans laquelle circule un serpentin, terminé à un bout par un entonnoir renversé placé au-dessous de la caisse, et à l'autre par un tuyau vertical qui s'élève à une certaine hauteur. Pour se servir de cet appareil, on remplit la caisse d'eau à une certaine température, et on fait passer dans le serpentin la fumée du combustible que l'on brûle sous l'entonnoir ; alors, connaissant le poids du combustible brûlé, le poids de l'eau renfermée dans la caisse, son accroissement de température, le poids et la capacité calorifique de la matière dont la caisse est formée, on peut trouver facilement la puissance calorifique du combustible brûlé.

L'emploi du calorimètre de Rumford, indépendamment de la correction relative au refroidissement de l'appareil, en exigerait encore d'autres non moins importantes : l'une, relative à la quantité de chaleur entraînée par les gaz qui sortent du serpentin ; une autre, relative à la chaleur qui est perdue par le rayonnement du combustible, au-dessous de l'entonnoir sous lequel la combustion a lieu ; enfin, une dernière, relative aux matières combustibles non brûlées, entraînées avec le courant d'air brûlé. Ces corrections n'ont point été faites, de sorte que les résultats obtenus par Rumford sont trop faibles.

23. Laplace et Lavoisier ont fait aussi un grand nombre d'expériences au moyen du calorimètre qui porte leur nom : la chambre intérieure remplie de glace était traversée par un serpentin qui communiquait d'un côté avec un entonnoir, sous lequel on brûlait le combustible, et de l'autre avec un tube vertical qui servait de cheminée. La quantité de chaleur produite se mesurait par la quantité de glace fondue.

Hassenfratz s'est servi du même appareil, et les résultats qu'il a obtenus attestent par leur irrégularité les vices de ce mode d'expérience.

24. Depuis, M. Despretz a fait sur quelques corps des expériences plus exactes. Il s'est servi du calorimètre de Rumford, mais modifié de manière à éviter les causes d'erreur que nous avons signalées. M. Despretz a obtenu pour la puissance calorifique du carbone le nombre 7914, et pour celle de l'hydrogène 23640. Le premier nombre se rapproche beaucoup de celui qu'ont donné les expériences les plus récentes.

25. On avait admis longtemps que les quantités de chaleur, produites par les différents combustibles simples ou composés, étaient proportionnelles aux quantités d'oxygène absorbées. Cette hypothèse fut appuyée par les expériences de M. Despretz sur le carbone et l'hydrogène, d'après lesquelles les quantités de chaleur produites sont sensiblement dans le

rapport de 1 à 3, qui est aussi celui des poids d'oxygène absorbés par les mêmes poids de ces combustibles.

M. Berthier avait imaginé une méthode très-simple et très-expéditive, pour déterminer la puissance calorifique des combustibles formés de carbone, d'hydrogène et d'oxygène, et qui s'applique facilement aux bois dans différents états de dessiccation et de carbonisation, aux tourbes et aux combustibles fossiles. Cette méthode consiste à évaluer la quantité de plomb produite en calcinant ces matières avec un excès de litharge. Le carbone pur réduisant un poids de litharge correspondant à 34 fois son poids de plomb, on obtenait l'équivalent du combustible en carbone, en divisant par 34 le poids du culot de plomb.

Cette méthode est inexacte, car des quantités égales d'oxygène, en se combinant avec le carbone et l'hydrogène, produisent des quantités inégales de chaleur. Ainsi, nous verrons plus loin que la combustion d'un même poids de carbone et d'hydrogène produit 8080 et 34462 unités de chaleur. Or, les poids d'oxygène absorbés sont 2^k67 et 8 kil.; par conséquent, un kil. d'oxygène, en se combinant avec le carbone et l'hydrogène, produit 3049 et 4307 unités de chaleur, nombres qui sont dans le rapport de 1 à 1,41.

26. Le compte rendu des séances de l'Académie des sciences, t. VII, renferme un extrait des registres de Dulong, où se trouvent les résultats de ses expériences sur les quantités de chaleur développées par la combustion d'un grand nombre de corps. Nous ne rapporterons que les résultats qui nous intéressent :

Hydrogène	34742
Carbone	7170
Oxyde de carbone	2488
Hydrogène protocarboné	13205
Hydrogène bicarboné	12032
Soufre	2601
Éther sulfurique	9430
Essence de térébenthine	10836
Huile d'olive	9862
Alcool	6855

Il résulte aussi des expériences de Dulong, que la quantité de chaleur produite par la combinaison d'un litre d'oxygène avec différents corps n'est pas constante, comme on l'avait supposé ; car elle est avec

L'hydrogène, de	6172
Le gaz des marais, de	4793
Le carbone, de	3929

Le fer, de...................... 6216
Le cuivre, de.................... 3720
Le cobalt, de.................... 5721

27. Enfin, la question de la puissance calorifique des combustibles a été reprise récemment par MM. Favre et Silbermann. La disposition ingénieuse des appareils, les moyens employés pour tenir compte de toutes les causes d'erreur, le soin avec lequel les produits de la combustion ont été recueillis et analysés, et enfin la concordance des résultats dans les expériences relatives à un même corps, placent ce beau travail bien au-dessus de ceux qui avaient été publiés sur cette importante question, et ne permettent pas de douter de la grande précision des nombres obtenus. Les questions examinées par MM. Favre et Silbermann sont beaucoup plus nombreuses que celles que M. Dulong avait essayé de résoudre ; pour celles qui sont communes, les résultats, comme nous allons le voir, diffèrent peu, excepté pour le carbone ; il est très-probable que cette différence provient de l'oxyde de carbone, qui se forme toujours en quantité plus ou moins considérable, et que M. Dulong avait négligé.

28. Nous ne pouvons pas décrire ici dans tous ses détails l'appareil employé par MM. Favre et Silbermann ; nous nous bornerons à en indiquer les dispositions principales.

L'appareil est formé de trois vases cylindriques concentriques, que nous désignerons par les lettres A, B, C ; le cylindre intérieur A est rempli d'eau distillée ; l'intervalle des cylindres A et B est rempli par une peau de cygne garnie de son duvet, matière qui conduit très-mal la chaleur ; et l'intervalle des vases B et C est rempli d'eau qu'on maintient à la température extérieure. La chambre de combustion est un vase fixé au centre du vase A, par conséquent environné d'eau, et où la combustion des corps s'effectue par l'oxygène pur, à l'aide de dispositions différentes, suivant l'état et la nature des corps. Les gaz produits par la combustion s'échappent à travers un long serpentin qui entoure la chambre de combustion, et dans lequel ces gaz prennent la température de l'eau. Ils passent ensuite dans les appareils destinés à les recueillir. Si le vase A, qui renferme l'eau dans laquelle passe toute la chaleur produite, ne se refroidissait pas, la puissance calorifique du combustible s'obtiendrait avec une grande facilité ; mais pendant toute la durée de l'expérience une partie de la chaleur qui s'accumule dans l'eau passe à travers le duvet de cygne pour pénétrer dans l'enveloppe extérieure d'eau. Cette quantité de chaleur doit être mesurée et ajoutée à celle qui produit l'élévation de température de l'eau du vase A. Pour la déterminer, on a fait des expériences directes sur le refroidissement de ce vase A ; on a reconnu que son refroidissement jusqu'à 10° était proportionnel à l'excès de sa température sur celle de l'enveloppe d'eau contenue entre les vases B et C, et qu'il était égal à 0°002 pour un excès de température de 1° pendant une minute ; d'après cela, connaissant à des époques rapprochées, pendant la durée de la combustion, les températures simultanées du vase A et de l'enveloppe d'eau, il était facile de calculer la correction dont il s'agit.

29. Voici, d'après le remarquable travail de MM. Favre et Silbermann, les puissances calorifiques des corps les plus importants pour l'objet qui nous occupe :

Hydrogène......................	34462
Charbon de bois fortement calciné..	8080 (1)
Charbon de sucre...............	8039
Charbon des cornues à gaz........	8047
Graphite des hauts fourneaux....	7762
Graphite naturel................	7796
Diamant.......................	7770
Oxyde de carbone...............	2403
Hydrogène protocarboné.........	13063
Hydrogène bicarboné............	11857
Éther sulfurique................	9027
Alcool........................	7183
Essence de térébenthine.........	10852
Soufre........................	2240
Sulfure de carbone.............	3400
Cire..........................	10496

En comparant ces nombres avec ceux du tableau de Dulong (26), on voit qu'il n'y a de différence marquée, comme nous l'avons déjà dit, que pour le carbone.

30. Les combustibles employés dans l'industrie, les bois, la tourbe, les houilles, étant composés de carbone, d'hydrogène et d'oxygène, il est important de vérifier si, comme l'avait indiqué M. Dulong, leur puissance calorifique est égale à la somme de celles des éléments qui les constituent, en retranchant toutefois de la portion d'hydrogène celle qui formerait de l'eau avec l'oxygène du combustible. *A priori*, il est facile de voir que cette loi ne peut pas être rigoureusement exacte, car la puissance calorifique du carbone dépend de son état de cohésion, et on ne peut pas considérer un composé de carbone, d'hydrogène et

(1) Sans tenir compte de l'oxyde de carbone formé, la puissance calorifique serait seulement de 7833.

d'oxygène comme formé d'eau, d'hydrogène et de carbone ; mais comme, dans l'industrie, il suffit presque toujours d'avoir des évaluations approchées, il est important d'examiner si la supposition dont il est question conduit, pour les corps composés, à des nombres peu différents de ceux qui résultent des expériences directes.

Pour l'hydrogène protocarboné, qui est formé de 0,75 de carbone et de 0,25 d'hydrogène, la puissance calorifique serait de

$$\left. \begin{array}{l} 0{,}75 \ . \ \ 8080 = 6060 \\ 0{,}25 \ . \ 34462 = 8616 \end{array} \right\} \ \ 14676$$

Pour l'hydrogène bicarboné, formé de 0,8571 de carbone et de 0,1429 d'hydrogène, la puissance calorifique serait de

$$\left. \begin{array}{l} 0{,}8571 \ . \ \ 8080 = 6925 \\ 0{,}1429 \ . \ 34462 = 4925 \end{array} \right\} \ \ 11850$$

Pour l'essence de térébenthine, formée de 0,8824 de carbone et de 0,1176 d'hydrogène, la puissance calorifique serait de

$$\left. \begin{array}{l} 0{,}8824 \ . \ \ 8080 = 7130 \\ 0{,}1176 \ . \ 34462 = 3817 \end{array} \right\} \ \ 10946$$

Pour l'alcool, formé de 0,5265 de carbone, de 0,1290 d'hydrogène et de 0,3445 d'oxygène, ou de 0,5265 de carbone, de 0,0865 d'hydrogène et de 0,3870 d'eau, la puissance calorifique serait de

$$\left. \begin{array}{l} 0{,}5265 \ . \ \ 8080 = 4254 \\ 0{,}0865 \ . \ 34462 = 2981 \end{array} \right\} \ \ 7235$$

Pour l'éther sulfurique, composé de 0,6531 de carbone, de 0,1333 d'hydrogène et de 0,2136 d'oxygène, ou de 0,6531 de carbone, de 0,1066 d'hydrogène et de 0,2403 d'eau, la puissance calorifique serait de

$$\left. \begin{array}{l} 0{,}6531 \ . \ \ 8080 = 5277 \\ 0{,}1066 \ . \ 34462 = 3673 \end{array} \right\} \ \ 8950$$

Pour la cire, qui est formée de 0,816 de carbone, de 0,139 d'hydrogène et de 0,045 d'oxygène ou de 0,816 de carbone, de 0,1333 d'hydrogène et de 0,0507 d'eau, la puissance calorifique serait de

$$\left. \begin{array}{l} 0{,}816 \ . \ \ 8080 = 6593 \\ 0{,}1333 \ . \ 34462 = 4593 \end{array} \right\} \ \ 11186$$

Ainsi pour l'hydrogène protocarboné, l'hydrogène bicarboné,

l'essence de térébenthine, l'alcool, l'éther sulfurique et la cire, on trouve par le calcul les nombres

14676   11850   10946   7235   8950   11186

tandis que les expériences directes donnent

13063   11857   10852   7183   9027   10500

Les rapports des premiers nombres aux derniers sont

1,123   0,998   1,008   1,007   0,991   1,068

Tous ces nombres diffèrent assez peu de l'unité, excepté le premier; mais celui-ci correspond à un corps qui renferme une quantité très-considérable d'hydrogène, 0,25. D'après cela, nous pouvons admettre, comme une approximation bien suffisante pour la pratique, que les puissances calorifiques des corps renfermant au plus 0,14 d'hydrogène, pourront être calculées d'après leur composition, en ne comptant que la portion d'hydrogène en excès sur celle qui est nécessaire pour convertir l'oxygène en eau. Cette méthode approximative de calcul est applicable aux bois, aux tourbes, aux houilles, combustibles dans lesquels la proportion d'hydrogène en excès ne dépasse jamais 0,06, comme nous le verrons bientôt.

En appliquant ces principes à l'huile d'olive composée de 0,7721 de carbone, 0,1336 d'hydrogène, et 0,0943 d'oxygène, on trouve 10435, pour la puissance calorifique.

Les mêmes calculs, appliqués au suif qui est formé de 0,79 de carbone, de 0,117 d'hydrogène et de 0,093 d'oxygène, donnent 10035.

31. Nous admettrons en outre que la quantité de chaleur développée est la même quand la combustion complète a lieu immédiatement, ou lorsqu'elle s'effectue successivement. Ainsi, par exemple, le carbone donnera le même résultat calorifique total, soit qu'il forme directement de l'acide carbonique, soit qu'il produise d'abord de l'oxyde de carbone, et qu'on n'obtienne de l'acide carbonique que par une seconde combustion. Ce principe a été démontré par M. Hess, du moins pour la combinaison de l'eau et de l'acide sulfurique, et pour la chaux; et tout porte à croire qu'il se vérifierait dans les autres combinaisons.

Il résulte de ce principe que, quand le charbon passe d'abord à l'état d'oxyde et ensuite à l'état d'acide, quoique la quantité d'oxygène absorbé dans ces deux transformations soit exactement la même, la quantité de chaleur émise dans la seconde partie de la combustion est beaucoup plus grande que dans la première. En effet, l'oxyde de carbone étant formé de 0,428 de carbone et de 0,572 d'oxygène, 1^k de carbone produit $1 : 0,428 = 2^k 333$ d'oxyde de carbone qui, par leur combustion, produisent $2,333 \cdot 2403 = 5607$ unités de chaleur, et par conséquent le carbone, en se transformant en oxyde de carbone, développe seulement $8080 - 5607 = 2473$ unités.

32. Nous admettrons encore que la quantité de chaleur développée par un combustible est indépendante de la température du corps et de celle de l'air. Cette loi, d'après M. Hess, aurait été vérifiée par M. Dulong.

33. Enfin nous admettrons que la quantité de chaleur développée par la combustion est indépendante de la pression du gaz comburant et de la proportion d'oxygène qu'il renferme, du moins dans les limites où la combustion peut s'effectuer. Cette loi a été vérifiée par M. Despretz. Ce physicien a trouvé la même puissance calorifique pour le carbone brûlé dans l'air et dans l'oxygène pur.

34. Nous prendrons désormais les nombres suivants pour la puissance calorifique des principaux combustibles :

Hydrogène	34462
Carbone passant à l'état d'oxyde	2473
Carbone passant à l'état d'acide	8080
Graphite	7800
Oxyde de carbone	2403
Hydrogène protocarboné	13063
Hydrogène bicarboné	11857
Éther sulfurique	9027
Alcool	7183
Essence de térébenthine	10805
Soufre	2240
Sulfure de carbone	3400
Cire	10496
Huile d'olive	10435
Suif	10035

35. *Chaleur rayonnée.* —Lorsqu'un corps est en combustion, la chaleur produite se dissipe de deux manières différentes : 1° par le courant d'air qui se forme naturellement autour de lui ; 2° par le rayonnement.

Le courant d'air est dû à la combustion même. L'air en contact avec le corps incandescent s'échauffe, se dilate et s'élève ; il est remplacé par de l'air froid qui, après avoir alimenté la combustion, s'élève à son tour. Quant à la seconde cause de déperdition de la chaleur, elle résulte d'une propriété générale des corps échauffés.

36. Pendant longtemps on a fait peu d'attention au rayonnement des

combustibles, parce qu'on le regardait comme très-faible. Pour faire voir qu'en effet le rayonnement ne dissipe qu'une très-petite partie de la chaleur produite, on a comparé la chaleur qu'on éprouve en approchant la main de la flamme d'une chandelle, soit latéralement, soit en dessus. Latéralement, on ne reçoit que la chaleur rayonnée ; en dessus, que celle du courant d'air chaud ; or, comme à des distances égales, la différence des températures est très-considérable, on en a conclu que la dispersion de la chaleur par le rayonnement est très-petite, du moins relativement à celle qui est entraînée par le courant d'air. Cette expérience, qui paraît décisive au premier abord, ne peut pas conduire cependant à la conséquence qui est généralement admise. En effet, le courant d'air chaud n'a qu'une direction et une section peu différente de celle de la flamme, tandis que le rayonnement a lieu dans tous les sens. Ainsi l'expérience dont nous venons de parler ne prouve rien pour le rayonnement des flammes, et encore moins pour celui des combustibles qui brûlent sans flamme.

37. J'ai essayé de déterminer, au moins approximativement, les quantités de chaleur rayonnée par différents combustibles. Je me suis servi pour cela de l'appareil suivant : ABCD (*abcd*, *fig.* 1), est un vase

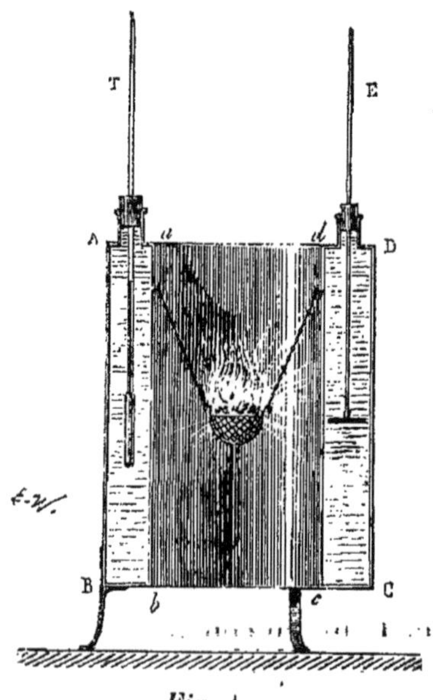

annulaire en fer-blanc de 0^m 30 de hauteur et de 0^m 20 de diamètre intérieur ; l'intervalle des deux cylindres est de 0^m 05 ; le cylindre intérieur est ouvert par les deux bouts et le vase est rempli d'eau et supporté par trois pieds ; la surface supérieure du vase porte deux tubulures, l'une est destinée à recevoir la tige d'un thermomètre, l'autre la tige d'un agitateur. Au centre du cylindre intérieur dont la surface est recouverte de noir de fumée, est suspendu un petit panier en fil de fer dans lequel on place le combustible en ignition.

Pour se servir de cet appareil, on commence par remplir d'eau l'intervalle des deux cylindres, et on met dans le petit panier un poids connu de combustible ;

Fig. 1.

une partie de la chaleur rayonnée est reçue par la surface inférieure *abcd* du vase et passe dans l'eau qu'on a soin d'agiter de temps en temps ; quand on juge que l'opération a été suffisamment prolongée, on retire le panier et on le pèse, on obtient alors le poids du combustible brûlé; connaissant le poids de l'eau, celui du métal et sa capacité calorifique, on obtient la quantité de chaleur qui a passé dans le vase. Mais pour en déduire la quantité de chaleur absorbée par la surface intérieure $abcd$, il faut évidemment ajouter celle que le vase a perdue pendant l'opération. Cette perte de chaleur peut se calculer facilement, en observant pour un certain excès de la température du vase sur celle de l'air extérieur, le temps que le vase met à se refroidir d'un degré, et en admettant que la quantité de chaleur perdue à chaque instant est proportionnelle à l'excès de sa température sur celle de l'air extérieur; alors, en observant la température de l'eau du vase à des époques suffisamment rapprochées, on obtient aisément une évaluation approchée de la quantité totale de chaleur perdue pendant la durée de l'expérience. La quantité de chaleur absorbée par le cylindre $abcd$ étant ainsi connue, pour obtenir la chaleur rayonnée par le combustible, on multipliera la quantité de chaleur absorbée, par le rapport de la surface d'une sphère décrite du milieu du foyer comme centre et passant par les cercles ad et bc, à la zone sphérique de hauteur ab, rapport qui est celui de ac à ab; dans l'appareil dont je me suis servi, ce rapport était égal à 1,2. Pour faire ces expériences sur la flamme de l'huile, je plaçais au centre du vase annulaire un ou plusieurs becs de lampe alimentés par un réservoir extérieur à niveau constant.

38. D'après ces expériences, en désignant par 1 la quantité totale de chaleur produite, les quantités de chaleur rayonnées sont pour le bois à peu près 0,25; pour le charbon de bois 0,50, et pour l'huile 0,18. Mais ces expériences ne peuvent guère servir qu'à constater que la quantité de chaleur rayonnée par le charbon est très-grande relativement à celle qui est rayonnée par les flammes, attendu que la quantité de chaleur rayonnée par un corps en combustion dépend de l'étendue de la surface libre, et que cette surface varie pour le même combustible avec le volume du corps en ignition et avec sa forme.

39. *Combustibles employés dans l'industrie.* — Ces combustibles sont très-nombreux, car cette grande classe de corps renferme, non-seulement presque tous les corps simples, mais encore un grand nombre de corps composés. Cependant le nombre de ceux qui sont en usage dans les arts pour produire de la chaleur est très-peu considérable, parce que, pour être employés, ils doivent satisfaire à plusieurs conditions importantes :

1° Ils doivent être facilement brûlés dans l'air atmosphérique, et la chaleur dégagée par la combustion doit être suffisante pour maintenir celle-ci. Le soufre, le charbon, l'hydrogène, le phosphore, satisfont à cette condition ; mais le fer, le plomb, quoique très-combustibles, n'y satisfont point, car, lorsque ces métaux sont en ignition, si on les enlève du foyer où il a été nécessaire de les placer, la combustion s'arrête. Il n'est pas douteux que cet effet ne provienne de ce que le produit de la combustion, étant solide, forme autour du métal une croûte qui le soustrait au contact de l'air : cette raison devient plus vraisemblable encore, lorsque l'on considère que dans l'oxygène pur, où la combustion du fer se soutient, la température est assez élevée pour fondre et faire couler l'oxyde de fer à mesure qu'il se forme. Quoi qu'il en soit, il y a des corps très-combustibles, dans lesquels la combustion ne se propage pas d'elle-même dans les circonstances ordinaires, et ceux-là ne peuvent être d'aucune utilité pour produire dans les arts de la chaleur ou de la lumière.

2° Ils doivent être abondants, et leurs prix ne doivent point être trop élevés.

3° Enfin, les produits de la combustion doivent être de nature à ne point altérer les corps qui reçoivent l'action de la chaleur, et à ne pas porter dans l'air des gaz ou des vapeurs qui pourraient avoir une action nuisible sur l'économie animale ou végétale.

40. Le carbone et l'hydrogène sont les seuls corps simples qui remplissent ces différentes conditions ; et les seules matières combustibles en usage sont celles dont ces deux corps forment les principaux éléments.

41. Les combustibles généralement employés sont :

Le bois,

Le charbon de bois,

La tannée,

La tourbe,

Le charbon de tourbe,

La houille,

Le coke.

42. Dans certains cas, la nature du combustible qui peut être employé se trouve fixée par certaines conditions à remplir, et quelquefois on n'en a qu'un seul à sa disposition ; mais, le plus souvent, on a le choix entre plusieurs. Dans tous les cas, il est important de connaître leurs puissances calorifiques, pour calculer les dimensions des appareils, et pour déterminer la quantité qu'on en doit brûler afin de produire l'effet demandé ; et lorsqu'on peut employer plusieurs espèces de combustibles, c'est la connaissance de leurs puissances calorifiques qui, combinée avec leur prix, sert à déterminer celui dont l'emploi est le plus économique.

CHAPITRE III.

DES BOIS.

43. D'après les expériences de MM. Gay-Lussac et Thenard sur les bois desséchés à 100°, la fibre ligneuse est toujours identique dans sa composition, quelle que soit la plante d'où elle provient. Pour le chêne et le hêtre ils ont trouvé 0,5253 et 0,5145 de carbone, 0,4747 et 0,4855 d'oxygène et d'hydrogène dans les proportions nécessaires pour faire de l'eau.

44. Suivant M. Payen, les bois sont formés : 1° d'une matière qu'il désigne sous le nom de *cellulose*, offrant toujours la même composition, savoir : 0,444 de carbone, et 0,556 d'oxygène et hydrogène dans les proportions nécessaires pour faire de l'eau ; 2° d'une matière incrustante dont la composition est variable, suivant la nature du bois, mais qui est plus riche en carbone et qui renferme un petit excès d'hydrogène.

45. M. Eugène Chevandier, ancien élève de l'École centrale, sous-directeur de la manufacture des glaces de Cirey, a présenté en 1844, à l'Académie des sciences, un travail très-important sur la composition élémentaire des différents bois. C'est de son Mémoire inséré dans le dixième volume des *Annales de chimie et de physique* que nous avons extrait ce qui suit.

Les expériences ont été faites dans le laboratoire de M. Dumas, et sous les yeux de cet habile chimiste. Les différents bois ont été réduits en poudre et desséchés à 140°, avant d'être soumis à l'analyse. Les expériences ont eu lieu sur plusieurs échantillons, et souvent elles ont été répétées. Voici les résultats moyens qui ont été obtenus pour chaque essence de bois.

	Carbone.	Hydrogène.	Oxygène.	Azote.	Cendres.
Hêtre	0,4936	0,0601	0,4269	0,0091	0,0100
Chêne	0,4964	0,0592	0,4116	0,0129	0,0107
Bouleau	0,5020	0,0620	0,4162	0,0115	0,0081
Tremble	0,4937	0,0621	0,4160	0,0096	0,0186
Saule	0,4996	0,0596	0,3956	0,0096	0,0337

MENUS BRINS ET BRANCHAGES COMPOSANT LES FAGOTS.

	Carbone.	Hydrogène.	Oxygène.	Azote.	Cendres.
Hêtre	0,5017	0,0612	0,4038	0,0105	0,0177
Chêne	0,4996	0,0602	0,4110	0,0100	0,0190
Bouleau	0,5124	0,0622	0,4017	0,0105	0,0132

	Carbone.	Hydrogène.	Oxygène.	Azote.	Cendres.
Tremble......	0,4950	0,0609	0,4043	0,0100	0,0298
Saule........	0,5154	0,0626	0,3621	0,0141	0,0457

Ces nombres sont très-rapprochés, les chiffres moyens sont :

Pour les bois..	0,4970	0,0606	0,4130	0,0105	0,018
Pour les fagots	0,5046	0,0614	0,3965	0,0111	0,025

46. D'après les expériences faites récemment par M. Violette, directeur de la poudrerie d'Esquerdes (*Annales de chimie et de physique,* t. XXXIX), le bois, pris sur les diverses parties d'un même arbre et séché à 80°, présente les compositions suivantes :

	CARBONE.	HYDROGÈNE.	OXYGÈNE ET AZOTE.	CENDRES.
Feuilles...............	45,015	6,971	40,910	7,118
Petites branches... écorce.	52,496	7,312	36,737	3,454
Petites branches... bois...	48,359	6,605	44,730	0,304
Moyenne branche.. écorce.	48,855	6,342	41,121	3,682
Moyenne branche.. bois...	49,902	6,607	43,356	0,134
Grosse branche.... écorce.	46,871	5,570	44,656	2,903
Grosse branche.... bois...	48,003	6,472	45,170	0,354
Tronc........... écorce.	46,267	5,930	44,755	2,657
Tronc........... bois...	48,925	6,460	44,319	0,296
Grosse racine...... écorce.	49,085	6,021	48,761	1,129
Grosse racine...... bois...	49,324	6,286	44,108	0,231
Moyenne racine.... écorce.	50,367	6,069	41,920	1,643
Moyenne racine.... bois...	47,390	6,259	46,126	0,223
Racine chevelue avec écorce.	45,063	5,036	43,503	5,007

Les feuilles desséchées à 100° ont perdu 60 pour 100 d'eau, et les branches 45.

47. Du tableau qui précède résultent les faits suivants : 1° Les éléments constitutifs du bois sont inégalement distribués dans les diverses parties d'un même arbre ; 2° les feuilles et les racines chevelues ont à peu près la même composition ; 3° le bois a sensiblement la même composition dans toutes les parties du même arbre ; 4° les feuilles et les racines extrêmes renferment moins de carbone que l'écorce et le bois ; 5° les feuilles et les racines extrêmes contiennent beaucoup plus de matières minérales que les autres parties de l'arbre, et toutes les écorces en contiennent plus que le bois.

48. La composition moyenne du bois du tronc et des branches moyennes est un peu inférieure à celle qui résulte des expériences de M. Chevandier ; la différence provient probablement de ce que, dans

ces deux séries d'expériences, les bois ont été séchés à des températures différentes.

49. Nous admettrons désormais, comme résultat moyen des analyses que nous venons de rapporter, que les bois desséchés à 140° contiennent 0,50 de carbone, 0,06 d'hydrogène, 0,41 d'oxygène, 0,01 d'azote et 0,02 de cendres ; ou 0,50 de carbone, 0,01 d'hydrogène libre 0,46 d'oxygène et d'hydrogène dans le rapport nécessaire pour faire de l'eau, 0,01 d'azote et 0,02 de cendres.

50. *Densité du bois.* — La densité du bois, comme celle de tous les corps poreux, peut être considérée de deux manières différentes. On peut considérer la densité du bois sous son volume apparent; alors la seule méthode qu'on puisse employer pour la déterminer consiste à former avec le bois un prisme dont on puisse facilement mesurer le volume, et à en prendre le poids ; le rapport de ce poids au poids du même volume d'eau, serait la densité cherchée ; cette densité pour le même bois varie nécessairement avec son état hygrométrique et avec la forme et la position des fibres dans l'échantillon choisi. Le tableau suivant dû à Brisson renferme la densité d'un certain nombre de bois :

Grenadier	1,35	Cerisier	0,75
Gaïac, ébène	1,33	Oranger	0,70
Buis de Hollande	1,32	Coignassier	0,70
Chêne de 60 ans (le cœur).	1,17	Orme (le tronc)	0,67
Néflier	0,94	Noyer de France	0,67
Olivier	0,91	Poirier	0,66
Buis de France	0,91	Cyprès d'Espagne	0,64
Mûrier d'Espagne	0,89	Tilleul	0,60
Hêtre	0,85	Coudrier ou noisetier	0,60
Frêne (le tronc)	0,84	Saule	0,58
Aune	0,80	Thuya	0,56
If d'Espagne	0,80	Sapin mâle	0,55
Pommier	0,79	Sapin femelle	0,49
If de Hollande	0,78	Peuplier	0,38
Prunier	0,78	Peuplier blanc d'Espagne	0,32
Érable	0,75	Liége	0,24

D'après ce que je viens de dire, les nombres de ce tableau ne peuvent être considérés que comme des valeurs approchées.

51. On peut aussi se proposer de déterminer la densité de la fibre ligneuse qui forme le bois. M. Violette a fait un grand nombre d'expériences à ce sujet ; voici la méthode qu'il a employée en dernier lieu : le bois réduit en poudre très-fine au moyen de la lime, était desséché à 100°, puis placé dans un flacon plein d'eau, dans lequel on faisait

le vide ; le bois restait sous l'eau dans le vide pendant six jours. En désignant par P le poids du flacon plein d'eau avant l'introduction du bois, par P' le poids du flacon également plein d'eau à la fin de l'opération, par π le poids du bois introduit, et enfin par δ la densité du bois, on a évidemment :

$$P' = P + \pi - \frac{\pi}{\delta} \; ; \quad \text{d'où} \quad \delta = \frac{\pi}{\pi + P - P'}.$$

M. Violette a trouvé ainsi que tous les bois avaient exactement la même densité et qu'elle était égale à 1,50. Pour les bois de fer, de chêne, de bourdaine et de peuplier, les variations extrêmes sont comprises entre 1,51 et 1,52.

52. Lorsqu'un bois est soumis à l'action de la chaleur, il perd une quantité d'eau qui augmente avec la température. D'après M. Violette, le bois vert, exposé à la température de 100°, perd 45 pour 100 de son poids. D'après le même ingénieur, des échantillons de mêmes dimensions (prismes de $0^m 20$ de longueur et d'un centimètre carré de base), et de différents bois provenant de bûches conservées en magasin depuis deux ans, exposés pendant deux heures à la vapeur surchauffée, ont donné les résultats suivants :

TEMPÉRATURES de la DESSICCATION.	PERTES POUR 100 PARTIES.			
	CHÊNE.	FRÊNE.	ORME.	NOYER.
125°...	15,26	14,78	15,32	15,55
150...	17,93	16,19	17,02	17,43
175...	32,13	21,22	36,94	21,79
200...	35,80	27,51	33,38	41,77
225...	44,31	33,38	40,56	36,56

Ainsi pour chaque bois la perte augmente avec la température ; les anomalies que présentent l'orme et le noyer à 200° doivent être considérées comme des erreurs d'observation. Mais à 200°, le bois est visiblement altéré, et cette décomposition commence probablement à une température moins élevée ; ainsi les pertes observées ne peuvent pas être attribuées entièrement à l'eau hygrométrique. On ne sait pas à quelle température il faudrait soumettre le bois, pour lui enlever, sans l'altérer, toute l'eau hygrométrique qu'il contient ; on pensait que, pour obtenir ce résultat, une température de 100° était suffisante ; mais l'action de la fibre ligneuse sur l'eau élève certainement la température, à laquelle cette eau peut se transformer en vapeur.

53. Les bois verts renferment des quantités d'eau assez inégales. Une analyse directe des bois de charbonnage a donné les résultats suivants :

Eau hygrométrique	0,275
Carbone	0,375
Oxygène et hydrogène	0,338
Cendres	0,012

54. D'après M. Leplay (*Annales des mines*, t.XLIII), la quantité d'eau hygrométrique renfermée dans les bois serait beaucoup plus considérable. D'après cet ingénieur, au moment de l'abatage, la proportion d'eau est rarement inférieure à 0,45 ; dans les forêts de l'Europe centrale, les bois coupés pendant l'hiver retiennent encore à la fin de l'été plus de 0,40 d'eau ; cette proportion d'eau est souvent réduite à 0,33, quand ils sont employés dans les usines, et dans l'économie domestique ; et enfin les bois conservés pendant plusieurs années dans un lieu sec retiennent encore de 0,15 à 0,20 d'eau. Il est très-probable que les différences relatives à l'état hygrométrique du bois, indiquées par différents ingénieurs, proviennent de ce que la température à laquelle les bois ont été soumis, la grosseur des morceaux et la durée de la dessiccation n'étaient pas les mêmes.

Lorsque le bois a été fortement desséché et qu'il est exposé à l'air dans les circonstances ordinaires, il prend à peu près 5 pour 100 d'eau pendant les trois premiers jours, et il continue à en absorber jusqu'à ce qu'il en contienne 14 à 16 pour 100 ; alors il devient très-hygrométrique, il perd ou absorbe de l'eau suivant l'état de sécheresse ou d'humidité de l'air.

55. Sous le rapport de leur emploi comme combustibles, on divise les bois en deux classes. La première comprend les bois durs et compactes, ceux dont la pesanteur spécifique est la plus considérable : tels sont le chêne, le hêtre, l'orme, le frêne, etc. ; la seconde renferme les bois blancs, mous, légers : tels sont le pin, le sapin, le bouleau, le tremble, le peuplier, etc.

En France, on divise les bois de chauffage en bois neufs, bois flottés, et bois pelards. Le *bois neuf* est celui qui a été transporté au lieu de la consommation en voiture ou en bateau ; le *bois flotté*, celui qui a été transporté en trains flottants ; enfin, le *bois pelard* n'est autre que le bois de chêne écorcé.

56. Les bois humides donnent, sous le même poids, beaucoup moins

de chaleur que ceux qui sont secs : 1° parce que l'eau, n'étant point combustible, ne peut point développer de chaleur ; 2° parce que ce liquide en absorbe une grande quantité pour se réduire en vapeur. C'est le comte de Rumford qui, le premier, a appelé l'attention sur le mauvais usage des bois humides.

Il est tellement avantageux d'employer des bois secs, que dans plusieurs espèces d'usines, on ne se contente pas de n'admettre que des bois aussi secs qu'ils peuvent l'être naturellement par la dessiccation à l'air ; on les fait encore sécher dans des étuves. Telles sont les verreries de verre fin et les fabriques de porcelaine.

57. *Produits de la combustion.* — Les produits de la combustion complète du bois consistent uniquement en vapeur d'eau et en acide carbonique. Mais, quand la combustion n'est pas complète, il se dégage de la fumée qui est principalement formée d'eau, d'acide acétique, d'huile essentielle empyreumatique, et d'une matière analogue au goudron. C'est à l'acide acétique qu'est due l'excitation de la fumée sur les yeux.

58. L'acide carbonique est un gaz incolore, inodore, beaucoup plus lourd que l'air, incombustible et impropre à alimenter la combustion. Pendant la combustion, il s'élève dans l'atmosphère à cause de la haute température qu'il possède.

59. *Puissance calorifique des bois.* — Tous les bois, ayant sensiblement la même composition chimique, doivent produire, au même degré de dessiccation, la même quantité de chaleur par leur combustion complète. C'est un fait qui résulte d'ailleurs des expériences directes faites par M. Berthier.

60. Le bois desséché à 140°, renfermant 0,50 de carbone et 0,01 d'hydrogène libre, aura, d'après le principe que nous avons admis, pour puissance calorifique $0,50 \times 8080 + 0,01 \times 34462 = 4384$.

61. Rumford et après lui Hassenfratz se sont occupés de la détermination des quantités de chaleur produites par la combustion des différentes espèces de bois. Rumford s'est servi de l'appareil qui porte son nom et dont nous avons déjà parlé (22) ; Hassenfratz, du calorimètre à glace ; les expériences ont été faites sur des poids égaux de bois à divers états de dessiccation.

62. Rumford, en employant des bois de différente nature préalablement desséchés sur un poêle, a obtenu, pour leurs puissances calorifiques, des nombres qui ont varié de 3960 à 3450, et il a trouvé 2550 pour le bois à brûler ordinaire. On ne peut rien déduire de positif des expériences d'Hassenfratz, parce qu'il n'a pas indiqué l'état hygrométrique des bois sur lesquels il a fait ses observations ; les résultats

qu'il a obtenus sont que 1^k de bois peut fondre de 32 à 49^k de glace ; et comme 1^k de glace en fondant absorbe 79 calories, les limites extrêmes des puissances calorifiques observées sont $32 \times 79 = 2528$, et $49 \times 79 = 3871$, nombres qui se rapprochent beaucoup de ceux qui ont été obtenus par Rumford.

63. Ces expériences donnent des résultats bien inférieurs à celui qui résulte de la composition des bois, mais elles ont été faites sur une très-petite échelle, et il n'est pas douteux que les bois brûlés dans une petite enceinte, à une très-basse température, ne laissent dégager beaucoup de gaz combustibles ; d'ailleurs les puissances calorifiques, observées par Rumford sur des bois desséchés, ont varié à peu près de 15 pour 100, et par conséquent on ne peut considérer la moyenne des expériences que comme une approximation assez vague.

Les expériences faites sur une grande échelle, l'une aux anciens bains du pont Marie, l'autre à Wesserling, ont donné des résultats beaucoup plus rapprochés de la puissance calorifique des bois déduite de leur composition. Ces expériences n'ont pas eu pour objet la détermination de la puissance calorifique du bois, mais elles y conduisent.

64. Dans l'établissement de bains du pont Marie, l'appareil de chauffage était disposé de telle manière, que la fumée s'échappait à une température peu différente de celle de l'air. Dans un essai fait avec beaucoup de soin, on a brûlé, à très-peu près, 200^k de bois pelard en deux heures : l'effet produit a été équivalent à l'échauffement de 7180^k d'eau à 85°. Ainsi, on a recueilli $7180 \times 85 = 610300$ unités de chaleur, ce qui donne, pour chaque kilogramme, environ 3000. L'état hygrométrique du bois n'a point été observé ; mais en admettant qu'il contenait 0,25 d'eau, on trouverait pour la puissance calorifique du bois sec 4000^c.

65. A Wesserling, dans une chaudière à vapeur chauffée au bois, on a obtenu, pour la moyenne de plusieurs jours d'expérience, 3^k24 de vapeur par kilogramme de bois ; la fumée, à son entrée dans la cheminée, était à 250°, et elle conservait encore 10 pour 100 d'oxygène ; par conséquent, la moitié seulement de l'oxygène de l'air avait été employée à la combustion. D'après cela, la puissance calorifique du bois se compose : 1° de la quantité de chaleur renfermée dans la vapeur produite, qui est égale à $3,24 \times 650 = 2106$; 2° de la quantité de chaleur entraînée par la fumée ; or, le poids de l'air nécessaire pour brûler 1^k de bois est de 8^k50, en supposant que la moitié de l'air ait échappé à la combustion ; d'ailleurs la capacité calorifique de l'air est à peu près le quart de celle de l'eau ; la quantité de chaleur entraînée par la fumée

a donc été de $8,50 \times 250 \times 1/4 = 532$; 3° de la quantité de chaleur absorbée par la vaporisation de l'eau renfermée dans le bois, qui est égale à $650 : 4 = 162$. Ainsi, la puissance calorifique du bois, déduite de cette expérience, serait de $2106 + 532 + 162 = 2800$.

En admettant, comme précédemment, que le bois renfermait 0,25 d'eau, la puissance calorifique du bois sec serait de 3733. En admettant 0,30 d'eau, elle serait de 4000ᶜ.

Ces dernières expériences, malgré l'incertitude relative à la quantité d'eau hygrométrique du bois employé, ne permettent pas de douter que la puissance calorifique du bois complétement desséché, déduite de l'expérience, ne s'accorde d'une manière satisfaisante avec celle qui résulte de sa composition.

66. La puissance calorifique des bois dépendant de leur état hygrométrique, et cet état pouvant varier dans des limites fort étendues, même dans des circonstances en apparence fort peu différentes, on ne peut réellement connaître la puissance calorifique du bois qu'on emploie, qu'après avoir constaté par expérience la quantité d'eau qu'il renferme. Si la dessiccation devait se faire à 100°, il suffirait de prendre un certain poids de bois à l'état de sciure, de le dessécher dans une capsule chauffée au bain-marie, et de peser le bois lorsqu'il ne se dégagerait plus sensiblement de vapeur. Mais par cette méthode, le bois conserve encore une certaine quantité d'eau, retenue par l'affinité de la fibre ligneuse. En effet, le bois n'est pas altéré à 150°, et d'après les expériences de M. Violette (52), de 125° à 150°, il y a une perte de 0,0267, et très-probablement elle était plus grande de de 100° à 125°. Ainsi, pour dessécher complétement le bois, il faudrait le chauffer à 150°, opération qui présente quelques difficultés. On atteindrait difficilement cette température avec des dissolutions salines; d'ailleurs, elles devraient être constamment alimentées d'eau pour conserver la même température. Le chauffage à vapeur direct exigerait une pression de 4 à 5 atmosphères. L'emploi de la vapeur surchauffée présenterait d'autres difficultés pour régler la température.

Le mode de chauffage le plus simple, pour les petits essais dont il est question, consiste à employer une lampe ordinaire. L'air brûlé qui sort de la cheminée est à peu près à 300°, et la veine d'air qui conserve cette température a une section qui va constamment en diminuant; par conséquent, si on plaçait dans le courant d'air chaud un cylindre vertical ouvert par les deux bouts, la température moyenne de l'air qui le traverserait serait d'autant moins élevée que le cylindre serait placé à une plus grande hauteur. Mais, pour appliquer cette disposition à l'objet qui nous

occupe, il faudrait que les veines d'air chaud qui traversent le cylindre
fussent mêlées de manière à prendre une température commune. L'appareil représenté figure 2 satisfait aux conditions dont je viens de parler; le cylindre est en tôle, de 0^{m}10 de
hauteur et de diamètre; il est garni
intérieurement de plusieurs diaphragmes qui forcent le courant à passer
successivement à la circonférence et
au centre; à la partie inférieure il est
terminé par deux troncs de cône placés en sens contraires, et au sommet
par une surface concave et par la
capsule de tôle dans laquelle on place
la poudre à sécher. Cette capsule porte
une tubulure à travers laquelle passe
la tige d'un thermomètre; l'appareil
est soutenu par deux tiges qui per—
mettent de le disposer à la hauteur convenable.

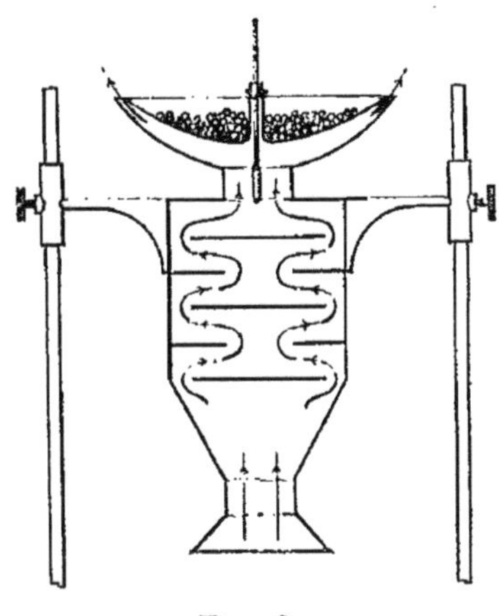

Fig. 2.

67. En résumant tout ce qui précède, nous admettrons,

1° Que tous les bois au même état de dessiccation produisent sensiblement la même quantité de chaleur;

2° Que pour les bois parfaitement desséchés artificiellement, la puissance calorifique est d'environ 4000;

3° Que pour les bois dans l'état ordinaire de dessiccation, qui renferment à peu près 25 à 30 pour 100 d'eau, la puissance calorifique varie
de 3000 à 2800.

Dans l'estimation de la puissance calorifique des bois, on devrait, à la
rigueur, déduire la chaleur employée à vaporiser l'eau hygrométrique,
chaleur qui n'est pas restituée, du moins quand la fumée s'échappe
à plus de 100°, et c'est le cas ordinaire ; mais comme le nombre
d'unités de chaleur employées à cet effet s'élève seulement à 159 ou 191,
il est inutile d'y avoir égard.

68. Quant à la puissance calorifique des bois rapportée à leur volume,
on ne peut donner aucun nombre un peu précis, attendu que le poids
d'un même volume de bois varie, non-seulement avec la densité du bois,
mais beaucoup plus encore avec la grosseur des bûches, leurs courbures
et la manière dont elles ont été placées pour former les piles.

69. La mesure désignée en France sous le nom de voie est de 2 mètres
cubes ou stères. La longueur des bûches étant de 1^{m}14; la mesure du
stère a 0^m 88 de hauteur sur 1 mètre de longueur. A Paris, le poids de

la voie des bois de chauffage varie de 700 à 750^k. Celui des bois de charbonnage varie de 600 à 700^k.

Lorsque les bûches sont rondes, de même longueur, de même diamètre, régulièrement espacées et que le volume est considérable, le volume réel du bois est sensiblement constant et égal à 0,78 du volume apparent. En effet, considérons un parallélipipède rectangle dont la longueur l est égale à celle des bûches, et dont la section perpendiculaire à la longueur est égale à l'unité de surface ; en désignant par n le nombre des bûches placées dans l'unité de longueur, le diamètre de chacune sera $1 : n$, son rayon $1 : 2n$, la section $\pi : 4n^2$; et comme le nombre des bûches est égal à n^2, il s'ensuit que le volume réel du bois est égal à $l . \pi : 4 = l$. 0,78, le volume apparent étant l. Mais, pour qu'il en soit ainsi, il faut, comme je l'ai dit, que les bûches soient bien rondes, et que la section de la pile soit très-grande relativement à celle des bûches. Le nombre 0,78 doit être considéré comme une limite extrême qui n'est jamais atteinte.

70. *Combustion des différentes espèces de bois.* — Quoique les bois à un état de dessiccation parfaite soient tous susceptibles de donner sous le même poids des quantités de chaleur peu différentes, leur structure produit, dans leur mode de combustion, des variétés qui ne les rendent pas tous également propres à tous les genres de travaux.

Les bois compacts ne brûlent qu'à leur surface ; la chaleur qui se propage dans l'intérieur en dégage les gaz combustibles qui brûlent en totalité dans les commencements, et il ne reste bientôt qu'un charbon volumineux, compacte, se consumant lentement et sans flamme. Les bois légers brûlent avec beaucoup plus de rapidité, parce que leur porosité permet à l'air d'y pénétrer plus facilement, et qu'ils se déchirent par l'action de la chaleur ; la majeure partie du carbone qu'ils renferment brûlant en même temps que les gaz combustibles, ils ne laissent que peu de charbon ; aussi ces bois donnent de la flamme presque pendant toute leur combustion. La différence entre ces deux espèces de bois diminue à mesure qu'ils sont en bûches d'une plus petite dimension ; la raison en est évidente.

On concevra facilement, d'après ce qui précède, pourquoi, dans les verreries, les fourneaux à porcelaine, et même les fours à poterie commune, où l'on a besoin d'une température très-élevée et d'une flamme longue et continue, on emploie toujours des bois tendres, tandis que pour presque tous les autres usages, où l'on a besoin d'une température beaucoup moins élevée et dans un lieu plus voisin du foyer, les bois durs sont préférés.

Quel que soit d'ailleurs le bois que l'on emploie, l'effet calorifique sera d'autant plus grand que le bois sera plus divisé, parce qu'alors une plus petite quantité d'air échappera à l'action du combustible, et comme il faut toujours que l'air finisse par s'échapper à une température supé- rieure à celle de l'atmosphère, on conçoit facilement que plus la quantité d'air employée à la combustion de la même quantité de matière sera petite, moins il y aura de perte de chaleur par l'air qui s'écoule. Mais, indépendamment des frais qu'occasionnerait la refente du bois, souvent la nature de l'opération ne permet pas d'employer du bois trop menu, parce que la combustion serait trop rapide. Il n'y a qu'un petit nombre d'usines, telles que certaines verreries et les fabriques de porcelaine, où la prompte combustion étant un avantage, puisqu'elle produit toujours une température plus élevée, il soit important d'employer le bois refendu.

CHAPITRE IV.

CHARBON DE BOIS.

71. Le charbon de bois est une matière qu'on obtient en soumettant le bois, dans certaines conditions, à une température plus ou moins élevée, mais qui dépasse toujours 340°. Jusqu'à 150° le bois n'éprouve qu'une simple dessiccation et abandonne seulement l'eau hygrométrique qu'il contient ; mais à une plus haute température, il se décompose et donne un résidu solide, plus riche en carbone que le bois, et la proportion de carbone est d'autant plus considérable que la température a été plus élevée. Les phénomènes qui se produisent dans la calcination du bois sont très-compliqués, ils ont été étudiés récemment avec beaucoup de soin par M. Violette. Je rapporterai les faits les plus importants consignés dans les mémoires de cet habile chimiste, insérés dans les volumes **XXIII** et **XXXII** des *Annales de chimie et de physique*.

72. Les premières expériences ont été faites sur du bois de bourdaine réduit en petites baguettes de $0^m 06$ de longueur et de $0^m 01$ de diamètre, et réunies au nombre de vingt, pesant de 130 à 140^{gr}. Ces bottes ont été séchées séparément à la température de 150°, en les faisant traverser par un courant de vapeur surchauffée. Le passage de la vapeur pendant deux heures suffisait à la dessiccation complète ; car, par une opération d'une plus grande durée, le poids du bois ne changeait pas. La carbonisation a été effectuée aussi par la vapeur surchauffée, du moins jusqu'à 350°, et la température était mesurée par un thermomètre à mercure. La carbonisation à des températures supérieures a été effectuée dans des creusets placés dans un bon fourneau à calcination alimenté par du coke et du charbon de bois. Pour connaître à peu près la température produite, on avait placé, dans différentes baguettes de bois, de petits fragments de la grosseur d'une tête d'épingle d'un des six métaux suivants : antimoine, cuivre, argent, or, acier, fer, platine. Le métal était logé dans une petite cavité pratiquée à l'extrémité de la baguette et recouvert d'une couche de poussière de charbon bien tassé. En élevant progressivement la température du fourneau, on a pu arriver par tâtonnement à fondre le premier métal seulement, ou les deux premiers, ou les trois premiers, et enfin tous ; il est évident que la température obtenue était comprise entre celle de la fusion du dernier métal fondu et celle du métal suivant. M. Violette admet par approximation que la température de la carbonisation est celle de la fusion du dernier métal fondu. Les températures de fusion sont celles qui ont été trouvées par M. Pouillet. L'expérience ayant démontré que l'exposition du bois pendant trois heures à une certaine température suffisait au dégagement de toutes les matières qui peuvent s'échapper à cette température, toutes les carbonisations ont été effectuées dans ce laps de temps.

73. Voici d'abord les résultats obtenus sous le rapport du rendement :

Températures auxquelles le bois desséché à 150° a été soumis.	Quantités de produits obtenus p. 100 parties de bois sec.	OBSERVATIONS.
150°	100,00	
160	98,00	
170	94,55	
180	88,59	Ces produits ne sont que du bois de plus en plus altéré, mais ne peuvent pas être désignés sous le nom de charbons. Ils portent celui de brûlots.
190	81,99	
200	77,10	
210	73,14	
220	67,50	
230	55,37	
240	50,79	
250	49,67	
260	40,23	
270	37,14	
280	36,16	Charbon très-roux commençant à être friable.
290	34,09	
300	33,01	
310	32,87	
320	32,23	
330	31,77	

Températures auxquelles le bois desséché à 150° a été soumis.		Quantités de produits obtenus p. 100 parties de bois sec.	OBSERVATIONS.
	340	31,53	Charbon très-noir ainsi que les suivants.
	350	29,26	
Fusion de l'antimoine	432	18,87	
— de l'argent...	1023	18,75	
— du cuivre....	1100	18,40	
— de l'or......	1250	17,94	Charbons noirs et très-durs.
— de l'acier....	1300	17,46	
— du fer.......	1500	17,31	
— du platine....	»	15,00	

Ainsi, le charbon roux se produit entre 280° et 340°; au delà, le charbon est noir, et le rendement va constamment en diminuant avec l'accroissement de la température.

74. Mais, indépendamment de la température, une autre circonstance a une grande influence sur le rendement, c'est l'activité plus ou moins grande de la carbonisation, résultant du plus ou moins de facilité que les gaz produits trouvent à se dégager. M. Violette a obtenu par une carbonisation lente un produit deux fois plus grand que par une carbonisation rapide à la même température.

75. Voici maintenant la composition des charbons obtenus dans les expériences que nous avons rapportées, mais à des températures plus espacées.

COMPOSITION MOYENNE DES CHARBONS DE BOIS DE BOURDAINE

PRÉPARÉS A DES TEMPÉRATURES CROISSANTES.

TEMPÉRATURE de la CARBONISATION.	SUBSTANCES ÉLÉMENTAIRES TROUVÉES DANS 100 PARTIES DE CHARBON.			
	CARBONE.	HYDROGÈNE.	OXYGÈNE, AZOTE ET PERTE.	CENDRES.
150°	17,5105	6,1200	16,2900	0,0800
200	51,8170	3,9945	13,9760	0,2265
250	65,5875	4,8100	28,9670	0,6320
300	73,2360	4,2540	21,9620	0,5690
350	76,6440	4,1360	18,4415	0,6130
432	81,6435	1,9610	15,2455	1,1625
1023	81,9745	2,2975	11,1485	1,5975
1100	83,2925	1,7020	13,7935	1,2245
1250	88,1385	1,4150	9,2595	1,1990
1300	90,8110	1,5835	6,4895	1,1515
1500	94,5660	0,7395	3,8405	0,6640
Fusion du platine.	96,5170	0,6215	0,9360	1,9455

On voit, d'après ce tableau, que la quantité de carbone renfermée dans les charbons va en augmentant à mesure que la température de la carbonisation est plus élevée, mais qu'à la plus haute température que nous puissions produire, on ne peut jamais obtenir du carbone pur, même en ne tenant pas compte des cendres.

76. En calculant, d'après le rendement du bois en charbon et la composition du charbon aux diverses températures, on trouve les résultats suivants pour la quantité de carbone correspondant à 100 parties de bois.

A 150°	47,51		A 1023°	15,30
200	39,88		1100	15,32
250	32,98		1250	15,80
300	24,61		1300	15,85
350	22,42		1500	16,36
432	15,40		Fusion du platine	14,47

Il résulte de là que la perte en carbone reste à peu près constante à partir de 432°, et probablement à une température inférieure, mais supérieure pourtant à 350°; alors, à partir de cette température, la diminution dans le rendement provient uniquement de la diminution des gaz renfermés dans le charbon. Les petites anomalies, qu'on trouve dans le rendement en carbone proviennent certainement des erreurs inévitables dans des expériences aussi délicates.

77. Il résulte de l'analyse des deux charbons qui ont été obtenus, l'un par une carbonisation lente, l'autre par une carbonisation rapide, que ce dernier renferme moins de carbone que le premier : ainsi, par une carbonisation rapide, il y a beaucoup moins de rendement et le produit est moins riche en carbone.

78. M. Violette a examiné ce qui arrive quand le bois est soumis à l'action de la chaleur dans des vases exactement clos, et d'où par conséquent aucun gaz ne peut se dégager. Le bois était placé dans un tube de verre épais, dont il occupait presque toute la capacité, et qui était fermé à la lampe d'émailleur. Dans chaque expérience on opérait sur quatre tubes renfermés chacun dans un tube métallique, afin que la rupture de l'un d'eux n'occasionnât pas celle des autres. La carbonisation avait lieu par la vapeur surchauffée. Les tubes qui avaient résisté étaient transparents et laissaient voir le bois carbonisé et un centimètre cube d'un liquide tantôt transparent et légèrement ambré, plus souvent d'un blanc laiteux opaque. L'ouverture des tubes, dans lesquels les gaz avaient une tension énorme, a présenté beaucoup de difficultés. Si l'on brisait la pointe effilée du tube, préalablement enveloppé d'un linge épais, il se produisait une violente détonation, et le tube ainsi que le

charbon étaient réduits en poudre. Après beaucoup d'essais infructueux,
M. Violette a trouvé un moyen qui a parfaitement réussi; il consiste à
plonger dans la flamme d'une lampe à alcool l'extrémité effilée du
tube, le verre se ramollit et finit par s'ouvrir en une fissure imperceptible, qui laisse échapper en sifflant un jet de gaz, ce qui diminue peu à
peu la tension intérieure. M. Violette a pu ainsi recueillir le charbon
produit, ainsi que le liquide; le poids du gaz dégagé était évidemment
représenté par le poids du bois diminué de celui du charbon et du
liquide.

79. Il résulte des expériences faites de 10° en 10° depuis 160° jusqu'à
340°, toujours au moyen de la vapeur surchauffée, que le poids du charbon obtenu a varié d'une manière à peu près uniforme de 0,974 à
0,791 ; tandis que dans des vases ouverts, pour les mêmes températures, il varie de 0,97 à 0,29 ; ainsi le produit solide de la carbonisation en vases clos est beaucoup plus considérable qu'en vases ouverts.

80. Le charbon obtenu à 180° est très-roux, très-friable et semblable à celui qu'on produit en vases ouverts à 280° ; mais il en
diffère sous le rapport de sa composition qui s'écarte peu de celle du
bois.

81. Le charbon, produit à 300° et au delà, a réellement éprouvé une
véritable fusion, car il s'est affaissé et adhère fortement au verre ;
il est luisant, miroitant, caverneux, dur, cassant, entièrement semblable à de la houille grasse qui aurait été fondue.

Un fait également digne de remarque, c'est que les charbons, produits aux températures de 260° à 340° contiennent de 3 à 4 pour 100
de cendres, tandis que les charbons produits en vases ouverts aux
mêmes températures n'en contiennent que 1/2 pour 100. Ce singulier
résultat ne peut s'expliquer qu'en admettant que les gaz, en se déga-
geant, entraînent avec eux une grande partie des substances minérales
contenues dans le bois.

82. M. Violette a déterminé avec beaucoup de soin la quantité de
charbon obtenu de différentes matières ligneuses, préalablement desséchées à 150°, et soumises ensuite en vases ouverts à une température de
300°, au moyen de la vapeur surchauffée. Le tableau suivant renferme
les résultats des expériences pour un certain nombre de bois. Les nombres représentent les quantités de charbon relatives à 100 parties de
matières sèches.

Liége	62,80	Chêne	46,09
Saule pourri	52,17	If	46,06
Paille de blé	46,99	Bois de hêtre	44,25

Pin maritime	41,18	Aulne	34,40
Peuplier (feuilles)	40,95	Bouleau	34,17
Peuplier (racines)	40,90	Prunier	34,06
Pin sauvage	40,75	Érable	33,75
Mélèze	40,31	Saule	33,74
Châtaignier	36,06	Bourdaine	33,61
Cerisier	35,53	Frêne	33,28
Tremble	34,87	Poirier	31,88
Pommier	34,69	Tilleul	31,85
Orme	34,59	Peuplier (tronc)	31,12
Charme	34,44	Marronnier	30,86

83. De tout ce que nous venons de dire résultent les faits suivants :

1° Le bois carbonisé à des températures différentes donne un rendement qui décroît à mesure que la température est plus élevée. Pour le bois de bourdaine, préalablement desséché à 150°, le rendement est de 0,50 à 250°, de 0,33 à 300°, de 0,20 à 400°, de 0,15 à la plus haute température que nous puissions produire.

2° Le bois produit une quantité de charbon d'autant plus considérable que l'opération s'effectue plus lentement, c'est-à-dire que les gaz éprouvent plus de difficulté à se dégager.

3° Le carbone contenu dans le bois se divise dans l'acte de la carbonisation en deux parties : l'une reste dans le produit solide de l'opération ; l'autre s'échappe avec les matières volatiles. Ce partage varie avec la température de la carbonisation pour le bois de bourdaine : à 250° la quantité de carbone qui reste dans le charbon est les deux tiers du poids total; entre 300° et 350°, elle en est la moitié; au delà de 1500°, elle n'en est plus que le tiers.

4° La quantité de carbone renfermée dans le charbon augmente avec la température de la carbonisation. Pour le bois de bourdaine, on en trouve 0,64 à 250°, 0,73 à 300°, 0,80 à 400°, 0,96 au delà de 1500°, à la plus forte température. Mais pour ce même bois, à partir d'une température comprise entre 350° et 412°, la quantité de carbone, renfermée dans le charbon, est constante et égale à peu près à 0,15 du poids du bois sec, de sorte que la diminution de rendement porte uniquement sur le poids des gaz renfermés dans le charbon. Il n'est pas douteux que cette circonstance ne doive exister pour les autres bois, mais peut-être à des températures différentes.

5° Le charbon renferme toujours des gaz ; la plus haute température que nous puissions produire ne l'en a jamais dépouillé complétement. Cette quantité de gaz, pour le charbon de bois de bourdaine, est de 0,50 à 250°, de 0,33 à 300°, de 0,25 à 350°, de 0,05 à 400°, de 0,01 à 1500°.

6° Le bois carbonisé dans des vases entièrement clos retient à l'état solide presque tout le carbone qu'il contenait. Pour le bois de bourdaine, de 160 à 340°, la quantité de carbone renfermée dans le charbon est à peu près le triple du rendement ordinaire.

7° Dans la carbonisation en vases ouverts on n'obtient du charbon roux, avec le bois de bourdaine, qu'à 270° et on a seulement 0,40 de rendement, tandis qu'en vases clos le bois se change en charbon roux à 180° avec un rendement de 0,90.

8° Le bois, en vases clos, à une température de 300 à 400°, éprouve une véritable fusion ; il ne conserve aucune trace d'organisation et ressemble à de la houille grasse qui aurait été fondue.

9° Les charbons faits en vases clos donnent beaucoup plus de cendres que les charbons produits dans des vases ouverts : par conséquent, dans les méthodes ordinaires de fabrication, une partie des matières minérales est entraînée par les gaz qui se dégagent.

10° Enfin, les différents bois séchés à la même température de 150°, carbonisés à la même température de 300°, donnent des rendements très-différents. Il est probable qu'à une température plus élevée le rendement en carbone pur reste constant comme pour le bois de bourdaine.

Examinons maintenant les différents procédés de carbonisation employés dans l'industrie.

84. *Différentes méthodes de carbonisation du bois.* — La carbonisation en meule, dont la connaissance remonte à une époque très-reculée, est encore généralement suivie dans nos forêts.

On commence par choisir, à portée du bois que l'on exploite, un terrain ferme, uni, horizontal, pour y établir le fourneau. Si l'on ne trouvait dans le voisinage de l'exploitation qu'un terrain rocailleux, on le nivellerait par des transports de terre. Après avoir battu le sol à la dame et avoir tracé la circonférence du fourneau, on place verticalement une des plus grosses bûches, et on range horizontalement et dans la direction des rayons du cercle les bûches les plus grosses ; sur cette première couche de bois, qu'on nomme le *plancher*, on place d'autres lits disposés de la même manière, mais d'un diamètre de plus en plus petit, de manière à former un cône tronqué. Plus souvent les bûches sont placées debout sur le premier plancher. Quand la pile a atteint la hauteur de la bûche centrale, on place une seconde bûche sur celle qui formait l'axe, afin d'en doubler la hauteur, et on continue de monter la pile jusqu'au sommet de la seconde bûche. Cette opération étant terminée, on revêt toute la surface extérieure de la meule d'une couche de *fraisil :* on désigne ainsi un mélange de terre et de poussier de charbon qui reste sur le sol du fourneau après l'opération. Faute de fraisil, on se sert de terre très-divisée, de gazon, pour former le premier enduit du fourneau ; il doit avoir de $0^m 12$ à $0^m 18$ d'épaisseur. On a soin de laisser à découvert quelques trous correspondant aux rondins placés à la base, afin de donner accès à l'air extérieur dans la meule.

Le fourneau étant ainsi disposé, on peut le mettre en feu ; pour cela, on enlève la bûche placée dans l'axe lors de l'élévation du dernier étage, et on jette dans le vide qu'elle laisse du bois sec très-menu et des charbons incandescents. La combustion se propage rapidement, et bientôt il sort de la fumée, non-seulement par la cheminée, mais encore par un grand nombre de points de la surface du fourneau. Aussitôt que la flamme commence à sortir par la cheminée, on ferme celle-ci en partie par une plaque de gazon. Puis, après quelque temps, on *commence* à percer l'enveloppe à partir du sommet ; ces évents donnent issue aux produits de la combustion. La couleur et l'abondance des fumées permettent de juger de l'état de l'opération dans cette partie de la meule. Quand cette fumée est d'un bleu clair, presque transparente et peu abondante, l'ouvrier perce de nouveaux évents dans un plan horizontal à $0^m 20$ ou $0^m 30$ au-dessous des premiers, qui doivent alors être bouchés. On continue ainsi jusqu'au bas. Les évents d'admission de l'air, qui se trouvent à la partie inférieure de la meule, restent constamment ouverts.

Le charbonnier doit observer le feu avec attention, afin de régler l'entrée de l'air et l'issue de la fumée le plus régulièrement possible ; il doit couvrir de terre les parties de la surface d'où la fumée se dégage en trop grande abondance, et il doit, de temps en temps, ajouter de la terre au bas du fourneau, pour rétrécir continuellement les ouvertures qui donnent accès à l'air extérieur. Les vents peuvent avoir une influence très-fâcheuse sur les fourneaux à charbon ; aussi est-on souvent obligé de s'en préserver par des abris ordinairement formés d'un clayonnage en osier.

Après un certain temps, qui dépend de la grandeur de la meule, toute la masse est incandescente, et l'ouvrier attend l'apparition du *grand feu ;* c'est le moment où l'enveloppe devient rouge ; à cet instant, le charbon est fait. Alors on jette de la terre sur le fourneau pour le recouvrir en totalité et arrêter la combustion ; quelques heures après, on renouvelle cette enveloppe et on attend que le charbon soit éteint pour le retirer.

On voit, d'après cela, que la réussite de l'opération dépend uniquement des soins et de la vigilance des ouvriers, et que les moindres négligences, ou des vents violents dont on ne pourrait pas s'abriter, occasionneraient non-seulement de grandes diminutions dans le produit en charbon, mais encore pourraient ne laisser que des cendres pour résultat de l'opération.

85. Par ce procédé, on obtient de 17 à 18 de charbon pour 100 parties de bois en poids ; dans les grandes meules, le produit est plus considérable.

On obtient en volume de 25 à 30 dans les petites meules, et de 30 à 34 dans les grandes.

86. D'après les renseignements recueillis par M. Sauvage, ingénieur des mines, dans les départements des Ardennes et de la Meuse, les essences de bois employées pour la carbonisation sont : 0,25 de hêtre et de chêne, 0,25 de tremble et de saule, 0,50 de charme. Les bûches ont de $0^m 84$ à $0^m 90$ de longueur ; elles sont placées presque verticalement dans le fourneau qui en renferme trois couches ; les meules contiennent ordinairement de 60 à 90 stères ; la carbonisation dure de sept à douze jours. Les rendements sont ainsi qu'il suit :

ARDENNES.

	Bois mêlés.
Poids du stère de bois......................	300^k
Un stère rend en volume......................	$0^m 30$ à $0^m 33$
Un stère rend en poids......................	60 à 66^k
100^k de bois rendent......................	20 à 22^k
Le poids du mètre cube de charbon est..........	200^k

MEUSE.

	Bois durs.
Poids du stère de bois......................	375^k
Un stère rend en volume......................	$0^m 33$ à $0^m 40$
Un stère rend en poids	80^k
100^k de bois rendent......................	21^k
Le poids du mètre cube de charbon est..........	240^k

87. M. Ebelmen, en comparant la composition des gaz qui s'échappent des évents pratiqués à la surface des meules avec celle des gaz produits par la carbonisation en vases clos, a constaté : 1° que l'oxygène de l'air introduit dans la meule par les évents se transforme complétement en acide carbonique sans mélange d'oxyde de carbone ; 2° que cette transformation a lieu sur le charbon déjà formé et non sur les produits de la distillation du bois ; 3° que la carbonisation s'opère dans les meules de haut en bas et du centre à la circonférence. La surface de

séparation, entre le charbon formé et le bois incomplétement carbonisé, est celle d'un cône renversé, ayant le même axe que la meule, mais don l'angle au sommet va constamment en augmentant à mesure que la carbonisation s'approche de la base. L'air passe à travers le bois non carbonisé, à cause de la difficulté qu'il éprouve à traverser le charbon qui a éprouvé un grand tassement ; aussi les évents nouveaux donnent exclusivement écoulement aux gaz ; ceux qui sont au-dessus se ferment d'eux-mêmes.

88. M. Ebelmen a modifié le procédé que nous venons de décrire ; nous rapporterons le passage suivant de son mémoire (*Annales des mines*, t. XXIII) :

« Les modifications pratiquées à Audincourt diffèrent peu de celles indiquées par différents auteurs, et notamment par M. Karsten (*Traité de la métallurgie du fer*). Elles consistent à supprimer le vide de la cheminée et à déterminer l'inflammation du cœur de la meule au moyen d'une plaque de tôle chauffée par-dessous. On pratique au centre de l'aire un vide conique qui a 1^m 33 de diamètre à la base supérieure, 0^m 50 à la base inférieure, et 0^m 50 de hauteur. Les parois en sont formées par des briques. Trois conduits en briques de 0^m 12 de côté partent du fond de cette chaudière et viennent déboucher à l'air libre, en dehors de l'espace réservé pour la meule. La chaudière est remplie de menu bois, de fumerons et recouverte d'une plaque de tôle. On dresse la meule sur une base de 9^m de diamètre, avec du bois scié de 0^m 67 de longueur sur trois étages. Dans la partie qui correspond à la projection de la chaudière on met sur le premier étage du bois une couche épaisse de terre et de fraisil, puis on dispose la meule comme à l'ordinaire, en ayant soin que les vides laissés entre les bûches soient les plus petits possibles, et que chaque bûche se trouve dans le plan diamétral passant par l'axe de la meule. On met le feu au combustible contenu dans la chaudière, on découvre la partie supérieure de la meule et on ouvre les trous du pied. Le fraisil placé sur le premier étage sert à élargir l'espace dans lequel la combustion commence pour se répandre ensuite dans toute la masse du bois. Quand la meule est bien en feu, on ferme les trois ouvreaux communiquant avec la chaudière, on couvre la meule et on conduit l'opération comme à l'ordinaire en perçant des évents à partir du haut. L'opération dure quatre ou cinq jours et s'exécute sur 28 à 35 stères de bois. On a reconnu qu'il y avait de l'avantage à opérer sur ce volume de bois au lieu de 150 ou 180 stères qui composaient les anciennes meules d'Audincourt, et dont la carbonisation durait de douze à quinze jours.

Le bois était scié en bûches de $1^m 33$ de longueur. » Voici les résultats obtenus :

Meule de :		Longueur des bûches.	Volume obtenu pour 100 parties de bois.
Ancienne méthode...	150 à 180 stères.	$1^m 33$	36.52
Même méthode......	28 à 35 —	$1^m 67$	39,55
Méth. avec chaudière.	28 à 35 —	$0^m 67$	43,73

Ainsi, il y avait un grand avantage à employer les chaudières. On a reconnu qu'il n'y avait pas d'inconvénient à porter le volume du bois à 50 ou 60 mètres cubes ; mais les petites meules sont plus faciles à conduire et à surveiller. Malheureusement les meules à fourneaux ne peuvent être employées que quand les lieux de la carbonisation ne changent pas ; car dans les forêts la construction des fourneaux serait un accroissement notable de dépense.

On a imaginé, pour mettre la meule en feu, une nouvelle disposition plus simple que la chaudière dont nous venons de parler, et tout aussi avantageuse. Dans l'axe de la meule se trouvent deux cheminées en tôle concentriques ; l'intervalle qui les sépare est rempli de charbon menu jusqu'à la hauteur du premier étage, $0^m 70$; on allume par la cheminée centrale et on conduit l'opération comme à l'ordinaire. Pour une meule de 50 à 60 stères on emploie 10 à 12 hectolitres de braise.

On peut recueillir une grande partie de l'acide pyroligneux en plaçant dans les évents des tuyaux de fer-blanc environnés d'eau froide. Une meule de 60 stères fournit à peu près 1800 litres d'acide (M. Ebelmen).

89. Marcus-Bull, en remplissant les intervalles des bûches avec du poussier de charbon, a obtenu une augmentation notable dans le rendement. L'accroissement de produit obtenu par ce moyen est facile à comprendre : le poussier de charbon, en brûlant, préserve le bois de la combustion.

90. Le mode de carbonisation en meules que nous venons de décrire a l'inconvénient d'être d'une conduite difficile à cause des vents, et de faire perdre les produits de la distillation des bois. On a proposé différents procédés pour éviter ces inconvénients ; mais, comme ils ne sont pas plus avantageux, sous le rapport du rendement, que celui qui est généralement suivi dans les forêts, ils ont été abandonnés et on continue à employer exclusivement l'ancienne méthode.

91. Dans les fabriques d'acide pyroligneux, le bois est distillé dans des chaudières en tôle, qu'on enlève des fourneaux et qu'on replace au moyen d'une grue. Ces chaudières communiquent avec l'appareil de

condensation au moyen d'un tuyau, et les gaz, après leur refroidissement et la condensation des vapeurs, sont dirigés dans le foyer où ils sont brûlés. La consommation de bois dans le foyer est de 12,5 pour distiller 100 parties de bois. Le charbon obtenu est de bonne qualité ; son poids s'élève de 28 à 30 pour 100 parties de bois.

92. Dans ce mode d'opération, comme nous venons de le dire, on brûle sur la grille les gaz combustibles qui se dégagent, mais après qu'ils ont été séparés de l'acide pyroligneux et du goudron qu'ils renfermaient. Il n'est pas douteux que si ces gaz et le goudron arrivaient chauds sur la grille, ils suffiraient seuls à la distillation.

93. *Charbons roux.* — Il y a quelques années, on croyait qu'il y avait un grand avantage à employer dans les hauts fourneaux du bois incomplétement carbonisé à l'état de charbon roux ; on prétendait obtenir ainsi une économie de près de 0,5. Pour opérer cette carbonisation partielle, on a d'abord employé la chaleur perdue du haut fourneau. Le bois était placé dans des caisses en fonte, ayant un mètre cube de capacité, dont les fonds et les faces latérales étaient chauffés par la flamme du gueulard (*Annales des Mines*, t. X). Mais comme ce mode de travail n'était praticable qu'autant que les bois étaient très-rapprochés des usines, on s'est occupé de la fabrication des charbons roux en forêt. On a d'abord essayé si, par la méthode ordinaire, en arrêtant la carbonisation à une époque convenable, on ne parviendrait pas au résultat cherché ; mais on n'a rien obtenu de satisfaisant : une partie du bois était transformée en charbon noir, et une autre à peine altérée. M. Echement s'est plus approché du but, par une disposition particulière du fourneau et du mode de chauffage. Le fourneau a la forme d'un prisme allongé ; le bois y est placé horizontalement, et il est recouvert suivant la méthode ordinaire. Au-dessous du fourneau et dans l'axe se trouve un canal creusé dans le sol, de $0^m 2$ de côté, fermé en dessus par des plaques de fonte disposées de manière à laisser de petits intervalles entre elles ; au-dessus de ce canal, le bois est placé de manière à former une voûte demi-cylindrique, de $0^m 5$ à $0^m 6$ de rayon. Le canal creusé dans le sol communique avec un foyer à grille construit à l'un des bouts du fourneau, et dans lequel l'air est injecté par un ventilateur à force centrifuge. Le foyer est entretenu avec du bois et des branchages. La quantité de bois qu'on brûle dans le foyer est égale à 0,1 de celle du bois torréfié. On concevrait facilement que par cette méthode on pût arriver à une calcination uniforme dans toute la masse, car on est maître de faire passer le courant d'air chaud par une partie quelconque du fourneau, puisque cette direction est déterminée

par la position des orifices de l'enveloppe (*Annales des Mines,* t. XVI). Cependant la pratique n'a pas répondu à ces prévisions.

94. Le meilleur mode de fabrication du charbon roux consiste à chauffer le bois renfermé dans un vase clos, en y introduisant de la vapeur surchauffée ; la température se répartit avec une grande uniformité ; on arrête facilement l'opération à l'instant propice, et on obtient un produit très-homogène. Ce mode de carbonisation imaginé par MM. Thomas et Laurens reviendrait trop cher pour les usages métallurgiques ; mais il est appliqué avec succès en France et en Belgique pour la production du charbon roux destiné à la fabrication de la poudre, et principalement à celle de la poudre de chasse.

95. Le procédé de ces ingénieurs fonctionne depuis 1847 à la poudrerie d'Esquerdes (Nord), et depuis 1849 à celle de Saint-Chamas (Bouches-du-Rhône). En voici la description : Le bois, placé dans des vases de tôle, y est soumis à l'action d'un courant de vapeur surchauffée, qui entre par le haut du récipient et s'échappe par le bas. La vapeur saturée, obtenue au moyen d'un générateur ordinaire, se surchauffe en circulant dans un serpentin en fer ou en fonte, chauffé par la flamme d'un foyer à la houille ou au bois ; la fumée du même foyer passe ensuite autour des vases, afin d'éviter leur refroidissement. On connaît l'état d'avancement de l'opération au moyen d'un thermomètre plongeant dans ces vases, et mieux par la couleur des vapeurs qui s'en échappent. M. Violette, lorsqu'il était commissaire des poudres à Esquerdes, a fait d'intéressantes observations sur le fonctionnement de cet appareil et sur les produits qu'il fournit, produits supérieurs en quantité et en qualité à ceux obtenus par les autres méthodes usitées dans les poudreries (*Annales de Chimie et de Physique,* t. XXIII).

96. *Propriétés du charbon de bois.* — Le charbon de bois est solide, cassant, friable ; il conserve la structure du bois qui l'a produit. Quoique facile à pulvériser, il donne une poussière très-dure.

97. La densité du charbon de bois peut être considérée, comme celle du bois, sous son volume apparent, ou sous le volume qu'occupe la matière solide. La densité des morceaux de charbon sous leur volume apparent pourrait se déterminer en les taillant en prismes dont on déterminerait le poids et le volume. Ces expériences n'ont point été faites ; elles seraient d'ailleurs sans intérêt : ce qui importe, c'est la connaissance du poids du mètre cube de différents charbons.

Poids du mètre cube de charbon en kilogrammes.

Charbon de chêne et de hêtre................. 240 à 250ᵏ
    —   de bouleau........................ 220 à 230
    —   de pin .... 200 à 210

98. M. Violette a déterminé, par la méthode qu'il avait employée pour le bois, la densité de la matière solide qui forme les charbons de bois. Il a opéré sur le charbon de bois de bourdaine produit à différentes températures. Les charbons avaient été séchés à 100°, et réduits en poudre impalpable ; leur séjour dans le vide a été prolongé pendant dix jours ; on opérait sur un gramme de charbon. M. Violette a déduit de ses expériences les résultats suivants : 1° à 150°, le bois n'a point éprouvé d'altération, parce que sa densité est la même que celle du bois desséché à 100° ; 2° la densité des charbons produits de 150° à 260° décroît de 1,507 à 1,402 ; 3° la densité des charbons produits à des températures supérieures à 270° croît avec la température, de manière à devenir égale à 2 à 1500°. La densité du noir de fumée calciné est de 2,300 ; la densité du diamant varie de 3,50 à 3,53.

99. Le charbon de bois est infusible. Il jouit de la propriété d'absorber un grand nombre de gaz.

100. Les charbons ordinaires, qui n'ont été soumis qu'à la température seulement suffisante pour leur production, sont à la fois mauvais conducteurs de la chaleur et de l'électricité, et très-combustibles ; tandis que ceux qui ont été portés au rouge sont bons conducteurs de la chaleur et de l'électricité, d'une combustion difficile, et cela, d'autant plus qu'ils ont été plus fortement chauffés. Lorsque les premiers sont séparés d'un foyer et exposés à l'air, ils continuent à brûler, tandis que les autres s'éteignent. Ces dernières propriétés sont les conséquences naturelles de la différence de conductibilité.

101. Les charbons de différents bois, soumis à la même température, sont d'autant plus conducteurs de la chaleur et de l'électricité et d'autant moins combustibles qu'ils proviennent de bois plus denses.

M. Violette a essayé de déterminer les rapports de conductibilité des charbons pour la chaleur ; mais la méthode qu'il a employée est trop inexacte, comme il le reconnaît lui-même, pour qu'on puisse en tirer d'autre conclusion que l'ordre de conductibilité des charbons. D'après ses expériences, les charbons conduisent d'autant mieux la chaleur qu'ils ont été produits à une température plus élevée. Il résulte aussi de ces expériences que la plupart des charbons de bois différents, produits à la même température, ont sensiblement la même faculté conductrice.

102. Les charbons exposés à l'air humide absorbent une certaine quantité d'eau. M. Violette a obtenu les résultats suivants : Des charbons produits aux températures de

150° 200° 250° 300° 350° 1023° 1250° 1500°

ont absorbé pour 100 parties

20,86 10,02 7,40 7,61 5,89 4,67 4,76 2,204

103. Les expériences ont duré plus de trois mois, et n'ont cessé que lorsque les charbons n'augmentaient plus de poids. Il résulte de ces expériences que le charbon est d'autant moins hygrométrique qu'il a été produit à une plus haute température. Les charbons noirs ordinaires, obtenus à une température comprise entre 250 et 400°, peuvent absorber de 5 à 7 pour 100 d'eau. Le charbon en poudre absorbe plus d'eau que le charbon en morceaux ; la différence varie de 0,3 à 0,5.

104. Comme on prend rarement les précautions nécessaires pour soustraire le charbon à la pluie, il est rare d'en trouver qui ne contienne pas de 10 à 12 pour 100 d'eau. Il en résulte un inconvénient assez grave ; pendant la combustion, une partie de la chaleur est employée inutilement à vaporiser cette eau.

105. Les charbons de bois conservés longtemps deviennent friables, et dans le transport produisent beaucoup de poussier ; les charbons légers ont cet inconvénient à un plus haut degré que ceux qui proviennent des bois compactes. On attribue cet effet à la cristallisation des sels que renferme le charbon, cristallisation qui produit un phénomène analogue à celui de la gelée dans certaines pierres de construction.

106. Pour le service des hauts fourneaux et des forges, on garde les charbons en halle sept à huit mois. Au delà de ce terme ils commencent à se détériorer sensiblement. Quand on est obligé de les conserver en tas exposés à l'air, on les abrite par des couvertures légères ; mais ils perdent beaucoup de leur qualité, s'ils y demeurent plusieurs mois. Cependant on a reconnu que les charbons récents sont moins avantageux qu'après un séjour d'un à deux mois dans les halles.

107. Les charbons de bois donnent des quantités de cendres, qu'il est facile de calculer quand on connaît celles qui résultent de la combustion du bois, et les quantités de charbon que peuvent produire les différentes espèces de bois ; car les cendres du bois se trouvent toutes dans celles du charbon qu'il produit. Or, d'après le tableau (45), la quantité moyenne de cendres des différents bois est à peu près de 0,015,

et en admettant le chiffre 0,20 pour la quantité de charbon produit, on trouve que la quantité moyenne de cendres que peuvent donner les différents charbons est de $0,015 \times \frac{100}{20} = 0,075$.

Ce nombre s'accorde sensiblement avec les analyses directes des charbons employés dans l'industrie , comme nous allons le voir ; mais il diffère beaucoup des résultats obtenus par M. Violette ; car pour le bois de bourdaine, les charbons obtenus à différentes températures n'ont jamais renfermé plus de 0,015 de cendres, et le même chiffre n'est pas atteint pour les charbons produits à 300° avec les bois ordinaires ; cette différence provient probablement de ce que, dans le mode de production employé par M. Violette, il y avait beaucoup plus de matières fixes entraînées par les gaz que dans les carbonisations lentes usitées ordinairement.

108. *Puissance calorifique.* Les charbons ordinaires du commerce, — privés de leur eau hygrométrique, dégagent sensiblement la même quantité de chaleur. C'est un fait constaté par de nombreuses expériences et connu depuis longtemps.

109. La quantité absolue de chaleur, développée par la combustion du charbon, a été déterminée, au moyen du calorimètre à glace, par Laplace et Lavoisier, qui ont obtenu 7226 calories ; mais ces physiciens avaient pris, pour la chaleur qu'absorbe la liquéfaction de la glace, le chiffre 75, tandis que le nombre réel est 79 ; le chiffre obtenu doit donc être multiplié par 79 : 75, et il devient 7609. Hassenfratz, qui a répété ces expériences, a obtenu, après la même correction, 7580. Clément Désormes a trouvé seulement 7050. Les premières expériences ont été faites sur du charbon sec, la dernière sur le charbon ordinaire qui renferme toujours de 6 à 7 pour 100 d'eau ; en admettant 0,07, les deux premiers nombres deviendraient 7076 et 7049, nombres bien voisins de celui qui a été obtenu par Clément Désormes.

110. D'après M. Sauvage, ingénieur des mines, le charbon fabriqué dans les forêts serait composé ainsi qu'il suit :

Carbone..........................	0,790
Matières volatiles.................	0,131
Cendres..........................	0,079

et représenterait 0,85 de carbone. Mais comme l'équivalent en carbone a été obtenu au moyen de la litharge (25), et que ce procédé suppose que la quantité de chaleur dégagée par la combustion de l'hydrogène est égale à celle du carbone multipliée par 3,049, tandis que le

facteur réel est 4,307, l'équivalent de l'hydrogène en carbone 0,85 —
0,79 = 0,06 doit être multiplié par 4,307 : 3,049 = 1,41, et il devient 0,0846 ; l'équivalent total de ce charbon de bois en carbone
devient alors 0,79 + 0,0846 = 0,8746 ; et par conséquent la puissance
calorifique est 0,8746 . 8080 = 7066. Elle aurait été seulement de
0,85 . 8080 = 6838, si l'on avait admis l'équivalent 0,85 indiqué par
M. Sauvage.

111. Nous admettrons désormais que les charbons de bois ordinaires,
renfermant de 6 à 7 pour 100 d'eau et 6 à 7 de cendres, ont une puissance calorifique représentée par 7000.

112. Les valeurs relatives des différents charbons sous le même volume, et dans l'état où ils se trouvent ordinairement dans le commerce,
sont évidemment dans le rapport de leurs densités apparentes, c'est-à-
dire dans le rapport des poids du même volume.

113. *Charbon de Paris.* — On désigne ainsi un combustible artificiel
formé de poudre de charbon de bois agglutinée par du goudron et soumise ensuite à une haute température. Cette industrie, créée en 1846
par M. Popelin-Ducarre, a pris depuis un grand développement. Le
charbon de Paris est en cylindres de 0^m10 de hauteur sur 0^m03 de
diamètre ; il s'embrase assez facilement, brûle sans flamme ni fumée,
avec une grande lenteur, en se recouvrant d'une épaisse couche de cendres. Un morceau bien allumé continue à brûler à l'air jusqu'à ce qu'il
soit entièrement consumé. La lenteur de sa combustion le rend très-
propre aux usages domestiques. Il produit de 20 à 22 pour 100 de
cendres ; par conséquent sa valeur calorifique est inférieure à celle du
charbon de bois ordinaire qui n'en laisse que 6 à 7 pour 100. Son prix
est de 15 à 16 francs les 100^k.

Ce charbon se fabrique avec les poussiers de charbon de bois qui
forment, dans les usines en fer, les déchets des halles, et qui s'é-
lèvent en moyenne à 0,1 du charbon consommé dans ces usines.
On emploie aussi une grande quantité de menu obtenu en carbonisant, dans les forêts, à l'aide d'un four portatif, de nombreux débris
ligneux presque sans valeur. Les charbons menus sont d'abord broyés
sous les meules, puis mêlés avec la moitié de leur poids de goudron
des usines à gaz. La pâte est passée ensuite dans l'appareil à mouler
qui la comprime fortement. Puis les cylindres de charbon sont chauffés dans des fours disposés de manière que la chaleur nécessaire à
la carbonisation soit produite par la combustion des gaz qui se dégagent pendant cette opération. Ces fours sont composés de trois caisses
rectangulaires en briques, superposées ; chaque rangée est séparée de la

suivante par un espace libre de 0^m 15 à 0^m 20 de largeur, ayant la profondeur et la hauteur des caisses de calcination ; ces espaces libres communiquent par le bas avec un foyer, qu'on n'allume que pour la mise en train, et à différentes hauteurs avec les parties supérieures des caisses. Lorsque, par l'action du foyer, les caisses ont été amenées au rouge, on y introduit les cylindres moulés au moyen d'une pelle rectangulaire à grands rebords ; l'air extérieur, qui parcourt les faces latérales des caisses, brûle les gaz qui en sortent, et cette combustion maintient la température des fours. Quand la carbonisation est terminée, les cylindres sont retirés au moyen de la pelle qui a servi à les introduire et versés dans des étouffoirs, et on continue ainsi les opérations jusqu'à ce que les fours aient besoin de réparation.

On a proposé, depuis, un grand nombre d'autres moyens d'agglomération des charbons menus. Un de ceux qui paraissent les plus avantageux consiste à mêler le poussier de charbon avec du menu de houille grasse réduit en poudre fine, à former une pâte avec de l'eau, à mouler la pâte et à soumettre les cylindres desséchés à une température assez élevée pour réduire la houille à l'état de coke.

On a aussi employé de l'argile pour agglomérer le charbon. Cette dernière méthode semble présenter plus d'avantages que les autres ; mais le consommateur ne devrait admettre les charbons ainsi obtenus qu'autant qu'il aurait reconnu, par expérience, la quantité de cendres qu'ils produisent ; car la quantité d'argile pourrait varier dans des limites très-étendues sans qu'on s'en aperçût à la couleur.

CHAPITRE V.

TANNÉE.

114. Le tan épuisé, qui n'est plus formé que de la partie ligneuse de l'écorce de chêne, sert de combustible dans un grand nombre de localités. Pour l'employer, on le comprime, encore humide, dans des moules de fer ordinairement circulaires ; les mottes qui résultent de cette opération sont séchées à l'air libre, et sont vendues pour le chauffage domestique des familles les plus pauvres. Les mottes renferment encore beaucoup d'eau, elles brûlent lentement et donnent beaucoup de cendres. C'est un combustible précieux dans les grandes cités, où en général les autres combustibles sont beaucoup plus chers. La production du tan étant peu considérable, son emploi dans les usines sera toujours très-limité. Il y a cependant des circonstances dans lesquelles il peut être employé avec avantage : on en jugera facilement d'après les résultats suivants.

115. 1250^k d'écorce de chêne produisent 1000^k de tannée sèche, et ces 1000^k se vendent à Paris 10 francs. 1000^k de tannée équivalent à peu près, pour la puissance calorifique, à 800^k de bois ou à 300^k de houille ; les 800^k de bois coûtent à Paris à peu près 39 francs, et les 300^k de houille à peu près 15 francs. Ainsi, pour des quantités égales de chaleur développées, les prix de la tannée, du bois et de la houille, sont proportionnels aux nombres 10, 39 et 15.

116. Dans un des faubourgs de Paris, une machine à vapeur de 12 chevaux à basse pression était alimentée par de la tannée sèche : elle en consommait de 1600 à 1700^k en 12 heures ; ce qui fait 12^k par cheval et par heure.

117. Les résidus qui proviennent des bois de teinture peuvent être employés au même usage que la tannée. D'après des expériences faites par M. Pimont, les résidus de bois de teinture abandonnés pendant quelques mois dans des fosses, éprouvent une fermentation à la suite de laquelle ils peuvent facilement être moulés comme le tan ; M. Pimont estime à 3 francs le prix de revient de 1000 briques dont le poids s'élève à 360^k, et il regarde ce combustible comme présentant une économie des deux tiers sur la houille.

118. Désormais nous admettrons que la puissance calorifique de la tannée parfaitement sèche, et produisant 0,15 de cendres, est égale à 0,85 de celle du bois, c'est-à-dire à 3400, et que celle de la tannée dans l'état ordinaire de dessiccation renfermant 0,30 d'eau, est seulement de 2380.

CHAPITRE VI.

TOURBE.

119. La tourbe est un combustible léger, spongieux, d'un brun noirâtre. Elle est formée de plantes herbacées, entrelacées, souvent reconnaissables, et dont la décomposition est plus ou moins avancée. Les tourbes renferment toujours une certaine quantité d'eau, de terre et de sable.

120. Les produits de la combustion de la tourbe sont assez complexes, parce qu'il est difficile de la rendre complète. Ils sont composés des mêmes éléments que ceux qui se dégagent de la combustion incom-

plète du bois; on y trouve en outre de l'ammoniaque et souvent de l'acide sulfureux.

121. On distingue plusieurs variétés de tourbes, mais une seule est employée communément comme combustible : c'est celle des marais. Cette tourbe a des caractères qui varient suivant la profondeur à laquelle elle a été prise. À la surface du sol la tourbe est lâche et formée de végétaux à peine décomposés; à mesure que l'on s'enfonce davantage dans la couche, elle devient plus compacte, plus noire, et les débris organiques qui la composent sont plus altérés; enfin, dans les dernières assises, elle ne laisse plus apercevoir de traces de végétaux.

La tourbe des marais se trouve, comme l'indique son nom, dans les terrains marécageux et humides, qui ont été le fond d'étangs ou de lacs d'eau douce. Elle n'est jamais enfouie profondément; elle est ordinairement recouverte d'une couche de terre ou de sable de quelques décimètres d'épaisseur. Les couches de tourbe atteignent souvent une grande épaisseur : on en connaît qui ont plus de 10 mètres. Les bancs de tourbe ont fréquemment une très-grande étendue. Ils sont beaucoup plus répandus dans le Nord que dans le Midi.

La tourbe provient sans aucun doute des débris de plantes aquatiques déposés successivement au fond des marais; mais comme tous les marais ne renferment pas de la tourbe, il faut nécessairement admettre que sa formation exige ou des espèces particulières de végétaux ou des circonstances qui ne se rencontrent pas partout.

Les tourbières les plus considérables de la France sont : 1° celles de la vallée de la Somme, entre Amiens et Abbeville ; 2° celles des environs de Beauvais ; 3° celles de la rivière d'Essonne, entre Corbeil et Villeroi ; 4° celles des environs de Dieuze. La Hollande, la Westphalie, l'Autriche, la Bavière, l'Écosse et la Russie sont très-riches en tourbes.

La tourbe s'extrait en mottes carrées de la grosseur d'une brique. Elle est ordinairement séchée sur le lieu même de l'exploitation, et renferme alors au moins 30 pour 100 d'eau qu'on ne peut dégager qu'en la chauffant à une température assez élevée.

122. La tourbe brûle lentement et sans produire une très-haute température, avec une fumée d'une odeur piquante fort désagréable. Elle est employée pour les usages domestiques, dans les pays dépourvus d'autres combustibles; elle peut servir à l'alimentation des foyers des chaudières à vapeur. En Bohême il y a des hauts fourneaux qui sont alimentés avec un mélange de tourbe et de charbon de bois ; la tourbe est employée sans aucune autre préparation qu'une lente dessiccation sous des hangars. Dans d'autres pays on se sert du charbon de tourbe mêlé au charbon de bois. Lorsque les tourbes ont été convenablement desséchées, et qu'elles ne renferment que peu de cendres, 5 à 6 pour 100, il paraît qu'elles peuvent être employées dans la plupart des opérations métallurgiques.

123. Les tourbes extraites comme nous l'avons dit sont en général spongieuses et contiennent des quantités de terre plus ou moins considérables. On a fait beaucoup d'essais pour séparer de la tourbe les matières étrangères qui s'y trouvent, et pour augmenter sa densité. A Montauger, près de Corbeil, M. Challeton a essayé le procédé suivant : La tourbe extraite au louchet ou à la drague est amenée à l'usine, par des canaux ménagés dans la tourbière ; elle est élevée par une chaîne à godets et introduite, avec une suffisante quantité d'eau, dans une grande cuve dans laquelle se meut un arbre vertical garni d'ailes horizontales armées de crochets très-nombreux ; la tourbe est divisée, les parties organiques qui avaient conservé leurs formes sont déchirées, et le produit de cette action mécanique est une bouillie claire, qu'une chaîne à godets élève constamment pour la verser dans un canal en planches situé au-dessus du sol. Ce canal la conduit dans des bassins dont le fond est formé par le sol recouvert de nattes ; en quatre ou cinq heures la plus grande partie de l'eau renfermée dans la tourbe s'est écoulée. La couche de tourbe de chaque bassin est alors divisée en briques qu'on laisse dessécher sur le sol, suivant la méthode ordinaire. Après quatre mois de dessiccation à l'air libre, la tourbe renferme encore 0,16 d'eau. On n'a pu obtenir ainsi, comme on l'espérait, une tourbe compacte, dure et homogène. Ces qualités eussent été très-importantes pour la combustion dans les foyers à grands tirages, parce qu'alors il y a peu de matières combustibles entraînées par le courant, et pour la carbonisation, parce qu'il se produit peu de menu et que le charbon est plus dense. La tourbe ainsi préparée ne contient que peu de terre, car celle-ci s'est déposée, par suite de sa plus grande densité, au fond des cuves à broyer, d'où elle est enlevée de temps en temps. Dans ce mode de préparation, le travail était produit par une machine à vapeur dont le générateur était alimenté par la tourbe brute.

124. *Puissance calorifique.* — La qualité de la tourbe étant très-variable, même dans chaque exploitation, et les quantités d'eau et de cendres qu'elle renferme l'étant également et dans des limites très-étendues, on ne peut rien dire de bien positif sur la quantité de chaleur que produit la tourbe par sa combustion.

Des expériences faites sur une grande échelle par M. Garnier, ingénieur des mines, indiquent pour la tourbe une puissance calorifique égale à peu près à la moitié de celle de la houille. Ces expériences ont été faites sur la tourbe des marais de Brêles, près de Beauvais. Les tourbes de ces marais sont d'un gris noirâtre, sans mélange de substances terreuses ; elles éprouvent un grand retrait par leur dessiccation, car leur longueur, qui est d'environ 0^{m}325 au moment de leur extraction, se réduit ensuite au tiers. On distingue dans cette localité six variétés de tourbe : les deux dernières ne sont bonnes que pour faire des cendres.

Les essais ont eu lieu sur la chaudière d'une machine à vapeur à haute pression de la force de 20 chevaux. M. Garnier a trouvé que, pour produire le même effet avec la houille et la tourbe de seconde qualité, il fallait un poids double de ce dernier combustible.

125. La tourbe limoneuse de première qualité, des environs d'Essonne, me paraît approcher beaucoup de celle dont il vient d'être question ; car, d'après des expériences faites avec soin, elle ne laisse après sa combustion que 7,41 pour 100 de cendres.

126. D'après M. Sauvage, ingénieur des mines, la tourbe de Bar (Ardennes) est composée ainsi qu'il suit : carbone, 0,22 ; matières volatiles, 0,67 ; cendres, 0,11. Il estime à 0,16 la valeur en carbone des matières volatiles, ce qui porterait à 0,38 celle de la tourbe sèche ; et il dit que cette tourbe desséchée à l'air a la même puissance calorifique que le bois.

127. Le tableau suivant renferme les résultats des analyses faites par M. Regnault sur la composition des tourbes. Nous avons inséré dans ce tableau les puissances calorifiques de ces combustibles, en supposant que la chaleur produite résultât uniquement de la combustion du carbone et de l'hydrogène en excès, et en admettant toujours 8080 pour le carbone et 34462 pour l'hydrogène.

DÉSIGNATION DES COMBUSTIBLES.	COMPOSITION.				HYDROGÈNE en excès.	PUISSANCE calorifique.
	CARBONE.	HYDROGÈNE.	OXYGÈNE.	CENDRES.		
Tourbe de Vulcaire près Abbeville............	57,05	5,63	31,76	5,58	1,69	5191
Tourbe de Long près Abbeville............	58,09	5,93	31,37	4,61	2,04	5396
Tourbe du Champ-du-Feu près de Framont.	57,79	6,11	30,97	5,33	2,30	5161

128. D'après ce tableau, la puissance calorifique moyenne de la tourbe étant de 5349, excède de beaucoup celle du bois, parce qu'elle renferme plus de carbone et plus d'hydrogène en excès ; elle excède même la moitié de celle de la houille, qui est moyennement de 8000, comme nous le verrons bientôt. Mais il faut remarquer que les essais ont été faits sur des tourbes complétement desséchées ; et comme les tourbes, telles qu'elles sont livrées à la consommation, ont été seulement desséchées par leur exposition à l'air, elles renferment encore de l'eau en proportion très-notable. Cette circonstance ne permet alors d'estimer la puissance calorifique des tourbes qu'autant qu'on connaît la quantité d'eau qu'elles renferment et la quantité de cendres qu'elles produisent.

D'après le journal *l'Ingénieur* (1856), la tourbe des tourbières des environs de Laybach, qui ont une étendue de plus de 16,000 hectares, sur une épaisseur comprise entre 4 et 10 mètres, est brune, compacte, sans aucune trace apparente de végétaux. Elle est formée de 65,59 de carbone, 5,60 d'hydrogène, 24,67 d'oxygène, 2,04 d'azote et de 2,10 de cendres. Cette composition équivaut, sous le rapport de la puissance calorifique, à 65,59 de carbone et 2,52 d'hydrogène libre, et par suite sa puissance calorifique serait de 5900. D'après cela, la puissance calorifique des tourbes varierait dans des limites plus étendues que celles qui résultent des expériences faites par M. Regnault, et augmenterait à mesure que la décomposition de la matière végétale serait plus avancée.

129. En admettant que les tourbes longtemps exposées à l'air renferment encore 30 pour 100 d'eau, comme plusieurs expériences l'indiquent, et en prenant pour puissance calorifique la moyenne qui résulte des analyses de M. Regnault, on trouverait pour la puissance calorifique de ces tourbes à peu près 3750.

Mais comme la valeur réelle d'une tourbe dépend principalement de la quantité d'eau hygrométrique qu'elle renferme, et de la quantité de cendres qu'elle produit, on obtiendrait une estimation bien plus rapprochée de la valeur d'une tourbe, en admettant le nombre 5300 pour la puissance calorifique d'une tourbe sèche produisant 0,05 de cendres, et en déterminant, par expérience, les quantités d'eau hygrométrique et de cendres. Si la tourbe avait une composition chimique notablement différente de celles qui ont été analysées par M. Regnault, le nombre 5300 devrait être remplacé par un autre facile à calculer ; pour les tourbes de Laybach, ce nombre serait 5900.

130. Pour les tourbes, encore plus que pour les bois, il y aurait un grand avantage à enlever presque complétement l'eau qu'elles renferment, par une dessiccation faite au moyen d'un courant d'air chaud. Cette dessiccation serait d'autant plus avantageuse, qu'elle pourrait s'effectuer par la chaleur perdue des appareils de chauffage, et ne coûterait que les frais de main-d'œuvre. Lorsque la tourbe est desséchée, elle développe plus de chaleur, sa combustion est plus vive et produit une plus haute température. Pour tous les usages métallurgiques, la dessiccation de la tourbe est indispensable.

131. Jusqu'ici la tourbe a été rarement employée dans les grandes industries ; mais, depuis quelque temps, on s'occupe sérieusement d'utiliser les immenses tourbières disséminées sur presque tous les points de l'Europe.

CHAPITRE VII.

CHARBON DE TOURBE.

132. Le charbon de tourbe est en général très-poreux, il brûle facilement et très-lentement à cause des cendres qui s'accumulent à sa surface ; des morceaux de charbon, séparés d'un foyer, continuent à brûler jusqu'à ce que tout le carbone ait disparu.

Le charbon de tourbe peut s'obtenir, comme celui de bois, par plusieurs procédés différents, en vases ouverts et en vases clos.

133. La carbonisation de la tourbe, par la méthode généralement employée dans les forêts pour la carbonisation du bois, présente beaucoup de difficultés, attendu que la masse s'affaisse davantage et qu'il se forme des crevasses par lesquelles l'air s'introduit dans le fourneau ; en outre, le charbon de tourbe s'enflammant très-facilement, il faut attendre le refroidissement presque complet de la meule avant de l'ouvrir ; enfin, par ce procédé, on obtient beaucoup de menu. Malgré les inconvénients que nous venons de signaler, la carbonisation en meules paraît être encore la seule usitée dans le Nord.

134. En conservant ce mode de carbonisation, on peut, au moyen d'enveloppes en maçonnerie, obvier presque à tous les inconvénients. La tourbe est placée dans un cylindre en maçonnerie, dont la surface est percée de nombreux ouvreaux distribués par rangées horizontales, et qu'on ouvre successivement en partant du haut ; le cylindre est fermé

par un couvercle en tôle. Mais quand on veut retirer le charbon, il faut encore attendre le refroidissement complet du fourneau.

135. A Crouy, près de Meaux, la carbonisation de la tourbe s'effectue dans une enveloppe en maçonnerie de faible épaisseur, chauffée extérieurement par les gaz qui sont ensuite brûlés dans le foyer. Les produits de la distillation sont recueillis. Quand l'opération est terminée, le charbon encore incandescent est reçu dans des étouffoirs, placés au-dessous du four, et on peut immédiatement faire une nouvelle opération. Le mètre cube de tourbe de Crouy pèse 350^k ; on obtient un volume de 30 à 35 de charbon pour 100 de tourbe, et ce charbon renferme 0,65 de carbone et 0,35 de cendres. La charge du fourneau est de 25 hectolitres ou 875^k ; l'opération dure de vingt-deux à trente heures ; on brûle 250^k de tourbe dans le foyer à chaque opération (*Annales des Mines*, 1829). On pourrait craindre que, par ce procédé, la carbonisation ne fût trop rapide, du moins au commencement, et pour les parties voisines des parois chauffées, et que, par suite, le charbon ne fût trop divisé et réduit en trop petits fragments. Cet inconvénient serait surtout à craindre pour les tourbes compactes.

136. M. Moreau, de Paris, a présenté, à l'exposition universelle de 1855, un fourneau portatif destiné à la carbonisation de la tourbe ; il est d'un usage très-commode, et, d'après les renseignements qui nous ont été fournis, donnerait de bons résultats. L'appareil se compose d'un cylindre de tôle, de 1^{m}30 environ de hauteur et de 1^m de diamètre, ouvert par les deux bouts et qui se pose sur le sol. A sa partie supérieure, il est muni d'une rigole extérieure destinée à recevoir un second cylindre de même diamètre et de même hauteur ; ce dernier est fermé à sa partie supérieure. Au centre, se trouve un tuyau de 0^{m}12, servant de cheminée, qui descend jusqu'au niveau du sol, et s'élève au-dessus du second cylindre de 2^m environ ; à sa partie inférieure, il porte quatre tuyaux horizontaux de 0^{m}05 de diamètre, qui se prolongent jusqu'à 0^{m}10 de la surface du cylindre, et qui sont percés au milieu de leur longueur et en dessous d'un orifice de 0^{m}03 de diamètre. Enfin, sur le couvercle du cylindre supérieur se trouvent deux grandes ouvertures à fermeture hydraulique et des orifices qu'on peut fermer plus ou moins.

137. Pour se servir de cet appareil, on commence par poser sur le sol le grand tuyau, qui repose sur les quatre petits tuyaux horizontaux ; on allume de la tourbe autour des orifices de manière à faire écouler la fumée par le grand tuyau ; alors on place successivement les deux grands cylindres, en remplissant la rigole de sable ou de terre,

et on charge la tourbe par les deux grands orifices qui donnent en même temps accès à l'air extérieur ; la combustion se règle par le registre de la cheminée ; à mesure que le volume de la tourbe diminue, on en ajoute de nouvelle, et on arrête l'opération quand il ne se dégage plus de vapeurs sensibles par la cheminée. L'opération dure dix-huit heures environ. Pour refroidir le charbon formé, on enlève la cheminée qui dépasse le second cylindre, l'orifice est fermé par une plaque à fermeture hydraulique ; le refroidissement dure cinq à six heures. Pendant l'opération les cylindres ne rougissent jamais ; leur durée s'étend à plusieurs années.

138. La distillation de la tourbe donne un gaz qui brûle avec une très-faible lumière, et un liquide oléagineux qui, par sa distillation, produit un gaz sept à huit fois plus éclairant que le gaz de la houille. Le mélange de ces deux gaz, brûlé dans les mêmes circonstances que celui de la houille, produit une lumière dont le pouvoir éclairant est compris entre 1,5 et 3,0, celui du gaz de la houille étant 1 (M. Foucault). Malheureusement ce mélange renferme beaucoup d'oxyde de carbone, et serait d'un usage dangereux.

139. D'après M. Blavier, la tourbe de Vesle, distillée en vases clos, donne pour résidu un charbon compacte, dont le poids est de 34,7 pour 100 parties de tourbe. En grand, on a obtenu de 40 à 41. On peut admettre, comme un résultat qui s'éloigne peu de la réalité, que les charbons provenant de tourbes de bonne qualité contiennent de 14 à 18 pour 100 de cendres.

140. D'après M. Sauvage, on fabrique le charbon de tourbe dans les Ardennes, avec la tourbe de Bar, dans des fours en maçonnerie ; le produit est de 44 pour 100 ; et le charbon est formé de 0,32 de matières volatiles et combustibles, de 0,43 de carbone et de 0,25 de cendres.

141. Le charbon de tourbe développe dans sa combustion les produits qui se forment dans celle du charbon de bois ; mais en général les gaz qui se dégagent ont une odeur piquante et fort désagréable, qui provient très-probablement de ce que le charbon, dans sa préparation, n'a pas été soumis à une température assez élevée.

142. *Puissance calorifique.* Le charbon de tourbe renfermant toutes les cendres que contenait la tourbe qui l'a produit, et ces quantités étant très-inégales dans les différentes tourbes, la quantité de chaleur qu'il dégage par sa combustion est très-variable. On peut cependant regarder le charbon de tourbe comme devant produire une quantité de chaleur égale à celle qui serait produite par le charbon pur qu'il contient. Le

charbon de tourbe d'Essonne, sur 100 parties, donnant 18,2 de cendres, résultat moyen de plusieurs expériences faites avec beaucoup de soin, il en résulte que sa puissance calorifique est 6610.

CHAPITRE VIII.

COMBUSTIBLES FOSSILES.

LIGNITES. — HOUILLES. — ANTHRACITES.

143. Les différents combustibles que nous avons examinés jusqu'ici ont tous une origine végétale évidente. Ceux qui nous restent à étudier ont probablement tous aussi la même origine, mais elle n'est manifeste que dans certains lignites. Les houilles et les anthracites ont une pâte homogène dans laquelle il est impossible de découvrir les plus légères traces de structure organique ; mais comme il y a un passage continu des lignites conservant la structure des plantes qui les ont formés, aux houilles et aux anthracites, il n'est pas permis de douter de la communauté d'origine de ces différentes substances.

144. Quoi qu'il en soit, la tourbe appartient aux terrains d'alluvion les plus modernes ; au-dessous, dans les terrains tertiaires, se trouvent les lignites ; on les rencontre encore dans les couches supérieures des terrains secondaires, mais ils disparaissent des couches inférieures qui ne contiennent plus que de la houille ; enfin les terrains intermédiaires renferment l'anthracite. Il semble, d'après cela, que la formation de l'anthracite remonte à l'époque la plus reculée, que la houille est moins ancienne, et le lignite plus moderne encore.

Nous n'entrerons pas dans les détails géologiques des gisements des combustibles fossiles, ni dans les détails des modes d'extraction : nous sortirions du cadre que nous nous sommes tracé ; mais nous étudierons avec soin ces combustibles sous le rapport de leurs effets calorifiques.

Lignites.

145. Les lignites se présentent sous des aspects très-différents. Tantôt ils ont une couleur brune et une texture ligneuse, et quelquefois une apparence terreuse ; tantôt ils sont noirs, à structure ligneuse, ou en masse homogène à cassure résineuse. Les lignites se distinguent par deux propriétés caractéristiques : 1° ils sont en grande partie formés

d'une matière soluble dans la potasse, désignée anciennement sous le nom d'*acide ulmique* ; 2° ils donnent pour produit de leur distillation un charbon pulvérulent ou de même forme que la masse distillée. Jamais ces deux caractères ne se trouvent réunis, ni dans les houilles, ni dans les anthracites.

146. Les lignites terreux sont employés comme combustibles ; il en est qui, par une plus profonde altération, ont acquis une structure schisteuse et sont accompagnés de pyrites, et qui pour cette raison sont employés dans d'importantes exploitations d'alun.

On trouve en France des dépôts plus ou moins considérables de lignite terreux aux environs de Soissons et de Laon, dans le département de l'Aisne ; à Montdidier, dans le département de la Somme ; à Sainte-Marguerite, près de Dieppe ; à Ruelle, dans le département des Ardennes ; à Polieuc, près d'Orange, dans le département de Vaucluse.

147. Les lignites compactes ont la plus grande analogie avec la houille : ils en portent souvent le nom, et peuvent la remplacer dans la plupart des usages qui n'exigent pas les qualités spéciales des houilles grasses. Le jayet appartient à cette espèce.

Les lignites compactes forment souvent des bancs d'une grande puissance qui donnent lieu à de grandes exploitations. En France, on en trouve dans les environs de Marseille, de Toulon, de Vaucluse, de Ruelle (Ardennes).

Houilles. — Anthracites.

148. Les houilles sont toujours noires, tantôt schisteuses, tantôt compactes ; elles donnent lieu à d'immenses exploitations. Sous le rapport de leur conduite au feu, on peut les ranger en cinq classes :

1° *Houilles grasses maréchales.* — Ces houilles sont d'un beau noir et présentent un aspect gras caractéristique ; leur poussière est brune. Elles éprouvent au feu une espèce de fusion pâteuse et donnent un coke très-boursouflé, brillant, mais léger et peu avantageux pour les opérations métallurgiques. De toutes les houilles maréchales, la plus estimée est celle de Saint-Etienne ; après, vient celle de Mons, désignée sous le nom de *fine forge ;* elle a moins de corps que celle de Saint-Etienne, et résiste moins au vent du soufflet. Cette houille, brûlée sur grille, produit une chaleur extrême ; mais par sa fusion pâteuse elle intercepte le courant d'air, brûle les grilles et exige beaucoup de soin de la part du chauffeur.

2° *Houilles grasses et dures.* — Ces houilles diffèrent des houilles maréchales par une moindre fusibilité ; leur coke est plus dense et le meilleur pour les hauts fourneaux.

3° *Houilles grasses à longues flammes.* — Ces houilles sont encore moins collantes que les précédentes, les fragments s'agglutinent seulement ; ces houilles sont les meilleures pour les grilles. Sous ce rapport, la houille de Mons, connue sous le nom de *flénu,* est en première ligne. Le cannel-coal du Lancashire appartient à cette variété.

4° *Houilles sèches à longues flammes.* — Ces houilles donnent un coke à peine fritté ; souvent même les fragments n'ont qu'une adhérence très-faible. Elles sont employées pour les grilles ; elles brûlent avec une flamme longue, mais de peu de durée, et ne peuvent pas produire une chaleur aussi intense que les houilles précédentes.

5° *Houilles sèches à courtes flammes.* — Ces houilles donnent un résidu pulvérulent ; elles brûlent difficilement et sont principalement employées pour la cuisson des briques et de la chaux, dans les brasseries, pour la dessiccation du malt, et dans l'économie domestique.

149. *Anthracites.* —L'anthracite ne change que très-peu d'aspect par la calcination, et les fragments ne se collent pas. Il brûle très-difficilement et n'est guère employé en Europe que pour la cuisson des briques et de la chaux ; on l'emploie cependant dans le pays de Galles pour les hauts fourneaux ; mais aux Etats-Unis d'Amérique on en fait une consommation immense pour les foyers domestiques et pour les chaudières.

Les houilles, en sortant de la mine, ne renferment qu'une très-petite quantité d'eau qui ne s'élève jamais à 0,02 ; mais comme elles sont rarement abritées pendant les transports et dans les lieux où elles sont accumulées, elles peuvent en contenir des quantités considérables, surtout quand elles sont menues.

150. *Composition des houilles.* — Les premières analyses des combustibles fossiles ont été faites par Thomson ; mais elles sont très-inexactes, parce que l'analyse organique n'avait pas atteint alors le degré de perfection auquel elle est parvenue depuis. Quelques années après, Karsten a donné la composition d'un grand nombre de variétés de houilles ; mais, d'après M. Regnault, ces compositions, quoique plus exactes que celles de Thomson, sont loin de la vérité ; la quantité d'hydrogène y est trop faible, presque constamment de moitié.

151. Le tableau suivant donne, d'après M. Regnault, la composition des lignites et des houilles. Les houilles, avant d'être analysées, avaient été complétement desséchées à la température de 120°. Les pertes ont varié de 1,36 à 1,60. La quantité d'azote est en général très-faible dans les anthracites, et dans les autres combustibles elle varie

DÉSIGNATION des COMBUSTIBLES.	LIEUX d'où ILS PROVIENNENT.	DENSITÉ.	NATURE du COKE.	POIDS du COKE.	COMPOSITION.				HYDROGÈNE en EXCÈS.	PUISSANCE CALORIFIQUE.
					CARBONE.	HYDROGÈNE.	OXYGÈNE ET AZOTE.	CENDRES.		
COMBUSTIBLES DE LA FORMATION CARBONIFÈRE.										
Anthracites.....	Pensylvanie	1,462	Pulvérulent	84,83	90,45	2,43	2,45	4,67	2,09	8028
	Pays de Galles	1,348	Dito	89,72	92,56	3,33	2,53	1,58	2,93	8525
	Mayenne	1,367	Dito	89,96	91,98	3,92	3,16	0,94	3,48	8630
	Rolduc	1,343	Dito	86,96	91,45	4,18	3,12	2,25	3,95	8750
Houilles grasses et dures......	Alais (Rochebelle)	1,322	Boursouflé	76,29	89,27	4,85	4,47	1,41	4,23	8670
	Rive-de-Gier (P. Henry)	1,315	Dito	73,34	87,85	4,90	4,29	2,96	4,30	8580
Houilles grasses maréchales...	Rive-de-Gier, 1	1,298	Très-boursouflé	66,72	87,45	5,14	5,63	1,78	4,36	8568
	(Grand'Croix), 2	1,302	Dito	68,36	87,79	4,86	5,91	1,44	4,04	8485
	Newcastle (Richardson)	1,280	Dito	» »	87,95	5,24	5,41	1,40	4,49	8651
Houilles grasses à longues flammes	Flenu de Mons, 1	1,276	Boursouflé	» »	84,67	5,29	7,94	2,10	4,18	8281
	2	1,292	Dito	» »	83,87	5,42	7,03	3,68	4,44	8306
	Rive-de-Gier, Cimetière, 1	1,288	Dito	67,33	82,04	5,27	9,12	3,57	4,00	8006
	2	1,294	Dito	66,11	84,83	5,61	6,57	2,99	4,69	8470
	Couzon, 1	1,298	Dito	61,88	82,58	5,59	9,11	2,72	4,32	8160
	2	1,311	Dito	60,28	81,71	4,99	7,98	5,32	3,88	7939
	Lavaysse	1,284	Dito	52,77	82,12	5,27	7,48	5,13	4,23	8092
	Lancashire (Cannel-coal)	1,317	Dito	55,35	83,75	5,66	8,04	2,55	4,54	8331
	Epinac	1,353	Dito	59,97	81,12	5,10	11,25	2,53	3,53	7770
	Commentry	1,319	Dito	63,16	82,72	5,29	11,75	0,24	3,65	7940
Houilles sèches à longues flamm.	Blanzy	1,362	Fritté	54,72	76,48	5,23	16,01	2,28	3,09	7243
COMBUSTIBLES DES TERRAINS SECONDAIRES.										
Anthracite......	Lamure	1,362	Pulvérulent	89,5	89,77	1,67	3,99	4,57	1,49	7766
Dito......	Macot	1,919	Dito	88,9	71,49	0,92	1,12	26,47	0,79	6048
Houille......	Ohernkirchen	1,279	Très-boursouflé	77,8	89,50	4,83	4,67	1,00	4,27	8702
Dito......	Géral	1,294	Fritté	53,3	75,38	4,74	9,02	1,86	3,66	7351
Dito......	Noroy	1,410	Pulvérulent	51,2	63,28	4,35	13,17	19,20	2,77	6067
Jayet......	Saint-Girons	1,316	Fritté	42,5	72,94	5,45	17,53	4,08	3,35	7047
Dito......	Bélertat	1,305	Dito	42,0	75,41	5,79	17,91	0,89	3,64	7347
COMBUSTIBLES DES TERRAINS TERTIAIRES.										
Lignite parfait..	Dax	1,272	Pulvérulent	49,1	70,49	5,59	18,93	4,99	3,92	6839
Dito......	Bouches-du-Rhône	1,254	Dito	41,1	63,88	4,58	18,11	13,43	2,41	5991
Dito......	Mont-Mésiner	1,351	Dito	48,5	71,71	4,85	21,67	1,77	2,25	6569
Dito......	Basses-Alpes	1,276	Dito	49,5	70,02	5,20	21,77	3,01	2,59	6549
Lignite imparfait	Grèce	1,185	Analog. au charbon de bois...	38,9	61,20	5,00	24,78	9,02	2,03	5643
Dito......	Cologne	1,100		36,1	63,29	4,98	26,24	5,49	1,83	5743
Dito......	Usnach (bois fossile)	1,167		» »	56,04	5,70	36,07	2,19	1,38	5003
Lignite passant au bitume....	Ellebogen	1,157	Boursouflé	27,4	73,79	7,46	13,79	4,96	5,81	7964
Dito......	Cuba	1,197	Dito	39,0	75,85	7,25	12,96	3,94	5,70	8092
Asphalte......		1,063	Dito	9,0	79,48	9,30	8,79	2,30	8,98	0953

de 1,5 à 2. D'après cela, on a regardé les volumes réunis de l'oxygène et de l'azote comme représentant le volume du premier gaz.

J'ai ajouté à ce tableau les puissances calorifiques de ces combustibles, en admettant qu'elles résultent du carbone et de l'excès d'hydrogène qu'ils contiennent, et en prenant les chiffres 8080 et 34462 pour les puissances calorifiques du carbone et de l'hydrogène.

152. Il résulte de ce tableau que,

Pour les houilles grasses maréchales, la somme des quantités d'oxygène et d'hydrogène est à peu près de 11 pour 100, et les quantités d'oxygène et d'hydrogène sont à peu près égales;

Pour les houilles grasses et dures, la somme des quantités d'oxygène et d'hydrogène est à peu près 9, et la différence des poids de ces deux gaz est encore très-petite;

Pour les anthracites, la somme de ces deux gaz descend à 5 ou 6, et la quantité relative d'hydrogène diminue;

Pour les houilles sèches à longue flamme, la somme des quantités d'oxygène et d'hydrogène s'élève jusqu'à 16, et la proportion d'hydrogène diminue;

Enfin, dans les lignites, la somme des quantités d'oxygène et d'hydrogène s'élève jusqu'à 25, et en même temps la proportion d'hydrogène diminue.

Ainsi les houilles grasses passent aux houilles sèches non flambantes par la diminution de l'oxygène et de l'hydrogène, et aux houilles sèches flambantes et aux lignites, par une augmentation de ces deux éléments, plus rapide pour l'oxygène que pour l'hydrogène. Alors la faculté de se ramollir au feu ne provient pas, comme on l'avait supposé, seulement de l'excès de l'hydrogène sur l'oxygène, mais encore de la quantité absolue de ces deux corps.

Comme nous l'avons déjà dit, on trouve une infinité de variétés de houilles entre les lignites et les houilles grasses maréchales, et entre ces dernières et les houilles sèches non flambantes.

153. Les houilles réunies en grandes masses s'enflamment quelquefois spontanément. Ce phénomène se produit surtout quand les houilles sont humides et qu'elles sont menues et pyriteuses. Il provient de la transformation du sulfure de fer par l'action de l'air et de l'humidité, réaction accompagnée d'un grand développement de chaleur. On peut prévenir cet accident en disposant les masses de combustibles de manière que l'air les traverse facilement, afin que la chaleur ne puisse pas s'y accumuler.

154. Le poids de l'hectolitre de houille varie suivant les provenances.

Houille de la mine de Labarthe............. 88^k
Houille d'Auvergne et de Blanzy............ 87
Houille de la mine de Combelle............. 86
Houille de la mine de Lataupe 85
Houille de la mine de Saint-Étienne......... 84
Houille de Decise..................... 83
Houille de Mons...................... 80
Houille du Creusot.................... 79

Ces nombres doivent un peu varier avec la grosseur des morceaux, leur inégalité, la manière de mesurer, et l'humidité plus ou moins grande de la houille.

155. Lorsqu'on remplit une certaine mesure de fragments de houille ayant à peu près les mêmes dimensions, le poids de la mesure est sensiblement indépendant de la grosseur des morceaux, pourvu toutefois que leurs dimensions soient très-petites relativement à celles de la mesure. Ce fait, connu depuis longtemps, s'explique facilement de la manière suivante : Si on remplit un vase quelconque avec des sphères de même rayon très-petit relativement aux dimensions du vase, le poids des sphères est indépendant de leur rayon. En effet, supposons que le vase soit un cube ayant pour côté n fois le diamètre des sphères, il renfermera n^3 sphères, et la somme de leurs volumes sera $n^3\,\frac{4}{3}\pi r^3$; mais comme $r = 1:2n$, le volume devient $\frac{n^3}{6}\pi = 0,523$, nombre indépendant de n; en désignant par d la densité de la matière des sphères, leur poids total serait $0,523\,d$.

156. Les quantités de cendres que produisent les houilles dans les foyers excèdent de beaucoup celles qui sont données par les analyses chimiques, parce que ces cendres contiennent toujours une certaine quantité de coke. Le tableau suivant renferme les résultats obtenus à la fabrique de tabac de Paris : on a opéré sur plus de 600^k de houille.

Quantités de cendres, scories et parcelles de coke, produites par différentes houilles à l'état de gaillettes.

Houille dite ancien Anzin............... 0,079
Houille de Newcastle (collante).......... 0,071
Houille de Denain (collante)............. 0,082
Houille dite nouvel Anzin (collante)...... 0,057
Houille de Decise (collante) 0,101
Houille des veines de Mathon et du Buisson. 0,095
Houille dite Flénu première qualité....... 0,095

157. Les charbons provenant de la même mine se distinguent en gros, gaillette et menu, d'après la grosseur des morceaux, et ces trois espèces se vendent à des prix différents. Les charbons menus étaient autrefois peu estimés, parce qu'on les brûlait difficilement sur grille ; on ne les employait que pour la fabrication du coke, et la préparation des briquettes (pâte de houille menue et de 1 : 15 d'argile), employées pour le chauffage domestique. Les menus de houilles sèches étaient presque sans usage et par conséquent sans valeur. Pour toutes les espèces de houilles, les quantités de menu dont on ne trouvait pas l'emploi, formaient des masses énormes qui encombraient les lieux d'exploitation. Mais, depuis quelques années, cet état de choses a bien changé ; on est parvenu, par différents procédés, à agglomérer ces menus, à en former des blocs rectangulaires qui se comportent sur les grilles comme la houille en gros morceaux, et qui, par leurs formes, peuvent se disposer de manière à présenter, sous le même volume, un plus grand poids que la houille dans son état ordinaire, circonstance très-avantageuse pour les navires à vapeur. Cette agglomération s'effectue de plusieurs manières : 1° On mêle la houille menue à chaud avec une certaine quantité de goudron de houille, et le mélange est ensuite introduit dans des moules et soumis à une forte compression ; ces blocs refroidis ont une grande dureté et ne se détériorent pas à l'air. Ce mode d'opération est évidemment applicable quelle que soit la nature de la houille. 2° Quand les menus appartiennent à des houilles grasses, on en remplit des moules en fonte, fermés de manière à ne permettre que l'écoulement des gaz ; ces moules sont placés dans un fourneau chauffé à peu près à 500°, pendant un temps qui peut varier d'une demi-heure à trois heures, suivant la qualité de la houille. Par l'action de la chaleur, la houille éprouve une espèce de fusion pâteuse, elle tend à se gonfler, et la résistance des moules la comprime fortement. 3° Quand les menus appartiennent à des houilles sèches, le procédé est employé en mêlant ces menus avec une certaine proportion de menu de houille grasse. Ces procédés d'agglomération s'exécutent maintenant dans presque tous les lieux d'exploitation et sur une immense échelle.

158. L'Angleterre est le pays le plus riche en mines de houille, la Belgique et la France viennent ensuite ; les autres contrées du globe n'offrent que des exploitations moins importantes.

159. *Anthracite.* —L'anthracite est un combustible qui a l'apparence de la houille, mais il est plus brillant et ne tache pas les doigts ; il est très-difficile à brûler, ou du moins il ne brûle qu'à une température élevée. Il en existe des mines puissantes dans les États-Unis d'Amé-

rique, dans le pays de Galles et en France ; mais on est loin, surtout en France, de l'utiliser dans tous les cas où l'on emploie la houille. Je rapporterai à ce sujet l'extrait d'un Mémoire très-intéressant de M. Michel Chevalier, inséré dans le *Journal d'Architecture.*

« Dans les États-Unis, l'État de Pensylvanie renferme trois gîtes puissants d'anthracite. L'exploitation de ces mines n'a produit, en 1820, que 371 tonnes ; en 1830, la production était de 177,530 tonnes ; et en 1839 elle s'est élevée à 798,122. La densité de l'anthracite de Pensylvanie varie dans les diverses localités. Dans le même bassin, l'inflammabilité est en raison inverse de la densité. La consommation de l'anthracite, restreinte d'abord à Philadelphie et à sa banlieue, s'est répandue au loin ; actuellement les familles aisées de New-York, de Boston, de Washington et des autres cités du littoral, emploient exclusivement l'anthracite. Enfin, des essais récents paraissent devoir en étendre encore l'usage ; car, à l'exemple de M. Crane, qui a appliqué l'anthracite du pays de Galles à la fusion des minerais de fer, MM. Guiteau et Baughman, maître de forges à Mauch Chunk, près du Lehigh, en Pensylvanie, s'en sont servis avec succès dans leur haut fourneau, à l'exclusion de tout autre combustible.

« On n'est parvenu qu'à la longue à brûler l'anthracite sur des grilles, en petite quantité, pour les usages domestiques, et même à en tirer un parti quelconque. Ce fut la guerre qui, faisant sentir aux manufacturiers l'aiguillon de la nécessité, donna naissance à la pensée d'utiliser les gîtes d'anthracite pour la consommation des fabriques de la Pensylvanie, car alors on ne soupçonnait même pas qu'il pût jouer un rôle dans le chauffage des maisons. De 1812 à 1815, les escadres anglaises bloquaient étroitement les ports de l'Union. Installées audacieusement dans les baies de la Chesapeake et de la Delaware, elles commandaient de là les principaux passages. Les manufactures indigènes, accoutumées à s'approvisionner, par la voie maritime, des houilles de l'Angleterre, de la Virginie et de la Nouvelle-Écosse, étaient dans un embarras extrême. On songea donc au combustible minerai que la nature avait placé en masse aux sources du Schuylkill. On en fit venir à grands frais, en charrettes, par de mauvais chemins, jusqu'à Philadelphie, et on en chargea les fourneaux et les chauffes de chaudières, mais sans le moindre succès ; l'anthracite se montra rebelle à tous les efforts. On varia les essais, mais toujours inutilement ; et l'un des principaux manufacturiers de Philadelphie, M. J. P. Wetherill, me montrait, en 1835, la place où, vingt ans auparavant, désespérant de réussir, il avait fait creuser un trou en terre pour y enfouir ce charbon, regardé dès lors comme incombustible, et rebuté comme un jeu décevant de la nature.

« Cependant un accident vint démontrer positivement que l'anthracite pouvait s'embraser. Un tas d'anthracite gisait abandonné sur les bords du Schuylkill, près de la ville. Une nuit, le propriétaire d'une maison attenante fut réveillé en sursaut par une grande lueur accompagnée de décrépitements : c'était le monceau d'anthracite qui avait pris feu et qui flambait. On renouvela bientôt les essais, et cette fois on fut plus heureux. Actuellement, l'anthracite est employé à peu près à tous les usages possibles, domestiques et industriels.

« La France est riche en mines d'anthracite. Nous en avons sur les bords de la Mayenne, aux environs de Sablé, qui, utilisées pour la cuisson de la chaux, ont déjà produit une révolution dans l'agriculture des départements voisins. Dans l'Isère, le sol recèle une quantité considérable d'anthracite. On y trouve, à La Mure, des couches de 10 mètres et plus d'épaisseur. Il y a douze ou treize ans on essaya, mais sans succès, de se servir de l'anthracite de l'Isère pour la fusion des minerais de fer. On exploite également l'anthracite dans le département des Hautes-Alpes. Dans le bassin houiller d'Anzin, les couches de Fresnes et de Vieux-Condé sont formées d'anthracite. On commence à exploiter l'anthracite dans la Côte-d'Or. D'autres gîtes, peu connus, paraissent exister sur plusieurs points, et notamment dans le département de l'Allier, près de la célèbre mine de Commentry.

« Ce combustible n'est employé en France que pour la cuisson de la chaux et du plâtre, et pour le chauffage domestique des classes peu aisées ; car ce qui en est absorbé par d'autres usages, tels que la clouterie et le chauffage de quelques chaudières, est tout à fait borné : c'est donc un sujet qui mérite de fixer l'attention de l'administration et des industriels. Il est hors de doute que la consommation de l'anthracite s'étendrait beaucoup si l'on recourait à des appareils ou à des méthodes de fabrication en rapport avec sa nature. Ainsi, la parfaite réussite de la tentative de M. Crane, en Angleterre, pour appliquer l'anthracite à la fusion des minerais de fer, donne à penser que si l'on reprenait l'expérience de Vizille (Isère), en profitant des données nouvelles du pays de Galles, ce serait cette fois avec profit. Les heureux essais, opérés aux États-Unis pour substituer l'anthracite au bois sur les bateaux à vapeur, autorisent à croire que, sur quelques-uns de nos fleuves éloignés des mines de houille, ce combustible rendrait de grands services. Peut-être même là où la houille est à des prix assez modérés, lutterait-il avec avantage contre elle, à cause des caractères qui le distinguent. Partout où l'hiver est rigoureux, comme dans les départements de l'Isère et du Rhône, à Grenoble et à Lyon, ces caractères particuliers devraient lui mériter la préférence sur la houille pour le chauffage domestique, celle de toutes les destinations qui absorbe le plus de combustible. J'ai pu essayer à Paris, dans un poêle d'Olney, l'anthracite de Sablé, après en avoir séparé le poussier, et celui de l'Isère, qui est beaucoup moins pulvérulent, qui même ne l'est pas du tout, et qui ressemble à celui de la Pensylvanie. Dans ces expériences, l'anthracite français s'est comporté aussi bien que celui des États-Unis.

« L'exploitation de l'anthracite suit, en France, une marche progressive ; de 1814 à 1839, d'après les tableaux officiels de l'administration des mines, elle s'est élevée de 5,776 à 67,469 tonnes. »

Depuis cette époque, l'exploitation a considérablement augmenté.

160. Les anthracites de Vicoigne, Fresnes et Vieux-Condé, décrépitent par l'action de la chaleur, et tendent à passer à l'état de menu (M. Blavier).

Voici, d'après M. Jacquelain, la composition de quelques anthracites.

	ANTHRACITE DE SWANSÉA. (Angleterre.)	ANTHRACITE DE SABLÉ. (Sarthe.)	ANTHRACITE DE VIZILLE. (Isère.)	AUTRE ANTHRACITE DE L'ISÈRE.
Carbone............	80,58	87,22	94,09	94 »
Hydrogène........	3,60	2,49	1,85	1,40
Azote............	0,29	2,31	1,85	0,58
Oxygène..........	3,81	1,08	0,31	0,03
Cendres..........	1,72	6,90	1,90	4,00

Tous ces anthracites brûlent sans flamme ; celui de Vizille seul se divise en brûlant.

Les houilles sèches en poudre, les menus d'anthracites, ainsi que les anthracites qui se délitent par l'action de la chaleur, ont peu de valeur, parce qu'il est difficile de les brûler, à moins qu'on ne les introduise dans les foyers avec des houilles en gros morceaux ou avec des anthracites qui ne se délitent pas. On pourrait agglomérer ces menus par l'une des méthodes indiquées (157) ; on peut aussi les transformer en coke en les mêlant avec une certaine quantité de menu de houille grasse. Cette dernière méthode est employée pour les menus d'anthracites.

161. *Puissance calorifique des houilles.* — Le tableau (151) renferme les puissances calorifiques des houilles calculées d'après leur composi-

tion, en admettant les nombres 8080 et 34462 pour celles du carbone et de l'hydrogène. La moyenne de tous les nombres, relatifs aux houilles et aux anthracites inscrits dans le tableau, s'éloigne peu de 8000, nombre correspondant à une houille qui renfermerait 0,82 de carbone, 0,04 d'hydrogène en excès, 0,12 d'oxygène et d'hydrogène dans des proportions nécessaires pour faire de l'eau, et 0,02 de cendres. Pour les lignites, le nombre moyen s'éloigne peu de 6500. Le nombre 8000 pour la houille correspond à 12^k d'eau réduite en vapeur, en supposant que toute la chaleur soit utilisée et que les cendres ne renferment point de coke. Voyons si les expériences faites sur une grande échelle s'accordent avec ce résultat.

162. Lorsqu'on brûle un combustible dans le foyer d'une chaudière à vapeur, une partie de la chaleur est employée à former de la vapeur, une autre est entraînée par l'air brûlé dans la cheminée, et une dernière est perdue par la surface libre de la chaudière et du fourneau. Il est évident, d'après cela, que, pour calculer la puissance calorifique d'un combustible d'après la quantité de vapeur qu'un kilogramme de combustible produit, il faudrait connaître en outre la composition et la température de l'air quand il pénètre dans la cheminée, l'étendue de la surface libre de la chaudière et du fourneau, ainsi que les températures de ces surfaces ; le calcul ne conduirait encore qu'à un à peu près, à cause de l'eau entraînée mécaniquement par la vapeur, et à cause de la combustion incomplète des gaz produits dans le foyer. Dans les expériences que nous allons rapporter, toutes les circonstances que nous avons indiquées d'abord n'ont point été observées ; ainsi ces expériences ne peuvent rien donner de parfaitement exact ; mais, comme nous allons le voir, elles conduisent à des nombres assez rapprochés de ceux qui résultent de la composition de la houille.

163. Dans une expérience faite à Wesserling, on a obtenu $6^k 27$ de vapeur par kilogramme de houille ; la fumée était à $500°$, et contenait encore de 10 à 12 pour 100 d'oxygène. Comme dans ce cas il faut à peu près 18 mètres cubes ou 23^k d'air pour brûler 1^k de houille, e nombre d'unités de chaleur entraînées par la fumée était de $\frac{23 \times 500}{4}$ $= 2875$, ce qui correspondait à $\frac{2875}{650} = 4^k 4$ de vapeur. Il suit de là que, si toute la chaleur avait été utilisée, on aurait produit $6,27 + 4,4 = 10^k 67$ de vapeur ; ce qui donne, pour la puissance calorifique de la houille employée, 6935. Et comme cette houille a donné de 14 à 20 pour 100 de résidu, en moyenne, 15, il faudrait ajouter $\frac{1}{10}$ au nombre précédent pour obtenir la puissance calorifique moyenne d'une houille

qui ne renfermerait que 5 pour 100 de cendres. Cette puissance calorifique serait alors 7629.

164. Voici deux expériences faites avec beaucoup de soin par une commission du comité des arts économiques de la Société d'encouragement ; elles ont donné des résultats bien voisins de ceux que nous venons de rapporter.

Dans une chaudière à vapeur d'une disposition particulière, à foyer intérieur et entièrement exposée à l'air, imaginée par Lemare, on a brûlé en trois heures cinquante minutes $36^k\,37$ de houille, et on a vaporisé $297^k\,75$ d'eau. A ce produit, il faut d'abord ajouter la chaleur perdue par le contact de l'air et par le rayonnement de la chaudière. La surface de la chaudière étant de 7 mètres carrés, en admettant $1^k\,87$ pour la quantité de vapeur correspondante à la chaleur perdue par mètre carré et par heure, la perte par heure a été 13^k, et pour trois heures cinquante minutes, à peu près 50^k, qu'il faut ajouter aux $297^k\,75$ de vapeur produite, ce qui fait 347^k, nombre qui correspond à $9^k\,55$ de vapeur par kilogramme de houille. Enfin, il faut estimer en vapeur la chaleur perdue par la fumée. La température de la fumée et sa composition chimique n'ont point été observées ; mais en supposant l'air à moitié brûlé, ce qui est le cas ordinaire, et la température seulement de 250°, la quantité de vapeur correspondante serait pour chaque kilogramme de houille $\frac{23 \times 250}{4 \times 650} = 2,21$. Ainsi, la puissance calorifique de la houille employée serait $(9,55 + 2,21) \times 650 = 11,76 \times 650 = 7644$.

165. Dans d'autres expériences faites avec une chaudière évaporatoire de Lemare, aussi à foyer intérieur, on a brûlé une fois 25^k de bois et $91^k,1$ de houille, pour évaporer 1001^k d'eau en cinq heures ; et une autre fois 20^k de bois et $98^k\,40$ de houille pour vaporiser dans le même temps 1074^k d'eau. En admettant que 1^k de bois soit équivalent à $0^k\,5$ de houille, les consommations de houille ont été de $103^k\,6$ et $108^k\,40$, et les quantités de vapeur produites par 1^k de combustible, de $\frac{1001}{103,6} = 9,66$, et $\frac{1074}{108,4} = 9,90$. La surface libre de la chaudière étant de $7^m,32$, la quantité de chaleur perdue estimée en vapeur était par heure de $732 \times 1,87 = 13,68$. Or, comme dans la première expérience on a consommé par heure $\frac{103,6}{5} = 20^k\,72$, et dans la seconde $\frac{108,4}{5} = 21^k\,68$, les quantités de vapeur pour chaque kilogramme de houille, correspondantes aux quantités de chaleur perdues, sont $\frac{13,68}{20,72} = 0,66$ pour la première, et $\frac{13,68}{21,68} = 0,63$ pour la seconde, ce qui porte les quantités de

vapeur qui auraient été produites sans le refroidissement de la chaudière, à $9,66 + 0,66 = 10,32$ pour la première expérience, et à $9,90 + 0,63 = 10,53$ pour la seconde. Enfin, à ces deux nombres, il faut ajouter la quantité de vapeur correspondante à la chaleur perdue par la fumée qui était à peu près à $200^°$; ce qui donne $\frac{200 \times 23^k}{4 \times 650} = 1^k 8$. Ainsi, la puissance calorifique du combustible, déduite de la première expérience, est $12,12 \times 650 = 7878$, et celle qui résulte de la seconde est $12,33 \times 650 = 8014$. Le charbon employé dans les deux cas était du flenu de Mons, qui avait été choisi avec beaucoup de soin.

166. Il résulte de ce qui précède que la puissance calorifique des houilles, déduite des expériences faites sur une très-grande échelle, diffère bien peu de celle qui est indiquée par leur composition chimique; cette différence est aussi petite qu'on pouvait l'espérer dans des expériences aussi délicates, et qui d'ailleurs renferment, comme nous l'avons déjà dit, deux causes d'erreur dont il est presque impossible d'évaluer l'influence : la quantité d'eau entraînée mécaniquement par la vapeur et les gaz qui échappent à la combustion.

Désormais nous admettrons le nombre 8000 pour la puissance calorifique d'une houille moyenne, le même nombre pour les anthracites, et seulement 6500 pour les lignites.

CHAPITRE IX.

DU COKE.

167. Le coke n'est autre chose que la houille privée des matières volatiles qu'elle renferme; il est presque uniquement formé de charbon et des substances fixes que contenait la houille dont il provient. Le coke brûle presque sans flamme, et ne peut se maintenir en ignition qu'autant qu'il est en grande masse dans un foyer fermé; à l'air libre il s'éteint. La faible combustibilité du coke résulte de la température élevée à laquelle il a été produit; car, d'après les expériences de M. Violette, le charbon de bois est d'autant moins combustible qu'il a été soumis à une température plus élevée, et il n'est pas douteux qu'il n'en soit de même des autres charbons. La combustion du coke ne donne naissance qu'à de l'acide carbonique et à de l'oxyde de carbone.

168. Le coke est gris de fer, souvent d'un éclat métallique; il est tantôt en masses poreuses, légères, analogues à la pierre ponce, tantôt en

masses seulement frittées, tantôt en poudre. Le coke ne s'emploie jamais que dans le premier état ; il est alors fourni par les houilles grasses. Il est évident que les houilles qui ne produisent que des cokes pulvérulents pourraient en produire de solides, si elles avaient été mêlées en poudre fine avec des houilles très-grasses.

On se sert de deux procédés différents pour la fabrication du coke, la distillation et la combustion.

169. La distillation est uniquement employée dans les fabriques de gaz-light ; mais le but de l'opération est moins d'obtenir du coke que les gaz combustibles qui se produisent dans la décomposition de la houille. Le coke préparé par ce procédé n'est pas convenable pour le traitement du fer. Aussi, pour cet objet et pour presque tous les autres usages, on prépare le coke par la combustion.

170. La fabrication du coke par combustion s'opère de différentes manières. Dans les grandes exploitations, on forme sur un terrain battu une masse conique de houille de 5 à 6 mètres de diamètre, et de 1 mètre de hauteur, en plaçant les plus gros fragments vers le centre et ménageant dans l'axe une cheminée comme dans les fourneaux à charbon de bois. On allume par la cheminée ; la combustion se propage et finit, après un certain temps, par atteindre toute la masse. On recouvre de poussier de coke les parties où l'activité du feu est trop grande. La carbonisation à l'air libre dure de 40 à 48 heures ; elle est terminée lorsque, toute la masse étant incandescente, il n'en sort point de fumée, et quand la flamme, de longue et rougeâtre qu'elle était d'abord, est devenue courte et blanche. Lorsque ces caractères se manifestent, on étouffe le feu avec du poussier de coke, et quand la température est diminuée, on achève le refroidissement du coke en l'étalant sur le sol ; quelquefois on l'arrose avec une certaine quantité d'eau. Maintenant on préfère donner aux tas la forme d'un demi-cylindre allongé ; les dimensions les plus ordinaires sont 10 à 20 mètres de longueur, 2 à 3 mètres de largeur et 0,60 de hauteur. Par cette disposition, on économise la place et la main-d'œuvre. La carbonisation en tas exige que la houille soit en gros morceaux ; elle produit un coke léger et beaucoup de déchets.

171. En France, on emploie de préférence la carbonisation dans les fours. Ces fours sont tantôt circulaires avec une seule cheminée au centre, tantôt allongés avec une porte à chaque extrémité et une ou deux cheminées. La houille est introduite dans les fours préalablement chauffés au rouge ; la chaleur y est maintenue par la combustion d'une partie des gaz qui se dégagent, au moyen d'un courant d'air qui pénè-

tre dans le four, ou par les fissures de la porte, ou par des ouvertures qu'on y a pratiquées, ou par des orifices placés de chaque côté ; dans ce dernier cas, l'air est amené dans le four sur plusieurs points. Dans toutes les dispositions de fours, les cheminées sont très-courtes. Les charges varient ordinairement de 20 à 25 hectolitres, et l'opération dure de 24 à 48 heures.

Le produit en poids de 100 parties de houille varie beaucoup avec la nature de la houille. Le tableau suivant renferme les résultats des expériences faites, en 1838, à la manufacture de tabac de Paris, par une commission composée de MM. Clément, Gueniveau et Lefroy.

Perte à la distillation.

Houille de Blanzy (Saône-et-Loire)...................	0,44
Newcastle (Angleterre)............................	0,395
Flenu première variété (Mons).....................	0,39
Houille de Decize (Nièvre)........................	0,365
Houilles des veines de Mathon et du Buisson (Belgique)...	0,36
Houille flenu deuxième variété....................	0,355
Houille dite Nouvel Anzin........................	0,345
Houille de Denain................................	0,325
Houille dite ancien Anzin........................	0,255

Dans les opérations faites sur une grande échelle, on obtient de plus forts rendements. Les charbons de Mons, les plus estimés pour la forge, rendent de 77 à 80 pour 100 de coke.

172. Les fours donnent un plus grand produit que les meules, ils exigent moins de soin et ne sont pas sujets aux accidents que la pluie et les grands vents peuvent occasionner dans les meules. Les fours sont surtout très-avantageux pour la carbonisation des houilles menues.

173. Quant au volume du coke produit, il varie avec la qualité des houilles, et pour une même houille avec le mode de carbonisation. Le rendement en volume est plus grand dans les meules que dans les fours. En général, dans les grands appareils, le volume du coke diffère peu de celui de la houille qui l'a produit ; cependant, pour les houilles très-grasses, le volume du coke excède souvent de 30 pour 100 celui de la houille ; pour les houilles maigres, il est plus petit.

Le mètre cube de coke à l'usage des hauts fourneaux pèse ordinairement 400 kil. A Paris, le coke provenant des usines à gaz pèse de 30 à 35 kil. l'hectolitre comble ; et celui qui provient des fours, de 40 à 45 kil.

174. En conduisant les fumées des fours à coke dans des chambres closes, le charbon léger qu'elles entraînent s'y dépose en grande partie ;

ce dépôt constitue le noir de fumée : la quantité qu'on en recueille forme à peu près la trentième partie de la houille employée.

175. La quantité de chaleur perdue dans la carbonisation de la houille est très-considérable ; elle s'élève à plus du tiers de celle que peut donner la combustion complète de la houille, car le coke ne représente qu'environ les deux tiers du poids de la houille qui l'a produit, et les parties volatilisées sont celles qui développent le plus de chaleur.

Dans quelques usines, on utilise la chaleur qui se développe dans la fabrication du coke, en faisant passer la fumée sous des chaudières à évaporer, dans des canaux qui traversent des étuves, etc. Mais, pour utiliser le combustible perdu, il est indispensable de brûler complétement les gaz qui se dégagent des fours par l'introduction d'un courant d'air ; autrement on n'obtient qu'une partie de la chaleur qu'ils peuvent produire.

176. Pour tous les usages, les cokes ont d'autant plus de valeur qu'ils laissent moins de cendres. Pour les usages domestiques, on n'emploie que des cokes légers, parce que ce sont ceux qui ont le moins de valeur. Les cokes destinés à l'usage des hauts fourneaux doivent être denses et durs, qualités qu'on n'obtient que par la carbonisation lente dans les fours ; la pression que le coke éprouve pendant sa formation par la hauteur du combustible paraît avoir une grande influence ; il paraît aussi qu'il est indispensable que le coke reste un certain temps dans le four après sa formation. Pour l'usage des locomotives, l'économie et la régularité du service exigent que les cokes soient très-denses, très-durs et ne laissent que peu de cendres, 4 à 5 pour 100. On satisfait maintenant à cette dernière condition en lavant les houilles menues, de manière à les débarrasser des matières étrangères, des schistes, toujours plus denses que la houille, et qui forment la plus grande partie des résidus de la combustion. Les cokes provenant de houilles lavées ne donnent que 4 à 6 pour 100 de cendres, quelquefois moins, tandis que les cokes provenant des mêmes houilles non lavées en produisent de 10 à 15 pour 100.

Le lavage des houilles destinées à la fabrication du coke, employé seulement depuis quelques années, est maintenant très-répandu, surtout en Belgique.

Le lavage des houilles s'effectue par deux méthodes différentes. Dans la première on se sert d'une caisse en bois partagée en deux parties inégales par une cloison verticale qui ne descend pas jusqu'au fond de la caisse ; la plus petite renferme un piston, la plus grande deux grilles horizontales plus ou moins rapprochées ; la grille supérieure est formée de barreaux espacés de 0^m 1 ; l'autre est ordinairement une plaque de cuivre percée de petits trous très-rapprochés. La caisse étant remplie d'eau, on verse la houille dans le grand compartiment, et par les mouvements du piston l'eau monte et descend à travers la couche de combustible, en amenant à la partie inférieure, sur la plaque de cuivre, les morceaux les plus denses, c'est-à-dire les fragments de schiste. Lorsque ce dépôt a atteint la grille supérieure, on enlève le charbon qui se trouve au-dessus.

Dans la seconde méthode, l'opération est continue ; l'appareil se compose d'une caisse longue, peu profonde, dont le fond est un peu incliné, et qui est garnie d'un certain nombre de cloisons transversales de même hauteur. De l'eau s'écoule constamment dans la longueur de la caisse ; on verse de la houille menue en amont, les fragments les plus lourds se déposent dans les premiers compartiments, les plus légers dans les derniers (*Bulletin de la Société d'encouragement*, t. XLIX).

177. En 1851, M. Ebelmen a étudié avec beaucoup de soin les fours à coke de l'usine de Seraing (*Annales des mines*, t. XXXIX). Le mémoire de cet habile ingénieur établissant complétement la théorie des fours à coke, nous en rapporterons les points principaux.

178. Les fours employés à Seraing ont deux portes placées aux deux extrémités de la sole, dont la forme est un rectangle terminé par deux trapèzes. La voûte est cylindrique au-dessus du rectangle, et conique au-dessus des trapèzes. Il y a trois cheminées, l'une au centre de la voûte cylindrique, et les deux autres aux points de raccordement de la voûte cylindrique et des voûtes coniques. La détermination des dimensions de ces cheminées a de l'importance, puisqu'elles règlent l'admission de l'air dans le four, et par conséquent la marche de la carbonisation. La cheminée centrale a une section égale à celle des deux autres réunies. Du reste, on ne se sert jamais des trois cheminées : on ferme les deux cheminées latérales quand on emploie celle du centre, et réciproquement. La cheminée centrale conduit le gaz qui s'échappe du four à coke, sous une chaudière à vapeur qui alimente la machine motrice de la soufflerie des hauts fourneaux. Huit fours à coke sont ainsi assemblés dans le même massif, et produisent ensemble une quantité de vapeur suffisante pour une machine de 80 chevaux. Une lame d'air peut être introduite dans le carneau de la chaudière au-dessus de chacune des cheminées centrales pour brûler les gaz combustibles. Quand on n'utilise pas de cette manière la chaleur perdue, on ferme la cheminée centrale à l'aide d'une glissière en terre cuite, et l'on fait dégager les produits gazeux par les deux petites cheminées latérales.

Les houilles employées à Seraing appartiennent à la catégorie des houilles grasses et dures ; elles donnent un coke peu boursouflé, mais excellent pour les hauts fourneaux ; elles ont donné, en moyenne, à l'analyse immédiate les nombres suivants :

$$
\text{Coke.}\left\{
\begin{array}{l}
\text{Carbone}\dots\dots\dots\dots \quad 78,00 \\
\text{Cendres}\dots\dots\dots\dots \quad\ \ 2,00
\end{array}
\right.
$$

$$
\text{Matières volatiles}\dots\dots\dots \quad 20,00
$$
$$
\overline{\qquad\qquad\qquad 100,00}
$$

Ces houilles peuvent être comparées à la houille de Rochebelle, près d'Alais, dont l'analyse a donné à M. Regnault :

$$
\begin{array}{ll}
\text{Carbone}\dots\dots\dots\dots\dots\dots & 89,27 \\
\text{Hydrogène}\dots\dots\dots\dots\dots & 4,85 \\
\text{Oxygène et azote}\dots\dots\dots & 4,47 \\
\text{Cendres}\dots\dots\dots\dots\dots\dots & 1,41
\end{array}
$$

Le coke fourni par la houille de Rochebelle est dur et compacte. Il convient parfaitement pour le haut fourneau. La houille de Rochebelle, essayée par calcination au creuset de platine, a laissé 78 pour 100 de son poids de coke, nombre bien voisin de celui qu'a donné la houille de Seraing. On peut donc admettre que l'analyse élémentaire rapportée ci-dessus représente bien la composition moyenne des houilles employées à Seraing pour la fabrication du coke.

Voici les principales circonstances de la carbonisation de la houille dans les fours à chaudières de Seraing.

On charge à la fois dans chaque four 3 mètres cubes de houille menue qu'on répartit sur la sole aussi exactement que possible en une couche de 0^m 33 de hauteur. Le chargement dure trois quarts d'heure. Les trois cheminées sont ouvertes pour le soulagement de l'ouvrier. Le chargement étant terminé, on bouche, soit la cheminée centrale, soit les deux cheminées latérales; on ferme les portes sans les luter, et la carbonisation commence. On peut la partager en trois périodes. Dans la première, qui dure environ trois quarts d'heure, on a seulement un dégagement de vapeur d'eau. La seconde période est d'environ une heure et demie; les gaz s'allument et brûlent en partie avec une flamme rouge très-fumeuse; les cheminées sont complétement ouvertes, les portes sont fermées mais non lutées. Dans la troisième période, les gaz brûlent très-bien, avec flamme blanche et sans fumée. La houille paraît incandescente sur une épaisseur de 8 à 10 centimètres à partir de la surface ; on lute les portes, en ménageant seulement une petite fente à la partie supérieure de la garniture d'argile. La cheminée reste complétement ouverte. Quand la flamme commence à diminuer, on bouche peu à peu, puis complétement, les fentes ménagées dans la garniture des portes, et l'on finit par fermer la cheminée, quand il ne se dégage plus de flamme. La durée totale d'une carbonisation, y compris le chargement et le déchargement, est de 22 à 24 heures.

Il est très-important de régler convenablement la quantité d'air qui pénètre dans le four, si l'on veut obtenir un rendement aussi grand que possible. On a reconnu que les houilles très-grasses exigent plus d'air que les houilles du genre de celles de Seraing, et qu'il fallait augmenter les ouvertures d'admission aux portes ; autrement la carbonisation marchait avec une très-grande lenteur. Quand il arrive trop d'air dans les fours, la carbonisation se fait trop vite ; elle donne beaucoup de déchet, et le coke obtenu est peu compacte. Une carbonisation très-lente, qui durerait 48 heures au lieu de 24, donnerait un coke très-dur et très-compacte.

Le rendement moyen des houilles que l'on carbonise à Seraing est de 160,5 en volume et de 67 en poids pour 100.

Les gaz qui sortent des fours à coke sont composés ainsi qu'il suit :

	Après 2 heures.	Après 7 heures.	Après 14 heures.	Moyennes en volumes.	Moyennes en poids.
Acide carbonique........	10,13	9,6	13,06	10,93	16,86
Hydrogène protocarboné.	1,44	1,66	0,40	1,17	0,65
Hydrogène	6,28	3,67	1,10	3,68	0,24
Oxyde de carbone.......	4,17	3,91	2,19	3,42	3,28
Azote.................	77,98	81,16	83,25	80,80	78,97
	100,00	100,00	100,00	100,00	100,00

Les gaz ne renferment point d'oxygène libre. Le rendement en coke étant de 67, il est en carbone de $67 - 1,44 = 65,59$; ainsi, la perte totale de matières combustibles est de $89,27 - 65,59 = 23,68$ de carbone et de 4,85 d'hydrogène. Dans cette perte de matières combustibles, le carbone est à l'hydrogène dans le rapport de 23,68 à 4,85, ou dans celui de 1 à 0,205 ; tandis que dans les gaz le carbone est à l'hydrogène dans le rapport de 1 à 0,064 ; ainsi, plus des $\frac{2}{3}$ de l'hydrogène de la houille sont brûlés pendant la carbonisation. Ce fait résulte aussi de ce que dans les gaz la quantité d'oxygène n'est que les 15 centièmes de celle de l'azote ; tandis qu'il en serait les 26 centièmes, si aucune partie d'oxygène n'avait disparu en formant de l'eau.

L'acide carbonique renfermant 0,27 de carbone, l'hydrogène proto-

carboné 0,75, et l'oxyde de carbone 0,43, il s'ensuit que les gaz contiennent 16,86 . 0,27 + 0,65 . 0,75 + 3,28 . 0,43 = 6,45 de carbone, pour
78,97 d'azote. Or, comme 100^k de houille perdent par la distillation
23^k 68 de carbone par leur transformation en coke, il s'ensuit que la
quantité d'azote correspondante est égale à 78,97 . 23,68 : 6,45 = 290^k ;
et comme l'azote renfermé dans un mètre cube d'air atmosphérique
pèse à très-peu près 1^k, il s'ensuit que pendant la carbonisation on a
introduit à peu près 2^m 90 d'air dans les fours par kil. de houille.

En admettant que dans la houille employée la proportion d'azote soit
de 1,47, celles de l'oxygène et de l'hydrogène seraient 4 et 4,85 ; et les
matières combustibles de la houille seraient 89,27 de carbone et 4,35
d'hydrogène libre ; alors la puissance calorifique de cette houille serait
0,8927 . 8080 + 0,0435 . 34462 = 8712, et la quantité de chaleur perdue 0,2368 . 8080 + 0,0435 . 34462 = 3405, à peu près 0,40.

La chaleur, qui serait produite par la combustion des gaz non brûlés,
s'obtiendra facilement en remarquant que pour chaque kil. de houille
le poids de l'azote introduit est de 2^k 90 ; alors les poids des gaz combustibles correspondants à chaque kil. de houille seront ceux indiqués
dans le tableau précédent multipliés par le rapport de 2,90 à 0,79, ou
par 3,67. Ainsi, cette quantité de chaleur sera, pour l'hydrogène protocarboné 0,0065 . 3,67 . 13063 = 311 ; pour l'hydrogène 0,0024 . 3,67 .
34462 = 303 ; et pour l'oxyde de carbone 0,0328 . 3,67 . 2403 = 528 ;
en tout 1142.

La chaleur spécifique du coke étant 0,20, la chaleur renfermée dans
le coke incandescent, supposé à 1000 degrés, serait égale à 1000 . 0,20
= 200. Ainsi, abstraction faite de la chaleur perdue par la surface
extérieure du four, la quantité de chaleur dont on pourrait disposer
serait de 3200, dont à peu près $\frac{1}{3}$ devrait provenir de la combustion
des gaz.

Dans l'usine de Seraing, huit fours carbonisant chacun 2750^k de
houille en 24 heures alimentent une chaudière de 80 chevaux. En
admettant le nombre 3000 pour la chaleur disponible produite par
chaque kil. de houille pour les huit fours pendant 24 heures, la quantité de chaleur serait 2750 . 8 . 3000 = 66000000, et par heure de
2750000, qui divisée par 8000, puissance calorifique d'une houille
moyenne, donne 343,7. Alors la consommation de la chaudière de
80 chevaux représente 4^k 3 de houille par cheval et par heure.

D'après des essais directs, la chaleur perdue par un four peut vaporiser en moyenne 146^k d'eau par heure, ce qui, à raison de 6^k par kil.
de houille représenterait 24^k de houille. C'est un résultat inférieur à

celui obtenu par les huit fours réunis, car pour chacun d'eux l'effet utile est de $343,7 : 8 = 43^k$ de houille.

Il résulte de ce qui précède qu'il y a une grande différence entre la carbonisation du bois et celle de la houille; pour la houille, une partie des gaz est brûlée, ce qui n'a pas lieu pour le bois. Cette différence paraît tenir à ce que le coke est beaucoup moins combustible que le charbon de bois.

179. En résumé, 1° les gaz qui se dégagent dans la fabrication du coke ne renferment point d'oxygène libre. Ils contiennent des gaz combustibles dont la quantité va en diminuant du commencement à la fin de l'opération. 2° Plus des $\frac{2}{3}$ de l'hydrogène de la houille sont brûlés pendant la carbonisation. 3° Les $\frac{2}{3}$ de la chaleur perdue sont à l'état sensible. 4° Les gaz combustibles, n'étant qu'en petite quantité, ne sont inflammables qu'à une haute température.

180. *Puissance calorifique du coke.* — Je ne connais aucune expérience d'où l'on puisse déduire la puissance calorifique du coke; les expériences seraient difficiles à faire, à cause de la faible combustibilité de ce corps; elles seraient d'ailleurs sans utilité, à cause de la proportion très-variable de cendres que laisse le coke après sa combustion. On admet, et c'est une hypothèse qui doit s'écarter bien peu de la vérité, que la puissance calorifique du coke est égale à celle du carbone qu'il contient. Les cokes produisant des quantités de cendres comprises entre 15 et 2 pour 100, leurs puissances calorifiques varient de 6800 à 7900.

Les différents combustibles solides que nous venons d'examiner ne sont pas toujours brûlés dans leur état naturel; dans certaines circonstances on les décompose pour les transformer en gaz combustibles qui sont ensuite brûlés dans des foyers disposés d'une manière particulière. Quelquefois aussi on emploie des mélanges de gaz combustibles qui se forment dans certaines opérations métallurgiques. Mais il ne sera question de cette transformation que quand nous parlerons des foyers.

CHAPITRE X.

DÉTERMINATION DES VOLUMES D'AIR NÉCESSAIRES POUR BRULER LES DIFFÉRENTS
COMBUSTIBLES, ET DES VOLUMES DE GAZ QUI S'ÉCHAPPENT.

181. La détermination des dimensions des cheminées destinées à produire un effet donné exigeant nécessairement la connaissance du volume d'air qu'elles doivent appeler par heure dans le foyer, il est in-

dispensable de connaître le volume d'air qu'exige la combustion de
1 kil. des différents combustibles.

182. Les combustibles employés dans l'industrie étant tous formés
de carbone et d'hydrogène, lorsqu'on connaîtra les volumes d'air nécessaires pour brûler 1^k de chacun de ces derniers corps, on trouvera
facilement, d'après la composition des autres combustibles, les volumes d'air nécessaires à leur combustion.

183. L'acide carbonique étant formé de 27,27 de carbone et de
72,73 d'oxygène, il en résulte qu'un kil. de carbone exige $72,73 : 27,27$
$= 2^k 667$ d'oxygène pour passer à l'état d'acide carbonique. La densité
de l'oxygène par rapport à l'air étant 1,1056, et un mètre cube d'air
à 0° et sous la pression de $0^m 76$ pesant $1^k 29$, un mètre cube d'oxygène
pèse $1,29 \times 1,1056 = 1^k 43$; et par conséquent 1^k de carbone exige pour
sa combustion $2,667 : 1,43 = 1^{mc} 865$ d'oxygène. Or, comme l'air renferme 0,21 d'oxygène, la combustion de 1 kilog. de carbone exige
$1,865 \times 100 : 21 = 8,881$ d'air atmosphérique.

184. L'eau étant formée de 11,1 d'hydrogène et de 88,9 d'oxygène.
1 kil. d'hydrogène exige pour sa combustion $88,9 : 11,1 = 8^k$ d'oxygène,
ou $8 : 1,43 = 5^{mc} 594$, ou $5,594 \times 100 : 21 = 26^{mc} 638$ d'air.

D'après ces éléments, il est facile de calculer le volume d'air qu'exige
la combustion de 1 kil. de chaque combustible.

185. Les bois parfaitement secs, du moins ceux qui ont été soumis
pendant un temps suffisant à une température de 140 à 150°, renfermant 0,5 de carbone et 0,01 d'hydrogène, le volume d'air nécessaire à la
combustion de 1^k de ces bois sera :

$$0,50 \cdot 8,881 + 0,01 \cdot 26^{mc} 638 = 4^{mc} 707$$

186. Pour les bois dans l'état ordinaire de dessiccation, c'est-à-
dire renfermant à peu près 0,30 d'eau, le volume d'air sera seulement :

$$4,707 \cdot 0,70 = 3^{mc} 295$$

187. Le charbon de bois renfermant ordinairement 0,07 de cendres
et 0,07 d'eau, et contenant par conséquent 0,86 de carbone, le volume
d'air nécessaire à la combustion de 1^k sera :

$$0.86 \cdot 8,881 = 7^{mc} 638$$

188. La tannée complétement desséchée, renfermant au moins 3 pour
100 de cendres de plus que le bois, peut être considérée comme com-

posée de 0,48 de carbone et de 0,1 d'hydrogène ; alors le volume d'air
sera :

$$0,48.8,881 + 0,01.26^{mc}638 = 4^{mc}529$$

189. Pour la tannée ordinaire, renfermant 0,30 d'eau, le volume d'air
sera seulement :

$$4,529.0,70 = 3^{mc}170$$

190. Les tourbes sèches de bonne qualité, renfermant à peu près 0,58
de carbone, 0,02 d'hydrogène libre et 0,05 de cendres, le volume d'air
sera :

$$0,58.0,881 + 0,02.26,638 = 5^{mc}684$$

191. Les tourbes de bonne qualité, qui ont été seulement desséchées
par une longue exposition à l'air sur les tourbières et sous des hangars, renfermant moyennement 0,30 d'eau, exigeront par kilogramme,
pour leur combustion, un volume d'air égal à :

$$5,684.0,70 = 3^{mc}978$$

192. Le charbon de tourbe, renfermant ordinairement 0,20 de cendres, exigera un volume d'air égal à :

$$8,881.0,80 = 7^{mc}105$$

193. Le volume d'air nécessaire à la combustion de 1^k de houille ne
peut pas être déterminé d'une manière précise à cause de la variation
de composition en carbone, oxygène, hydrogène et matières étrangères. Il faut alors faire le calcul pour une houille renfermant le plus
d'hydrogène en excès, parce que l'hydrogène absorbe plus d'oxygène
que le carbone. Nous choisirons une houille renfermant 0,04 d'hydrogène en excès, 0,12 d'oxygène et d'hydrogène dans les proportions nécessaires pour former de l'eau, et 0,82 de carbone, ce qui supose 0,02
de cendres. La quantité d'air sera alors :

$$8,881.0,82 + 26,638.0,04 = 8^{mc}348$$

194. Enfin, pour le coke renfermant de 0,02 à 0,15 de cendres, le
volume d'air sera compris entre :

$$0,98.8,881 = 8^{mc}703 \quad \text{et} \quad 0,85.8,881 = 7^{mc}549$$

195. Mais dans la plupart des foyers, surtout dans ceux des chaudières
à vapeur, les volumes d'air employés à la combustion sont beaucoup

plus considérables ; ils sont à peu près doubles de ceux que nous venons de calculer, car on trouve environ 10 pour 100 d'oxygène libre dans les gaz qui sortent des cheminées. C'est un fait que j'avais constaté il y a bien des années, et qui a été vérifié depuis à Wesserling, et récemment par des expériences nombreuses faites à Paris par M. Combes, et dont je parlerai plus tard. On avait disposé les foyers de manière à satisfaire à cette condition, dans la crainte de laisser dégager trop de gaz combustibles et de former de l'oxyde de carbone. Mais, d'après les expériences faites par M. Ebelmen sur des foyers de différentes espèces de fourneaux employés dans la métallurgie du fer, il est parfaitement démontré qu'en donnant aux grilles des foyers des surfaces convenables et au combustible une épaisseur suffisante, quand la température du foyer est suffisamment élevée, tout l'oxygène de l'air peut être utilisé sans dégagement sensible de gaz combustibles. Cette modification dans le foyer présente de grands avantages ; les foyers et les gaz qui s'en échappent sont à une plus haute température, et la perte de chaleur par les cheminées peut être beaucoup diminuée.

196. Les nombres que nous venons de trouver représentent les volumes d'air qui doivent être introduits dans les foyers pour brûler 1^k des différents combustibles. Cherchons maintenant les volumes de gaz qui sortent par les cheminées.

197. Si le combustible était formé de carbone pur, comme l'acide carbonique a un volume égal à celui de l'oxygène qui l'a formé, le volume d'air qui sortirait par la cheminée serait égal au volume d'air qui a pénétré dans le foyer, dilaté à la température de la cheminée : c'est ce qui a lieu pour le charbon de bois, de tourbe, le coke et l'anthracite.

198. Quand les combustibles renferment, outre le carbone, de l'eau toute formée ou de l'oxygène et de l'hydrogène dans les proportions nécessaires pour en produire, on ne peut plus regarder le volume de gaz qui se dégage comme égal au volume d'air appelé, dilaté à la température de la cheminée, car il en diffère par le volume de vapeur produite. Il en est encore de même quand les combustibles contiennent un excès d'hydrogène, attendu que le volume de vapeur auquel il donne naissance est beaucoup plus grand que le volume d'oxygène qui a servi à sa formation : ces volumes sont à peu près dans le rapport de 2 à 1, et la différence est par conséquent égale au volume d'oxygène employé. Pour le bois et la tannée, l'excès d'hydrogène étant très-petit, on peut négliger l'accroissement de volume de l'air employé à sa combustion ; mais, pour les tourbes et les houilles, il faut tenir compte des deux causes d'augmentation du volume d'air qui a traversé le foyer.

199. Comme 1^h d'eau produit $1^{mc}69$ de vapeur à $100°$, et sous la pression de 0^m76, ou $1,69 : (1 + 0,365) = 1^{mc}23$ de vapeur ramenée fictivement à $0°$, le volume de vapeur à la température t de la cheminée sera $1^{mc}23 (1 + at)$; a étant le coefficient $0,00365$ de dilatation des gaz.

200. Un kil. d'hydrogène exigeant 8^k d'oxygène pour se transformer en eau, donnera un volume de vapeur représenté par $9 . 1,23 (1 + at) = 11,07 (1 + at)$.

201. Alors, pour les bois secs qui contiennent $0,46$ d'oxygène et d'hydrogène dans le rapport nécessaire pour former de l'eau et $0,01$ d'hydrogène en excès, le volume de vapeur sera par kilogramme de bois :

$$(0,46 . 1,23 + 0,01 . 9 . 1,23) (1 + at) = 0^{mc}68 (1 + at).$$

202. Pour le bois à $0,30$ d'eau, le volume de vapeur sera :

$$(0^{mc}68 . 0,70 + 0,30 . 1,23) (1 + at) = 0^{mc}81 (1 + at).$$

203. La tannée donnera sensiblement le même volume de vapeur que le bois dans les mêmes conditions de dessiccation.

204. La tourbe desséchée, renfermant moyennement $0,02$ d'hydrogène en excès, et à peu près $0,35$ d'oxygène et d'hydrogène dans les proportions nécessaires pour faire de l'eau, le volume de vapeur sera :

$$(0,35 . 1,23 + 0,02 . 9 . 1,23) (1 + at) = 0^{mc}65 (1 + at).$$

205. Pour la tourbe à $0,30$ d'eau, ce volume sera :

$$(0^{mc}65 . 0,70 + 0,30 . 1,23) (1 + at) = 0^{mc}82 (1 + at).$$

206. Enfin, pour une houille moyenne renfermant $0,04$ d'hydrogène en excès et $0,12$ d'oxygène et d'hydrogène dans les proportions nécessaires pour former de l'eau, le volume de vapeur sera :

$$(0,12 . 1,23 + 0,04 . 9 . 1,23) (1 + at) = 0^{mc}58 (1 + at)$$

207. Le tableau suivant renferme le résumé des principaux faits relatifs aux différents combustibles.

DÉSIGNATION des COMBUSTIBLES.	PUISSANCES calorifiques.	VOLUMES d'air froid nécessaires à la combustion.	VOLUMES d'air appelés, la moitié de l'oxygène échappant à la combustion.	VOLUMES de vapeur d'eau ramenés à 0°, produits par la combustion de 1 k. du combustib.	VOLUMES des gaz à la sortie du foyer ramenés à 0°, tout l'oxygène de l'air étant absorbé.	VOLUMES des gaz à la sortie du foyer ramenés à 0°, la moitié de l'oxyg. de l'air étant absorbée.
Bois sec..............	4000	4mc70	9mc40	0mc68	5mc38	10mc08
Bois à 0,20 d'eau...	3000	3 29	6 58	0 84	4 13	7 42
Charbon de bois....	7000	7 64	15 28	» »	7 64	15 28
Tannée sèche......	3400	4 53	9 06	0 68	5 21	9 74
Tannée à 0,30 d'eau.	2400	3 17	6 34	0 84	4 01	7 18
Tourbe sèche à 0,05 de cendres.......	5300	5 68	11 36	0 65	6 33	12 01
Tourbe à 0,30 d'eau.	3700	3 98	7 96	0 82	4 80	8 78
Charbon de tourbe à 0,20 de cendres.	6400	7 10	14 20	» »	7 10	14 20
Houille moyenne ...	8000	8 35	16 70	0 58	8 93	17 28
Coke à 0,02, cendres.	7900	8 70	17 40	» »	8 70	17 40
Coke à 0,15, cendres.	6800	7 55	15 10	» »	7 55	15 10

208. Lorsque l'on connaîtra, dans une même localité, les prix des différents combustibles, ainsi que les poids des différentes mesures, quand les combustibles ne sont pas vendus au poids, on trouvera facilement leurs valeurs réelles, au moyen de leurs puissances calorifiques. A Paris, par exemple, où, chez les marchands de combustibles, la houille vaut maintenant 56 fr. les 1000^k, le bois 50 fr., le coke 2 fr. l'hectolitre comble de 35^k, et le charbon de bois 20 fr. les 100^k, les prix de 1000 unités de chaleur sont :

$$\text{Pour la houille}........\quad \frac{0{,}056 \,.\, 1000}{8000} = 0^f0070$$

$$\text{Pour le bois}..........\quad \frac{0{,}05 \,.\, 1000}{3000} = 0{,}0170$$

$$\text{Pour le coke}.........\quad \frac{2 \,.\, 1000}{35 \,.\, 7000} = 0{,}0081$$

$$\text{Pour le charbon de bois.}\quad \frac{0{,}20 \,.\, 1000}{7500} = 0{,}0266$$

Ainsi, à Paris, le chauffage par la houille est le plus économique de tous ; le chauffage au coke est moins cher que le chauffage au bois ; et le chauffage au charbon de bois est le plus cher de tous.

209. On s'occupe maintenant d'introduire à Paris le chauffage par le gaz d'éclairage ; le prix de 0 fr. 30 le mètre cube auquel le gaz est livré à la consommation, rend la chose possible. En considérant ce gaz comme de l'hydrogène protocarboné, sa densité est 0,59, le poids du mètre

cube $1^k,3 . 0,59 = 0^k 76$, et comme sa puissance calorifique est 13000, le prix de 1000 unités de chaleur est de :

$$\frac{0,30 \; . \; 1000}{0,76 \; . \; 13000} = 0,0307$$

Ainsi le prix diffère peu de celui qui correspond au charbon de bois, et dans les fourneaux de cuisine, la différence serait plus que compensée par la facilité de faire varier à volonté l'intensité du foyer, de l'allumer et de l'éteindre instantanément ; mais c'est une question sur laquelle nous reviendrons plus tard.

210. La connaissance de la puissance calorifique des corps permet de calculer, dans tous les cas qui peuvent se présenter, la quantité de combustible à brûler pour produire un effet donné. Cet effet correspond toujours à un nombre N de calories à utiliser et par conséquent à produire ; et en désignant par C la puissance calorifique du combustible, la quantité qui doit être brûlée pour produire N calories est évidemment égale à N : C. Mais, dans presque tous les cas, on ne peut utiliser qu'une certaine fraction n de la puissance calorifique du combustible, et la quantité qui doit être brûlée est égale à N : nC.

Supposons, par exemple, qu'il s'agisse de chauffer par heure 10 mètres cubes d'eau de $10°$; en employant de la houille, et en utilisant les trois quarts de la chaleur produite, la quantité de houille à brûler par heure dans le foyer serait évidemment égale à $10000 . 40 : 6000 = 66^k 6$.

S'il s'agissait de produire par heure 500^k de vapeur d'eau à $100°$, l'eau d'alimentation de la chaudière étant à $0°$, la chaleur latente de la vapeur étant de 637, la quantité de chaleur à produire serait de $500 . 637 = 318500^c$, et la quantité de houille à brûler par heure, dans les mêmes conditions que précédemment, serait égale à $318500 : 6000 = 53^k 08$.

Supposons en dernier lieu qu'il s'agisse de chauffer 20000 mètres cubes d'air par heure à $50°$, dans une cheminée d'appel, où la totalité de la chaleur est utilisée, et qu'on veuille employer du bois renfermant 0,30 d'eau ; le poids d'un mètre cube d'air étant de $1^k 3$, le poids de l'air à échauffer sera de $20000 . 1,3 = 26000^k$; la capacité calorifique de l'air étant à peu près 0,24, on aura $N = 26000 . 0,24 . 50 = 312000^c$, et la quantité de bois à brûler sera de $312000 : 3000 = 104^k$.

CHAPITRE XI.

TEMPÉRATURES PRODUITES PAR LA COMBUSTION DE DIFFÉRENTS COMBUSTIBLES.

211. Lorsqu'on brûle un combustible d'une manière continue, dans un foyer fermé, la chaleur produite élève progressivement la température de l'enceinte. Après un certain temps, il s'établit un régime permanent; la surface du combustible, celle de l'enceinte et les gaz sont à une température constante, et cette température résulte de la quantité de chaleur produite par le combustible répartie entre les gaz qui proviennent de la combustion et l'azote de l'air introduit, du moins en négligeant la chaleur transmise à travers les murs du foyer. Ainsi, dans les circonstances que nous venons d'indiquer, et qui se rencontrent dans les foyers employés au travail des métaux, la température du foyer s'obtient en divisant la puissance calorifique du combustible par la somme des poids des gaz qui s'écoulent multipliés chacun par la capacité calorifique correspondante. Ce principe ne serait plus vrai, s'il se trouvait au-dessus du foyer un corps à une température constante et plus basse, tel qu'une chaudière à vapeur, parce que ce corps absorberait une certaine partie de la chaleur rayonnée par le foyer.

212. On pourrait d'abord obtenir une valeur approchée de la température cherchée, en supposant que les gaz entre lesquels la chaleur produite se partage, ont la même capacité calorifique que l'air, et en prenant pour le poids de ces gaz celui de l'air employé à la combustion. Par exemple, pour la houille moyenne, le volume d'air employé pour brûler 1^k étant de $8^{mc} 30$, son poids sera de $8,30 . 1,3 = 10^k 79$, dont l'équivalent en eau sera de $10,79 . 0,24 = 2,59$, et, par suite, la température serait de $8000 : 2,59 = 3210°$. Si on employait deux fois plus d'air, la température serait seulement de $1605°$. Mais cette méthode ne donne qu'une approximation assez grossière, parce qu'on néglige la chaleur absorbée par la vapeur d'eau produite, les différences des capacités calorifiques des gaz et l'accroissement de poids de l'air par la transformation de l'oxygène en acide carbonique.

213. La méthode générale consiste à déterminer les poids de l'azote, de l'oxygène libre, de l'acide carbonique, de l'oxyde de carbone et de la vapeur d'eau, entre lesquels se partage la chaleur produite, à multiplier chacun de ces poids par la capacité calorifique du corps, et à diviser la quantité de chaleur développée par la somme de ces produits. Mais, comme ces calculs sont très-longs, j'ai cherché à les abréger, en déterminant d'avance, pour le carbone, l'hydrogène et l'oxyde de carbone, les équivalents en eau des produits de la combustion, en supposant successivement que la combustion avait lieu par l'oxygène pur, par l'air en volume seulement suffisant pour que la combustion soit complète, et enfin qu'on employait un volume d'air double.

214. Pour le carbone et l'oxygène pur, la quantité d'oxygène nécessaire à la combustion de 1^k de carbone est égale à $72,73 : 27,27 = 2,67$, et le poids de l'acide carbonique formé sera $1 + 2,67 = 3,67$; la capacité calorifique de l'acide carbonique étant $0,2164$, l'équivalent cherché sera $3,67 . 0,2164 = 0,79$.

Si le carbone est brûlé avec de l'air, le poids de l'oxygène étant $2,67$, le poids de l'azote sera $2,67 . 77 : 23 = 8,88$, son équivalent en eau $8,88 . 0,244 = 2,16$; et par suite l'équivalent en eau de l'acide carbonique et de l'azote sera $0,79 + 2,16 = 2,95$.

Si la moitié de l'oxygène échappait à la combustion, il faudrait ajouter au poids des gaz $2^k 67$ d'oxygène et $8^k 88$ d'azote, et l'équivalent total serait $2,95 + 2,67 . 0,2182 + 2,16 . 0,244 = 5,69$.

215. Pour l'hydrogène et l'oxygène pur, comme 1^k d'hydrogène produit 9^k de vapeur d'eau, et que la capacité calorifique de la vapeur d'eau est $0,475$, l'équivalent sera $9 . 0,475 = 4,275$.

Si la combustion a lieu avec de l'air, le poids de l'azote sera $8 . 77 : 23 = 26^k 7$, son équivalent $26,7 . 0,244 = 6,51$, et l'équivalent total $4,275 + 6,51 = 10,785$.

Si la moitié seulement de l'oxygène était employée, il faudrait ajouter au nombre précédent les équivalents de l'oxygène et de l'azote ; on aurait ainsi $10,785 + 8 . 0,2182 + 6,51 = 19,04$.

216. Enfin, pour l'oxyde de carbone, comme ce gaz est formé de $0,4286$ de carbone et de $0,5714$ d'oxygène, le poids de l'oxygène absorbé pour sa transformation en acide carbonique sera $0,5714$, et le poids de l'acide carbonique formé sera $1,5714$, dont l'équivalent en eau est $0,34$.

Si la combustion a lieu par l'air en volume seulement suffisant, il faut ajouter au nombre précédent l'équivalent de l'azote ; le poids de l'azote est $0,5714 . 77 : 23 = 1,90$; son équivalent $1,90 . 0,244 = 0,46$; et l'équivalent total sera $0,34 + 0,46 = 0,80$.

En admettant que le volume d'air employé soit double, il faudra évidemment ajouter au dernier nombre l'équivalent de l'azote $0,46$ et celui de l'oxygène $0,5714 . 0,2182 = 0,124$, et on obtiendra pour l'équivalent total $0,80 + 0,46 + 0,124 = 1,384$.

217. Ainsi, quand on brûle l'un des corps dont je viens de parler par de l'oxygène pur, ou dans l'air, mais en volume seulement suffisant, ou avec un volume d'air double, les équivalents en eau des gaz entre lesquels la chaleur se répartit sont:

Pour le carbone	0,79	2,95	5,69
Pour l'hydrogène..........	4,27	10,78	19,04
Pour l'oxyde de carbone....	0,34	0,80	1,38

218. Au moyen de ces nombres, il devient très-facile de calculer la température produite par la combustion des différents combustibles. Mais il y a une remarque importante à faire relativement à l'hydrogène : la chaleur latente de la vapeur d'eau formée n'intervient pas dans la chaleur résultant de la combustion; par conséquent, elle doit être retranchée de la puissance calorifique, qui se réduit alors à

$$34462 - 9.550 = 29512.$$

Cette observation a été faite pour la première fois par MM. Thomas et Laurens, à la suite d'expériences qui avaient donné pour l'hydrogène une température bien inférieure à celle qui devait résulter de la puissance calorifique de ce corps.

Dans les trois circonstances que nous avons supposées, les températures produites sont :

Pour le carbone..........	8000 :	0,79	=	10126°
	8000 :	2,95	=	2715°
	8000 :	5,69	=	1406°
Pour l'hydrogène........	29512 :	4,27	=	6903°
	29512 :	10,78	=	2736°
	29512 :	19,04	=	1541°
Pour l'oxyde de carbone ..	2400 :	0,34	=	7059°
	2400 :	0,80	=	3000°
	2400 :	1,38	=	1739°.

219. Pour le bois sec, renfermant 0,50 de carbone, 0,01 d'hydrogène, 0,46 d'eau, 0,01 d'azote et 0,02 de cendres, brûlé par de l'air dont tout l'oxygène est transformé en acide carbonique, on a pour l'équivalent en eau :

$$
\left.\begin{array}{llll}
\text{Carbone} & 0,50 & . \ 2,95 & = 1,4750 \\
\text{Hydrogène} & 0,01 & . \ 10,78 & = 0,1078 \\
\text{Eau} & 0,46 & . \ 0,475 & = 0,2185 \\
\text{Azote} & 0,01 & . \ 0,244 & = 0,0024 \\
\text{Cendres} & 0,02 & . \ 0,20 & = 0,0040
\end{array}\right\} \ 1,80
$$

et la température serait égale à 4295 : 1,80 = 2330°. Si la moitié de l'air échappait à la combustion, l'équivalent serait 3,2 et la température 1340°.

Si le bois renfermait 0,30 d'eau, dans le premier cas, l'équivalent serait égal à 1,80 . 1,70 + 0,30 . 0,475 = 1,38 ; dans le second cas, il serait 3,20 . 0,70 + 0,30 . 0,475 = 238 ; la puissance calorifique serait 4295 . 0,7 = 3006,5 et par suite les températures seraient 2166° et 1263°.

220. On trouve par des calculs semblables les résultats suivants, en supposant que la combustion a lieu par de l'air en volume seulement suffisant ou en volume double.

Bois sec	2412	1340
Bois renfermant 0,30 d'eau	2166	1263
Charbon de bois à 0,07 de cendres et 0,07 d'eau.	2774	1387
Tourbe sèche à 0,05 de cendres	2484	1405
Tourbe à 0,20 d'eau	2350	1336
Houille moyenne	2800	1487
Coke à 0,05 de cendres	2755	1432
Coke à 0,15 de cendres	2735	1428

221. La température des foyers ainsi calculée suppose nécessairement la condition que nous avons admise, qu'il n'y a point de perte sensible de chaleur par la surface intérieure des foyers, et par conséquent que cette surface se trouve sensiblement à la température du combustible. Cette circonstance est réalisée dans la plupart des foyers employés en métallurgie ; mais elle ne l'est pas quand le corps échauffé se trouve au-dessus du combustible en ignition à une température beaucoup plus basse, et par suite qu'il absorbe beaucoup de chaleur, comme dans les générateurs à vapeur ; la température des foyers est alors beaucoup moins élevée.

222. Pour estimer l'influence des cendres dans le calcul des températures des foyers, nous avons supposé qu'elles n'avaient point d'autre effet que de diminuer le poids réel du combustible et d'absorber une certaine quantité de chaleur ; mais elles ont encore une autre action qu'on ne peut pas calculer ; en s'accumulant à la surface du com-

bustible, elles le recouvrent tantôt de poussière, tantôt d'une espèce de vernis, s'opposent ainsi au contact immédiat de l'oxygène de l'air avec le combustible, et augmentent la quantité d'air inutile qui traverse le foyer, circonstance qui abaisse nécessairement la température. En outre, une partie du combustible échappe ainsi forcément à la combustion, et la perte qui en résulte ne laisse pas que d'être considérable.

223. Au premier abord, il semble que l'air ne coûtant rien, la combustion peut s'effectuer sans dépense sous ce rapport ; mais il n'en est pas ainsi, parce qu'il faut un certain travail pour faire arriver l'air sur le combustible ; ce travail est produit, tantôt par des machines qui injectent l'air dans le foyer ou appellent l'air brûlé, tantôt par des cheminées qui versent l'air brûlé dans l'atmosphère à une température plus ou moins élevée. Ainsi il y a toujours dans tous les appareils de chauffage une certaine perte de chaleur, directe quand la combustion a lieu par l'appel d'une cheminée, et indirecte quand la combustion a lieu par un ventilateur aspirant ou soufflant ; et par suite, toute la chaleur produite n'est pas utilisée. Il y a cependant certaines dispositions de cheminées produisant un grand tirage, dans lesquelles l'air brûlé peut être abandonné à la température ordinaire. Je reviendrai sur ces questions avec tous les détails nécessaires, en parlant des cheminées et du tirage mécanique.

On désigne ordinairement sous le nom d'*air brûlé* les gaz qui résultent de la combustion d'un corps par l'air : quoique cette expression soit fort inexacte, nous la conserverons, parce qu'elle est admise et qu'elle simplifie le langage.

224. Nous allons maintenant nous occuper des lois des mouvements des gaz. La connaissance de ces lois est indispensable pour la disposition des appareils de chauffage et de ventilation ; car dans tous, quel que soit le but qu'on se propose, on a toujours de l'air à mettre en mouvement. Les mouvements de l'air sont produits tantôt par une pression résultant d'une action mécanique, tantôt par la force ascensionnelle de l'air échauffé.

LIVRE II.

ÉCOULEMENT DES GAZ COMPRIMÉS.

Nous examinerons successivement l'écoulement des gaz par des orifices percés en mince paroi, sous de faibles et de grandes pressions, puis par des ajutages et par des tuyaux cylindriques et de forme quelconque, et nous terminerons par l'examen des appareils destinés à mesurer la vitesse d'écoulement des gaz.

CHAPITRE PREMIER.

ÉCOULEMENT DES GAZ SOUS DE FAIBLES PRESSIONS PAR UN ORIFICE EN MINCE PAROI.

225. Pour comprendre la question dont il s'agit, imaginons une cloche fermée à la partie supérieure, ouverte en dessous, plongée dans un réservoir plein d'eau et renfermant un gaz quelconque. Le gaz sera soumis, à cause du poids de la cloche, à une pression supérieure à celle de l'atmosphère et l'excès de pression pourra être mesuré par un manomètre à eau ou à mercure. Si l'on ouvre un orifice percé sur la cloche, le gaz s'écoulera, la cloche s'abaissera, et la pression du gaz restera sensiblement constante pendant la descente. Il est facile d'estimer cette pression en hauteur d'eau; car si P représente le poids de la cloche en kilogrammes, et S la section en décimètres carrés, P : S sera la charge en décimètres d'eau, c'est-à-dire la différence de hauteur qu'indiquerait un manomètre à eau placé sur la cloche.

226. Pour obtenir la vitesse d'écoulement d'un gaz en fonction de la pression qu'il supporte et de celle de l'espace dans lequel il s'écoule, on a assimilé les gaz à des liquides. Or, pour un liquide à niveau constant, contenu dans un vase ouvert, ayant une grande section relativement à la surface de l'orifice d'écoulement, on a trouvé par l'expérience que la vitesse du liquide est celle qu'acquerrait un corps en tombant d'une hauteur égale à la distance du centre de l'orifice au niveau du liquide et en général d'une hauteur égale à celle d'une colonne du liquide qui s'écoule, capable de faire équilibre à la pression sur l'orifice, de quelque manière que cette pression soit produite. La vitesse d'écoulement v est alors représentée par la formule

$$v = \sqrt{2gP}, \qquad\qquad (A)$$

P étant la charge sur l'orifice en hauteur du liquide ou du gaz qui s'écoule.

227. Il résulte d'abord de cette formule, en admettant qu'elle soit applicable à tous les fluides, que sous la même charge les gaz s'écoulent avec des vitesses beaucoup plus grandes que les liquides, car les valeurs de P sont en raison inverse des densités. Par exemple, pour l'air et l'eau à 0° et sous la pression de 0^m76, les valeurs de P seraient dans le rapport de 1 à 0,0013, et les vitesses dans celui de 27,73 à 1. En supposant que de l'air à 0° s'écoule successivement sous des pressions en eau de

$$0^m\,10 \qquad 0^m\,01 \qquad 0^m\,001 \qquad 0^m\,0001,$$

les vitesses d'écoulement seraient de

$$38^m\,78 \qquad 12^m\,19 \qquad 3^m\,88 \qquad 1^m\,22\,;$$

tandis que les vitesses d'écoulement de l'eau sous les mêmes pressions seraient de

$$1^m\,4 \qquad 0^m\,44 \qquad 0^m\,14 \qquad 0^m\,044$$

228. En admettant qu'un gaz s'écoule comme un liquide de même densité, si on représente par B la pression du gaz, par b la pression extérieure, par t la température, et par d la densité tabulaire du gaz, on trouve

$$P = \frac{(B - b) \cdot 13,59 \cdot 0,76\,(1 + at)}{0,0013\,Bd}$$

et en mettant pour $2g$ sa valeur 19,62, on a

$$v = \sqrt{2gP} = 395\,\sqrt{\frac{B - b}{Bd}\,(1 + at)} \qquad\qquad (B)$$

Il résulte de cette formule que v croît très-lentement avec B, pression que supporte le gaz, car si on suppose $B = 2b$, $(B - b) : B$ devient égal à 0,5 ; et pour B infini, cette même fraction devient 1 ; ainsi, depuis un excès de pression égal à une atmosphère jusqu'à l'infini, la vitesse d'écoulement augmente seulement dans le rapport de 0,707 à 1. Cette faible variation de la vitesse résulte de l'accroissement de la densité du gaz qui est proportionnelle à la pression totale. Les liquides étant à peu près incompressibles s'écoulent avec des vitesses qui croissent beaucoup plus rapidement, car elles sont proportionnelles aux racines carrées des pressions et n'ont par conséquent pas de limites.

229. Mais les poids des gaz écoulés varient suivant d'autres lois que les vitesses et par suite que les volumes. En désignant par S la surface de l'orifice; par Q et par p, le volume et le poids du gaz écoulé par seconde; et par D le poids d'un mètre cube de gaz comprimé, on aura évidemment $Q = Sv$, et $p = SvD$, et comme $D = 1^k 3 . d . B : 0,76 (1 + at)$, B étant exprimé en hauteur de mercure, on trouve pour le poids p :

$$p = 675 \sqrt{\frac{(B - b)\, Bd}{1 + at}} \; . \; S.$$

Ainsi le poids du gaz écoulé augmente constamment avec la pression ; et il serait sensiblement proportionnel à la pression, si b était très-petit relativement à B.

230. Dans toutes les expériences qui ont été faites pour vérifier la formule (B), on mesurait le volume du gaz écoulé pendant un certain temps par l'abaissement de la cloche, on en déduisait le volume écoulé pendant une seconde, et on comparait ce volume avec celui qui était donné par les formules

$$Q = v . S; \quad \text{ou} \quad Q = S\sqrt{2gP} \qquad \text{(C)}.$$

Les expériences ont fait voir que la valeur de Q observée est toujours plus faible que celle qui résulte de la formule (B) ; et on a reconnu que, dans certaines limites de pression et pour des orifices de même nature , le volume réel était égal à une fraction constante φ du volume calculé ; alors, en désignant par Q′ le premier, par Q le second, on a pu poser la formule

$$Q' = \varphi Q = \varphi S\sqrt{2gP}.$$

231. Le facteur φ pourrait être considéré comme affectant la vitesse ou la section. Pour les liquides, il est parfaitement démontré qu'il s'applique à la section de la veine à la sortie de l'orifice , section qui éprouve une contraction résultant de ce que le liquide afflue vers l'orifice dans toutes les directions. Newton a mesuré les dimensions de la veine contractée ; cette mesure a été répétée par plusieurs ingénieurs, et en dernier lieu par MM. Poncelet et Lesbros ; il résulte de ces expériences, et surtout des dernières, que la contraction a lieu à une distance de l'orifice sensiblement égale à la moitié du diamètre de cet orifice, et que la contraction représente à très-peu près la perte de dépense.

232. L'existence de la vitesse due à la charge dans la veine contractée a été vérifiée pour la partie du jet, quand l'orifice est percé dans une paroi verticale. Lorsqu'une veine d'eau s'écoule dans les circonstances que nous venons d'indiquer, en désignant par h la charge au-dessus de l'orifice, par a la distance du centre de l'orifice à un plan horizontal situé au-dessous, par x et y les coordonnées d'un point de la courbe décrite par la veine, on a

$$y = a - \frac{gt^2}{2}; \; x = vt; \text{ d'où } x^2 = \frac{2v^2(a - y)}{g} ,$$

équation d'une parabole. En substituant pour v^2 sa valeur $2gh$, on trouve

$$x^2 = 4h(a - y).$$

Cette équation donne pour $y = 0$, ou pour la portée du jet, $x = 2\sqrt{ah}$. En déterminant par l'expérience la portée du jet, Bossut a trouvé, pour le rapport de la valeur calculée à la valeur observée, 0,97 et 0,98; plus tard Micholetti a trouvé pour ce rapport 0,993 et 0,998.

233. Ainsi, pour l'eau, il est démontré que la perte de dépense provient uniquement de la contraction de la veine, et que dans tous ses points la vitesse d'écoulement est égale à celle qui est due à la charge. On ne peut pas douter qu'il n'en soit ainsi pour les gaz, car ils se comportent toujours, du moins pour de faibles charges, comme des liquides de même densité. D'ailleurs, l'accroissement de vitesse par de courts ajutages cylindriques ne peut s'expliquer que par une contraction de la veine à la sortie du vase, et l'identité des résultats de l'expérience et du calcul, comme nous le verrons plus loin, ne laisse aucun doute sur le fait de la contraction de la veine, ni même sur le fait important qu'elle représente complétement la diminution de la dépense.

Nous allons citer maintenant les résultats des expériences qui ont été faites sur l'écoulement des gaz comprimés.

234. *Expériences de M. Girard* (*Annales de Physique et de Chimie*, t. XVI, 1821). — Ces expériences ont été faites au moyen d'un gazomètre ayant une section transversale de 0^{mq} 3631. L'écoulement a eu lieu à travers un orifice de 0^{m} 01579 de diamètre, percé dans une plaque de 0^{m} 002 d'épaisseur, sous une pression d'eau de 0^{m} 03383 ; la température n'a point été indiquée. Le volume d'air écoulé par seconde a été de 0^{mc} 003289 ; la section de l'orifice étant de 0^{mq} 0001955,

la vitesse d'écoulement était de 16^m 823. En admettant que la température ait été de 15°, et la pression atmosphérique de 0^m 76, la vitesse due à la pression était de 23^m 20 ; d'où l'on déduit que le coefficient de correction était 0,725.

235. La même expérience ayant été répétée avec le gaz de l'éclairage, le volume de gaz écoulé en une seconde a été de 0^{mc} 004422 ; et par conséquent la vitesse d'écoulement était de 22^m 62. La densité du gaz d'éclairage étant 0,555, la vitesse d'écoulement due à la pression est de 31^m 17 ; et par conséquent le coefficient de correction est 0,725.

On ne peut rien conclure de ces expériences relativement au coefficient de correction pour un orifice en mince paroi ; mais elles démontrent l'exactitude de la loi admise, que, sous les mêmes pressions, les vitesses d'écoulement sont bien en raison inverse des racines carrées des densités des gaz.

236. En 1822, M. Lagerghelm fit de nombreuses observations sur l'écoulement de l'air atmosphérique par des orifices pratiqués en mince paroi, et sur l'aspiration qui a lieu à l'extrémité d'un tuyau court terminé par une plaque percée d'un orifice par lequel l'air pénètre sous différentes pressions. Le travail de M. Lagerghelm a été communiqué à l'Institut par M. Olivier ; c'est du rapport des commissaires chargés d'en rendre compte que nous avons extrait ce qui suit.

237. L'appareil consistait en une cloche cylindrique en cuivre, plongée dans une cuve pleine d'eau. Un large tuyau venait s'ouvrir sous la cloche au-dessus du niveau de l'eau, et, après avoir traversé la cuve, s'élevait verticalement à une certaine hauteur où il était fermé par une plaque métallique mince, percée d'un orifice. L'excès de pression du gaz se mesurait par un manomètre à eau, et le volume de gaz écoulé, par l'abaissement de la cloche. Les diamètres de l'orifice d'écoulement étaient de 0^m 012, 0^m 024, 0^m 033 ; les pressions manométriques ont été de 0^m 058 et 0^m 479, en eau ; le coefficient de correction moyen a été de 0^m 62 ; mais il a varié de 0,58 à 0,70. Ces variations ont été beaucoup trop considérables pour qu'on puisse admettre que les expériences aient été faites avec les soins convenables, et pour qu'on puisse en déduire un chiffre certain pour le coefficient de correction.

238. En 1826, d'Aubuisson, ingénieur des mines, a fait de nouvelles recherches sur l'écoulement de l'air comprimé, au moyen d'un appareil semblable à celui que nous venons de décrire (*Annales des Mines*, 1826).

La cloche renfermant l'air comprimé avait 0^m 65 de diamètre et 0^m 80 de hauteur. Les orifices étaient percés dans une plaque de fer-blanc ; les diamètres ont varié de $0^m 01$ à $0^m 03$; les pressions, de $0^m 028$ à $0^m 144$; le coefficient de correction, de 0,63 à 0,67, et sa valeur moyenne, déduite de vingt expériences, a été 0,65.

239. *Nouvelles expériences.* — Je me suis servi de l'appareil dont les figures 3 et 4 représentent deux coupes verticales. A est une cloche cy-

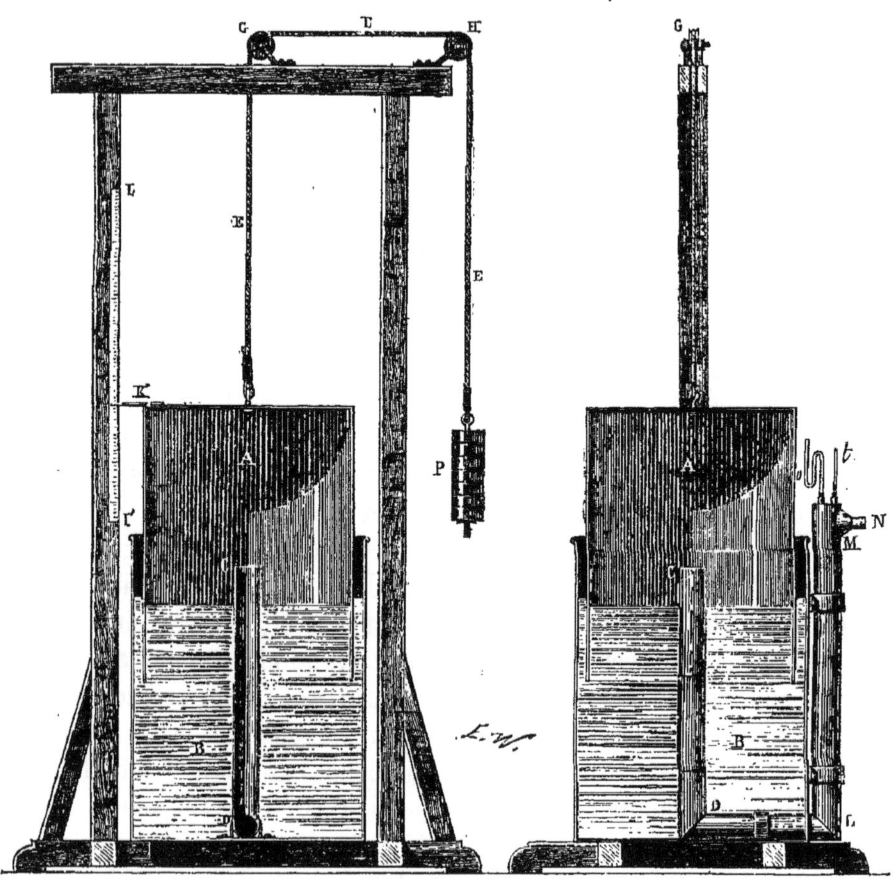

Fig. 3.   Fig. 4.

lindrique en tôle galvanisée de $0^m 80$ de hauteur, de $0^m 615$ de diamètre et de $0^{mq} 2970$ de section, fermée par le haut, ouverte par le bas. Elle est soutenue par une corde qui passe sur deux poulies en cuivre très-mobiles, G et H, et qui se termine par un contre-poids P. Cette cloche plonge dans une cuve pleine d'eau B, également en fer galvanisé, de $0^m 72$ de diamètre et de $0^m 80$ de hauteur. Au centre de cette cuve se trouve un tuyau CDLM de $0^m 12$ de diamètre, s'ouvrant au-dessus du niveau de l'eau dans la cuve et se relevant extérieurement : son extrémité est fermée et porte deux douilles dans lesquelles on place un thermomètre et un manomètre à eau. Une douille latérale N sert à recevoir les tubes par lesquels l'air doit s'écouler. Depuis les premières expériences, l'extrémité supérieure du tube extérieur a été recourbée à angle droit (*fig.* 5), et l'orifice libre pouvait être fermé par une douille garnie d'une ouverture de 0ᵐ 08, contre laquelle on fixait avec de la cire molle des plaques percées de différents orifices. Pour d'autres expériences, l'ouverture libre était fermée par une plaque garnie d'une douille (*fig.* 6), dans laquelle

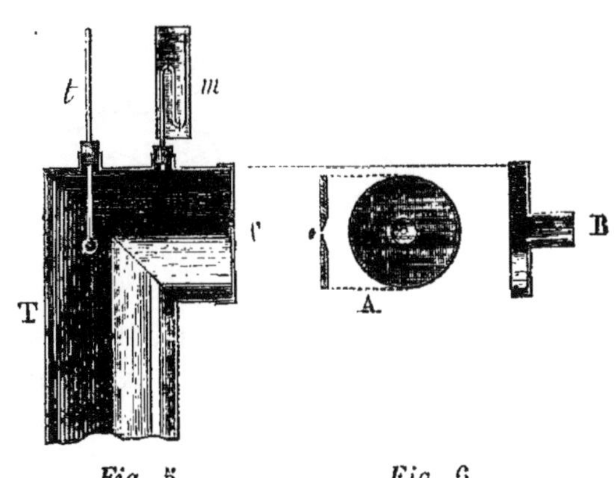

Fig. 5.   *Fig.* 6.

on fixait, à l'aide d'un bouchon de liége, les tubes par lesquels l'écoulement devait avoir lieu. Enfin, dans certains cas, on plaçait à l'extrémité du tuyau d'écoulement une boîte rectangulaire portant latéralement et à son extrémité une large ouverture, sur laquelle on fixait des plaques percées d'orifices. Sur la surface de la cloche, se trouvait un index horizontal K (*fig.* 3), dont l'extrémité parcourait, pendant sa descente, une échelle divisée en centimètres et en millimètres. La cloche avait été lestée de manière à demeurer bien verticale pendant sa chute. Dans toutes les expériences, on a observé la durée de la descente du gazomètre de 0ᵐ 50 ; et pour éviter toute erreur sur le volume de gaz écoulé, on a jaugé la cloche dans l'étendue parcourue par le niveau de l'eau, en la renversant et la remplissant d'eau au moyen d'un vase dont la capacité était bien connue ; ce volume a été trouvé égal à 0ᵐᶜ 1485.

240. Le temps se comptait au moyen d'un compteur de Bréguet à pointage. Son mouvement était bien régulier, mais sa marche était un peu trop rapide ; en le comparant avec un régulateur pendant deux heures, on a trouvé que le temps qu'il indiquait était égal à celui du régulateur multiplié par 1,008.

241. Les excès de pression de l'air dans la cloche se mesuraient ordinairement au moyen d'un manomètre à eau portant une échelle divisée en centimètres et en millimètres. Mais pour obtenir une plus grande précision, je me suis souvent servi d'un manomètre à eau à tube in-

cliné (*fig*. 7). Il se compose d'un vase A, ouvert, garni à la partie inférieure d'une tubulure dans laquelle est mastiqué un tube de verre *abc*
de 1ᵐ de longueur, de 0ᵐ 005 de diamètre, fixé contre une planche verticale, sur laquelle se trouve, dans la direction du tube, une échelle BC
divisée en centimètres et en millimètres. Cette planche est clouée sur
une autre qui porte le vase A, et qu'on maintient horizontale au moyen
de vis et du niveau d'eau D. Pour se servir de cet appareil, on fait com-

Fig. 7.

muniquer l'extrémité *c*, au moyen d'un tube en caoutchouc, avec l'espace dont on veut mesurer l'excès de pression sur celle de l'air extérieur.
En comparant les indications de cet instrument avec celles d'un manomètre vertical, j'ai reconnu qu'il marchait très-régulièrement, que
la colonne liquide déplacée revenait toujours exactement au point de
départ, et qu'un millimètre de son échelle correspondait à 0ᵐ 0000772
de pression, ou à peu près à $\frac{1}{13}$ de millimètre.

242. Nous avons trouvé (228) une formule très-simple pour obtenir
la vitesse d'écoulement d'un gaz comprimé, quand on connaît la charge
qu'il supporte, la pression extérieure et la température ; mais lorsqu'on
fait un fréquent usage de cette formule et que l'excès de pression est
très-faible, B diffère peu de *b*, et il est plus commode de transformer
cette expression en une autre dans laquelle B — *b* est estimé en eau et *b* en
mercure ; on a alors :

$$v = \sqrt{\frac{395}{13,59}} \sqrt{\frac{(B - b)(1 + at)}{Bd}} = 107,16 \sqrt{\frac{(B - b)(1 + at)}{Bd}}.$$

243. Pendant la descente de la cloche, la pression intérieure B diminue toujours d'une certaine quantité par l'accroissement de la partie
immergée. Il serait difficile de calculer la pression moyenne qui correspond au volume de gaz écoulé ; mais comme, pour la limite de chute
qui n'a jamais été dépassée, et pour un excès de pression de 0ᵐ 012 qui

a été généralement employé, la variation a été de $0^m\,002$ d'eau, et que les vitesses correspondantes aux pressions extrêmes sont dans le rapport des nombres 205 et 200, on a supposé que la vitesse moyenne correspondait à la pression moyenne.

244. La pression atmosphérique était mesurée à chaque expérience au moyen d'un baromètre de Fortin; la hauteur observée n'a point été ramenée à 0°, parce que cette correction est insignifiante; en effet, une hauteur de $0^m\,76$, observée à 20° et ramenée à 0°, serait

$$0^m\,76 \;.\; \frac{5550}{5570} = 0^m\,75727;$$

et comme les vitesses sont en raison inverse des racines carrées des pressions barométriques, et que les racines carrées des nombres 0,75727 et 0,76 sont 0,8717 et 0,8700, il s'ensuit que les vitesses varieraient, par la correction dont il s'agit, à peu près dans le rapport de 1 à 1,002.

245. Dans les expériences sur l'écoulement des gaz par des orifices en mince paroi ou par des tuyaux, il est de la plus grande importance de mesurer les diamètres des orifices avec une très-grande précision, attendu que les vitesses d'écoulement étant égales au volume de gaz écoulé en une seconde divisé par la surface de l'orifice, une très-petite erreur sur l'estimation des diamètres en produit une beaucoup plus grande sur la valeur de la surface, et par suite sur les vitesses. J'ai d'abord employé une machine à diviser ordinaire; la vis faisait mouvoir une lunette renfermant un cheveu qu'on amenait successivement à être tangent aux deux bords de l'orifice; chaque tour de la vis était une fraction connue de millimètre, et, la vis était divisée en 200 parties égales. On obtenait ainsi une mesure très-exacte; mais j'ai préféré employer la méthode plus simple que je vais indiquer. J'ai fait construire quatre règles en cuivre, de $0^m\,50$ de longueur, divisées en millimètres; les côtés étaient parfaitement en ligne droite, mais non parallèles, et les différences des largeurs extrêmes étaient de 5 millimètres; il est évident qu'en introduisant une de ces règles dans un orifice, ayant un diamètre compris entre sa plus grande et sa plus petite largeur, jusqu'à ce que les côtés de la règle touchassent les bords de l'orifice, le diamètre de l'orifice était égal à $l + n\,(L - l) : 500$, l et L représentant les largeurs de la règle et n le nombre de millimètres de la règle qui correspondait au contact. Les largeurs des règles ont été prises à la machine, mais elles ont été vérifiées par un procédé très-simple dont les résultats ont été tellement satisfaisants que je le préfère à tout autre. La longueur

qu'il fallait mesurer a été prise avec un compas à vis de rappel terminé par des pointes très-fines, et l'ouverture de compas a été portée un grand nombre de fois sur une ligne tracée sur une lame étroite de papier qu'on avait collée sur une règle de cuivre divisée en millimètres ; on observait les longueurs correspondantes à un certain nombre de parties, lorsqu'elles coïncidaient à un nombre exact de millimètres, et on prenait la moyenne de tous les résultats ; pour chaque longueur, le nombre des expériences a varié de 4 à 6, le nombre de parties de 20 à 70, et tous les résultats s'accordent à moins de un centième de millimètre ; ils diffèrent d'ailleurs d'une très-petite quantité des résultats fournis par la machine. J'ai insisté sur cette méthode, parce qu'elle n'exige point de machine compliquée, et qu'il suffit d'un compas et d'un peu de soin.

246. Je n'ai pas fait d'expériences sur des orifices d'un diamètre supérieur à $0^m 01$, parce que, pour des orifices plus grands, la durée de l'écoulement du volume d'air que j'ai toujours employé était trop petite et ne pouvait pas être mesurée avec précision ; je n'ai pas non plus opéré sur des orifices de diamètre inférieur à $0^m 002$, parce que leur mesure par une méthode quelconque ne pourrait pas avoir l'exactitude nécessaire.

247. Je n'ai pas tenu compte de l'état hygrométrique de l'air enfermé dans la cloche ; en le supposant saturé, pour la température la plus élevée qui a été d'environ 20°, l'influence de la vapeur d'eau ne diminue la densité de l'air que d'à peu près 5·dix-millièmes.

248. Les vitesses effectives ont été calculées au moyen de la formule

$$v = \frac{0,1485}{S \cdot \theta},$$

$0^m 1485$ représentant le volume de gaz écoulé, qui a toujours été le même, S la section de l'orifice d'écoulement, et θ la durée de l'écoulement en secondes.

249. La valeur de v sera obtenue avec d'autant plus de précision que S sera plus petit, car θ augmente à mesure que S diminue, et le temps peut très-facilement se mesurer à moins d'une seconde.

Les expériences ont toutes été répétées deux fois et les résultats n'ont été admis qu'autant qu'ils concordaient parfaitement. On s'assurait chaque fois que le gazomètre ne perdait pas.

Dans toutes ces recherches, j'ai été très-bien secondé par M. Daniel, répétiteur de physique à l'École centrale.

250. Il résulte de ces expériences, qui seront rapportées en détail dans les notes placées à la fin de cet ouvrage, que le coefficient de correction,

pour des orifices en mince paroi placés sur une surface d'une grande étendue et pour de faibles pressions , est très-voisin de 0,65 et qu'il est sensiblement le même pour des orifices circulaires et rectangulaires, quels que soient le rayon du cercle et le rapport des côtés. La valeur du coefficient de correction résultant de ces nouvelles expériences est exactement celui qui a été trouvé par d'Aubuisson.

251. *Perte de charge dans l'écoulement des gaz par un orifice en mince paroi.* — Nous avons vu (230) que, dans l'écoulement des gaz, le volume est donné par la formule

$$Q = \varphi S \sqrt{2gP},$$

en appelant Q le volume écoulé par seconde , φ le coefficient de correction, S la section de l'orifice et P l'excès de la pression dans le réservoir sur celle du milieu dans lequel le gaz s'écoule, cette pression étant évaluée en hauteur de gaz comprimé. Bien que φ affecte probablement la section, tout se passe, sous le rapport de la dépense, comme s'il affectait la charge ; et, en appelant v la vitesse moyenne dans la section S, on a évidemment $Q = vS$, d'où $v^2 = 2gP\varphi^2$. Si p est la charge correspondante à la vitesse v, on a aussi $v = \sqrt{2gp}$, et il en résulte que

$$p = \varphi^2 P \quad \text{et} \quad P - p = p \left(\frac{1}{\varphi^2} - 1 \right) = Ap$$

en posant $A = \dfrac{1}{\varphi^2} - 1$.

La différence $P - p$, qu'on désigne sous le nom de *perte de charge*, se trouve ainsi exprimée en fonction de la charge correspondante à la vitesse moyenne d'écoulement et du coefficient de correction.

Pour un orifice en mince paroi , sous une faible pression , on a $\varphi = 0,65$, comme nous venons de le voir, et il en résulte

$$P - p = 1,366p, \quad \text{et} \quad A = 1,366.$$

252. *Influence d'une surface intérieure parallèle au plan de l'orifice.* — D'après les expériences rapportées dans les notes, l'influence d'une plaque parallèle à l'orifice et plus ou moins rapprochée est nulle, du moins tant que cette distance excède $0^m 01$ et pour un orifice de $0^m 006$ de diamètre.

253. *Influence des surfaces extérieures perpendiculaires au plan de l'orifice.* — Si on dispose des plaques sur les côtés d'un orifice rectangulaire en mince paroi et perpendiculairement à la surface, on observe

que la vitesse augmente avec le nombre de plaques, et le coefficient de correction 0,65 peut devenir égal à 0,728, quand les trois côtés de l'orifice sont garnis de plaques.

254. *Influence de la nature de la surface sur laquelle l'orifice est percé.*—L'air arrivant vers l'orifice dans toutes les directions, on pouvait supposer que le frottement contre la surface de la plaque pouvait avoir de l'influence sur le coefficient de correction et qu'il pouvait varier avec la nature de la surface. Il résulte des expériences que l'influence de la surface est très-faible et probablement nulle.

255. *Orifice en mince paroi placé à l'extrémité d'un tuyau dont le diamètre est comparable à celui de l'orifice (fig. 8).* — Nous venons de voir que, lorsqu'un orifice en mince paroi est placé à l'extrémité d'un tuyau ayant une très-grande section relativement à la surface de l'orifice, le coefficient de contraction pour de faibles excès de pression est égal à 0,65 et le coefficient de perte de

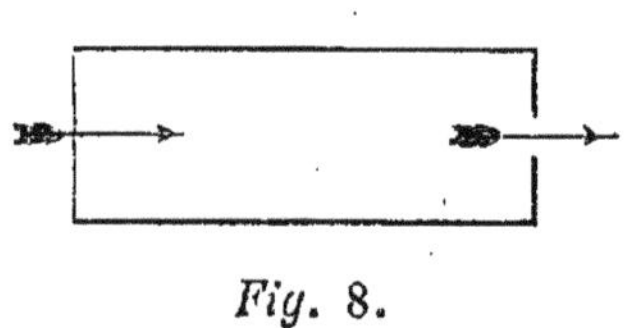

Fig. 8.

charge A = 1,366. Mais quand les diamètres sont comparables, la valeur de φ n'est plus la même, et il semble qu'elle doit augmenter à mesure que la section de l'orifice augmente, puisque le coefficient doit devenir égal à l'unité quand le diamètre de l'orifice est égal au diamètre du tuyau.

Il résulte cependant de l'expérience qu'en désignant par D et d les diamètres du tuyau et de l'orifice, on a, pour les différentes valeurs de $d : D$, les valeurs de φ et de $A = \dfrac{1}{\varphi^2} - 1$ renfermées dans le tableau suivant :

Rapports $d : D$	0,1	0,2	0,3	0,4	0,5	0,6	0,7	0,8	0,9	1
Valeurs de φ	0,65	0,62	0,64	0,66	0,67	0,68	0,74	0,80	0,$\overline{87}$	1
Valeurs de A	1,366	1,60	1,44	1,30	1,23	1,16	0,83	0,56	0,32	0

On voit, à l'inspection de ces nombres, qu'il y a un minimum de φ pour $d : D = 0,2$; toutes les expériences tendent à le constater.

256. *Mesure de la densité du gaz d'éclairage dans les usines.*—La formule (B) (n° 228), qui représente la vitesse d'écoulement des gaz comprimés, conduit à une méthode très-simple et très-exacte pour déterminer la densité du gaz d'éclairage. Dans les usines à gaz, la mesure dont il s'agit est d'un grand intérêt ; d'abord parce que les volumes de gaz produits dans le même temps, ainsi que leurs densités et leurs pouvoirs éclairants, diminuent progressivement pendant la durée de l'opération, tandis que la consommation de combustible est constante ; il y a donc avantage à arrêter la distillation de la houille à un certain moment. De plus, la densité moyenne du gaz obtenu permet d'apprécier la valeur de la houille sous le rapport de la production des gaz ; enfin la mesure de la densité d'un même gaz à différentes époques après sa fabrication, densité qui est variable à cause de la condensation des vapeurs combustibles que le gaz renferme, est encore un élément important dans la direction de l'établissement.

257. La méthode dont nous voulons parler consiste à remplir de gaz un petit gazomètre, et à mesurer la durée de l'écoulement d'un certain volume sous une certaine pression. En désignant par Q le volume écoulé en mètres cubes, par θ la durée de l'écoulement en secondes, par v la vitesse, par S la section de l'orifice en mince paroi, par φ le coefficient de contraction, par B et b la pression totale que supporte le gaz et la pression de l'air extérieur, par t la température, et par δ la densité tabulaire du gaz, on a

$$Q = \varphi \cdot S \cdot v \cdot \theta = \varphi S \cdot \theta \cdot 395 \sqrt{\frac{(B - b)}{B} \frac{(1 + at)}{\delta}},$$

équation qui donne

$$\delta = \frac{\varphi^2 S^2 (395)^2}{V^2} \cdot \theta^2 \cdot \frac{(B - b)(1 + at)}{B} \dots \dots \dots \quad (1)$$

En supposant que le volume de gaz écoulé, l'orifice d'écoulement et l'excès de pression soient toujours les mêmes, la valeur de δ deviendrait

$$\delta = K \cdot \theta^2 \cdot \frac{1 + at}{B} \dots \dots \dots \dots \dots \quad (2)$$

K étant un nombre constant ; et par conséquent δ serait sensiblement proportionnel au carré du temps de l'écoulement, le rapport $1 + at : B$ variant fort peu.

Ainsi, en supposant que l'excès de pression soit de 0^m10 d'eau, que la hauteur du baromètre soit de 0^m76, et la température de $0°$, on trouve $(1 + at):B = 0,0958$. En prenant les circonstances extérieures les plus défavorables, $t = 20°$ et $t = -10°$; et pour les hauteurs du baromètre 0^m74 et 0^m78, on trouve pour les valeurs de $(1 + at):B$, les nombres $0,1055$ et $0,09335$, qui diffèrent de moins de un centième de celui qui résulte des premières suppositions. Ainsi, on peut admettre, pour le rapport $(1 + at):B$, la valeur $0,0958$.

258. Pour faire voir comment les temps des écoulements varient avec la densité du gaz, nous supposerons que l'excès de pression soit de 0^m10

en eau, que le volume écoulé soit de 1^{mc}, et que l'orifice d'écoulement en mince paroi ait $0^m 01$ de diamètre.

En prenant 0,0958 pour la valeur de $(1 + at) : B$, on trouve que pour des gaz dont les densités sont :

1	0,9	0,8	0,7	0,6	0,5	0,4	0,3	0,2	0,1

les durées des écoulements sont

507″	480″	453″	424″	392″	358″	320″	277″	226″	160″

On voit, d'après ces nombres, qu'une très-petite différence de densité peut facilement être constatée par expérience, car on peut observer le temps de l'écoulement à moins d'une seconde. On pourrait rendre les différences encore plus grandes, en augmentant le volume de gaz écoulé, ou en diminuant le diamètre de l'orifice.

259. Comme il est difficile de mesurer avec une grande précision le diamètre d'un petit orifice, on pourrait déterminer par expérience la valeur de K de l'équation (2), en remplissant le gazomètre d'air et en mesurant la durée de l'écoulement du volume convenu sous la pression adoptée. Cette méthode conduirait à un résultat certainement plus exact que la mesure directe du diamètre.

On pourrait éviter tous les calculs préliminaires, en opérant chaque fois sur l'air et sur le gaz dans les mêmes circonstances ; les densités seraient exactement proportionnelles aux carrés des durées des écoulements.

260. Si on voulait se dispenser de faire la double expérience et obtenir une plus grande précision en ayant égard au facteur $(1 + at) : B$, on pourrait calculer d'avance la valeur de cette expression, pour les températures et les hauteurs du baromètre comprises entre les limites extrêmes pour le lieu où l'on opère, et disposer les résultats dans une table à deux entrées qui donnerait immédiatement la valeur du facteur en question, dans les différents cas qui peuvent se présenter. Il suffirait de faire varier la température de 5° en 5°, et la pression barométrique de 5 millimètres en 5 millimètres.

261. On pourrait aussi disposer un appareil qui indiquerait à chaque instant la densité du gaz. L'appareil consisterait en une caisse de tôle, (*fig.* 9), ayant une face latérale vitrée, qu'on pourrait facilement remplir de gaz au moyen de deux tuyaux garnis de robinets hydrauliques et communiquant avec le tuyau de conduite des épurateurs au gazomètre. Elle renfermerait un ballon de cuivre très-mince de $0^m 30$ à $0^m 40$ de diamè-

tre, fermé, plein d'air, et suspendu à l'extrémité d'un levier mobile autour d'un axe horizontal, qui porterait au delà du point de rotation un

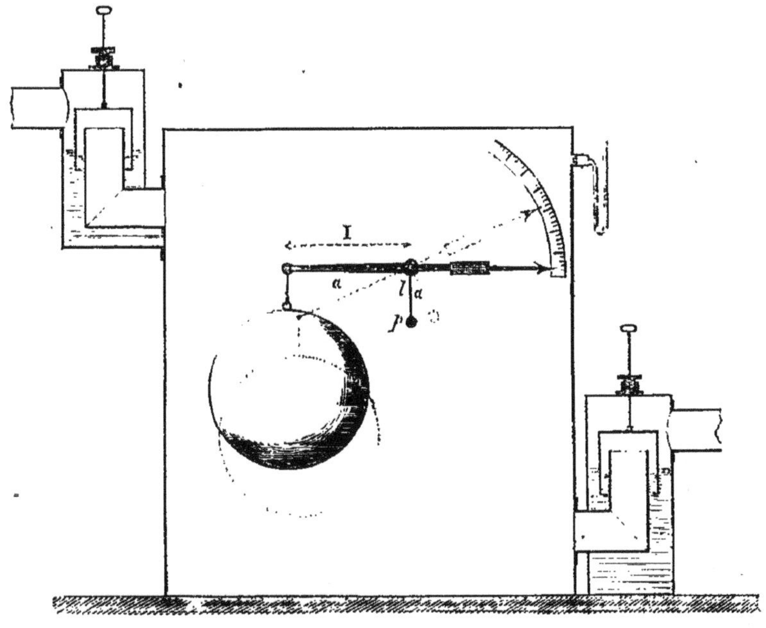

Fig. 9.

poids faisant équilibre à celui de la sphère dans l'air, et qui se terminerait par une aiguille parcourant un cadran divisé ; un petit poids placé au-dessous de l'axe de rotation et fixé au levier, serait destiné à maintenir l'équilibre sous différentes inclinaisons. L'appareil, horizontal dans l'air, s'inclinerait d'autant plus que le gaz dans lequel il serait plongé aurait une plus faible densité. En désignant par L la longueur du levier de la balance, par l la distance du poids p à l'axe de rotation, par P et P' les poids des volumes d'air et de gaz égaux au volume de la sphère dans les mêmes circonstances de température et de pression, on aura évidemment

$$(P - P')L = lp \tan \alpha ; \quad \text{ou} \quad \frac{P'}{P} = d = 1 - \frac{lp}{LP} \tan \alpha.$$

En supposant que le ballon ait $0^m 40$ de diamètre, on aurait $P = 0^k 043$; et si on suppose $lp = LP$, l'équation précédente devient

$$d = 1 - \tan \alpha$$

La relation $lp = LP$ peut être satisfaite en prenant $l = 0,1 L$ et

$p = 4^g 3$, et on trouve facilement que pour des inclinaisons de

| 5° | 10° | 15° | 20° | 25° | 30° | 35° | 40° |

les densités du gaz sont

| 0,91 | 0,82 | 0,72 | 0,63 | 0,52 | 0,42 | 0,28 | 0,16 |

Ainsi l'appareil aurait une sensibilisé suffisante. Mais il faudrait qu'il fût construit avec beaucoup de soin, que le poids du ballon fût le plus petit possible, et que l'axe de rotation n'eût qu'un petit diamètre.

On pourrait aussi disposer l'appareil de manière que la distance horizontale du point de suspension à la verticale du point de rotation restât constante; alors *tang* α serait remplacé par *sin* α; cette disposition serait avantageuse si on voulait mesurer des densités très-petites, parce que les variations d'inclinaisons correspondraient à de plus petites variations de densités, et que la limite d'inclinaison, qui est de 45° pour le cas que nous avons examiné, serait de 90° dans le cas dont il est question; mais l'appareil serait un peu plus compliqué.

262. Les calculs que nous avons indiqués ne sont pas parfaitement exacts, parce que la valeur de B, que nous avons supposée constante dans le second terme de la valeur de d, est réellement variable, et devrait être calculée pour la température et la pression que supporte le gaz; mais ces variations sont toujours très-petites et négligeables dans les circonstances ordinaires; car une variation de 2 centimètres dans la hauteur du baromètre, jointe à une variation de température de 20°, ne produirait qu'une variation de 0,05 dans le poids du même volume d'air. Le seul inconvénient réel que pourrait présenter l'appareil se trouverait dans les dépôts des vapeurs en suspension dans le gaz, qui augmenteraient le poids du ballon et pourraient accroître le frottement de l'axe de rotation; mais on éviterait ces dépôts en ne laissant pas séjourner les gaz dans l'appareil, et pour cela, il faudrait le remplir d'air après chaque opération.

263. On pourrait aussi employer la disposition suivante. A côté du gazomètre se trouverait un tube vertical de 3 à 4^m de hauteur, de quelques centimètres de diamètre, communiquant par le bas avec le gazomètre au moyen d'un tube garni d'un robinet, et fermé en haut par une plaque percée d'un petit orifice, qu'on pourrait soulever ou abaisser au moyen d'un cordon passant sur une poulie fixe; la partie inférieure communiquerait avec un manomètre à tube incliné. Pour mesurer la densité, on ferait écouler du gaz pendant quelques instants par

le tube, en ouvrant le robinet et en soulevant la plaque supérieure; ensuite on fermerait le robinet, et on abaisserait la plaque supérieure, l'excès de pression du gaz disparaîtrait bientôt, et l'indication du manomètre serait égale à $H(1 — \delta)0,0013$; H étant la hauteur du tube, et δ la densité du gaz par rapport à l'air. En supposant $H = 4^m$, $\delta = 0,5$, la différence des niveaux dans le manomètre serait égale à 0^m00455; elle serait de 4 centimètres et demi en employant un manomètre à tube incliné décuplant la pression réelle.

CHAPITRE II.

ÉCOULEMENT DES GAZ SOUS DE GRANDES PRESSIONS PAR UN ORIFICE EN MINCE PAROI.

264. Tout ce que nous avons dit jusqu'ici suppose nécessairement que la charge qui produit l'écoulement est très-petite, qu'elle est inférieure à un centième d'atmosphère. Quand les pressions sont considérables, comme les gaz sont très-compressibles, et qu'ils peuvent éprouver de grandes variations de température par les changements de volume, on ne peut pas admettre, *à priori*, que les résultats obtenus pour de faibles charges seront les mêmes pour les grandes pressions.

Les plus anciens travaux sur l'écoulement des gaz par de grandes pressions sont dus à MM. Wantzel et Saint-Venant; plus tard, M. Poncelet a fait sur ce sujet des expériences d'un grand intérêt; nous donnerons d'abord un résumé suffisamment étendu de ces recherches.

265. *Expériences de MM. Wantzel et Saint-Venant.* — Ces expériences, faites en 1839, ont été publiées dans le *Journal de l'École polytechnique* (27ᵉ cahier). La méthode d'observation employée par ces habiles ingénieurs consistait à faire le vide dans une cloche de verre ayant à peu près 18 litres de capacité, et fermée à la partie supérieure par une plaque percée d'un orifice. On débouchait l'orifice pendant un certain temps; et, connaissant les pressions et les températures en dedans et en dehors, ainsi que la capacité de la cloche, on pouvait facilement calculer le volume d'air qui avait pénétré dans l'intérieur. La vitesse d'entrée de l'air variait à chaque instant, et il a fallu chercher par tâtonnement, pour la valeur de cette vitesse, une expression telle que, par l'intégration de $v\,dt$ dans les limites correspondantes à la durée de l'expérience, on retrouvât le même volume que par l'observation directe. Les précautions les plus minutieuses ont

été prises pour déterminer, le plus exactement possible, le volume de la cloche , les pressions et les températures intérieures et extérieures, et les dimensions des orifices. On a opéré sur des orifices en mince paroi ayant 0^{m}0085, 0^{m}009, 0^{m}011 de diamètre.

266. D'après ces expériences, les vitesses d'écoulement par des orifices en mince paroi sont représentées par la formule empirique

$$v = 241(1 + at)^{\frac{1}{2}} \frac{\left(\dfrac{h - h'}{h}\right)^{\frac{1}{2}}}{1 + 0,58\left(\dfrac{h - h'}{h}\right)^{\frac{3}{2}}},$$

dans laquelle a est le coefficient de dilatation du gaz, t sa température, h et h' les pressions intérieure et extérieure, estimées d'une manière quelconque, et v la vitesse du gaz comprimé.

267. Pour découvrir la loi de l'écoulement renfermée dans cette formule, posons $t = 0$, et cherchons les vitesses correspondantes à des excès de pression en atmosphères de

0,01   0,1   0,5   1,0   5   10   100   ∞ .

En substituant dans la formule pour $(h - h') : h$ les valeurs correspondantes, on trouve pour les vitesses :

23^{m}36   72^{m}05   122^{m}83   141^{m}17   149^{m}31   151^{m}06   152^{m}09   152^{m}47 ; (a)

et comme les vitesses correspondantes à ces charges, d'après la formule

$$v = \sqrt{2\,g\,H},\ \text{sont}$$

38^{m}30   119^{m}10   227^{m}91   279^{m}26   353^{m}13   373^{m}46   393^{m}02   395^m, (b)

les rapports des premières vitesses aux dernières sont :

0,61   0,605   0,539   0,506   0,423   0,405   0,387   0,386 (c)

268. Ainsi, d'après les expériences de MM. Wantzel et Saint-Venant, l'air comprimé s'écoule comme un liquide de même densité ; seulement le coefficient de correction diminue progressivement, à mesure que la pression augmente. On voit à l'inspection des nombres (a) qu'à partir d'un excès de pression de 5 atmosphères jusqu'à l'infini, la vitesse d'écoulement est sensiblement constante, car elle ne varie que de 149 à 152. Ce résultat, qui paraît singulier au premier abord, provient de la diminution progressive du coefficient de contraction. Il est important de remarquer que, pour que les variations de ce coefficient

compensent les accroissements de vitesse, il suffit que de 2 atmosphères à l'infini il décroisse dans le rapport de 14 à 10 ; car, pour ces excès de pression, la vitesse d'écoulement due à la pression varie de $(0,5)^{\frac{1}{2}}$ à 1, c'est-à-dire de 0,7071 à 1, ou de 1 à 1,41.

269. Dans les différentes séries d'expériences faites par MM. Saint-Venant et Wantzel sur l'écoulement de l'air par des orifices en mince paroi, les diamètres des orifices étaient très-petits ; une évaluation suffisamment approchée de leur diamètre était assez difficile ; mais une erreur sur cette évaluation affectait dans le même rapport toutes les vitesses, et, par conséquent, il paraît difficile de ne pas admettre le fait principal qui résulte de ces expériences, savoir, un décroissement progressif du coefficient de contraction qui, à partir d'un excès de pression de 2 atmosphères, rend la vitesse sensiblement constante jusqu'aux plus grands excès de pression. D'ailleurs, les expériences de M. Poncelet, dont nous allons parler, confirment complétement la diminution du coefficient de correction à mesure que la pression augmente.

270. Les travaux de MM. Wantzel et Saint-Venant datent, comme nous l'avons dit, de 1839 ; en 1843, les mêmes ingénieurs ont fait des expériences sur le même sujet, mais dans d'autres conditions. Dans les premières recherches, les pressions ont varié dans des limites très-étendues, mais les diamètres des orifices ont été compris entre $0^m 0085$ et $0^m 011$, et la pression d'amont a toujours été celle de l'atmosphère. Dans les nouvelles expériences, l'écoulement a eu lieu dans l'air sous des pressions qui se sont élevées jusqu'à 4 atmosphères, par des orifices de $0^m 00212$, $0^m 003285$ et $0^m 004985$, l'air sortant d'un réservoir ayant $1^{me} 186$ de capacité. Les nouveaux résultats s'accordent d'une manière satisfaisante avec ceux de 1839.

271. Dans toutes leurs expériences, MM. Wantzel et Saint-Venant calculaient les vitesses d'écoulement en divisant le volume de gaz écoulé en une seconde par la section de l'orifice. Il n'est pas douteux que, si les sections des orifices avaient été mesurées avec la plus grande précision, on aurait dû trouver, pour de très-faibles pressions, le coefficient 0,65 obtenu par d'Aubuisson, et qui résulte de mes nombreuses expériences ; ainsi, il y a eu, pour l'estimation des diamètres, une erreur qui a affecté proportionnellement toutes les autres expériences, et par conséquent la formule donne des vitesses trop petites dans le rapport de 61 à 65. En multipliant la valeur générale de v par 65 : 61 ou 1,065, elle satisfait complétement aux observations faites sous de faibles pressions, et il est très-probable qu'elle s'approche plus de la vérité que

la formule primitive. Il est important de remarquer que l'erreur dont il est question est de 0,065 sur la section, et à peu près de 3 centièmes sur le diamètre, ce qui correspond, pour un diamètre de 2 millimètres, à 6 centièmes de millimètre, quantité très-petite, et qui très-probablement était comprise dans les limites d'erreur des mesures directes des diamètres.

En multipliant les nombres (c) par 1,065, on trouve :

| 0,65 | 0,64 | 0,57 | 0,54 | 0,45 | 0,431 | 0,423 | 0,411 | (d) |

272. Ainsi, il résulte des nombreuses expériences de MM. Wantzel et Saint-Venant, que l'air sous la pression de l'atmosphère s'écoule, dans un espace où l'air est plus ou moins dilaté, comme un liquide de même densité ; seulement, le coefficient de contraction diminue progressivement de 0,65 à 0,411, quand l'excès de pression décroît de 1 atmosphère à 0 ; et on doit regarder comme très-probable qu'il en serait de même d'un gaz comprimé qui s'écoulerait dans un lieu occupé par un gaz ayant une tension quelconque.

273. *Expériences de M. Poncelet.* — On doit à M. Poncelet des expériences importantes sur l'écoulement de l'air par des orifices en mince paroi et par de courts ajutages, sous une grande pression (*Comptes rendus des séances de l'Académie des sciences*, t. XXI, p. 197). Elles ont été faites au moyen d'un appareil disposé par MM. Pecqueur et Zambeaux, pour observer l'écoulement de l'air par de longs tuyaux de conduite.

274. Cet appareil était composé d'une chaudière à vapeur ayant $2^{mc}926$ de capacité, dans laquelle l'air avait été comprimé à plusieurs atmosphères au moyen d'une pompe mise en mouvement par une machine à vapeur ; ce magasin d'air comprimé communiquait avec un réservoir de tôle ayant 180 litres de capacité, au moyen d'un tube de 0^m80 de longueur et de 0^m04 de diamètre intérieur, muni d'un robinet. Ce dernier réservoir communiquait avec un manomètre, et sa surface était percée d'un orifice par lequel l'air devait se dégager ; on y maintenait une pression constante en tournant plus ou moins la clef du robinet du tuyau de communication avec le grand réservoir ; et à la fin de l'expérience, on calculait le volume d'air écoulé, au moyen du volume du grand réservoir et de la diminution de pression que l'air y avait éprouvée.

275. M. Poncelet a trouvé que, pour des orifices en mince paroi de 0^m01028 et 0^m0145, et sous un excès de pression constant d'une atmosphère, le coefficient de correction de la vitesse d'écoulement du gaz comprimé était 0,563 et 0,566, en moyenne 0,564.

Mais M. Poncelet regarde le coefficient 0,564, obtenu par les expériences, comme ayant été modifié par les variations de température provenant de la détente du gaz dans le grand réservoir et de son échauffement dans le second; et, par un calcul approximatif, en n'ayant égard qu'au premier effet, évidemment beaucoup plus grand que le second, il pense que le coefficient devrait être réduit à 0,53; ainsi, ce coefficient serait compris entre 0,56 et 0,53. D'après les expériences de MM. Wantzel et Saint-Venant, il serait de 0,506, et d'après la formule modifiée de manière à donner, pour les faibles pressions, le coefficient 0,65, celui qui correspond à un excès de pression d'une atmosphère serait de 0,54, nombre bien voisin de celui qui a été obtenu par M. Poncelet.

276. M. Poncelet conclut de ses expériences que les gaz, dans leur écoulement à travers des orifices et entre des limites très-étendues de pression, se comportent comme des fluides incompressibles.

277. Il est possible de mettre la formule, qui donne la vitesse d'écoulement des gaz permanents, sous une forme très-simple renfermant les variations de φ. Pour un excès de pression très-faible et pour un excès de pression d'une atmosphère, les vitesses d'écoulement sont :

$$v = \sqrt{2gh(0{,}65)^2}; \quad \text{et} \quad v' = \sqrt{2gh'(0{,}54)^2}.$$

Alors, pour un excès de charge $\dfrac{P-p}{P}$ égal à 0,5, la diminution de la valeur de h est $(0{,}66)^2 - (0{,}54)^2 = 0{,}1309$; si on admet que cette perte soit proportionnelle à la charge, elle sera $2 . 0{,}1309 . \dfrac{P-p}{P}$ ou $0{,}2618 \dfrac{P-p}{P}$; et la formule deviendra

$$v = \sqrt{2gh\left(0{,}1225 - 0{,}2618 \frac{P-p}{P}\right)}.$$

D'après cette formule, pour les excès de pression en atmosphères de

| 0,01 | 0,1 | 0,5 | 1 | 5 | 10 | 100 | ∞ |

les coefficients de correction seraient :

| 0,648 | 0,631 | 0,579 | 0,54 | 0,4521 | 0,429 | 0,401 | 0,401 |

nombres bien rapprochés de ceux que nous avons déduits de la formule modifiée (271).

Dans la pratique il sera plus simple de calculer les coefficients de correction en supposant qu'ils varient uniformément entre les pressions pour lesquelles ils ont été calculés (271).

CHAPITRE III.

EXAMEN DE LA FORMULE DE M. NAVIER.

278. M. Navier (*Résumé des leçons données à l'École des ponts et chaussées*) a donné, pour les gaz comprimés s'écoulant par de petits orifices, une formule déduite de l'hypothèse que le gaz se détend complétement dans le vase avant de sortir, et que cette détente a lieu sans refroidissement. Cette formule étant admise par un certain nombre d'ingénieurs, j'ai pensé qu'il était utile d'examiner jusqu'à quel point elle s'accorde avec l'expérience. La formule de **M.** Navier revient à celle-ci :

$$v^2 = 2g\left(2{,}3026 \; . \; \frac{7955(1 + at)}{\delta}\right) \log \frac{B}{b} = 600 \; \frac{1 + at}{\delta} \log \frac{B}{b}$$

Le nombre 2,3026 est le module des tables de logarithmes; 7955, la pression ordinaire de l'atmosphère en air à 0°; δ, la densité tabulaire du gaz; et B et b les pressions intérieure et extérieure, estimées d'une manière quelconque. Mais comme cette formule est relative au gaz supposé complétement détendu, la vitesse relative au gaz sous la pression B sera évidemment donnée par la formule

$$v^2 = 600 \; \frac{1 + at}{\delta} \; . \; \frac{b^2}{B^2} \log \frac{B}{b} \dots\dots\dots\dots (1)$$

La formule qui résulte des expériences que nous avons rapportées est

$$v = \varphi \; . \; 393 \sqrt{\frac{B - b}{B} \; . \; \frac{(1 + at)}{\delta}} \dots\dots\dots\dots (2)$$

279. Pour comparer les résultats de ces deux formules, nous supposerons que les excès de pression soient successivement en atmosphères de

0,01   0,1   0,5   1   5   10   100 ∞

Pour ces excès de pression, la formule (2), en faisant abstraction de φ, et en supposant $\delta = 1$, donne pour v :

$$39^{m}30 \qquad 119^{m} \qquad 228^{m} \qquad 279^{m} \qquad 360^{m} \qquad 370^{m} \qquad 393^{m} \qquad 305^{m} \quad (a)$$

nombres qui devraient être multipliés par un coefficient décroissant d'une manière continue de 0,65 à 0,411.

Pour obtenir les vitesses correspondantes aux mêmes pressions par la formule (1), il faut remarquer que, quand on fait $B - b = mb$, il vient $\dfrac{B}{b} = 1 + m$; ainsi il faudra dans la formule (1) donner successivement à $\dfrac{B}{b}$ les valeurs

$$1,01 \qquad 1,1 \qquad 1,5 \qquad 2,0 \qquad 6 \qquad 11 \qquad 101 \qquad 1001 \qquad \infty$$

Les vitesses deviennent alors :

$$38^{m}95 \quad 111^{m} \quad 168^{m} \quad 164^{m}5 \quad 88^{m}2 \quad 51^{m}54 \quad 8^{m}4 \quad 0^{m}031 \quad 0 \quad (b)$$

280. En comparant les nombres (b) avec les nombres (a), on voit que la formule (1) est dans le désaccord le plus complet avec l'expérience. D'abord, la vitesse d'écoulement, dans l'atmosphère, d'un gaz comprimé à une pression infinie serait nulle, ce qui est non-seulement inadmissible, mais absurde. D'après cette formule, il y aurait un maximum pour une valeur de $B : b$ comprise entre 1,5 et 2, et qui, d'après le calcul, aurait lieu pour $B : b = 1,64$. Or, MM. Wantzel et Saint-Venant affirment positivement que ce maximum n'existe pas. A partir de $B : b = 1,64$, la vitesse irait en décroissant d'une manière continue, et rien de pareil n'a jamais été observé, ni pour l'air ni pour la vapeur ; on a toujours constaté que la vitesse augmente avec la pression, à la vérité très-lentement au delà d'une certaine limite, mais qu'il n'y a jamais de diminution.

281. Ainsi, la formule de M. Navier doit être complétement abandonnée. C'est, du reste, l'opinion de tous les ingénieurs qui ont fait des expériences sur le mouvement des gaz, et notamment de M. Poncelet. Dans le rapport de ce savant académicien sur les expériences de M. Pecqueur, se trouve le passage suivant : « M. Navier, dans un mémoire déjà cité, est parvenu à une série de remarquables formules, en se fondant sur l'hypothèse que, pendant l'écoulement, les gaz se détendent exactement en suivant la loi de Mariotte ; ce qui revient à supposer que le rayonnement des parois et la chaleur qu'elles reçoivent des corps environnants maintiennent ces gaz à une température à très-peu près constante. MM. Saint-Venant et Wantzel ont déjà démontré dans un intéressant mémoire, en s'appuyant sur les résultats de leurs propres expériences, que les formules de M. Navier, outre qu'elles conduisent à quelques difficultés d'interprétation, n'étaient point conformes aux effets naturels, lors de fortes différences de pression. » Plus loin, M. Poncelet fait voir que, pour appliquer la formule de M. Navier à ses expériences, il faudrait admettre un coefficient de contraction compris entre $1,7 . 0,53 = 0,90$ et $1,7 . 0,56 = 0,96$, au lieu des nombres $0,53$ et $0,56$ trouvés par l'expérience.

282. MM. Saint-Venant et Wantzel ont une opinion aussi nette sur la formule de M. Navier. « Nous avons prouvé, disent-ils, qu'il fallait renoncer pour l'écoulement des gaz à la formule connue..... Cette formule donne en effet un écoulement maximum pour $b = 0,6065$ B, et un écoulement nul pour $b = 0$, c'est-à-dire quand l'espace d'aval est vide; et nos expériences ont prouvé que ces deux résultats singuliers n'ont pas plus de réalité qu'ils n'avaient de probabilité. Nous avons reconnu que l'hypothèse sur laquelle cette formule se fonde, et qui consiste à supposer la même pression dans la veine d'écoulement et dans l'espace d'aval, est fausse; la pression dans l'orifice est intermédiaire entre celles de B et de b des deux espaces, et ne descend probablement jamais au-dessous des $\frac{3}{5}$ de la pression d'amont B » (*Comptes rendus*, t. XVII, p. 1140).

283. Indépendamment de l'hypothèse de la détente complète, qui est en opposition avec l'expérience, M. Navier a fait une autre supposition aussi inadmissible; il a admis que les gaz se détendent sans se refroidir, ou du moins que ce refroidissement est négligeable. Comme il est important d'avoir une idée nette des variations de température produites dans les gaz par leur dilatation et leurs compressions, nous entrerons à ce sujet dans quelques détails.

284. *Variations de température des gaz, occasionnées par leurs changements de volume.* — D'après Laplace, en désignant par d et d' les densités d'une même masse de gaz, par θ la température primitive, par θ' celle qu'elle prend en passant de la densité d à la densité d', par c et c' les deux capacités calorifiques du gaz à volume constant et à pression constante, et par a le coefficient de dilatation du gaz, on a :

$$\theta' = \left(\frac{1}{a} + \theta\right) \left(\frac{d'}{d}\right)^{\frac{c}{c'}-1} - \frac{1}{a} \; ; \text{ et pour l'air, } \theta' = (274 + \theta) \left(\frac{d'}{d}\right)^{0,42} - 274.$$

Cette formule suppose que le rapport des deux chaleurs spécifiques ne varie pas, pour un même gaz, avec la température et la pression ; mais c'est une loi qui a été reconnue d'abord pour l'air par M. Dulong, et depuis pour les autres fluides élastiques. Elle suppose en outre que la valeur de a, 0,00365, est également constante et la même pour tous les gaz ; mais c'est un fait bien constaté, pourvu qu'on ne s'approche pas du point de liquéfaction. Elle suppose enfin que, quand un gaz est comprimé ou dilaté dans une enveloppe imperméable à la chaleur, la quantité de chaleur renfermée dans le gaz reste constante ; il y a seulement transformation d'une partie de la chaleur latente en chaleur sensible et réciproquement. Le second volume de la *Mécanique* de Poisson renferme une démonstration très-nette de la formule de Laplace.

Si on suppose $\theta = 15°$, et que le volume primitif étant 1 devienne successivement

$$1{,}001 \qquad 1{,}01 \qquad 1{,}1 \qquad 1{,}5 \qquad 2 \qquad 6 \qquad 11 \qquad 101$$

les rapports des densités, d'après la loi de Mariotte, seront :

$$0{,}999 \quad 0{,}9901 \quad 0{,}9091 \quad 0{,}666 \quad 0{,}5 \quad 0{,}1666 \quad 0{,}0909 \quad 0{,}0099 \quad (1)$$

et les valeurs de θ' déduites de la formule seront

$$14°9 \quad 13°8 \quad 3°6 \quad 31° \quad 58°1 \quad 130°4 \quad 168°8 \quad 246°6 \quad (2)$$

Or, quand un certain volume de gaz V passe de la température θ à la température θ', sous la même pression, son volume devient $V(1 + a\theta') : (1 + a\theta)$; et si le volume reste constant, la pression varie dans le même rapport ; alors les tensions des volumes détendus se réduisent par le refroidissement à

$$0{,}9997 \quad 0{,}9938 \quad 0{,}8408 \quad 0{,}7472 \quad 0{,}4636 \quad 0{,}3639 \quad 0{,}0947 \quad (3)$$

de ce qu'elles étaient après l'accroissement de volume par suite de la loi de Mariotte.

285. On voit, d'après cela, avec quelle rapidité le gaz diminue de pression, quand le volume détendu ne change pas. Ainsi, les variations de température ne peuvent être négligées dans les changements de volumes des gaz, que lorsque ces changements sont très-faibles.

286. Nous devons dire cependant que la formule $v' = v(1 + at)$, qui donne le volume v' d'un gaz, en fonction de son volume v à $0°$, et de la variation t de température, parfaitement vérifiée pour les valeurs

positives de t, n'est point exacte pour des valeurs négatives de t très-considérables, et que par suite les derniers nombres de la suite (3) offrent peu de confiance. La formule en question n'est pas rigoureusement exacte; car si on faisait $t = -\frac{1}{a} = -274$, le volume serait nul, et pour une plus basse température il deviendrait négatif.

287. Il est important de remarquer que les variations de température de l'air qui se détend dépendent de sa température primitive, et par conséquent que les résultats que nous avons obtenus, en la supposant de 15°, ne pourraient pas s'appliquer à toute autre température. Par exemple, en supposant $d : d' = 0,5$, et successivement une température de 0, 10, 15, 20, 30°, on trouve, pour l'abaissement de température, 68°, 71°, 73°, 74°, 76°.

288. Dans ce qui précède, nous avons supposé que l'air était contenu dans un espace fermé dont on augmentait la capacité; si, au contraire, on diminuait le volume de l'air, il y aurait en même temps accroissement de pression et de température, et il se produirait des phénomènes inverses de ceux que nous avons examinés.

289. Supposons qu'un volume d'air à 15° étant renfermé dans un espace dont le volume sera pris pour unité, on réduise successivement le volume de

$$0,001 \quad 0,01 \quad 0,1 \quad 0,5 \quad 0,6 \quad 0,7 \quad 0,8 \quad 0,9 \quad 0,99;$$

les volumes réduits seront

$$0,999 \quad 0,99 \quad 0,9 \quad 0,5 \quad 0,4 \quad 0,3 \quad 0,2 \quad 0,1 \quad 0,01,$$

et les tensions résultant des variations de volume seront, d'après la loi de Mariotte,

$$1,001 \quad 1,0101 \quad 1,1111 \quad 2,0 \quad 2,5 \quad 3,33 \quad 5,00 \quad 10,0 \quad 100,0$$

Ces nombres représenteront la valeur de $d : d'$ dans la formule de Laplace, et on trouvera, pour les valeurs de θ',

$$15°1 \quad 16° \quad 28° \quad 112° \quad 141° \quad 205° \quad 294° \quad 486° \quad 1725°.$$

En désignant par p la tension du gaz provenant de la diminution de volume, elle deviendra, par l'accroissement de température,

$$p \cdot \frac{1 + a(\theta' + 15)}{1 + 15a} = \frac{1 + a(\theta' + 15)}{1,055} \cdot p;$$

et pour les différents cas que nous avons examinés, les facteurs de p seront

$$1,00034 \quad 1,0033 \quad 1,045 \quad 1,420 \quad 1,426 \quad 1,668 \quad 1,903 \quad 2,633 \quad 6,932$$

Ainsi les pressions augmentent rapidement, à mesure que le volume diminue.

290. Les variations de température, et par suite les variations de pressions dans la détente ou la compression du gaz, sont toujours plus ou moins atténuées par l'émission ou l'absorption de chaleur des enveloppes, du moins dans les premiers instants ; mais si les effets étaient continus, il s'établirait après un certain temps un régime permanent de température et de pression, qui dépendrait non-seulement des dilatations et des compressions que le gaz éprouverait, mais encore de la nature de l'enveloppe.

291. J'ai eu l'occasion récemment d'observer pendant plusieurs jours une machine à vapeur à foyer fermé, alimenté d'air par une machine soufflante à piston, disposée de manière à indiquer l'excès de pression et la température de l'air comprimé.

Dans une première expérience, la pression de l'air comprimé a varié de $1^{at}8$ à $2^{at}3$, et la température, indiquée par un thermomètre placé sur le tuyau de jonction des deux boîtes à clapet du cylindre soufflant, a varié de $90°$ à $95°$; pression moyenne $2^{at}05$; température moyenne $92°5$.

Dans une seconde expérience, les pressions ont varié de $1^{at}9$ à $2^{at}4$, et les températures, de $85°$ à $90°$; pression moyenne $2^{at}15$; température moyenne $87°5$.

Enfin, dans une dernière, la pression a été presque constamment de $1^{at}8$, et les températures ont varié de $80°$ à $85°$; moyenne, $82°5$.

292. On pourrait penser que, dans ces expériences, une partie considérable de la chaleur développée par la compression s'est dissipée par la surface du cylindre, et par conséquent, que la température aurait été beaucoup plus élevée si le cylindre avait pu être soustrait au refroidissement ; mais il est facile de reconnaître que cette quantité de chaleur était peu importante relativement à la chaleur produite par la compression. Le cylindre soufflant avait $0^{m}42$ de diamètre, $0^{m}84$ de hauteur, et $1^{mq}385$ de surface, y compris les fonds ; or la quantité moyenne de vapeur, condensée par mètre carré et par heure dans un tuyau de fonte exposé à l'air à $15°$, est à peu près de $1^{k}8$, ce qui représente $1,8 . 530 = 954$ unités de chaleur ; mais alors l'excès de température est de $100 — 15 = 85°$, tandis que dans les expériences dont il s'agit l'excès était au plus de $60°$,

et la chaleur perdue par le cylindre était environ de 650. Dans la première expérience qui a duré 4^h, on a brûlé 52^k de houille par heure, et les deux cylindres soufflants ont dû fournir ensemble $52 . 18 = 972^{mc}$ d'air, et chacun 486^{mc}, dont le poids est $486 . 1,3 = 631^k 8$; et par conséquent, la quantité de chaleur produite par la compression dans chaque cylindre était de $631,8 . 0,237 . (90 — 25) = 9764$: ainsi la chaleur perdue par la surface d'un des cylindres est égale seulement à 0,066 de celle qui est produite, et par suite les températures de l'air comprimé auraient été, dans les trois expériences, sans la perte de chaleur par l'enveloppe de $92,5 . 1,066$; $87,5 . 1,066$; $82,5 . 1,066$ ou de $98^\circ 6$; $93^\circ 27$, et 88°.

293. Mais pour appliquer ces expériences à la formule de Laplace, il faudrait connaître la température de l'air à l'instant de la compression, température qui était certainement supérieure à celle de l'enceinte; car la chaleur du gaz comprimé se propageait dans le cylindre de fonte sur toute sa longueur, et l'air était en outre échauffé par la tige du piston et par la chaleur due au frottement. Ces températures n'ont point été observées et ne pouvaient pas l'être facilement, parce qu'un thermomètre placé dans un espace quelconque indique une température qui résulte de celle de l'air et du rayonnement des parois de l'enceinte.

294. En admettant que, dans la première expérience, la température, corrigée de la perte par la surface du cylindre, était égale à $98^\circ 6$, et en supposant $0 = 30^\circ$, on trouve

$$\frac{d}{d'} = 2,03 . \frac{1 + 0,00366 . 30}{1 + 0,00366 . 98,6} = 1,67 \text{ , et par suite } \theta' = 102^\circ 9.$$

Dans la seconde expérience, où la température était égale à $93^\circ,27$, en supposant $0 = 20^\circ$, on a

$$\frac{d}{d'} = 2,15 . \frac{0,00366 . 30}{1 + 0,00366 . 93,27} = 1,72 \text{ , et par suite } \theta' = 95^\circ$$

Enfin, dans la troisième, la température était de 88°; en supposant $\theta = 30^\circ$, on a

$$\frac{d}{d'} = 1,8 . \frac{0,00366 . 30}{1 + 0,00366 . 88} = 1,51 \text{ ; et par suite } \theta' = 87^\circ.$$

Ainsi, dans la première expérience, la valeur de θ devait être un peu inférieure à 30°; dans la seconde, un peu inférieure à 20°; et dans la troisième, très-peu supérieure à 30°; températures qui ne sont pas en désaccord avec les circonstances dans lesquelles les expériences ont été faites; elles constatent d'ailleurs le fait important du grand développement de chaleur dans la compression des gaz.

CHAPITRE IV.

ÉCOULEMENT PAR DES AJUTAGES CYLINDRIQUES ET CONIQUES.

295. Dans ce qui précède, nous avons supposé l'orifice d'écoulement percé dans une plaque d'une très-petite épaisseur relativement au diamètre de l'orifice; il est important d'examiner l'influence de l'épaisseur de la plaque et de la forme de l'orifice, ou, ce qui revient au même, l'écoulement par des tuyaux cylindriques ou coniques de faible longueur. Ces tuyaux portent le nom d'*ajutages*.

296. *Écoulement sous de faibles pressions par des ajutages cylindriques* (fig. 10). — Nous rapporterons d'abord les résultats des expériences de d'Aubuisson, le seul ingénieur qui se soit occupé de cette question.

Les diamètres des ajutages dont s'est servi M. d'Aubuisson ont varié de 0^m01 à 0^m03; les longueurs, de 1 à 3 fois le diamètre, les pressions, de 0^m027 à 0^m14 d'eau; les coefficients de correction ont été compris entre 0,91 et 0,93 et la valeur moyenne déduite de 18 expériences a été de 0,926.

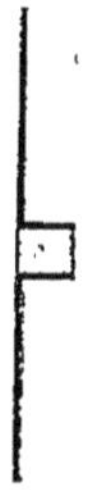

297. Comme, pour les liquides, le coefficient de correction dans les ajutages cylindriques est seulement de 0,82, j'ai eu des doutes sur l'exactitude des expériences de d'Aubuisson, et j'ai cru devoir reprendre la question. J'ai pris un tube de cuivre de $0^m010295$ de diamètre, d'environ 0^m30 de longueur, très-sensiblement cylindrique; il a été coupé de manière à former des tubes de 2, 4, 6, 8, 10, 12, 14....., 30 millimètres de longueur; chacun a été ajusté avec beaucoup de soin, au moyen de cire molle, sur un orifice en mince paroi de même diamètre, et on a observé le temps de l'écoulement d'un même volume d'air, dans les mêmes circonstances : hauteur du baromètre 0^m76; température 17°; excès de pression en eau 0^m0417. Pour des longueurs de

Fig. 10

0   2^{mm} 4^{mm} 6^{min} 8^{mm} 10^{mm} 12^{mm}.........30^{mm}

les durées des écoulements ont été de

106″   106″   93″   88″   83″   83″   83″..........83″

298. Ainsi le maximum de vitesse a lieu pour une longueur égale à peu près aux $\frac{8}{10}$ dixièmes du diamètre du tuyau; au delà et jusqu'à la longueur maximum du tuyau, le temps de l'écoulement est constant, parce que l'influence du frottement est sensiblement nulle. Le rapport de la vitesse dans l'ajutage cylindrique à la vitesse dans l'orifice en mince paroi est égal à $106 : 83 = 1{,}277$; et par suite, le coefficient φ de contraction pour un ajutage cylindrique est égal à $0{,}65 \cdot 1{,}277$, c'est-à-dire à $0{,}83$.

299. Ce dernier résultat est très-voisin de celui qui a été obtenu pour l'écoulement de l'eau, et il diffère beaucoup de celui qui résulte des expériences de d'Aubuisson; il est probable que ces expériences ont été faites en plaçant les ajutages sur des tubes dont les diamètres n'étaient pas très-grands relativement à ceux des ajutages, circonstance qui a une très-grande influence sur le coefficient de contraction par des orifices en mince paroi ou par des ajutages, et à laquelle jusqu'ici on n'a pas fait attention.

300. L'accroissement de dépense par des ajutages cylindriques s'explique facilement. La veine qui sort du réservoir et qui se contracte entraîne l'air qui l'environnait au premier instant, et il se produit autour de la section contractée une détente qui s'ajoute à l'excès de pression en vertu duquel l'écoulement a lieu. Il résulte nécessairement de là un accroissement de dépense. On peut même, au moyen d'une considération très-simple, arriver par le calcul au résultat de l'expérience. Désignons par s la surface de l'orifice d'écoulement, par s' la section de la veine contractée; la détente qui aura lieu par l'accroissement de section sera $ps' : s$; ainsi la charge qui produira l'écoulement sera égale à $p\left(1 + \dfrac{s'}{s}\right)$. Dans le cas que nous considérons, $s = 1, s' = 0{,}65$; la nouvelle pression sera $p \cdot 1{,}65$, et par suite la nouvelle vitesse dans l'ajutage sera égale à celle qui a lieu dans l'orifice en mince paroi, multipliée par la racine carrée de $1{,}65$ ou $1{,}28$, nombre bien rapproché de celui qui résulte des expériences, lequel est, comme nous l'avons vu, $1{,}277$.

301. *Perte de charge par un ajutage cylindrique.* — En répétant le raisonnement que nous avons fait au n° 251, nous trouverons que la perte de charge $P - p$ par un ajutage cylindrique est

$$P - p = \left(\frac{1}{\varphi^2} - 1\right) p = Ap.$$

Dans cette formule, P est l'excès de la pression dans le réservoir sur la pression extérieure, p est la charge correspondante à la vitesse d'écoulement, φ est le coefficient de correction. Dans le cas qui nous occupe, φ est égal à 0,83, et il en résulte

$$ \text{P} - p = 0,451p\,; \quad \text{et} \quad \text{A} = 0,451. $$

302. *Écoulement sous de grandes pressions par des ajutages cylindriques.* — On ne connaît à ce sujet que les expériences faites par M. Poncelet au moyen de l'appareil de M. Pecqueur, que nous avons décrit (274). Dans ces expériences, on plaçait des tubes de 0^m01028 de diamètre à l'extrémité d'un tuyau recourbé à angle droit de 0^m30 de longueur et de 0^m04 de diamètre intérieur.

Pour des longueurs de

0^m000	0^m01	0^m025	0^m050	0^m100

les coefficients de réduction de la vitesse théorique ont été de

0,535	0,665	0,650	0,636	0,632

D'après ces expériences, le coefficient maximum est de 0,665, et il a lieu pour une longueur égale à peu près au diamètre du tube ; le rapport de ce coefficient à celui qui correspond aux orifices en mince paroi est égal à $0,665 : 0,535 = 1,24$.

303. En appliquant ici les mêmes raisonnements que pour l'écoulement sous de faibles pressions (300), on trouve que le rapport de la vitesse maximum dans l'ajutage à la vitesse dans l'orifice en mince paroi, est égal à $\sqrt{1,54} = 1,24$, exactement le chiffre trouvé par l'expérience.

304. On peut aussi déduire de l'accord du calcul et de l'expérience que, pour des ajutages cylindriques, le rapport du coefficient de correction au coefficient c relatif à l'orifice à mince paroi est égal à $\sqrt{1+c}$; alors la valeur du premier est égale à $c\sqrt{1+c}$. On trouve ainsi que pour les différentes pressions que nous avons considérées,

$0^{at}01$	$0^{at}1$	$0^{at}5$	1^{at}	5^{at}	10^{at}	100^{at}

les coefficients de correction pour les ajutages cylindriques sont

0,834	0,82	0,71	0,67	0,54	0,51	0,487

305. *Ajutage cylindrique placé à l'extrémité d'un tuyau dont le diamètre est comparable à celui de l'ajutage (fig. 11).* — Nous venons

de voir que, pour un ajutage cylindrique placé sur un tuyau d'un diamètre beaucoup plus grand, le coefficient de contraction, dans le cas de l'écoulement sous de faibles pressions, est égal à 0,83. A mesure que le diamètre de l'ajutage augmente, la valeur de ce coefficient doit augmenter; car, lorsque les deux diamètres sont égaux, le coefficient devient égal à l'unité. Les expériences faites à ce sujet n'ont rien donné de complétement satisfaisant. Cependant, en partant de celles qui présentaient le plus de chances d'exactitude, je suis arrivé à former le tableau suivant, qui donne, pour différents rapports des diamètres, les valeurs des coefficients de correction et de perte de charge.

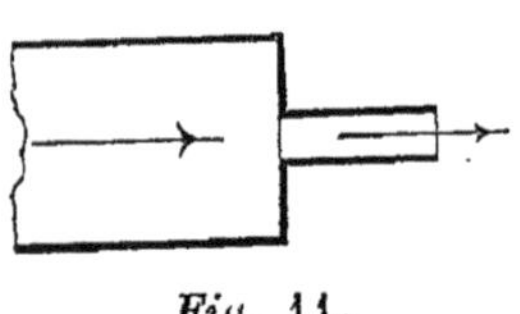

Fig. 11.

Rapports $d : D$	0,1	0,2	0,3	0,4	0,5	0,6	0,7	0,8	0,9	1
Valeurs de φ	0,83	0,82	0,83	0,84	0,86	0,88	0,91	0,94	0,97	1
Valeurs de Λ	0,45	0,49	0,45	0,42	0,35	0,29	0,21	0,13	0,06	0

Ces valeurs ne sont réellement que des valeurs approchées, mais je les regarde comme suffisamment exactes pour toutes les applications.

306. *Ajutages coniques convergents* (*fig.* 12). — D'Aubuisson a fait un grand nombre d'expériences sur ce genre d'ajutages (*Traité d'hydraulique*). Voici les résultats :

Angles de convergence.....	6°	11°24′	18°54′	28°4′	53°8′
Coefficient de contraction φ.	0,938	0,947	0,917	0,880	0,798

D'Aubuisson ne dit pas comment ces ajutages étaient appliqués au réservoir, s'ils étaient fixés sur une surface plane d'une grande étendue, ou à l'extrémité d'un cylindre ayant pour diamètre celui de l'ajutage à l'entrée. On pourrait penser cependant que les expériences ont été faites dans le premier cas, d'après les lignes suivantes qui en terminent le résumé : « Un coup d'œil jeté sur ce tableau suffit pour montrer les avantages d'un ajutage court et peu convergent. Lorsque l'angle de convergence ne dépassera pas 10 à 12°, le coefficient sera d'environ 0,94 ; à mesure qu'il deviendra plus grand, le coefficient et la dépense diminueront et l'on se rapprochera des phénomènes que présentent les orifices en mince paroi. »

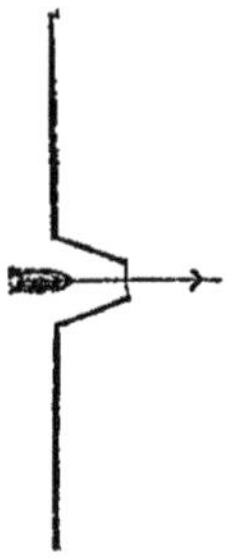

Fig. 12.

307. Il est important d'examiner séparément les deux cas dont il est question ; car l'influence de l'angle de convergence n'est pas la même. Quand l'ajutage est placé sur une surface plane d'une grande étendue,

en supposant que l'angle de convergence croisse d'une manière continue de 0 à 180°, le coefficient de contraction, d'abord égal à 0,83, ira
en croissant jusqu'à une certaine limite correspondant à la convergence
de la veine dans un ajutage cylindrique. Le coefficient doit alors être
égal à 1, et au delà il doit diminuer pour devenir 0,65 à la limite extrême. Dans le second cas, pour les mêmes variations de l'angle de convergence, le coefficient, d'abord égal à l'unité, doit diminuer progressivement, de manière à devenir encore égal à 0,65 quand l'angle devient
égal à 180°.

308. *Ajutages coniques placés sur une surface plane d'une grande
étendue* (*fig.* 13).— Remarquons d'abord que, dans un ajutage cylindrique le diamètre de la section contractée est égal à $\sqrt{0,65} = 0,8$, le dia-

mètre de l'orifice étant 1 ; l'angle
au sommet d'un cône qui passerait
par les deux sections, en supposant leur distance égale à l'unité,
comme l'expérience l'indique,
serait d'environ 24°, ce qui porte
tout d'abord à croire que, pour
un ajutage conique d'un angle
de 24°, le coefficient serait égal à 1.

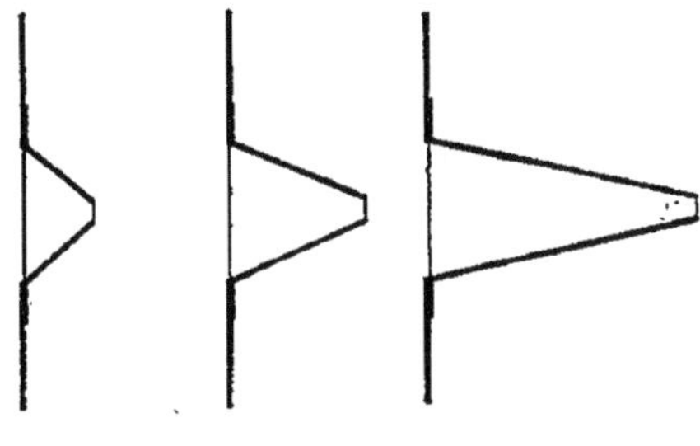

Fig. 13.

Il résulte en effet des expé-
riences, que le coefficient de contraction augmente rapidement quand
l'angle au sommet du cône passe de 0° à 30°, où il est égal à 1 ; qu'il
décroît très-rapidement quand l'angle passe de 30 à 50°, où il est plus
petit que pour un tuyau cylindrique; et qu'il décroît ensuite très-lentement jusqu'à 180°, où il devient égal à 0,65.

309. Le tableau suivant donne les valeurs approximatives de φ et
de A pour les différents angles au sommet.

ANGLES.	VALEURS DE		ANGLES.	VALEURS DE	
	φ	$A = \dfrac{1}{\varphi^2} - 1.$		φ	$A = \dfrac{1}{\varphi^2} - 1.$
0°	0,83	0,45	60°	0,76	0,73
5	0,95	0,11	80	0,17	0,83
10	0,98	0,04	100	0,72	0,93
20	0,99	0,02	120	0,70	1,04
30	1,00	0,00	140	0,68	1,16
40	0,95	0,11	160	0,67	1,22
50	0,80	0,56	180	0,65	1,366

On voit, à l'inspection de ce tableau, que pour des angles au sommet compris entre 5° et 40° il n'y a pas de perte sensible de charge.

310. *Ajutage conique convergent placé à l'extrémité d'un tuyau.*

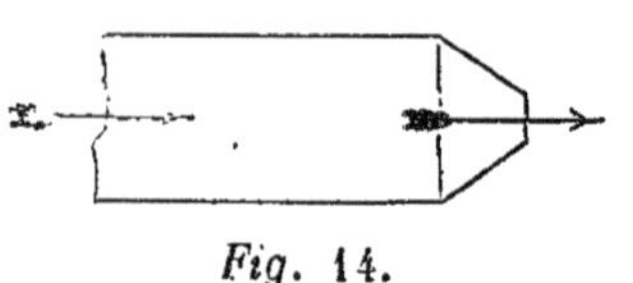

Fig. 14.

Quand un ajutage conique (*fig.* 14) est placé à l'extrémité d'un cylindre dont le diamètre est égal au diamètre maximum de l'ajutage, le coefficient de correction doit varier évidemment depuis l'unité pour un angle de 0°, jusqu'à 0,65 pour un angle de 180°. Le tableau suivant donne les valeurs de φ et de A pour les divers angles au sommet.

| ANGLES. | VALEURS DE | | ANGLES. | VALEURS DE | |
	φ	$A = \dfrac{1}{\varphi^2} - 1.$		φ	$A = \dfrac{1}{\varphi^2} - 1.$
0°	1,00	0,00	100°	0,80	0,56
10	0,97	0,06	120	0,75	0,78
20	0,93	0,16	140	0,73	0,88
30	0,89	0,26	150	0,71	0,98
40	0,86	0,35	160	0,69	1,10
60	0,83	0,45	170	0,67	1,23
80	0,82	0,49	180	0,65	1,366

311. *Ajutages coniques divergents* (*fig.* 15). — Je ne connais aucune expérience ayant eu pour objet de déterminer l'influence des ajutages coniques divergents sur la vitesse d'écoulement des gaz. On en a fait seulement un grand nombre relativement aux diminutions de pression qui se produisent principalement à l'origine des tuyaux évasés. Nous

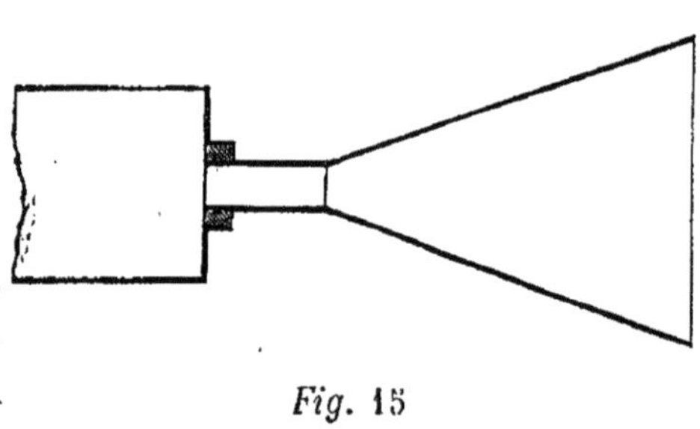

Fig. 15

reviendrons plus tard sur cet objet. Mais Venturi et Eytelwein ont fait des expériences nombreuses sur l'écoulement de l'eau par des ajutages coniques divergents. Comme les gaz qui s'écoulent sous de faibles pressions n'éprouvent pas de variations sensibles de densité, ils doivent se comporter comme les liquides : c'est pourquoi nous rapporterons avec quelques détails les expériences de ces deux ingénieurs, d'après d'Aubuisson.

312. *Expériences de Venturi (fig. 16).* — L'ajutage se composait de deux troncs de cônes opposés par leurs petites bases. On avait AB = 0^{m}0406; A'B' = 0^{m}03497; AA' = 0^{m}02482 ; et les surfaces AB et A'B' étaient de 0^{mq}001296; 0^{mq}000960. Venturi a fait varier l'angle au sommet du second cône de 3° 30' à 14° 14' ; l'écoulement avait toujours lieu sous une charge de 0^{m}88, qui correspondait à une

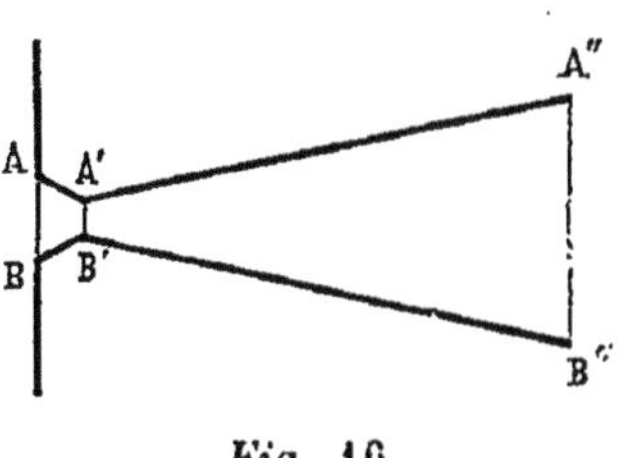

Fig. 16.

vitesse théorique de 4^{m}155. On observait le temps de l'écoulement d'un volume d'eau égal à 0^{mc}137. Venturi conclut de ses expériences, que l'ajutage de plus grande dépense doit avoir une longueur égale à 9 fois le diamètre de la petite base, et un évasement de 5° 6'. Il donnerait, d'après l'auteur, une dépense 2,4 fois plus grande qu'un orifice en mince paroi, et 1,46 fois plus grande que la dépense théorique. Cependant dans une autre expérience, citée à la page suivante, la vitesse d'écoulement serait égale à 1,68 de la vitesse théorique.

313. *Expériences de Eytelwein (fig. 17).* — Cet ingénieur a pris une série de tuyaux de 0^{m}026 de diamètre et de différentes longueurs, qu'il a successivement adaptés à un vase plein d'eau, d'abord seuls, puis portant à l'extrémité antérieure l'embouchure M, qui avait à peu près la forme de la veine contractée; en-

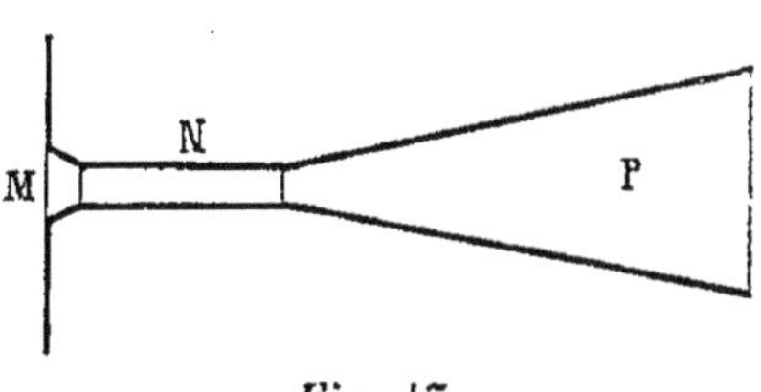

Fig. 17.

suite, portant à l'autre extrémité l'ajutage évasé P, de la forme recommandée par Venturi ; enfin, munis à la fois de l'embouchure et de l'ajutage. L'écoulement avait lieu sous une charge constante de 0^{m}73.

Dans ses premières expériences, Eytelwein a fait varier la longueur du tuyau ; il a trouvé que la dépense avec l'embouchure, le tube et l'ajutage, augmentait à mesure que la longueur du tube diminuait, et que pour une longueur de tube de 0^{m}078 la dépense était égale à 1,35 de celle qui avait lieu avec le tube seul. En supprimant complètement le tube intermédiaire, avec l'embouchure au réservoir seule, la dépense comparée à la dépense théorique a été de 0,92 ; l'ajutage appliqué directement au réservoir a donné une dépense de 1,18 ; et avec l'embouchure et l'ajutage, la dépense a été de 1,55. Ainsi, l'ajutage a augmenté l'effet de l'embouchure dans le rapport de 0,92 à 1,55, ou de 1 à 1,69.

314. *Nouvelles expériences.* — J'ai fait de nombreuses expériences sur l'écoulement de l'air par des cônes divergents, et j'ai constaté plusieurs faits importants. Ainsi, lorsque l'angle au sommet du cône dépasse 10°, la veine d'air n'occupe pas toute la section. L'air extérieur entre par les faces intérieures, et il se produit le mouvement indiqué par la figure 18. En présentant sur les bords du cône de petits flocons d'édredon, ils sont aspirés et restent dans le cône en tourbillonnant sur eux-mêmes.

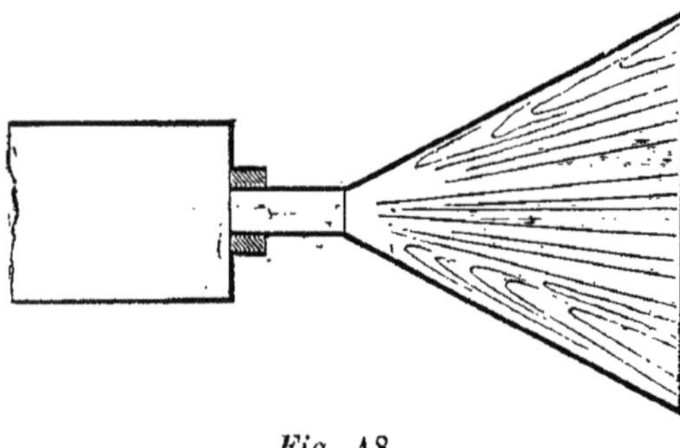

Fig. 18.

315. On peut facilement se rendre compte de ces phénomènes. La veine d'air qui sort de l'ajutage cylindrique tend à continuer son mouvement dans la même direction ; mais comme elle entraîne l'air primitivement stagnant qui l'environne, elle se détend pour occuper la section du cône, et il en résulte nécessairement que la tension de l'air dans chaque section du cône décroît du centre à la circonférence. A une certaine distance du réservoir, la tension de l'air à la circonférence devient égale à la pression atmosphérique, et à partir de ce point l'air extérieur doit entrer contre la surface du cône et sortir autour de la veine. D'après cela, l'accroissement de vitesse dans l'ajutage cylindrique dépend de l'étendue de la section où pénètre l'air extérieur et de la vitesse moyenne de l'air dans cette section. Si, dans tous les points d'une même section d'un cône, les vitesses étaient les mêmes, la section d'écoulement à plein orifice, pour tous les cônes, aurait toujours la même étendue, et par conséquent l'effet d'un ajutage conique, suffisamment prolongé, et abstraction faite des frottements, serait toujours le même ; mais comme il n'en est pas ainsi, la section dont il s'agit a une étendue d'autant plus petite que les variations de tension dans une même tranche, de la circonférence au centre, sont plus rapides, et on conçoit facilement l'influence de l'angle du cône et du défaut de coïncidence des axes de la douille et du cône.

316. Si on appelle v la vitesse correspondant à la charge P dans le réservoir, et v_1 la vitesse moyenne dans la partie cylindrique de l'ajutage divergent, on aura $v_1 = \psi v$, ψ étant un coefficient de correction plus grand que l'unité. Si p est la charge correspondant à la vitesse v_1, il est évident que p sera plus grand que P. L'ajutage produit un accroisse-

ment de charge $p - \mathrm{P}$, qu'il est facile de calculer en répétant les raisonnements du n° 254. On trouve ainsi

$$\mathrm{P} - p = \left(\frac{1}{\psi^2} - 1 \right) p = -\mathrm{B}p.$$

En réunissant les expériences faites sur des cônes dont les angles au sommet ont varié de 0° à 180°, j'ai pu former le tableau suivant qui donne les valeurs approximatives de ψ et de B pour les angles compris entre 0° et 50°. Pour les angles plus grands, la valeur de ψ est toujours sensiblement égale à l'unité.

| ANGLES. | VALEURS DE | | ANGLES. | VALEURS DE | |
	ψ	$B = 1 - \dfrac{1}{\psi^2}.$		ψ	$B = 1 - \dfrac{1}{\psi^2}.$
0°	1,00	0,00	9°	1,95	0,67
1	1,24	0,35	10	1,50	0,56
2	1,48	0,54	12	1,40	0,49
3	1,70	0,66	16	1,35	0,45
4	1,95	0,74	20	1,30	0,41
5	2,25	0,80	25	1,26	0,37
6	2,40	0,83	30	1,18	0,28
7	2,45	0,83	40	1,08	0,14
8	2,30	0,81	50	1,05	0,10

Le maximum d'effet a lieu pour un angle d'environ 7°. La vitesse et par suite le volume écoulé sont augmentés dans le rapport de 1 à 2,45.

317. Si un tuyau cylindrique se terminait par un tronc de cône évasé (*fig.* 19), les mêmes phénomènes se produiraient, et, pour avoir le volume écoulé, il faudrait se servir des formules et des coefficients que nous avons donnés dans les numéros précédents.

318. *Ajutages qui pénètrent dans le réservoir*. — Nous avons supposé jusqu'à présent que l'ajutage venait

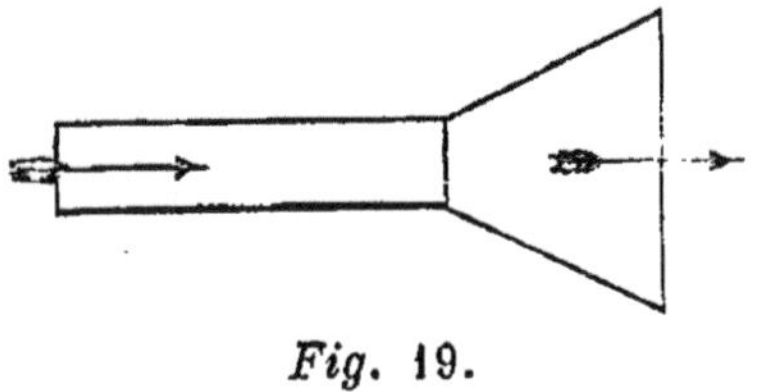

Fig. 19.

toujours affleurer la paroi intérieure du réservoir. Si, au contraire, il pénétrait dans l'intérieur d'une certaine quantité, les coefficients de contraction ne seraient plus les mêmes.

Ainsi, pour un ajutage cylindrique (*fig.* 20) de 0ᵐ00772 de diamètre, pénétrant de 5 millimètres dans le réservoir, le coefficient de contraction a été trouvé égal à 0,78.

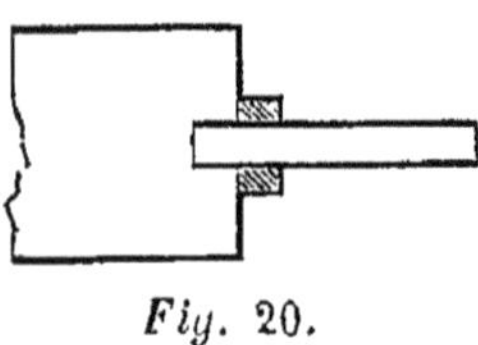

Fig. 20.

Pour des ajutages coniques (*fig.* 21), le coefficient de contraction diminue ou augmente suivant l'angle du cône. Ainsi, pour des angles au sommet de 43° et de 29°, les coefficients de contraction ont été égaux pour l'ajutage placé extérieurement (position ponctuée de la figure) à 0,824 et à l'unité ; et pour l'ajutage placé intérieurement, à 0,611 et 0,620 ; c'est-à-dire qu'ils ont été très-notablement plus faibles. Au contraire, pour un angle au sommet de 5° 30', les coefficients de contraction, suivant que l'ajutage était placé extérieurement ou intérieurement, ont été de 0,96 et 1,02. Ainsi, dans ce dernier cas, la vitesse a été plus grande pour l'ajutage intérieur que pour l'ajutage extérieur.

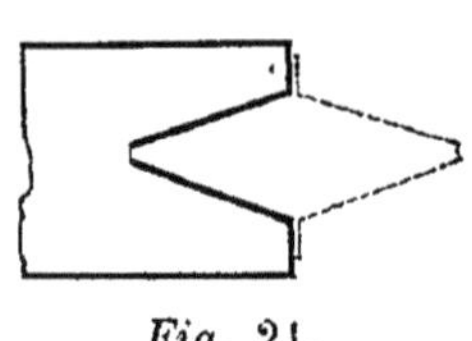

Fig. 21.

CHAPITRE V.

FROTTEMENT DANS LES TUYAUX DE CONDUITE DE GAZ.

319. Lorsqu'un gaz parcourt un tuyau, il éprouve par le frottement une résistance qui diminue sa vitesse. La détermination de cette résistance est d'une grande importance, car dans un grand nombre d'applications industrielles il faut mettre des gaz en mouvement dans des tuyaux de conduite.

320. *Expériences de Girard.* — Les premières expériences qui ont été faites sur l'écoulement des gaz par les tuyaux de conduite datent de 1821 ; elles sont dues à Girard. Cet ingénieur a employé le gazomètre et les tuyaux de distribution de l'appareil d'éclairage de l'hôpital Saint-Louis (*Annales de chimie et de physique*, t. XVI). Le gazomètre avait une section transversale de 9ᵐᑫ4968 ; dans toutes les expériences l'excès de pression du gaz sur l'atmosphère a été maintenu à 0ᵐ03383 en colonne d'eau ; la marche du gazomètre était indiquée par un index qui parcourait une échelle graduée ; une chaîne convenablement disposée compensait la perte de poids qu'éprouvait la cloche à mesure qu'elle s'enfonçait dans l'eau. Le gaz s'écoulait par un tuyau de fonte de 0ᵐ08121 de diamètre, de 623ᵐ de longueur, posé à peu près hori

zontalement à $0^m 70$ au-dessous du sol, et qui pouvait être ouvert à différentes distances du gazomètre.

Girard a aussi observé l'écoulement d'un gaz dans des tuyaux formés de canons de fusil ayant $0^m 01579$ de diamètre et dont la longueur a été portée jusqu'à 127 mètres. Le gaz était pressé par un petit gazomètre, sous une charge constante de $0^m 03383$ d'eau, la même que pour le grand gazomètre.

Dans toutes les expériences, on observait la descente du gazomètre pendant plusieurs minutes. On en déduisait le volume de gaz écoulé par seconde, et par suite la vitesse d'écoulement en divisant ce volume par la section du tuyau.

321. Pour obtenir la vitesse d'écoulement en fonction de la pression et des dimensions de la conduite, Girard a posé la formule

$$(1)\ldots\ldots\ldots\quad v^2 = \frac{g \mathrm{PD}}{4\mathrm{L}\cdot b}\quad,\text{ qui revient à }\quad p = \frac{\mathrm{PD}}{\mathrm{KL}}\quad\ldots\ldots\ldots(2)$$

en faisant $p = v^2 : 2g$, et $\mathrm{K} = 8b$. P est la charge du gazomètre en hauteur de gaz, L et D représentent la longueur et le diamètre de la conduite, et K le coefficient de frottement.

322. Trois expériences ont été faites avec le tuyau de $0^m 08121$ de diamètre, le grand gazomètre étant rempli de gaz d'éclairage. Les longueurs des tuyaux étaient de $128^m 80$; $375^m 80$; $622^m 80$. On a obtenu, au moyen de l'équation (1), trois valeurs de b fort peu différentes, dont la moyenne est égale à 0,00228 ; ce qui donne $\mathrm{K} = 8b = 0,017824$.

Trois expériences faites avec les mêmes tuyaux, le gazomètre étant plein d'air, ont donné encore trois valeurs de b presque identiques, dont la moyenne est égale à 0,002247 ; ce qui donne $\mathrm{K} = 8b = 0,017976$.

Cinq expériences, faites avec des tuyaux formés de canons de fusil de $0^m 01579$ de diamètre, dont les longueurs étaient de $37^m 53$; $56^m 84$; $85^m 06$; $109^m 04$, et $126^m 58$, le gazomètre étant rempli de gaz d'éclairage, ont donné pour b une valeur moyenne de 0,00326, ce qui donne $\mathrm{K} = 8b = 0,02608$.

Enfin dix expériences, faites avec des tuyaux formés de canons de fusil, dont les longueurs étaient de $36^m 91$; $55^m 91$; $88^m 06$; $111^m 24$; $37^m 53$; $56^m 84$; $85^m 06$; $109^m 04$; $126^m 58$; $6^m 58$, le gazomètre étant rempli d'air, ont donné, pour valeur moyenne de b, 0,00323, ce qui donne $\mathrm{K} = 8b = 0,02584$.

323. Il résulte de toutes ces expériences :

1° Que la formule admise représente aussi exactement qu'on peut le désirer les phénomènes qui se produisent : car, pour de très-grandes variations de longueur dans chacun des deux systèmes de conduite, la valeur de K est restée constante ;

2° Que dans chaque système la valeur de K a été la même pour le gaz de l'éclairage, dont la densité est 0,55, et pour l'air atmosphérique : ainsi, il est très-probable que la résistance que les gaz éprouvent en s'écoulant par des tuyaux est indépendante de leur nature ;

3° Que le coefficient de frottement n'est pas le même dans les tuyaux de $0^m 08121$ et de $0^m 01579$. Girard attribue cette différence à deux causes. La première serait la différence de nature des surfaces : les tuyaux de fonte, servant depuis longtemps à conduire le gaz d'éclairage, étaient recouverts intérieurement d'une couche de goudron qui rendait la surface parfaitement unie, tandis que dans la conduite formée de canons de fusil les surfaces intérieures étaient oxydées. La seconde cause consisterait en ce que, la résistance ayant lieu à la circonférence du tuyau, la vitesse croît de la circonférence au centre, et en ce que la vitesse moyenne, qu'on prend pour la vitesse à la circonférence, s'éloigne d'autant plus de cette dernière que le diamètre est plus grand ; alors les valeurs de v qu'on prend pour déterminer K sont trop grandes, et l'excès est plus considérable pour la grande conduite que pour la petite.

324. *Expériences de d'Aubuisson.* — Ces expériences remontent à 1827. Un extrait du grand travail de cet ingénieur se trouve dans son *Traité d'Hydraulique.* La grande conduite sur laquelle les expériences ont été faites avait près de 400^m de longueur. En la prenant par parties, on mettait en évidence l'influence de la longueur, et pour chaque longueur on faisait varier la pression qui mettait l'air en mouvement. On changeait aussi la vitesse, en plaçant à l'extrémité des ajutages de différents diamètres. Enfin, pour observer l'influence des diamètres des tuyaux, d'Aubuisson a fait des expériences sur deux petites conduites de 55 mètres de longueur, ayant l'une la moitié, l'autre le quart du diamètre de la grande.

Dans ces recherches, l'air n'était pas lancé dans les tuyaux par a pression d'un gazomètre, comme dans les expériences de Girard, mais par une machine soufflante, une trompe, analogue à celles qu'on emploie dans les forges des Pyrénées ; elle consistait en un tronc de sapin évidé, vertical, de $8^m 40$ de longueur, aboutissant par le bas à une simple barrique de $1^m 15$ de diamètre au milieu et de $1^m 32$ de hauteur, ouverte par le fond inférieur qui plongeait dans un petit bassin de 0,85 de profondeur. Cette trompe recevait l'eau d'un ruisseau débitant de

$0^{mc}025$ à $0^{mc}030$ par seconde. Un réservoir garni d'une vanne avait été disposé de manière à connaître exactement la quantité d'eau employée. Cette trompe pouvait donner à l'air qu'elle appelait et qu'elle comprimait un excès de pression sur l'atmosphère de 0^m85 d'eau, ce qui correspond à une vitesse de 109^m à peu près.

325. La grande conduite, qui était destinée à la ventilation d'une mine, consistait en tuyaux de fer-blanc de 0^m10 de diamètre, soudés bout à bout ; à son origine elle présentait deux coudes de 90°, mais bien arrondis ; à 80^m de distance elle entrait dans la galerie et se prolongeait en ligne droite jusqu'à 387 mètres. Ce tuyau communiquait avec le réservoir d'air par un ajutage évasé vers le réservoir.

A l'extrémité de la conduite on adaptait des ajutages ou buses destinés à diminuer l'orifice d'écoulement. Pour la conduite de 0^m10 de diamètre, les diamètres des orifices des buses ont été de 0^m05, 0^m03, 0^m02 ; pour la conduite de 0^m5 de diamètre, ils étaient de 0^m03, 0^m02, 0^m01 ; enfin pour la conduite de 0^m025, ils ont été de 0^m02 et 0^m01. Chaque ajutage portait une tubulure destinée à recevoir un manomètre à eau ; un autre manomètre était placé sur le réservoir d'air comprimé.

326. Dans ce mode d'expérience, on mesurait les pressions P et p, aux deux extrémités de la conduite ; mais la vitesse dans le tuyau était plus petite que celle de sortie dans le rapport inverse des sections ; alors, en admettant que le frottement soit proportionnel au carré de la vitesse, on a

$$\text{P} - p = \frac{\text{KL}\varphi^2 d^4}{\text{D}^5}\, p \quad ; \text{d'où } p = \frac{\text{PD}^5}{\text{KL}\varphi^2 d^4 + \text{D}^5} \quad \cdots\cdots(2)$$

car la vitesse est

$$\varphi\, \frac{d^2}{\text{D}^2}\, \sqrt{2gp},$$

d et D représentant les diamètres de la buse et du tuyau, φ le coefficient de contraction à l'entrée de la buse, et K le coefficient de frottement.

Mais il faut remarquer que le manomètre placé à l'extrémité du tuyau indique la pression du gaz en ce point, et non pas la pression qui produit l'écoulement par la buse ; car cette dernière est évidemment égale à la hauteur du manomètre augmentée de la hauteur correspondante à la vitesse dans le tuyau, de sorte qu'en désignant cette dernière charge par p', on a

$$p' = p + p\, \frac{\varphi^2 d^4}{\text{D}^4};$$

mais comme d était toujours très-petit relativement à D, le second terme de la valeur de p' était négligeable, et on pouvait prendre p pour p'. En supposant $d =$ D : 3, le second terme de la valeur de p' devient $0,0107\,p$.

327. Plus de 1000 expériences ont été faites par d'Aubuisson et l'ingénieur Marrot; 325 rapportées dans les *Annales des mines* ont servi à la détermination de la valeur de K ; l'ensemble de toutes ces expériences donne K $= 0,0238$.

Je citerai quelques-uns des résultats obtenus.

Une série de 15 expériences faites sur des tuyaux de $0^m 10$ de diamètre, dont les longueurs ont varié de $100^m 60$ à $387^m 14$, avec une buse de $0^m 05$ de diamètre, et dans lesquelles les pressions en eau dans le réservoir ont varié de $0^m 58$ à $0^m 25$, ont donné pour valeur moyenne de K, 0,0228; les valeurs extrêmes ont été de 0,0258 et 0,0193.

Les expériences faites sur les mêmes tuyaux, dans les mêmes circonstances, mais avec une buse de $0^m 03$ de diamètre, et pour des excès de pression compris entre $0^m 54$ et $0^m 38$, ont donné 0,0225 pour la valeur de K; les valeurs extrêmes ont été de 0,0285 et 0,0200.

Six expériences faites sur des tuyaux de $0^m 05$ de diamètre, dont les longueurs ont varié de $9^m 35$ à $55^m 53$ et les pressions de $0^m 47$ à $0^m 54$, avec une buse de $0^m 03$, ont donné K $= 0,0234$; les valeurs extrêmes ont été de 0,0244 et 0,0226.

Les mêmes expériences répétées avec une buse de $0^m 02$ de diamètre, et des pressions comprises entre $0^m 68$ et $0^m 83$, ont donné K $= 0,0244$; les valeurs extrêmes ont été de 0,0262 et 0,0227.

328. « J'ai comparé, dit M. d'Aubuisson, les valeurs de p déduites de la formule (2) avec plus de trois cents observations, et les résultats du calcul ont suivi ceux de l'expérience dans toutes leurs variations, quelles que fussent les conduites et les buses employées, lorsque la section de celles-ci était les 0,73 de la section des premières, tout comme lorsqu'elle n'en était que les 0,04. Ainsi notre formule, bien qu'elle ne soit pas parfaitement exacte en théorie, a pleinement la sanction de l'expérience, au moins dans les limites où nous l'avons appliquée, et c'est entre ces limites que se trouvent presque tous les cas de la pratique. »

329. *Expériences de M. Pecqueur et de M. Poncelet.* — En 1845, à l'occasion d'un projet de chemin de fer atmosphérique, M. Pecqueur a fait, de concert avec MM. Bontemps et Zambaux, de nombreuses expériences sur l'écoulement de l'air par de longs tuyaux de conduite. Ces expériences ont été l'objet d'un mémoire présenté à l'Académie des

sciences, sur lequel M. Poncelet a fait un rapport très-étendu, renfermant les résultats de nouvelles expériences faites sous sa direction (*Comptes rendus des séances de l'Académie des sciences*, t. XXI). L'appareil de M. Pecqueur a été décrit (274).

330. M. Poncelet cite dans son rapport une série d'expériences dans lesquelles on avait supprimé le petit réservoir, et où l'écoulement avait lieu directement dans l'atmosphère, sous un excès de pression constant; les tuyaux en plomb étiré avaient 0^m01028 de diamètre; le volume d'air écoulé, ramené à la pression atmosphérique de 0^m76, a été constamment de $1^{mc}463$; la température était de 20°. Pour des longueurs de

18^m00 9^m00 4^m50 2^m25 1^m125 0^m562 0^m281 0^m14 0^m07

les durées des écoulements ont été de

$202''$ $148''$ $106''$ $85''$ $72''$ $59''$ $53''$ $51''$ $51''$

alors les dépenses par seconde en air, sous la pression de l'atmosphère, ont été de

$0^{mc}00724$ $0^{mc}00989$ $0^{mc}01380$ $0^{mc}01720$ $0^{mc}02032$ $0^{mc}02480$ $0^{mc}02760$ $0^{mc}0287$ $0^{mc}0287$

331. M. Poncelet a reconnu que les résultats de ces expériences étaient très-bien représentés par une formule équivalente à la suivante

$$Q = S\,\frac{P_1}{p_1}\,\sqrt{\frac{2g(P_1 - p_1)}{A_1 + \dfrac{KL}{D}}} \quad \ldots\ldots\ldots\ldots (3)$$

dans laquelle Q représente le volume d'air écoulé sous la pression de l'atmosphère; S la section du tuyau; P_1 et p_1 les pressions intérieure et extérieure en air comprimé; A_1 un coefficient constant égal à 2,475; K un coefficient constant égal à 0,0236; L et D la longueur et le diamètre du tuyau.

Pour faire voir le degré d'approximation que donne la formule (3), je donnerai les résultats du calcul. En prenant, comme l'a fait M. Poncelet, 0,004 au lieu de 0,00365 pour le coefficient de dilatation des gaz afin de corriger l'erreur provenant de la vapeur d'eau de l'air, la vitesse $\sqrt{2g(P_1 - p_1)}$ due à la charge est égale à 290^m23; S $= 0^{mc}000083$; K : D $= 2,36$; $P_1 : p_1 = 2$; et la formule dans le cas dont il s'agit devient :

$$Q = 0^{mc}048178\,\sqrt{\frac{1}{2,475 + 2,36L}}\,.$$

En substituant dans cette formule, pour L, les valeurs indiquées, on trouve pour Q les valeurs suivantes :

$0^{mc}00718 \quad 0^{mc}00989 \quad 0^{mc}01331 \quad 0^{mc}01727 \quad 0^{mc}02067 \quad 0^{mc}02471 \quad 0^{mc}02720 \quad 0^{mc}02876 \quad 0^{mc}02965$

nombres qui sont aussi rapprochés de ceux de l'expérience qu'on pouvait l'espérer.

332. Le volume Q_1 d'air écoulé sous la pression P_1 serait évidemment égal à $Qp_1 : P_1$; et la vitesse d'écoulement serait égale à $Qp_1 : P_1S$; alors en désignant par P l'excès $P_1 - p_1$, et par p la charge correspondante à la vitesse v, on aura

$$\frac{v^2}{2g} \quad \text{ou} \quad p = \frac{P}{A_1 + \dfrac{KL}{D}} \quad ; \text{ou} \quad P - p = p\left(A_1 - 1 + \frac{KL}{D}\right);$$

et

$$P - p = p\left(1 + A + \frac{KL}{D}\right)\ldots\ldots\ldots\ldots(4)$$

en posant $A = A_1 - 2$. A est un coefficient constant qui représente la perte de charge à l'embouchure du tuyau. En effet, A, d'après la formule de M. Poncelet, est égal à 0,475, nombre bien rapproché de 0,451 que nous avons trouvé (301) pour le coefficient de perte de charge.

333. *Nouvelles expériences.*— J'ai fait plusieurs séries d'expériences sur des tuyaux de fer-blanc, construits avec beaucoup de soin, ayant chacun $0^m 20$ de longueur et $0^m 009$ de diamètre, qu'on ajoutait avec des douilles de manière à former des tubes de $0^m 20$; $0^m 40$; $0^m 60$; $0^m 80$; $1^m 00$. Les tuyaux communiquaient avec le réservoir tantôt directement, tantôt au moyen d'un tronc de cône. J'ai aussi employé des tuyaux de cuivre étirés, également de $0^m 20$ de longueur, et qui avaient été choisis de manière à avoir très-sensiblement le même diamètre. Dans toutes ces expériences, quand l'embouchure était évasée, la contraction à l'origine était sensiblement nulle ; car avec un petit ajutage conique de quelques centimètres, la vitesse d'écoulement était exactement celle qui correspondait à la pression. Toutes les expériences satisfont très-exactement à la formule

$$P - p = p \cdot \frac{KL}{D} \quad ; \text{d'où} \quad p = P \cdot \frac{1}{1 + \dfrac{KL}{D}},$$

en prenant $K = 0,024$. Lorsque le tuyau de conduite s'appliquait directement sur le grand tuyau de $0^m 12$ de diamètre, la formule qui représentait les expériences était

$$P - p = p \frac{KL}{D} + 0,451p \; ; \text{d'où} \; p = P \cdot \frac{1}{1,451 + \frac{KL}{D}} \cdot$$

Ces expériences ont confirmé pleinement l'exactitude de la formule employée, ainsi que la valeur du coefficient $K = 0,024$.

334. Quelques expériences faites sur des tuyaux, dans lesquels la surface intérieure était enduite de diverses substances, ont établi que la nature de la surface n'avait pas d'influence.

335. *Examen des formules trouvées par l'expérience pour l'écoulement des gaz dans les tuyaux de conduite.* — La charge correspondante à la vitesse d'écoulement est, d'après les expériences de Girard,

$$p = P \cdot \frac{1}{\frac{KL}{D}} \dots\dots\dots\dots\dots \dots \; (a)$$

d'après celles de d'Aubuisson,

$$p = P \cdot \frac{1}{1 + \frac{KL}{D}} \dots\dots\dots\dots\dots (b)$$

et enfin d'après les expériences de M. Poncelet,

$$p = P \cdot \frac{1}{1 + A + \frac{KL}{D}} \dots\dots\dots\dots\dots (c).$$

La formule de d'Aubuisson (b) ne diffère de celle de M. Poncelet (c) que par le terme A, qui ne s'y trouve pas, et on en conçoit facilement la raison, par cette circonstance, que, dans les expériences de cet ingénieur, le tuyau d'écoulement communiquait, à son origine, avec le réservoir par une embouchure conique qui faisait disparaître la contraction.

Quant à la formule de Girard (a), elle diffère de la formule (c) de M. Poncelet par le terme $1 + A$ qui ne s'y trouve pas ; mais il est facile de reconnaître, en examinant les circonstances dans lesquelles ces expériences ont été faites, que la valeur de $1 + A$ était tout à fait sans influence. Pour les tuyaux de fonte, la plus petite longueur a été de

$128^m 80$, ce qui donne $28,8$ pour la valeur de $KL : D$; dans celles qui ont été faites avec des canons de fusil, la plus petite longueur a été de 37^m, ce qui donne $96,2$ pour la valeur de $KL : D$; or, comme $1+A$ devait peu différer de $1,45$, on voit que, dans les circonstances les plus défavorables, les dénominateurs de la valeur de p dans l'équation (c) auraient été $28,8 + 1,45$ et $96,2 + 1,45$ au lieu de $28,8$ et de $96,2$, et par suite les rapports des vitesses obtenues par les formules (a) et (c) sont $\sqrt{\frac{30,25}{23,8}} = 1,027$; et $\sqrt{\frac{97,65}{96,2}} = 1,007$. Ainsi, dans les circonstances des expériences, les vitesses données par (a) et (c) ne diffèrent que de quantités qui sont certainement comprises dans les limites d'erreurs d'expériences aussi délicates.

On peut donc considérer comme parfaitement établi par toutes les expériences de Girard, de d'Aubuisson et de M. Poncelet, que la perte de charge due au frottement, abstraction faite de la résistance à l'embouchure, est donnée par la formule

$$P - p = p\,\frac{KL}{D}.$$

336. Quant à la valeur de K, d'après d'Aubuisson, elle est égale à $0,024$ pour les tuyaux de fer-blanc; d'après M. Poncelet, elle est sensiblement la même pour les tuyaux de plomb; mais, d'après Girard, elle serait de $0,0181$ pour les tuyaux de fonte, et de $0,026$ pour les tuyaux de fer. Girard a cherché à expliquer cette différence par la nature des surfaces et par les variations de vitesse dans les différents points d'une tranche; mais il est bien plus probable qu'elle provient d'une erreur dans l'estimation des diamètres. Dans les expériences faites avec un gazomètre, la vitesse d'écoulement résultant de la dépense par seconde est égale à $Q : \frac{\pi D^2}{4}$; et pour déterminer K, on a, d'après la formule de Girard :

$$\left(\frac{4Q}{\pi D^2}\right)^2 = \frac{PD}{KL} \quad ; \text{ d'où } \quad K = \frac{P\pi^2 D^5}{16 Q^2 L} \cdot$$

Ainsi, une très-petite erreur sur D en produit une très-grande sur K. Il est important de remarquer que les variations auraient pu résulter, pour le grand tuyau, de l'irrégularité de l'orifice, ou pour tous les deux, de certains changements de section dans l'intérieur de la conduite. L'erreur ne pouvait pas provenir de la valeur de Q, parce qu'elle aurait été trop grande pour être probable.

Quoi qu'il en soit, la valeur de K, obtenue par les expériences si nombreuses de d'Aubuisson, sur des tuyaux de fer-blanc, le même chiffre résultant des expériences de M. Poncelet, et l'égalité de ce coefficient dans les tuyaux de bois, de fer-blanc, de cuivre sec, mouillé ou graissé, que j'ai bien constatée, tous ces résultats ne permettent pas de douter que la valeur de K ne soit constante et à très-peu près égale à 0,024, pour des excès de pression compris entre quelques centimètres et $10^m 33$ d'eau, pour des diamètres de $0^m 01$ à $0^m 10$, pour des longueurs comprises entre 0^m et 600 mètres, pour l'air et pour le gaz d'éclairage.

337. La formule bien établie

$$P - p = p \frac{KL}{D}$$

donne

$$v^2 = 2gP \cdot \frac{1}{1 + \frac{KL}{D}} , \quad \text{ou} \quad v = V \sqrt{\frac{1}{1 + \frac{KL}{D}}},$$

en appelant V la vitesse théorique. Mais à quel gaz se rapporte cette vitesse? Est-ce au gaz comprimé ou au gaz en totalité ou en partie détendu?

D'après les expériences de Girard, comme la pression était très-faible, la vitesse peut être considérée comme appartenant ou au gaz comprimé ou au gaz détendu.

Dans les expériences de d'Aubuisson, les pressions observées étaient celles du gaz détendu par le frottement, dans un tuyau d'un diamètre plus grand que celui de l'orifice d'écoulement; mais la vitesse se rapporte à l'air supposé au degré de pression qu'il avait dans le réservoir.

Enfin, dans celles de M. Poncelet, la vitesse se rapporte d'une manière très-nette au gaz comprimé; et, comme dans d'autres expériences de M. Pecqueur qui satisfont également à la formule, les excès de pressions se sont élevés jusqu'à 2 atmosphères et demie, on doit considérer la formule comme donnant la vitesse d'écoulement du gaz comprimé, du moins jusqu'à la limite de pression de ces dernières expériences.

338. D'après cela, en désignant par S la section du tuyau, et par Q et Q', les volumes de gaz écoulés et mesurés à la pression $P + b$ et à la pression atmosphérique b, on aura :

$$Q = Sv = S \sqrt{\dfrac{2gP}{1 + \dfrac{KL}{D}}} \quad \text{et} \quad Q' = \dfrac{P + b}{b} \cdot S \sqrt{\dfrac{2gP}{1 + \dfrac{KL}{D}}}.$$

339. Pour l'écoulement de l'eau dans des tuyaux cylindriques, on a, d'après d'Aubuisson ,

$$P - \dfrac{v^2}{2g} = 0{,}0268 \, \dfrac{v^2 L}{2gD} + 0{,}00007833 v \cdot \dfrac{L}{D}.$$

Ainsi, la perte de charge est composée de deux parties, l'une est proportionnelle au carré, l'autre à la première puissance de la vitesse; mais le coefficient numérique de cette dernière partie étant très-petit, ce terme est sans influence sensible quand la vitesse est un peu considérable; par exemple, pour $v = 1^m$, le second terme est à peu près 18 fois plus petit que le premier. D'après Coulomb (*Mémoires de l'Institut*, t. III), le terme proportionnel à la vitesse provient de la viscosité du liquide; car, en observant le mouvement d'un même corps dans les mêmes conditions, dans l'eau et dans l'huile, il a trouvé que le terme proportionnel à la simple vitesse était 17 fois plus grand dans l'huile que dans l'eau. L'air n'ayant point de viscosité, on voit pourquoi l'expression de la perte de charge ne renferme point de terme proportionnel à la première puissance de la vitesse. Pour l'eau, le coefficient du terme proportionnel au carré de la vitesse est égal à 0,0268, tandis que pour les gaz, il est seulement 0,024; cette différence et celle des coefficients de contraction par des orifices en mince paroi proviennent probablement de la même cause.

340. D'après tout ce qui précède, les gaz comprimés s'écoulent, par des orifices en mince paroi et dans des tubes cylindriques, sous le rapport de la dépense, comme des liquides de même densité, seulement le coefficient de contraction et celui de frottement sont un peu différents, probablement par l'absence de toute cohésion.

341. Mais les phénomènes qui se produisent dans les tuyaux sont fort différents. La section du tuyau étant constante, ce que nous avons toujours supposé, la vitesse moyenne d'écoulement d'un liquide est la même dans toutes les sections, du moins en le considérant comme incompressible. Pour les gaz, il y a au contraire une détente continue, depuis l'origine jusqu'à l'extrémité du tuyau, et par suite un accroissement correspondant de vitesse ; en outre, la détente qui se produit pendant l'écoulement est nécessairement accompagnée d'un refroi-

dissement et d'une variation de densité qui compliquent singulièrement les phénomènes.

Dans les expériences de Girard, l'excès de pression étant très-faible, la détente et par suite le refroidissement étaient insensibles.

Dans celles de d'Aubuisson, la pression n'ayant jamais dépassé 0,06 d'atmosphère, le refroidissement a encore été insensible.

Dans celles de M. Poncelet, la détente pour le tuyau de 18^m était au plus de 0,15 d'atmosphère ; et, comme les expériences ont été de courte durée, la masse du tuyau a dû maintenir la température. Ainsi, dans toutes ces expériences, le refroidissement n'a pas pu se manifester, parce que la détente a été très-faible, ou parce que les expériences n'ont eu qu'une faible durée. Mais, si l'écoulement avait lieu par de longs tuyaux, sous une grande pression et d'une manière continue, un régime régulier de température s'établirait après un certain temps, et dans chaque point la température dépendrait, non-seulement de la détente, mais encore de l'épaisseur du tuyau, de sa conductibilité, de son étendue, de sa surface, de sa nature et de la température extérieure. On voit combien ces phénomènes sont compliqués ; si l'on considère la forme de l'équation qui donne le refroidissement en fonction de la détente, et en outre, si on observe que les vitesses des veines élémentaires vont en croissant du centre à la circonférence, comme nous le verrons plus loin, on reconnaîtra aisément que la question de l'écoulement des gaz par de longs tuyaux de conduite, sous de grandes pressions, est réellement inabordable par le calcul.

342. M. Navier, dans le *Résumé des leçons données à l'École des ponts et chaussées*, a déduit du calcul des formules fort compliquées, à l'aide desquelles on peut obtenir la vitesse d'écoulement d'un fluide élastique, à l'extrémité d'un tuyau de conduite, quel que soit l'excès de pression. Mais ces formules ne représentent rien de réel, car elles reposent sur des hypothèses contraires à la vérité ; elles supposent, 1° que le gaz s'écoule, en suivant la loi logarithmique dont nous avons parlé, lorsqu'il a été question de l'écoulement des gaz par des orifices en mince paroi, et nous avons vu que cette loi ne s'accorde point avec l'expérience ; 2° que les vitesses sont les mêmes dans tous les points d'une même tranche, c'est-à-dire que la résistance provenant du frottement se transmet instantanément dans tous les points de la section, ce qui est en contradiction avec l'expérience ; 3° que les détentes qui ont lieu successivement ne sont pas accompagnées d'un abaissement de température, ce qui n'est admissible que pour les faibles détentes ; 4° enfin que le coefficient de frottement est 0,024, nombre

qui ne convient qu'à la formule expérimentale. Les formules de M. Navier conduisent cependant aux mêmes résultats que celles de d'Aubuisson et de M. Poncelet, quand on suppose les excès de pression très-petits, parce qu'alors les suppositions inexactes disparaissent ou deviennent sans influence.

343. *Influence du frottement sur la vitesse.* — Pour apprécier l'influence du frottement sur la vitesse d'écoulement des gaz, considérons un tuyau de $0^m 10$ de diamètre ayant successivement pour longueur

$$1^m \qquad 10^m \qquad 20^m \qquad 30^m \qquad 40^m \qquad 50^m \qquad 100^m \qquad 500^m \qquad 1000^m$$

La formule qui donne la vitesse d'écoulement, quand il n'y a pas de perte de charge à l'embouchure du tuyau, est

$$v = \sqrt{\frac{2gP}{1 + \dfrac{KL}{D}}} = V\sqrt{\frac{1}{1 + \dfrac{KL}{D}}} \; ;$$

P représente l'excès de la pression dans le réservoir sur la pression atmosphérique ; V, la vitesse due à cette charge ; L et D, la longueur et le diamètre du tuyau ; et K, le coefficient de frottement. En faisant les calculs pour les différentes longueurs indiquées, on trouve pour les différentes valeurs de la vitesse v :

$$V.0,89 \quad V.0,55 \quad V.0,41 \quad V.0,35 \quad V.0,31 \quad V.0,28 \quad V.0,20 \quad V.0,09 \quad V.0,06$$

Ainsi l'influence du frottement est très-grande, et il est facile de voir à l'inspection de la formule que les vitesses varient sensiblement comme les racines carrées de $D : L$, du moins quand les valeurs de $\dfrac{KL}{D}$ sont assez grandes.

344. Si le canal était formé de plusieurs tuyaux cylindriques ayant des longueurs L', L'', L'''....., des diamètres D', D'', D'''....., en désignant par p', p'', p'''..... les charges respectives qui correspondent aux vitesses des gaz dans ces tuyaux, et par L, D et p, la longueur, le diamètre et la charge du tuyau extrème, ou en général de celui dans lequel on veut déterminer la vitesse, la perte totale de charge provenant du frottement sera

$$P - p = \frac{KL'}{D'} p' + \frac{KL''}{D''} p'' + \cdots\cdots\cdots + \frac{KL}{D} p.$$

En admettant que le gaz n'éprouve pas de variations sensibles de densité dans son parcours, ce qui arrive toujours quand la charge P est très-petite, les vitesses dans les différents tuyaux seront en raison inverse des sections, et on aura :

$$p' = p\,\frac{D^4}{D'^4} \;;\;\; p'' = p\,\frac{D^4}{D''^4} \;;\;\; p''' = p\,\frac{D^4}{D'''^4} \;;$$

et la perte provenant du frottement sera :

$$P - p = p\left[\frac{KL'}{D'}\,\frac{D^4}{D'^4} + \frac{KL''}{D''}\,\frac{D^4}{D''^4} + \cdots\cdots\cdots + \frac{KL}{D}\right].$$

345. Nous avons supposé dans ce qui précède que le tuyau était cylindrique à base circulaire ; quand la base du cylindre a une autre forme, le frottement ayant lieu sur le contour de chaque section et son effet se répartissant sur la section, on peut admettre que l'expression générale de la perte de charge due au frottement est

$$P - p = \frac{K'CL}{S}\,p\dots\dots\dots\dots\dots\dots(a)$$

K' étant un nombre constant, C le contour de la section du canal, et S sa surface. Pour un tuyau circulaire, cette expression devient

$$\frac{4K'\pi DL}{\pi D^2} = \frac{4K'L}{D}\,;$$

et comme pour le même tuyau on avait déjà pour le frottement KL : D, il s'ensuit que K = 4K'. Ainsi, pour se servir de l'expression générale (a), il faut prendre pour K' le quart de K, c'est-à-dire 0,006.

346. Il résulte de la formule générale (a) que le frottement est le même dans un tuyau cylindrique et dans un tuyau carré circonscrit ; car. dans le premier, le frottement est égal à KL : D, et dans le second à

$$\frac{K}{4}\cdot\frac{L\,.\,4D}{D^2} = \frac{KL}{D}$$

347. On voit aussi, d'après cette formule, que pour des tuyaux de même section, le frottement croît proportionnellement au contour ; ainsi il est toujours avantageux de donner aux tuyaux de conduite des sections dont les deux dimensions diffèrent peu. Pour faire voir combien la forme de la section a d'influence sur le frottement, comparons deux tuyaux ayant une section commune de $0^{mq}\,20$, mais dont l'une se-

rait carrée et aurait $0^m 447$ de côté, et dont l'autre serait un rectangle de 1^m sur $0^m 20$; le contour de la première sera $1^m 788$ et celui de la seconde $2^m 40$.

348. Si le tuyau était conique, l'expression du frottement serait beau-coup plus compliquée. Considérons un tronc de cône AA′ BB′ (*fig.* 22), dont les diamètres des bases et la hauteur seront représentés par D, D′, H ; posons $D′ = mD$, et désignons par p et $p′$ les charges correspondantes aux vitesses de l'air dans les sections AA′ et BB′ ; nous supposerons que la vitesse de l'air est la même dans tous les points d'une section

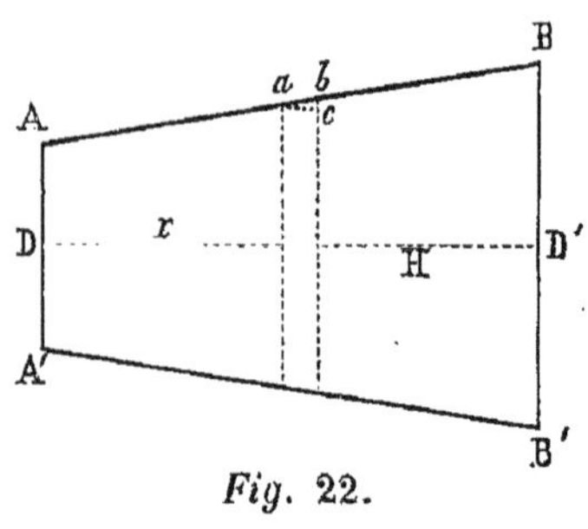

Fig. 22.

perpendiculaire à l'axe, et nous rapporterons le frottement à la charge p.

Considérons une tranche d'air très-mince ab perpendiculaire à l'axe et située à une distance x de AA′ ; le diamètre de cette tranche sera

$$D + \frac{(D′ - D)x}{H} , \; \text{ou} \; \frac{D(H + (m - 1)x)}{H} ;$$

la surface latérale du petit tronc de cône ab, sera $dx : \cos bac$ ou $dx : \cos \alpha$, en désignant par α l'angle d'une des arêtes du tronc de cône avec l'axe. En appelant p, la charge correspondante à la vitesse de l'air dans le petit élément, le frottement sera

$$\frac{K′C}{S} \, p = \frac{4K′\pi d}{\cos \alpha \pi d^2} \, p = \frac{K}{\cos \alpha d} \cdot \frac{D^4}{d^4} \, p = \frac{pKH^5 dx}{\cos \alpha \, D(H + (m - 1)x)^5} .$$

Par conséquent le frottement dans toute l'étendue du cône tronqué sera l'intégrale de cette expression de 0 à H, c'est-à-dire

$$\frac{KH}{4D \cos \alpha(m - 4)} \left(\frac{m^4 - 1}{m^4} \right) p.$$

349. En désignant par L l'arête du cône tronqué, on aurait $L \cos \alpha = H$, et par suite l'expression du frottement deviendrait

$$\frac{KL}{4D} \cdot \frac{m^4 - 1}{m^4(m - 1)} ; \; \text{ou} \; \frac{KL}{4D} \cdot \frac{1}{m - 1} ,$$

en supposant que m soit assez grand pour qu'on puisse négliger l'unité par rapport à m^4. Dans cette dernière supposition, le frottement est le même que celui qui se produirait dans un cylindre ayant une longueur L et un diamètre égal à $4D(m-1)=4(D'-D)$. Si la valeur de m différait peu de l'unité, on pourrait prendre pour la résistance du cône tronqué celle du cylindre qui aurait même longueur et un diamètre moyen. On obtiendrait ainsi une approximation suffisante pour la pratique, d'autant plus que la supposition sur laquelle la formule générale est fondée, l'égalité de vitesse dans tous les points d'une même section perpendiculaire à l'axe, n'est point confirmée par l'expérience ; la vitesse dans l'axe est toujours plus grande qu'à la circonférence ; et par conséquent cette formule donne pour le frottement une valeur qui dépasse la réalité.

350. Lorsque l'écoulement a lieu par des tuyaux qui ne sont ni cylindriques, ni coniques, on pourrait calculer le frottement de la même manière que pour les cônes, pourvu que l'on connût l'équation de la génératrice de la surface. Mais l'hypothèse de l'égalité de la vitesse dans tous les points d'une même section s'écarterait souvent beaucoup plus de la réalité que dans les cônes. Au surplus, les tuyaux de conduite sont toujours cylindriques, parce que c'est la forme la plus commode pour la construction, et en même temps la plus économique ; on n'emploie de surfaces différentes que pour des raccordements, où en général la résistance provenant du frottement est très-petite relativement à la résistance totale et peut presque toujours être négligée.

CHAPITRE VI.

CHANGEMENTS DE DIRECTION DANS LES TUYAUX DE CONDUITE DE GAZ.

Nous nous occuperons d'abord de l'influence des changements brusques de direction, et ensuite de celle des changements continus, c'est-à-dire des tuyaux courbes.

351. *Changements brusques de direction.* — M. d'Aubuisson a fait quelques expériences sur l'influence des changements brusques de direction ; voici ce qu'on trouve à ce sujet dans son *Traité d'hydraulique*, page 513 :

« Les coudes des conduites, lorsqu'ils sont brusques et forts, augmentent considérablement la résistance au mouvement : ainsi, dans mes nombreuses expériences sur les conduites coudées, sept angles de 45° ont réduit d'un quart la dépense.

«Dans ces expériences, j'ai vu la résistance croître, de même que pour les conduites menant de l'eau, sensiblement comme le carré de la vitesse, et à peu près comme le carré du sinus des angles ; au delà d'un certain nombre, elle diminuait même : ainsi 15 angles ont un peu moins, réduit la dépense que 7 de même grandeur. Ce phénomène et quelques autres circonstances ont rendu vaines les tentatives que j'ai faites pour établir, même approximativement, la résistance des coudes.

« Dans la pratique, on évitera leur mauvais effet, en arrondissant bien ceux qu'on serait obligé de faire. »

352. D'après les expériences faites par Dubuat sur des conduites d'eau, la résistance d'un changement brusque est sensiblement représentée par $p \sin^2 i$, p étant la charge correspondante à la vitesse d'écoulement, et i l'angle du second tuyau avec le prolongement du premier. Pour les gaz qui s'écoulent sous une faible pression, et qui par conséquent n'éprouvent que des variations insensibles de densité, il était très-probable que les résistances des coudes devaient suivre la même loi ; mais il était important de le vérifier, d'autant plus que, dans les expériences de Dubuat, les angles i avaient toujours été compris entre 36° et 56°. Quant à ce résultat singulier trouvé par d'Aubuisson, qu'à partir d'une certaine limite la dépense augmentait avec le nombre des angles, il ne peut s'expliquer qu'en admettant que les joints n'aient pas été rendus parfaitement étanches.

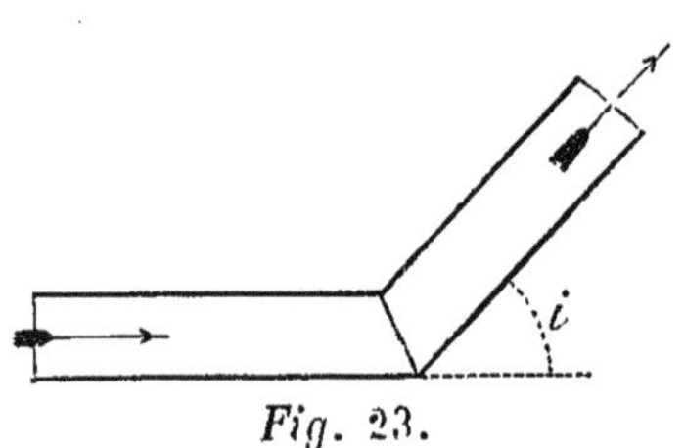

Fig. 23.

353. Il résulte des nombreuses expériences que j'ai faites sur les changements brusques de direction et qui seront rapportées dans les notes, que lorsque l'angle i (*fig.* 23) du second tuyau avec le prolongement du premier est compris entre 20° et 90°, la perte de charge est donnée par la formule

$$P_1 - p_1 = p \sin^2 i,$$

comme pour les tuyaux conduisant de l'eau. P_1 est la charge avant le coude ; p_1 la charge après, et p la charge correspondante à la vitesse. Pour les angles compris entre 0° et 20°, il faudra considérer le tuyau comme un tuyau courbe, et employer la formule que nous donnerons plusloin.

354. Si l'angle était droit (*fig.* 24), la perte de charge serait p, et pour n changements à angle droit, elle serait np.

355. Pour un angle plus grand (*fig.* 25), la perte de charge pré-

sente de l'incertitude. Quelques expériences ont fait voir que, pour des angles du second tuyau avec le prolongement du premier compris entre

Fig. 24.

Fig. 25.

110° et 160°, elle variait de $2p$ à $2,28p$; mais elles n'ont pas offert assez de régularité pour qu'on puisse leur accorder une très-grande confiance. Du reste, ce cas se présente très-rarement dans la pratique.

356. La résistance totale des changements brusques dans un circuit étant égale à la somme des résistances de chacun d'eux, si l'on imagine qu'un angle droit formé par deux tuyaux AB et BC (*fig.* 26), soit rem-

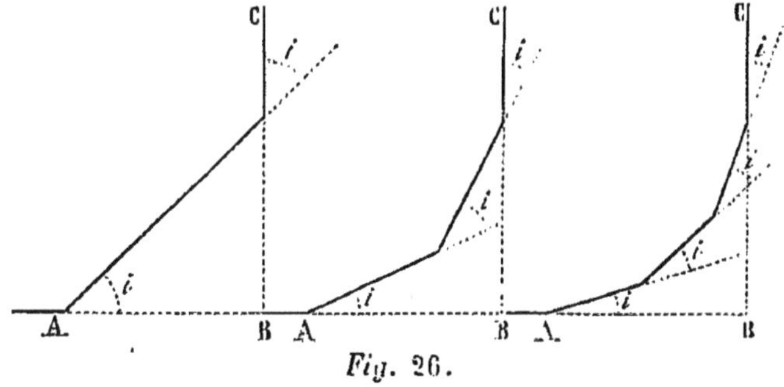

Fig. 26.

placé par 3, 4, 5 tuyaux disposés symétriquement, les angles i seront égaux, leur somme sera égale à 90°; et, en désignant par n le nombre des angles i, la résistance totale sera

$$n \sin^2 \left(\frac{90°}{n} \right) .$$

Si on suppose n successivement égal à

1	2	3	4

les valeurs de i seront

90°	45°	30°	22° 30′

dont les sinus sont

1	0,707	0,50	0,382

et les pertes de charges deviennent

$$1 \qquad 1 \qquad 0,75 \qquad 0,58$$

Ainsi, un seul tuyau coupant l'angle droit ne diminue pas la résistance, et 3 tuyaux intermédiaires la réduisent seulement à peu près à moitié.

357. *Changements continus de direction. Tuyaux courbes.* — La plus ancienne expérience sur l'écoulement des fluides par des tuyaux courbes a été faite par Bossut; un tuyau de 16ᵐ 24 de longueur et de 0ᵐ 027 de diamètre a laissé écouler, sous une charge d'eau de 0ᵐ 325, un volume de 0ᵐᶜ 0208 d'eau en une minute, quand il était en ligne droite, et 0ᵐᶜ 02048 lorsqu'il était replié sur lui-même de manière à former 6 coudes bien arrondis. Il semblerait, d'après cette expérience, que les coudes arrondis n'ont pas d'influence sur la dépense, mais comme le tuyau était très-long, la perte de charge était en partie dissimulée par celle qui provenait des frottements.

358. Dubuat a fait un grand nombre d'expériences pour déterminer la résistance des coudes arrondis dans les tuyaux de conduite d'eau, et cet ingénieur a été conduit à une singulière explication de la résistance dont il est question. Il admet que, quand de l'eau sort d'un canal rectiligne AB (*fig.* 27), et pénètre dans un canal curviligne BCD, les veines élémentaires ne suivent pas la courbure du tuyau, mais vont se réfléchir sur sa surface,

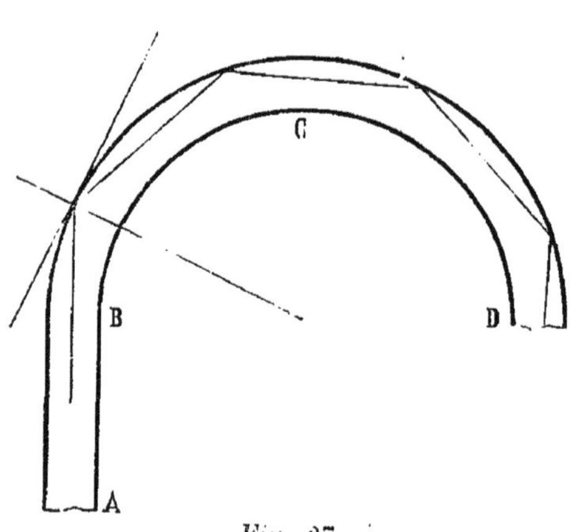

Fig. 27.

et que la perte de charge produite par le tuyau curviligne est due à ces réflexions des filets d'eau. D'après ses expériences, la perte de charge aurait l'expression suivante :

$$0,0123 v^2(s^2 + s'^2 + s''^2 \ldots) \quad ; \text{ ou } \quad p \cdot 0,24(s^2 + s'^2 + s''^2 \ldots)$$

$s, s', s'' \ldots\ldots$ étant les sinus des angles de réflexion. En admettant que la courbure du tuyau soit circulaire, tous les angles de réflexion sont égaux, et l'expression précédente devient $pn \sin^2 i$. Les angles de réflexion sont ceux qui correspondent à la veine centrale. D'Aubuisson admet complétement cette explication de la résistance des tuyaux courbes et la formule de Dubuat (*Traité d'hydraulique*, p. 182).

359. Malgré l'autorité de ces deux ingénieurs, une telle explication me paraît inadmissible ; d'abord, les fluides, liquides ou gaz, ne se réfléchissent pas contre les surfaces qu'ils rencontrent ; en second lieu, si cette réflexion se manifestait, elle ne serait pas la même pour toutes les veines élémentaires qui pénètrent dans le tuyau curviligne, et pour chacune d'elles les valeurs de i et de n seraient différentes.

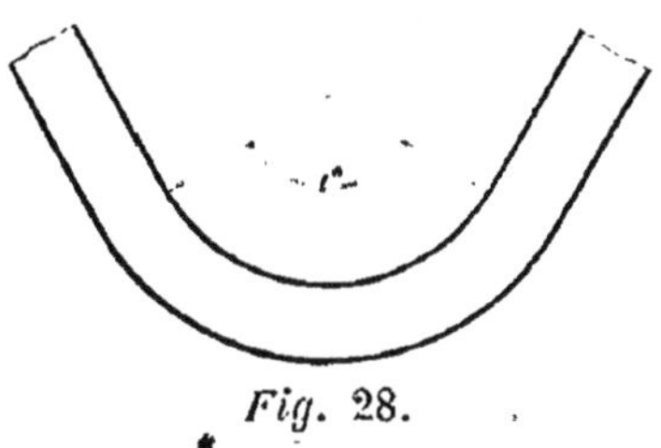

Fig. 28.

360. J'ai fait un grand nombre d'expériences pour déterminer la perte de charge provenant des coudes arrondis (*fig.* 28), et il en résulte qu'on s'éloignera peu de la vérité en admettant que la résistance d'un tuyau courbe d'une section constante est sensiblement égale à

$$\mathrm{P}_1 - p_1 = \frac{i^0}{180^0}\, p,$$

i étant le nombre de degrés de l'arc, p la charge correspondante à la vitesse d'écoulement, P_1 et p_1 la charge avant et après la courbure.

361. Ainsi, pour un demi-cercle qui ramènerait le tuyau dans une position parallèle à la direction initiale (*fig.* 29), on aurait $i^0 = 180^0$, et

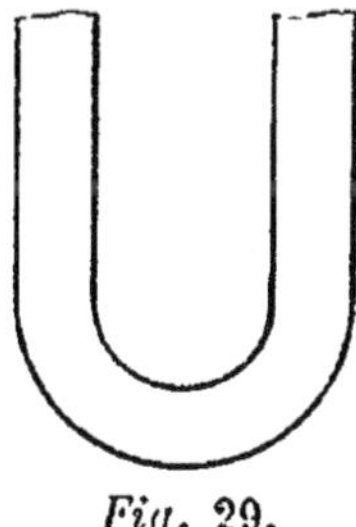

Fig. 29.

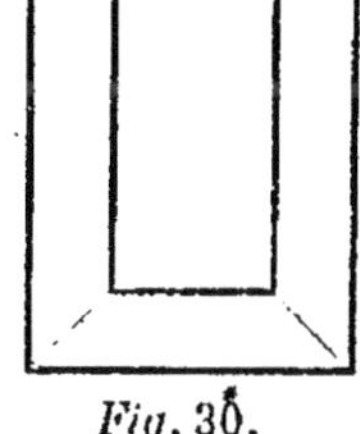

Fig. 30.

la perte de charge serait p, moitié seulement de celle qui aurait lieu si le tuyau avait pris cette direction par deux changements brusques et successifs d'un angle droit chacun (*fig.* 30).

362. S'il y avait n changements continus de direction, la perte de charge serait $\mathrm{P}_1 - p_1 = n\, \dfrac{i^0}{180^0}\, p$.

CHAPITRE VII.

CHANGEMENTS DE SECTION DANS LES TUYAUX DE CONDUITE DE GAZ.

Nous examinerons successivement l'influence des accroissements brusques et continus de section, puis l'influence des décroissements brusques et continus.

363. *Accroissement brusque de section.*—Lorsqu'un gaz s'écoule par un tuyau cylindrique dont la section augmente brusquement (*fig.* 31)

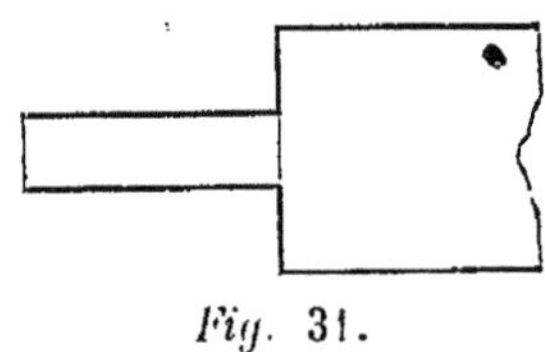

Fig. 31.

en un certain point, le gaz immobile, qui au premier instant enveloppait la veine de gaz pénétrant dans le second tuyau, est entraîné, et il en résulte autour de la veine une diminution de pression qui augmente la vitesse d'écoulement dans le premier tuyau. D'un autre côté, à une certaine distance du changement de section, la veine de gaz occupe toute la section du grand tuyau; et comme la densité n'a pas changé sensiblement quand l'écoulement se fait sous de faibles pressions, la vitesse doit nécessairement être plus faible que dans le premier tuyau, et il y a une perte de charge qui dépend du rapport des sections.

364. Occupons-nous d'abord de l'accroissement de charge qui résulte de la diminution de pression autour de la veine. En appelant v la vitesse qu'aurait le gaz dans le premier tuyau s'il débouchait dans l'atmosphère, et V la vitesse moyenne dans ce premier tuyau, dans le cas de l'accroissement de section, on a $V = \psi v$; ψ étant un coefficient de correction plus grand que l'unité. Il en résulte une variation de charge $P_1 - p_1$, donnée par la formule

$$P_1 - p_1 = \left(\frac{1}{\psi^2} - 1 \right) p = - Bp.$$

P_1 serait la charge s'il n'y avait pas accroissement de section, p_1 est la charge quand il y a accroissement, et p est la charge correspondante dans ce dernier cas à la vitesse dans le petit tuyau. Le coefficient ψ étant plus grand que l'unité, le second membre est nécessairement négatif. Voici, d'après mes expériences, pour les différents rapports de diamètre, les valeurs de ψ et les coefficients B de variation de charge correspondants :

Rapports des diamètres	0,1	0,2	0,3	0,4	0,5	0,6	0,7	0,8	0,9	1
Valeurs de ψ	1,01	1,04	1,10	1,17	1,27	1,37	1,33	1,13	1,10	1
Valeurs de $B = 1 - \dfrac{1}{\psi^2}$	0,02	0,08	0,17	0,27	0,38	0,17	0,43	0,22	0,17	0

Ainsi, il y a un maximum d'effet pour un accroissement brusque de section correspondant à peu près au rapport 0,6.

365. Examinons maintenant la perte de charge résultant de la diminution de vitesse dans le second tuyau. Les volumes écoulés par chaque section étant évidemment les mêmes, puisqu'on suppose que la densité du gaz varie fort peu, il en résulte

$$\frac{v}{v_1} = \frac{D_1^2}{D^2} \; ; \; \text{d'où} \; \frac{p}{p_1} = \frac{D_1^4}{D^4} \; ,$$

et par suite

$$p - p_1 = p \left(1 - \frac{D^4}{D_1^4} \right) \; ; \; \text{ou bien} \quad p - p_1 = p_1 \left(\frac{D_1^4}{D^4} - 1 \right).$$

Dans ces formules, p et v sont la charge et la vitesse dans le premier tuyau de diamètre D; p_1 et v_1, la charge et la vitesse dans le second tuyau de diamètre D_1.

366. En somme, la variation totale de charge produite par un accroissement brusque de section est exprimée par la formule

$$P_1 - p_1 = p \left(- B + 1 - \frac{D^4}{D_1^4} \right).$$

367. Pour que les phénomènes dont nous venons de parler puissent se produire, il est nécessaire que le second tuyau ait une certaine longueur, et il résulte des expériences que la longueur minimum est donnée par la formule

$$L = 0,5(D_1 - D).$$

368. Si un canal était formé de plusieurs tuyaux (*fig.* 32) ayant des diamètres croissants $D_1, D_2, D_3,\ldots D$, et des longueurs $L_1, L_2, L_3,\ldots L$, en désignant les charges correspondantes aux vitesses dans les tuyaux par $p_1, p_2, p_3\ldots p$, et par P la charge à l'entrée du premier tuyau, les

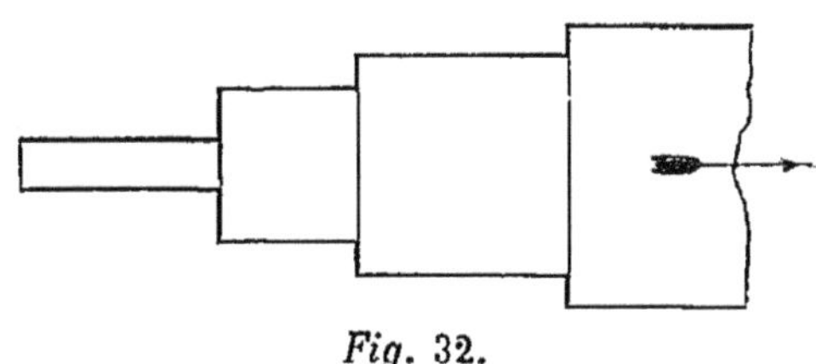

Fig. 32.

pertes de charge successives seraient $P - p_1, p_1 - p_2 \ldots\ldots\ldots p_n - p$, leur somme serait $P-p$, et la perte totale serait donnée par la formule

$$P-p=\left(\frac{KL_1}{D_1}-B_1+1-\frac{D_1^4}{D_2^4}\right)p_1+\left(\frac{KL_2}{D_2}-B_2+1-\frac{D_2^4}{D_3^4}\right)p_2\ldots\ldots+\frac{KL}{D}\,p.$$

369. On peut exprimer la perte de charge $P-p$ en fonction de la seule charge p et des dimensions des tuyaux, au moyen de la relation $\frac{p}{p_1}=\frac{D_1^4}{D^4}$; et la formule devient

$$P-p=\left[\left(\frac{KL_1}{D_1}-B_1+1-\frac{D_1^4}{D_2^4}\right)\frac{D_1^4}{D^4}+\left(\frac{KL_2}{D_2}-B_2+1-\frac{D_2^4}{D_3^4}\right)\frac{D_2^4}{D^4}\ldots\ldots+\frac{KL}{D}\right]p.$$

Il est facile, au moyen de cette formule, de trouver la valeur de p en fonction de la charge à l'entrée, et par suite de connaître la vitesse d'écoulement à l'extrémité du tuyau.

370. *Accroissement continu de section (fig. 33).* — Lorsque deux tuyaux cylindriques de diamètres différents sont raccordés par un cône tronqué, et que le gaz se dirige du plus petit dans le plus grand, l'effet produit par le changement de section est sensiblement le même que si le

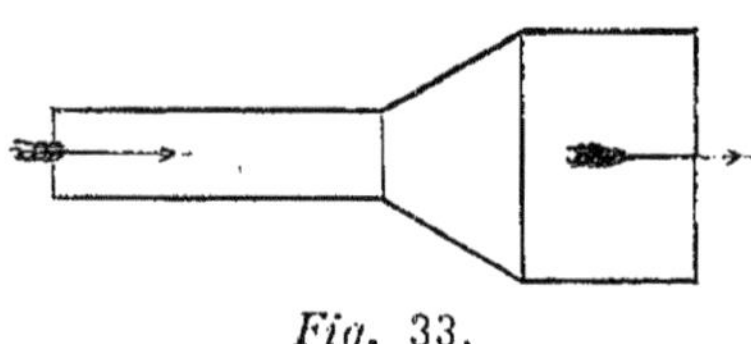

Fig. 33.

cône débouchait dans l'atmosphère, pourvu que la longueur du tronc de cône soit suffisante, c'est-à-dire qu'il y a dans le premier tuyau un accroissement de vitesse qui varie avec l'angle du cône. Le tableau suivant donne, d'après mes expériences qui seront rapportées dans les notes placées à la fin de cet ouvrage, le coefficient ψ de correction de la vitesse et le coefficient B d'accroissement de charge, pour les différents angles au sommet du tronc de cône.

ANGLES.	VALEURS DE		ANGLES.	VALEURS DE	
	ψ	$B=1-\dfrac{1}{\psi^2}.$		ψ	$B=1-\dfrac{1}{\psi^2}.$
0°	1,00	0,00	9°	1,95	0,67
1	1,24	0,35	10	1,50	0,56
2	1,48	0,54	12	1,40	0,49
3	1,70	0,66	16	1,35	0,45
4	1,95	0,74	20	1,30	0,41
5	2,25	0,80	25	1,26	0,37
6	2,40	0,83	30	1,18	0,28
7	2,45	0,83	40	1,08	0,14
8	2,30	0,81	50	1,05	0,10

371. Quant à la perte de charge résultant de la diminution de vitesse dans le second tuyau, elle est évidemment la même que dans le cas d'un accroissement brusque de section.

372. En somme, la variation totale de charge dans le cas d'un accroissement continu de section est donnée par la même formule que pour un accroissement brusque,

$$P_1 - p_1 = p\left(- B + 1 - \frac{D^4}{D_1^4}\right);$$

mais les valeurs de B sont différentes.

373. Si on employait un système de tuyaux composé de troncs de cônes interrompus par des cylindres destinés à éviter les changements brusques de vitesses dans les veines élémentaires, on obtiendrait un accroissement de vitesse qui augmenterait avec le nombre des cônes tronqués, parce que chacun d'eux, en les supposant de même angle au sommet, produirait le même effet; mais, comme cet accroissement devrait être rapporté à la charge du cylindre précédent, il décroîtrait rapidement à mesure qu'on s'éloignerait du premier cône. En négligeant le frottement dont l'influence va constamment en diminuant, on aurait évidemment

$$P - p = - pB\left(1 + \frac{d^4}{D^4} + \frac{d^4}{D'^4} + \frac{d^4}{D''^4} + \frac{d^4}{D'''^4} + \ldots\ldots\right);$$

B représentant la charge gagnée par chaque cône; $d, D, D', D'', D''',\ldots$ les diamètres des cylindres; P et p la charge correspondante à la vitesse dans le premier tuyau, avant et après l'adjonction des troncs de cône. Si on suppose que les diamètres de ces cylindres croissent dans le même rapport r, on aura

$$\frac{d}{D} = \frac{1}{r}\,;\; \frac{D}{D'} = \frac{1}{r}\,;\; \frac{D'}{D''} = \frac{1}{r}\,;\; \frac{D''}{D'''} = \frac{1}{r}\,;\,\ldots$$

d'où

$$\frac{d}{D'} = \frac{d}{Dr}\,;\; \frac{d}{D''} = \frac{d}{Dr^2}\,;\; \frac{d}{D'''} = \frac{d}{Dr^3}\,;\,\ldots$$

et

$$P - p = - pB\left(1 + \frac{1}{r^4} + \frac{1}{r^8} + \frac{1}{r^{12}} + \frac{1}{r^{16}}\ldots\right) =$$

$$= - pB\left(1 + \frac{1}{r^4} + \frac{1}{(r^4)^2} + \frac{1}{(r^4)^3} + \frac{1}{(r^4)^4} + \ldots\right).$$

I.

Si le nombre des tuyaux était infini, on aurait

$$P - p = - pB \cdot \frac{r^4}{r^4 - 1}.$$

Si on suppose $r = 1,5$, on aura $r^4 = 5,06$, et $P - p = - pB \times 1,246$. Ainsi la charge serait augmentée à peu près d'un quart, et, comme on aurait alors

$$P - p = - pB(1 + 0,197 + 0,0388 + 0,00684 + 0,00144 + \ldots\ldots),$$

on voit que l'influence des cônes successifs décroît avec une grande rapidité. En observant la vitesse d'écoulement de l'air à travers un petit ajutage cylindrique, suivi ensuite successivement de 1, 2, 3 cônes, disposés comme nous venons de le dire, j'ai trouvé, pour les durées des écoulements d'un même volume d'air dans les mêmes circonstances $151''$, $132''$, $123''$, $122''$.

374. *Décroissement brusque de section (fig. 34).* — Lorsqu'un gaz sous une faible charge passe d'un tuyau dans un autre d'un plus petit diamètre, les pressions des veines élémentaires, qui rencontrent la surface environnant l'orifice du second tuyau, s'éteignent contre cette surface, et la charge du premier se transmet au second sans altération; ainsi, dans ce cas, abstraction faite de la contraction de la veine, il n'y a point de perte de charge résultant de la diminution de section, mais il y a diminution de dépense.

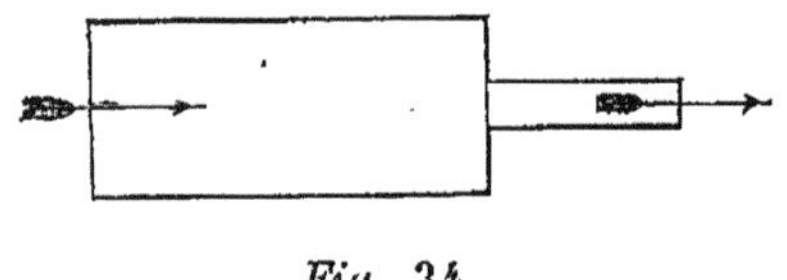

Fig. 34.

375. Quant à la perte de charge due à la contraction, elle est la même que dans le cas d'un ajutage cylindrique placé à l'extrémité d'un tuyau. En appelant P la charge dans le premier tuyau; p_1, la charge dans le second; p, la charge correspondante à la vitesse d'écoulement dans ce dernier tuyau, et φ, le coefficient de correction de la vitesse, on a

$$P - p_1 = p \left(\frac{1}{\varphi^2} - 1 \right) = Ap \ldots\ldots\ldots\ldots (a)$$

Le tableau suivant donne les valeurs de φ et de A pour les différents rapports de diamètre.

Rapports $\dfrac{d}{D}$	0,1	0,2	0,3	0,4	0,5	0,6	0,7	0,8	0,9	1
Valeurs de φ	0,83	0,82	0,83	0,84	0,86	0,88	0,91	0,94	0,97	1
Valeurs de A	0,45	0,49	0,45	0,42	0,35	0,29	0,21	0,13	0,06	0

Ces valeurs ne sont réellement que des valeurs approchées, mais elles sont suffisamment exactes pour toutes les applications.

376. Pour apprécier la diminution de dépense qui résulte d'un décroissement de section, supposons qu'un gaz passe d'un tuyau de diamètre D dans un autre de diamètre 0,1 D. Le volume écoulé par 1″ sera $Q = \frac{\pi D^2}{400} \sqrt{2gp}$. S'il n'y avait pas de décroissement de section, la charge correspondante à la vitesse dans le premier tuyau serait $p\,(1 + A)$, puisque la perte de charge est Ap; et le volume écoulé serait $Q_1 = \frac{\pi D^2}{4} \sqrt{2gp\,(1 + A)}$. En prenant le rapport et remplaçant A par sa valeur, on trouve $Q_1 = 120 Q$.

377. Lorsqu'un gaz s'écoule par une série de tuyaux de diamètres décroissants (*fig.* 35), la perte de charge, abstraction faite des frot-

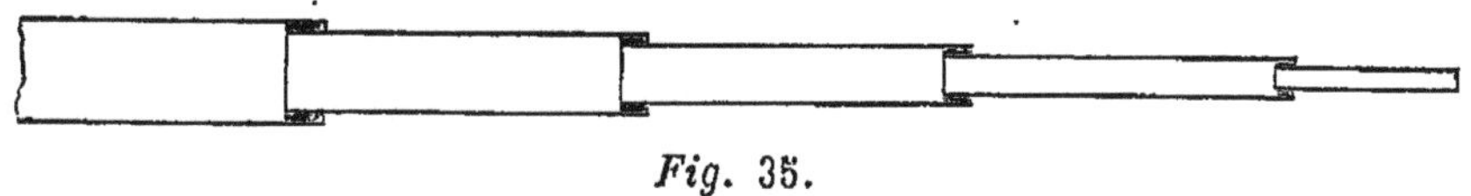

Fig. 35.

tements, est donnée par la formule

$$\Gamma - p = A_1 p_1 + A_2 p_2 + \ldots\ldots + Ap\,,$$

en appelant p_1, p_2 . . . . . p les charges correspondantes aux vitesses dans chaque tuyau, et A_1, A_2 . . . . . A les diverses valeurs de $\frac{1}{\varphi^2} - 1$.

Lorsque les diamètres sont connus, il est facile d'exprimer p_1, p_2 . . . en fonction de p, et l'expression se réduit à

$$\Gamma - p = p \left(A_1 \frac{D_1^4}{D^4} + A_2 \frac{D_2^4}{D^4} + \ldots\ldots + A \right) p\,.$$

Les diamètres D, D_1, D_2 . . . . correspondent respectivement aux charges p, p_1, p_2 . . . .

378. *Décroissement continu de section.* — Lorsque deux tuyaux cylindriques sont raccordés par un tronc de cône convergent (*fig.* 36), on observe dans l'écoulement du gaz les mêmes phénomènes que dans le cas d'un ajutage conique convergent, et la perte de charge $P_1 - p_1$ est donnée par la même formule :

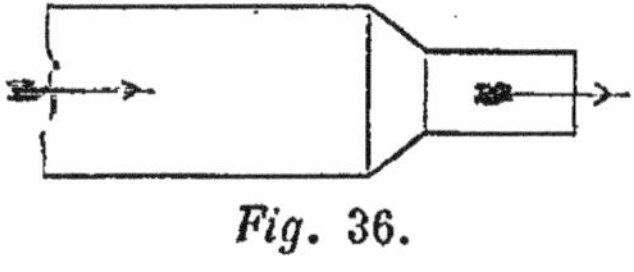

Fig. 36.

$$P_1 - p_1 = \left(\frac{1}{\varphi^2} - 1 \right) p = Ap\,.$$

P_t et p_1 étant les charges avant et après le tronc de cône, et p la charge correspondante à la vitesse dans le petit tuyau. Le coefficient φ de correction doit nécessairement varier avec les angles au sommet du cône, depuis l'unité pour un angle nul, jusqu'à 0,83 pour un angle de 180°. Le tableau suivant donne pour les différents angles les valeurs des coefficients de correction et de perte de charge.

Angles	0°	10°	20°	30°	40°	60°	80°	100°	140°	180°
Val. de φ	1	0,94	0,92	0,90	0,88	0,87	0,86	0,85	0,84	0,83
Val. de A	0	0,13	0,18	0,23	0,29	0,32	0,35	0,38	0,42	0,45

Examinons maintenant l'influence des renflements et des étranglements dans les tuyaux de conduite de gaz.

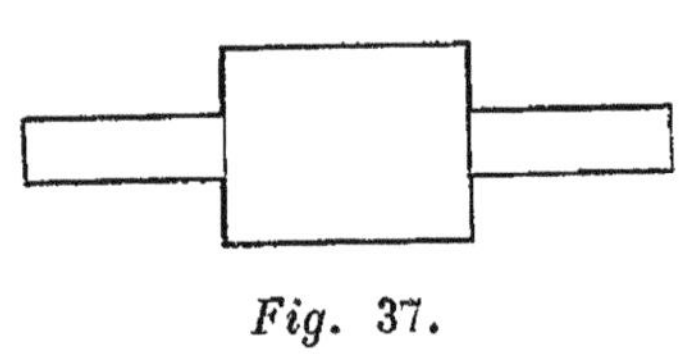

Fig. 37.

379. *Influence des renflements.* — Considérons un tuyau (*fig.* 37) de diamètre d, ayant sur une certaine longueur l un renflement de diamètre D. Désignons par p la charge correspondante à la vitesse dans le petit tuyau; la perte de charge par le renflement sera

$$P - p_1 = \left(1 - \frac{d^4}{D^4} - B + A + \frac{Kl}{D}\frac{d^4}{D^4} \right) p.$$

B et A sont les coefficients de variations de charge à l'entrée et à la sortie du renflement, et K le coefficient de frottement. Supposons $l : D = 10$; en donnant successivement au rapport des diamètres les valeurs

0,9   0,8   0,7   0,6   0,5   0,4   0,3   0,2   0,1,

on trouve que les pertes de charges correspondantes sont

$0,40p$ $0,60p$ $0,60p$ $0,72p$ $0,93p$ $1,13p$ $1,27p$ $1,41p$ $1,43p$;

ainsi on voit que la perte de charge augmente avec le diamètre du renflement. Elle s'approche constamment d'une limite qui est $1,45p$.

Si un tuyau avait n renflements (*fig.* 38), dont les diamètres fussent au moins égaux à 10 fois le diamètre du tuyau, la perte totale de charge serait sensiblement $1,45np$ c'est-à-dire presque une fois et demie plus grande que s'il y avait

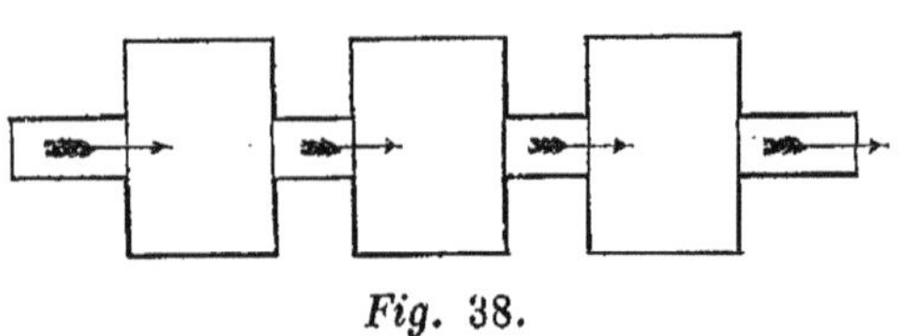

Fig. 38.

n changements brusques de direction à angle droit. L'expérience s'accorde parfaitement avec ce résultat des formules que nous avons établies, mais à la condition que le renflement ait une longueur au moins égale à six fois et demie la différence des diamètres.

Il ne faudrait pas conclure de là que les renflements, qui occasionnent toujours une perte de charge, produisent nécessairement une diminution de dépense; car les rélargissements diminuent le frottement, et il peut arriver que cet effet compense et même dépasse le premier; il suffit pour cela qu'on ait

$$\frac{Kl}{d} > 1 - \frac{d^4}{D^4} - B + A + \frac{Kl}{D}\frac{d^4}{D^4}.$$

380. *Influence des étranglements dans les tuyaux de conduite.* — Considérons un tuyau de diamètre D, ayant sur une certaine longueur l un étranglement de diamètre d. En appelant p la charge correspondante à la vitesse dans le grand tuyau, la perte de charge sera :

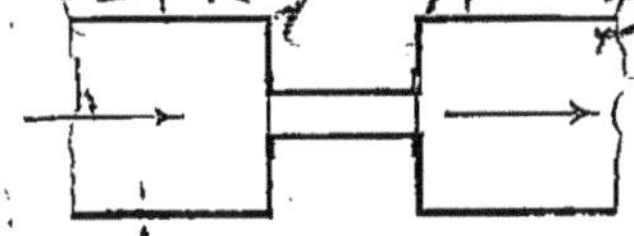

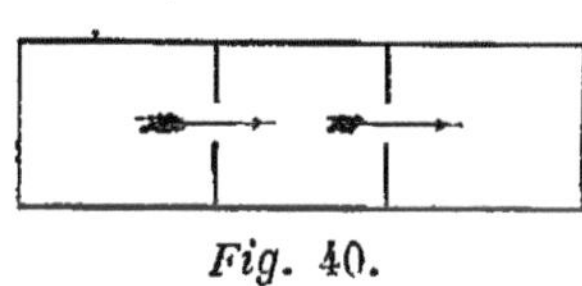

Fig. 39.

$$P - p_1 = \left(1 - \frac{d^4}{D^4} - B + A + \frac{Kl}{d}\right)\frac{D^4}{d^4}p.$$

Il résulte de cette formule que la perte de charge croît indéfiniment à mesure que le diamètre de l'étranglement diminue.

Si les étranglements étaient produits par des diaphragmes (*fig.* 40), les effets seraient évidemment les mêmes, ainsi que la formule qui donne la perte de charge. Toutefois il est nécessaire d'observer, dans ce cas, que ce n'est pas le diamètre de l'orifice du diaphragme qu'il

Fig. 40.

faut mettre dans la formule, mais le diamètre de la section contractée

CHAPITRE VIII.

ÉCOULEMENT DES GAZ PAR DES TUYAUX D'UNE FORME QUELCONQUE.

381. *Formules générales de la perte de charge.* — Lorsqu'un gaz s'écoule par un tuyau d'une forme quelconque, il éprouve des résistances de diverses natures; mais, comme nous l'avons vu, elles sont toutes proportionnelles au carré de la vitesse d'écoulement. Dans les chapitres précédents, nous avons donné la valeur des pertes de charge provenant de chacune de ces résistances séparément, et il est évident que la perte totale de charge est égale à la somme des pertes partielles. La formule relative à l'écoulement des gaz par un tuyau quelconque est

$$P - p = \Sigma \frac{KL}{D}\, p_1 + \Sigma \left(1 - \frac{d^4}{D^4}\right) p_2 + \Sigma A p_3 - \Sigma B p_4 + \Sigma \sin^2 i^\circ\, p_5 + \Sigma \frac{i^\circ}{180^\circ}\, p_6 ;$$

P est l'excès de la pression dans le réservoir de gaz sur celle du milieu dans lequel le gaz s'écoule ; p, la charge correspondante à la vitesse à l'extrémité libre de la conduite ; p_1, p_2, p_3, p_4, p_5, p_6, les charges correspondantes aux vitesses dans les divers points où se manifestent les résistances. Le premier terme $\Sigma \frac{KL}{D} p_1$ représente la somme des pertes de charge dues au frottement ; le deuxième, $\Sigma \left(1 - \frac{d^4}{D^4}\right) p_2$, la somme des pertes dues aux diminutions de vitesse par accroissement de section ; le troisième, $\Sigma A p_3$, la somme des pertes dues aux contractions par diminution de section ; le quatrième, $\Sigma B p_4$, la somme des accroissements de charge dus aux détentes par accroissement de section ; le cinquième, $\Sigma \sin^2 i^\circ p_5$, et le sixième, $\Sigma \frac{i^\circ}{180^\circ} p_6$, la somme des pertes par les changements brusques et par les changements continus de direction.

Il est facile d'exprimer chacune des charges p_1, p_2,…. p_6 en fonction de p; car si les vitesses v et v_1 ont lieu dans les tuyaux dont les diamètres sont d et d_1, il est évident, si l'on suppose que le gaz ne change pas sensiblement de densité, que l'on aura

$$p_1 = p\, \frac{d^4}{d_1^4} ;$$

et de même pour les autres pressions. On peut ainsi mettre la formule générale qui donne la perte totale de charge sous la forme

$$P - p = R p\ , \qquad p = \frac{P}{1 + R} \qquad \text{et} \qquad v = V \sqrt{\frac{1}{1 + R}} ;$$

R est un nombre qui ne dépend que de la forme et des dimensions du tuyau et qu'on peut calculer *à priori* ; v est la vitesse réelle à l'extrémité du tuyau, et V la vitesse théorique due à la charge P.

Il résulte de là une conséquence très-importante : c'est que, pour une même conduite de gaz, la vitesse d'écoulement est toujours, quelle que soit la pression, une même fraction de la vitesse théorique, c'est-à-dire de celle qui aurait lieu, si la conduite ne produisait aucune résistance.

382. Si le gaz en parcourant une conduite, supposée horizontale, éprouvait des variations de température, la vitesse d'écoulement à l'origine ne serait modifiée que par les variations de résistance que produiraient les variations de vitesse provenant des dilatations et des contractions. On en conçoit facilement la raison : les contractions et les détentes qui résultent des variations de température, agissant également dans les deux sens, doivent nécessairement se détruire. C'est d'ailleurs un fait que j'ai constaté par des expériences que je rapporterai plus loin. Mais si le circuit n'était point horizontal et si les différentes parties étaient à des températures différentes, la valeur de P éprouverait des modifications dont nous nous occuperons dans le livre suivant.

383. Il est toujours utile de donner aux tuyaux de conduite des gaz une section plus grande que celle qui résulte du calcul, parce qu'il y a toujours, quelques précautions qu'on ait prises, des fuites qu'on ne peut compenser que par un excès de charge qui en occasionne de nouvelles. Pour donner une idée des pertes de gaz par les fuites dans les conduites disposées avec le plus grand soin, je rapporterai les résultats de quelques expériences faites à l'usine à gaz du faubourg Poissonnière. A cette époque, la grande conduite, avait 4905^m de longueur et se composait de tuyaux ayant $0^m 216$ et $0^m 324$ de diamètre. Sous des charges en eau de $0^m 0225$; $0^m 0450$; $0^m 0675$; $0^m 0900$, les pertes par les fissures, déduites de la descente du gazomètre, tous les orifices étant fermés, ont été par heure de $6^{mc} 362$; $25^{mc} 174$; $34^{mc} 428$; $45^{mc} 927$. Les pertes doivent nécessairement varier avec la longueur, le diamètre des tuyaux, et principalement avec l'état des jonctions ; mais les observations que nous venons de citer constatent un fait important et qui doit se reproduire partout : les pertes par les fissures devraient, d'après les lois du mouvement des gaz, augmenter suivant la racine carrée des pressions, tandis que, d'après l'expérience, elles croissent suivant une loi beaucoup plus rapide ; les excès de charge ont varié dans le rapport des nombres 1, 2, 3, 4, dont les racines carrées sont 1 ; 1,417 ; 1,732 ; 2 ; tandis que les pertes sont proportionnelles aux nom-

bres 1 ; 3,78 ; 5,51 ; 7,21 ; ce phénomène singulier ne peut s'expliquer qu'en admettant que les fissures très-capillaires ne sont traversées par les gaz que sous des charges d'autant plus grandes qu'elles sont plus petites.

384. *Pressions exercées par les gaz dans les tuyaux de conduite.* — La formule que nous venons d'établir peut être employée, dans le cas de faibles pressions, avec la certitude d'obtenir une approximation suffisante, et comme elle est directement déduite de l'expérience, il n'y a pas à se préoccuper, sous le rapport du volume écoulé, des phénomènes qui se produisent dans les tuyaux de conduite. Ces phénomènes sont, comme nous l'avons vu, très-compliqués. J'ai pourtant cherché, dans une série d'expériences, à connaître les faits principaux, surtout dans l'espoir de déduire la vitesse d'écoulement de simples observations manométriques.

385. Dans toutes les expériences dont je vais rapporter les résultats, je me suis servi du manomètre à eau à tube incliné (241), qui permettait d'observer un treizième de millimètre d'eau ; les pressions ont été transmises au moyen d'un tube de verre effilé très-fin. Pour observer à l'extrémité du tuyau la pression produite par l'air dans la direction opposée à la vitesse, et que nous appellerons *pression longitudinale*, le petit tube de verre était droit, et on l'enfonçait plus ou moins dans le tuyau parallèlement à son axe. Le fil de verre communiquait avec le manomètre au moyen d'un tube en caoutchouc. Malgré le petit diamètre intérieur du fil de verre qui était souvent inférieur à un cinquième de millimètre, l'indication du manomètre, quand il communiquait avec un réservoir d'air, sous une pression constante, était la même que lorsque la communication avait lieu par un tube d'une grande section ; seulement l'équilibre s'établissait plus lentement.

386. Ce mode d'expérience ne pouvait être employé pour observer les pressions manométriques à de grandes distances de l'extrémité libre du tuyau et dans l'intérieur. Je me suis servi de fils de verre b (*fig.* 41) re-

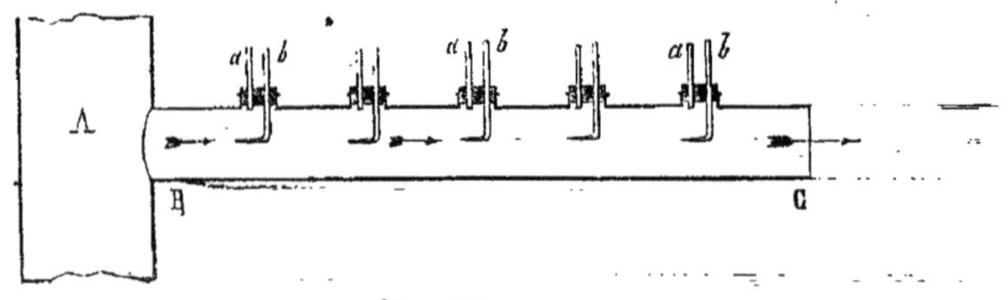

Fig. 41.

courbés à angle droit, qu'on introduisait dans des tubulures placées sur le tuyau BC. Ces tubulures ont aussi servi à mesurer la pression contre la surface du tuyau, c'est-à-dire la *pression latérale*, en employant un tube droit *a*, perpendiculaire à la surface intérieure et dont l'extrémité venait affleurer cette surface.

387. Voici les principaux résultats de ces expériences :

1° Les pressions longitudinales vont toujours en diminuant, depuis le réservoir de gaz jusqu'à l'extrémité ouverte du tuyau. A l'embouchure, la pression longitudinale est égale à celle du réservoir.

2° La pression longitudinale va en diminuant, du centre du tuyau à la circonférence. Ce résultat, facile à prévoir, est, comme nous l'avons dit, une conséquence naturelle du frottement.

3° A l'extrémité ouverte du tuyau, la pression longitudinale dans l'axe est plus grande que celle qui correspond à la vitesse d'écoulement, et elle est plus faible à la surface du tuyau. La pression longitudinale, à une distance de la surface du tuyau égale au tiers du rayon, est à peu près celle qui correspond à la vitesse d'écoulement.

4° La pression latérale va en diminuant, de l'embouchure à l'extrémité libre du tuyau, où elle est nulle.

5° La différence entre la pression longitudinale, prise à une distance de la surface du tuyau égale au tiers du rayon, et la pression latérale est constante. Cette différence exprime la charge qui correspond à la vitesse moyenne d'écoulement.

388. *Mesure manométrique de la vitesse dans un tuyau.* — Pour observer à l'aide d'un manomètre la vitesse d'écoulement d'un gaz qui parcourt un tuyau, l'appareil devrait être disposé comme l'indique la figure 42 ; *abc* est un petit tube, dont la partie *bc* est parallèle à l'axe du tuyau, et située à une distance de la surface intérieure égale au tiers du rayon ; un autre tube *ce'* est droit, perpendiculaire à l'axe du tuyau, et son extrémité vient affleurer la surface intérieure. Ces deux tubes communiquent par des tubes en caoutchouc avec les deux extrémités d'un manomètre. Il est évident que la hauteur du manomètre donnera la différence des pressions supportées par les extrémités *c* et *c'*, et par con-séquent, d'après ce qui précède, elle

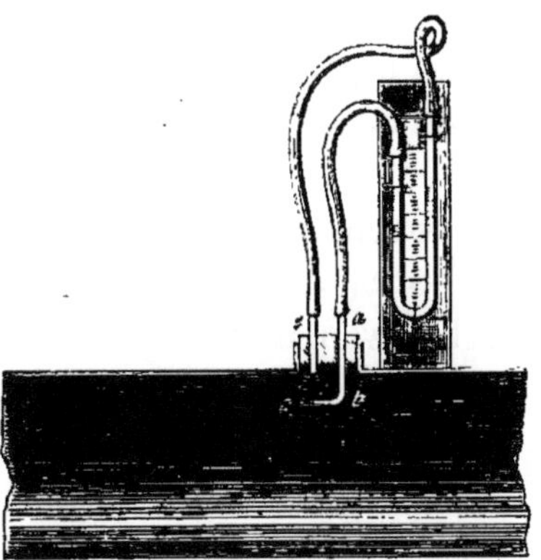

Fig. 42.

indiquera la charge correspondante à la vitesse de la veine qui rencontre le point c, vitesse sensiblement égale à la vitesse moyenne. La tubulure du tuyau devrait être assez éloignée des points où il y a des changements brusques ou continus de section ou de direction, parce que, dans le voisinage de ces points, il se produit des perturbations dans le régime des veines de gaz. L'échelle du manomètre pourrait porter l'indication des vitesses correspondantes aux excès de pression.

Cette méthode serait bien préférable à l'emploi des anémomètres à ailettes, qui ne peuvent servir que dans des tuyaux d'un grand diamètre relativement à la surface décrite par les ailettes, et qui exigent toujours des dispositions particulières embarrassantes; ils ne donnent d'ailleurs la vitesse que pour l'instant des observations, tandis que le manomètre est toujours en fonction, et indique constamment la charge qui produit l'écoulement. Mais quand les vitesses du gaz sont très-petites, le manomètre devrait être d'une grande sensibilité; car pour des vitesses de l'air à $0°$, sous la pression extérieure de $0^m 76$, égales à

$$1^m \quad 2^m \quad 3^m \quad 4^m \quad 5^m \quad 6^m \quad 7^m \quad 8^m \quad 9^m \quad 10^m$$

les charges d'eau correspondantes sont en millimètres de

$$0,066 \quad 0,26 \quad 0,59 \quad 1,059 \quad 1,655 \quad 2,38 \quad 3,24 \quad 4,23 \quad 5,34 \quad 6,62$$

Nous reviendrons sur cette question dans un des chapitres suivants.

389. *Pressions latérales.* — Il est facile de trouver la valeur de la pression latérale en un point quelconque d'une conduite. En effet, appelons P l'excès de la pression du gaz dans le réservoir sur la pression atmosphérique, P_1 la pression longitudinale moyenne dans une section quelconque, p_1 la pression latérale dans la même section, et p la charge correspondante à la vitesse moyenne à l'extrémité du tuyau. La perte de charge depuis la section considérée jusqu'à l'extrémité du tuyau sera évidemment $P_1 - p$, et on aura (381) $P_1 - p = pr$; r représentant la somme des résistances en aval, qui ne dépend, comme nous l'avons vu, que de la forme et des dimensions du tuyau; mais $(387\text{-}5°) p_1 = P_1 - p$, donc $p_1 = pr$.

Si l'on voulait avoir p_1 en fonction de P, il suffirait de remarquer que $P - p = p\text{R}$, R étant la somme des résistances pour tout le tuyau (381); il en résulte $p_1 = P \dfrac{r}{1 + \text{R}}$.

390. Dans ce qui précède, le tuyau était supposé horizontal, et la pression atmosphérique était la même autour du tuyau et à son extrémité; par conséquent la pression latérale indiquée par le calcul serait

mesurée par un manomètre dont une branche communiquerait avec un tube débouchant perpendiculairement à la surface du tuyau et à fleur de cette surface, l'autre branche communiquant avec l'air. Mais il n'en serait plus ainsi si le tuyau n'était pas horizontal; la pression calculée représentant l'excès de la pression intérieure sur la pression de l'atmosphère au bout du tuyau, si le tuyau s'élevait, il faudrait évidemment, pour obtenir l'excès de la pression intérieure sur la pression de l'atmosphère à la même hauteur, retrancher du résultat du calcul la hauteur d'une colonne d'air égale à la distance verticale du point considéré au sommet du tuyau, hauteur qui devrait être transformée préalablement en une hauteur de gaz équivalente; si le tuyau descendait, la colonne d'air devrait être ajoutée. Il résulte de là un fait important : lorsque de l'air comprimé s'écoule par un tuyau vertical, sous une faible charge, la pression latérale indiquée par un manomètre peut être positive ou négative. Ainsi considérons un tuyau vertical de hauteur II, et cherchons la pression latérale à une hauteur h. Si l'écoulement de l'air se fait par la partie inférieure, la pression latérale indiquée par le manomètre sera $p_1 = pr + h$, r exprimant la résistance du tuyau depuis la hauteur h jusqu'à la partie inférieure. Si, au contraire, l'écoulement se fait par la partie supérieure, on aura $p_1 = pr_1 - (\mathrm{II} - h)$, r_1 exprimant la résistance du tuyau depuis la hauteur h jusqu'à la partie supérieure. On voit par cette dernière formule que si $\mathrm{II} - h$ est plus grand que pr_1 la pression latérale sera négative.

391. Il est important de remarquer que ces formules ne peuvent s'appliquer que pour les parties de la conduite suffisamment éloignées des points où il y a des changements brusques ou continus de section ou de direction.

392. *Influence de la différence de hauteur des deux extrémités de la conduite.* — Lorsque les extrémités d'une conduite de gaz ne sont pas au même niveau, la différence de hauteur n'a pas d'influence sur la vitesse d'écoulement, si le gaz a la même densité que l'air extérieur; mais en général cette égalité n'a pas lieu, même quand c'est de l'air qui s'écoule, à cause des différences de température et de pression. En ce cas, on obtient la charge P, qui produit l'écoulement, de la manière suivante. On calcule la différence des poids de deux colonnes, l'une d'air, l'autre de gaz comprimé, ayant même section et pour hauteur commune la différence des niveaux des deux extrémités de la conduite où s'exerce la pression atmosphérique. On exprime cette différence en colonne de gaz comprimé et on l'ajoute à la pression du réservoir, ou on l'en retranche suivant le cas. En désignant par h la différence de

niveau entre le réservoir et l'orifice d'écoulement supposé à un niveau inférieur, par d la densité du gaz comprimé, l'accroissement de charge en question sera $h\,(d{-}1):d$ expression qui devient négative quand d est plus petit que l'unité ou que h est lui-même négatif. Cette correction est très-petite et négligeable, quand les charges sont considérables ; mais quand elles sont faibles, il est souvent indispensable d'en tenir compte, surtout quand la différence de hauteur des deux extrémités de la conduite est grande. Considérons, par exemple, un tuyau communiquant avec un gazomètre rempli de gaz d'éclairage, dont l'extrémité supérieure par laquelle le gaz se dégage soit à 100^m au-dessus du gazomètre ; la densité moyenne du gaz d'éclairage étant 0,55, l'accroissement de charge sera positif et égal à $100\,.\,0,45:0,55=81^m81$ en air, et à 0^m058 en eau. On conçoit facilement, d'après cela, qu'il est avantageux de placer les usines d'éclairage dans des lieux situés au-dessous de ceux où le gaz doit être conduit, parce que le service peut alors s'effectuer sous une charge plus petite, et qu'il y a moins de perte par les fuites.

393. *Écoulement d'un gaz dans un canal qui, sur une certaine longueur, se divise en plusieurs tuyaux parcourus simultanément par le gaz.* — Nous avons supposé dans ce qui précède que le canal parcouru par le gaz était unique ; supposons maintenant que le canal, sur une certaine partie de sa longueur, soit divisé en plusieurs branches parcourues simultanément ; par exemple, que le canal soit interrompu par deux chambres que réunissent un certain nombre de tuyaux.

Supposons d'abord qu'il n'y ait que deux tuyaux, dont $l, l'; d, d'; s, s'$; représentent les longueurs, les diamètres et les sections ; désignons par S la section du canal d'amont et de celui d'aval, par V la vitesse dans ces canaux, et par v et v' les vitesses dans les deux tuyaux de jonction des deux chambres. On aura $SV = sv + s'v'$; et comme les tensions de l'air sont les mêmes à l'origine des tuyaux de jonction et à leurs extrémités, on aura

$$\frac{v}{v'} = \sqrt{\frac{d' + Kl'}{d + Kl} \cdot \frac{d'}{d}} = m \; ; \text{ et } SV = sv + s'mv \; ;$$

d'où
$$v = \frac{SV}{s + s'm} \; ; \text{ et } v' = \frac{SVm}{s + s'm} \, .$$

Alors les résistances des deux tuyaux sont

$$\frac{Kl}{d} \cdot \frac{S^2}{(s + s'm)^2} \; ; \text{ et } \frac{Kl'}{d'} \cdot \frac{S^2m^2}{(s + s'm)^2} \, .$$

Mais l'air s'écoulant simultanément par les deux tuyaux, et la résistance étant celle qu'éprouve chaque veine élémentaire, la résistance dans le circuit sera la moyenne des résistances dans les deux tuyaux; elle sera par conséquent

$$\frac{1}{2}\,\frac{KS^2}{(s+s'm)^2}\cdot\left(\frac{l}{d}+\frac{m^2l'}{d'}\right).$$

Si les tuyaux avaient la même longueur et le même diamètre, l'expression précédente se réduirait à $KS^2l : 4s^2d$; et dans le cas où la section du canal ne serait pas changée, on aurait $2s = S$, la résistance se réduirait à $Kl : d$.

S'il y avait trois tuyaux, de dimensions inégales, on aurait, comme précédemment, $VS = sv + s'v' + s''v''$, et

$$\frac{v'}{v} = \sqrt{\frac{d+Kl}{d'+Kl'}\cdot\frac{d'}{d}} = m \quad ; \quad \frac{v''}{v} = \sqrt{\frac{d+Kl}{d''+Kl}\cdot\frac{d''}{d}} = m' \quad ;$$

$$SV = sv + s'mv + s''m'v \; ;$$

$$v = \frac{SV}{s+s'm+s''m'} \; ; \quad v' = \frac{mSV}{s+s'm+s''m'} \; ; \quad v'' = \frac{m'SV}{s+s'm+s''m'} \; ;$$

et la résistance moyenne serait

$$\frac{1}{3}\,\frac{KS^2}{(s+s'm+s''m')^2}\left(\frac{l}{d}+\frac{l'm^2}{d'}+\frac{l''m'^2}{d''}\right);$$

résistance qui, dans la supposition où les trois tuyaux ont les mêmes dimensions, se réduit à $KS^2l : 9s^2d$, et seulement à $Kl : d$, quand on a $3s = S$. D'après cela, on trouvera facilement la résistance pour un nombre quelconque de tuyaux.

394. Il résulte évidemment de ce que nous venons de dire, que si dans un circuit le courant, sur une certaine longueur, se partageait dans un grand nombre de tubes égaux, la résistance serait égale à celle que l'air éprouverait dans un seul tube, si la somme des sections des tubes était égale à la section du canal en aval et en amont; et si les sections étaient différentes, à $Kl . S^2 : d . S_1^2$; S_1 étant égal à la somme des sections des tubes. Cette circonstance se rencontre dans les locomotives et dans beaucoup de générateurs de bateaux à vapeur. Comme ce principe est très-important, je crois qu'il est utile de l'expliquer directement par une autre méthode.

La résistance qu'éprouve l'air en parcourant un tuyau cylindrique d'une forme quelconque est représentée (345) par l'expression $KCl : 4S_1$, dans laquelle C représente le contour du tuyau, S_1 la section et l la longueur. Or, si nous désignons par n le nombre des tuyaux, et par d leur diamètre, on aura $C = n\pi d$, $S_1 = n\pi d^2 : 4$, et par suite la résistance sera $Kl : d$; et si la somme des sections S_1 des tubes n'était pas égale à la section S du canal en aval et en amont, la résistance rapportée à la charge d'aval et d'amont deviendrait $Kl . S^2 : dS_1^2$.

395. *Écoulement d'un gaz comprimé dans un canal qui le distribue à des conduites latérales.*— Considérons d'abord un canal d'une section constante S, et soient s, s', s''... les sections des conduites latérales. Négligeons les résistances dans le canal. Nous savons qu'on a en général (381) :

$$Q = S \sqrt{\frac{2g\mathrm{P}}{1 + \mathrm{R}}} \; ;$$

Q étant le volume du gaz écoulé dans une seconde, P la charge en gaz, et R la somme des résistances dans le tuyau ; or, on peut considérer le facteur $1 : (1 + R)$ comme affectant la charge P, ou la racine carrée de ce facteur, comme affectant la section. Alors en désignant par m, m', m''..... les valeurs de ces facteurs pour les différents tuyaux, on pourra regarder l'écoulement comme ayant lieu par des orifices en mince paroi, dont les surfaces réduites seraient égales à ms, $m's'$, $m''s''$.... Remarquons maintenant que la vitesse du courant, après le passage devant le premier orifice, diminue dans le rapport de S à $S + ms$; après le second, dans le rapport de S à $S + ms + m's'$, et ainsi de suite ; et qu'il en est de même de l'excès de pression qui se trouve dans le courant, du moins en assimilant le gaz à un liquide de même densité, et en négligeant la résistance que le gaz éprouve dans le tuyau distributeur. En désignant par P la charge du réservoir, par p, p', p'',.... les charges à l'entrée des orifices qui remplacent les tuyaux, nous aurons :

$$p = \mathrm{P} \;\; ; \;\; p' = \frac{\mathrm{PS}}{\mathrm{S} + ms} \;\; ; \;\; p'' = \frac{\mathrm{PS}}{\mathrm{S} + ms + m's'} \; ;\ldots(a)$$

charges qui sont toutes relatives aux sections en mince paroi réduites, ms, $m's'$.... etc.

396. Quand la section du canal n'est pas très-grande relativement à la somme des sections des tuyaux, ou que le canal est très-long, on ne peut pas négliger les résistances que le gaz y éprouve ; mais, dans ce

cas, il est encore facile de déterminer les valeurs de $p, p', p''\dots$ Désignons par $r, r', r'',\dots$ les résistances que le gaz éprouve jusqu'au premier orifice, du premier au second, du second au troisième, etc.; on aura évidemment

$$p = \frac{P}{1+r} \;;\; p' = \frac{PS}{(1+r)(1+r')(S+ms)};$$

$$p'' = \frac{PS}{(1+r)(1+r')(1+r'')(S+ms+m's')}.$$

Tout ce que nous venons de dire suppose nécessairement que les pressions extérieures sur les divers orifices sont les mêmes, et par conséquent que le canal est sensiblement horizontal.

397. Lorsqu'un gaz d'une densité différente de celle de l'air s'écoule par un tuyau de section constante, mais qui monte et descend successivement, comme cela arrive souvent pour le gaz de l'éclairage, les pressions qui produisent les écoulements dans les conduites latérales, seraient très-difficiles à déterminer par le calcul, à cause de l'influence des variations de hauteur. Dans le cas des conduites de gaz, ces calculs ne serviraient d'ailleurs à rien, parce que les conduites latérales ne sont pas toujours ouvertes, et que la fermeture de l'une quelconque d'entre elles change complétement le régime. A l'origine, on a cru obvier aux variations des pressions qui produisaient l'écoulement du gaz par les becs, en établissant dans la conduite un excès de pression suffisant pour le cas le plus défavorable, celui où tous les becs sont allumés et en mettant à chacun un robinet que le consommateur devait régler lui-même, pour réduire la flamme à la hauteur convenable. Mais les compagnies n'ont pas tardé à reconnaître qu'il en résultait pour elles une perte très-considérable, à cause des variations de pressions qui se manifestent dans les becs, et qu'on ne pourrait détruire qu'en ayant le robinet constamment à la main. M. Pauwels a imaginé de limiter la pression du gaz à l'entrée d'un tuyau au moyen d'une vanne qui rétrécit l'orifice d'accès ; cette vanne est mise en mouvement par un petit gazomètre pressé intérieurement par l'air et extérieurement par le gaz, de manière que l'orifice d'accès diminue de section jusqu'à ce que l'excès de tension du gaz ait atteint la limite assignée.

Voici la disposition de l'appareil : Le tuyau de conduite supposé horizontal est interrompu par un cylindre de fonte vertical, fermé en dessus et en dessous, et qui reçoit à la partie latérale supérieure les deux tuyaux d'amont et d'aval. Ce cylindre renferme de l'eau jusqu'à la hauteur de la partie inférieure des tuyaux d'écoulement du gaz, et un petit gazomètre sous lequel vient s'ouvrir, au-dessus du niveau de l'eau, un tube communiquant avec l'air extérieur. Le gazomètre est soutenu par une petite chaîne qui s'enroule sur un secteur circulaire fixé à l'extrémité d'un balancier très-mobile ; l'autre extrémité du balancier, terminée de même par un secteur circulaire, soutient une chaîne avec un contre-poids, toujours plongé dans l'eau et qui fait équilibre au poids de la cloche. Celle-ci se trouve ainsi pressée intérieurement par l'air et extérieurement par le gaz ; elle descend, par conséquent, à mesure que l'excès de la pression du gaz sur celle de l'air augmente ; à l'extrémité de l'orifice d'amont se trouve une valve circulaire, fixée à un axe horizontal qui passe par son milieu, et qui est mise en mouvement par la descente du gazomètre. La valve étant horizontale quand l'excès de pression du gaz a une certaine valeur, 0^m012 à 0^m015 en eau, la cloche s'élève quand la pression dépasse la limite assignée, et ferme progressivement l'orifice d'accès du gaz ; mais en même temps la tension du gaz diminue et la cloche remonte ; l'équilibre ne pourrait donc s'établir, et la cloche se livrerait constamment à des oscillations qui se manifesteraient nécessairement dans les becs. Pour obtenir un état stable, on a placé sur le balancier une tige perpendiculaire à sa direction ; elle est verticale quand le gaz a la pression normale, et s'incline à mesure que le gazomètre descend ; alors l'équilibre peut exister ; mais la tension dans le tuyau d'aval n'est plus la tension normale : elle varie avec la tension en amont, suivant une loi assez complexe. Cet appareil est en outre fort compliqué, et de plus il a le grave inconvénient d'être intérieur et de ne pas pouvoir être surveillé.

398. *Écoulement d'un gaz dans un canal sous l'influence d'un appel fait à l'une des extrémités.* — Dans tout ce qui précède, nous avons supposé que le gaz pénétrait dans le canal, en vertu d'une compression. Si l'écoulement est produit par une dilatation effectuée à l'une des extrémités de la conduite, et que les variations de pressions soient assez petites pour ne pas changer sensiblement la densité du gaz, tout se passera évidemment comme si la détente, à l'un des bouts du canal, était remplacée par un excès de pression égal à l'autre extrémité.

399. Il est important de remarquer que, lorsqu'un gaz parcourt un même tuyau successivement dans les deux sens opposés et sous la même charge, les résistances peuvent être fort différentes. Les résistances provenant du frottement et des changements de direction ne varient pas, mais il n'en est pas de même pour les changements de section, car les

variations de charge sont très-différentes pour un décroissement ou pour un accroissement de section.

400. Dans le cas d'un mouvement par appel, les pressions latérales deviendraient des dépressions; mais les différences de niveau du manomètre seraient les mêmes que dans le mouvement par compression. Ainsi, dans le cas d'un tuyau rectiligne horizontal, complétement ouvert à son extrémité, ces dépressions iraient en décroissant de l'extrémité d'appel à l'extrémité libre où elles seraient nulles. Dans tous les cas, elles pourraient se calculer comme nous l'avons indiqué (389), et on pourrait compter sur une approximation bien suffisante dans les applications, du moins pour des points assez éloignés de ceux où il y a des changements brusques ou continus de section ou de direction.

CHAPITRE IX.

ÉCOULEMENT DE LA VAPEUR SOUS DIFFÉRENTES PRESSIONS.

401. Les plus anciennes expériences sur l'écoulement de la vapeur datent de 1823; elles sont dues à M. Christian, qui les a rapportées dans son *Traité de mécanique industrielle*, tome II, page 288.

L'appareil dont M. Christian s'est servi se composait d'une petite chaudière en fonte, cylindrique, placée verticalement dans un fourneau; l'orifice était fermé par une plaque de fonte serrée par des vis; un flotteur formé d'un cylindre de cuivre plein, suspendu à un fil de cuivre très-fin qui sortait du couvercle de la chaudière à travers une boîte à étoupe servait à indiquer le niveau de l'eau dans la chaudière: pour éviter les oscillations du flotteur, il était environné d'un cylindre fixe, en toile métallique; le niveau de l'eau était rendu constant au moyen d'une pompe foulante. Cette petite chaudière renfermait ordinairement 10 litres d'eau. L'écoulement de la vapeur avait lieu par un orifice circulaire de 9 millimètres carrés de surface, percé dans une plaque dont l'épaisseur n'a point été indiquée. M. Christian a donné les résultats de ses expériences sans faire aucun calcul. Voici les circonstances de ces expériences et les valeurs du coefficient de contraction, en admettant que la vapeur se comporte exactement comme un liquide de même densité. La hauteur du baromètre était de 0m 762. Aux températures de

| 105° | 110° | 115° | 120° | 125° | 130° |

qui correspondent aux pressions en mercure

$$0^m 898 \qquad 1^m 061 \qquad 1^m 245 \qquad 1^m 454 \qquad 1^m 686 \qquad 1^m 966$$

et aux excès de pression en mercure

$$0^m 136 \qquad 0^m 299 \qquad 0^m 483 \qquad 0^m 692 \qquad 0^m 924 \qquad 1^m 204$$

1^k de vapeur s'est écoulé en

$$780'' \qquad 515'' \qquad 355'' \qquad 320'' \qquad 270'' \qquad 195''.$$

A ces différentes températures, la densité de la vapeur est égale à

$$0,0006876 \quad 0,00080119 \quad 0,00092611 \quad 0,00107024 \quad 0,0012237 \quad 0,00140960$$

Les volumes d'un kilogramme de vapeur sont

$$1^{mc} 454 \qquad 1^{mc} 248 \qquad 1^{mc} 080 \qquad 0^{mc} 934 \qquad 0^{mc} 819 \qquad 0^{mc} 709.$$

Les volumes écoulés par seconde sont alors

$$0^{mc} 00186 \quad 0^{mc} 002427 \quad 0^{mc} 003042 \quad 0^{mc} 002919 \quad 0^{mc} 00303 \quad 0^{mc} 00363;$$

et par suite les vitesses réelles d'écoulement sont

$$206^m 66 \qquad 269^m 66 \qquad 338^m 00 \qquad 324^m 30 \qquad 336^m 66 \qquad 103^m 33.$$

Les excès de pression estimés en vapeur étant

$$2135^m \qquad 5071^m \qquad 7088^m \qquad 8789^m \qquad 10272^m \qquad 10612^m ,$$

les vitesses théoriques déduites de la formule $v = \sqrt{2gh}$ sont :

$$204^m 6 \qquad 315^m 5 \qquad 372^m 9 \qquad 415^m 4 \qquad 448^m 9 \qquad 477^m 3;$$

ce qui donne pour les coefficients de correction

$$1,0 \qquad 0,85 \qquad 0,90 \qquad 0,79 \qquad 0,75 \qquad 0,84.$$

402. Ces résultats sont fort irréguliers, très-probablement à cause de la quantité d'eau entraînée mécaniquement ; car cette quantité, qui pouvait être très-différente dans les diverses expériences, est considérée dans le calcul comme étant à l'état de vapeur, et conduit à une valeur trop grande pour le volume dégagé, et, par suite, à une valeur trop forte pour la vitesse et pour le coefficient de contraction. D'ailleurs,

si les coefficients de correction avaient eu des valeurs décroissantes, comme pour les gaz permanents, on n'aurait rien pu en conclure de positif sur leurs valeurs absolues, attendu que l'épaisseur de la plaque, dans laquelle l'orifice était percé, n'a pas été indiquée. Mais, malgré les irrégularités de ces expériences, on ne peut pas douter que les vapeurs ne suivent dans leur écoulement les lois des fluides incompressibles.

403. Les expériences qui ont été faites par une commission d'ingénieurs des mines, pour établir la formule empirique qui sert à déterminer les diamètres des soupapes de sûreté, constatent d'une manière très-nette que les vapeurs dans leur écoulement par des orifices se comportent exactement comme des fluides incompressibles. La formule qui résulte de ces expériences est :

$$D = 1,3 \sqrt{\frac{S}{n - 0,412}} \quad ; \text{ou} \quad S' = 1,32 \frac{S}{n - 0,412} \quad \dots (1)$$

D étant le diamètre de l'orifice en centimètres, S' sa surface en centimètres carrés, S la surface de chauffe de la chaudière en mètres carrés, et n le nombre d'atmosphères de la vapeur. Les expériences ont été faites sur une chaudière d'une petite surface, exposée à un foyer d'une très-grande étendue, de manière à obtenir le maximum de vaporisation ; et on mesurait la pression de la vapeur correspondante à différentes surfaces de l'orifice de dégagement.

404. — Calculons la valeur de S' en admettant que la vapeur s'écoule comme un liquide de même densité, et que le poids maximum de vapeur, qu'on puisse produire par mètre carré de surface de la chaudière et par heure, soit de 100^k, du moins quand l'air d'alimentation du foyer est appelé par une cheminée : c'est le chiffre qui résulte des expériences de Christian. En désignant par d la densité de la vapeur, le volume de vapeur produit par seconde sera

$$\frac{100S}{3600 \cdot d} = \frac{0^{dc}028S}{d}, \text{ ou bien } \frac{0^{mc}000028S}{d}$$

mais la vitesse d'écoulement de la vapeur, en la supposant la même que celle d'un liquide de même densité, est

$$v = \varphi \sqrt{\frac{2g \cdot 10,33(n - 1)}{d}} = 14,33 \cdot \varphi \sqrt{\frac{n - 1}{d}} \; ;$$

trop forte pour la vitesse et pour le coefficient de contraction. D'ailleurs, ainsi on aura

$$\frac{0{,}000028 \cdot S}{d} = \varphi S' \cdot 14{,}33 \sqrt{\frac{n-1}{d}} \; ; \text{ d'où } \varphi S' = 0{,}0000020 \frac{S}{d} \sqrt{\frac{d}{n-1}}$$

$$= 0{,}0000020 S \sqrt{\frac{1}{d(n-1)}} \; ; \text{ ou } \quad \varphi S' = 0{,}02 \cdot S \sqrt{\frac{1}{d(n-1)}}$$

S' étant estimé en centimètres carrés ; et comme

$$d = \frac{0{,}0013 \cdot 5 \cdot n}{8(1+at)} = \frac{0{,}00081 n}{1+at},$$

il vient

$$\varphi S' = 0{,}020 S \sqrt{\frac{1+at}{0{,}00081 n(n-1)}} = 0{,}7 \cdot S \sqrt{\frac{1+at}{n(n-1)}} \; ;$$

$$S' = S \sqrt{\frac{1+at}{n(n-1)}} \; \dots\dots\dots\dots\dots (2)$$

en supposant $\varphi = 0{,}7$.

405. Les formules (1) et (2) ne se ressemblent pas ; mais si l'on fait dans toutes les deux S $= 1$, et si on prend successivement pour n les nombres 2, 4, 6, 8, 10, et pour t les nombres 121°, 154°, 160°, 172°, 181°, qui correspondent aux valeurs de n, la formule (1) donne pour S'

0,831   0,367   0,236   0,174   0,137

et la formule (2)

0,846   0,360   0,230   0,170   0,136 ;

ces nombres sont certainement aussi rapprochés qu'on pouvait l'espérer.

Mais cette identité des résultats obtenus par les deux formules, dans les limites de pression des expériences, suppose nécessairement que la valeur de φ est constante et égale à 0,70 ; or, d'après les expériences de MM. Wantzel et Saint-Venant, la valeur de φ pour l'air décroît avec la pression ; en outre, même en supposant que l'écoulement ait eu lieu par un ajutage cylindrique, cette valeur de φ, dans les limites de pression des expériences, est toujours inférieure à 0,70, car (302) elle décroît constamment depuis $\varphi = 0{,}67$ pour $n = 2$ jusqu'à $\varphi = 0{,}51$ pour $n = 10$. On ne peut concilier les résultats que nous venons d'obtenir avec les expériences de MM. Wantzel et Saint-Venant, qu'en admettant que dans les expériences de la commission des ingénieurs des mines, comme dans tous les cas de vaporisation, sans exception, il y a eu de l'eau entraînée mécaniquement, et en quantité croissante avec la température, de manière à compenser le décroissement du coefficient de contraction.

406. En considérant les expériences de Girard sur l'air et le gaz d'éclairage, celles de d'Aubuisson, celles de M. Poncelet, celles de MM. Wantzel et Saint-Venant, celles que j'ai faites récemment, et enfin les expériences sur l'écoulement de la vapeur, il me paraît parfaitement démontré que les gaz et les vapeurs s'écoulent par des orifices en mince paroi, comme des fluides incompressibles de même densité ; mais pour les gaz permanents, on a un coefficient de correction qui varie de 0,65 à 0,42, pour des excès de charge variant de 0,01 d'atmosphère à l'infini ; et pour les vapeurs, un coefficient de correction constant, probablement de 0,54 pour des orifices en mince paroi, et de 0,70 pour des ajutages cylindriques.

407. *Écoulement de la vapeur dans les tuyaux de conduite.* — La vapeur s'écoulant par des orifices comme les gaz comprimés, c'est-à-dire comme des liquides de même densité, il n'est pas douteux qu'elle ne se comporte comme les gaz, dans les tuyaux de conduite ; mais les phénomènes sont bien plus compliqués. On ne sait pas exactement ce qui se passe dans la détente de la vapeur ; on admet généralement que la vapeur reste saturée, et dans ce cas il n'y aurait que de faibles variations de température ; mais la vapeur se condense toujours en partie par le refroidissement de l'enveloppe ; et enfin, elle entraîne presque toujours de l'eau en très-petits globules, circonstance qui peut apporter de grandes différences dans les résultats du calcul et dans ceux des expériences.

408. En général, la quantité de vapeur condensée par la perte de chaleur du tuyau est très-petite relativement à la quantité de vapeur qui s'écoule. Considérons, par exemple, un tuyau de 50^m de longueur, de $0^m 10$ de diamètre, parcouru par de la vapeur sous un excès de pression de $0^m 20$ de mercure ; la densité de la vapeur sera à peu près de 0,0007376 ; la vitesse due à la charge, de $267^m 58$; la vitesse effective, en supposant le tuyau rectiligne, à peu près de 73^m. La section du tuyau étant de $0^{mq} 00785$, le volume écoulé par seconde sera de $0^{mq} 00785 . 73 = 0^{mc} 573$; il sera par heure de $0,573 . 3600 = 2062^{mc} 8$, dont le poids en kilog. est de $2062,8 . 0,0007376 . 1000 = 1521^k 5$. Or, la surface du tuyau est de $0,1 . 3,1415 . 50 = 15^{mq} 70$; et comme la quantité de vapeur condensée, par mètre carré et par heure, par le re-

froidissement des tuyaux de fonte, est à peu près de $1^k 8$, la quantité totale de vapeur condensée par le tuyau sera de $1,8 \cdot 15,7 = 28^k 26$, ou de $0,0185$ de la vapeur qui s'écoule. On voit, d'après cela, qu'il faudrait que le tuyau eût une très-grande longueur, qu'il fût complétement exposé à l'air, et que l'excès de pression de la vapeur fût très-petit, pour que la quantité de vapeur condensée fût une partie notable de celle qui passe dans le tuyau.

Quant à l'eau entraînée, il est évident qu'elle aura toujours pour effet de diminuer la vitesse d'écoulement; car les vitesses des fluides sont en raison inverse des racines carrées des densités.

409. Les expériences pour vérifier la formule relative à l'écoulement de la vapeur ne peuvent se faire qu'en déterminant le poids de l'eau vaporisée ou entraînée pendant un certain temps, calculant le volume de vapeur correspondant à ce poids d'eau, d'où on déduit la vitesse d'écoulement, et comparant cette vitesse à celle qui résulte de la formule. S'il n'y avait pas d'eau entraînée, et si les vapeurs se comportaient, en parcourant des tuyaux, comme des liquides de même densité, les deux vitesses devraient être égales; mais, s'il y a eu de l'eau entraînée, le volume de vapeur calculé sera trop grand, la vitesse d'écoulement déduite de ce volume sera aussi trop grande, et devra dépasser celle qui résulte de la formule.

410. M. Rudler, ingénieur de la manufacture de tabac de Paris, m'a communiqué les résultats d'une expérience faite récemment sur une grande échelle. Un tuyau de cuivre de 5^m de longueur, de $0^m 08$ de diamètre, recourbé deux fois à angle droit par un arc de cercle de $0^m 40$, était fixé sur une chaudière; il a laissé échapper dans l'atmosphère 4500^k de vapeur en 2 heures et demie, sous un excès de pression de $0^m 15$ de mercure. Le poids de la vapeur écoulée par seconde était de $4500 : (150 \cdot 60) = 0^k 5$; la densité de la vapeur étant $0,000728$, le volume écoulé par seconde était $0^{mc} 6871$; la section de l'orifice étant $0^m 005026$, la vitesse d'écoulement était de $136^{mc} 71$.

La vitesse d'écoulement, d'après la formule du n° 381, est :

$$v = V \sqrt{\dfrac{1}{1 + A + \dfrac{KL}{D} + \dfrac{2i^o}{180^o}}}$$

dans laquelle V représente la vitesse due à la charge; K, le coefficient de frottement $0,024$; L et D, la longueur et le diamètre du tuyau; A, le coefficient de perte de charge à l'embouchure; et $i^o : 180^o$, le coefficient de perte de charge pour chaque courbure. Dans le cas dont il s'agit, $V = 238^m 53$; $KL : D = 1,5$; $A = 0,45$, et $i^o = 90$; ce qui donne :

$$v = \frac{1}{1,99} \ V = 119^m 87$$

. Pour expliquer la différence entre les résultats du calcul et ceux de l'expérience, il suffirait d'admettre que la vapeur a entraîné une quantité d'eau égale à 0,063 de son poids.

CHAPITRE X.

ANÉMOMÈTRES ET MANOMÈTRES.

411. *Anémomètres.* —Dans un grand nombre de circonstances, il est nécessaire de mesurer la vitesse d'un gaz qui s'écoule. On a essayé dans ce but à plusieurs reprises d'employer un appareil analogue au moulinet de Woltmann, dont on se sert pour mesurer la vitesse des cours d'eau; mais on ne connaissait pas la relation entre la vitesse de rotation et la vitesse de l'air. En 1820, M. Kallsténius employa un moulinet à douze ailes, pour mesurer la vitesse de l'air qui sortait de la cheminée d'un four à réverbère, et il fit usage d'une formule qu'il n'avait point vérifiée par l'expérience, et qui est inexacte. En 1838, M. Combes s'est de nouveau occupé de cette question, et il a fait construire un appareil, maintenant généralement employé, dans lequel la relation entre la vitesse v de l'air et le nombre N de tours de la roue est donnée par la formule

$$v = a + bN$$

a et b étant des constantes. Cette formule, qui résulte de considérations théoriques, a été confirmée par l'expérience.

412. Cet instrument (*fig.* 43), construit par M. Newman, se compose d'un axe très-délié AB, terminé par deux pivots très-fins tournant dans des chapes d'agate, que portent deux montants S,S′ et sur lequel sont montées quatre ailes planes V, également inclinées sur un plan perpendiculaire à l'axe. Celui-ci porte une vis sans fin C, conduisant une roue de 100 dents D, qui avance d'une dent par chaque révolution de l'axe AB. L'axe de cette roue porte une petite came qui peut agir

sur une roue à rochet E de 50 dents ; ce rochet est maintenu par un
ressort G d'acier très-flexible, attaché sur la plaque horizontale PP
qui porte l'instrument. A chaque révolution complète de la roue D,

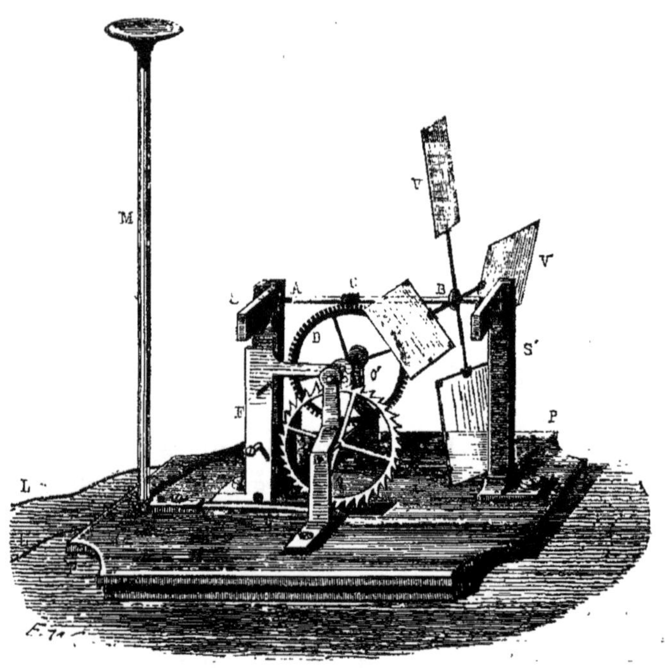

Fig. 43.

la came fait sauter une dent du rochet ; les deux roues sont numéro-
tées de 10 en 10 dents, la première de 1 à 10, la seconde de 1 à 5.
Des aiguilles indicatrices, fixées aux montants S et F, servent à mar-
quer le nombre de dents dont chaque roue a avancé, et, par suite,
à indiquer le nombre des révolutions de l'axe. Au moyen d'une détente
et de deux cordons L, qui servent à la faire mouvoir, on peut, à distance, arrêter le mouvement de rotation des ailes, ou leur permettre
de tourner sous l'impulsion du courant d'air qui les frappe.

M est une tige verticale fixée sur la plaque, servant à porter l'*anémomètre* et à le maintenir dans la boîte.

412 *bis*. Pour se servir de cet instrument, on amène d'abord le zéro de
chacune des roues vis-à-vis des deux aiguilles indicatrices, puis on place
l'instrument sur un support dans la section transversale du canal où
circule l'air, l'axe des ailettes étant dans la direction du courant, et
l'arrêt étant placé de manière à s'opposer au mouvement. On s'éloigne
de l'instrument, on lâche la détente à un instant donné, et on laisse

tourner l'appareil pendant deux ou trois minutes; on tire alors le cordon qui doit arrêter le mouvement, et on lit le nombre des tours effectués pendant la durée de l'expérience. Il ne reste plus qu'à déduire, de la formule correspondante à l'instrument qu'on a employé, la vitesse d'écoulement de l'air.

413. Pour chaque appareil, on détermine les constantes a et b de la formule, en le fixant à l'extrémité d'une barre horizontale, qui reçoit un mouvement de rotation uniforme autour d'un axe vertical, au moyen d'un mécanisme d'horlogerie dont on règle la vitesse en faisant varier l'inclinaison des ailes du volant. C'est en déterminant ainsi les constantes a et b d'un même appareil, par un grand nombre d'expériences, que M. Combes a vérifié l'exactitude de la formule.

La disposition que je viens de décrire, et qui a été la première exécutée, avait un inconvénient; on comptait le temps à partir d'un instant où la roue était en repos, et comme elle ne prend pas instantanément la vitesse qu'elle conserve jusqu'à la fin de l'expérience, il pouvait en résulter une certaine erreur; mais ce temps est très-court, à en juger par la rapidité avec laquelle les roues à ailettes se mettent en mouvement; d'ailleurs, les constantes de la formule de l'appareil ayant été déterminées dans les mêmes circonsfances, l'erreur, si elle était sensible en réalité, n'existerait pas dans l'usage de ces appareils, à moins qu'il n'y eût une grande différence entre la durée des expériences qu'on fait et la durée de celles qui ont servi à la détermination des constantes. Mais depuis, on a disposé l'appareil de manière à faire disparaître la cause d'erreur dont il est question : l'arrêt, au lieu d'agir sur l'axe de rotation, agit sur l'engrenage de la première roue, de sorte que les aiguilles peuvent ne commencer à tourner que lorsque la roue à ailettes a pris toute sa vitesse.

414. L'anémomètre de M. Combes est un instrument d'un usage général pour les appareils de ventilation; il est indispensable à tous les ingénieurs qui s'occupent de chauffage; car, ainsi que nous le verrons dans la suite, il n'y a presque point de chauffage qui ne doive être accompagné d'une certaine ventilation, qu'il est toujours utile et souvent nécessaire de mesurer.

415. M. Morin, directeur du Conservatoire, a fait construire un nouvel anémomètre, disposé à peu près comme celui de M. Combes; seulement les roues portent des aiguilles à godets; M. Morin a employé le même mode de graduation que M. Combes, et il est arrivé à la même formule. Les expériences de graduation, ayant été faites sur des vitesses beaucoup plus grandes que celles qui avaient été em-

ployées par M. Newman, confirment l'exactitude de la formule de
M. Combes pour de grandes vitesses.

416. L'anémomètre de M. Morin, fort bien exécuté par M. Bianchi,
est d'un usage plus commode que celui de M. Combes. Au moyen
des aiguilles à godets, les cadrans portent des traces du commencement et de la fin des expériences; la détermination du nombre des
tours se fait plus facilement, et l'expérience peut se prolonger beaucoup plus longtemps. Mais l'instrument de M. Morin ne peut servir
que pour des vitesses qui dépassent $0^m 50$, tandis que ceux de M. Combes,
dans lesquels il y a beaucoup moins de résistance, permettent de mesurer des vitesses plus faibles.

Une très-longue durée dans les expériences est un avantage réel,
quand le courant éprouve de grandes perturbations ; mais en général
les veines partielles ont des vitesses à peu près constantes, très-variables d'un point à un autre dans la même section, et il est plus avantageux de multiplier les expériences dans différents points de la section,
que de les prolonger sur un même point.

417. Il est important de remarquer que, quand l'anémomètre est placé
dans des canaux d'une grande section, comme les veines élémentaires
ont des vitesses en général très-inégales, il faut le fixer successivement dans un grand nombre de points différents, pour obtenir une
vitesse moyenne. Si le tuyau était circulaire ou carré, ce qui arrive
ordinairement, et assez long pour que l'on puisse admettre que les
vitesses des veines élémentaires soient les mêmes à la même distance
du centre, et si on avait observé la vitesse en différents points, il est
évident que, pour obtenir la vitesse moyenne, il faudrait multiplier
chacune de ces vitesses par la circonférence du cercle correspondant,
et diviser la somme de ces produits par la somme des circonférences;
dans ce calcul, les circonférences pourraient être remplacées par les
rayons; mais, comme nous l'avons déjà dit, la vitesse des veines situées
à un tiers du rayon à partir de la surface donnerait une valeur suffisam
ment approchée de la vitesse moyenne. Si le tuyau parcouru par l'air
avait un diamètre peu différent de celui du cercle décrit par les extrémités des ailes de l'instrument, il est évident que l'anémomètre ne
donnerait la vitesse qu'autant qu'il aurait été gradué, c'est-à-dire que
les constantes auraient été déterminées en plaçant l'instrument dans les
mêmes circonstances; c'est ce que la commission chargée de l'examen des appareils de chauffage et de ventilation de la prison Mazas,
a été obligée de faire, pour mesurer la vitesse d'écoulement de l'air
par les tuyaux de descente.

418. *Appareil de M. Van-Hecke.* — M. Van Hecke a imaginé un appareil qui enregistre la ventilation et donne une mesure du volume d'air qui s'est écoulé pendant un temps quelconque, quelques minutes, quelques heures, quelques jours et même une année. Cet appareil, qui fonctionne depuis plusieurs mois à l'hôpital Beaujon, n'est autre chose qu'un grand anémomètre à deux ailes, placé dans l'axe du tuyau. Les deux ailes, inclinées à peu près à 45°, s'étendent du centre à la circonférence. Leur mouvement est transmis, au moyen d'une chaîne sans fin, à une série de roues dentées portant chacune une aiguille qui parcourt un cadran divisé en 100 parties égales ; le premier cadran indique le nombre des tours ; le second, les centaines de tours ; le troisième, les dix mille tours ; et le quatrième, les millions de tours. En observant à deux époques quelconques les positions des aiguilles sur les quatre cadrans, on peut en déduire les nombres de tours effectués dans l'intervalle, et si, par des mesures anémométriques, on a déterminé la vitesse d'écoulement correspondante à chaque révolution des ailes, on en déduira facilement le volume d'air écoulé dans l'intervalle en question. Cet instrument a, comme tous les autres dans lesquels l'air agit pour mettre un corps en mouvement, l'inconvénient de diminuer la vitesse par le rétrécissement de la section ; mais la diminution de la vitesse est faible, si les ailes n'ont pas une grande largeur. La moindre déformation des ailes, la moindre altération à l'une de ses parties modifie les résultats, et il est par suite indispensable de vérifier fréquemment le règlement de l'appareil. On ne peut l'employer que lorsqu'on a déterminé par des mesures anémométriques, et pour différentes vitesses, la vitesse moyenne de l'air dans le canal. Il n'est pas douteux que la formule relative à ce grand anémomètre ne soit de la même forme que la formule relative à l'anémomètre de M. Combes, $v = a + bn$. J'ajouterai que cet instrument doit indiquer une vitesse peu différente de la vitesse moyenne, car sa vitesse résulte de l'impulsion de toutes les veines élémentaires.

419. *Appareils donnant une mesure permanente de la vitesse.* — Lorsque les appareils ventilateurs fonctionnent d'une manière continue, il est souvent important d'avoir un instrument qui indique à chaque instant la vitesse d'écoulement de l'air, ou du moins si la ventilation est comprise dans certaines limites. Ces instruments sont indispensables dans l'exploitation des mines, dans les prisons cellulaires, les hôpitaux, etc., parce que l'état sanitaire dépend de la vitesse du renouvellement de l'air.

420. On pourrait d'abord placer dans le canal de ventilation un anémomètre de M. Combes, qui serait toujours en mouvement, et qui ferait mouvoir une aiguille placée derrière une vitre ; le nombre des tours parcourus par l'aiguille, dans une minute par exemple, indiquerait, d'après la formule de l'anémomètre, la vitesse d'écoulement ; mais l'instrument, toujours en activité, pourrait s'altérer au contact des matières étrangères que l'air entraîne avec lui, et donner des indications inexactes.

On pourrait aussi ne placer dans le canal que la roue à ailettes et l'axe fileté qui se prolongerait en dehors et agirait sur une aiguille maintenue par son poids ou par un ressort ; l'aiguille s'écarterait d'autant plus de sa position primitive que la pression exercée sur la roue à ailettes, pour la faire tourner, serait plus considérable. Cette disposition n'a point encore été employée.

421. On pourrait aussi, quand le tuyau est vertical, employer l'appareil indiqué dans la figure 44. A est un petit cylindre en fer-blanc ou en cuivre mince, portant un grand nombre de petites ailes perpendiculaires à sa surface, et fixé à l'extrémité d'une tige BC, mobile autour du point D ; P est un contre-poids destiné à faire passer le centre de gravité par le point D ; de ce point part une tige DE fixée à angle droit sur BC, et qui porte un petit poids P′ dont on peut faire varier la distance au point D ; enfin l'extrémité C parcourt un cadran F divisé en degrés.

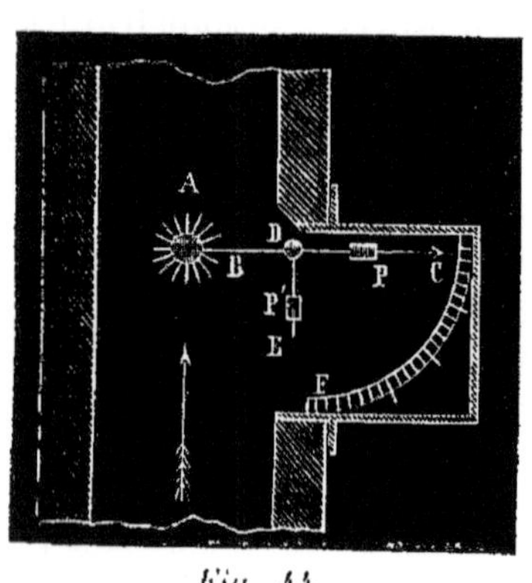

Fig. 44.

Le courant d'air, en agissant sur la roue A, fait varier la position de l'aiguille jusqu'à ce que le poids P′ déplacé fasse équilibre à la pression de l'air sur la roue. Les ailettes du cylindre A sont égales et également espacées, afin que le courant d'air agisse sur lui de la même manière, quelle que soit l'inclinaison du levier BC. Tout l'appareil pourrait être placé dans une caisse rectangulaire en bois, dont une face serait vitrée, et qu'on fixerait dans une ouverture pratiquée dans la cheminée. Il faudrait déterminer par des expériences anémométriques les vitesses d'écoulement correspondantes à quelques positions de l'aiguille ; en désignant alors par V une de ces vitesses, par a, l'angle de l'aiguille avec l'horizon, et par v la vitesse correspondante à une autre inclinaison a', on aurait

$$v = V \sqrt{\frac{\tang a}{\tang a'}}.$$

Le cadran pourrait indiquer les vitesses correspondantes aux différentes inclinaisons. L'appareil devrait être très-sensible ; car, pour
une vitesse de 1 mètre, la charge est seulement de $0^{mm}065$ en eau,
et la pression sur un décimètre carré serait seulement de 0^g065.

La figure 45 représente une disposition analogue, appliquée à un
tuyau horizontal ; dans ce cas, le con-
tre-poids P' se trouve supprimé.

Ces appareils ont un inconvénient,
qui, dans certaines circonstances,
pourrait occasionner de grandes erreurs ; la roue A change de place dans
la section de la cheminée, à mesure
que le levier BC s'incline, et nous
avons vu que les veines d'air qui parcourent un tuyau ont des vitesses décroissantes du centre à la circonférence ;
par conséquent, par le seul fait du

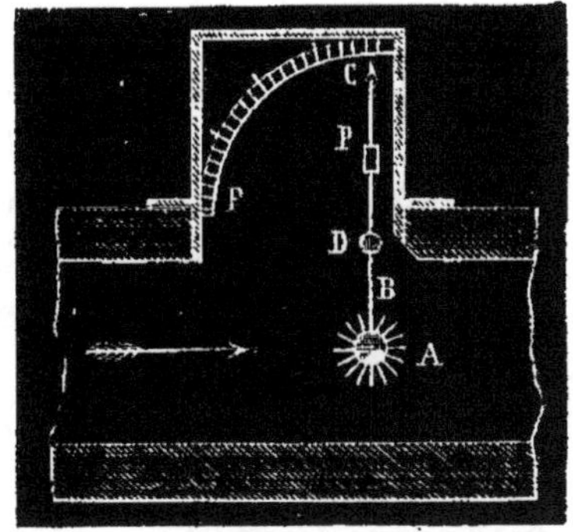

Fig. 45.

déplacement de la roue, la valeur de la vitesse indiquée serait trop faible.

422. Quand le tuyau d'écoulement est vertical, on pourrait éviter
l'inconvénient que je viens de signaler en remplaçant la roue A par une
calotte creuse, suspendue à un fil qui s'enroulerait sur une partie d'arc
de cercle en métal très-mince ; par cette disposition, la calotte recevrait
toujours l'action des mêmes veines, la
pression qu'elle supporterait serait proportionnelle au sinus de l'inclinaison. On
pourrait même augmenter l'effet produit
par le courant, en employant plusieurs
calottes a, b, c, (*fig.* 46), placées les unes
au-dessus des autres.

Dans ces différentes dispositions, l'aiguille fait d'assez grandes oscillations pour
d'assez faibles variations de pression ; mais
on s'écarterait peu de l'inclinaison réelle
en prenant la moyenne des écarts, quand
ils ne sont pas trop grands ; on pourrait
d'ailleurs diminuer beaucoup l'amplitude
des oscillations, en fixant sur la tige mobile une lame métallique dans un plan

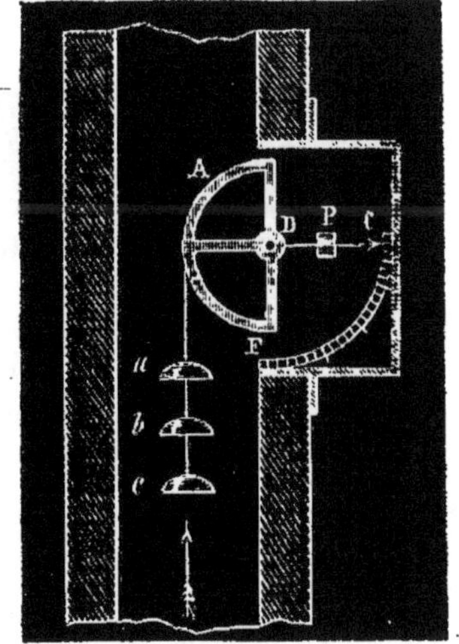

Fig. 46.

perpendiculaire à celui qu'elle décrit ; la résistance que l'air opposerait
au mouvement de cette plaque arrêterait rapidement les oscillations.

M. Sagey, ingénieur des mines, a employé un appareil analogue pour mesurer la ventilation dans la prison de Tours; la roue A était remplacée par une plaque, maintenue dans une position horizontale par un poids qu'on faisait glisser le long de la tige BC. L'appareil, disposé de manière à former une balance à tangente ou à sinus, serait évidemment d'un usage beaucoup plus commode. Ces instruments seraient employés avec avantage, surtout quand la vitesse doit être constante, pour indiquer qu'elle a varié dans un sens ou dans l'autre; mais, pour obtenir des mesures précises de la vitesse, il est toujours plus sûr de les déterminer par des appareils manométriques, comme nous allons le faire voir.

423. Quand la vitesse est considérable, qu'elle correspond à une charge de quelques centimètres d'eau, un manomètre à eau, placé en dehors de la conduite, pourrait indiquer à chaque instant la charge correspondante à la vitesse moyenne. Il suffirait pour cela, comme nous l'avons déjà indiqué n° 388, que les deux extrémités des branches du manomètre fussent mises en communication (*fig.* 47), l'une avec

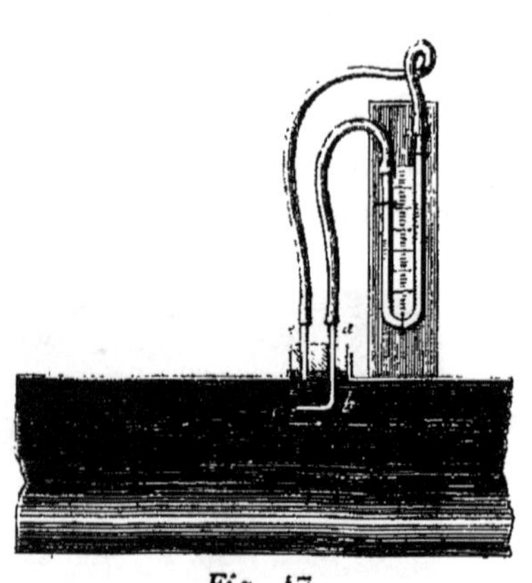

Fig. 47.

un tube placé perpendiculairement à la surface du tuyau de conduite, et dont l'extrémité serait à fleur de cette surface, et l'autre avec un petit tube placé dans la conduite, recourbé parallèlement à son axe, au tiers du rayon à partir de la surface, et de manière à recevoir la pression de la veine. Mais, comme dans la position que je viens d'indiquer, la pression pourrait ne pas correspondre exactement à la vitesse moyenne, il faudrait, par des expériences anémométriques, dresser un petit tableau des volumes d'air écoulés, pour un certain nombre de hauteurs manométriques. Il est évident que, si les mouvements relatifs des veines n'étaient pas changés, les vitesses d'écoulement devraient être proportionnelles aux racines carrées des pressions manométriques.

424. Mais ce procédé suppose nécessairement que les charges correspondantes aux vitesses peuvent être appréciées par un manomètre à eau; et pour cela, il faut qu'elles soient très-grandes; car pour des vitesses de

1ᵐ   2ᵐ   3ᵐ   4ᵐ   5ᵐ   6ᵐ   7ᵐ   8ᵐ   9ᵐ   10ᵐ les charges en millimètres d'eau sont :

0,065   0,26   0,585   1,04   1,625   2,34   3,18   4,16   5,26   6,50

Or, comme dans les grands appareils de ventilation les vitesses d'é-coulement dépassent rarement 2^m, et que la charge correspondante en eau est de $0^{mm}26$, on voit que l'appareil dont il vient d'être question ne pourrait pas être employé. Cependant, dans un grand nombre de circonstances, il est de la plus grande importance d'avoir des indicateurs permanents de la vitesse.

425. Quand la ventilation a lieu par une machine qui pousse l'air dans les lieux à ventiler, la pression à l'origine de la conduite est toujours considérable, parce qu'elle se compose de celle qui produit le mouvement et de celle qui correspond aux résistances de toute espèce. De même, quand la ventilation se fait par un appel, produit par une cheminée ou par une machine, la détente de l'air, au bas de la cheminée ou à l'entrée de la machine, est toujours beaucoup plus grande que la charge qui correspond à la vitesse de l'air, parce que cette détente représente, comme dans le cas précédent, non-seulement la charge correspondante à la vitesse, mais encore la somme des charges perdues dans tout le trajet ; or, comme dans tous les grands appareils de ventilation la vitesse d'écoulement est presque toujours comprise entre un tiers et un quart de la vitesse théorique, il s'ensuit que la dé-pression, au bas de la cheminée d'appel ou à l'entrée de la machine, est de 9 à 16 fois plus considérable que la charge correspondante à la vitesse d'écoulement. Si la vitesse était égale à 2^m, la dépression serait comprise entre $0^{mm}26 . 9 = 2^{mm}34$ et $0^{mm}26 . 16 = 4^{mm}16$. Cette charge pourrait se mesurer avec un manomètre à eau, dont une des branches communiquerait avec un tube débouchant perpendiculairement à la surface intérieure du bas de la cheminée et à fleur de cette surface, ou dans un espace qui précéderait l'orifice d'appel de la machine. La communication avec le manomètre pourrait s'effectuer au moyen de petits tubes en métal ou en caoutchouc, et le manomètre pourrait être placé à une distance quelconque de la cheminée ou de la machine. Mais les hauteurs manométriques étant encore très-petites, il y aurait beaucoup de chances d'erreurs dans l'estimation des vitesses correspondantes aux pressions ; il faudrait alors disposer l'appareil de manière que ses indications fussent égales à 10 ou 20 fois les hauteurs qui correspondent aux charges réelles, c'est-à-dire qu'on devrait employer des manomètres multiplicateurs dont le coefficient de réduction fût connu. J'ai essayé pour cela différentes dispositions que j'indiquerai successivement.

Dans tous ces appareils, la détermination du coefficient de réduction, c'est-à-dire du nombre par lequel il faut diviser l'indication de l'échelle pour obtenir la pression réelle, et la vérification de l'échelle exigent l'emploi d'un instrument au moyen duquel on puisse mesurer avec une grande précision des excès de pression, depuis quelques millimètres jusqu'à un ou deux centimètres; je commencerai donc par décrire les différentes dispositions que j'ai employées pour obtenir cette mesure. Il est important de remarquer que ces derniers instruments diffèrent complétement des premiers, en ce que dans ceux-ci la mesure de la pression exige des expériences, tandis que, dans les manomètres multiplicateurs, l'indication de la pression est permanente et peut se lire sur une échelle ou sur un cadran.

426. *Appareils de précision pour mesurer de petits excès de pression.* — Le premier appareil dont je me suis servi consistait en un tube de verre, de 4 millimètres de diamètre, formé de deux branches verticales réunies à la partie inférieure par une branche à courbure très-faible; les extrémités des branches verticales étaient garnies de robinets, et l'une d'elles communiquait avec une caisse en cuivre, pleine d'air, fermée et entourée d'eau et de bois pour éviter les variations brusques de température; le volume intérieur pouvait être augmenté ou diminué au moyen d'une vis qu'on faisait mouvoir à l'aide d'une manivelle; la vis portait un cercle divisé en 100 parties, qui parcourait une échelle divisée en millimètres. Pour se servir de cet instrument, on introduisait une bulle d'eau dans le tube horizontal; en mettant les extrémités des branches verticales en communication avec l'air, la bulle se plaçait au milieu du tube; si on faisait alors communiquer l'espace dont on voulait mesurer l'excès de pression avec l'extrémité de l'une des branches verticales, et le réservoir d'air avec l'autre branche, la bulle d'eau marchait du côté de la plus faible pression, et on pouvait la ramener à sa position primitive en augmentant ou en diminuant le volume du réservoir d'air au moyen de la vis; l'équilibre étant rétabli, l'accroissement ou la diminution du volume du réservoir d'air conduisait facilement à la détermination de la différence des pressions. Cet appareil a un grave inconvénient, résultant des variations de température que l'air du réservoir éprouve par sa compression ou sa dilatation, de sorte qu'il faut attendre assez longtemps pour obtenir une position fixe de la vis. J'avais pensé à le simplifier en employant un tube de verre disposé de la même manière, mais dont la partie inférieure était très-longue et divisée en parties d'égale capacité; les deux branches verticales communiquant avec l'air, on pouvait facilement

amener la bulle d'eau renfermée dans le tube horizontal en un point quelconque de la division ; alors, en faisant communiquer une des branches avec l'espace dont on voulait mesurer l'excès de pression et l'autre avec le réservoir d'air, la bulle elle-même, par son mouvement, augmentait ou diminuait le volume d'air du réservoir, et la marche de la bulle permettait de déterminer directement l'excès de pression quand on connaissait le rapport du volume d'une division à celui du réservoir. Mais cette disposition aurait présenté le même inconvénient que la première ; et, comme j'ai reconnu qu'on pouvait mesurer avec une très-grande précision la hauteur de l'eau dans un manomètre ordinaire, j'ai renoncé à ces appareils compliqués, et je me suis servi de celui que je vais décrire.

427. *Manomètre ordinaire à grande précision.* — Cet appareil, représenté en perspective figure 48, se compose d'un vase à base carrée A, en cuivre mince, de 0^m20 de côté et de 0^m135 de hauteur, fermé de toutes parts et à moitié plein d'eau ; il est muni vers la partie inférieure d'une douille dans laquelle est mastiqué le tube de verre B, de 0^m02 de diamètre. Au-dessus de ce tube, se trouve une pièce de cuivre servant d'écrou à une vis D, ayant 0^m001 de pas, terminée inférieurement par une pointe et su-

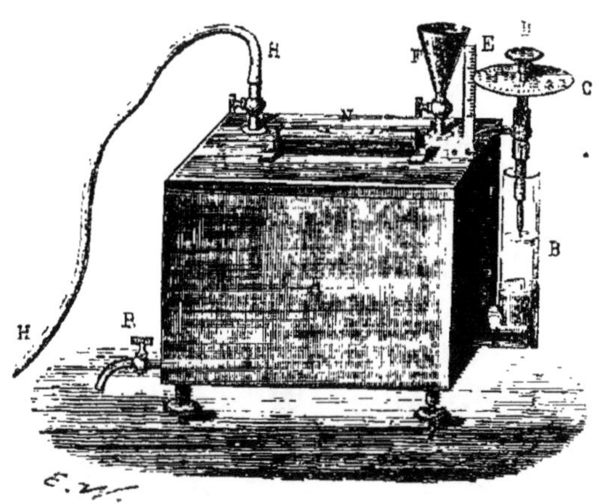

Fig. 48.

périeurement par un bouton, au-dessous duquel se trouve une plaque circulaire C divisée en 100 parties égales, dont la circonférence parcourt l'échelle E divisée en millimètres. N est un niveau à bulle d'air ; F, un robinet permettant d'introduire de l'eau dans le réservoir A ; H, un tuyau destiné à établir la communication du réservoir avec l'espace dont on veut mesurer la pression ; R, un autre robinet destiné à enlever de l'eau du réservoir A. Pour se servir de cet appareil, on commence par fermer le robinet H ; alors, en ouvrant le robinet F, la pression intérieure devient égale à la pression extérieure, et on abaisse la vis jusqu'à ce que sa pointe inférieure touche le liquide, ce qui se reconnaît très-facilement en observant l'image de la pointe sur la surface du liquide ; à l'instant où le contact a lieu,

la surface du liquide change brusquement, et on peut saisir avec la
plus grande précision l'instant du contact; on observe alors la hauteur du cadran C sur l'échelle, en millimètres et en centièmes de millimètres ; ensuite on remonte la vis, on ferme le robinet F, et on ouvre le
robinet H, et, suivant qu'il se produit dans le vase une pression plus grande
ou plus petite que celle de l'atmosphère, le liquide monte ou descend
dans le tube B. On ramène la pointe de l'aiguille au niveau de l'eau, et
on observe, comme précédemment, la hauteur du cercle C; la différence des hauteurs observées indiquera l'excès de pression ; mais le
résultat de l'observation doit d'abord éprouver deux corrections. La
première est relative à l'abaissement de niveau dans le réservoir A. Désignons par S la section du vase, par s celle du tube B, par h et h' les
variations de niveau du liquide dans les vases communiquants pour un
excès de pression H; on aura $H = h + h'$, et $h \cdot S = h' \cdot s$; et par suite
$H = h'(S + s) : S$. Dans le cas de l'appareil décrit, $S = 0,04$,
$s = 0,000314$; $(S + s) : S = 1,0078$; et $H = 1,0078 h'$. La seconde
correction est relative au pas de la vis, qui n'est jamais exactement
égal à 1^{mm} ; cette correction s'obtient facilement en faisant marcher la vis d'un bout à l'autre de l'échelle et en comparant le
nombre des tours de la vis au nombre des divisions de l'échelle parcourue.

428. *Manomètre à tube incliné.* — Cet appareil, représenté figure 49,

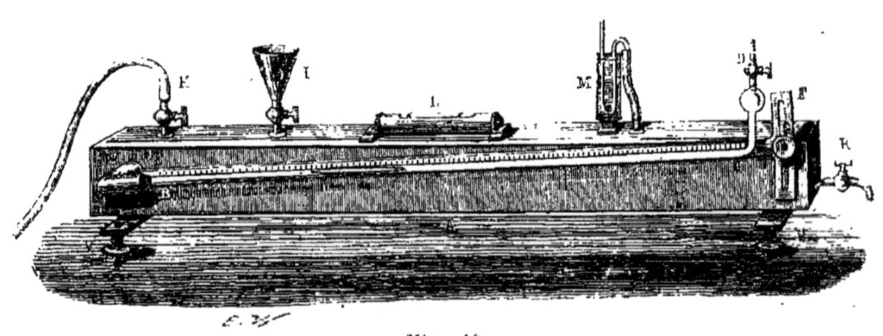

Fig. 49.

est semblable à celui dont je me suis servi dans mes expériences sur le
mouvement de l'air dans les tuyaux (241) ; mais, pour l'usage dont
il est question, je lui ai fait subir quelques modifications. A est une
caisse en laiton mince, de $0^m 60$ de longueur, $0^m 10$ de hauteur et $0^m 05$
de largeur ; elle est portée sur trois pieds à vis V, qui permettent de la
rendre horizontale au moyen du niveau fixe N; un tube de verre BCD
est fixé dans une douille en cuivre recourbée à angle droit, et cette

partie de la douille pénètre dans la caisse à travers un bouchon de liége maintenu par une douille intérieure. Le tube est fixé sur une règle de cuivre EF, divisée en centimètres et en millimètres, à laquelle on peut donner différentes inclinaisons et qu'on maintient en place par la vis calante G ; H est une douille à robinet, destinée à établir par un tube en caoutchouc la communication avec l'espace dont on veut mesurer la pression ; I est une autre douille à robinet, garnie d'un entonnoir, destinée à faire communiquer l'intérieur de la caisse avec l'air, ou à y introduire de l'eau ; M est un manomètre ordinaire ; R, un robinet destiné à vider la caisse ; D, une douille à robinet, qui termine le tube de verre.

Pour se servir de cet instrument, on commence par établir le niveau au zéro, au moyen des vis calantes ; si l'on veut mesurer un excès de pression, on amène le niveau de l'eau dans le tube au bas de l'échelle, au moyen des deux robinets I et R, et on comprime l'air du réservoir en soufflant par le tube D, jusqu'à ce que le manomètre M indique un excès de pression de 1 ou 2 centimètres ; puis on règle l'inclinaison du tube BCD de manière que la course du liquide soit égale à celle du manomètre M multipliée par 10, 15 ou 20, suivant qu'on veut obtenir des indications 10, 15 ou 20 fois plus grandes que les excès réels de pression ; pour des tubes de verre de 4 à 5 millimètres de diamètre intérieur, il ne faut pas dépasser ces nombres, parce que, quand le tube est trop peu incliné à l'horizon et qu'on rétablit la pression dans le réservoir, le niveau du liquide ne revient pas au point de départ, et que, pour de petites variations de pression, la colonne liquide ne change pas de longueur. L'inclinaison une fois déterminée, on fixe invariablement le tube au moyen de la vis G.

Pour mesurer une dépression, il faudrait évidemment que le niveau du liquide dans le tube fût au haut de l'échelle, quand le réservoir communique avec l'atmosphère. S'il s'agit de mesurer l'appel produit par une cheminée, on fait communiquer la douille H avec le bas de la cheminée : supposons que la colonne d'eau parcoure une longueur h sur l'échelle inclinée ; si on connaissait la longueur h', correspondante à une vitesse v, mesurée au moyen de l'anémomètre, on aurait évidemment, pour la vitesse x correspondante à la longueur h, $v^2 h = x^2 h'$, et par suite

$$x = v \sqrt{\frac{h}{h'}}.$$

On pourrait alors former une table qui donnerait les vitesses x,

correspondantes aux valeurs de h observées. Pour connaître le degré
d'exactitude qu'on obtiendrait par cette méthode, supposons qu'on ait
$h' = 23^{mm}4$, quand la vitesse d'écoulement est de 2^m; pour $h = 22^{mm}4$,
la vitesse d'écoulement serait de $1^m 97$. Ainsi, une erreur de 1 millimètre sur l'estimation de la pression ne causerait pas d'erreur sensible
dans le calcul de la vitesse.

429. *Manomètre à flotteur.* — Cet appareil est représenté figure 50.

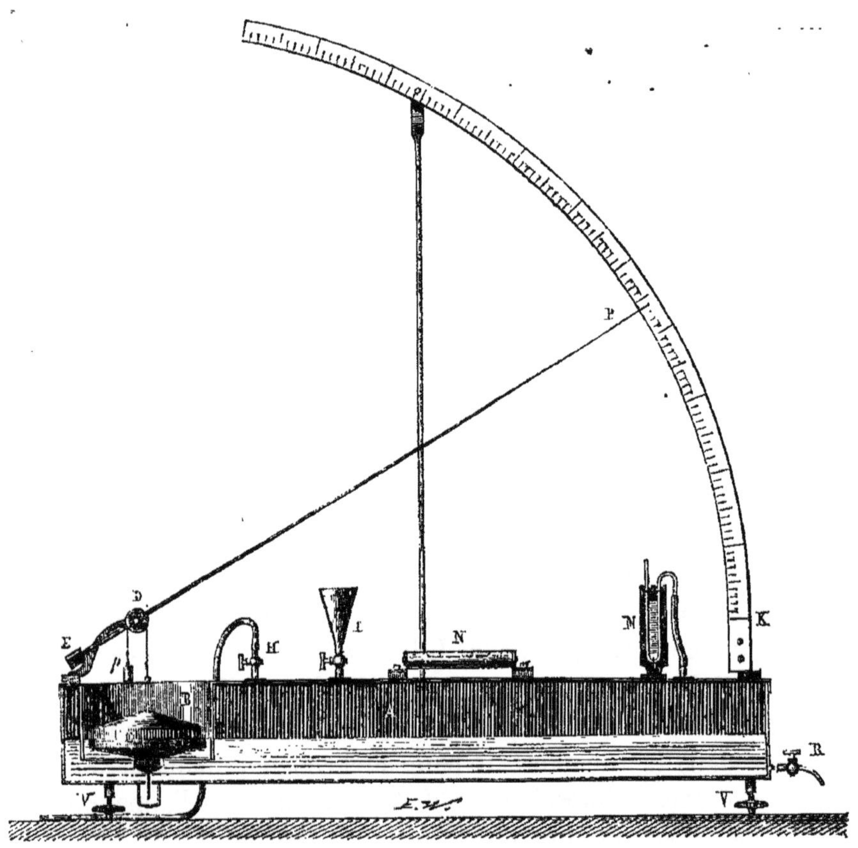

Fig. 50.

La caisse A, en cuivre mince, a $0^m 58$ de longueur, $0^m 07$ de hauteur,
$0^m 13$ de largeur; des pieds à vis V et un niveau N servent à la placer
horizontalement. Cette caisse est fermée en dessus, et renferme une
tubulure intérieure B de $0^m 12$ de diamètre, dans laquelle le liquide
de la caisse tend à se mettre de niveau; dans cette tubulure est un
flotteur C en cuivre mince, lesté de manière que la ligne de flottaison
soit à peu près au milieu de sa hauteur; il est soutenu par un fil qui

s'enroule sur une poulie D, fixée sur un axe très-mobile; l'autre extrémité du fil est attachée dans la gorge de la poulie, qui porte une seconde gorge avec un second fil terminé par un contre-poids p; l'axe de la poulie porte une longue aiguille EP, en bois très-mince, équilibrée par un contre-poids E et dont l'extrémité P parcourt un cadran GK divisé en centimètres et en millimètres; une douille à robinet H est destinée à établir la communication entre le réservoir d'air de la caisse et l'espace dont on veut mesurer l'excès de pression sur celle de l'atmosphère; une autre douille I permet d'établir dans l'intérieur de la caisse la pression extérieure, ou d'y verser de l'eau; le robinet R sert à enlever de l'eau de la caisse. Pour se servir de cet appareil, on commence par le placer horizontalement au moyen des pieds à vis et du niveau; ensuite on ouvre le robinet I, et on introduit de l'eau dans la caisse, de manière que l'extrémité de l'aiguille se trouve sur le zéro du cadran; on ferme alors le robinet I, et on établit par le robinet H la communication de la caisse avec l'espace dont on veut mesurer la pression. La section de la caisse étant de $0^{mm}0717$, et celle du cylindre dans lequel se trouve le flotteur étant de $0^{mm}0113$, le mouvement du flotteur devra être multiplié par $(0,0604 + 0,0113) : 0,0604 = 1,18$ pour donner la variation de niveau due à l'excès de pression. La longueur de l'aiguille étant de 0^m50 et le rayon de la gorge de la poulie de 0^m01, le mouvement de l'extrémité de l'aiguille est égal à 50 fois celui du flotteur; ainsi la charge en millimètres d'eau est égale à $n.1,18 : 50$, n représentant le nombre de millimètres parcourus par l'extrémité de l'aiguille. La longueur du cadran étant de 0^m7853 et chaque moitié de 0^m3926, l'appareil pourra indiquer des excès de pressions positifs ou négatifs compris entre $1,18:50 = 0^{mm}023$ et $1,18.39,2:50 = 9^{mm}25$. Pour déterminer le rapport des chemins parcourus par l'extrémité de l'aiguille et par le flotteur, il ne faudrait pas s'en rapporter uniquement à la mesure du rayon de la poulie et de celle du cadran, car une petite erreur sur le premier rayon aurait une trop grande influence; il faudrait déterminer ce rapport par quelques mesures directes de l'excès de pression au moyen du manomètre décrit précédemment (427).

430. *Manomètre à cloche.* — L'appareil que j'ai fait construire était composé d'une cloche en cuivre mince, de 0^m50 de diamètre et de 0^m10 de hauteur; elle plongeait par sa partie inférieure dans un réservoir d'eau annulaire en fer-blanc, dont le cylindre intérieur était fermé par le haut; la cloche était suspendue par un fil qui s'enroulait sur une poulie de 0^m05 de diamètre, mobile autour d'un axe fixe; une autre poulie, montée sur le même axe, mais de 0^m10 de diamètre, supportait un

poids qui faisait équilibre à celui de la cloche ; sur le même axe était fixée une aiguille équilibrée, dont l'extrémité parcourait une portion de cercle divisée en degrés et minutes ; un tube, pouvant communiquer avec l'espace dont on voulait mesurer la pression ou avec l'air extérieur, s'ouvrait au-dessous de la cloche dans la plaque qui fermait le cylindre intérieur du réservoir annulaire ; l'appareil était rendu horizontal par des vis. L'aiguille étant amenée au zéro du cadran quand la pression intérieure est égale à la pression extérieure, en établissant la communication avec le lieu dont on veut mesurer la pression, la cloche montera ou descendra, suivant que la pression sera plus grande ou plus petite, et cela jusqu'à ce que le poids de 5 grammes, qui s'est porté à droite ou à gauche, fasse équilibre à l'excès de pression. En désignant par S la projection horizontale de la cloche en centimètres carrés, par P le poids placé à la distance l de l'axe de rotation, par i l'angle d'inclinaison de l'aiguille sur sa position verticale, et par p l'excès de pression du gaz de la cloche sur la pression atmosphérique, on aura évidemment $Sp = Pl \sin i$. Pour les dimensions de l'appareil décrit, on a $S = 2152$ en centimètres ; $P = 5$; $l = 5$, et par suite $\sin i = 86,08 p$; alors, pour $p = 0^s001$, qui correspond à une hauteur d'eau d'un centième de millimètre, on aurait $\sin i = 0,086$, valeur qui correspond à 4° 29'. Comme, dans cet appareil, une légère inexactitude sur la valeur de l aurait une grande influence, et qu'il y a une erreur inévitable résultant de l'immersion plus ou moins considérable de la cloche dans l'eau, il faudrait graduer l'instrument en observant les déviations de l'aiguille correspondantes à un certain nombre d'excès de pression ; et en traçant une courbe dont les abscisses seraient les pressions, et les ordonnées les déviations de l'aiguille, on formerait facilement une table approchée des pressions correspondantes aux déviations. Il est évident qu'en faisant varier le poids P ou la longueur l, on parviendrait facilement à donner à l'instrument le degré de sensibilité le plus convenable dans chaque cas particulier.

L'appareil que j'ai fait construire avait trop d'inertie à cause du poids de la cloche, et le tube de communication de la cloche avec l'extérieur ou avec le lieu dont on voulait mesurer la pression avait un trop petit diamètre, de sorte que l'équilibre était très-longtemps à s'établir ; j'aurais pu corriger facilement ces inconvénients ; mais l'appareil à flotteur, qui avait été construit en même temps, étant plus commode et d'une sensibilité tout aussi grande, j'ai abandonné cette disposition.

M. de Vaux, ingénieur en chef des mines de Belgique, a proposé un appareil semblable à celui que je viens de décrire ; seulement la cloche est équilibrée par un contre-poids, dont on détermine la valeur, pour maintenir la cloche en équilibre quand on veut mesurer la pression.

431. J'ai essayé une autre disposition de manomètre qui promettait une grande sensibilité, mais que, par une circonstance imprévue, j'ai été obligé d'abandonner. Considérons deux vases rectangulaires en fer-blanc, en contact par une face latérale, et communiquant par le bas au moyen de deux tubes de verre verticaux de $0^m 50$ à $0^m 80$ de longueur, réunis à leur partie inférieure par une partie courbe ; supposons que la partie inférieure des tubes renferme un liquide d'une densité d, et la partie supérieure, ainsi qu'une partie des deux vases, un liquide plus léger d'une densité d', sans action sur le premier : si dans l'un des vases il y a un excès de pression p, elle sera représentée par la différence du niveau h du liquide dans les deux vases et par la différence de hauteur h' du liquide inférieur des deux tubes de verre ; ainsi, en désignant par S et s les sections des vases et des tubes, on aura évidemment :

$$p = hd + h'(d - d') \quad ; \text{ et} \quad h' = \frac{S}{s} h \quad ; \text{ d'où} \quad p = h' \left\{ d\frac{s}{S} + (d - d') \right\}$$

En supposant S très-grand par rapport à s, on aurait simplement $p = h' (d - d')$, et l'appareil diviserait la pression réelle par $(d - d')$. J'ai employé pour le liquide inférieur du sulfure de carbone qui est très-fluide, et pour le liquide supérieur, une dissolution de sulfate de zinc qui est sans action sur le premier et dont on peut faire varier la densité de manière à la rapprocher autant qu'on veut de celle du sulfure de carbone ; mais quand les densités sont peu différentes, par la moindre agitation, même quand les diamètres des tubes sont considérables, il se forme des globules de sulfure de carbone qui restent suspendus dans l'autre liquide, de sorte qu'il est impossible d'obtenir une surface de séparation bien nette des deux liquides.

432. En résumé, les appareils à tube incliné et à flotteur (428 et 429), dont l'exactitude et la grande sensibilité ont été bien constatées par l'expérience, suffisent dans tous les cas qui peuvent se présenter ; on peut même déterminer le coefficient de multiplication par comparaison avec un manomètre à eau ordinaire, sans avoir recours à l'appareil indiqué (427), qui n'est réellement nécessaire que pour des mesures exigeant une très-grande précision.

LIVRE III.

DES CHEMINÉES.

433. Les appareils de chauffage varient de forme et de dispositions avec la nature de l'effet à produire, mais, en général, ils se composent tous de trois parties distinctes : le foyer, le lieu où la chaleur est utilisée et la cheminée.

434. Les cheminées remplissent deux fonctions :

1° Elles rejettent à de grandes hauteurs, dans l'atmosphère, l'air brûlé chargé souvent de fumée, qui serait incommode et même nuisible s'il se dégageait à une petite hauteur ;

2° Elles appellent dans le foyer l'air nécessaire à la combustion.

CHAPITRE PREMIER.

MOUVEMENT DE L'AIR CHAUD DANS LES TUYAUX VERTICAUX.

435. Lorsqu'une masse d'air est à une température supérieure à celle de l'air environnant, elle tend à s'élever en vertu d'une force égale à l'excès du poids de l'air déplacé sur le sien propre. C'est un cas particulier du principe d'Archimède.

Il en est de même quand l'air chaud se trouve dans un tuyau vertical AB (*fig.* 51), ouvert par les deux bouts. En effet, représentons par P la pression de l'atmosphère en kilogrammes à la hauteur du point A, sur une surface égale à la section du tuyau ; par p et p', le poids de deux colonnes d'air, ayant le volume du tuyau sous la pression atmosphérique, l'une à la température de l'air extérieur, l'autre à celle de l'air chaud. Il est évident que la pression exercée au point B de bas en haut sera $P + p$, et que la pression exercée au même point, en sens contraire, sera $P + p'$; ainsi la colonne d'air chaud tendra à s'élever en vertu de la pression $p - p'$. Il résulte de là, que si le tuyau AB était adapté par le bas à un tuyau horizontal BC, chauffé extérieurement par un foyer (*fig.* 52), l'air extérieur entrerait constamment par l'orifice C et s'échapperait échauffé par l'orifice A. Cet écoulement aurait lieu en vertu de l'excès de la pression atmosphérique au point C sur la pression intérieure au bas du tuyau AB.

436. Pour obtenir la vitesse d'accès de l'air extérieur au point C, en

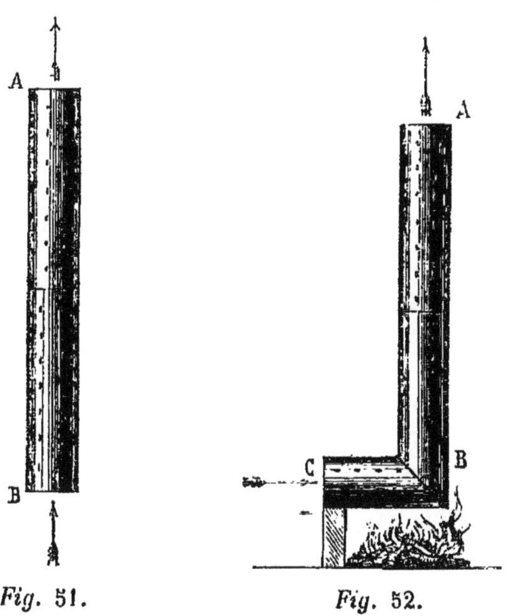

Fig. 51.

Fig. 52.

supposant la section du canal constante, rappelons-nous que la vitesse d'écoulement d'un liquide ou d'un gaz, abstraction faite des résistances qui dépendent de la forme et des dimensions du canal, est donnée (226) par la formule

$$v = \sqrt{2gP}$$

dans aquelle P représente la hauteur d'une colonne de fluide soumis à la pression, et qui ferait équilibre à cette pression, de quelque manière qu'elle soit produite. Dans le cas dont il s'agit, P est évidemment la hauteur d'une colonne d'air extérieur, et il est facile d'en trouver la valeur.

Désignons par H la hauteur de la cheminée à partir du centre de la section C (*fig.* 52), par θ la température extérieure, par t celle de l'air de la cheminée, et par M la pression atmosphérique au point A, en air à θ°. La pression au point C, de dehors en dedans, mesurée par une colonne d'air à θ°, sera M+H, et la pression en sens contraire, mesurée de la même manière, sera M+H (1+aθ) : (1+at), et on aura, par conséquent, pour l'excès de la première pression sur la seconde :

$$M + H - \left(M + \frac{H(1 + a\theta)}{1 + at}\right) = \frac{Ha(t - \theta)}{1 + at}$$

et par suite,

$$v = \sqrt{\frac{2gHa(t - \theta)}{1 + at}} \quad \dots\dots\dots\dots\dots\dots (A)$$

437. Il est utile de remarquer que la pression à toutes les hauteurs de la colonne d'air chaud est égale à celle que nous avons trouvée au point C. En effet, considérons une section horizontale de la cheminée à une distance H′ de son sommet; la pression qu'elle supportera de bas en haut, estimée en air à $\theta°$, sera $M + H - (H - H')\dfrac{1 + a\theta}{1 + at}$; la pression en sens contraire sera $M + H'\dfrac{1 + a\theta}{1 + at}$; et en retranchant la dernière de la première, on trouve, comme précédemment, $Ha\dfrac{(t - \theta)}{1 + at}$.

438. Quant à la vitesse v' d'écoulement de l'air chaud, comme les vitesses sont en raison inverse des densités, on aura :

$$v' = v\frac{1 + at}{1 + a\theta} \quad ; \text{d'où} \quad v' = \sqrt{\frac{2gHa(t - \theta)(1 + at)}{(1 + a\theta)^2}} \dots (B)$$

439. Les formules (A) et (B) peuvent être mises sous une forme plus commode pour les applications, en remplaçant $\sqrt{2ga}$ par sa valeur; on a alors :

$$v = 0{,}268\sqrt{\frac{H(t - \theta)}{1 + at}} \quad ; \text{et} \quad v' = \frac{0{,}268}{1 + a\theta}\sqrt{H(t - \theta)(1 + at)}$$

La formule (A) est la seule importante, car l'effet utile des cheminées consiste toujours dans l'appel de l'air extérieur.

440. Nous avons supposé, dans ce que nous venons de dire, que la densité de l'air ne dépendait que de sa température; il n'en est pas tout à fait ainsi, parce que la densité de l'air, à la même température, diminue à mesure qu'il s'élève; mais il est facile de reconnaître que, pour les plus hautes cheminées, les variations de densités résultant des variations de hauteur sont insensibles. En effet, pour la hauteur $0^m 76$ du baromètre, la pression atmosphérique est représentée par une colonne d'eau de $0^m76 . 13{,}6 = 10^m 336$, et par une colonne d'air à $0°$, sous la même pression, égale à $10^m 336 : 0{,}0013 = 7950^m$; ainsi,

la densité de l'air à une hauteur de 20^m, par exemple, serait à celle de l'air à la surface du sol sensiblement dans le rapport de 7930 à 7950, c'est-à-dire dans celui de 1 à 1,0025, variation complétement négligeable.

441. Nous avons supposé le tuyau vertical cylindrique et complétement ouvert à ses extrémités; mais il est facile de voir que la position et la forme du canal sont sans influence sur la charge qui produit l'accès de l'air extérieur, quand la température dans le canal est partout égale à t, H représentant la différence de niveau des deux extrémités du canal d'air chaud. Si l'air, dans le canal ascendant, éprouvait des variations de température, il faudrait évidemment prendre pour t la température moyenne.

442. La formule (A) donne la vitesse d'accès de l'air extérieur, abstraction faite de toute espèce de résistance; mais il y a toujours des pertes de charge provenant du frottement et de la forme du canal. Si la cheminée, au lieu d'être cylindrique, avait des changements de direction et de section, la charge qui produirait l'accès de l'air froid serait toujours la même; mais la vitesse réelle d'accès s'obtiendrait en tenant compte de toutes les résistances, au moyen de la formule générale indiquée (381). Nous reviendrons plus tard sur cette question.

443. Pour reconnaître comment la vitesse d'accès V de l'air extérieur varie à mesure que t augmente, d'après la formule (A), supposons $0 = 0$; cette formule devient

$$v = \sqrt{2gH} \; \sqrt{\frac{at}{1 + at}}.$$

Le premier facteur de la valeur de v représente la vitesse qu'acquerrait un corps en tombant de la hauteur H, et, comme le second facteur est toujours plus petit que l'unité, la vitesse d'accès n'est jamais qu'une fraction de cette vitesse. En prenant successivement pour t

50° 100° 150° 200° 250° 300° 350° 400° 500° 1000° 1500° 2000°

on trouve, pour les valeurs du second facteur,

0,39 0,51 0,57 0,64 0,68 0,71 0,74 0,76 0,80 0,88 0,91 0,93

Ces nombres, divisés par le premier, 0,39, donnent les rapports

1 1,31 1,51 1,65 1,76 1,83 1,90 1,96 2,06 2,25 2,34 2,38

Ainsi, la vitesse d'accès de l'air froid augmente constamment avec t, mais cet accroissement a une limite; car, à mesure que t augmente, le

rapport $\dfrac{at}{1+at}$, qui est égal à

$$\frac{a}{\dfrac{1}{t}+a},$$

se rapproche constamment de l'unité, et par suite la vitesse d'accès de l'air froid, depuis $t = 50°$ jusqu'à $t = \infty$, varie dans le rapport de 0,39 à 1, ou dans celui de 1 à 2,56.

Il résulte de là que la vitesse d'accès de l'air froid augmentant très-lentement avec la température, l'effet utile de la cheminée coûte d'autant plus de combustible que la température de l'air y est plus élevée.

La vitesse maximum d'accès de l'air extérieur étant $\sqrt{2g\mathrm{H}}$, pour des cheminées de

| 5^m | 10^m | 20^m | 30^m | 40^m |

elle est égale à

| 9^m9 | 14^m0 | 19^m8 | 24^m3 | 28^m0 |

et pour un excès de température de $300°$, les vitesses seraient seulement les 0,71 des vitesses maximum. Les vitesses sont en outre considérablement réduites par les résistances que l'air chaud éprouve dans son mouvement, ainsi que nous le verrons plus loin.

444. Nous avons supposé que l'air pénétrant dans le canal vertical n'éprouvait en s'échauffant que la variation de densité qui résultait du changement de température; mais ordinairement l'échauffement résulte de la combustion, la nature du gaz est changée, et il est nécessaire d'examiner ce que deviennent les formules (A) et (B) (436 et 438), quand la densité tabulaire du gaz est quelconque et égale à δ, au lieu d'être égale à l'unité.

Dans ce cas, la hauteur de la colonne intérieure ramenée à $0°$, et à la densité de l'air extérieur, sera

$$\frac{\mathrm{H}\delta(1+a\theta)}{1+at}$$

et la différence des deux colonnes extérieure et intérieure, ou la charge, deviendra

$$\mathrm{H}-\frac{\mathrm{H}\delta(1+a\theta)}{1+at}=\frac{\mathrm{H}(1-\delta+a(t-\delta\theta))}{1+at}\;;\;\text{ou}\;\frac{\mathrm{H}(1-\delta+at)}{1+at}$$

en négligeant le terme $\delta a\theta$.

Si, par exemple, la totalité de l'oxygène était transformée en acide carbonique, la densité de ce dernier gaz étant 1,529, et celle de l'azote 0,976, celle du mélange sera 0,21 . 1,529 + 0,79 . 0,976 = 1,091 ; si la moitié seulement de l'oxygène était transformée en acide carbonique, ce qui arrive ordinairement, la densité serait seulement 1,04. En négligeant θ dans l'expression de la charge, elle deviendrait dans les deux cas

$$\frac{H(at - 0,091)}{1 + at} \quad ; \text{ et } \quad \frac{H(at - 0,04)}{1 + at} ;$$

et ces charges seraient les mêmes que si les valeurs de t étaient diminuées de 25° dans le premier cas, et de 11° dans le second cas, variations insignifiantes, surtout quand t est considérable. D'ailleurs, comme les gaz qui se dégagent des foyers contiennent toujours de la vapeur d'eau provenant de l'eau que renfermait le combustible, ou de celle qu'il produit, et que la densité de la vapeur d'eau est égale à 0,621, sa présence diminue l'effet de l'acide carbonique. Ainsi on peut admettre, comme une approximation bien suffisante dans la pratique, que l'effet produit par une colonne du mélange d'air et de gaz résultant de la combustion, est le même que si la colonne était formée d'air pur.

445. *Mouvement de l'air chaud dans un canal formé de plusieurs tuyaux verticaux parcourus successivement.* — Si l'air chaud parcourait successivement, en montant et descendant, plusieurs tuyaux verticaux dans lesquels il n'aurait pas la même température, la charge, à l'origine du canal, dépendrait à la fois des hauteurs des tuyaux, et des températures de l'air chaud. Nous allons nous occuper de la déterminer d'une manière générale.

446. Considérons d'abord une cheminée AB (*fig.* 53), qui se prolonge horizontalement suivant BC, et redescend verticalement suivant CD, de manière que le canal ait la forme d'un siphon. Représentons par t et t' les températures de l'air dans les tuyaux AB et CD, par θ celle de l'air extérieur, par p et p' les pressions de l'atmosphère aux points A et D estimées en air à 0°, sous la pression normale ; enfin par m et m' les hauteurs des colonnes d'air à 0°, équivalentes aux colonnes d'air chaud AB et CD. La charge en air à 0°, qui produira l'accès de l'air froid au point A,

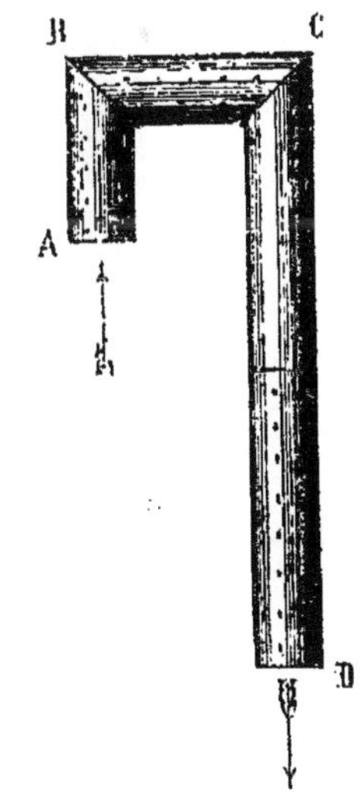

Fig. 53.

sera évidemment égale à $p — m + m' — p'$; et comme la pression de l'air extérieur au point D excède celle du point A d'une colonne d'air extérieur égale à H'—H, on aura pour la charge en air à 0°, au point A,

$$p — \frac{H(1 + a\theta)}{1 + at} + \frac{H'(1 + a\theta)}{1 + at'} — (p + H' — H) = \frac{Ha(t — \theta)}{1 + at} — \frac{H'a(t' — \theta)}{1 + at'}.$$

Ainsi la charge est égale à la différence des charges correspondantes aux deux branches supposées isolées. L'écoulement aura évidemment lieu dans le sens AB, comme nous l'avons supposé, si l'expression précédente est positive. Si on suppose l'air extérieur à 0°, et si on néglige les termes Ha^2tt' et $H'a^2tt'$, qui sont toujours très-petits, attendu que $a^2 = 0,000134$, la valeur de la charge en air extérieur devient

$$\frac{a(Ht — H't')}{1 + a(t + t')},$$

expression positive quand Ht est plus grand que $H't'$, ce qu'on peut toujours obtenir, quel que soit H', en diminuant convenablement t' par le refroidissement de l'air dans les tuyaux BC et CD. Ainsi les gaz provenant d'un foyer peuvent toujours se dégager à une hauteur quelconque, même au-dessous du foyer.

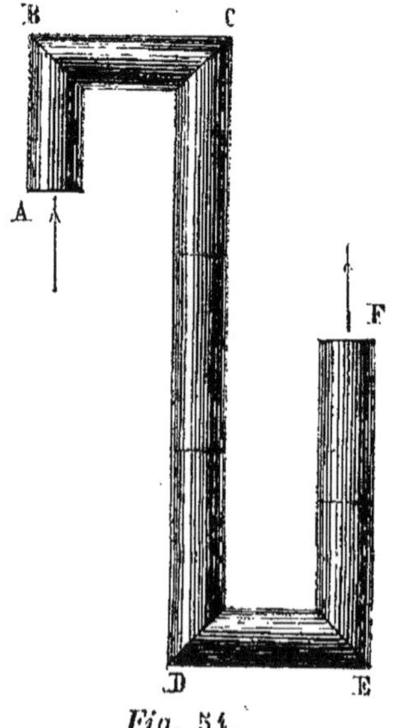

Fig. 54.

447. S'il y avait une troisième colonne EF (*fig.* 54), en désignant sa hauteur par H", et par t'' la température moyenne de l'air qui s'y trouve, par m'' la hauteur d'une colonne d'air à 0° produisant la même pression, et en conservant les notations précédentes, la charge au point A serait $p — m + m' — m'' — p'$; mais on a $p' + H'' — H' + H = p$, et par suite la charge au point A en air à 0° sera

$$p — \frac{H(1 + a\theta)}{1 + at} + \frac{H'(1 + a\theta)}{1 + at'} — \frac{H''(1 + a\theta)}{1 + at''} — p — (H'' — H' + H)$$

$$= \frac{Ha(t — \theta)}{1 + at} — \frac{H'a(t' — \theta)}{1 + at'} + \frac{H''a(t'' — \theta)}{1 + at''}.$$

L'écoulement aura lieu dans le sens supposé de A en F, quand cette expression sera positive. En négligeant, comme précédemment, les termes qui renferment a^2 et à plus forte raison a^3, et en supposant $\theta = 0$, l'expression précédente se réduit à

$$\frac{a(\mathrm{H}t - \mathrm{H}'t' + \mathrm{H}''t'')}{1 + a(t + t' + t'')},$$

expression qui sera positive quand $\mathrm{H}t + \mathrm{H}''t''$ sera plus grand que $\mathrm{H}'t'$.

Il serait facile de trouver d'après cela la formule qui conviendrait à un nombre quelconque de tuyaux.

448. Supposons maintenant que le canal ait la forme d'un siphon renversé (*fig.* 55); en conservant les mêmes notations, la charge au point A, en air à $\theta°$, sera $p + m - m' + p$, ou

$$p + \frac{\mathrm{H}(1 + a\theta)}{1 + at} - \frac{\mathrm{H}'(1 + a\theta)}{1 + at'} - p + \mathrm{H}' - \mathrm{H} = - \frac{\mathrm{H}a(t - \theta)}{1 + at} + \frac{\mathrm{H}'a(t' - \theta)}{1 + at'}.$$

Comme dans le cas précédent, l'effet produit est égal à la différence

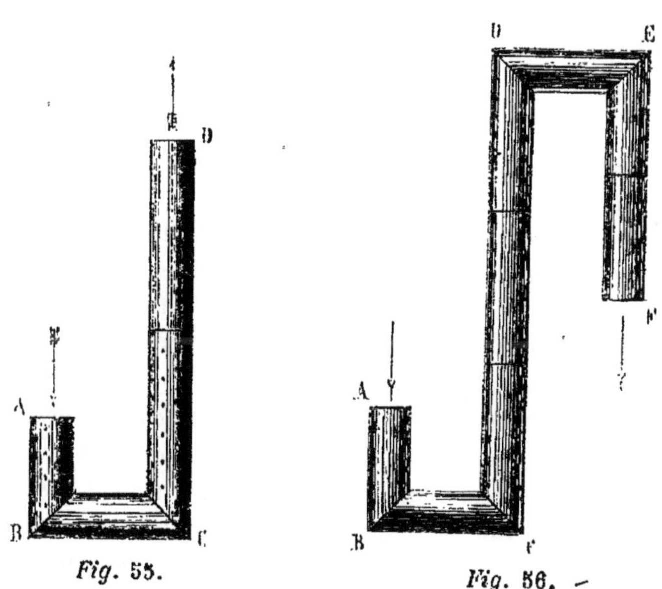

Fig. 55.   *Fig.* 56.

des effets que produiraient les deux branches supposées isolées. En négligeant les termes qui renferment a^2 et faisant $\theta = 0$, la valeur de la charge se réduit à

$$\frac{a(\mathrm{H}t - \mathrm{H}'t')}{1 + a(t + t')},$$

valeur qui sera positive quand on aura $\mathrm{H}'t'$ plus grand que $\mathrm{H}t$; on pourra toujours satisfaire à cette condition en augmentant H' et en s'opposant au refroidissement de l'air dans le tuyau horizontal BC.

449. Si le canal était formé de trois tuyaux (*fig.* 56), la charge au point A en air à 0° serait évidemment $p + m - m' + m'' - p'$ ou

$$p + \frac{H(1 + a\theta)}{1 + at} - \frac{H'(1 + a\theta)}{1 + at'} + \frac{H''(1 + a\theta)}{1 + at''} - (p + H - H' + H'') =$$

$$- \frac{Ha(t - \theta)}{1 + at} + \frac{H'a(t' - \theta)}{1 + at'} - \frac{H''a(t'' - \theta)}{1 + at''}.$$

ou dans l'hypothèse $\theta = 0$

$$\frac{a(- Ht + H't' - H''t'')}{1 + a(t + t' + t'')} .$$

En suivant la même marche, on calculerait facilement la charge pour un nombre quelconque de tuyaux.

En général, l'effet produit est égal à la somme des effets produits isolément par les tuyaux dans lesquels l'air chaud s'élève, diminuée de la somme des effets produits par les tuyaux dans lesquels l'air chaud descend.

450. Il est important de remarquer, que dans le cas où le gaz chaud commence par descendre, en supposant que l'expression de la charge soit positive, le mouvement ne se produirait qu'autant qu'on aurait amorcé le système des siphons, en échauffant quelques-unes des branches dans lesquelles l'air marche de bas en haut. Il est évident que cette précaution ne serait pas nécessaire dans le cas où l'air chaud monterait dans la première colonne.

451. *Mouvement de l'air chaud dans un canal formé, sur une certaine longueur, de plusieurs tuyaux verticaux parcourus simultanément.* — Considérons d'abord un canal vertical (*fig.* 57), composé, sur une certaine hauteur, de deux branches parallèles égales. Si toutes deux renferment de l'air à la même température, tout étant égal dans les deux branches, l'air chaud ascendant les parcourra avec la même vitesse ; mais pour peu qu'il y ait de différence dans les diamètres, la résistance ou les causes de refroidissement, cette égalité de vitesse n'existera pas ; et, si la section de chacun d'eux est égale à la section des tuyaux extrêmes, le mouvement ne s'établira que dans un seul, celui qui présentera le moins de résistance. Ce phénomène aura évidemment lieu, quel que soit le nombre des tuyaux.

452. Si le canal était seulement rélargi sur une portion de la longueur (*fig.* 58), le courant d'air chaud ne remplirait pas nécessairement le rélargissement du tuyau; s'il le remplissait à l'origine, le refroidissement des parois établirait bientôt un décroissement de température du centre à la circonférence; il se produirait dans les veines élémentaires, et dans un même sens, des variations de vitesse qui iraient en augmentant, de sorte que la veine d'air chaud traverserait bientôt l'espace rélargi, en augmentant peu de section.

453. Supposons maintenant que l'air chaud, appelé par une cheminée, descende dans un canal formé de deux branches parallèles (*fig.* 59).

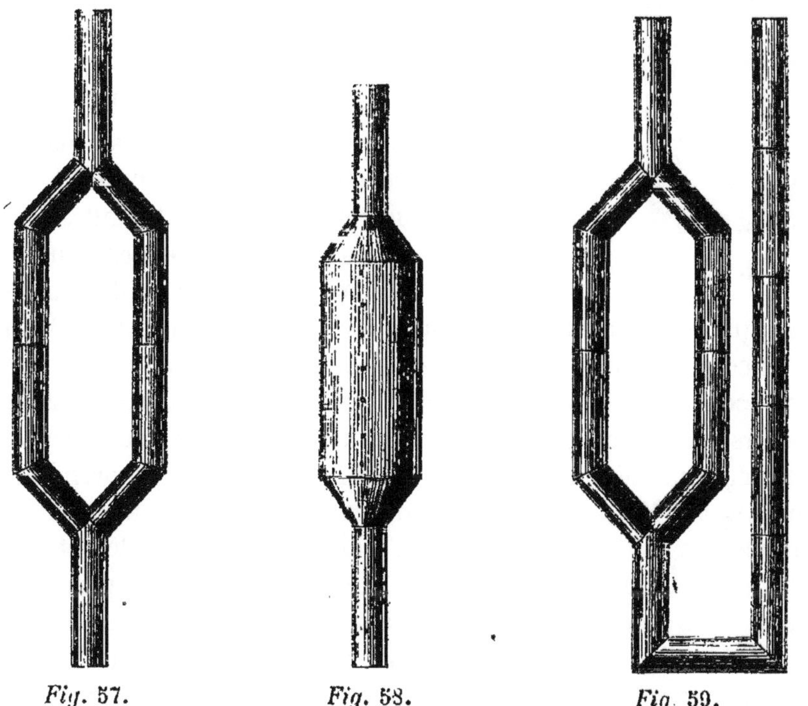

Fig. 57.   Fig. 58.   Fig. 59.

Dans ce cas, l'air chaud se répartira également dans les deux branches, et l'égalité de vitesse s'y maintiendra, malgré les inégalités de refroidissement que l'air pourra éprouver. En effet, dans chaque branche, la charge qui produit le mouvement est égale à la différence des pressions dans la cheminée qui produit l'appel et dans le canal considéré, en les supposant isolés; et par conséquent, si dans l'une des branches le refroidissement était plus grand que dans l'autre, la vitesse tendrait à y devenir plus grande. La même chose aurait lieu dans le cas d'un nombre quelconque de tuyaux parallèles.

454. Si le canal par lequel descend l'air chaud était rélargi (*fig.* 60),
les veines élémentaires, dans le rélargissement,
prendraient et conserveraient la même température,
par la même cause que dans le cas précédent.

Ces faits bien constatés par l'expérience sont
d'une grande importance dans la construction des
appareils de chauffage, comme nous le verrons par
la suite.

455. Observons que dans tout ce qui vient d'être
dit relativement à la valeur de la vitesse des gaz
dans les cheminées, nous avons fait abstraction des
résistances que l'air éprouve dans son mouvement.
Mais, comme ces résistances sont rarement négligeables, il en résulte toujours des réductions de
vitesses plus ou moins grandes. Quand le canal de
descente est unique, le frottement se manifeste
contre la surface; ainsi, par ce seul motif, la vitesse y serait plus petite que dans les autres points
de la section ; mais le refroidissement que l'air

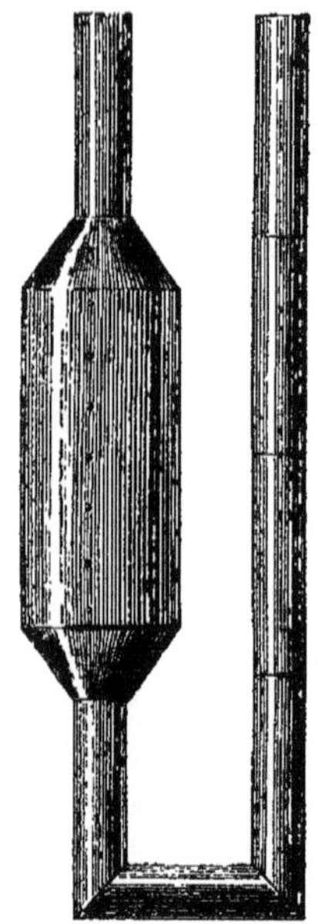

Fig. 60.

chaud y éprouve tend à diminuer la différence de
vitesse qui se produirait naturellement dans les veines, et cette différence
sera encore diminuée par la transmission, de proche en proche, de la
résistance et de la température. Si le canal de descente était formé de
plusieurs tuyaux de même section et de même longueur, tout se passerait
de la même manière dans chacun d'eux, et l'air chaud y prendrait la
même vitesse. Mais, si les tuyaux ont des sections différentes, la vitesse
sera modifiée par le refroidissement qui tend à l'augmenter et par le
frottement qui tend à la diminuer. Le frottement varie proportionnellement au carré de la vitesse, tandis que le refroidissement est
proportionnel au diamètre et dépend aussi de la vitesse; il est par
conséquent assez difficile de prévoir et de calculer d'une manière générale ce qui arrivera. Toutefois, le refroidissement est en général assez
faible, et l'influence du frottement l'emportera presque toujours; la
vitesse réelle sera donc d'autant moindre que les tuyaux auront un plus
petit diamètre, ce qui s'accorde d'ailleurs parfaitement avec l'expérience. Les différences de vitesses seront évidemment d'autant plus petites que les vitesses elles-mêmes seront plus faibles.

456. *Ancienne théorie du tirage des cheminées.* — Jusqu'ici on a
admis que la charge en air à θ^o (436), $\Pi a(t - \theta) : (1 + at)$ s'appliquait directement à l'air chaud, et il en résultait que la charge en

air à $t°$ étant $\mathrm{H}a(t - \theta) : (1 + a\theta)$, la vitesse d'écoulement de l'air chaud était

$$v_1' = \sqrt{\frac{2g\mathrm{H}a(t - \theta)}{1 + a\theta}} \; ;$$

et on avait pour la vitesse d'accès de l'air froid

$$v_1 = v_1' \frac{1 + a\theta}{1 + at} = \sqrt{\frac{2g\mathrm{H}a(t - \theta)(1 + a\theta)}{(1 + at)^2}} \,,$$

formules qui diffèrent complétement des formules (A) et (B) (436 et 438), car on a évidemment

$$v_1' = v' \sqrt{\frac{1 + a\theta}{1 + at}} \; ; \text{ et } \; v_1 = v \sqrt{\frac{1 + a\theta}{1 + at}} :$$

ainsi, les vitesses v'_1 et v_1 sont plus petites que les vitesses v' et v. En outre, la valeur de v_1 présente une particularité qui ne se rencontre pas dans la valeur de v. Si θ demeurant constant, on augmente progressivement la valeur de t, v_1 augmente d'abord, acquiert un maximum pour $t = \dfrac{1}{a} + 2\theta = 274 + 2\theta$, et diminue ensuite indéfiniment (1).

457. Mais la charge en air à $\theta°$ agit directement sur l'air froid qui pénètre dans la cheminée, et non sur l'air chaud, et c'est la vitesse de l'air froid qui se transmet ensuite à l'air chaud ; ainsi, les formules que nous venons d'indiquer, admises jusqu'ici par toutes les personnes qui se sont occupées de cette question, et par moi-même dans la deuxième édition de cet ouvrage, ne représentent pas les

____

(1) En prenant $\theta = 0$, la valeur de v_1 devient

$$v_1 = \sqrt{2g\mathrm{H}} \cdot \sqrt{\frac{at}{(1 + at)^2}} :$$

Le second facteur du second membre a un maximum qui correspond à $t = 274$, et en calculant sa valeur pour des valeurs de t égales à

50°	100°	150°	200°	250°	300°	350°	400°	450°	500°,

on trouve

0,36	0,44	0,47	0,49	0,496	0,496	0,492	0,487	0,482	0,475

phénomènes tels qu'ils existent. Ceci résulte pour moi d'un examen plus attentif des faits et de quelques expériences que je vais rapporter.

458. Considérons un tuyau horizontal, par lequel s'écoule de l'air venant d'un gazomètre. Désignons par L et D la longueur et le diamètre du tuyau; par P, l'excès de la pression dans le gazomètre sur la pression atmosphérique; par p, la charge correspondante à la vitesse d'écoulement à l'extrémité du tuyau, l'une et l'autre exprimées en air à la température extérieure θ; et enfin par A le coefficient de perte de charge à l'embouchure. Le tuyau étant à la température extérieure, on aura :

$$P - p = \left(A + \frac{KL}{D}\right) p \ , \ \text{et} \ \ V = \sqrt{\frac{2gP}{1 + A + \dfrac{KL}{D}}} \ \dots (a)$$

Supposons maintenant qu'on chauffe le tuyau de manière à élever sa température à $t°$; en admettant que l'écoulement de l'air chaud ait lieu par la charge en air chaud, cette charge sera $P\dfrac{(1 + at)}{1 + a\theta}$, et la vitesse v_1 d'écoulement de l'air froid du gazomètre sera

$$v_1 = \frac{1 + a\theta}{1 + at} \sqrt{\frac{2gP(1 + at)}{1 + a\theta} \cdot \frac{1}{1 + A + \dfrac{KL}{D}\left(\dfrac{1 + at}{1 + a\theta}\right)^2}} \ \dots (b)$$

et, comme en faisant tout passer sous le radical, le premier facteur devient $2gP\ \dfrac{1 + a\theta}{1 + at}$, on voit que le rapport de V à v_1 est plus grand que la racine carrée de $\dfrac{1 + at}{1 + a\theta}$.

Dans la nouvelle théorie, on a pour la vitesse v de l'air froid

$$v = \sqrt{\frac{2gP}{1 + A + \dfrac{KL}{D}\left(\dfrac{1 + at}{1 + a\theta}\right)^2}} \ \dots (c)$$

et le rapport de V à v ne décroît que très-lentement, à mesure que t augmente, et seulement par l'accroissement de résistance dû au frottement, et qui provient de l'élévation de température.

459. Pour reconnaître l'influence de l'échauffement de l'air dans le tuyau AB d'écoulement, j'ai employé la disposition indiquée dans la figure 61. AB est un tuyau de cuivre de 1^m de longueur et de $0^m 01$ de

Fig. 61.

diamètre, communiquant avec un gazomètre ; sur une partie de sa longueur il était environné d'un autre tube CD concentrique ; l'intervalle des deux tubes était fermé par des bouchons, et de la vapeur d'eau arrivait entre les deux tubes par le tuyau a et sortait par le tuyau b. Lorsque le tuyau n'était pas échauffé, un certain volume d'air s'écoulait en $612''$; et quand le tuyau était échauffé, le même volume d'air, sous la même pression et à la même température, s'écoulait en $618''$.

460. Pour obtenir une température plus élevée, j'ai employé la disposition indiquée dans la figure 62. AB est un tube de verre de $0^m 322$

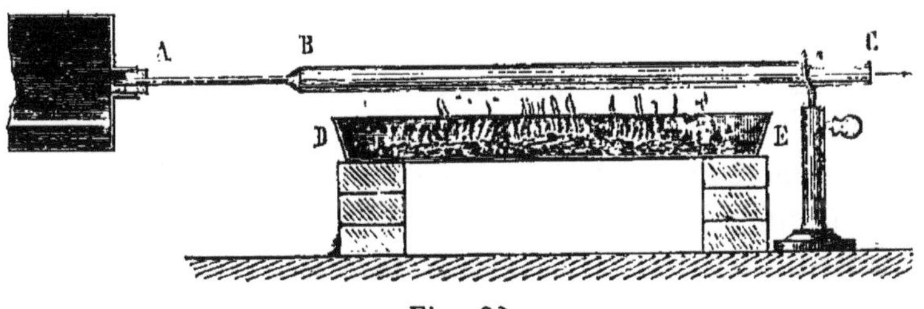

Fig. 62.

de longueur et de $0^m 0047$ de diamètre, ajusté à l'extrémité d'un tube de fer BC de $0^m 90$ de longueur et de $0^m 011$ de diamètre ; au-dessous du tube de fer se trouvait une grille DE à peu près de la même longueur, destinée à recevoir du charbon de bois incandescent. Pour cette disposition, les équations (a), (b) et (c) étaient remplacées par les suivantes

$$V = \sqrt{\frac{2gP}{1 + A - B + \dfrac{Kl}{d} + \dfrac{KL}{D}\dfrac{d^4}{D^4}}} \quad \cdots \cdots \cdots \cdots (a')$$

$$v_1 = \frac{1+a\theta}{1+at} \sqrt{\frac{2g\mathrm{P}(1+at)}{1+a\theta} \cdot \frac{1}{1+\mathrm{A}-\mathrm{B}+\dfrac{\mathrm{K}l}{d}+\dfrac{\mathrm{KL}}{\mathrm{D}}\dfrac{d^4}{\mathrm{D}^4}\left(\dfrac{1+at}{1+a\theta}\right)^2}} \qquad (b')$$

$$v = \sqrt{\frac{2g\mathrm{P}}{1+\mathrm{A}-\mathrm{B}+\dfrac{\mathrm{K}l}{d}+\dfrac{\mathrm{KL}}{\mathrm{D}}\dfrac{d^4}{\mathrm{D}^4}\left(\dfrac{1+at}{1+a\theta}\right)^2}} \quad \ldots\ldots (c')$$

dans lesquelles V représente la vitesse d'écoulement dans le petit tuyau, lorsque l'air n'est pas échauffé; v_1 et v, les vitesses de l'air froid lorsque l'air est échauffé dans le grand tuyau, suivant qu'on admet l'ancienne ou la nouvelle théorie; l, L, d, D sont les longueurs et les diamètres des tuyaux AB et BC; A et B sont les coefficients de variations de charge à l'embouchure, et au point où le tuyau se rélargit brusquement.

Dans le cas dont il s'agit, comme dans le précédent, le rapport de V à v_1 est plus grand que la racine carrée de $1+at : 1+a\theta$, tandis que le rapport de V à v diffère très-peu de l'unité.

Le tuyau de fer étant à la température extérieure, un certain volume d'air s'est écoulé en 620″; et quand il était chauffé au rouge sombre, le même volume d'air dans les mêmes circonstances s'est écoulé en 650″. Le tuyau de fer ayant été remplacé par un autre de 0^{m}013 de diamètre, et de 1^{m}16 de longueur, le même volume d'air froid s'est écoulé en 615″; et quand le tube était chauffé au rouge, la durée de l'écoulement, dans les mêmes circonstances, s'est élevée à 648″. La température extérieure était de 14°.

Ces expériences ne permettent pas de vérifier exactement à laquelle des deux formules (b) et (c) ou (b') et (c') elles conviennent, parce qu'il a été impossible de mesurer la température de l'air à sa sortie, et que l'accroissement de température a eu lieu successivement, ce qui ne permettait pas de calculer la résistance dans le tube AB. Toutefois il est facile de reconnaître que les équations (b) et (b') sont incompatibles avec les équations (a) et (a').

461. Dans la première expérience, le rapport des vitesses de l'air froid, quand le second tube est froid et quand il est chaud, est égal à $618 : 612 = 1,0099$; et, d'après les formules (a) et (b), en supposant l'air à 100°, ce rapport devrait être plus grand que la racine carrée de $1,366 : 1,0366$, laquelle est égale à $1,1471$. En négligeant l'accroissement de résistance dans le tuyau AB, accroissement qui augmente le rapport dont il est question, il faudrait, pour que la formule (b) s'ac-

cordât avec l'expérience, admettre $t = 15° 7$, ce qui est impossible, car la température devait être de près de 100°.

Dans la seconde expérience, le rapport des vitesses en question était égal à $650 : 620 = 1,0483$; et, d'après la formule (b'), en supposant seulement l'air à 400°, ce rapport devrait excéder la racine carrée de $2,464 : 1,05124$, laquelle est égale à $1,53$. En négligeant l'accroissement de résistance dans le tuyau AB, pour que la formule (b') s'accordât avec l'expérience, il faudrait supposer $t = 42° 4$, ce qui est impossible, car je trouve dans le *Journal des expériences* ces mots : *L'air qui sort est brûlant; un thermomètre placé dans la veine s'élève rapidement à 150°.* Et il ne pouvait en être autrement, puisque le tube de fer était au rouge sombre.

Enfin dans la dernière expérience, le rapport des vitesses était de $648 : 615 = 1,0536$; et, d'après la formule (b'), en supposant seulement l'air à 600°, ce rapport devrait excéder la racine carrée de $3,196 : 1,0512$, laquelle est égale à $1,743$. En négligeant comme précédemment l'accroissement de résistance dans le tuyau AB, pour que la formule (b') s'accordât avec l'expérience, il faudrait supposer $t = 45° 5$, ce qui ne peut être, car l'air sortait plus chaud que dans l'expérience précédente.

Les différences que nous avons constatées, entre les résultats des formules (b) et (b') et ceux de l'expérience, sont trop grandes pour qu'on puisse les attribuer à des erreurs sur les durées de l'écoulement; par exemple, pour la première expérience, en négligeant la résistance due à l'accroissement de frottement, la durée de l'écoulement aurait dû être de $612 . 1,1471 = 900''$ au lieu de $618''$; c'est-à-dire plus grande de $900 — 618 = 282''$; et cette différence aurait dû être beaucoup plus grande pour les autres; or, chaque expérience a été répétée deux fois, et toujours les résultats ont été les mêmes.

462.. Il résulte évidemment de toutes ces expériences que les formules (b) et (b') ne peuvent pas être admises, c'est-à-dire que lorsque de l'air s'écoule dans un tube horizontal en vertu d'une pression, et que l'air à une certaine distance est échauffé, la vitesse d'écoulement de l'air froid ne peut pas se déduire de celle de l'air chaud en prenant pour la charge de cet écoulement la charge en air chaud. Mais si on suppose que la charge extérieure soit appliquée à l'air froid, la vitesse d'écoulement n'éprouvera qu'une faible diminution résultant de l'accroissement de résistance de l'air chaud, ce qui est conforme aux expériences.

Ce que nous venons de dire doit évidemment exister, quelle que soit la nature de la pression exercée sur l'air froid à son entrée dans le tuyau ; par conséquent, s'il est vertical et chauffé extérieurement, la pression résultant des deux colonnes d'air de même hauteur, l'une à la température extérieure 0°, l'autre à la température moyenne t, est la charge qui agit directement sur l'air froid pénétrant dans la cheminée ; cette charge doit être estimée en air à 0°, et c'est cette vitesse qui se transmet ensuite à l'air chaud, comme nous l'avons expliqué (436).

463. *Anciennes expériences sur l'écoulement de l'air dans les cheminées.* — Il y a un grand nombre d'années, j'ai fait une longue série d'expériences sur l'écoulement de l'air dans les cheminées. J'ai employé des tuyaux de tôle, de fonte et de terre cuite, de différentes hauteurs et de différentes sections. L'appareil était disposé de la manière suivante : la grille était très-grande et en partie seulement couverte de charbon de bois, pour rendre presque nulle la résistance du foyer ; la cheminée était au-dessus de la grille. La température de l'air dans la cheminée était constatée par deux thermomètres, placés l'un au bas, l'autre au sommet. Comme à cette époque on n'avait pas d'anémomètre, je déterminais la vitesse d'écoulement en introduisant rapidement sous la grille, par l'orifice du cendrier, une mèche imbibée d'essence de térébenthine enflammée, fixée à l'extrémité d'une tige de fer, et en retirant aussitôt ; on produisait ainsi dans le foyer une petite quantité de fumée que l'air chaud entraînait avec lui ; alors en observant l'instant où l'on produisait la fumée et celui où elle paraissait au sommet de la cheminée, on avait le temps qu'elle employait à parcourir la cheminée, et on en déduisait la vitesse d'écoulement. Les expériences ont été répétées en fermant plus ou moins la cheminée, à la partie supérieure, et à la partie inférieure par des diaphragmes formés d'une lame de tôle percée d'un orifice circulaire. La méthode d'observation de la vitesse était trop imparfaite pour conduire à des résultats exacts ; cependant ces expériences ont permis de constater quelques faits importants dont je parlerai plus loin.

CHAPITRE II.

CONSIDÉRATIONS GÉNÉRALES SUR LES CHEMINÉES D'USINE.

464. Afin de pouvoir étudier d'une manière complète les phénomènes qui se produisent dans les cheminées, il est nécessaire d'avoir une idée de la disposition générale des fourneaux. Comme nous l'avons déjà dit, les fourneaux sont composés du foyer, de l'espace où la chaleur est utilisée, et de la cheminée.

Les foyers sont ordinairement formés de barreaux de fonte placés dans un plan horizontal ou un peu incliné, séparés les uns des autres par de petits intervalles, et sur lesquels on place le combustible ; au-dessous se trouve un espace communiquant librement avec l'air et qu'on désigne sous le nom de cendrier.

L'espace compris entre le foyer et la cheminée, et où une partie de la chaleur produite passe dans le corps qu'on veut échauffer, a des formes et des dimensions qui varient avec la nature de l'effet à produire.

Les cheminées sont toujours des canaux verticaux, en briques ou en tôle, destinés, comme nous l'avons vu, à évacuer l'air brûlé et surtout à appeler l'air nécessaire à la combustion.

465. L'appel d'air extérieur provenant de la température de l'air brûlé et de la hauteur de la cheminée porte le nom de *tirage*. Le tirage d'une cheminée, tel que nous l'avons calculé, est toujours en réalité diminué, dans une très-grande proportion, par la résistance de la grille, les changements brusques ou continus de section et de direction et par les frottements.

Les phénomènes qui se produisent dans les fourneaux sont très-compliqués et très-variables, principalement avec l'état du foyer; mais on peut cependant reconnaître l'influence des différentes circonstances qui modifient le tirage. Nous supposerons d'abord que le circuit a partout la même section, depuis l'ouverture du cendrier jusqu'au sommet de la cheminée; cette hypothèse s'éloigne peu de ce qui se pratique ordinairement; on donne même à la somme des orifices libres de la grille une surface peu différente de la section horizontale de la cheminée. D'après cela, en désignant par S la section du canal qui amène l'air sous la grille, par v la vitesse d'accès de l'air froid, Sv représentera le volume d'air froid appelé par seconde. Représen-

tous par G la résistance de la grille, par C celle du circuit qui précède
la cheminée, ces deux résistances étant rapportées à la charge correspondante à la vitesse d'accès de l'air froid, enfin par H et D la hauteur
et le diamètre de la cheminée. Le frottement dans la cheminée sera
$KL(1 + at)^2 : D(1 + a\theta)^2$, et serait exactement le même si la cheminée avait pour section le carré circonscrit au cercle. En appliquant ici
les lois relatives aux mouvements des gaz comprimés, nous aurons, en
supposant la température extérieure égale à $0°$,

$$P - p = (G + C)p + \frac{KH}{D}(1 + at)^2 p\,;$$

d'où
$$v = \sqrt{\dfrac{2gHat}{(1 + at)\left[1 + G + C + \dfrac{KH}{D}(1 + at)^2\right]}}.$$

466. L'examen de cette formule conduit à plusieurs conséquences
d'une grande importance dans la pratique.

1° Quand les valeurs de G et de C sont très-grandes relativement au
frottement dans la cheminée, ce qui a presque toujours lieu, le tirage
est sensiblement proportionnel à la racine carrée de la hauteur.

2° Si l'on supposait G et C nuls, ce qui n'arriverait que dans le cas où
le foyer serait placé au bas de la cheminée, où la grille n'occuperait
qu'une très-petite partie de la section, et où l'air n'éprouverait aucune
espèce de résistance pour pénétrer dans la cheminée, le tirage varierait
très-peu avec la hauteur de la cheminée; il en serait presque indépendant lorsque $KH : D$ serait très-grand relativement à 1. Ce sont des
circonstances qui ne se rencontrent que rarement dans les applications,
mais qui se trouvaient réunies dans les expériences dont j'ai parlé dans
le chapitre précédent (463). La hauteur de la cheminée était presque
sans influence sur le tirage, par la raison que l'air n'éprouvait presque
pas de résistance.

3° Supposons enfin que rien n'étant changé dans les dimensions de
l'appareil, la température t varie. En supposant G et C constants, le
frottement dans la cheminée étant en général très-petit relativement à
$G + C$, le tirage variera à peu près proportionnellement à la racine

carrée de $\dfrac{t}{1 + at}$, c'est-à-dire dans le même rapport que le tirage théorique; ainsi, dans la supposition que nous avons faite, le rapport du
tirage réel au tirage théorique serait un nombre constant, qui ne dépendrait que des dimensions de l'appareil. Mais, dans un appareil fonc-

tionnant, t ne peut augmenter que par l'accroissement de la vitesse du courant, et cet accroissement ne peut avoir lieu que par une diminution des résistances, qui, dans la supposition admise, ne peut provenir que de l'état du foyer ou de l'élévation du registre; le tirage augmente alors dans un plus grand rapport que dans la supposition de G et C constants; seulement, il y a en même temps un certain accroissement dans la valeur de C, résultant de l'accroissement de vitesse. De même la valeur de t ne pourrait diminuer que par l'accroissement de résistance de la grille ou par l'abaissement du registre, et la diminution de tirage serait alors plus rapide que si les résistances ne variaient pas.

467. Examinons maintenant ce qui arriverait, si le circuit était interrompu par un diaphragme. C'est une circonstance qui se présente dans tous les appareils de chauffage, car tous sont pourvus de registres destinés à régulariser le tirage ou à le supprimer pendant les interruptions de travail. Nous supposerons d'abord que le diaphragme soit placé dans le canal qui amène l'air extérieur sous la grille.

En désignant par d le diamètre de l'orifice du diaphragme, nous aurons (380)

$$P - p = (G + C)p + \frac{KH}{D}(1 + at)^2 p + \left(\frac{D^4}{d^4} - 1\right)p \; ;$$

d'où
$$v = \sqrt{\frac{2gHat}{1 + at}} \sqrt{\frac{1}{1 + G + C + \frac{KH}{D}(1 + at)^2 + \frac{D^4}{d^4} - 1}}$$

en négligeant la perte de charge à l'entrée de l'orifice et la charge gagnée à la sortie, qui l'une et l'autre sont toujours très-petites relativement au dénominateur du second radical de la valeur de v.

Il résulte de cette formule que l'influence du diaphragme est d'autant plus petite que la résistance totale du circuit est plus considérable. Dans les grands générateurs à vapeur, la vitesse réelle d'accès est inférieure à un cinquième de la vitesse théorique. En la supposant égale à cette fraction, on aura à peu près

$$v = \sqrt{\frac{2gHat}{1 + at}} \sqrt{\frac{1}{25 + \frac{D^4}{d^4} - 1}} \; .$$

Si l'on suppose que le rapport $\dfrac{D^2}{d^2}$ des sections de la cheminée et de l'orifice devienne successivement :

2	4	6	8	10	20	40	60	80	100

les valeurs du second radical seront

0,189 0,158 0,130 0,1066 0,09 0,048 0,025 0,0166 0,0125 0,01

La valeur du radical, sans le diaphragme, est égale à 0,20, et, par l'influence du diaphragme, elle est réduite dans le rapport

0,945 0,75 0,64 0,53 0,45 0,24 0,12 0,083 0,062 0,050

Ainsi, comme il était facile de le prévoir à l'inspection de la formule, les diaphragmes diminuent le tirage dans une proportion beaucoup plus petite que le rapport des sections; un diaphragme qui réduit la section à un dixième réduit seulement le tirage à moitié. Cette faible influence des diaphragmes résulte de ce qu'ils diminuent en même temps la vitesse, et par suite la résistance dans le reste du circuit.

468. Le diaphragme réduisant la vitesse d'appel dans une moindre proportion que le rapport de sa section à celle du canal, il s'ensuit que la vitesse de l'air dans l'orifice du diaphragme doit augmenter à mesure que sa surface diminue. Dans le cas général, la vitesse de l'air dans le diaphragme est

$$v' = \sqrt{\frac{2gHat}{1+at} \cdot \frac{D^2}{d^2}} \cdot \sqrt{\frac{1}{1+G+C+\frac{KH}{D}(1+at)^2+\frac{D^4}{d^4}-1}} \; ;$$

et dans le cas particulier que nous avons examiné, on a

$$v' = \sqrt{\frac{2gHat}{1+at}} \sqrt{\frac{\frac{D^4}{d^4}}{25+\frac{D^4}{d^4}-1}} \cdot$$

En prenant pour le rapport des sections $D^2 : d^2$ les mêmes nombres que précédemment, on trouve pour les valeurs du second radical :

0,378 0,632 0,77 0,85 0,90 0,97 0,992 0,996 0,998 0,999

et, comme la valeur de ce radical sans le diaphragme est égale à 0,20, les vitesses dans le diaphragme rapportées à la vitesse dans le circuit sont :

1,89   3,16   3,87   4,26   4,40   4,85   4,96   4,98   4,99   4,99

Ainsi, ce rapport s'approche toujours davantage de 5, à mesure que le diamètre diminue, parce que la vitesse réelle sans le diaphragme est $0,2 = 1 : 5$ de la vitesse due à la charge, et que, le diaphragme diminuant la vitesse dans le canal diminue les frottements. Il est évident que, si la vitesse d'appel était une fraction $1 : m$ de la vitesse V due à la charge, le rapport en question s'approcherait toujours de m à mesure que le diamètre du diaphragme diminuerait.

469. S'il y avait dans le canal qui amène l'air au cendrier plusieurs diaphragmes assez espacés pour que la veine d'air, après avoir traversé chacun d'eux, remplît le tuyau dans lequel ils sont placés avant de rencontrer le suivant, la vitesse deviendrait

$$v = \sqrt{\frac{2gHat}{1 + at}} \sqrt{\frac{1}{1 + G + C + \dfrac{KH}{D}(1 + at)^2 + m\left(\dfrac{D^4}{d^4} - 1\right)}}.$$

Et si $D^4 : d^4$ était très-grand relativement aux termes qui précèdent, pour la même valeur de $D^2 : d^2$ la valeur de v varierait sensiblement en raison inverse de la racine carrée de m.

470. Nous avons supposé que les diaphragmes étaient placés dans le canal d'air froid qui précède la grille; supposons maintenant qu'ils soient placés dans la partie du circuit parcourue par l'air chaud. Comme les vitesses sont en raison inverse des densités, nous aurons en général

$$P - p = (G + C)p + \frac{KH}{D}(1 + at)^2 p + m\left(\frac{D^4}{d^4} - 1\right)(1 + at)^2 p ;$$

d'où $v = \sqrt{\dfrac{2gHat}{1 + at}} \sqrt{\dfrac{1}{1 + G + C + \dfrac{KH}{D}(1 + at)^2 + m\left(\dfrac{D^4}{d^4} - 1\right)(1 + at)^2}}.$

Ainsi, les diaphragmes placés dans le circuit d'air chaud, réduisent plus le tirage que lorsqu'ils sont placés en avant du cendrier, parce que la vitesse de l'air chaud est plus grande que celle de l'air froid.

471. Les expériences faites par M. Combes confirment les conséquences que nous avons tirées de la formule générale de l'écoulement. On a reconnu qu'en fermant l'orifice d'accès de l'air dans le cendrier du foyer d'un générateur par une plaque percée d'orifices de plus en plus petits, la vitesse de l'air qui traversait l'orifice, mesurée au moyen de l'anémomètre, allait toujours en croissant. Voici les détails de cette expérience :

La cheminée avait 20^m de hauteur; sa section au bas était de $0^{mq}383$, en haut de $0^{mq}196$; la surface de la grille était de $0^{mq}6525$; la somme des intervalles libres entre les barreaux, de $0^{mq}168$. L'orifice du cendrier a été fermé par une feuille de tôle, percée de 6 orifices carrés égaux, ayant chacun $0^{m}167$ de côté, $0^{mq}028$ de surface, et ensemble une surface égale à la surface libre des barreaux.

On a d'abord laissé tous les orifices libres, et on a observé, à l'aide de l'anémomètre, la vitesse immédiatement après le chargement, et après que le combustible a été soulevé avec un ringard, c'est-à-dire après qu'on a eu fourgonné. Deux expériences faites successivement ont donné pour les vitesses $0^{m}5275$; $1^{m}68$; $0^{m}86$; $1^{m}15$; moyenne, $1^{m}17$.

On a ensuite fermé deux des orifices, et, dans les mêmes circonstances que précédemment, les vitesses observées ont été $1^{m}607$; $1^{m}99$; $1^{m}89$; $2^{m}05$; moyenne, $1^{m}88$.

Enfin on a fermé 4 orifices, et, dans les mêmes circonstances, les vitesses dans les orifices libres ont été de $3^{m}51$; $4^{m}05$; $2^{m}68$; $3^{m}46$: moyenne, $3^{m}42$.

Dans ces trois séries d'expériences les surfaces d'accès de l'air étaient de $0^{mq}168 . 0,65 = 0^{mq}1092$; $0^{mq}0728$ et $0^{mq}0364$; et les vitesses moyennes $1^{m}17$; $1^{m}88$ et $3^{m}42$. Ainsi les vitesses d'accès augmentent rapidement à mesure que les sections des orifices diminuent; pour des orifices dans les rapports des nombres 3, 2 et 1, les vitesses ont augmenté suivant les nombres $1,26$; $1,65$; 3.

472. *Pressions latérales dans les cheminées.* — Considérons une cheminée placée à la suite d'un fourneau d'une forme quelconque, et supposons qu'on pratique une ouverture en un point de la hauteur; il est évident que l'air extérieur y pénétrera et avec une vitesse d'autant plus grande que l'ouverture sera plus rapprochée du sol. A la partie supérieure cette vitesse est nulle. Cet appel de l'air extérieur aurait également lieu si l'ouverture était faite en un point quelconque de la surface du fourneau. Aussi dans toutes les constructions doit-on chercher à se soustraire aux appels de l'air extérieur par les fissures de la maçonnerie, parce qu'ils occasionnent toujours une perte de tirage, et diminuent souvent l'effet utile du combustible.

473. Il résulte nécessairement de ce que nous venons de dire, que dans l'intérieur du fourneau et de la cheminée, il y a une pression négative, c'est-à-dire plus petite que celle de l'atmosphère, dépression qui va en croissant du cendrier au bas de la cheminée, et ensuite en décroissant jusqu'au sommet de la cheminée, où elle est nulle.

474. *Effets produits par la rencontre des courants.* — Lorsque plusieurs tuyaux débouchent dans un même canal, les veines d'air se prolongent au delà des orifices, et dans certaines circonstances elles peuvent par leur action mutuelle modifier les vitesses d'écoulement de l'air dans les tuyaux. Si, par exemple, deux tuyaux débouchaient par des orifices en regard dans un même tuyau perpendiculaire, l'influence des veines serait nulle si les deux courants avaient la même vitesse, parce que tout se passerait comme si les veines venaient choquer un plan fixe placé entre elles ; mais si les vitesses étaient inégales, la veine qui aurait la plus grande vitesse diminuerait celle de l'autre, et fermerait plus ou moins l'orifice par lequel celle-ci s'écoule. Un grand nombre de phénomènes ne permettent pas de douter de ce fait ; d'ailleurs, ces veines doivent agir les unes sur les autres à peu près comme des veines d'eau, et on sait, d'après les expériences de Savart, que quand deux veines de même section agissent en sens contraire, et que l'une d'elles a un très-petit excès de vitesse sur l'autre, cette dernière est refoulée jusqu'à l'orifice du vase, et que l'écoulement cesse complétement. On éviterait les effets qui résultent de ces chocs en plaçant dans le tuyau un diaphragme P, comme l'indique la figure 63.

475. Des phénomènes du même genre se produiraient si les deux tuyaux étaient à angle droit, comme dans la figure 64, et ils se trouveraient en outre compliqués de l'effet résultant des pressions latérales. Mais on éviterait complétement ces effets au moyen du diaphragme P.

Si le tuyau était rélargi comme dans la figure 65, le rétrécissemen

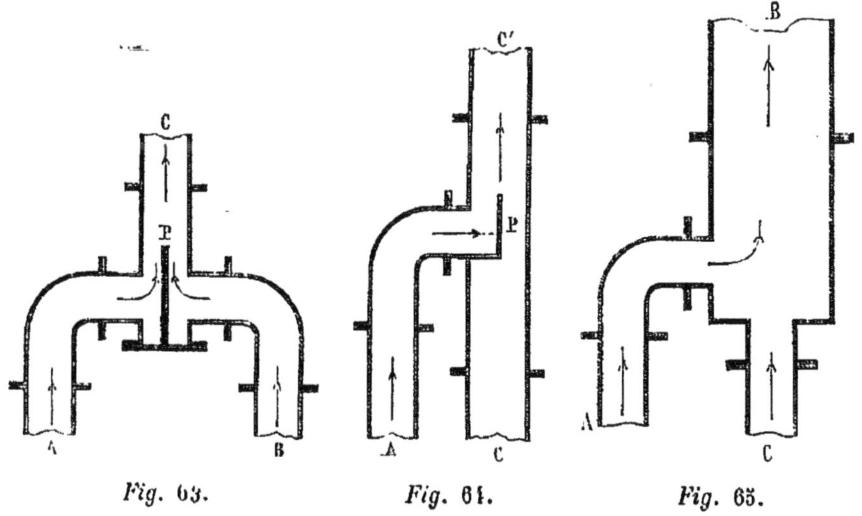

Fig. 63.   Fig. 64.   Fig. 65.

du tuyau en avant de l'orifice du tuyau latéral produirait l'effet d'un diaphragme ; l'influence du choc des veines pourrait être négligée, mais celle de la diminution de pression due au rélargissement du tuyau pourrait être très-grande.

476. Dans le cas où un courant d'air chaud déboucherait horizontalement dans une cheminée d'appel verticale, il pourrait arriver que l'appel fût tout à fait anéanti, quoique la section de la cheminée fût plus grande que celle du courant d'air chaud, si la vitesse de ce dernier était très-grande, parce qu'alors il fermerait la cheminée comme une soupape. C'est un fait que j'ai eu l'occasion de remarquer un certain nombre de fois, et notamment sur une cheminée d'appel que j'avais fait construire dans une fabrique de soude et qui faisait partie

Fig. 66.

d'un appareil de condensation. La cheminée avait 13^{m}30 de hauteur et près de 0^{mq}75 de section ; le canal à fumée d'un four à soude y débouchait horizontalement (*fig.* 66). Lorsque l'on alluma le feu du four à soude, l'appel eut lieu : il augmenta pendant quelque temps, diminua ensuite, et finit par être complétement nul quand le four commença à travailler. Je reconnus bientôt la cause de ce phénomène singulier, et j'y remédiai au moyen d'une cloison verticale A placée dans l'intérieur de la cheminée d'appel, de manière que l'air chaud ne fût mis en contact avec les gaz de la cheminée, qu'après avoir pris la même direction verticale.

Ainsi, il faut avoir le plus grand soin, dans toutes les cheminées d'appel qui reçoivent des courants d'air perpendiculairement ou diversement inclinés, de les diriger suivant l'axe de la cheminée avant de les mettre en contact.

477. *Chaleur perdue par les cheminées.* — La quantité de chaleur perdue par les cheminées est en général très-considérable, parce que l'air brûlé est presque toujours abandonné à une température très-élevée, toujours supérieure à celle que prend le corps échauffé. Cette quantité varie avec la température de l'air qui s'écoule, avec le volume d'air froid qui pénètre dans le foyer, et avec le poids de l'eau que renferme le combustible ou qu'il produit par sa combustion, parce que les gaz s'échappent presque toujours à une température trop élevée pour que la vapeur d'eau puisse se condenser. On peut cependant obtenir une évaluation assez approchée de cette perte, en comparant la température de l'air brûlé dans la cheminée à celle qu'il aurait, si toute la chaleur produite était employée à le chauffer; on peut admettre dans ce calcul que les gaz brûlés ont la capacité calorifique de l'air.

Par exemple, dans les générateurs à vapeur, l'air brûlé se dégage à peu près à 300°, et on emploie moyennement 18^{mc} d'air par kilogramme de houille, ou $18.1, 3 = 23^k 4$; en prenant $0,24$ pour la capacité calorifique des gaz produits, la température à laquelle ces gaz seraient portés par les 8000 calories résultant de la combustion, serait égale à $8000 : (23,4. 0,24) = 1425°$; par conséquent la perte est égale à $300 : 1425 = 0,21$. Cette perte serait évidemment à peu près double ou triple si l'on employait deux ou trois fois plus d'air que nous ne l'avons supposé, et elle se réduirait à $0,1$, si on n'employait que le volume d'air rigoureusement nécessaire à la combustion. Dans les circonstances ordinaires on ne peut pas évaluer la perte à moins de $0,25$ à cause de la vapeur d'eau produite.

Dans les fourneaux employés en métallurgie et pour la production du gaz d'éclairage, l'air brûlé est abandonné à une température beaucoup plus élevée, à cause de la haute température des corps chauffés, et les pertes de chaleur sont beaucoup plus considérables. Elles s'élèvent souvent de $0,80$ à $0,90$, même quand le volume d'air qui échappe à la combustion est très-petit; mais ces chaleurs perdues peuvent en général être utilisées, du moins en grande partie. L'utilisation des chaleurs perdues est une question de la plus haute importance pour toutes les usines, parce que la dépense de combustible entre presque toujours pour beaucoup dans le prix de revient des produits; nous reviendrons plus loin sur cette question.

478. *Dispositions qui permettent d'utiliser toute la chaleur produite par un foyer.* — Dans les appareils généralement employés, la cheminée est placée à la suite du fourneau, et il en résulte, comme nous venons de le voir, une perte de chaleur qui peut être évitée par certaines dispositions.

Imaginons qu'au-dessus ou à la suite d'un foyer bien encaissé, s'élève une cheminée de 3 ou 4 mètres de hauteur, à parois épaisses et peu conductrices; l'air brûlé aura dans cette cheminée une très-haute température, et acquerra une vitesse d'ascension beaucoup plus grande que celle qui est nécessaire à la combustion. Supposons maintenant qu'au-dessus de cette cheminée, dans son prolongement ou à côté, se trouve la chaudière ou le corps qu'il faut échauffer : on pourra prolonger le parcours de la fumée de manière à la refroidir complétement ou presque complétement, et en quittant les surfaces de chauffe, elle pourra être abandonnée immédiatement dans l'air, ou introduite dans une cheminée qui n'aura d'autre effet que de la rejeter à la hauteur convenable dans l'atmosphère. C'est une disposition analogue qui existe dans les fours à fondre le verre destiné à la gobeleterie; la cheminée de tirage a seulement pour hauteur la distance de la grille à la voûte du fourneau, et l'air brûlé pourrait se refroidir complétement dans l'arche, si celle-ci avait une longueur suffisante.

479. Au premier abord, cette méthode ne semble applicable qu'autant que les corps qu'on veut chauffer ne doivent être portés qu'à une température qui excède peu la température ordinaire, puisque l'air brûlé ne peut pas être abandonné à une température plus basse que celle de ces corps. Mais en faisant mouvoir le corps à chauffer en sens contraire du mouvement de l'air brûlé, il est évident que, dans presque tous les cas, on pourrait utiliser la totalité de la chaleur de cet air, et le refroidir jusqu'à la température de l'atmosphère.

480. Cette méthode, qui consiste, comme on voit, à placer la cheminée avant la chauffe, a un inconvénient que nous ne devons pas dissimuler. Les surfaces de chauffe doivent être plus grandes que dans les dispositions ordinaires, parce que ces surfaces ne sont pas chauffées directement par le rayonnement du combustible ; mais, malgré cet inconvénient, il est beaucoup de cas, comme nous le verrons plus tard, dans lesquels cette méthode pourrait être adoptée avec avantage.

481. On pourrait aussi disposer les appareils de manière à produire le tirage pendant la chauffe. La disposition consisterait à placer dans la cheminée le corps qui doit être échauffé. Si les canaux de circulation sont assez étroits, les surfaces de chauffe assez étendues, l'air brûlé parviendra au sommet de la cheminée à une température peu supérieure à celle du corps chauffé, quoique le tirage soit très-puissant, parce que la vitesse d'ascension dépendra de la température moyenne de l'air brûlé dans les canaux de circulation, et que la température à la partie inférieure sera celle du foyer. Cette disposition se rencontre dans les fours à chaux et dans les fours à plâtre.

CHAPITRE III.

DIMENSIONS DES CHEMINÉES D'USINE.

482. L'effet d'une cheminée consiste, comme nous l'avons dit, à appeler dans le foyer le volume d'air nécessaire à la combustion. Le poids de combustible qui doit être brûlé par heure est toujours donné; la hauteur de la cheminée est en général déterminée par des conditions particulières, mais la section dépend du volume d'air employé pour brûler chaque kilogramme de combustible, de la température moyenne que l'air conservera dans la cheminée, des pertes de charge provenant des frottements, des changements de section et de direction, et de la résistance de la grille. Les phénomènes qui se produisent dans le tirage d'un fourneau sont tellement compliqués qu'on ne peut pas espérer arriver par de simples considérations théoriques à calculer exactement, et pour tous les cas, la section qu'on doit donner à la cheminée pour produire un effet déterminé. Ces calculs seraient d'autant moins exacts qu'on ne connaît pas d'avance la température de l'air dans la cheminée, la température moyenne de l'air qui circule autour du corps à échauffer, la résistance de la grille, et que ces trois éléments, qu'il serait nécessaire de connaître avant de rien calculer, varient avec l'état du combustible dans le foyer, et avec son épaisseur sur la grille. Ainsi, pour chaque genre de fourneaux, il faut s'en rapporter aux résultats des expériences directes pour connaître la section qu'il convient de donner à la cheminée; mais il est important de remarquer qu'il y a toujours de l'avantage à donner aux cheminées un excès de section, parce qu'il en résulte un excès de tirage qui peut être nécessaire dans certains cas, et que d'ailleurs on peut toujours maîtriser à l'aide d'un registre.

483. Pour les générateurs à vapeur fixes, disposés suivant la méthode ordinaire, j'ai reconnu, en réunissant un grand nombre de ren-

seignements et les résultats de quelques expériences, que pour des cheminées ayant 10^m, 20^m, 30^m, renfermant de l'air à 300°, avec des grilles dont la partie libre est égale à la section de la cheminée, et sur lesquelles on brûle 1^k de houille par décimètre carré et par heure, circonstances qui se rencontrent ordinairement, la vitesse d'accès de l'air froid est à peu près $0,18\,v$; $0,17\,v$; $0,16\,v$; v étant la vitesse théorique.

Pour les hauteurs de 10^m, 20^m, 30^m que nous avons supposées, et pour une température moyenne de 300° dans la cheminée, les vitesses d'accès de l'air froid, déduites de la formule

$$V = \sqrt{\frac{2g\mathrm{H}at}{1 + at}} \;,$$

sont

$$10^m 13 \qquad\qquad 14^m 33 \qquad\qquad 17^m 55$$

et par suite les vitesses réelles d'accès sont

$$0,18 \cdot 10^m{,}3 = 1^m 82 \qquad 0,17 \cdot 14^m 33 = 2^m 44 \qquad 0,16 \cdot 17^m 55 = 2^m 80$$

Les volumes d'air appelés par heure et par décimètre carré de section étant $v \cdot 0,01 \cdot 3600$, seront pour les trois hauteurs

$$65^{mc} 52 \qquad\qquad 87^{mc} 84 \qquad\qquad 100^{mc} 8$$

et en admettant que la moitié seulement de l'air soit transformée en acide carbonique, et par conséquent que le volume d'air nécessaire pour brûler 1^k de houille moyenne soit égal à 18^{mc}, les poids de houille brûlés par décimètre carré de section et par heure seront représentés par les nombres précédents divisés par 18, c'est-à-dire égaux à

$$3^k 42 \qquad\qquad 4^k 71 \qquad\qquad 5^k 50$$

Ces nombres diffèrent peu de ceux qui sont adoptés par les ingénieurs les plus expérimentés ; en les employant on peut être sûr d'avoir un assez grand excès de tirage, mais il n'en résulte aucun inconvénient, comme nous l'avons déjà dit.

La proportionnalité de la section de la cheminée à la consommation de combustible suppose nécessairement que les résistances restent constantes, hypothèse qu'on peut admettre ; car les résistances, qui proviennent de la grille et des changements de direction du courant, n'éprouvent que peu de variations, et celles qui résultent du frottement n'ont en général que peu d'influence sur la résistance totale.

484. D'après ce qui précède, en désignant par R la somme totale des résistances que l'air éprouve dans le circuit, on a dans les trois cas considérés

$$v = 0{,}18V - V \sqrt{\frac{1}{1+R}} \; ; \; v = 0{,}17V = V \sqrt{\frac{1}{1+R}} \; ;$$

$$v = 0{,}16V = V \sqrt{\frac{1}{1+R}} \; ;$$

et les valeurs de R sont 29,98 ; 33,49 ; 38,29. Ces nombres représentent la somme des résistances dues au frottement, aux changements de direction et à la grille.

En comparant les dimensions d'un grand nombre de générateurs, on trouve que, pour les trois hauteurs de cheminées que nous avons considérées, les valeurs de KL : D sont sensiblement égales à 1,5 ; 2,37 ; 3,57 ; comme il y a ordinairement huit changements de direction à angle droit, en admettant que ces changements aient lieu d'une manière continue, les pertes correspondantes seraient représentées par 4 (360); et en considérant la vitesse dans le circuit comme double de celle d'accès, ce qui s'éloigne peu de la réalité, la somme de ces deux espèces de résistances serait 5,5 . 4 ; 6,37 . 4 ; 7,57 . 4 ; ou 22,0 ; 25,48 ; 30,28; la résistance du foyer serait alors représentée par 8. Mais ces calculs ne peuvent être considérés que comme des approximations grossières, suffisant seulement pour donner une idée de la valeur des différentes espèces de résistances qui se produisent.

485. *Sections des cheminées des générateurs pour différents combustibles.* — Considérons deux générateurs de même forme et de mêmes dimensions, dont les foyers sont alimentés par des combustibles différents, ne renfermant que du carbone et des matières fixes ; il est évident que, si pour chacun d'eux la même portion d'air échappait à la combustion, les phénomènes seraient sensiblement les mêmes ; il n'y aurait de différence que celle qui résulterait des quantités inégales de chaleur rayonnée, et des résistances inégales du foyer ; mais ces différences seraient peu importantes et ne pourraient pas en apporter sensiblement dans le poids de carbone brûlé par décimètre carré de cheminée. Mais, si l'un des combustibles renferme de l'eau ou en produit, les sections des cheminées, pour le même poids de combustible, ne seront plus les mêmes. Dans ce cas, on peut admettre, comme une approximation suffisante pour la pratique, que les sections de cheminées sont proportionnelles aux volumes de gaz qu'elles doivent laisser écouler

pour la combustion d'un même poids des différents combustibles. Alors si on désigne par S la section de cheminée nécessaire pour brûler un poids P de houille, par S′ la section de cheminée correspondante à la combustion d'un poids P d'un autre combustible, par V et V′ les volumes des gaz qui se dégagent à la suite de la combustion d'un kilogramme des deux combustibles, on aura S′ = S . V′ : V ; d'après cela et le tableau (207), nous obtiendrons les résultats suivants :

Bois sec . . . . $S' = S . \dfrac{10,08}{17,28} = 0,59 . S$

Bois à 0,20 d'eau . . . . $S' = S . \dfrac{7,42}{17,28} = 0,43 . S$

Tourbe sèche à 0,05 de cendres. . . . . $S' = S . \dfrac{12,01}{17,28} = 0,69 . S$

Tourbe à 0,20 d'eau . . . . $S' = S . \dfrac{8,78}{17,28} = 0,51 . S$

Charbon de bois. . . . . $S' = S . \dfrac{15,28}{17,28} = 0,88 . S$

Coke à 0,02 de cendres. . . . . $S' = S . \dfrac{17,40}{17,28} = 1,00 . S$

Coke à 0,15 de cendres . . . . $S' = S . \dfrac{15,10}{17,28} = 0,87 . S$

Ces nombres supposent nécessairement que les résistances des grilles sont sensiblement les mêmes pour tous les combustibles ; et il n'en est pas tout à fait ainsi, car tous les combustibles ne sont pas sujets à encrasser les grilles comme la plupart des houilles ; mais, comme nous le verrons plus loin, on emploie pour le coke, le bois, le charbon de bois, la tourbe, des surfaces de grille plus petites que pour la houille, de sorte que les résistances des grilles ne doivent pas beaucoup différer. Ils supposent également que les autres résistances ne changent pas avec la section, car c'est à cette condition que les volumes d'air écoulés sont proportionnels aux sections ; mais quand les formes des générateurs sont les mêmes, il y a le même nombre de changements de direction, et les différences de section n'ont qu'une faible influence sur la résistance totale. Au reste, il ne faut considérer ces nombres, ainsi que je l'ai déjà dit, que comme des valeurs approchées, mais représentant toujours des sections produisant un excès de tirage.

486. Il est important d'examiner ce qui arriverait si la cheminée seulement ou tout le circuit avait une section plus grande que celle qui résulte des déterminations précédentes.

Supposons d'abord qu'on donne à la cheminée seule une plus grande section ; le tirage augmentera, à cause de la détente que l'air chaud éprouvera en y pénétrant, et à cause de la diminution du frottement ; mais en général cet accroissement de tirage sera peu considérable, et, si la cheminée est trop large, la vitesse d'écoulement de l'air chaud pourra se trouver assez diminuée pour que le tirage soit modifié par l'influence des vents. Il pourrait même arriver, si la section de la cheminée était beaucoup trop grande, que le courant d'air chaud ne la remplît pas complétement, et qu'il s'établît dans la cheminée des courants d'air de haut en bas qui diminueraient beaucoup le tirage. Dans ce cas, il faudrait réduire la section de la cheminée par un registre placé à la partie supérieure.

Si, au contraire, on diminuait la section de la cheminée de manière à la rendre beaucoup plus petite que celle des carneaux, il y aurait une perte de charge qui ne pourrait être compensée que par un accroissement de température de l'air chaud ; cette compensation ne pourrait même s'effectuer que difficilement et dans des limites très-restreintes.

487. Si on donnait aux carneaux, à la grille et à la cheminée une section beaucoup plus grande que celles que nous avons indiquées, il est évident que, pour une consommation de combustible constante obtenue par la fermeture plus ou moins grande du registre, les résistances s'affaibliraient à mesure que la section augmenterait, et on finirait par obtenir pour les vitesses d'accès et de sortie des gaz les vitesses théoriques. Il ne serait pas nécessaire pour cela que le diamètre du canal fût très-grand ; car, s'il était seulement égal à 5 fois le diamètre calculé, les vitesses seraient 25 fois plus petites, et toutes les espèces de résistances $25 . 25 = 625$ fois plus petites. Ce serait par conséquent un moyen infaillible de supprimer toute espèce de résistance ; mais alors, pour soustraire le tirage à l'influence des vents, le registre devrait être placé au sommet de la cheminée. Cette disposition augmenterait beaucoup les frais de construction et les pertes de chaleur par la surface du fourneau et de la cheminée ; aussi elle n'est jamais employée.

488. *Différentes méthodes qui ont été proposées pour déterminer la section des cheminées.* — Montgolfier est le premier qui se soit occupé de la détermination de la section d'une cheminée, en partant de sa hauteur, du volume d'air nécessaire à la combustion et de la température de l'air brûlé ; mais il n'avait eu égard ni au frottement de l'air contre les parois du canal ni à la résistance de la grille. La section ainsi déterminée était beaucoup trop petite. Clément, dans son cours au Conservatoire, donnait la méthode de Montgolfier ; mais il prenait

seulement le cinquième de la vitesse calculée, ce qui conduisait à une section trop grande. Trédgold, dans son *Traité des machines à vapeur*, donne une méthode compliquée fondée sur des suppositions singulières ; il part de la vitesse théorique, en supposant que pour les chaudières à vapeur la température de la fumée est égale à celle de la vapeur et il multiplie la vitesse obtenue par 0,65, qui convient à l'écoulement de l'air par des orifices en mince paroi.

D'après M. Darcet, les cheminées doivent avoir 10^m de hauteur, et une section telle que chaque décimètre carré corresponde à une consommation de houille de 3^k à 3^k 3 par heure ; la surface de la grille doit être trois fois plus grande que la section de la cheminée. Ces résultats s'éloignent peu de ceux que nous avons indiqués.

489. *Influence du refroidissement de la surface extérieure des cheminées sur le tirage.* — On pourrait penser que pour les cheminées isolées, parcourues par de l'air à une température voisine de 300°, la quantité de chaleur émise par la surface étant considérable, l'air éprouve un grand refroidissement qui diminue le tirage ; mais il n'en est rien : la quantité de chaleur entraînée par l'air chaud est toujours très-grande relativement à celle qui est perdue par la surface de la cheminée, et le refroidissement de l'air n'a pas d'effet sensible. Considérons, par exemple, une cheminée de 20^m de hauteur, 0^m 5 de diamètre et $0^{mq}196$ de section, renfermant de l'air à 300°. La vitesse théorique d'accès de l'air froid par un canal ayant la section de la cheminée sera de 11^m93, la vitesse réelle de 11^m 93 . 0,165 $= 1^m$ 968, le volume d'air appelé par heure de 1,968 . 3600 $= 7084^{mc}$, dont le poids est de 7084 . 1^k 3 $= 9209^k$, et la quantité de chaleur entraînée par heure à très-peu près de 9209 . 300 : 4 $= 553175$ unités dechaleur. Or, d'après les formules du refroidissement que nous verrons plus loin, la quantité de chaleur, émise par mètre courant et par heure dans ces conditions, est de 1587 ; pour les 20^m, la perte sera donc de 1587 . 20 $= 31740$. Le rapport de 31740 à 553175 est 0,057. Ainsi, la chaleur perdue par la cheminée n'est pas les 6 centièmes de la chaleur entraînée par l'air ; par conséquent, la température de l'air ne sera pas abaissée de 0,06, c'est-à-dire qu'elle demeurera supérieure à 282°, et le tirage ne sera pas sensiblement changé.

490. Pour une cheminée de tôle de mêmes dimensions, la quantité de chaleur émise serait, d'après les formules du refroidissement, 8037 par mètre courant, et 160740 pour les 20^m. Le rapport de la chaleur perdue à la chaleur entraînée par l'air serait alors 160740 : 553175 $= 0,29$. Ainsi, la température s'abaisserait de 87°, et l'air chaud s'échapperait

à 213° environ, ce qui correspond (443) à une diminution de 0,1 à peu près dans le tirage.

491. *Calcul du diamètre des cheminées dans le cas général.* — Tout ce que nous venons de dire sur les sections des cheminées, destinées à produire la combustion d'un poids donné de combustible, n'est applicable qu'aux cheminées des générateurs fixes dans les conditions ordinaires, quand la température de l'air y est de 300° environ, et qu'on brûle à peu près 1ᵏ de houille par heure et par décimètre carré de surface de grille. Mais, si les circonstances étaient différentes, les sections de cheminées indiquées ne conviendraient plus. Comme il est très-important de pouvoir les calculer, au moins avec un certain degré d'approximation, dans tous les cas qui peuvent se présenter, j'ai cherché une méthode simple qui puisse conduire à cette détermination.

492. Nous supposerons d'abord que la consommation de houille par décimètre carré de grille soit toujours à peu près de 1ᵏ par heure. Nous avons vu (484) que, pour des générateurs ayant des cheminées de 10, 20, 30ᵐ, la résistance de la grille est à peu près égale à 8. En supposant la section du canal constante et carrée, et en désignant par L sa longueur, par D le côté, par N le nombre de changements de direction à angle droit, on aura pour la vitesse d'accès de l'air froid :

$$v^2 = \frac{2g\mathrm{H}at}{1 + at} \cdot \frac{1}{1 + 8 + \left(\dfrac{\mathrm{KL}}{\mathrm{D}} + \mathrm{N}\right)(1 + at)^2} \quad\ldots\ldots\ldots\ldots(1)$$

Mais en désignant par V le volume d'air froid qui doit être appelé par seconde, volume qui se déduira facilement du poids et de la nature du combustible à consommer dans le même temps, et par S la section du conduit, on aura :

$$\mathrm{V} = \mathrm{S}v \quad;\ \text{et}\quad v^2 = \frac{\mathrm{V}^2}{\mathrm{D}^4} \quad\ldots\ldots\ldots\ldots\ldots\ldots(2)$$

En égalant les valeurs de v^2 des équations (1) et (2), il vient :

$$\mathrm{V}^2 = \frac{2g\mathrm{H}at}{1 + at} \cdot \frac{\mathrm{D}^4}{9\mathrm{D} + (\mathrm{KL} + \mathrm{ND})(1 + at)^2}$$

si t était connu, en mettant à la place de V, g, H, a, N, leurs valeurs, la dernière équation deviendrait de la forme :

$$\mathrm{D}^5 = \mathrm{A} + \mathrm{BD} \quad\ldots\ldots\ldots\ \ldots\ldots\ldots\ldots(3)$$

équation qu'on pourrait résoudre par approximation, en négligeant d'abord A ou B, substituant la valeur de D ainsi obtenue à la place de D dans le second membre de l'équation (3), et successivement à la place de D la dernière valeur obtenue, jusqu'à ce que deux valeurs consécutives ne différassent que d'une quantité plus petite que l'approximation demandée.

Si la température t n'était pas connue, il faudrait lui assigner une certaine valeur, d'après des expériences faites sur des appareils ayant une certaine analogie. Nous remarquerons ici qu'une grande précision dans la valeur de t est sans importance ; car, d'après ce que nous avons vu (443), le tirage varie très-lentement avec t ; pour $t = 159°$, et $t = 300°$, le tirage varie seulement dans le rapport de 57 à 71.

493. Pour donner un exemple de ces calculs, supposons qu'il s'agisse de brûler 50^k de houille par heure ; qu'on ait $L = 40^m$, $t = 150°$, et qu'il y ait 10 changements de direction à angle droit, on aura $V = 50 . 18 : 3600 = 0,25$; $2g\mathrm{H}at = 161,40$; $1 + at = 1,55$; $\mathrm{KL} = 0,96$; et la formule (3) devient :

$$\mathrm{D}^5 = 0,00057 + 0,0114\mathrm{D}$$

en négligeant d'abord le premier terme et en opérant par approximations successives, ainsi que nous l'avons indiqué, on trouve pour D les valeurs de plus en plus approchées :

$$0,325 \qquad 0,335 \qquad 0,337 \qquad 0,338 \qquad 0,338$$

Ainsi la deuxième substitution donne la valeur de D à moins de 1 centimètre. La section étant à peu près de 13 décimètres carrés, la consommation de combustible par décimètre carré serait d'environ 3^k (1).

494. Nous avons supposé que la résistance de la grille était constante et égale à 8 ; c'est ce qui arrivera quand la consommation de houille par décimètre carré et par heure sera de 1^k. Si cette consommation était plus faible, la vitesse de l'air qui traverserait la grille se-

---

(1) On pourrait craindre que l'équation (3) n'eût 3 ou 5 racines réelles, mais il est facile de reconnaître qu'elle n'en a qu'une seule ; en effet, la courbe $y = x^5 - \mathrm{B}x - \mathrm{A}$, donnera évidemment pour ses points d'intersection avec l'axe des x les racines de l'équation (3). Pour que la courbe coupât plusieurs fois l'axe des x, il faudrait qu'elle eût plusieurs tangentes horizontales au-dessus et au-dessous de l'axe des x, et comme $\frac{dy}{dx} = 5x^4 - \mathrm{B}$, les abscisses des points où la tangente est horizontale sont données par l'équation $5x^4 - \mathrm{B} = 0$, dont les racines sont égales numériquement et de signes contraires ; ainsi la courbe ne coupe qu'une seule fois l'axe des x, comme il est d'ailleurs facile de le reconnaître en traçant la courbe relative au cas particulier que nous avons considéré.

rait plus petite, ainsi que la résistance ; et par suite, la section de la cheminée calculée comme nous venons de le dire serait trop grande. Dans le cas contraire, elle serait évidemment trop petite. Dans tous les cas, on pourrait admettre que la résistance de la grille est proportionnelle au carré de la vitesse de l'air qui la traverse ; ainsi, en désignant par n le nombre de kilogrammes de houille brûlés par décimètre carré et par heure, la résistance serait égale à $8 . n^2$.

495. On ne peut considérer les résultats de ces calculs que comme des valeurs approchées, parce qu'ils reposent sur des hypothèses relatives à la résistance de la grille et à la température de l'air dans la cheminée, et que les nombres admis peuvent s'éloigner de la vérité dans des limites assez étendues.

496. Ce qui précède suppose non-seulement que le canal conserve sa section dans toute son étendue, mais encore qu'il n'est pas divisé en plusieurs branches parcourues simultanément par les gaz sortis du foyer ; car s'il en était ainsi, la somme des résistances dans les canaux partiels serait supérieure à celle que l'air éprouverait dans un canal unique de même section. Quand l'air parcourt simultanément un grand nombre de tuyaux égaux, comme dans les locomotives, nous avons vu (394), que la résistance est représentée par $KlS^2 : dS_1^2$ ou par $KlD^4 : n^2 d^5$, S représentant la section du canal, S_1 celle des tubes, D le diamètre du canal, d celui des tubes et n le nombre des tubes.

497. Si, dans un long circuit d'un générateur ou d'un appareil quelconque, il se trouvait un faisceau de tubes, on ne pourrait pas employer sans modification la méthode indiquée (492), pour calculer le diamètre de la cheminée, parce que cette méthode suppose le canal unique dans toute son étendue et à section constante. On pourrait cependant s'en servir à l'aide de quelques tâtonnements. En effet, la résistance du faisceau de tubes est équivalente à celle d'un tuyau unique d'un diamètre D, dont la longueur L est donnée par l'équation.

$$\frac{KlD^5}{n^2 d^5} = \frac{KL}{D} \quad ; \text{ d'où } \quad L = \frac{lD^5}{n^2 d^5} \quad \cdots\cdots\cdots\cdots \cdots (a).$$

On prendrait d'abord une certaine valeur approchée de D ; on en déduirait la valeur de L au moyen de l'équation (a) ; l'équation (3) (492) donnera une nouvelle valeur de D, qui permettra de trouver une nouvelle valeur de L, et ainsi de suite, jusqu'à ce qu'on trouve une valeur constante de L, et par suite de D. D'ailleurs comme on n'a besoin en général que d'une approximation assez grossière et comme dans les générateurs à tubes, le trajet de la fumée est toujours très-court, l'accroissement de résistance dans les tubes est à peu près compensé par la diminution de longueur du circuit, et par l'accroissement de la somme des sections des tubes, de manière qu'on peut prendre pour section de la cheminée celle qui est indiquée (492).

498. *Cheminées communes à plusieurs fourneaux.* — Dans la plupart des grandes usines, on ne construit qu'une seule cheminée pour tous les fourneaux ; on y trouve deux avantages : 1° une économie dans les frais de construction ; 2° une uniformité de tirage qui n'existe point dans une cheminée qui ne correspond qu'à un seul foyer. L'économie est évidente, car une seule cheminée coûte moins de construction que plusieurs, en supposant la section de la cheminée unique égale à la somme des sections des autres. Quant au second avantage, il faut remarquer que, dans un fourneau ayant une cheminée spéciale, le tirage est très-variable ; il est faible immédiatement après le chargement du foyer et il s'élève à mesure que la combustion devient plus active. Il diminue surtout par l'ouverture des portes du foyer. Mais si plusieurs fourneaux communiquent avec une cheminée commune, et si on a soin de ne charger les foyers que successivement, il s'établira dans la cheminée un tirage moyen qui sera d'autant plus régulier que les fourneaux seront plus nombreux.

On donne ordinairement pour section à une cheminée commune la somme des sections des cheminées partielles qui correspondraient à chaque fourneau. La section ainsi obtenue est certainement trop grande, parce que la résistance est beaucoup plus petite que la somme des résistances dans les cheminées partielles qu'elle remplace. Mais cet excès de tirage, qu'on peut toujours modérer à volonté, ne présente aucun inconvénient.

499. *Cheminées dans lesquelles les fumées et les gaz solubles dans l'eau sont précipités ou absorbés par des injections d'eau.* — On a proposé de faire précipiter les fumées et de dissoudre les gaz solubles qui, dans certaines circonstances, se trouvent mêlés aux gaz sortant des foyers, en faisant tomber de l'eau sous forme de pluie très-fine dans des canaux horizontaux que les gaz parcourraient avant de se rendre dans la cheminée ; mais les gaz étant presque complétement refroidis, il faudrait les réchauffer pour produire le tirage.

M. Hedley, maître de forge à Newcastle-on-Tyne, a imaginé de faire circuler la fumée dans une série de tuyaux verticaux, qu'elle parcourait successivement de bas en haut et de haut en bas, et, dans chacun des tuyaux où la fumée descendait, il faisait tomber de l'eau très-divisée ;

malgré le refroidissement, le tirage était très-grand, même pour des tuyaux de 3 à 4^m de hauteur. Par ce procédé on peut recueillir toutes les matières entraînées par les gaz, et notamment le noir de fumée qui surnage au-dessus du liquide écoulé. Cette disposition a été appliquée avec succès à un générateur du chemin de fer de Sunderland à Durham. Quoique ce mode de condensation des fumées soit connu depuis longtemps, il n'a point été adopté par l'industrie, parce qu'il est compliqué, qu'il exige un certain travail pour élever les eaux de condensation, et que les eaux sales seraient souvent d'un grand embarras ; mais cette disposition serait très-avantageuse lorsque dans les gaz qui s'échappent des fourneaux se trouvent, indépendamment de ceux qui proviennent de la combustion, des gaz et des vapeurs nuisibles, comme dans les fours à soude, ou des matières solides entraînées par le courant et qu'il est utile de recueillir, ce qui arrive dans les fourneaux où l'on traite le plomb ou le zinc.

CHAPITRE IV.

CHEMINÉES D'APPEL.

500. Toutes les cheminées sont réellement des cheminées d'appel, mais on désigne plus spécialement sous ce nom des cheminées qui ont pour objet de produire un renouvellement d'air nécessaire à l'assainissement des lieux habités. Dans ces appareils, les phénomènes qui se produisent sont beaucoup plus simples que dans les cheminées d'usine. En effet, l'air appelé, étant en général peu échauffé, n'est pas obligé de traverser en totalité la grille du foyer, qui n'occupe qu'une faible partie de la section de la cheminée ; le foyer est même souvent placé latéralement, de manière que la section de la cheminée ne soit pas sensiblement changée dans le voisinage de la grille ; la résistance de celle-ci peut alors être complétement négligée, et les résultats du calcul présentent une grande certitude. Lorsqu'une grille est entièrement couverte de combustible, que la totalité de l'air appelé par la cheminée est obligée de la traverser, et qu'il n'y a point de perte sensible de chaleur par le rayonnement, la température de l'air au delà de la grille est d'environ 1200° et le volume d'air appelé par kilogramme de houille est de 18^{mc}. Pour les cheminées d'appel, au contraire, il est rare que l'air soit échauffé de plus de 20° ; la chaleur qu'il absorbe par mètre cube est de

$1^k 3 . 20 . 0,25 = 6,5$, et, par conséquent, le volume d'air appelé par 1^k de houille est de $8000 : 6,5 = 1230^{mc}$.

501. Pour commencer par le cas le plus simple, considérons une cheminée d'appel ayant une hauteur H, un diamètre D, communiquant par la partie inférieure avec un canal cylindrique, d'une longueur l et d'un diamètre d plus petit que D ; désignons par t et θ les températures de l'air de la cheminée et de l'air du canal ; la dépression au bas de la cheminée sera $Hu(t — \theta) : 1 + at$; en la désignant par P, et appelant p la charge correspondante à la vitesse effective, nous aurons :

$$P - p = \frac{Kl}{d} p + \frac{KH}{D} \cdot \frac{d^4}{D^4} p + p + (A - B)p ;$$

les deux premiers termes du second membre de l'équation représentent la résistance provenant du frottement dans le canal et dans la cheminée ; le troisième, la perte de charge due au changement brusque de direction ; le dernier, la perte de charge à l'entrée dans le canal et l'accroissement de charge à l'entrée dans la cheminée. Mais, en général, les tuyaux de conduite sont assez longs pour que leur résistance soit toujours très-grande relativement à la valeur de A — B : ainsi, le second membre de l'équation peut être réduit aux trois premiers, ce qui donne pour la vitesse d'accès

$$v = \sqrt{\frac{2gHu(t — \theta)}{1 + at}} \sqrt{\frac{1}{\dfrac{Kl}{d} + \dfrac{KH}{D} \cdot \dfrac{d^4}{D^4} + 2}} \dots\dots (1)$$

502. Supposons, par exemple, une cheminée carrée communiquant avec un canal ayant également un carré pour section ; prenons $H = 30^m$, $D = 1^m, d = 0^m 5, l = 500^m, \theta = 15°, t = 35°$; la formule (1) devient

$$v = \sqrt{\frac{19,62 . 30 . 0,00366 . 20}{1 + 0,00366 . 35}} \sqrt{\frac{1}{21 + 0,72 + 2}} = 6,18 . 0,193 = 1^m 19.$$

La section du canal étant $0^{mq} 25$, le volume d'air appelé sera par seconde $1,19 . 0,25 = 0^{mc} 297$, et par heure $0,297 . 3600 = 1069^{mc}$; la dépense de chaleur sera à peu près par heure de $1069 . 1^k 3 . 20 . 0,24 = 6670$, nombre un peu inférieur à la quantité de chaleur produite par la combustion de 1^k de houille.

503. Considérons maintenant le cas le plus général : supposons que la cheminée, toujours prismatique, communique avec un canal con-

tourné dans tous les sens, et dont les diverses parties sont à des températures différentes. Les variations de température agiront de deux manières : 1° en modifiant la charge qui produit l'écoulement; 2° en produisant des variations de vitesse, et par suite des variations dans la résistance due au frottement. Mais, comme l'influence des variations de température sur la vitesse, et par suite sur le frottement, est très-faible, on pourra sans erreur sensible supposer que la vitesse varie seulement en raison inverse des sections. Alors, en désignant par P et R la charge et la somme totale des résistances, la vitesse d'écoulement sera donnée par la formule

$$c = \sqrt{\frac{2gP}{1 + R}} \, .$$

La valeur de R se calculera par les méthodes que nous avons indiquées en parlant de l'écoulement des gaz comprimés.

Nous examinerons en détail les différentes questions qui se rattachent aux cheminées d'appel, lorsqu'il sera question de la ventilation des lieux habités.

CHAPITRE V.

CONSTRUCTION DES CHEMINÉES.

504. La section et la hauteur des cheminées pouvant être déterminées par les considérations qui précèdent, il ne nous reste plus qu'à examiner la nature des matériaux, les épaisseurs et les dispositions générales qu'il convient d'employer. C'est ce que nous allons faire, en considérant successivement les cheminées d'usine et les cheminées d'habitation.

Cheminées d'usine.

505. Les cheminées d'usine sont toujours isolées ; elles sont en briques ou en tôle; avec l'un ou l'autre de ces matériaux, dans les mêmes circonstances, elles produisent sensiblement le même effet, parce que le refroidissement que l'air éprouve dans les cheminées métalliques n'a pas d'influence sensible sur le tirage (490).

506. La forme de la section la plus convenable, au point de vue de la diminution des résistances, est celle qui, pour une surface donnée, a le minimum de contour; c'est par conséquent la forme circulaire.

et ensuite, les formes polygonales d'un grand nombre de côtés. On donne toujours la forme circulaire aux sections des cheminées métalliques. Quant aux cheminées en briques, la section est circulaire, carrée ou octogonale ; les cheminées rondes sont en général préférées ; elles exigent à section égale, moins de matériaux pour leur construction.

507. Examinons maintenant la forme de la section verticale qui passe par l'axe. Quand les cheminées n'ont qu'une petite hauteur, on les fait prismatiques intérieurement, en donnant aux murailles une épaisseur plus grande à la base qu'au sommet (*fig.* 67 et 68). Mais quand les cheminées doivent avoir une grande hauteur, on leur donne toujours une forme pyramidale en dedans et en dehors (*fig.* 69 et 70 *page suivante*), pour augmenter la base sur laquelle elles reposent tout en réduisant, autant que possible, le cube de maçonnerie. Il est impossible de calculer les pentes intérieures et extérieures, parce que le calcul devrait reposer sur un trop grand nombre d'éléments inconnus. Nous nous contenterons de rapporter les pentes qui ont été reconnues suffisantes par la pratique.

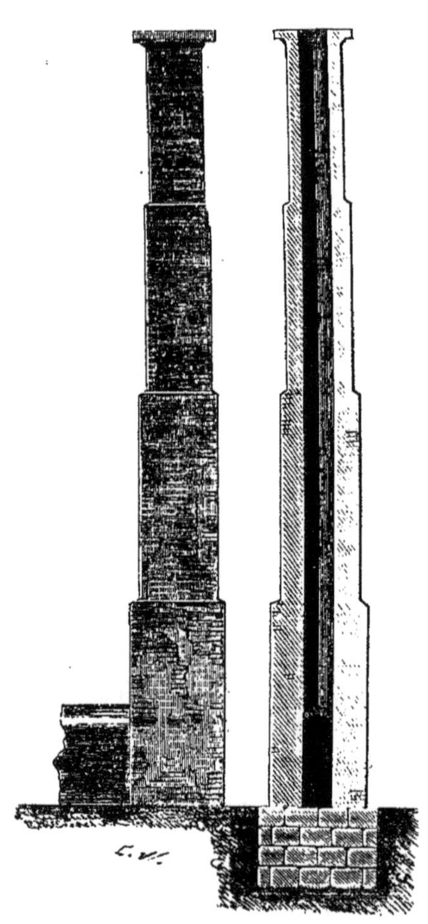

Fig. 67.   Fig. 68.

508. Dans les grandes cheminées d'usine, la pente intérieure par mètre courant est d'environ $0^m 012$ à $0,018$; et la pente extérieure varie de $0,025$ à $0,035$. L'épaisseur de la maçonnerie au sommet est de $0,11$ ou de $0,22$, la largeur ou la longueur d'une brique ordinaire. D'après cela, si on désigne par d le diamètre intérieur au sommet d'une cheminée, par d' son diamètre extérieur, et par D et D' les diamètres intérieur et extérieur au bas de la cheminée, on aura

$$d' = d + 0,22 \quad \text{ou} \quad d' = d + 0,11 \quad D = d + 2Hm \quad D' = d' + 2Hm'$$

m étant compris entre $0,012$ et $0,018$, et m' entre $0,025$ et $0,035$.

Supposons, par exemple, une cheminée de 20 mètres de hauteur et

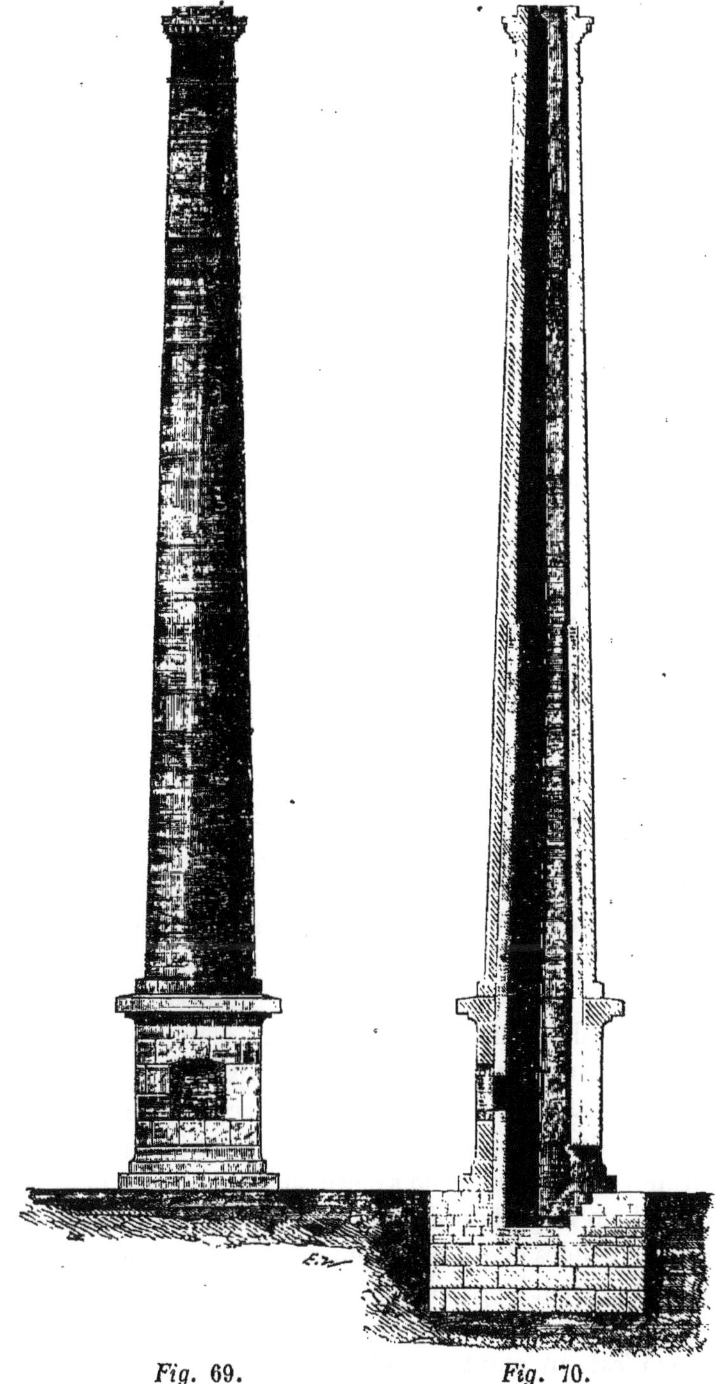

Fig. 69.   Fig. 70.

de 0,60 de diamètre intérieur au sommet ; le diamètre intérieur D au bas sera, en prenant $m = 0,014$, de $1^m 16$; le diamètre extérieur d' au sommet sera de $0,60 + 0,22 = 0^m 82$; et le diamètre extérieur D' en bas, en prenant $m' = 0,03$, sera de $2^m,02$. On peut alors facilement tracer le profil de la cheminée dans chaque cas particulier.

La cheminée de la manufacture des tabacs de Paris, qui est destinée à brûler 700 kilogrammes de houille à l'heure, ce qui correspond à plus de 150 chevaux, a 29 mètres de hauteur ; intérieurement $1^m 03$ de diamètre au sommet, $2^m 15$ à la base ; et extérieurement, au sommet $1^m 30$, et à la base $3^m 45$. Les deux pentes sont un peu trop fortes.

509. Si l'on voulait construire des surfaces coniques intérieures et extérieures, l'exécution serait assez difficile, et on serait obligé d'entamer beaucoup de briques, ce qui exigerait une main-d'œuvre coûteuse ; d'ailleurs, les briques résistent beaucoup moins quand elles sont cassées que quand elles sont entières, parce que leur croûte extérieure a une bien plus grande ténacité que les parties intérieures.

On pourrait construire les cheminées coniques ou prismatiques par une suite de cylindres ou de prismes, qui produiraient des retraits brusques à l'intérieur et à l'extérieur ; mais on préfère la disposition représentée (*fig.* 70). La cheminée est conique ou pyramidale à l'extérieur, et l'épaisseur de la maçonnerie varie par sauts brusques à l'intérieur ; les retraits ont lieu par 11 centimètres, la largeur d'une brique.

510. Les cheminées en briques ont ordinairement de 20^m à 30^m de hauteur, plus rarement 40. M. Grouvelle cite une cheminée construite à Manchester, qui a 125^m de hauteur, $7^m 50$ de diamètre extérieur à la base et $2^m 70$ au sommet, on a employé 4,000,000 de briques dans sa construction.

511. Les cheminées en briques sont ordinairement montées sur des socles prismatiques percés de deux ouvertures opposées : l'une est destinée à recevoir le canal qui doit amener la fumée dans la cheminée ; l'autre, qui est ordinairement fermée par un mur en briques de peu d'épaisseur, sert à introduire de temps en temps dans la cheminée l'ouvrier qui doit la nettoyer ou la réparer. Pour cet objet, la cheminée est garnie de barres de fer horizontales espacées de $0^m 50$, qui forment une échelle au moyen de laquelle on s'élève facilement jusqu'au sommet.

512. Il est bien important de n'établir une cheminée que sur des fondations bien solides et qui ne cèdent pas sous son poids, car l'affaissement se fait souvent inégalement ; et, quand il a lieu, il en résulte sinon la chute de la cheminée, au moins une déviation nuisible et dangereuse. C'est un point auquel les constructeurs n'attachent pas en général assez d'importance.

513. Dans les cheminées qui doivent recevoir de l'air à une température très-élevée, comme celles des fourneaux à réverbère, il faut employer des briques réfractaires et les lier entre elles avec de la terre à briques. Dans les cheminées qui, comme celles des chaudières à vapeur, ne doivent recevoir que des fumées à une température rarement supérieure à 300°, on peut employer des briques ordinaires réunies par du mortier de chaux et de sable siliceux; il serait cependant utile d'employer des briques réfractaires pour le revêtement de la partie intérieure du bas de la cheminée. Le plâtre ne doit jamais être employé quand la température de la fumée doit dépasser 100°, parce qu'à cette température il commence à perdre l'eau hygrométrique qu'il renferme, et par suite sa ténacité.

514. Les grandes cheminées isolées peuvent se construire sans échafaudage extérieur quand leur diamètre est assez grand; l'ouvrier s'élève progressivement sur des étais intérieurs qu'il place dans des cavités qu'il ménage. Un bon ouvrier habitué à ces sortes de constructions, aidé d'un garçon qui lui donne les briques et le mortier, peut élever ainsi en quinze jours une cheminée pyramidale de 13 à 14 mètres de hauteur, de 2^m et 1^m de diamètres extérieur et intérieur à sa base, et de 0,80 et 0,60 de diamètres extérieur et intérieur au sommet.

515. Les cheminées sont ordinairement terminées par une partie d'un plus grand diamètre, et qui ressemble au chapiteau d'une colonne ; cette partie de la cheminée est principalement destinée à lui donner une forme plus élégante. Souvent le chapiteau est en briques comme le reste de la cheminée ; quelquefois il est en pierres de taille.

516. Les chapiteaux en briques, s'ils n'étaient protégés, laisseraient pénétrer les eaux pluviales à travers la maçonnerie, et il en résulterait une détérioration rapide ; on les recouvre

Fig. 71.

d'une plaque mince de fonte ou d'une épaisse feuille de tôle qui s'étend sur toute sa partie horizontale, et qui se replie de 0ᵐ 10 à 0ᵐ 15 en dedans ou en dehors.

517. La figure 71 représente une coupe de la disposition qu'on emploie pour établir les grandes cheminées de tôle ; le corps de la cheminée est fixé par des rivets à un socle en fonte, fixé lui-même sur un massif de maçonnerie au moyen de quatre boulons qui traversent le massif. Quand ces cheminées sont très-élevées, on les maintient par des haubans amarrés dans le sol ou dans les constructions voisines. Pour s'opposer à l'oxydation du métal, on recouvre la cheminée d'une couche de goudron de houille, qui supporte une température assez élevée sans s'altérer.

518. Les cheminées d'usines isolées et très-élevées provoquent la chute de la foudre et par leur élévation et par la grande conductibilité de la suie qui recouvre leur surface intérieure ; aussi les arme-t-on d'un paratonnerre. Les figures 72 et 73 représentent les dispositions généralement employées. Dans la première, quatre tiges, rivées au chapeau de tôle qui enveloppe le chapiteau, supportent la tige du paratonnerre, une des tiges se prolonge horizontalement et à son extrémité est attachée le conducteur métallique. La seconde représente un paratonnerre d'une cheminée en tôle. La tige du paratonnerre est supportée par trois tiges rivées sur les bords de la cheminée qui sert elle-même de conducteur, et la chaîne destinée à établir la communication avec un puits est fixée à sa partie inférieure.

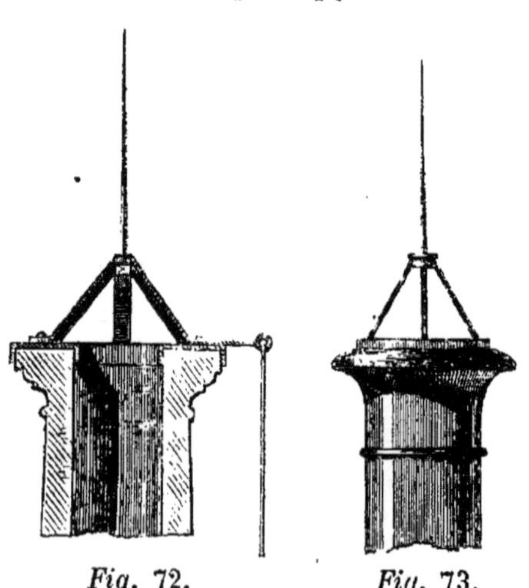

Fig. 72.   Fig. 73.

519. Quand les cheminées isolées sont très-élevées, et qu'elles doivent recevoir de l'air à une haute température, il est nécessaire de les armer pour augmenter leur résistance. On trouve dans la cheminée à section carrée des fours à puddler, ou à souder le fer, un exemple du genre d'armature employé dans ces cas. Pour les cheminées coniques, on place des cercles en fer dans l'épaisseur des maçonneries.

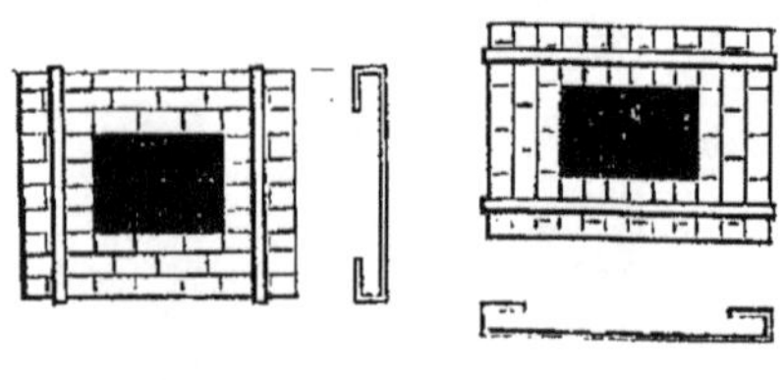

Fig. 74.

Dans les cheminées rectangulaires de chaudières à vapeur, on réduit l'armature à la pose, dans la maçonnerie, d'un certain nombre de bandes de fer plat reployées par les deux bouts pour embrasser deux ou trois rangs de briques et qui se croisent alternativement comme l'indique la figure 74.

520. Les figures 75 et 76 représentent une grande cheminée d'usine à section circulaire, construite sur les plans de MM. Thomas et Laurens. La cheminée a 40^m de hauteur ; le diamètre est à la base de 3^{m}35, au sommet de 2^{m}02; ainsi la pente intérieure par mètre sur l'axe est de 0^{m}016; le diamètre extérieur au bas est de 5,65, et en haut de 2,52; la pente extérieure est de 0^{m}030 par mètre. La cheminée est formée de 5 rouleaux ayant chacun à peu près 8 mètres de hauteur, et coniques à l'intérieur et à l'extérieur ; l'épaisseur de la maçonnerie est de 3 briques pour la première partie et se réduit successivement à 2 briques 1/2, 2 briques, 1 brique 1/2 et 1 brique pour les autres parties. Dans l'épaisseur de la maçonnerie se trouvent 38 cercles de fer hh', ii'. La première partie de la cheminée a un revêtement intérieur en briques demi-réfractaires. Le sommet est recouvert d'une

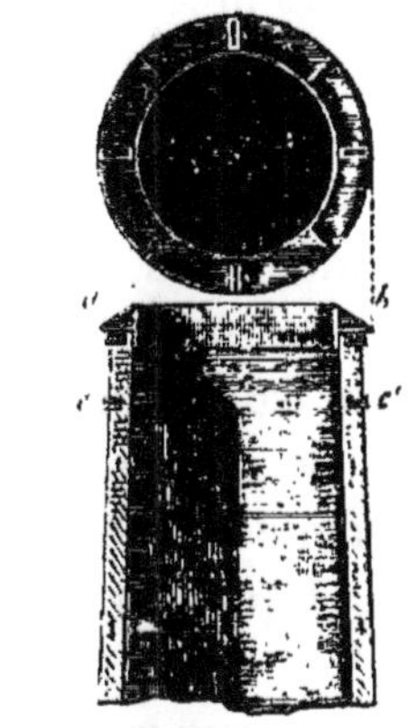

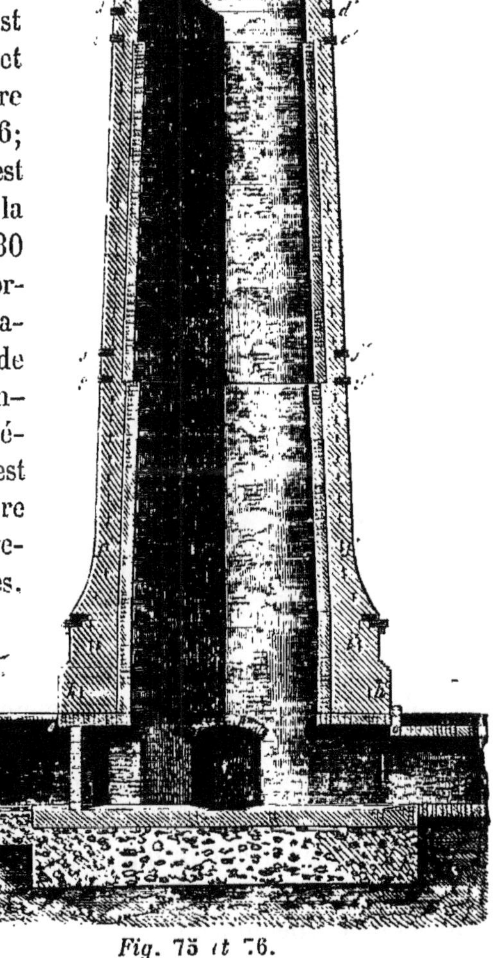

Fig. 75 et 76.

plaque de fonte *ab*, en quatre pièces boulonnées entre elles.

Les ingénieurs précités mettent souvent dans leurs cheminées en *cc'*, *dd'*, *ee'*, *ff'*, *gg'*, à la base de chacun des rouleaux, des cordons en briques de choix et de couleur : de plus le champ qui reste entre ces cordons est en briques de diverses couleurs formant divers dessins dans un but d'ornementation.

521. *Registres.* — Dans tous les appareils de chauffage, quelles que soient d'ailleurs leurs dimensions et leurs destinations, il est toujours nécessaire de placer, au bas ou au sommet des cheminées, une plaque de tôle ou de fonte au moyen de laquelle on puisse, à volonté, diminuer le tirage, et que l'on ferme quand on suspend le chauffage. Les registres sont très-utiles dans les appareils qui ne fonctionnent que par intermittence, parce que, le courant d'air étant intercepté, le fourneau se refroidit très-lentement.

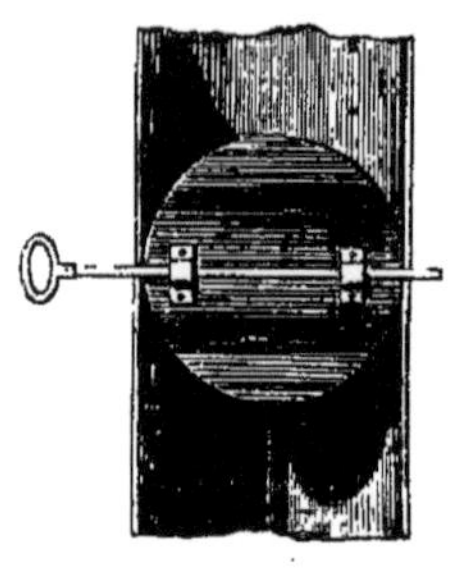

Fig. 77.

522. On peut les disposer d'un grand nombre de manières différentes. Dans les appareils d'une petite dimension dont les cheminées sont en tôle ou en fonte, on règle l'ouverture de la cheminée par une plaque circulaire (*fig.* 77) mobile autour d'un axe, qui traverse les parois opposées du tuyau et que l'on fait mouvoir par une clef extérieure.

523. Cette disposition pourrait également être employée dans les appareils d'une grande dimension ; mais comme le frottement seul de l'axe contre les tourillons qui le supportent ne serait pas suffisant pour maintenir la plaque dans sa position, il faudrait fixer à l'axe, et en dehors de la cheminée, une tige (*fig.* 78) perpendiculaire à sa direction, percée à son extrémité d'un trou par lequel on ferait passer une clavette qui pénétrerait dans une série de trous disposés circulairement dans une plaque de fonte placée contre la cheminée ; la plaque mobile devrait être en fonte, parce que

Fig.78.

la tôle serait bientôt oxydée, et même, si la fonte n'avait pas une grande épaisseur, elle serait sujette à se voiler, surtout si la température de la fumée était très-élevée. Pour un canal horizontal, on peut employer la disposition indiquée (*fig.* 79). Le registre est une plaque en fonte *b* mobile autour d'un axe sur un pivot *c* et qu'on applique au moyen d'une manivelle *a* sur un cadre en fonte, quand on veut arrêter l'appel de la cheminée.

524. On emploie aussi quelquefois des trappes glissantes, horizontales ; mais, dans les grands appareils, on se sert le plus souvent de celles qui se meuvent verticalement et qui sont soutenues par un contre-poids. La figure 80 est une coupe, suivant la longueur du canal,

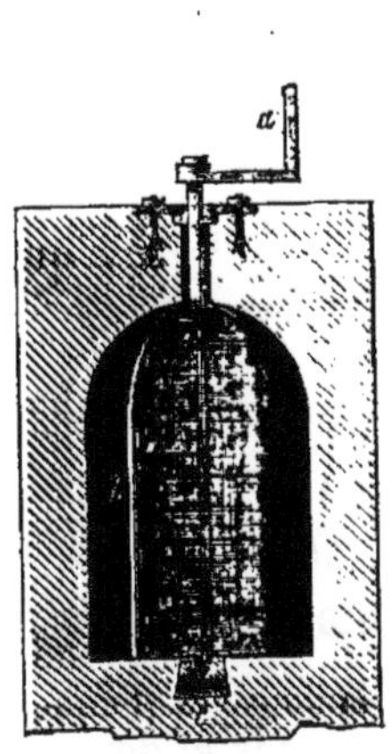

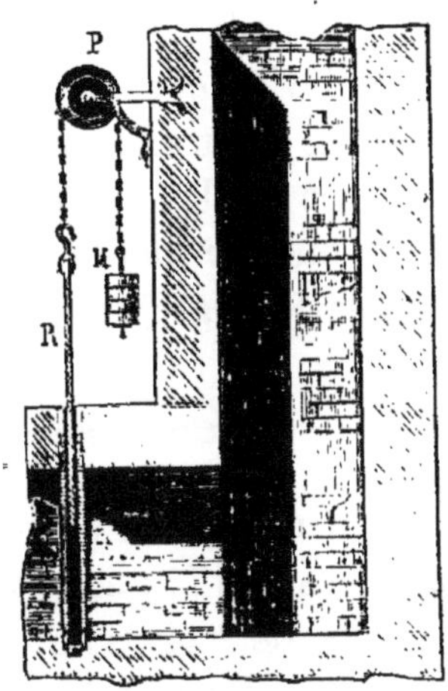

Fig. 79.   Fig. 80.

de cette disposition. R est une plaque de fonte qui glisse dans une coulisse également en fonte fixée dans la maçonnerie ; elle est soutenue par une chaîne qui s'enroule sur une poulie P et se termine par un contre-poids M.

525. Cette dernière disposition est généralement employée ; elle a cependant un grand inconvénient, provenant de ce qu'il existe toujours un intervalle assez considérable, entre les bords de la plaque et les rainures du cadre en fonte dans lequel elle se meut ; d'où il résulte qu'une grande quantité d'air froid est appelée dans la cheminée, et diminue d'une manière notable le tirage du foyer. On pourrait éviter l'appel direct de l'air extérieur autour du registre quand il est abaissé, en plaçant à sa partie supérieure des appendices qui plongeraient dans une rainure pleine de sable.

526. Quand la température de l'air chaud

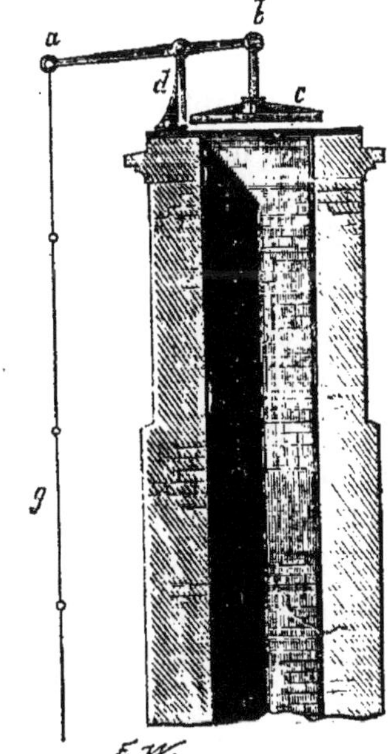

Fig. 81.

dépasse 5 à 600°, on ne peut pas employer les appareils que nous venons de décrire, parce que la fonte et le fer seraient trop promptement déformés ou oxydés. La meilleure méthode de régler le tirage de la cheminée est alors de placer la plaque mobile à l'orifice supérieur de la cheminée; parce que la plaque, étant toujours refroidie d'un côté par l'air, s'échauffe moins. La figure 81 représente cette disposition : *c* est une plaque de fonte soutenue par une tige verticale, articulée à l'extrémité du levier *ab*, mobile autour du point *d*; l'extrémité *a* reçoit une chaîne *g*, au moyen de laquelle on règle la distance de la plaque à l'orifice de la cheminée. Cette disposition a l'inconvénient d'exiger qu'un ouvrier monte au sommet de la cheminée quand l'appareil vient à se déranger.

Cheminées d'habitations.

527. Les dimensions des cheminées d'habitations ont été fixées par deux ordonnances de 1712 et de 1723. Elles étaient dans œuvre, pour les appartements, de 3 pieds de largeur sur 10 pouces de profondeur; et pour les cuisines des grandes maisons, de 4 pieds et demi à 5 pieds, sur 10 pouces de large. Elles devaient être construites en briques, avec des fantons en fer de distance en distance.

528. Ces dimensions excessives avaient de grands inconvénients ; car, indépendamment de la place inutilement occupée par le tuyau de cheminée, la grande section du canal et sa forme aplatie étaient très-favorables à l'établissement des doubles courants, et par suite à l'introduction de la fumée dans les pièces. Depuis, on y a remédié en rétrécissant la cheminée aux deux extrémités ou dans une partie de leur longueur. Ainsi, sous ce rapport, les ordonnances ne sont point exécutées ; elles ne le sont pas davantage sous celui de la construction, car la plupart des cheminées sont en plâtre. Elles sont donc complétement tombées en désuétude.

529. Quand on compare les dimensions des tuyaux de poêle avec celles des tuyaux de cheminée, et qu'on remarque que dans les gros poêles, on brûle souvent beaucoup plus de combustible que dans les cheminées, on est étonné qu'on ait laissé si longtemps entre eux une si grande disproportion. A la vérité, pour la même quantité de combustible à brûler dans le même temps, les tuyaux de cheminée doivent être plus grands que ceux des poêles, parce que, par la disposition des foyers, les cheminées appellent un grand volume d'air qui n'alimente pas la combustion; mais, en ayant égard à cette circonstance, la disproportion est encore énorme. L'habitude prise de faire ramoner les cheminées par

des enfants qui les parcourent dans toute leur longueur, est probablement la cause qui a fait conserver aux cheminées des dimensions inu-
tiles ; mais, comme on peut facilement employer des moyens beaucoup
plus simples pour ramoner les cheminées, il est très-avantageux de ne
leur donner que les dimensions seulement suffisantes au dégagement
de la fumée et à la ventilation. La forme circulaire est toujours
préférable à toutes les autres, parce que la résistance étant uniforme sur toute la surface intérieure, les doubles courants s'y
établissent beaucoup moins facilement que dans les tuyaux carrés, et
surtout dans ceux dont la largeur dépasse beaucoup la profondeur ; dans
ces derniers les résistances étant plus grandes dans les bouts, les courants descendants ont une grande facilité à se former. On a reconnu par
expérience que, pour une cheminée d'appartement ordinaire, un tuyau
circulaire de 15 à 20 centimètres de diamètre ou de toute autre forme
ayant 3 à 4 décimètres de surface, était presque toujours suffisant.

530. Le plâtre est peut-être, de tous les matériaux qu'on peut employer pour la construction des cheminées, celui qui présente les plus
graves inconvénients ; car il est attaqué par l'eau qu'entraîne la
fumée et par celle qui tombe de l'atmosphère ; la chaleur lui fait
éprouver un commencement de calcination qui détruit insensiblement
l'adhérence de ses parties, et les variations de température occasionnent
souvent des fentes par lesquelles la fumée peut se dégager.

On a été conduit à construire des cheminées d'habitations en plâtre,
non-seulement parce que leur établissement coûtait moins qu'avec les
briques, mais encore parce que le dévoyement des cheminées s'exécu-
tait beaucoup plus facilement, et sans l'emploi d'armatures en fer.

L'usage du plâtre doit être proscrit dans la construction des cheminées ; du moins il ne doit être employé que pour lier entre eux des
matériaux plus résistants.

531. Les tuyaux de fonte, employés pour les conduites de fumée, ont
aussi de graves inconvénients quand ils sont engagés dans la maçonnerie, à cause des dilatations et des contractions qui résultent des changements de température. On ne peut les employer utilement que pour
des cheminées qui sont isolées ou adossées aux murs extérieurs.

532. Les cheminées en poterie ordinaires ont en général trop peu
d'épaisseur, et sont trop fragiles ; on ne doit les employer que pour des
conduits extérieurs. Mais on se sert souvent de tuyaux de 0^m030 d'é-
paisseur, en terre cuite, de différentes formes et de différentes sections,
réunies par des joints à rainures et qui ne présentent pas les inconvénients des tuyaux en poterie ordinaires.

533. Les meilleurs matériaux pour les cheminées sont les briques; et
la manière la plus convenable de les disposer est celle qui a été imaginée
par M. Gourlier : elle a été d'abord adoptée dans la construction du
palais de la Bourse, et elle est maintenant généralement employée. Dans
cette nouvelle disposition, les cheminées sont placées dans les murailles,
dont elles n'augmentent pas l'épaisseur et dont elles ne diminuent pas
la solidité; elles sont construites avecdes briques plus épaisses que les
briques ordinaires, et qui ont des formes appropriées à la forme et aux
dimensions du canal qu'elles doivent former. Les figures 82 et 83 re-

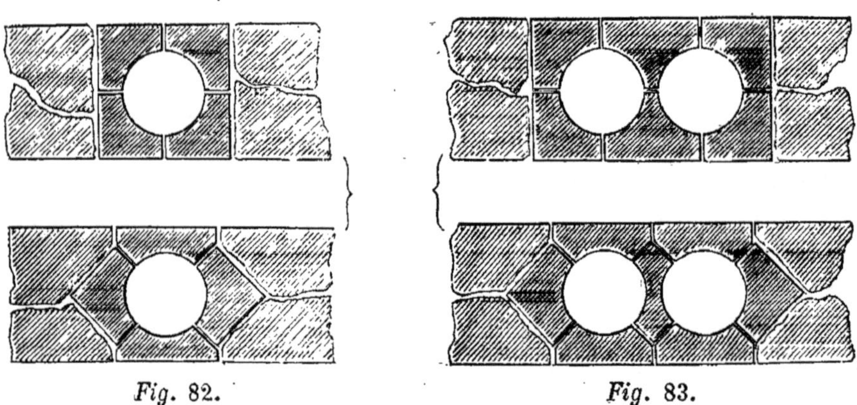

Fig. 82.   Fig. 83.

présentent deux assises consécutives de briques destinées à former un ou
deux tuyaux de cheminée. La différence entre les formes des briques de
deux assises qui se suivent, résulte de la nécessité de ne pas placer les
joints des briques les uns sur les autres. Ce mode de construction présente une grande solidité , mais il a l'inconvénient d'exiger un grand
nombre de modèles de briques, non-seulement à raison des différents
diamètres des cheminées et du nombre des tuyaux groupés, mais pour
chaque grandeur et chaque groupement.

534. Ces cheminées ne peuvent pas se ramoner par les procédés
ordinaires; mais cette opération s'exécute bien plus facilement au moyen
d'un fagot formé de lames minces de tôle auquel on attache deux cordes
de la longueur du canal, et au moyen desquelles on le promène facilement dans toute son étendue. Le mode de construction dont nous
venons de parler est maintenant généralement adopté à Paris.

CHAPITRE VI.

INFLUENCE DE L'ÉTAT DE L'ATMOSPHÈRE SUR LE TIRAGE DES CHEMINÉES.

Influence des vents.

535. Les vents ont, comme tout le monde sait, une très-grande influence sur le tirage des cheminées; leur action se manifeste souvent, et à l'orifice d'écoulement de l'air chaud, et à l'entrée de l'air froid, c'est-à-dire au sommet de la cheminée et à l'ouverture du cendrier ou du canal d'alimentation; c'est pourquoi nous examinerons successivement l'influence des vents aux deux extrémités du canal.

536. *Influence des vents au sommet de la cheminée.* — Pour étudier complétement cette question qui est importante, surtout quand le tirage est très-faible, il faut considérer l'influence du vent dans toutes les directions possibles.

537. Supposons d'abord que le vent soit perpendiculaire à la direction de la cheminée, et par conséquent qu'il soit horizontal. Dans ce cas, il résulte de l'observation que la dépense n'est pas sensiblement changée; or, comme la veine est fortement inclinée, il faut alors nécessairement que l'augmentation de la vitesse d'écoulement compense la diminution de la section. On peut se rendre compte de cet effet en observant que la veine qui s'écoule possède une vitesse résultant de la vitesse verticale due à la cheminée, et de la vitesse horizontale du vent; on trouve alors qu'il y a compensation exacte. En effet, si ab (*fig.* 84) représente la vitesse de la fumée quand le vent n'agit pas, et ac la vitesse du vent, ad sera la vitesse et la direction de la veine. Si on abaisse pq perpendiculairement sur ad, les deux lignes ap et pq seront proportionnelles à la section de la cheminée et à la section de la veine inclinée, et comme les triangles abd, apq sont semblables, on en conclut $ap \times ab = ad \times pq$, d'où il suit que les dépenses sont les mêmes dans les deux cas.

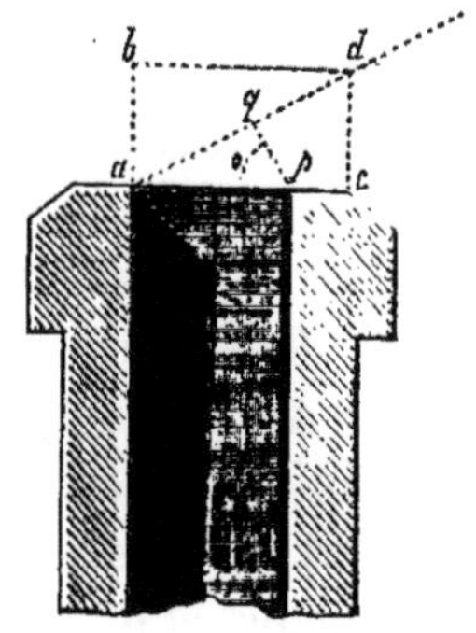

Fig. 84.

538. Quand le vent est dirigé verticalement de haut en bas, l'effet produit dépend de la vitesse du vent et de celle que l'air brûlé pourrait prendre s'il n'y avait pas de résistance. Ainsi,

pour qu'un vent dirigé de haut en bas empêchât la fumée de s'écouler, il ne suffirait pas que la vitesse du vent fût égale à celle de la fumée ; il faudrait que sa vitesse fût égale à celle que la fumée prendrait si elle n'éprouvait point de résistance. En effet, si on suppose que la vitesse du vent augmente progressivement, la vitesse d'écoulement diminuant, les résistances diminueront, et la pression au sommet de la cheminée ira en augmentant. Si l'équilibre était établi, la pression de l'air brûlé, de bas en haut, serait égale à la charge théorique ; et c'est la vitesse correspondante que devrait avoir le vent, pour que l'écoulement de l'air brûlé cessât complétement.

Dans les grandes cheminées d'usine de 30^m de hauteur, renfermant de l'air à $300°$, la vitesse d'écoulement due à l'excès de pression est à peu près de 18^m, et la vitesse réelle à peu près de 3^m ; une vitesse du vent de haut en bas de 18^m serait nécessaire pour détruire le tirage.

539. Mais si on suppose que le vent soit dirigé de bas en haut, son influence sur la vitesse du dégagement de la fumée sera nulle toutes les fois que sa vitesse sera égale ou inférieure à celle de la fumée ; dans le cas contraire, elle sera toujours favorable ; le vent accélérera la vitesse d'écoulement de la fumée. La cause de cette influence du vent dirigé de bas en haut est facile à reconnaître ; en effet, tout courant de gaz tend à entraîner l'air qui l'entoure et à lui communiquer sa propre vitesse. Si donc la vitesse du courant d'air ascendant est plus grande que celle de la fumée, elle augmentera le tirage.

540. Les courants d'air ont rarement les directions que nous venons d'examiner, car ils ne sont presque jamais horizontaux ou verticaux ; ils ont toujours une inclinaison plus ou moins grande à l'horizon ; mais on peut facilement ramener ce cas général à ceux que nous avons examinés d'abord ; car on peut considérer un courant incliné comme résultant de deux courants, l'un horizontal et l'autre vertical, et on peut facilement conclure de ce qui précède que l'influence du vent pourra être favorable quand il tendra à s'élever, et qu'il sera toujours défavorable dans le cas contraire.

Les vents ayant, en général, des directions peu inclinées à l'horizon, leur influence est très-petite sur les cheminées élevées et isolées ; mais il n'en est plus ainsi lorsque les cheminées dépassent peu les toits des bâtiments, et quand elles sont dominées par des édifices ou des montagnes, parce que les courants d'air prennent la direction des surfaces qu'ils rencontrent, et ils peuvent avoir alors des directions très-inclinées à l'horizon, ou dans un sens, ou dans l'autre. Les cou-

rants d'air qui rencontrent des surfaces immobiles en suivent la direction et ne se réfléchissent pas, et on peut facilement en faire l'expérience en dirigeant le vent d'un soufflet obliquement contre une surface plane : le courant prend la direction de la surface. Si le courant est
lancé contre un cylindre perpendiculairement à sa direction, et de manière que l'axe de la veine d'air et celui du cylindre
soient dans un même plan , la veine d'air se divise
en deux parties qui suivent les contours du cylindre
et qui se réunissent sur le point du cylindre, opposé
à celui qui reçoit le choc de la veine.

541. Il résulte de ce qui précède que la diminution de tirage des cheminées, occasionnée par
les vents, est d'autant plus grande que ce tirage est
plus petit, que la vitesse du vent est plus considérable, et que sa direction est plus inclinée à l'horizon
de haut en bas (1).

542. *Influence du vent sur les foyers.*—Considérons le canal courbé à angle droit ABC (*fig.* 85),

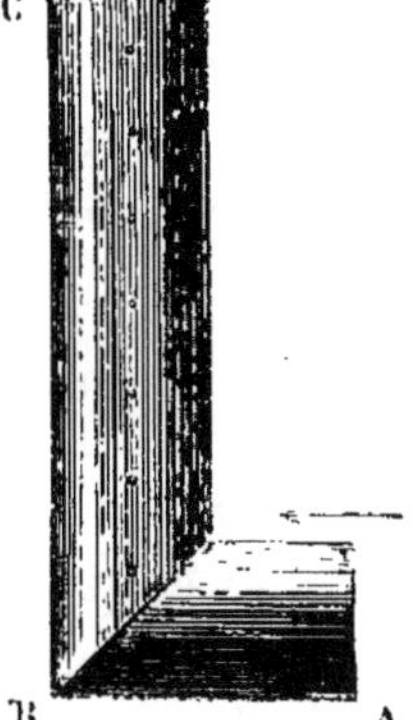

Fig. 85.

qui représente la disposition d'un foyer ordinaire avec sa cheminée.
A est l'ouverture par laquelle entre l'air froid qui doit alimenter la
combustion ; C est celle de l'écoulement de la fumée.

Si nous supposons le canal rempli d'air froid à la température ordinaire, et un vent horizontal perpendiculaire à la direction du tuyau
ABC, il est évident que l'air renfermé dans le canal n'éprouvera aucun
mouvement. Mais, si le courant est parallèle au tuyau AB, il détermi-
nera un écoulement d'air par le canal ABC, dans le sens du mouvement
de l'air extérieur ; c'est-à-dire que, si le vent est dans la direction BA,
l'air s'introduira par C et sortira en B ; et, si le vent est dirigé suivant
AB, le courant entrera par A pour sortir en C.

Supposons maintenant que le canal soit rempli d'air chaud qui s'é-

---

(1)   *Vitesse des vents.*

0^m5 (par seconde) vent à peine sensible.

1	—	— sensible.
2	—	— modéré.
5,5	—	— assez fort.
10	—	— fort.
20	—	— très-fort.
22,5	—	— tempête.
27	—	— grande tempête.
36	—	— ouragan.
45	—	— ouragan qui déracine les arbres et renverse les édifices.

coule par l'orifice C avec une certaine vitesse; il est évident que, si le
vent est dirigé suivant AB, et que sa vitesse soit plus grande que celle
du courant d'air chaud, la vitesse de ce dernier sera accélérée; et qu'au
contraire, si le vent se meut dans la direction BA, le courant d'air chaud
sera toujours diminué. Ainsi, dans un appareil disposé comme l'indique
la figure, le vent, soufflant dans la direction AB, active le tirage, et le
diminue lorsqu'il est dirigé en sens contraire. C'est un phénomène que
j'ai eu très-souvent l'occasion d'observer. Toutes les fois que le vent
est dirigé en sens contraire du mouvement de l'air extérieur vers les
foyers, il y a toujours ralentissement du tirage.

Influence de la température de l'air extérieur.

543. Quand la température de l'air brûlé dans une cheminée reste
constante, et que la température extérieure s'élève ou s'abaisse, le tirage
diminue ou augmente. Mais l'influence de ces variations se fait sentir
principalement sur les phénomènes qui se produisent dans le foyer. La
combustion est d'autant plus active, il y a d'autant moins d'air qui
échappe à la combustion que l'air a une plus grande densité, et en
outre, pour brûler la même quantité de combustible, il faut un moindre
volume d'air froid que d'air chaud. Ainsi, tout concourt à rendre le
tirage des cheminées plus grand dans l'hiver que dans toute autre
saison. On a cependant reconnu, comme nous le verrons plus tard,
que, dans les hauts fourneaux, il y a un grand avantage à employer
de l'air chaud au lieu d'air froid ; mais les circonstances sont très-
différentes de celles des foyers ordinaires : l'air est injecté très-chaud
sur le combustible avec une grande vitesse.

Influence de la pression de l'atmosphère.

544. En supposant l'air brûlé à la même température dans la cheminée, lorsque l'air extérieur est à différentes pressions, la vitesse
d'écoulement resterait la même, quelle que fût la pression extérieure, si la combustion restait la même; seulement, le poids de
l'air appelé diminuant avec la pression dans le même appareil,
on brûlerait des quantités de combustible qui varieraient proportionnellement à la pression extérieure. Mais l'influence des variations
du baromètre se manifeste principalement dans les foyers ; la
combustion est d'autant moins vive, il s'échappe d'autant plus d'air
sans altération que la pression extérieure est plus faible. Cette influence

est si grande que, quand la pression est réduite aux $\frac{3}{4}$ de la pression ordinaire, la combustion devient assez languissante pour que la chaleur qu'elle dégage ne suffise plus pour la maintenir. Sur le Mont-Blanc, où le baromètre ne s'élève qu'à 0^{m}57, M. de Saussure a observé que la combustion du charbon ne pouvait se maintenir qu'en l'alimentant par un soufflet.

Influence de l'état hygrométrique de l'air.

545. Comme les variations de pression et de température extérieure, la variation de l'état hygrométrique de l'air est sans influence sensible sur la vitesse d'écoulement de l'air brûlé, et le tirage ne devrait éprouver qu'une légère diminution par l'accroissement de l'humidité de l'air, si cette humidité ne modifiait la combustion. Mais encore ici, comme dans les deux cas déjà examinés, l'effet produit sur le foyer l'emporte beaucoup sur le premier. A mesure que la quantité de vapeur d'eau en dissolution dans l'air augmente, une plus grande quantité d'air échappe à la combustion, les foyers languissent, et l'effet utile du combustible diminue.

546. On voit, d'après cela, que dans les temps lourds, et qu'on devrait désigner par l'épithète contraire, où l'on trouve à la fois une faible pression, une température élevée et de l'air presque saturé de vapeur d'eau, le tirage des cheminées doit être beaucoup plus faible que dans les temps froids et secs, qui sont toujours accompagnés d'une grande hauteur de la colonne barométrique.

C'est aussi ce qu'on observe dans toutes les usines : les foyers languissent dans·les temps chauds et humides. L'influence est alors la même sur les appareils de combustion et sur l'organe de la respiration, et il doit en être ainsi, car les phénomènes qui se produisent ont la plus grande analogie. L'effet produit sur les foyers est alors tel, que, dans la plupart des verreries, on est obligé de suspendre le travail pendant l'été, et qu'il en est de même dans d'autres usines où l'on n'a pas le moyen de produire l'excès de tirage que les circonstances atmosphériques exigeraient.

547. Il y a cependant, relativement à l'influence de l'humidité de l'air, quelques faits qui semblent en opposition avec ce que nous venons de dire. On a introduit de la vapeur avec l'air d'alimentation dans les foyers, et on a remarqué que la combustion devenait alors très-active, et ne ressemblait pas à ces combustions languissantes qui ont lieu par les temps humides. La raison de cette différence me paraît provenir uni-

quement de ce que, dans les appareils dont il est question, il y a un grand tirage qui compense l'effet résultant du mélange de la vapeur à l'air; car il est bien constaté qu'avec un accroissement convenable de tirage, on peut toujours détruire l'effet provenant des circonstances atmosphériques nuisibles dont nous avons parlé.

Influence des rayons solaires.

548. Lorsque les rayons solaires pénètrent dans une cheminée dont la température est peu élevée, comme, par exemple, dans les tuyaux des cheminées d'appartements, on sait par expérience que la fumée reflue par le foyer. Il est probable que cet effet provient de ce que les corps voisins, principalement les toits, étant fortement échauffés, donnent naissance à des courants d'air chaud dirigés de bas en haut, et par suite à des courants dirigés en sens contraire au-dessus des corps moins échauffés, et par conséquent autour des tuyaux de cheminée. On évite complétement ces effets en recouvrant les tuyaux de cheminée de mitres en terre cuite ou en métal.

CHAPITRE VII.

APPAREILS DESTINÉS A SOUSTRAIRE LE TIRAGE DES CHEMINÉES A L'INFLUENCE DES VENTS ET DE LA PLUIE.

Appareils pour le sommet des cheminées.

549. Les appareils qui ont été proposés sont très-nombreux; nous décrirons seulement les principaux. Ces appareils peuvent se diviser en deux classes, ceux qui sont fixes et ceux qui sont mobiles.

550. *Appareils fixes.* — Dans la plupart des cheminées d'habitations, on se contente de rétrécir l'orifice supérieur de la cheminée, au moyen d'un tuyau conique ; de cette manière on augmente la vitesse d'écoulement de la fumée, et on diminue les chances de son refoulement par les vents. Souvent aussi on place au-dessus de l'orifice d'écoulement deux tuiles inclinées qui le recouvrent complétement, et laissent dégager la fumée dans deux directions opposées horizontales ; les tuiles sont placées de manière à recevoir l'action des vents dominants. Le plus ordinairement, les tuyaux d'écoulement sont surmontés de tuyaux en tôle, terminés par différents appareils désignés sous le nom de *mitres*.

La disposition la plus simple consiste en une feuille de tôle cour-bée (*fig.* 86); on obvie ainsi à l'influence des vents, du moins quand le cylindre est suffisamment prolongé. On place quelquefois des plaques de tôle verticales de chaque côté du cylindre, et à une distance conve-nable (*fig.* 87). La figure 88 représente une autre disposition ; le tuyau

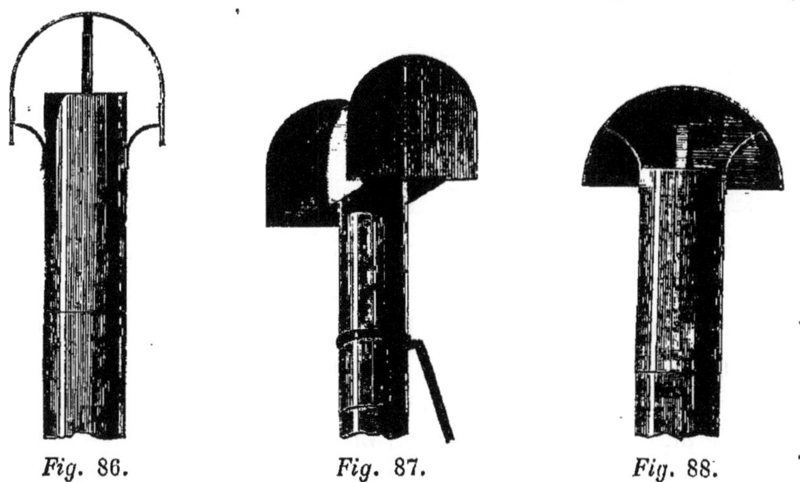

<table>
<tr><td>*Fig.* 86.</td><td>*Fig.* 87.</td><td>*Fig.* 88.</td></tr>
</table>

est recouvert d'une calotte conique ou sphérique, dont les bords infé-rieurs sont au-dessous des bords supérieurs du tuyau ; cette disposition est très-efficace.

Les appareils représentés figures 89, 90, 91, 92 détruisent également

<table>
<tr><td>*Fig.* 89.</td><td>*Fig.* 90.</td></tr>
</table>

l'influence des vents, et la vue des figures suffit pour faire comprendre comment ils sont disposés.

551. Millet a imaginé une mitre, qui se compose d'un tambour en tôle fermé à la partie supérieure, communiquant par le bas avec le tuyau à fumée, et portant un grand nombre d'orifices carrés percés de dedans en dehors, et dont les ébarbures forment de petites pyramides tronquées saillantes· sur la surface extérieure. Cette mitre, placée sur

Fig. 91.

Fig. 92.

un tuyau de poêle dans lequel on brûlait de la paille mouillée, et recevant, dans différentes directions, un courant d'air très-violent lancé par un ventilateur à force centrifuge, n'a jamais laissé refluer la fumée par la porte du poêle. L'efficacité de cette mitre provient probablement des remous qui se forment autour des orifices et qui empêchent l'air de pénétrer dans le tambour. Elle devrait être préférée à toutes les autres si elle n'avait un inconvénient grave qui oblige à un fréquent nettoyage : les matières solides entraînées par la fumée forment, dans l'intérieur, des pellicules minces, analogues aux toiles d'araignée, et qui bouchent bientôt les orifices.

On emploie maintenant assez généralement une disposition qui a

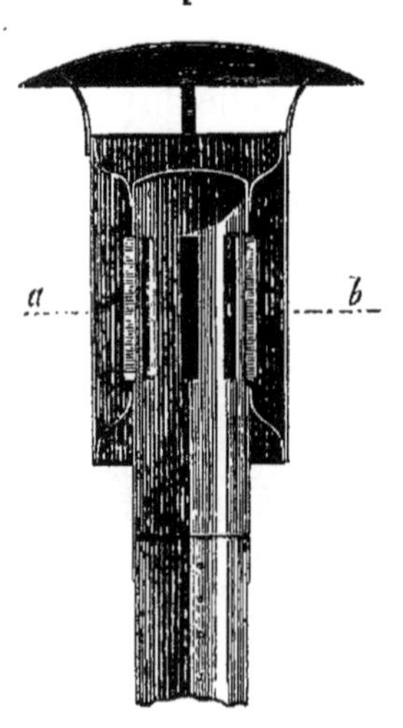

a .... b

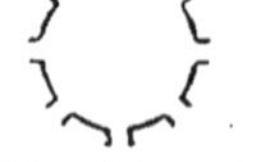

Fig. 93 et 94.

beaucoup d'analogie avec la mitre de Millet. L'appareil (*fig.* 93) se compose d'un cylindre vertical, fermé à la partie supérieure, percé latéralement d'un grand nombre de fentes parallèles à l'axe, dont les bords verticaux font saillie extérieurement, de manière à former des ajutages convergents, comme dans la mitre de Millet. Le tuyau est quelquefois environné d'un cylindre concentrique ouvert par les deux bouts. La figure 94 représente une coupe transversale par *ab* du tuyau intérieur.

Tous les appareils qui surmontent les cheminées sont en tôle ; ils ont le grand inconvénient de s'oxyder rapidement, et de salir les murs extérieurs, par la chute des eaux pluviales qui ont touché leur surface. On obvierait à ce double défaut, en recouvrant les appareils d'un vernis vitreux, qu'on emploie maintenant avec succès pour les enveloppes des calorifères d'appartement, et en général pour les tuyaux de tôle.

552. *Appareils mobiles.*—Examinons maintenant les appareils mo-

biles. Tous ont pour objet de diriger l'ouverture de sortie du côté opposé au vent, de sorte que la fumée prenne la même direction; alors non-seulement le vent ne s'oppose pas à la sortie de la fumée, mais, comme nous l'avons vu (539), il augmente encore le tirage, quand sa vitesse est plus grande que celle de la fumée.

553. L'appareil le plus généralement employé est représenté dans la figure 95. La cheminée se termine par un tuyau cylindrique en tôle, enveloppé par un autre tuyau, mobile autour de son axe, fermé à la partie supérieure et recourbé à angle droit. La partie supérieure du manchon est garnie d'une girouette qui s'appuie sur le tuyau d'écoulement.

On a proposé de faire à ces appareils une modifi-cation, qui peut être avan-tageuse dans certaines con-ditions, et qui est repré-sentée dans la figure 96. Le tuyau d'écoulement est traversé par un tuyau con-centrique d'un petit dia-mètre, d'une moindre lon-gueur, qui se termine ex-térieurement par un en-tonnoir. Il est évident que l'air, qui pénètre par le tube intérieur, tend à augmen-

Fig. 95.   Fig. 96.

ter le tirage, quand la vitesse du vent est plus grande que celle de la fumée.

554. La figure 97 représente une autre disposition également très-efficace. Le tuyau de la cheminée est surmonté d'un cône en tôle, traversé à son sommet par une tige fixe; un écrou et une embase à la tige maintiennent le cône à une cer-taine hauteur, et un jeu convenable lui permet de s'appuyer sur une arête quel-conque du tuyau de fumée; enfin, au moyen d'un anneau métallique fixé au-dessus du cône, son centre de gravité se trouve sensiblement au sommet. Il

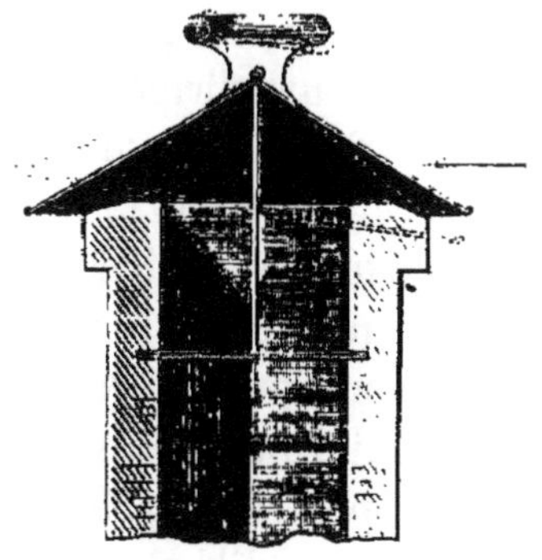

Fig. 97.

résulte de cette disposition que, quand le vent est dirigé horizonta-lement, ou qu'il est plus ou moins incliné de haut en bas, il fait osciller le cône et l'écoulement de la fumée a lieu du côté opposé.

555. Quand les vents violents qui peuvent avoir de l'influence sur le tirage ont toujours la même direction, on peut employer la disposition très-simple indiquée par la figure 98, et qui consiste en une plaque métallique mobile autour d'un axe horizontal fixé contre les parois de la cheminée, et qui bascule d'un côté ou de l'autre suivant le sens de la vitesse du vent.

On a aussi proposé d'employer des cages à 2, 4, 6 ou 8 pans (*fig.* 99) fermées par le haut et portant sur chaque face une ouverture munie d'une porte, à charnière horizontale et supérieure, et d'un contre-poids destiné à placer le centre de gravité de chacune d'elles dans l'axe de rotation ; ces portes étaient reliées, deux à deux, par des tringles articulées de manière que, quand l'une était fermée par le vent,

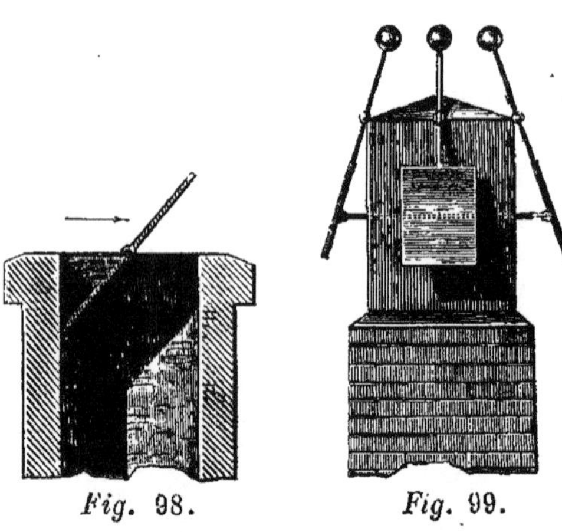

Fig. 98.   *Fig.* 99.

elle ouvrait celle qui lui était opposée.

On s'est encore servi de lanternes à quatre, six et huit faces, percées d'ouvertures garnies de jalousies qu'on pouvait facilement ouvrir et fermer par des tringles communiquant avec le bas de la cheminée.

556. Les appareils mobiles (*fig.* 95, 96) seraient évidemment les meilleurs de tous, si l'on pouvait donner une mobilité parfaite au manchon ; mais, comme le frottement est toujours assez considérable, il arrive quelquefois, lorsque le vent est très-faible, que l'ouverture latérale se trouve dirigée du côté du vent, et que par conséquent la fumée est refoulée dans le foyer. Ce cas peut être d'autant plus fréquent, que dans cette position le vent n'a aucune action sur la girouette. A la vérité, l'équilibre est instable, et, pour peu que la girouette soit dérangée, elle abandonne cette position pour ne plus y revenir ; mais on conçoit facilement que les frottements peuvent, pour des vents très-faibles, la maintenir, même sous un angle assez grand.

Les appareils (*fig.* 97 et 99) n'ont pas l'inconvénient que nous venons de signaler ; s'ils n'obéissaient pas à l'influence du vent, la fumée ne serait pas nécessairement refoulée, mais ils ne sont efficaces que quand le vent est dirigé horizontalement ou de haut en bas ; s'il était dirigé de bas en haut, par la disposition même des appareils, l'air extérieur pénétrerait dans la cheminée et aurait une influence fâcheuse sur le tirage.

557. En résumé, les appareils mobiles sont toujours compliqués; leur efficacité n'est pas assurée dans toutes les circonstances, et on doit toujours leur préférer les appareils fixes. Dans les grandes cheminées d'appel, où l'on a une vitesse qui dépasse rarement 2^m par seconde, on se contente de fermer la partie supérieure de la cheminée, et de percer au-dessous un grand nombre d'orifices rectangulaires, dont la somme des surfaces soit égale à deux ou trois fois la section de la cheminée, et jamais on n'a constaté de variation sensible de tirage par l'action des vents.

Ces appareils se construisent toujours en tôle, et par conséquent ils seraient de peu de durée, si on ne prenait pas les précautions nécessaires pour s'opposer à l'oxydation du fer. On a eu recours pour cela à différents moyens. On s'est servi de fer galvanisé; on a aussi employé comme vernis le goudron, qui résiste bien à l'air et à une température de 200°; mais le vernis vitreux préserve encore beaucoup mieux les tuyaux de tôle des influences atmosphériques.

Appareils pour les prises d'air.

558. Les vents étant rarement dirigés de bas en haut, si la prise d'air qui alimente le foyer se fait dans un lieu découvert et par un orifice horizontal pratiqué dans le sol et communiquant par un canal avec le foyer, ce dernier ne sera jamais influencé par les vents, quelle que soit leur direction; et en faisant le canal très-large, de manière que la vitesse de l'air y soit très-petite, les résistances ne diminueraient pas sensiblement le tirage.

559. Dans certaines circonstances, on peut disposer la prise d'air de manière à faire concourir le vent à l'augmentation du tirage. Il suffit évidemment, pour cela, de faire la prise au niveau du sol, et de garnir l'orifice d'une trappe inclinée à 45°, mobile autour de l'orifice, de manière à pouvoir l'opposer au vent. J'ai eu plusieurs fois l'occasion d'établir cette

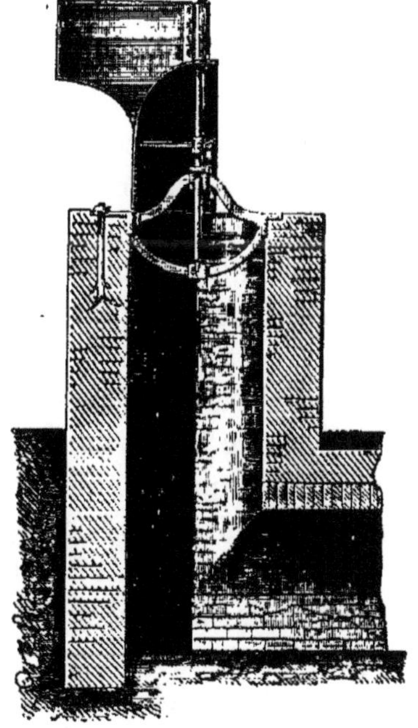

Fig. 100.

disposition dans des appareils dont le tirage était presque anéanti par les vents dirigés en sens contraire du mouvement de l'air dans le foyer, et ils ont toujours complétement réussi.

560. On peut aussi employer le vent pour diriger des appareils analogues à ceux que nous avons décrits pour le sommet des cheminées. L'appareil mobile le plus simple est représenté figure 100. Il consiste en une calotte métallique mobile, portant une girouette disposée de manière que la calotte présente toujours son ouverture au vent, afin qu'il se dirige dans le canal.

CHAPITRE VIII.

APPAREILS DESTINÉS A MESURER LE TIRAGE.

561. La connaissance de la température de l'air dans les cheminées peut être importante dans un grand nombre de cas ; dans tous elle donne une valeur approchée de la perte de chaleur, quand on connaît en même temps la consommation de combustible ou la vitesse d'écoulement ; et, pour les cheminées qui appellent directement l'air extérieur, la résistance que l'air éprouve dans le circuit étant constante, la vitesse d'écoulement est proportionnelle à la racine carrée de l'excès de la température de la cheminée sur l'air extérieur ; par conséquent la vitesse d'écoulement étant connue pour un certain excès de température, on pourra facilement la calculer pour tout autre.

562. Pour observer la température de l'air dans une cheminée, quand cette température est inférieure à 100°, il faudrait se servir d'un thermomètre à eau, dont le réservoir serait formé d'un grand nombre de petits tubes en cuivre ou en fer-blanc, disposés horizontalement autour d'un tube central vertical, qui communiquerait par un tuyau d'un très-petit diamètre avec la tige en verre du thermomètre placé en dehors de la cheminée. L'appareil devrait être gradué en déterminant un certain nombre de points par la comparaison avec un thermomètre à mercure. Cette disposition aurait l'avantage de donner la température moyenne de l'air de la cheminée, et comme le réservoir aurait une grande surface, l'instrument pourrait être rendu très-sensible, relativement au temps qu'il emploierait pour se mettre en équilibre de température avec l'air environnant. Mais cet appareil serait influencé par le rayonnement des parois de la cheminée, de sorte que si la température de

l'air venait à baisser brusquement, celle des parois ne diminuant que lentement, l'instrument indiquerait une température plus élevée que celle de l'air. On obvierait à cet inconvénient en formant le réservoir de tubes en métal poli, disposés verticalement sur une partie de leur longueur, et en environnant le faisceau de tubes de plusieurs tuyaux concentriques verticaux, aussi en métal poli et ouverts par les deux bouts. Mais cet appareil, appliqué à une cheminée d'appel, aurait ce grave inconvénient, que le chauffeur serait obligé de se déplacer pour observer ce thermomètre et celui qui serait placé en dehors.

563. La disposition suivante serait bien préférable, parce que l'appareil pourrait être mis à côté du chauffeur, qui pourrait à chaque instant lire sur une échelle l'état de la ventilation, et la régler au moyen du registre d'accès de l'air dans le cendrier du foyer d'appel. De plus, cette disposition n'exigerait pas que la température de l'air de la cheminée fût inférieure à 100°.

L'appareil dont il est question se compose de deux cylindres allongés, en cuivre mince, fermés par les deux bouts, placés verticalement, l'un dans la cheminée, l'autre en dehors; tous deux sont pleins d'air sous la pression ordinaire, et communiquent par des tubes métalliques d'un très-petit diamètre avec les deux extrémités d'un manomètre à eau, formé de deux tubes de verre parallèles, et placé sous les yeux du chauffeur. Les vases, les tubes et les joints avec les extrémités du manomètre doivent être parfaitement étanches. Tant que l'air de la cheminée sera à la température extérieure, le liquide, dans les deux branches du manomètre, sera à la même hauteur; mais, si l'air de la cheminée devient plus chaud que l'air extérieur, il y aura une dépression dans la branche du manomètre qui correspond au vase placé dans la cheminée. En supposant que les volumes des vases soient très-grands relativement aux volumes des tubes, et en négligeant la dilatation des vases, les pressions des deux côtés seront représentées par les dilatations que les gaz éprouveraient s'ils étaient libres de se dilater. Ainsi, du côté de la cheminée, la pression sera $P(1+at)$; de l'autre, elle sera $P(1+a\theta)$, et la différence qui sera mesurée par le manomètre sera égale à $Pa(t-\theta)$. P représentant la pression atmosphérique estimée en eau, la dépression manométrique sera égale à $10^m 33 . 0,00365 (t-\theta)$ $= 0^m 0377 (t-\theta)$. Ainsi, pour chaque degré de différence, elle sera de $3^c 77$. En supposant que la différence de température pût s'élever jusqu'à 50°, la différence des niveaux serait au plus de $1^m 88$; ainsi le manomètre devrait avoir 2^m de hauteur, et le liquide devrait remplir la moitié de chaque branche, quand les pressions sont égales. Si l'on employait un manomètre à mercure, la dépression pour une différence de 1° serait de 0,76 . 0,00365 = 0^{m}00277. Pour les différences de 50° au maximum, le manomètre à eau est préférable.

Si, pour une valeur connue de t — θ, on avait déterminé la ventilation par heure, l'échelle pourrait indiquer les ventilations qui correspondent aux indications du thermomètre différentiel ; car ces ventilations sont sensiblement proportionnelles aux racines carrées de t — θ. Dans tous les cas, la pression normale devant être maintenue, le chauffeur y parviendra facilement en réglant le registre du foyer d'appel, de manière que t — θ reste sensiblement constant.

Pour que les deux réservoirs d'air prissent rapidement la température de l'air environnant, il serait avantageux de les former d'un faisceau de tubes communiquant entre eux et environnés d'un ou de deux tubes ouverts par les deux bouts, assez éloignés pour que l'air pût se mouvoir facilement dans les intervalles ; dans tous les cas, le réservoir extérieur devrait être placé à l'ombre et à l'abri du rayonnement des surfaces échauffées par le soleil.

564. Tout ce que je viens de dire n'est applicable qu'aux cheminées d'appel dans lesquelles l'air extérieur arrive, sans qu'on ait augmenté sa température ; dans le cas où l'air appelé se trouve à une température plus élevée, sensiblement constante, comme dans les hôpitaux, les prisons, etc., la ventilation n'est plus proportionnelle à la racine carrée de l'excès de la température de l'air de la cheminée sur la température extérieure ; la mesure de la ventilation par les températures devient alors plus compliquée, mais c'est une question sur laquelle je reviendrai en parlant de la ventilation des établissements publics.

565. Si la température de l'air dans la cheminée était voisine de 300°, comme dans la plupart des cheminées des générateurs, la même méthode serait encore applicable à la mesure de l'excès de la température intérieure sur la température extérieure ; mais le réservoir d'air chaud devrait être en fer, d'un petit diamètre, très-allongé et d'une épaisseur suffisante pour résister à la pression ; car, pour une température de 300°, la pression résultant de l'échauffement de l'air est de 2^{at}1 ; en outre, le manomètre devrait être à mercure, pour que la course ne fût pas trop grande.

566. On pourrait aussi, pour les températures élevées, inférieures cependant à 360°, employer un thermomètre à mercure ayant un long réservoir en fer placé dans la cheminée, et une tige également en fer placée en dehors ; le niveau du mercure serait indiqué par un flotteur. Dans chaque cas particulier, le volume du mercure serait facile à déter-

miner : supposons, par exemple, que la tige ait 5 millimètres de diamètre, sa section en décimètres carrés sera de $0^{dc}001962$; si on suppose que la course de l'index soit de 1^m pour $300°$, l'accroissement de volume du mercure sera de 0,01962. La dilatation absolue du mercure de 0° à 100 étant de 0,0180, celle du fer de 0,0012, la dilatation apparente du mercure dans le fer sera de 0,018 — 0,012 = 0,0168 ; pour 300°, elle sera de 0,0504, et par suite le volume du réservoir sera de 0,0196 : 0,0504 = 0,38 en décimètres cubes ; le poids du mercure serait alors de 0,38 . 13,6 = 5^k21. Le thermomètre à mercure ne conviendrait pas pour de petits excès de température, parce que la course serait trop petite, ou qu'il faudrait employer trop de mercure. Dans tous les cas, le thermomètre à air différentiel me paraît bien préférable sous tous les rapports.

LIVRE IV.

MOUVEMENTS DE L'AIR PRODUITS PAR DES MACHINES OU PAR DES JETS DE VAPEUR.

CHAPITRE PREMIER.

CONSIDÉRATIONS GÉNÉRALES SUR LES APPAREILS VENTILATEURS.

567. L'effet d'une cheminée consiste, comme nous l'avons dit, à appeler, à l'extrémité du canal avec lequel elle communique, un certain volume d'air, à le faire circuler dans le canal, et à le verser plus ou moins altéré et plus ou moins échauffé dans l'atmosphère, par son orifice supérieur. Cet effet, qui résulte de la force ascensionnelle de l'air chaud, et qui exige que l'air, à son entrée dans la cheminée, conserve une température assez élevée, pourrait évidemment être produit par une action mécanique directe, au moyen de pompes, de ventilateurs ou de machines soufflantes quelconques, placés à l'une des extrémités ou en tout autre point du circuit.

568. Les mouvements des gaz, produits par les cheminées, exigent beaucoup de combustible ; ainsi, dans les fourneaux des chaudières à vapeur, la dépense, pour l'appel d'air dans le foyer, est environ le quart de la consommation totale de combustible. Si on avait un emploi utile de la chaleur de l'air brûlé, quand il est refroidi à 300°, et si, en même temps, le tirage mécanique coûtait moins que le tirage par la chaleur, il serait avantageux d'employer le premier moyen. Or, dans quelques cas, on peut utiliser la chaleur perdue, et nous allons voir que le tirage mécanique coûte beaucoup moins que le tirage par les cheminées. Je rapporterai d'abord deux expériences qui établissent ce fait d'une manière évidente.

569. Dans un des bains établis sur la Seine, la fumée, après avoir circulé autour de la chaudière à eau chaude, se répartit dans douze tuyaux d'un petit diamètre et de 20 mètres de longueur, ayant ensemble une section égale à $0^{mq}10$, et plongés dans le réservoir d'eau

froide; par cette circulation, la fumée se refroidit à peu près complétement, et à son entrée dans la cheminée elle a sensiblement la température de l'eau du réservoir. A l'extrémité des conduits, se trouve un ventilateur qui aspire la fumée et la jette dans la cheminée. Le tambour du ventilateur a 0^m80 de diamètre, 0^m40 de largeur; le tuyau d'écoulement a 0^m20 de diamètre; les ailes font quarante tours à la minute, et la machine est mise en mouvement par un seul homme. Il résulte de plusieurs expériences que, avec ce travail mécanique, on a brûlé en deux heures $0^{st}44$ de bois pelard, pesant 390^k le stère, ce qui donne 85^k par heure. En admettant que 1^k de bois soit équivalent à $0^k,5$ de houille, du moins pour la quantité d'air nécessaire à la combustion, ce qui s'éloigne peu de la vérité, le travail d'un homme suffirait à la combustion de 42^k de houille dans les circonstances les plus défavorables, puisque la fumée passait dans des tuyaux d'un petit diamètre et d'une grande longueur. Or, le tirage par la chaleur coûterait au moins $\frac{42^k}{4} = 10^k5$ de houille, ce qui correspond à la force de 2,5 chevaux-vapeur; mais, comme 1 cheval vaut 7 hommes, il en résulte que le tirage mécanique qui s'effectue par 1 seul homme coûte réellement 17 hommes, quand il est produit par la chaleur de l'air dans une cheminée ordinaire, où la fumée arrive à 300°. Ce tirage se trouve donc effectué avantageusement, malgré le grand accroissement de résistance résultant du frottement de l'air dans les tuyaux plongés dans l'eau, résistance égale à celle que présenterait un tuyau unique de 68^m50 de longueur et de 0^m10 de diamètre, comme il est facile de s'en assurer par un calcul fort simple.

570. Dans la brasserie belge de Louvain, un ventilateur, qui emploie un travail mécanique de 6 chevaux, suffit pour produire l'appel des fourneaux dans lesquels on brûle par heure 1000^k de houille, ce qui est à peu près la consommation d'une machine de 200 chevaux. Ainsi, dans cette usine, le travail de 6 chevaux-vapeur équivaut au travail de l'air chaud dans la cheminée, qui exigerait au moins 250^k de houille, ce qui correspond à 50 chevaux.

D'après ces faits, on ne peut pas douter qu'il n'y ait un grand avantage, au point de vue de l'économie du combustible, à remplacer le tirage à l'air chaud par une action mécanique, malgré l'accroissement de résistance qu'entraîne le refroidissement complet de la fumée.

571. Proposons-nous maintenant de déterminer d'une manière générale le rapport entre le travail produit par l'air chaud qui s'élève dans une cheminée et le travail qu'on pourrait effectuer par la vapeur qui serait engendrée au moyen de la chaleur que renferme la fumée.

On sait qu'un cheval-vapeur consomme moyennement 4^k de houille à l'heure, ou $4 . 8000 = 32000$ unités de chaleur, et par seconde $32000 : 3600 = 8,88$; or, comme le travail d'un cheval-vapeur est de 75 kilogrammètres, 1 kilogrammètre consomme $8,88 : 75 = 0,118$ unités de chaleur. Ceci posé, la quantité de chaleur perdue par une cheminée est $pt : 4$, p représentant le poids de l'air qui s'écoule par seconde et t l'excès de la température de l'air chaud sur la température extérieure ; le nombre de kilogrammètres que cette chaleur pourrait produire sera donc

$$\frac{pt}{4} \cdot \frac{1}{0,118} = \frac{pt}{0,472} = 2,118pt. \quad \dots\dots\dots\dots\dots(1)$$

Le travail produit par une cheminée doit être pris, abstraction faite des résistances, car l'appel de l'air extérieur, de quelque manière qu'il soit produit, aurait à vaincre les mêmes résistances ; or, le travail d'une cheminée est égal à

$$\frac{pv^2}{2g} = p \frac{2gHat}{1 + at} \cdot \frac{1}{2g} = p \frac{Hat}{1 + at} \quad \dots\dots\dots\dots\dots(2)$$

et le rapport des expressions (1) et (2), c'est-à-dire du travail qui pourrait être produit avec la chaleur perdue au travail effectif, est égal à

$$2,118pt \cdot \frac{1 + at}{pHat} = \frac{2,118(1+at)}{aH} \quad \dots\dots\dots\dots\dots(3)$$

En prenant $t = 300°$, $H = 20^m$, ce rapport devient 60,7. Ainsi, quand on peut refroidir utilement la fumée d'une cheminée, il y a un grand avantage à remplacer le tirage à l'air chaud par un tirage mécanique. A la vérité, le refroidissement de la fumée exige un accroissement dans la longueur du circuit, et la machine de ventilation, quelle qu'en soit la nature, ne rendra jamais tout le travail qui lui sera transmis. Mais ces pertes sont loin d'atteindre le chiffre 60,7 que nous avons obtenu par les considérations précédentes.

572. Dans le calcul que nous venons de faire, nous avons supposé que la machine à vapeur consommait 4^k de houille par cheval et par heure ; mais on en construit qui consomment beaucoup moins ; l'avantage du tirage mécanique serait alors beaucoup plus grand. J'ajouterai que, lorsqu'on se sert de machines à haute pression à détente, sans condensation, et qu'on a l'emploi utile de la vapeur détendue, le travail de la machine ne coûte réellement que la différence entre les quantités de

chaleur renfermées dans la vapeur comprimée et dans la vapeur détendue, ce qui est fort peu de chose ; car, d'après M. Regnault, les chaleurs totales de la vapeur à 5 atmosphères et à 1 atmosphère sont de
653 et de 637 calories, et par conséquent la chaleur perdue dans la
machine n'est à peu près que les 4 centièmes de celle qu'avait absorbée
la vapeur par sa formation.

573. Mais il faut bien remarquer que l'avantage des appareils mécaniques n'est aussi considérable qu'autant que le travail est produit par la
vapeur ; il serait beaucoup plus petit s'il était produit par des hommes.
En effet, le travail d'un cheval-vapeur coûte 4^k de houille par heure,
ou 40^k dans 10 heures, ou au plus 2 francs au prix de la houille à Paris ; et comme un cheval-vapeur équivaut à 7 hommes, il s'ensuit que le
travail d'un homme-vapeur coûte, pendant 10 heures, environ 30 cen-
times, tandis que la journée d'un manœuvre est de 2 francs. Mais
comme il faudrait nécessairement 2 hommes, attendu qu'un seul ne
pourrait pas soutenir sans interruption le même travail pendant dix
heures, il faudrait estimer le travail en argent au moins à 4 francs, et,
par conséquent, le travail par des hommes coûterait au moins 14 fois
plus que par la vapeur. D'après les nombres précédents, le travail d'un
homme coûterait autant que celui de 2 chevaux-vapeur, du moins à Paris.

La machine devrait avoir évidemment, outre la puissance suffisante
pour suppléer à la cheminée, celle qui serait nécessaire pour vaincre
les frottements dans l'appareil où la chaleur devrait être utilisée. Dans
tous les cas qui pourront se présenter, il sera facile de déterminer le
travail qu'elle doit effectuer, en partant des lois et des formules données
dans le livre II.

574. Les machines employées pour produire des mouvements d'air
sont très-nombreuses ; je décrirai seulement celles dont l'usage est le
plus général, en indiquant autant que possible les résultats obtenus sous
le rapport de leur effet utile. A la rigueur, l'étude de ces machines
semble étrangère à cet ouvrage ; mais comme on a souvent à discuter
les avantages et les inconvénients, sous différents rapports, de l'emploi
de la chaleur et des machines pour produire la ventilation, l'examen
des appareils mécaniques destinés à produire des mouvements d'air se
rattache intimement à l'étude de la chaleur.

Avant de passer à la description des appareils, j'insisterai d'abord
sur un principe général, applicable à tous et qui a une grande influence
sur l'effet utile produit. Le principe dont je veux parler est relatif à
la section du canal sur laquelle agit l'appareil.

575. Considérons, par exemple, un long canal d'un diamètre D, par

lequel on veut appeler un certain volume d'air extérieur, au moyen d'une machine qui agit sur un orifice ayant un diamètre D dans une première disposition et d dans une seconde; tout se passera, relativement au travail dépensé, comme si l'air était comprimé à l'origine de la conduite par une charge en air, représentée par P dans le premier cas et P_1 dans le second, du moins en négligeant les variations de densité de l'air comprimé ou dilaté, ce qui est possible quand les vitesses ne correspondent qu'à des charges de quelques centimètres d'eau. En désignant par p et p_1, les charges correspondantes aux vitesses d'écoulement à l'extrémité de la conduite, par Q et Q_1, les volumes d'air écoulés par seconde, et par R la somme des résistances que présente la conduite, on aura dans le premier cas

$$P - p = Rp \ ; \quad p = \frac{P}{1+R} \ ; \text{ et } \quad Q = \frac{\pi D^2}{4}\sqrt{\frac{2gP}{1+R}} \ ;$$

et dans le second cas

$$P_1 - p_1 = Rp_1 \cdot \frac{d^4}{D^4} \ ; \quad p_1 = \frac{P_1}{1+R\dfrac{d^4}{D^4}} \ ; \text{ et } \quad Q_1 = \frac{\pi d^2}{4}\sqrt{\frac{2gP_1}{1+R\dfrac{d^4}{D^4}}} \ .$$

Et comme les volumes doivent être égaux, on aura

$$\frac{D^4 \cdot P}{1+R} = \frac{d^4 P_1}{1+R\dfrac{d^4}{D^4}} \ ; \text{ d'où } \quad P_1 = P\frac{D^4}{d^4} \cdot \frac{1+R\dfrac{d^4}{D^4}}{1+R} \ ;$$

576. On voit, à l'inspection de la dernière formule, que la valeur de P_1 augmente rapidement à mesure que d diminue, et comme le travail est égal au produit de la charge par le poids de l'air écoulé dans une seconde, il s'ensuit que le travail dépensé est proportionnel à P_1. Si, par exemple, on avait $R = 10$, $D = 2^m$, $d = 0^m 5$, on trouverait

$$P_1 = P \cdot 256 \frac{1+10 \cdot 0,0039}{11} = P \cdot 256 \cdot 0,094 = P \cdot 24,06.$$

577. Il est important de remarquer que cet accroissement de charge, et, par suite, de travail, aura lieu également pour une cheminée et pour une machine quelconque.

578. Si l'orifice, sur lequel agit la machine ou la cheminée, avait une plus grande section que le tuyau d'appel, en négligeant la détente ré-

sultant de l'accroissement de section et en conservant les mêmes notations, on aurait

$$P_1 - p_1 = R\,\frac{d^4}{D^4}\,p_1 + p_1\left(\frac{d^4}{D^4} - 1\right)\;;\quad p_1 = \frac{P_1}{(1 + R)\dfrac{d^4}{D^4}}\;;$$

$$Q_1 = \frac{\pi d^2}{4}\sqrt{\frac{2g P_1}{(1 + R)\dfrac{d^4}{D^4}}},$$

et par suite $P_1 = P$. Ainsi on ne gagnerait rien à augmenter la section, du moins en n'ayant pas égard à la détente qui se produit par suite de l'accroissement de section; mais cette détente occasionnerait, dans certaines circonstances, un accroissement notable de charge et ne pourrait pas être négligée.

579. Si la machine était soufflante au lieu d'être aspirante, les phénomènes produits par les variations de section de l'orifice sur lequel elle agirait seraient les mêmes. Si la machine était à la fois aspirante et soufflante, on pourrait assimiler l'effet produit à celui d'une machine soufflante placée à l'extrémité du canal, et la diminution ou l'accroissement de section des orifices d'entrée et de sortie de l'air dans la machine aux effets produits par des étranglements dans le canal, circonstance qui occasionne toujours une certaine perte de charge. Ainsi, en général, il importe beaucoup de conserver au canal d'écoulement de l'air une section constante.

CHAPITRE II.

VENTILATEURS A FORCE CENTRIFUGE.

580. Considérons un tambour fixe, fermé de toutes parts, dont l'axe de figure soit occupé par un arbre mobile, portant plusieurs ailes planes ou courbes, qui, dans leur mouvement de rotation, parcourent la capacité intérieure du tambour. Par le mouvement des ailes, l'air sera mis lui-même en mouvement; et, par l'effet de la force centrifuge, il sera comprimé à la circonférence et dilaté au centre. Mais si les deux joues du tambour sont percées à leur centre d'un orifice, et si la circonférence du tambour est ouverte, l'air sera aspiré par le centre et rejeté à la circonférence. On conçoit, dès lors, que, si les orifices des joues ou la cir-

conférence du tambour communiquaient avec un tuyau, ou si ces deux communications avaient lieu en même temps, l'air serait aspiré ou poussé dans le tuyau, ou en même temps aspiré dans l'un et poussé dans l'autre.

581. Quoique tous les ventilateurs soient à la fois aspirants et soufflants, nous désignerons spécialement, sous le nom de *ventilateurs aspirants*, ceux qui aspirent l'air par des tuyaux de conduite et le jettent dans l'espace environnant par tous les points de la circonférence du tambour; sous celui de *ventilateurs soufflants*, ceux qui aspirent directement l'air environnant pour le faire écouler par un tuyau qui communique avec la circonférence du tambour; et sous celui de *ventilateurs aspirants et soufflants*, ceux qui appellent l'air par des tuyaux de conduite plus ou moins longs et le versent dans un canal, comme les ventilateurs soufflants.

Ventilateurs aspirants.

582. Les ailes de ces ventilateurs peuvent être planes ou courbes. Quand les ailes sont planes et qu'il en est de même des faces du tambour, l'air s'échappant par tous les points de la circonférence, la section de la veine d'air, à son entrée dans les ailes, est plus petite qu'à la sortie. Mais en donnant aux joues du ventilateur la forme de deux troncs de cône et aux ailes une forme trapézoïdale, on pourra faire varier à volonté le rapport des surfaces d'entrée et de sortie. Lorsque les ailes sont courbes, les orifices de sortie sont les sections faites dans les canaux à leur extrémité, perpendiculairement à leur axe; il est évident qu'en donnant aux joues du ventilateur la forme de deux surfaces de révolution, et aux ailes des largeurs convenables aux différentes distances du centre, on pourra, de même que pour les ventilateurs à ailes planes, établir une relation quelconque entre les surfaces des orifices d'entrée et celles des orifices de sortie de l'air.

583. *Ventilateur de M. Combes.* — Ce ventilateur est à ailes courbes. La courbure, à l'origine des ailes, a été calculée de manière à éviter l'effet du choc de l'air, et la courbure à la circonférence de manière à ne laisser échapper l'air qu'avec une faible vitesse. Les figures 101 et 102 représentent deux coupes d'un de ces appareils; les ailes sont reliées à la plaque DD, fixée à l'arbre A, qui est mis en mouvement par la poulie P. Les bords libres des ailes restent toujours, dans leur rotation, à une petite distance du plateau fixe CC; EE est l'orifice d'accès de l'air.

Pour éviter l'arrivée de l'air extérieur entre le plateau CC et les bords libres des ailes, M. Combes, dans une autre disposition, a placé l'axe de rotation verticalement; les ailes sont fixées aux deux joues, et la joue

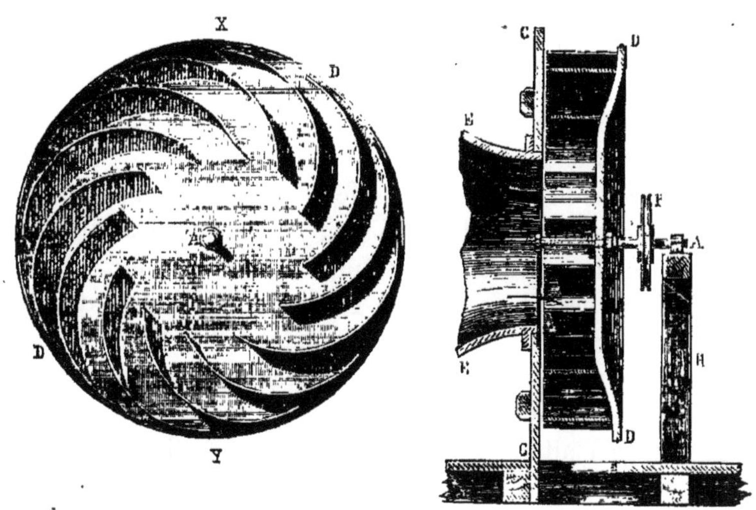

Fig. 101.   Fig. 102.

inférieure porte autour de l'orifice d'accès un cylindre qui plonge dans un réservoir annulaire plein d'eau.

Sous ces différentes formes et avec différents nombres d'ailes, les ventilateurs de M. Combes ont été employés en Belgique à la ventilation de plusieurs mines de houille. M. Glepin, qui a fait beaucoup d'expériences sur un ventilateur horizontal (*Mémoire sur les appareils appliqués à la ventilation des mines*), a reconnu que, quoique la hauteur de l'eau dans le vase annulaire, au-dessus du bord inférieur du cylindre, fût beaucoup plus considérable que la dépression produite, l'eau, constamment agitée par le mouvement du cylindre, était entraînée dans les canaux mobiles, et par conséquent que, si le vase annulaire n'était pas constamment alimenté, il se formait en peu de temps un espace libre par lequel l'air extérieur pénétrait dans le ventilateur. D'après ses expériences, M. Glepin estime que la machine rendait de 0,27 à 0,28 du travail employé à la faire mouvoir; mais M. Trasenster (*Annales des travaux publics de Belgique*) pense qu'il y a eu une erreur commise sur l'évaluation du travail moteur, et il réduit le rendement de la machine à 0,15.

M. Glepin a fait construire un autre ventilateur, d'après les mêmes principes, et dans lequel les ailes étaient fixées à un arbre horizontal tournant entre deux murailles parallèles; mais l'effet utile n'a pas été augmenté par cette nouvelle disposition.

I.

584. *Ventilateur Letoret.* — Cet appareil est composé de quatre ailes rectangulaires en tôle, fixées aux extrémités de deux montants en fer forgé, placés à angle droit sur l'arbre; les ailes sont articulées et peuvent prendre différentes inclinaisons. Une lame de tôle fixée perpendiculairement à l'axe de rotation sépare les effets produits par les deux ouvertures d'appel. L'appareil est disposé entre deux murs parallèles qui forment les joues du ventilateur.

Un de ces ventilateurs a été établi à la fosse Sainte-Caroline, à Sainte-Victoire-sur-Framies, et son effet utile a été observé par M. Glepin. Voici les dimensions de l'appareil : longueur des ailes, $0^m 77$; largeur, $0^m 93$; diamètre des ouvertures d'accès de l'air, $1^m 60$; distance de l'origine des ailes à l'axe de rotation, $0^m 80$. Dans une des expériences, le volume d'air appelé par seconde était de $2^{mc} 939$ à $6°$, sous la pression barométrique de $0^m 7312$; l'excès de la pression extérieure sur la pression intérieure était de $0^m 0152$ en eau, et en air de $12^m 49$; le travail effectué était alors de 2,939. $1^k 217$. $12,49 = 44^k 67$; ou de $0,595$ de cheval-vapeur; comme le travail transmis, mesuré au frein, était de 3,7 chevaux-vapeur, le travail produit était égal à $0,16$ du travail dépensé. Une autre expérience a donné $0,18$. Dans la première expérience, l'angle formé par les ailes et les bras du ventilateur était de $135°$; dans la seconde, il était de $105°$. Dans cet appareil, il se produisait à la circonférence des ouvertures centrales un courant dirigé en sens contraire de celui qui avait lieu près de l'axe. Les nombres de révolutions étaient de 113 et de 137 par minute.

Un autre appareil disposé de la même manière, mais avec des dimensions un peu différentes a été établi au charbonnage de l'Agrappe et Grisoeil, à Frameries, et a donné un meilleur résultat. Longueur des ailes, $0^m 80$; largeur des ailes, $0^m 98$; distance de l'articulation des ailes à l'axe de rotation, $0^m 75$; diamètre des orifices d'accès, $1^m 30$; intervalle des bords des ailes et des murailles, $0^m 055$; angle des ailes et des rayons, $110°$; nombre de révolutions par minute, 144. Effet utile, $0,20$ du travail dépensé.

M. Glepin rapporte encore dans son ouvrage les résultats de ses expériences sur un ventilateur établi à la houillère de Marcinelles, disposé d'une manière un peu différente. Ce ventilateur renferme 8 ailes en tôle; ces ailes, dirigées d'abord dans des plans passant par l'axe de rotation, se recourbent suivant des surfaces cylindriques qui viennent couper la circonférence extérieure à une distance de $0^m 135$ du prolongement de leur première direction. Diamètre de la circonférence extérieure, $2^m 046$; diamètre du cylindre décrit par l'origine des ailes, $0^m 630$; largeur des ailes, $0^m 60$; espace libre entre les bords des ailes et les surfaces inté-

rieures des joues, 0^m 025. L'effet utile a été de 0^m 10. M. Glepin ajoute :
« Si l'effet utile de cet appareil est beaucoup plus faible que celui des ventilateurs de l'Agrappe et de Sainte-Victoire, je pense qu'on doit en attribuer la cause, en grande partie, à la disposition des ailes par rapport aux bras ; car on a remarqué à Sainte-Victoire que, pour une même vitesse de rotation, le travail utile du ventilateur était d'autant plus faible que la direction des ailes se rapprochait davantage de celle des bras. » Une cause qui doit aussi contribuer beaucoup à la diminution de l'effet utile est le faible diamètre des orifices d'entrée. L'air est obligé d'y prendre une assez grande vitesse, d'où résulte une perte de charge notable.

M. Jochams a fait, en 1848, une série d'expériences sur des ventilateurs Letoret, établis dans plusieurs mines de Belgique, et il a trouvé que le travail produit était compris entre 0,25 et 0,30 du travail employé.

585. M. Loyd, ingénieur anglais, a présenté à l'exposition universelle un ventilateur destiné à l'aérage des mines. Cet appareil se compose de deux troncs de cône opposés, renfermant 6 ailes courbes fixées aux deux surfaces coniques ; ces surfaces sont percées au centre de deux orifices qui reçoivent les tuyaux d'appel autour desquels tourne l'appareil.

Ventilateurs soufflants.

586. Ces ventilateurs sont disposés de la même manière que les ventilateurs aspirants dont nous venons de parler ; seulement, les orifices du centre s'ouvrent dans l'air, et la circonférence du tambour est fermée de toutes parts, excepté dans une certaine étendue en communication avec le tuyau qui conduit l'air comprimé.

La figure 103 représente une coupe de la disposition assez généralement employée. Les ailes P sont au nombre de six, légèrement inclinées sur les rayons. Un appareil ainsi disposé, dans lequel le diamètre du tambour A était de 1^m ; celui des deux orifices d'accès de l'air B, de 0^m 50 ; la

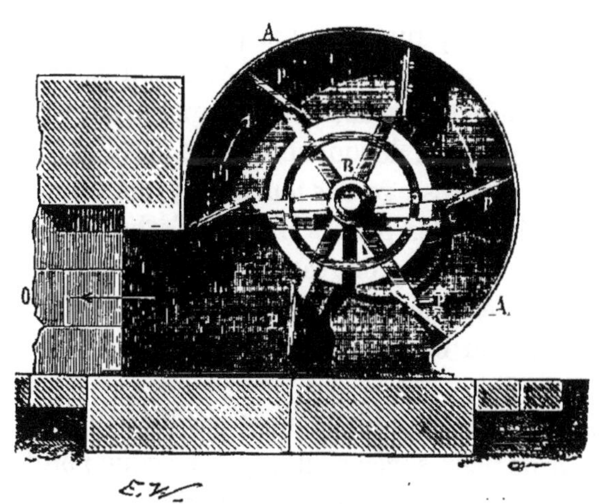

Fig. 103.

largeur, de 0^m 20, suffisait, en faisant 1000 tours à la minute, pour alimenter deux cubilots, qui fondaient 2000^k de fonte à l'heure. Le travail employé était d'environ 4 chevaux-vapeur; l'effet utile n'a point été observé.

587. *Ventilateur de M. Decoster.* — Les figures 104 et 105 repré-

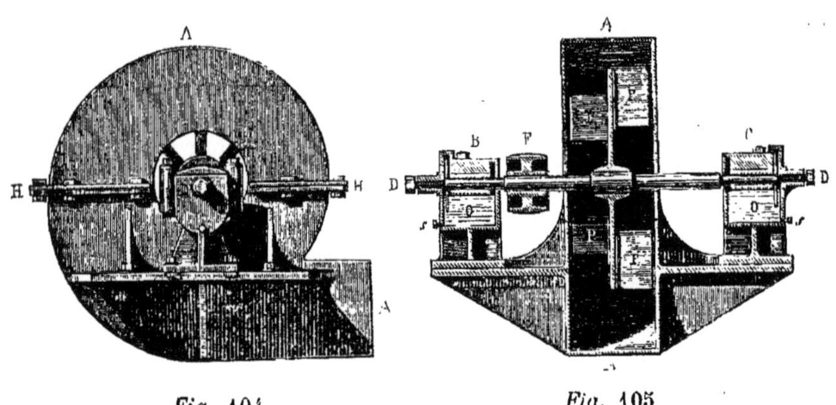

Fig. 104.   Fig. 105

sentent une élévation et une coupe du ventilateur soufflant de M. Decoster. Cet appareil est composé d'une caisse en fonte A, ouverte sur les deux faces latérales, et traversée par l'arbre DD mis en mouvement par la poulie F; l'arbre porte, perpendiculairement à sa direction, une plaque en tôle qui partage le ventilateur en deux parties égales, et sur laquelle sont fixées huit ailes planes P, quatre de chaque côté. L'enveloppe est excentrique, de manière que les ailes versent constamment de l'air dans le canal qui enveloppe le cylindre décrit par leurs extrémités, et dont la section croît uniformément et débouche dans le porte-vent.

Cet appareil renferme, pour le graissage des tourillons, une disposition très-ingénieuse ; à l'extrémité des paliers B et C, l'arbre porte un disque qui tourne avec lui, et qui, plongeant dans un réservoir d'huile O par sa partie inférieure, en injecte constamment une certaine quantité sur les coussinets; S est un bouchon vissé qu'on enlève pour vider le réservoir.

Dans ce ventilateur, les orifices d'accès n'appellent pas l'air uniformément sur toute l'étendue de leur surface; il n'y a presque point d'appel entre les rayons qui passent, l'un par le bord supérieur de l'origine du tuyau d'écoulement, l'autre par la verticale supérieure. Ce fait bien constaté ne semble pouvoir s'expliquer qu'en admettant que la veine d'air lancée verticalement ferme le canal pour les veines qui viennent à la suite.

588. *Ventilateur de M. de Lacolonge.* — M. de Lacolonge a présenté à l'exposition universelle de 1855 un ventilateur, formé d'un tambour à peu près cylindrique de 1ᵐ 153 de diamètre avec une épaisseur de 0ᵐ 155 seulement. Les aubes au nombre de huit étaient légèrement courbes. D'après les expériences faites au Conservatoire des Arts et Métiers, pour des nombres de tours par minute variant de 305 à 817, le rapport de l'effet utile au travail dépensé se serait élevé à peu près régulièrement de 0,13 à 0,64 et la pression en eau de 0ᵐ 024 à 0ᵐ 164. Dans cet appareil, l'effet utile augmente, comme on le voit, avec la pression ; le contraire a été observé pour tous les appareils précédents.

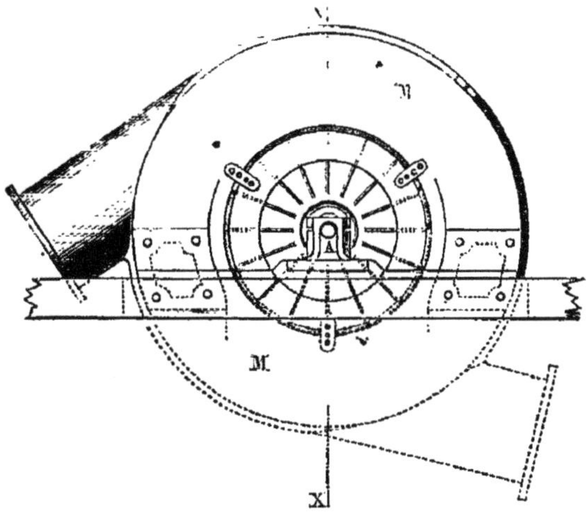

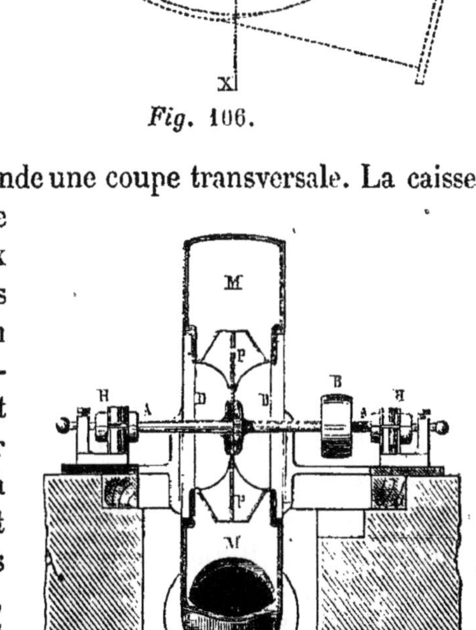

Fig. 106.

589. *Ventilateur de M. Bourdon.* — Les figures 106 et 107 représentent, la première une élévation de l'appareil, la seconde une coupe transversale. La caisse de ce ventilateur est mobile ; elle est en tôle, et formée de deux cônes tronqués. La somme des deux orifices d'entrée D, D est un peu plus grande que l'orifice annulaire de sortie. L'appareil est divisé en deux parties égales par une cloison P, perpendiculaire à l'axe de rotation. Les ailes sont fixées à cette cloison et aux cônes tronqués ; elles sont en fer-blanc, courtes, au nombre de trente, et recourbées à leur extrémité dans le sens du mouvement de l'air ; elles partent de l'axe, et leurs bords inférieurs rejoignent perpendiculairement les bords des orifices d'appel D, D, par une courbe concave.

Fig. 107.

L'air est chassé dans une capacité annulaire M en fonte, concentrique

à l'axe du ventilateur, et il s'écoule par un tuyau placé tangentielle-
ment à la surface. Deux disques annulaires ajustés contre ce réservoir
d'air peuvent être rapprochés, au moyen de vis (*fig.* 108), de la partie
mobile du ventilateur, à un point convenable pour empêcher les pertes
d'air. Le mouvement est transmis au moyen de la poulie B à l'arbre A
qui tourne dans les deux paliers H, H. La figure 109 représente la dis-

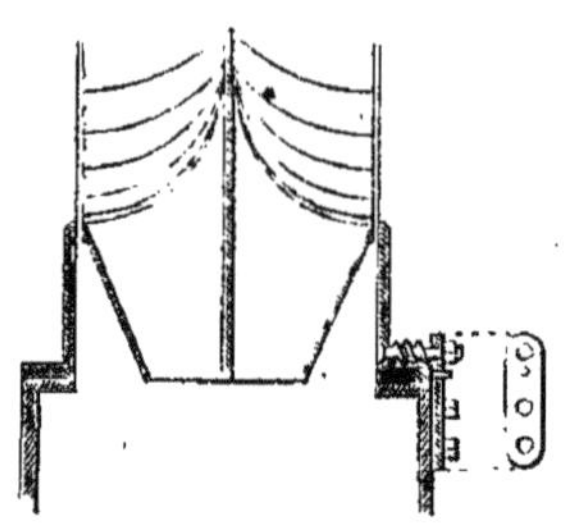

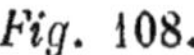

Fig. 108.

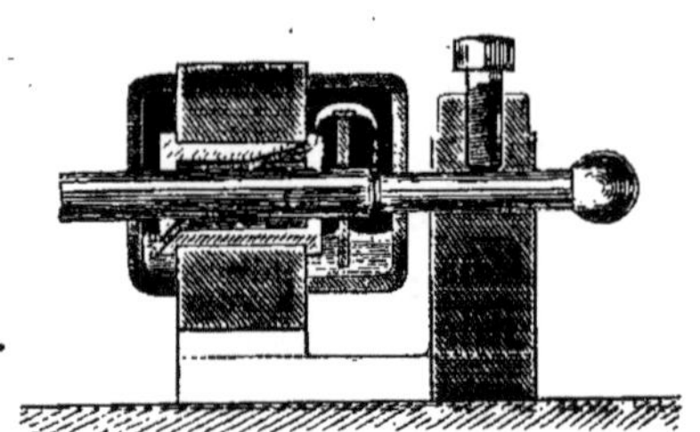

Fig. 109.

position du graissage. Un disque tournant amène constamment de
l'huile dans le godet supérieur qui la verse sur les parties frottantes.

Il résulte d'expériences nombreuses que la vitesse de sortie de l'air est
toujours dans ce ventilateur supérieure de 0,30 environ à celle de l'extrémité des ailes. Nous signalons ce fait, parce qu'on avait cru longtemps que cette dernière vitesse était la vitesse maximum que l'on
pouvait imprimer à l'air. En plaçant deux ventilateurs, l'un à la suite
de l'autre, et en faisant arriver, dans l'orifice d'entrée du second, l'air
qui sortait du premier, on a pu constater que les pressions s'ajoutaient.
Un des grands avantages de cet appareil, c'est l'absence à peu près complète du bruit, même à des vitesses de 2000 tours par minute. Nous ne
connaissons aucune expérience sur son effet utile.

590. *Expériences de M. Dolfus.* — M. E. Dolfus a fait un très-grand
nombre d'expériences pour déterminer les formes et les dimensions les
plus avantageuses des ventilateurs soufflants (*Bulletin de la Société
industrielle de Mulhouse*). Les ventilateurs employés étaient tous à
joues et à ailes planes, et par conséquent à sections croissantes. Les effets produits étaient mesurés par la pression exercée sur une feuille de
carton suspendue verticalement, à une petite distance et en avant de l'ouverture de sortie de l'air. La feuille de carton était supportée par une
lame de bois verticale fixée à l'extrémité d'une romaine, dont on faisait varier le poids de manière à maintenir la feuille dans sa position
primitive.

Ces expériences ont été faites sans aucune prévision théorique, et les moyens employés pour la mesure des effets produits ne présentent pas toute la certitude qu'on pourrait désirer ; cependant il résulte de ces expériences quelques faits importants que nous croyons devoir rapporter.

1° Les bords des ailes doivent être aussi rapprochés que possible des joues ;

2° La hauteur des ailes doit excéder la moitié du rayon de l'orifice d'accès ;

3° Le nombre des ailes doit augmenter avec le diamètre de l'orifice d'accès, et ce nombre doit être plus grand quand l'enveloppe du ventilateur est excentrique à l'axe de rotation ;

4° L'orifice d'accès doit être elliptique et un peu excentrique, le centre de l'orifice étant au-dessus du rayon parallèle au plan de l'ouverture de sortie de l'air.

Les trois premières conditions se comprennent facilement. Il n'en est pas de même de la dernière qui, au premier abord, paraît fort singulière ; mais il faut remarquer qu'il s'agit de ventilateurs soufflants, dans lesquels la symétrie par rapport à l'axe n'existe pas.

Ventilateurs aspirants et soufflants.

591. Ces ventilateurs sont disposés comme ceux dont je viens de parler ; ils n'en diffèrent qu'en ce que l'air d'appel, au lieu d'entrer librement dans le ventilateur, n'y pénètre qu'après avoir parcouru un canal plus ou moins long. C'est, par exemple, le cas d'un ventilateur qui serait employé à remplacer une cheminée. La fumée étant complétement refroidie dans son parcours autour des surfaces de chauffe, l'appareil, placé au bout du fourneau, appellerait l'air du foyer et le pousserait dans la cheminée, dont le seul effet serait alors de rejeter les produits de la combustion à une hauteur convenable dans l'atmosphère. En général, les ventilateurs aspirants et soufflants sont construits comme les ventilateurs soufflants. On se contente d'adapter à ces derniers des tuyaux ajustés d'un côté sur les orifices d'accès de l'appareil, et communiquant de l'autre avec la capacité d'où l'on veut extraire l'air.

Observations sur les ventilateurs à force centrifuge.

592. Les ventilateurs à force centrifuge sont tous d'une construction très-simple, d'un service commode et peu susceptibles de dérangements ; mais les phénomènes qui s'y produisent sont d'une extrême complication.

593. Considérons d'abord un ventilateur aspirant ; supposons que le canal parcouru par l'air ait une section constante, que les ailes soient dirigées suivant les rayons, et que l'orifice central s'ouvre dans l'atmosphère. Par suite de la rotation, la force centrifuge fera écouler l'air par les canaux ; il y aura au centre une dépression correspondant à la vitesse d'écoulement, et l'air, à la sortie des canaux, aura une vitesse absolue résultant de sa vitesse relative dans l'appareil et de la vitesse de rotation de l'extrémité des ailes. Dans ce cas, on pourrait facilement faire le calcul des effets produits, en négligeant ce qui se passe à l'entrée de l'air dans les canaux, le frottement qui s'y produit, et en admettant que, dans chaque tranche d'air perpendiculaire à l'axe d'un canal, toutes les molécules ont la même vitesse. Les premières suppositions pourraient être admises pour une estimation approchée ; mais la dernière n'est pas admissible, parce que derrière chaque aile, près de la circonférence, il se produit un vide partiel, résultant de la rotation ; que l'air extérieur doit y pénétrer, et que peut-être il y a derrière les ailes un courant dirigé en sens contraire, comme semblent l'indiquer quelques expériences rapportées précédemment. Ainsi, dans le cas le plus simple, on ne sait pas ce qui se passe dans les canaux, et il faudrait le savoir avant de faire des calculs. Si les canaux étaient évasés, il est très-probable que l'appel d'air extérieur à la circonférence serait beaucoup augmenté, ou du moins qu'il se formerait des tourbillonnements aux extrémités des canaux ; il est également présumable que cet appel irait en augmentant à mesure que la détente au centre s'accroîtrait. C'est peut-être à cette cause qu'il faut attribuer le rendement en général décroissant des ventilateurs à force centrifuge à mesure que la pression augmente.

Si les tuyaux étaient courbes, il est probable que les effets derrière les ailes existeraient encore, peut-être avec moins d'énergie.

Quand les ventilateurs sont soufflants, ou aspirants et soufflants, les phénomènes qui se produisent derrière les ailes sont probablement de même nature que dans les ventilateurs aspirants, et on ne les connaît pas mieux.

594. Il serait bien à désirer qu'on fît des expériences sur les ventilateurs, en cherchant d'abord à reconnaître les phénomènes physiques qui se produisent, l'influence du nombre des ailes, de leur largeur, de leur courbure et des autres circonstances qui peuvent se présenter. Ces recherches n'offriraient pas de grandes difficultés, parce qu'on pourrait opérer sur une petite échelle, produire et mesurer le travail dépensé par la chute d'un poids, et évaluer la vitesse d'appel avec des manomètres à eau d'une sensibilité convenable. Dirigées avec in-

telligence, elles conduiraient certainement à connaître les dispositions les plus avantageuses dans les différents cas, ou tout au moins à des formules empiriques qui serviraient à diriger les constructeurs dans l'établissement de ces machines, et donneraient une appréciation suffisante du travail à dépenser pour obtenir un effet donné.

595. Dans l'état actuel des choses, on ne peut ni indiquer, pour chaque cas en particulier, la disposition la plus convenable à donner à un ventilateur, ni calculer le travail nécessaire pour produire un effet déterminé. Cependant il résulte des faits qui ont été observés et de quelques indications théoriques des principes qui peuvent servir de guide aux ingénieurs.

596. 1° Il ne paraît pas douteux que, dans tous les cas, il n'y ait un grand avantage à employer des ventilateurs à section constante, c'est-à-dire dans lesquels la section de l'orifice ou des orifices d'entrée de l'air dans le ventilateur soit égale à la surface du cylindre d'entrée de l'air dans les canaux et à la somme des sections constantes des canaux. Lorsque les ailes sont droites, on peut obtenir des canaux à section constante, en donnant aux faces du ventilateur la forme de deux troncs de cône, et aux ailes la forme d'un trapèze. Quand les ailes sont courbes, si elles sont partout également distantes, c'est-à-dire si elles ont la forme de développantes, des joues planes donneront évidemment aux canaux une section constante.

597. 2° Il est avantageux de courber les ailes de manière que l'écoulement ait lieu en sens contraire de la vitesse de rotation pour les ventilateurs aspirants qui rejettent l'air dans l'atmosphère, et dans le sens de la rotation pour les ventilateurs soufflants, et de manière que la direction de l'extrémité de l'axe des canaux soit le plus près possible de la tangente, en ce point, à la circonférence extérieure du tambour.

598. 3° L'emploi d'un grand nombre d'ailes courtes, par conséquent très-rapprochées, comme dans les ventilateurs de M. Bourdon, paraît préférable à celui de 4 ou 6 ailes longues, comme dans les autres appareils. Il est probable que le rapprochement des ailes diminue les courants en retour qui se produisent derrière les ailes; cependant il n'est pas douteux que la vitesse de rotation, pour obtenir un effet déterminé, ne doive augmenter à mesure que la hauteur des ailes diminue.

599. 4° Il paraît qu'il convient de donner à l'enveloppe des ventilateurs soufflants, ou à la fois aspirants et soufflants, une forme excentrique, de manière que la vitesse de l'air par les canaux soit constante, ce qui n'a pas lieu quand l'enveloppe est concentrique à l'axe.

600. 5° Il est toujours utile, quelle que soit l'espèce de ventilateur

employé, de fixer sur l'axe de rotation des surfaces de révolution en tôle, destinées à diriger l'air d'une manière continue à l'origine des canaux ; cette disposition est surtout nécessaire quand l'appel a lieu par les deux joues, afin d'éviter l'influence mutuelle des deux veines qui arrivent en sens contraire, en ne les mettant en contact que lorsqu'elles ont les mêmes directions.

601. 6° Quelle que soit la forme du ventilateur et l'usage auquel il est destiné, il est de la plus grande importance de lui donner des dimensions telles que la vitesse de l'air soit sensiblement la même dans l'appareil et dans les tuyaux d'appel ou de refoulement ; car, lorsque la vitesse de l'air dans le ventilateur est plus grande que celle qui doit être produite dans le tuyau d'appel ou dans celui où l'air doit être refoulé, il y a toujours une perte considérable de travail, indépendamment de celle qui résulte de la machine elle-même (575).

602. 7° La théorie des ventilateurs n'étant pas connue, on ne sait pas quelle vitesse de rotation il faudrait donner à un appareil pour obtenir un effet déterminé. En général, la vitesse de l'air est égale à la vitesse de l'extrémité des ailes ; mais la disposition de l'appareil a une grande influence, et cette vitesse peut varier dans d'assez grandes limites en dessus et en dessous.

Quant à l'effet utile qu'on peut obtenir, on est dans la même incertitude. Les expériences assez imparfaites qu'on a faites jusqu'à présent tendent à faire croire que, dans le plus grand nombre d'appareils, on ne peut guère dépasser 0,30 à 0,40. Cet effet utile diminue, en outre, très-rapidement à mesure que la pression augmente.

603. Les ventilateurs à force centrifuge sont surtout avantageux lorsque les résistances sont faibles et que l'air ne doit prendre qu'une faible vitesse, parce qu'alors le travail nécessaire au mouvement de l'air est si peu considérable, qu'un accroissement même très-grand de travail par la machine est réellement sans importance, et que la simplicité de l'appareil est la première condition à remplir.

CHAPITRE III.

VENTILATEURS A VIS.

604. *Ventilateur de M. Motte.* — Cet appareil se compose de deux surfaces hélicoïdales H (*fig.* 110), dont la hauteur est tantôt égale au pas, tantôt seulement à un demi-pas (*fig.* 111). L'axe A A, de ces surfaces

tourne dans un cylindre en tôle ou en fonte C , qui communique par un bout avec le tuyau d'appel, et par l'autre avec le tuyau d'écoulement. M. Combes, dans son *Traité de l'aérage des mines*, a donné une théorie de cet appareil, d'après laquelle tous les filets fluides tendent à

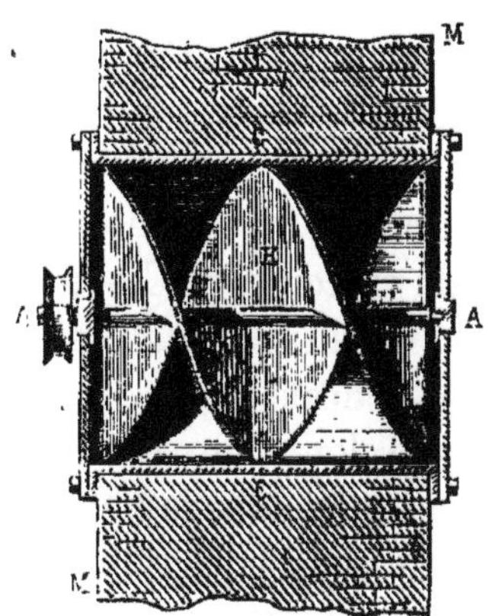
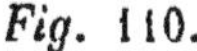

Fig. 110.

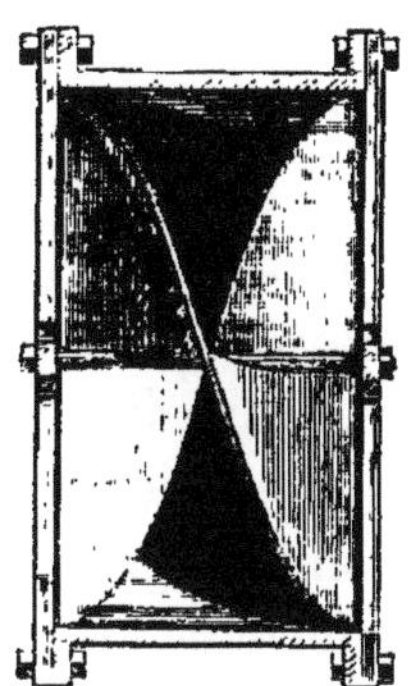

Fig. 111.

traverser l'hélice parallèlement à l'axe avec une vitesse proportionnelle à leur distance du centre ; mais, comme la pression est plus forte en aval qu'en amont, l'air tend à se mouvoir en sens contraire avec une vitesse correspondante à la différence des pressions. Il résulte de là qu'il existe une distance de l'axe à laquelle ces deux vitesses sont égales, qu'à partir de cette distance les vitesses en sens contraires vont en croissant à mesure qu'on s'en éloigne, et par suite que l'air se meut en sens contraire dans le voisinage de l'axe et du cylindre enveloppant.

L'expérience confirme les résultats de la théorie relativement à l'existence des deux courants en sens contraires, mais non sur le rayon du cylindre où les vitesses se détruisent. M. Trasenster, en appliquant le calcul à quelques résultats d'expérience, a constaté que le rayon du cylindre était plus petit que le rayon indiqué par la théorie. Il est évident qu'on peut empêcher les courants en retour, en fixant la surface héliçoïdale sur un cylindre d'une dimension convenable.

Un ventilateur de M. Motte, employé dans la mine de Sauwartan, a 1^m40 de diamètre et une hauteur égale à la moitié du pas. D'après les expériences de M. Glepin, pour 450 et 506 tours par minute, les volumes d'air écoulés étaient de $3^{mc}908$ et $4^{mc}228$. Les dépressions en eau étaient de 0^m0216 et 0^m025. Quant à l'effet utile, M. Glepin l'a trouvé égal à 0,33 et 0,31 ; mais, d'après des essais au frein faits par M. Ponson sur ce ventilateur, le rendement serait seulement de 0,26 à 0,24. Des expériences plus récentes encore réduiraient l'effet utile à 0,20 ou 0,21.

Un autre ventilateur de même nature, établi à la mine de Monceau-Fontaine, mais qui n'a que $0^m 80$ de diamètre, a été essayé avec des vitesses de 750 et de 600 tours par minute ; les dépressions en eau étaient de $0^m 0063$ et $0^m 0065$; les volumes d'air extraits de $2^{mc} 152$ et et $1^{mc} 790$, et les effets utiles de 0,17 et 0,20.

605. *Ventilateur Pasquet.* — Le ventilateur de M. Pasquet est fondé sur le même principe que celui de M. Motte ; mais, au lieu d'avoir, comme ce dernier, des filets héliçoïdaux continus, il est formé d'un noyau cylindrique sur lequel sont fixées 3 ou 6 rampes héliçoïdales, dont chacune n'est que le $\frac{1}{3}$ ou le $\frac{1}{6}$ d'un pas de vis complet. Ces rampes sont en tôle mince et fixées par des cornières au noyau intérieur et au cylindre extérieur. L'axe du ventilateur est placé verticalement.

Dans les premiers ventilateurs, on avait donné aux canaux mobiles une section plus grande à l'entrée qu'à la sortie, dans le but de faciliter le mouvement de l'air. Mais on a reconnu que l'effet utile n'était pas augmenté par cette disposition, et on l'a supprimée.

Plusieurs ventilateurs de ce système ont été établis sur des charbonnages en Belgique, et quelques expériences ont été faites par M. Jochams.

En voici les résultats :

Les nombres de tours étaient

331	300	330 ;

les dépressions manométriques

$0^m 030$	$0^m 030$	$0^m 028$;

les volumes d'air aspiré

$8^{mc} 873$	$6^{mc} 063$	$10^{mc} 369$;

et les effets utiles

0,275	0,275	0,355

Une expérience faite en interceptant toute communication avec les travaux a donné une dépression maximum de $0^m 060$, au moyen de 303 révolutions par minute.

606. *Ventilateur de M. Staib.* — En 1849, M. Staib présenta à la Société des Arts de Genève un ventilateur à vis, et M. Colladon fut chargé de faire un rapport sur cet appareil. Nous allons en résumer les parties les plus importantes.

Ce ventilateur se compose de quatre ailes également espacées autour

d'un axe vertical. La hauteur du pas de vis complet est d'environ
$0^m 30$. Chacune des ailes a $0^m 05$ de hauteur et ne représente qu'un
sixième de la surface d'un filet entier. Par conséquent, la projection de
ces quatre ailes sur un plan ne couvre que les deux tiers de la section
du cylindre. Le diamètre de la vis est de $0^m 30$. Elle tourne dans un
cylindre en tôle d'un diamètre un peu plus grand pour éviter les frottements contre l'enveloppe.

Pour mesurer la vitesse de l'air dans le tuyau, on n'a pas fait d'expériences manométriques ou anémométriques ; mais on a installé dans le
même tuyau deux vis pareilles ; on a fait tourner l'une avec une certaine
vitesse, l'autre a fait par seconde un certain nombre de tours, et on a pris
pour volume écoulé la moyenne entre les volumes théoriques engendrés
par chaque vis. M. Colladon a trouvé ainsi que le volume réel débité était
les 0,84 du volume théorique. Quelques expériences, dans lesquelles on
mesurait le temps que la fumée d'une lampe de térébenthine mettait à
passer d'une extrémité du tuyau à l'autre, semblent confirmer ce chiffre.

Quant au rendement, il a été mesuré au moyen d'un poids agissant
sur le ventilateur par l'intermédiaire de moufles et de vis sans fin.
M. Colladon l'a trouvé égal à 0,30 environ.

607. *Ventilateur de M. Lesoinne.* — M. Lesoinne, professeur de
métallurgie à l'Université de Liége, a pensé que le meilleur récepteur
de la force du vent devait donner de bons résultats pour l'extraction
de l'air vicié des mines, et il a fait construire un appareil analogue aux
ailes de moulin à vent. Cet appareil a été installé dans quelques mines
en Belgique. Il est formé de six ailes en tôle, de 1,5 à 2 millimètres d'é-
paisseur, rivées sur des rayons en fer qui sont fixés d'un côté à un noyau
central, et de l'autre à une couronne circulaire. L'inclinaison de ces
ailes est, comme pour les moulins à vent, de 18 à 19^r au noyau, et 6 à
$7°$ à la circonférence. Lorsqu'on donne un mouvement de rotation à cet
appareil, l'air glisse sur les ailes et se répand dans l'atmosphère ; le vide
relatif produit appelle l'air de la mine, qui est chassé à son tour de la
même manière.

Nous ne connaissons que peu d'expériences faites sur ce ventilateur,
qui n'a fonctionné qu'à de faibles dépressions, $0^m 013$ au plus. En voici
les résultats, tirés de l'ouvrage de M. Ponson. Les deux premières ont
été faites sur le ventilateur du Grand-Bac, la troisième, sur celui du Val-
Benoît :

Les nombres de révolutions par minute étaient

162   175   201,5 ;

les volumes d'air aspiré par seconde

$$7^{mc}500 \qquad 8^{mc}500 \qquad 9^{mc}120 \, ;$$

et les dépressions manométriques

$$0,005 \qquad 0,005 \qquad 0,013.$$

Les expérimentateurs n'ont pas cherché à évaluer le rapport du travail moteur au travail utile ; mais quelques calculs font croire à M. Ponson que ce rendement n'a pas été supérieur à 26 p. 100.

Un certain nombre de ces appareils sont établis dans la province de Liége pour suppléer, pendant l'été, à l'insuffisance de la ventilation.

608. *Remarques sur les ventilateurs à vis.* — Les ventilateurs à vis sont d'une construction moins simple que les ventilateurs à force centrifuge, mais aussi peu susceptibles de dérangement. Ils paraissent donner le même effet utile, du moins quand les différences de pression sont très-petites. Ils seraient surtout avantageux quand l'air éprouve peu de résistance, qu'il ne doit recevoir qu'une très-faible vitesse et que le canal a une très-grande section.

CHAPITRE IV.

ROUES PNEUMATIQUES.

609. *Appareil de M. Fabry.* — M. Fabry, aspirant-ingénieur des mines de Charleroy, a imaginé un appareil qui diffère complétement de tous ceux que nous venons d'indiquer, mais dont l'idée première se trouve dans la machine à vapeur rotative de Murdock de Cornwall, brevetée en 1799.

Ce ventilateur se compose (*fig.* 112) de deux roues à trois ailes pleines A, A, A, mobiles autour des axes C, C dans les deux coursiers D, D, en s'approchant le plus près possible de deux murs latéraux. Les roues ont des vitesses égales et en sens contraires, produites par des engrenages extérieurs, qui ne sont point indiqués dans la figure ; chaque aile porte une pièce de fonte pleine B, perpendiculaire à sa direction, terminée par une surface courbe cylindrique ayant une hauteur égale à la largeur du coursier, et dont la courbure et l'étendue ont été déterminées de manière à intercepter complétement la communication du puits avec l'extérieur pendant le mouvement des roues. Il résulte de cette disposition que chaque roue, dans une rotation, fait sortir un volume d'air égal au volume du cylindre décrit par l'extrémité des ailes;

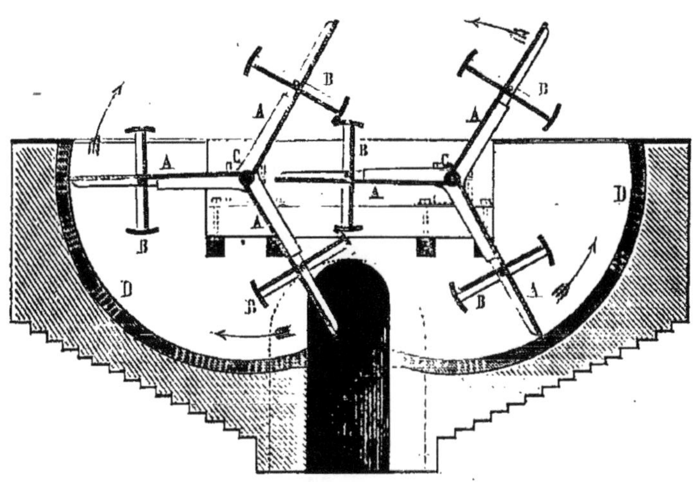

Fig. 112.

l'appareil fait rentrer en même temps un volume d'air égal à trois fois celui qui est renfermé entre les ailes et les supports des surfaces courbes dont nous venons de parler ; mais ce dernier est toujours très-petit relativement au premier.

Les ventilateurs de M. Fabry ont tous à peu près les mêmes dimensions ; les ailes ont environ 1^m70 de longueur et 2^m de largeur. Le volume d'air théorique extrait par chaque tour de roue est de 23^{mc} à 24^{mc} ; mais le volume obtenu par l'expérience est toujours plus petit, à cause des fuites qui existent nécessairement entre les roues et le coursier, et entre les deux roues elles-mêmes.

M. Jochams a fait sur cet appareil, avec le plus grand soin, un grand nombre d'expériences qui sont détaillées dans le tome XI des *Annales des travaux publics de Belgique;* mais il est à regretter que cet ingénieur n'ait pu, pour déterminer l'effet utile, employer d'autre méthode que celle des coefficients de réduction du moteur. Il en est résulté des rendements incontestablement trop forts, comme le démontre M. Trasenster dans un mémoire où il discute les résultats de M. Jochams. Nous allons citer quelques expériences, en adoptant les chiffres de M. Trasenster.

Le siége d'exploitation n° 5 de la mine du Gouffre, à Chatelineau, se compose de deux puits, profonds chacun de 425^m. Le courant ventilateur descend par le puits d'extraction, et se divise en quatre courants partiels qui se réunissent pour aboutir à l'appareil d'aérage. M. Jochams a fait quatre expériences dans des conditions différentes : d'abord avec les quatre courants, puis en supprimant successivement un, deux et trois courants. En voici les résultats :

1° Avec les quatre courants partiels, le nombre de tours du ventilateur étant de 30 par minute, la dépression a été de 0^m022; le volume extrait par seconde de $9^{mc}590$, et le rapport de l'effet utile à la force dépensée de 0,453.

2° Avec trois courants, les mêmes quantités ont été

| 35,2 | 0^m040 | $10^{mc}136$ | 0,452 |

3° Avec deux courants,

| 30 | 0^m053 | $8^{mc}409$ | 0,57 |

4° Avec un seul courant,

| 33,6 | 0,068 | $7^{mc}998$ | 0,556. |

Au puits n° 3 du même charbonnage, M. Jochams a fait d'autres expériences ; et, pour savoir quelle était la dépression maximum qu'on pouvait obtenir, il a fait boucher complétement l'orifice du puits d'entrée de l'air. Il a obtenu ainsi, pour 23 tours de l'appareil, une dépression de 0^m086 et un volume de $4^{mc}204$. Le rendement était de 0,493.

Il résulte de ces expériences des conséquences importantes :

1° La division du courant ventilateur en plusieurs courants partiels est une condition qu'il faut essayer de remplir autant que possible ; en effet, les expériences prouvent que la dépression, et par suite le travail à produire, varient en raison inverse du nombre des courants partiels ; ce qui s'accorde d'ailleurs avec les résultats du calcul.

2° Le volume pratique engendré par les roues pneumatiques va en diminuant à mesure que la dépression augmente ; en effet, si on fait le calcul pour les quatre expériences du puits n° 5, on trouve que, pour les dépressions

| 0^m022 | 0^m040 | 0^m053 | 0^m068 |

Les volumes pratiques sont

| $19^{mc}180$ | $17^{mc}277$ | $16^{mc}818$ | $14^{mc}282.$ |

Ce résultat est facile à comprendre. En effet, il est évident que les fuites doivent être d'autant plus grandes que la dépression est plus considérable. M. Jochams les estime à 20 p. 100 pour les dépressions au-dessus de 10 millimètres, à 40 p. 100 lorsque la dépression dépasse 60 millimètres, et à 55 p. 100 lorsqu'elle atteint le chiffre de 86 millimètres.

3° M. Jochams ajoute : « Il semble résulter des nombreuses observations que j'ai faites que, dans les mêmes conditions de travaux, la dépression croît comme le carré de la vitesse de l'appareil ventilateur. » Ce résultat est aussi facile à expliquer ; en effet, si on suppose que le volume pratique reste constant, ce qui a sensiblement lieu pour des dépressions variant de 0^m020 à 0^m050, limites des expériences en question, la vitesse de l'air dans la mine est proportionnelle à la vitesse du ventilateur ; et comme, d'un autre côté, les pertes de charge sont proportionnelles au carré de cette vitesse, les faits observés sont une conséquence naturelle de la loi du mouvement des gaz.

4° Enfin, le rapport du travail utile au travail moteur ne diminue pas, comme dans les autres ventilateurs, à mesure que la dépression augmente ; il semble, au contraire, que ce rendement tend vers un maximum qui correspond à une dépression comprise entre 60 et 70 millimètres. Ce rapport est du reste sensiblement constant, et ne varie que de 0,45 à 0,57 à peu près.

611. *Ventilateur de M. Lemielle.* — Les figures 113 et 114 représentent

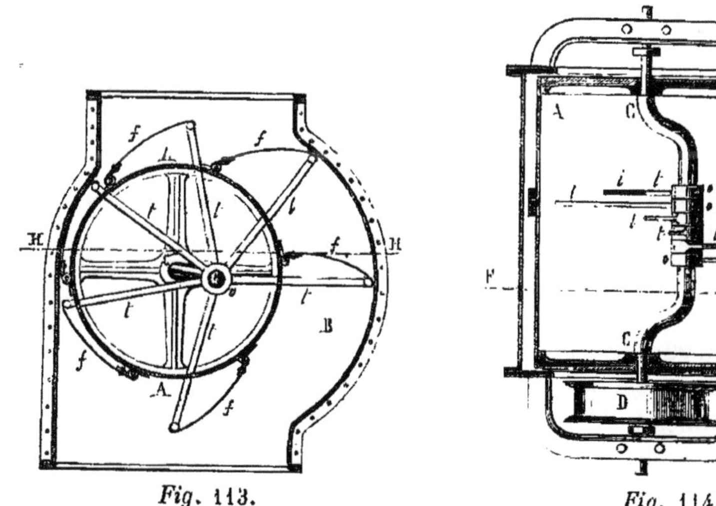

Fig. 113.

Fig. 114.

sentent deux coupes suivant H,H, et F,F de cet appareil. Il est composé de deux cylindres de fonte : le premier B est fixe et garni de deux larges ouvertures pour l'accès et la sortie de l'air ; le second A placé dans l'intérieur du premier, est mobile sur son axe qui reçoit un mouvement de rotation continu au moyen d'une poulie D. Ce cylindre porte à sa surface extérieure six palettes courbes articulées $f, f, f,...$, dont l'inclinaison est produite par des tiges $t, t, t,...$, qui sont fixées à des manchons $o, o, o...$ placés autour de l'arbre coudé C, C, du cylindre intérieur et qui traversent sa surface. Il résulte de cette disposition que les palettes prennent les différentes inclinaisons indiquées dans la figure 113, et, pour chaque sixième de tour, le volume d'air extrait est égal au volume compris entre la palette qui vient fermer l'orifice d'accès et celle qui la précède, c'est-à-dire à peu près à $\frac{1}{6} L\pi(R^2 - r^2)$, L désignant la hauteur commune des deux cylindres, R le rayon maximum des palettes, et r le rayon du tambour. Il est à craindre que, dans cet appareil, les rentrées d'air par le coursier et les rainures du tambour, à travers lesquelles passent les tiges qui produisent les inclinaisons des palettes, ne soient considérables, et surtout que les nombreuses articulations ne soient, pour des appareils de grandes dimensions, une cause de dérangement et de frais considérables d'entretien.

Le ventilateur de M. Lemielle fonctionne dans quelques mines de houille de France et de Belgique, et, d'après M. Glépin, il rendrait, en parfait état, de 0,55 à 0,60 du travail dépensé pour des dépressions de $0^m 10$ à $0^m 20$ d'eau.

CHAPITRE V.

MACHINES A PISTON.

612. Les machines à piston sont formées, en général, de deux cylindres en bois avec armatures de fer, dans chacun desquels se meut un piston portant plusieurs soupapes. Les fonds des cylindres sont aussi garnis de plusieurs soupapes qui s'ouvrent de bas en haut. Les pistons sont solidaires, et leur mouvement en sens inverse est produit par une machine à vapeur. Ils sont tantôt suspendus à des chaînes enroulées sur des arcs de cercle qui terminent le balancier, tantôt guidés par des parallélogrammes de Watt; quelquefois enfin la machine à vapeur est placée au-dessus des cylindres, et son piston porte deux tiges qui se terminent par des chaînes plates enroulées sur des poulies et supportant les pistons des cylindres à air. Les parties inférieures de ces cylindres communiquent avec une galerie horizontale qui s'ouvre dans le puits d'aérage. Les soupapes sont le plus souvent équilibrées.

Un grand nombre de ces machines ont été établies en Belgique ; les ouvrages de M. Glépin et de M. Ponson, dont j'ai déjà parlé, renferment les plans et les descriptions de plusieurs de ces appareils, ainsi que les résultats des nombreuses expériences faites pour déterminer leurs effets utiles. J'ai extrait de l'ouvrage de M. Glépin les renseignements les plus importants.

613. Les travaux de la fosse n° 1 du Grand-Buisson sont aérés par une machine à piston, composée de deux cylindres en bois cerclés en fer, de 3ᵐ 53 de diamètre intérieur et de 0ᵐ 06 d'épaisseur ; leurs fonds, ainsi que les pistons, sont percés de dix ouvertures garnies de clapets en tôle ; ceux des pistons sont équilibrés par des contrepoids. La figure 115 représente une coupe verticale d'un des cylindres A ; *a, a...* représentent les clapets du piston ; *b, b...* ceux des fonds ; la course de chaque piston est comprise entre 1ᵐ 70 et 1ᵐ 90. La machine à vapeur est horizontale et placée au-dessus des cylindres ; les chaînes de suspension des pistons des pompes, après avoir passé sur des poulies, sont attachées aux extrémités des tiges des pistons du moteur.

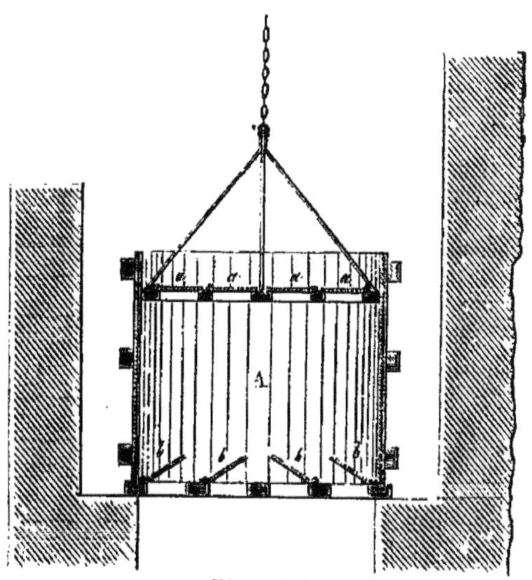

Fig. 115.

Dans une première expérience, la machine appelait 5ᵐᶜ 925 d'air par seconde à la température de 4°15 et sous la pression de 0ᵐ 7517 ; le nombre des excursions complètes, montée et descente, était de 13,15 par minute ; l'excès de la pression extérieure sur la pression intérieure était en moyenne de 0ᵐ 1214 en eau, ou de 96ᵐ 42 en air ; alors le travail effectué par la machine était égal à 5,925 . 1,259 . 96,42 = 719ᵏᵐ 25, ou 9,59 chevaux-vapeur ; et comme le travail dépensé était de 26,62 chevaux-vapeur, il s'ensuit que la machine utilisait les 0,36 du travail moteur. Deux autres expériences faites dans des conditions différentes ont donné pour le travail utilisé 0,408 ; 0,377.

Dans ces expériences, M. Glépin a reconnu que le manomètre à eau qui indiquait la dépression dans la galerie éprouvait des variations un peu différentes pendant l'ascension des deux pistons ; pour le premier, à l'origine du mouvement, la hauteur du manomètre était de $0^m 035$, elle s'élevait ensuite jusqu'à $0^m 21$, puis elle diminuait jusqu'à $0^m 055$, et elle remontait jusqu'à $0^m 16$ à la fin de la course. Pour le second piston, les indications du manomètre variaient d'une manière analogue, mais les limites étaient, dans les mêmes circonstances, $0^m 065$; $0^m 17$; $0^m 065$; $0^m 18$. Pendant l'ascension des pistons, le manomètre qui s'ouvrait au-dessous indiquait une dépression nulle à l'origine de l'ascension; elle s'élevait presque instantanément à $0^m 2125$, et quelquefois à $0^m 2325$, puis décroissait graduellement jusqu'à $0^m 13$ ou $0^m 15$; elle augmentait ensuite jusqu'à $0^m 18$ ou $0^m 20$, et restait stationnaire jusqu'à la fin de la course. Pendant l'ascension des pistons, l'excès moyen de pression était au commencement de $0^m 0225$; et, après l'ouverture des clapets, elle restait à $0^m 02$ pendant la descente du piston.

614. Une autre machine disposée de la même manière, employée à la ventilation des travaux de la fosse n° 2 du charbonnage de la Grande-Veine du Bois de Saint-Ghislain, a donné de moins bons résultats. Le volume d'air appelé par seconde était de $2^{mc} 615$ à la température de $13°$ et sous la pression de $0^m 7511$; la dépression moyenne dans la galerie était de $0^m 0336$ en eau ou de $27^m 63$ en air; alors le travail produit était égal à $2{,}615 . 1{,}216 . 27{,}63 = 87^{km} 859$, ou $1{,}171$ cheval-vapeur; la force motrice dépensée étant de $4{,}448$ chevaux, la machine en utilisait seulement $0{,}26$. Le manomètre qui s'ouvrait dans la galerie indiquait une dépression nulle au commencement de la levée du premier piston, et pendant $1 : 14$ de la durée totale de l'ascension; une pression de $0^m 209375$ pendant $2 : 14$ du temps total de l'ascension; une dépression de $0^m 033625$ pendant le reste de la montée. Le manomètre adapté sur un des pistons indiquait une dépression nulle à l'origine du mouvement. Elle s'élevait ensuite rapidement à $0^m 055$, et augmentait jusqu'à $0^m 065$; pendant la descente du piston, l'excès de pression était de $0^m 02$. M. Glépin attribue les mauvais résultats de cette machine, comparée à la première, à une difficulté plus grande que l'air éprouve pour ouvrir les clapets et au peu de soin avec lequel elle était entretenue.

615. Une autre machine à piston disposée encore de la même manière a donné un meilleur résultat. Le volume d'air aspiré par seconde était de $4^{mc} 545$ à la température de $13° 5$, sous la pression de $0^m 749$; la dépression dans la galerie était en moyenne de $0^m 1025$ en eau et de $84^m 59$ en air; alors le travail effectué étant de $4{,}545 . 1{,}211 . 84{,}59 = 465^{km}$, ou $6{,}207$ chevaux-vapeur; le travail moteur étant de $22{,}5$ chevaux-vapeur, la machine utilisait $0{,}30$ du travail employé. Pendant l'ascension du premier piston, le manomètre

du cylindre indiquait une dépression qui croissait graduellement
de 0 à 0^{m}29; décroissait ensuite jusqu'à 0^{m}05, et s'élevait enfin de
nouveau jusqu'à 0^{m}075, limite qu'elle atteignait à la fin de l'ascension;
pendant la descente l'excès moyen de pression était de 0^{m}035. Pour
l'autre piston, le manomètre qui s'ouvrait au-dessous indiquait une dépression croissant de 0 à 0^{m}255; décroissant ensuite jusqu'à 0^{m}045 et
s'élevant enfin à 0^{m}07; et le même manomètre indiquait pendant la
descente un excès de pression intérieure de 0^{m}0325. M. Glépin attribue
la différence entre les effets produits par cette machine et celle du
Grand-Buisson à ce qu'elle a été construite avec moins de soin, et que
les clapets des pistons ne sont pas équilibrés.

Ces machines produisent un effet utile assez considérable quand elles
ont été construites avec soin et que les clapets sont équilibrés; cependant il y a dans toutes une cause de perte très-notable résultant de ce
que les orifices d'entrée et de sortie ont une trop petite surface. Ces
machines ont en outre l'inconvénient de ne pas produire un appel régulier, et d'exiger de trop grands frais d'installation.

CHAPITRE VI.

MACHINES A CLOCHES PLONGEANTES.

616. Ces machines, employées depuis longues années dans les mines
du Hartz, se composent de deux cloches en tôle, soutenues aux deux
extrémités d'un balancier et plongeant dans un réservoir d'eau annulaire, dont la partie centrale communique par le bas avec la galerie
d'où l'air doit être extrait; les parties supérieures des cloches et des
cylindres intérieurs du réservoir sont munies de soupapes qui s'ouvrent
de bas en haut. Ces machines fonctionnent exactement comme les
machines à piston; les cloches remplacent les pistons, et comme les
parties latérales plongent toujours dans l'eau, les joints sont toujours
parfaitement étanches, ce qui n'arrive pas pour les pistons ordinaires.

617. Une machine de cette espèce a été établie, d'après les indications de M. de Vaux, ingénieur en chef des mines de la province de
Liége, sur la houillère de Marihaies, à Seraing-sur-Meuse. Cette machine
se compose de deux cloches en tôle, de 3^{m}50 de diamètre et de 2^{m}60 de
hauteur. M. Glépin a fait sur cet appareil des expériences dont je rapporterai les principaux résultats.

Le jour des expériences, la course des cloches était de $1^m 86$, le nombre des excursions, montée et descente, de 15 en 88″, et par conséquent la vitesse était de $0^m 32$; le volume d'air extrait par seconde était de $5^{mc} 428$ à la température de $5°5$, sous la pression de $0^m 7654$. Les observations des manomètres de la galerie et des cloches ont présenté des anomalies qui ne s'étaient point rencontrées dans les machines à piston; ils éprouvaient des variations considérables en sens contraire, résultant des oscillations qui se produisaient, dans le vase annulaire plein d'eau, par les mouvements beaucoup trop rapides de la cloche. Par exemple, pour une des cloches, pendant son ascension, les indications du manomètre de la galerie ont été de $0^m 125$, $+ 0^m 01$, $- 0^m 030$, $+ 0^m 17$. M. Glépin a calculé le travail produit en prenant les moyennes des indications manométriques; il l'a trouvé égal à $0,396$ du travail moteur; mais, comme les variations en sens contraire étaient considérables, que les durées des pressions dans les deux sens n'étaient pas connues, on ne peut réellement rien déduire des expériences.

618. Le docteur Arnott a employé, pour la ventilation de l'hôpital d'York, un appareil à cloche plongeante disposée de manière qu'une même cloche produisait en même temps l'appel et l'expulsion de l'air. Le cylindre extérieur du réservoir d'eau était prolongé en dessus et en dessous d'une longueur à peu près égale à la course de la cloche, mais par un prisme à un grand nombre de faces; le prisme supérieur était fermé en dessus et percé d'un orifice seulement suffisant pour laisser passer la corde de suspension de la cloche; le prisme inférieur s'appuyait sur le sol; les parties latérales des deux prismes étaient percées d'un grand nombre d'orifices rectangulaires étroits (la plus grande dimension étant horizontale), et fermés par des lames de toile cirée fixées à la partie supérieure. En dessus et en dessous, la moitié des orifices débouchait dans le canal d'appel, et les toiles étaient fixées en dedans; les autres débouchaient dans l'air, et les toiles étaient placées en dehors. La cloche était équilibrée en partie par un contre-poids, et son mouvement ascensionnel résultait de la charge d'une colonne d'eau d'une très-grande hauteur pressant sur un piston placé dans un petit cylindre fixe, dont la tige agissait sur la traverse à l'extrémité de laquelle la cloche était suspendue. Lorsque le piston et la cloche étaient arrivés au sommet de leur course, l'eau du cylindre s'écoulait; la communication avec le tuyau de descente était interceptée, et la cloche descendait sollicitée par son poids. La cloche étant arrivée au sommet de sa course, l'eau entrait dans le cylindre et faisait remonter le piston et la cloche. Il résulte évidemment de cette disposition que l'appel et la sortie de l'air

avaient lieu simultanément pendant l'ascension et la descente de la cloche, et qu'on pouvait donner aux orifices d'appel et de sortie de grandes dimensions ; mais les toiles cirées doivent absorber une assez grande force pour se soulever, et ne peuvent fermer qu'imparfaitement les orifices. Elles doivent, en outre, s'user rapidement dans les lignes de flexion. Cet appareil a d'ailleurs l'inconvénient de tous ceux dans lesquels la cloche plonge dans l'eau ; la vitesse doit être très-petite, pour ne pas agiter sensiblement le liquide. Je n'ai pu me procurer aucun renseignement sur l'effet utile de cet appareil.

CHAPITRE VII.

VENTILATION PAR JETS DE VAPEUR.

619. Les phénomènes qui se produisent lorsqu'on lance un jet de vapeur dans une cheminée, dans le sens du mouvement qu'il faut imprimer à l'air, sont extrêmement compliqués, à cause de la détente de la vapeur, du refroidissement et de la condensation provenant de cette détente et de l'échauffement de l'air. Aussi, je les regarde comme complétement inaccessibles au calcul, et pour les effets produits, on ne peut avoir recours qu'à l'expérience.

M. Glépin, dans son mémoire *Sur les appareils employés dans la ventilation*, a donné les résultats d'un grand nombre d'expériences faites sur ce sujet. Je les rapporterai avec quelques détails.

620. La disposition employée était celle de M. Méhu, ancien élève de l'École des mineurs de Saint-Etienne. Cet appareil, représenté en coupe

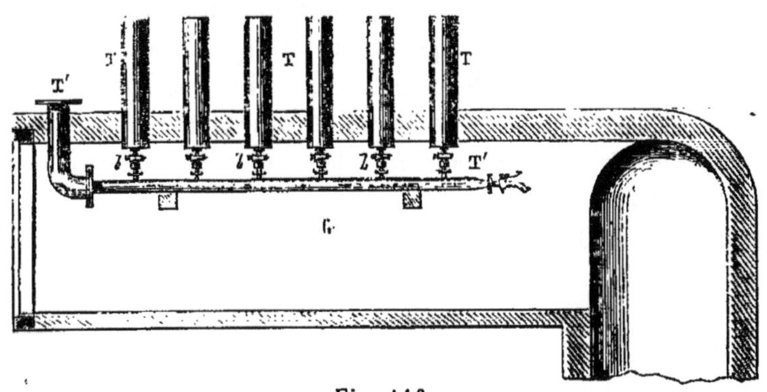

Fig. 116.

verticale (*fig.* 116), se compose de six tuyaux en tôle T, T....., encastrés verticalement dans le toit de la galerie G qui aboutit au sommet du puits d'aérage ; six buses en cuivre $b, b...$ servent à lancer la vapeur amenée par un tuyau T', T', au centre de chaque tuyau T. L'appareil était appliqué à la ventilation d'un puits du charbonnage du Grand-Hornu. L'effet utile a été mesuré en faisant varier successivement le diamètre et la longueur des tuyaux de tôle et la forme des orifices d'écoulement de la vapeur.

621. Dans une première expérience, les tuyaux avaient $1^m 33$ de hauteur et $0^m 45$ de diamètre ; la vapeur s'écoulait par une buse annulaire dont les deux cylindres avaient 7 et 9 millim. de diamètre, et dont la section était d'un centim. carré. La pression de la vapeur près des orifices d'écoulement était de 5 atmosphères, et le volume d'air appelé par seconde, de $1^{mc} 301$, à la température de 20°, et sous la pression de $0^m 7537$. L'excès de la pression extérieure sur la pression intérieure, dans la galerie où se trouvait l'appareil, était de $0^m 012$ en eau, équivalente à une colonne de $10^m 11$ en air saturé de vapeur d'eau et dans les conditions de l'observation. D'après cela, le travail produit était égal à $1,301 . 1^k 185 . 10^m 11 = 15^{km} 586$, ou en chevaux-vapeur de 0,207. La quantité de vapeur consommée étant correspondante à peu près à une machine de 11,205 chevaux, l'effet utile était seulement égal à 0,018 de la force motrice dépensée. La longueur des tuyaux étant réduite à 1^m, la dépression intérieure a été réduite à $0^m 007$.

622. Dans une seconde expérience, les tuyaux avaient 1^m de longueur et $0^m 20$ de diamètre ; les buses avaient $0^m 006$ de diamètre intérieur ; la pression de la vapeur était toujours de 5 atmosphères. Le volume d'air appelé par seconde était de $1^{mc} 616$ à 6°, sous la pression de $0^m 7536$. La dépression intérieure était de $0^m 0165$ en eau, et en air de $13^m 2$; et le travail produit $1,616 . 1,25 . 13,2 = 26^k,66$; ou 0,355 en chevaux-vapeur. La dépense en vapeur étant équivalente à 6,40 chevaux-vapeur, le travail utile était égal à 0,054 du travail dépensé.

623. Dans une troisième expérience, les tuyaux avaient 1^m de longueur sur $0^m 30$ de diamètre ; les buses et la pression de la vapeur étaient les mêmes que dans l'expérience précédente. Le volume d'air appelé était de $1^{mc} 310$ par seconde à la température de 8° 5 et sous la pression de $0^m 7542$. La pression extérieure avait sur la pression intérieure un excès de $0^m 012$ en eau, et en air de $9^m 676$, et le travail produit était de $1,31 . 1^k 24 . 9,676 = 15^{km} 717$, ou 0,209 de cheval-vapeur ; la consommation de vapeur étant la même que dans l'expérience précédente, le travail utile était égal à 0,032 du travail dépensé.

624. Enfin dans une quatrième expérience les tuyaux avaient 1^m de longueur, $0^m 15$ de diamètre ; les buses étaient les mêmes ; le vo-

lume d'air appelé fut de 1^{mc} 522 par seconde, à la température de 10° 5 sous la pression de 0^m 7548 ; l'excès de la pression extérieure sur la pression intérieure était de 0^m 015 en eau, de 12^m 14 en air, et le travail produit de 1,522 . 1^k,235 . 12,14 $= 22^{km}$ 819, ou de 0,304 cheval-vapeur ; la tension de la vapeur étant toujours de 5 atmosphères, le travail produit était égal à 0,047 du travail dépensé.

D'après l'avis de M. Pelletan, les buses annulaires ont été remplacées par des buses coniques à bords tranchants, et les expériences ont été reprises en employant le même appareil dans les mêmes circonstances, la pression de la vapeur dans le voisinage des jets étant toujours de 5 atmosphères, et en faisant varier les hauteurs et les diamètres des tuyaux, ainsi que les diamètres des buses. Le tableau suivant représente les résultats des expériences.

TUYAUX D'INJECTION.		DIFFÉRENCES DE PRESSIONS EN HAUTEUR D'EAU.		
DIAMÈTRES.	HAUTEURS.	JET DE 0m 01 DE DIAMÈTRE.	JET DE 0m 02.	JET DE 0m 03.
0^m 20	1^m00 2, 00 2, 50	0,00325 0,00450 0,00400	0,00700 0,00825 0,00950	0,00975 0,01300 0,01500
0^m 30	1, 00 2, 00 2, 50	0,00500 0,00750 0,00850	0,01200 0,01800 0,02000	0,02050 0,02900 0,03400
0^m 40	0, 84 1, 68 2, 50	0,00350 0,00800 0,00900	0,00700 0,02100 0,02700	0,01100 0,03700 0,05000
0^m 45	0, 83 2, 00 2, 50 3, 00	0,00300 0,00850 0,00975 0,00900	0,00900 0,02550 0,03000 0,02800	0,00950 0,04300 0,05600 0,05150
0^m 50	0, 84 2, 00 2, 50 3, 00 3, 50	0,00350 0,00900 0,01050 0,01000 0,01000	0,00600 0,02575 0,02800 0,03100 0,03200	0,00875 0,04900 0,05300 0,00600 0,05800
0^m 55	2, 00 2, 50 3, 00 3, 50	0,00850 0,00850 0,00950 0,00850	0,02400 0,02800 0,03100 0,03200	0,03800 0,05200 0,00000 0,05800

625. Il résulte de ce tableau un fait important, c'est l'influence de la longueur du tuyau, que l'on comprend du reste facilement ; mais ce qu'il était difficile de prévoir, c'est que la limite de longueur a été dépassée pour plusieurs diamètres de tuyaux.

626. M. Glépin a déterminé l'effet utile produit par un jet de vapeur, à 5 atmosphères, s'écoulant par un ajutage de 0^m 03 de diamètre avec des tuyaux de 0^m 50 de diamètre et de 3^m de longueur. Le volume d'air écoulé était de 3^{mc} 285 par seconde, à la température de 17°, sous la pression de 0^m 7615 ; et l'excès de pression intérieure de 0^m 0575 en eau, et en air de 47^m 31 ; le travail produit était alors de 3,285 . 1^k 214 . 47,31 = 188^{km}, ou 2,5 chevaux-vapeur ; et comme la quantité de vapeur employée correspondait à 36 chevaux, le travail produit était égal à 0,069 du travail dépensé.

627. Les rapports correspondants pour les autres tuyaux peuvent se déduire de cette dernière expérience ; car, l'effet produit étant proportionnel au carré de la vitesse multiplié par le poids de l'air appelé, ou sensiblement par la vitesse, puisque les sections ne changent pas et que la température varie peu, cet effet est à peu près proportionnel à la puissance $\frac{3}{2}$ de la dépression ; en prenant alors pour les différents diamètres des tuyaux les dépressions maximum, on trouve que les effets produits pour les douilles de 0^m 01 ; 0^m 02 ; 0^m 03 sont proportionnels aux nombres donnés par le tableau suivant :

Pour les cylindres de 0^{m}20	0,000318	0,00095	0,00183
— — 0^{m}30	0,000815	0,00280	0,00620
— — 0^{m}40	0,000850	0,00465	0,01110
— — 0^{m}45	0,000930	0,00519	0,01320
— — 0^{m}50	0,001000	0,00572	0,01460
— — 0^{m}55	0,000925	0,00572	0,01460.

628. Remarquons maintenant que, pour comparer les effets produits avec celui dont il vient d'être question, il faut d'abord les ramener à la même dépense de vapeur ; or la pression ayant été constante, les dépenses de vapeurs sont proportionnelles aux surfaces des douilles ; par conséquent, les nombres de la première rangée verticale devront être multipliés par 9, et ceux de la seconde par 9 : 4 = 2,25 ; si on divise chacun de ces produits par 0,0146 qui correspond à la dernière expérience, et si on multiplie le quotient par 0,069, on aura les rapports des effets produits à ceux qui résulteraient de la vapeur consommée. C'est ainsi qu'on a obtenu les nombres suivants.

Cylindres de 0^{m}20	0,0131	0,0191	0,0086
— — 0^{m}30	0,0345	0,0562	0,0292
— — 0^{m}40	0,0361	0,0917	0,0520
— — 0^{m}45	0,0405	0,1030	0,0620
— — 0^{m}50	0,0425	0,1145	0,0690
— — 0^{m}55	0,0393	0,1145	0,0690.

Il résulte de ce dernier tableau, que le maximum d'effet utile aurait lieu pour des tuyaux de $0^m 50$ à $0^m 55$ de diamètre, pour des hauteurs de 3^m à $3^m 50$, et qu'il s'élèverait à 0,1145.

629. M. Glépin donne, dans son ouvrage, les résultats de plusieurs expériences faites sur la ventilation des puits d'aérage et des cheminées par des jets de vapeur ; tous correspondent à des effets utiles très-petits. Je rapporterai seulement les expériences qui ont été faites sur la cheminée de la fosse n° 6 du Grand-Hornu.

Cette cheminée communique avec la fosse aux échelles attenante à la fosse d'extraction ; elle a 39^m de hauteur sur $1^m 41$ de section, et on brûle dans le foyer latéral 50^k de très-mauvaise houille par heure. L'action du foyer seul produisait un appel de $1^{mc} 228$ d'air par seconde, à la température de $3° 75$; l'excès de la pression extérieure sur la pression intérieure était de $0^m 012$ en eau, et en air de $9^m 3$; alors le travail effectué était de $1,228 . 1^k 29 . 9,3 = 14^{km}$, ou 0,196 de cheval-vapeur. En faisant agir en même temps, sous une pression de 2,75 atmosphères, un jet de vapeur qui dépensait une quantité de vapeur correspondante à la force d'un cheval, le volume d'air écoulé était de $1^{mc} 524$ par seconde et l'excès de pression de $0^m 013$ en eau, ou de $10^m 077$ en air ; on avait ainsi pour le travail effectué $1,524 . 1^k 29. 10,077 = 19^{km} 81$, ou 0,264 de cheval-vapeur. L'accroissement de travail était donc de $0,264 — 0,196 = 0,068$, et comme la dépense en vapeur correspondait à un cheval, l'effet utile de l'injection de vapeur était 0,068 du travail dépensé.

630. On voit, par les expériences que nous venons de rapporter, que l'effet utile d'un jet de vapeur, pour produire le tirage dans une cheminée, est très-faible, qu'il est bien inférieur, même dans les circonstances les plus favorables, aux plus mauvaises machines. Mais il est probable que si la vapeur était lancée par intermittence comme dans les locomotives, l'effet utile serait augmenté.

Il est possible que, lorsque les jets sont continus, la vapeur agisse en se détendant dans le tuyau et en produisant par suite un appel, comme quand un courant d'air, dirigé par un tuyau, pénètre dans un autre d'un plus grand diamètre, tandis que, lorsque les jets sont intermittents, elle agisse comme un piston. Mais ce ne sont là que des suppositions qu'il importerait beaucoup de vérifier directement.

D'après les expériences de MM. Flachat et Petiet, le travail, produit par les injections intermittentes de vapeur dans la cheminée des locomotives, varie de 0,5 à 0,16 du travail que la vapeur pourrait produire.

631. J'ai fait quelques expériences pour observer l'appel produit par un jet d'air lancé dans un tuyau ouvert par les deux bouts. La méthode que j'ai employée consistait à observer la vitesse d'écoulement de l'air d'un gazomètre par un petit ajutage, d'abord quand cet ajutage debouchait librement dans l'air, et ensuite quand il était placé dans un tuyau ouvert par les deux bouts ; la charge, correspondant à l'accroissement de vitesse dans le dernier cas, devait nécessairement se manifester dans l'espace annulaire qui l'environnait ; on calculait alors le volume d'air appelé, et il était facile d'en tirer le rapport du travail produit au travail dépensé. Je n'ai pas eu le temps de multiplier assez ces expériences, pour obtenir au moins une formule empirique représentant les effets produits ; je rapporterai seulement les résultats obtenus dans trois séries d'expériences, parce qu'elles semblent constater un phénomène important, l'existence d'un maximum d'effet quand on augmente progressivement le diamètre du tuyau d'appel.

Dans la première série, le tuyau d'écoulement avait $0^m 01$ de diamètre et le tuyau d'appel successivement

$$0^m 014 \qquad 0^m 016 \qquad 0^m 018 \qquad 0^m 020 \qquad 0^m 025.$$

Sous une charge d'écoulement de $0^m 041$ en eau, les rapports du travail d'appel au travail dépensé ont été

$$0,0389 \qquad 0,1029 \qquad 0,1338 \qquad 0,1792 \qquad 0,2124.$$

En employant un tuyau d'écoulement de $0^m 008$ de diamètre et les tuyaux d'appel ayant des diamètres de

$$0^m 012 \qquad 0^m 014 \qquad 0^m 016 \qquad 0^m 018 \qquad 0^m 020 \qquad 0^m 025 \qquad 0^m 030,$$

sous la même charge que précédemment, les effets utiles ont été de

$$0,043 \qquad 0,1258 \qquad 0,1788 \qquad 0,2187 \qquad 0,2462 \qquad 0,2962 \qquad 0,2484.$$

Enfin, pour le même ajutage, et sous une charge en eau de $0^m 0565$, pour des tuyaux ayant des diamètres de

$$0^m 012 \quad 0^m 014 \quad 0^m 016 \quad 0^m 018 \quad 0^m 020 \quad 0^m 025 \quad 0^m 030 \quad 0^m 035 \quad 0^m 040$$

les effets utiles ont été de

$$0,0539 \quad 0,1360 \quad 0,2024 \quad 0,3250 \quad 0,2657 \quad 0,3082 \quad 0,2804 \quad 0,2805 \quad 0,133.$$

Les tubes de 0ᵐ 012 à 0ᵐ 20 de diamètre avaient 20 centimètres de longueur, les autres avaient 0ᵐ 30.

On pourrait craindre cependant, que le décroissement de travail, au delà d'un certain diamètre du tuyau d'appel, ne provînt de ce que ce tuyau n'avait pas une assez grande longueur.

CHAPITRE VIII.

MACHINES SOUFFLANTES DIVERSES.

632. Ces machines, qui ne sont guère employées que dans les travaux métallurgiques pour alimenter les foyers des fourneaux, ne peuvent qu'être indiquées dans cet ouvrage. Nous allons rapidement les passer en revue.

633. — *Soufflets*. — La machine soufflante la plus ancienne est le soufflet, disposé comme le soufflet ordinaire des cheminées domestiques; en général, il est placé horizontalement, et reçoit le mouvement d'un arbre à cames, mis en mouvement par un moteur quelconque. Ces machines sont à peu près abandonnées et on ne les rencontre plus que dans les forges de maréchaux.

634. — *Trompes*. — On désigne sous ce nom une machine soufflante composée d'un arbre creux vertical, communiquant par sa partie supérieure avec un réservoir d'eau et par sa partie inférieure avec une caisse fermée, qui porte un tuyau destiné à faire écouler l'air comprimé. Le conduit intérieur de l'arbre est étranglé un peu au-dessous du réservoir supérieur, et il est percé de plusieurs orifices qu'on désigne sous le nom d'*aspirateurs*. Lorsque l'eau pénètre dans la trompe, elle produit par les aspirateurs un appel de l'air extérieur, qui est entraîné par l'eau et se dégage ensuite sous une certaine pression, pour s'écouler par le tuyau monté sur la caisse inférieure. Afin de faciliter le dégagement de l'air, l'eau tombe sur une plaque horizontale placée dans la caisse, et s'écoule ensuite par un orifice latéral percé près du fond.

La théorie de ces machines n'est pas connue, et on ignore par conséquent les dimensions les plus convenables à donner aux différentes parties qui les composent. Leur effet utile est compris entre 0,10 et 0,15. Elles sont employées à cause de leur grande simplicité, mais seulement dans les pays de montagnes, où l'on a à sa disposition de nombreuses chutes d'eau.

635. *Cagniardelles*. — On appelle ainsi une vis d'Archimède qui tourne en sens contraire de celui qu'il faut lui imprimer pour faire monter l'eau. Par ce mouvement, l'air descend dans la vis et s'écoule par un tuyau placé à la partie inférieure. C'est M. Cagniard-Latour qui a eu le premier l'idée d'utiliser la vis d'Archimède comme machine soufflante. Ces machines sont à peu près abandonnées.

636. *Machines soufflantes à pistons.* — Ces machines sont semblables à celles que nous avons indiquées au chapitre V; seulement, comme elles *doivent* comprimer assez fortement l'air aspiré, avant de le refouler dans les tuyaux d'écoulement, les cylindres sont en fonte, et les clapets d'appel et de sortie sont placés sur la paroi et les fonds du cylindre. Dans ces machines, il y a une perte de travail assez considérable pour l'ouverture des clapets et par l'échauffement de l'air résultant de sa compression.

637. MM. Thomas et Laurens ont remédié au premier inconvénient que nous venons de signaler, en remplaçant les clapets par des tiroirs mis en mouvement par le moteur lui-même. L'effet utile de ces nouvelles souffleries est supérieur de 20 p. 100 à celui des machines à clapets. Les limites dans lesquelles je dois me restreindre ne me permettent pas de faire une description complète de ces appareils.

CHAPITRE IX.

VENTILATION PAR UN TRAVAIL ACCUMULÉ.

638. Pour terminer ce qui regarde la ventilation mécanique, il m reste à dire quelques mots de la ventilation par un travail accumulé. Quand l'air ne doit recevoir qu'une faible vitesse et qu'il n'éprouve que peu de résistance, le travail nécessaire à son mouvement étant très-faible, on pourrait en quelques heures produire une certaine quantité de travail, qu'on dépenserait ensuite lentement dans un temps beaucoup plus long. Supposons, par exemple, que nous ayons à produire une ventilation de 1000 mètres cubes d'air par heure, que la vitesse d'écoulement dans la cheminée d'évacuation doive être de 1^m par seconde, et que les résistances de toute espèce réduisent la vitesse au tiers de ce qu'elle serait sans ces résistances. Le travail à dépenser sera le même que s'il n'y avait pas de résistance, et si la vitesse d'écoulement était de 3^m; le travail par seconde $pv^2 : 2g$ sera donc

$$\frac{1000 \cdot 1,3}{3600} \cdot \frac{9}{19,62} = 0^{km}165;$$

pour 10 heures, le travail serait égal à $0,165.3600.10 = 5945^{km}$. Or, le travail d'un homme, par seconde, est à peu près de 7^{km}, et par heure de $7.3600 = 25200$: ainsi un homme, dans un travail d'une heure, pourrait produire à peu près 4 fois plus de travail que le ventilateur ne doit en consommer ; alors si un homme, ou deux hommes au besoin, étaient employés à élever pendant une heure un certain poids, qui descendrait ensuite lentement pendant 10 heures, le travail de la chute du poids pourrait produire la ventilation pendant ces 10 heures. Ce mode de ventilation mécanique conviendrait, dans un grand nombre de cas, pour produire la ventilation de nuit au moyen d'un travail qui s'effectuerait de jour. L'appareil pourrait être disposé d'un grand nombre de manières : on pourrait employer la chute d'un corps solide ou de l'eau. Dans le premier cas, le corps serait élevé au moyen d'un treuil, le mouvement de descente du poids se communiquerait à un ventilateur, et on réglerait le poids et les transmissions de manière que le ventilateur eût la vitesse convenable. Dans le cas où l'on emploierait de l'eau, on pourrait la faire agir sur une petite turbine, dont l'axe porterait le ventilateur. On pourrait aussi employer la disposition du docteur Arnott, dont il a été question précédemment (618). On obtiendrait de semblables résultats en faisant tomber de l'eau sous forme de pluie dans un canal vertical, qui communiquerait par la partie supérieure avec l'espace à ventiler, et par la partie inférieure avec la cheminée d'évacuation.

LIVRE V.

DES FOYERS.

639. Les premiers foyers qui ont été employés consistaient simplement dans un espace placé au-dessous du corps qu'on voulait échauffer, et dans lequel on accumulait le combustible. Plus tard, lorsqu'on reconnut la nécessité d'envelopper le foyer pour empêcher les pertes de chaleur, les foyers se composèrent d'un espace fermé, pourvu d'une seule ouverture pour l'introduction de l'air et du combustible. Ce ne fut que longtemps après qu'on imagina les grilles sur lesquelles on place le combustible. Il est probable que leur découverte a été provoquée par l'emploi de la houille, qui brûle mal sans grille.

640. Un foyer se compose, maintenant, de l'ouverture qui donne accès à l'air, d'un espace où se réunissent les cendres, qu'on appelle cendrier, de la grille sur laquelle on place le combustible, et d'un espace dans lequel se développe la flamme et qui constitue le foyer proprement dit. Ces différentes parties ne sont cependant pas toujours distinctes, comme nous le verrons plus tard.

Les foyers ont des formes très-variées, non-seulement à cause des qualités différentes des combustibles, mais encore pour un même combustible, suivant l'effet qu'on veut obtenir. Nous parlerons d'abord des foyers ordinaires, généralement employés dans les usines ; nous examinerons ensuite les diverses dispositions qui ont été proposées pour les améliorer, et les foyers destinés à des combustibles spéciaux.

CHAPITRE PREMIER.

DES FOYERS ORDINAIRES A FLAMME DROITE.

641. Les foyers sans grille ont un très-grand désavantage sur les foyers à grille, parce que, le courant d'air arrivant latéralement, une grande partie de cet air ne traverse pas le combustible, et diminue la température des gaz produits par la combustion. Aussi, ces foyers, quoique d'une construction beaucoup plus simple que les autres, doivent être entièrement proscrits, toutes les fois que l'économie du combustible doit être prise en considération, ou que d'autres circonstances ne rendent pas leur emploi indispensable ; d'ailleurs, ils ne pourraient point servir pour la houille, car la combustion y serait languissante et imparfaite.

La figure 117 représente une coupe d'un foyer ordinaire à grille. Nous allons successivement en étudier les différentes parties.

642. *Ouverture qui donne accès à l'air.* — L'orifice d'accès de l'air doit avoir une section au moins égale à celle de la cheminée ; mais il n'y a jamais d'inconvénient à la rendre beaucoup plus grande, et il convient de le faire, surtout si la prise d'air est extérieure, et si l'air

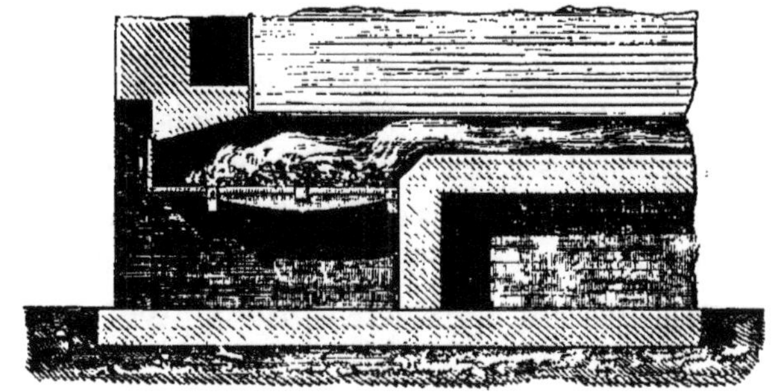

Fig. 117.

n'arrive dans le foyer qu'après avoir parcouru un long canal.

Il est toujours utile de garnir l'ouverture du cendrier d'une porte qui puisse fermer hermétiquement. Cette porte et le registre de la cheminée, dont nous avons parlé (521), permettent d'empêcher l'air de passer à travers le fourneau pendant la cessation du travail, de s'opposer ainsi au refroidissement, et par conséquent de faire une économie notable de combustible.

En général, on peut donner aux ouvertures d'accès une position et une direction quelconques. La prise d'air peut avoir lieu en dedans ou en dehors de l'atelier ; le premier cas est le plus général. L'orifice du cendrier est alors placé au-dessous de la porte du foyer ; quelquefois il est au niveau du sol, et il est fermé par un grillage en fer ; mais cette disposition n'est jamais employée que pour les foyers à bois, attendu qu'elle ne permet pas de nettoyer les grilles.

Quelquefois on introduit l'air par plusieurs ouvertures pratiquées sur les faces du fourneau ; cette disposition compliquée est sans aucun avantage lorsque le fourneau se trouve dans un atelier clos, et que les orifices s'ouvrent dans l'atelier même.

643. Lorsque la prise d'air se fait au dehors de l'atelier, il en résulte plusieurs avantages importants : 1° le tirage, toutes choses égales d'ailleurs, est plus fort, parce qu'en général, la température des ateliers

étant plus élevée que célle de l'air extérieur, la pression sur l'ouverture d'un canal débouchant au dehors est plus grande que celle qui se manifesterait sur une ouverture située dans l'atelier; 2° lorsque la prise d'air est intérieure, les vents dirigés en sens contraire de l'introduction de l'air dans l'atelier diminuent le tirage, et cette diminution est d'autant plus grande que le tirage est plus faible; tandis que, par une prise d'air extérieure, on peut détruire complétement cette influence.

Lorsqu'on peut prendre l'air dans un lieu bien découvert, à une distance suffisante des bâtiments, les vents sont sans influence sur le tirage. Dans le cas contraire, il faudrait multiplier les prises, de manière que, dans toutes les directions possibles des vents, il y en eût une qui fût favorable : quatre suffiraient; mais, comme il est rare que dans un même lieu les vents violents aient plus de deux directions différentes, en général deux prises suffisent; et, si l'ouverture de l'atelier était déjà dans une de ces directions, une seule serait nécessaire, avec une prise dans l'intérieur de l'atelier. Nous avons décrit (558) des appareils qui rendent les vents toujours favorables à l'introduction de l'air dans les foyers par un seul canal. Quand la prise d'air est extérieure, le canal doit avoir une grande section, surtout s'il est très-long, afin que l'air n'y prenne qu'une faible vitesse, et que le tirage ne soit pas sensiblement diminué par les frottements.

644. *Du cendrier.* — Le cendrier est l'espace libre qui se trouve au-dessous de la grille; la grandeur de cet espace est entièrement arbitraire; il faut seulement qu'il ne soit point étranglé, et que sa plus petite section soit suffisante pour laisser passer la quantité d'air froid nécessaire à la combustion.

645. Le fond du cendrier est souvent recouvert d'une couche d'eau de quelques centimètres. Ce petit bassin, en absorbant la chaleur rayonnante du foyer de haut en bas, et en éteignant les escarbilles à mesure qu'elles tombent, diminue beaucoup la température de la partie inférieure des grilles, ce qui les conserve plus longtemps et empêche qu'elles ne soient obstruées aussi fortement par l'adhérence des scories. De plus, la vapeur d'eau qui se dégage, et qui est décomposée en traversant le foyer, donne plus de longueur à la flamme, et la maintient lorsque le charbon, transformé en coke, n'en produirait plus par un courant d'air sec. Cette disposition est surtout avantageuse dans les usines à gaz d'éclairage, où les foyers sont à une haute température.

646. *Des grilles.* — Les grilles sont formées de barres de fer ou de fonte placées parallèlement. Leur épaisseur et leur écartement dépendent de la grosseur des morceaux de combustible; car ces intervalles

ne doivent laisser passer que les cendres. Pour les grands foyers, on donne généralement aux barreaux une largeur de 3 centimètres, et on laisse entre eux un intervalle d'environ 1 centimètre : il est cependant avantageux de diminuer l'écartement des barreaux, quand on doit brûler des menus de houille, ou des combustibles qui se divisent dans le foyer à mesure que la combustion fait des progrès, et dont une partie pourrait tomber avec les cendres.

647. Lorsque les foyers sont destinés à produire une très-haute température, comme ceux des fourneaux métallurgiques, les grilles ont en général très-peu de durée. M. Corbin a eu l'heureuse idée d'employer des barreaux en fer forgé et de leur donner une grande hauteur, $0^m 30$; la chaleur du foyer se propage de haut en bas dans les barreaux ; elle se transmet à l'air d'alimentation du foyer, et les grilles se conservent très-bien.

648. Dans le plus grand nombre des foyers des générateurs fixes, alimentés par la houille, l'intervalle entre les barreaux est à peu près le quart de la surface de la grille, et la surface totale correspond à peu près à une consommation de 1^k de houille par décimètre carré et par heure. Cependant il y a des foyers dont les grilles sont beaucoup plus grandes, et d'autres où elles sont beaucoup plus petites ; les limites extrêmes correspondent à des consommations par heure de $0^k 2$ à $1^k 5$ par décimètre carré. L'incertitude, qui existe sur les dimensions les plus convenables des surfaces des grilles et de l'épaisseur du combustible, provient de ce que ces dimensions doivent varier avec la nature du combustible et la grosseur des morceaux, et aussi de ce que l'on peut brûler la même quantité du même combustible, dans le même temps, sur des grilles de dimensions très-inégales, par des volumes d'air très-différents, mais en produisant des effets utiles aussi très-différents. Nous reviendrons sur la question des dimensions des grilles à houille, quand nous aurons examiné les différentes formes de foyer.

649. Pour les foyers à bois, les grilles doivent être beaucoup plus petites que pour les foyers à houille : d'abord, parce qu'il faut moins d'air pour brûler 1 kilogramme de bois que pour brûler 1 kilogramme de houille ; ensuite, parce que les ouvertures ne sont pas sujettes à s'obstruer. D'après les observations de M. Édouard Kœchlin, il faut 1 mètre carré de grille, ayant un quart de surface libre, pour brûler 350 kilog. de chêne vieux par heure, ce qui fait à peu près 3 décimètres carrés pour 10 kilogrammes de bois ; c'est le nombre que nous admettrons. Ces dimensions conviennent également pour la tourbe et la tannée en mottes.

Pour le coke, il faut compter sur une combustion de 3 à 4 kilogrammes par décimètre carré de grille.

650. Examinons maintenant la construction des grilles. Généralement les barreaux sont en fonte et ont la forme indiquée par les figures 118, 119, 120, 121, 122; leur hauteur est plus grande au milieu que vers les extrémités (*fig.* 118), afin qu'ils résistent mieux à la flexion; leur épaisseur va en diminuant de haut en bas (*fig.* 122), afin de faciliter l'accès de l'air, la chute des scories et le dégorgement de la grille par une barre de fer plate et recourbée qu'on introduit en dessous à travers les barreaux; ils sont munis, aux

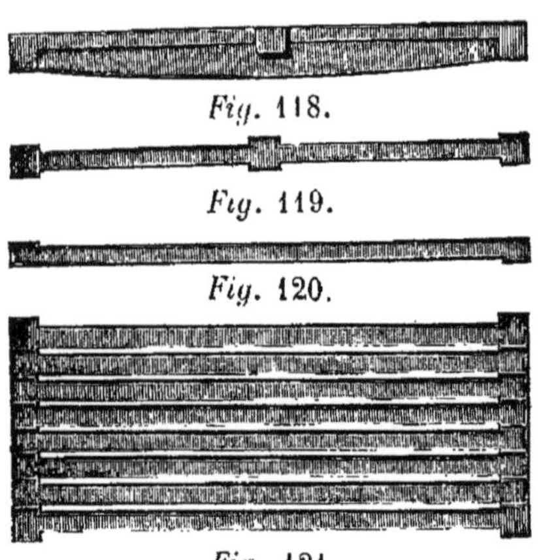

Fig. 118.

Fig. 119.

Fig. 120.

Fig. 121.

deux extrémités et au milieu (*fig.* 119) quand ils ont une grande longueur, d'appendices dont l'épaisseur est égale à la moitié de l'intervalle qui doit les séparer; souvent on ne met des appendices que d'un côté (*fig.* 120). La figure 121 représente l'ajustement des barreaux; ils reposent par leurs extrémités sur des barres de fonte ou de fer fixées dans la maçonnerie. L'épaisseur de chaque barreau à la partie supérieure varie de 15 à 30 millimètres, et, pour 1 mètre de longueur, la hauteur au milieu est de 8 à 10 centimètres. Il est évident qu'on doit ménager aux extrémités de la grille un jeu suffisant pour qu'elle puisse se dilater librement. On estime ce jeu à 1 : 24 de la longueur des barreaux (1).

Fig. 122.

651. Ordinairement les grilles sont horizontales, mais on les incline quelquefois vers le fond du foyer (*fig.* 123); cette disposition est utile pour les combustibles qui produisent beaucoup de flamme.

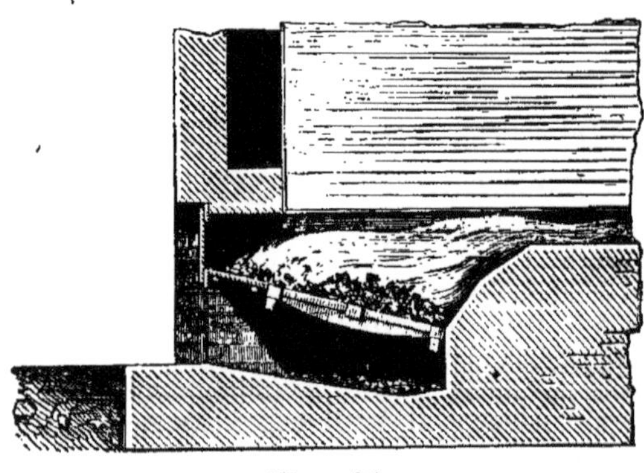

Fig. 123.

____

(1) M. Princep a observé le premier que la fonte échauffée conserve après son refroidissement une partie de la dilatation qu'elle a éprouvée. Une cornue à gaz, après trois

652. Pour faciliter le dégagement des scories, on a imaginé la disposition indiquée figure 124. La grille est inclinée, et au delà de son extrémité se trouve une espèce de trémie, dans laquelle on pousse les scories qu'on fait tomber à volonté dans le cendrier, au moyen d'une coulisse que le chauffeur manœuvre facilement.

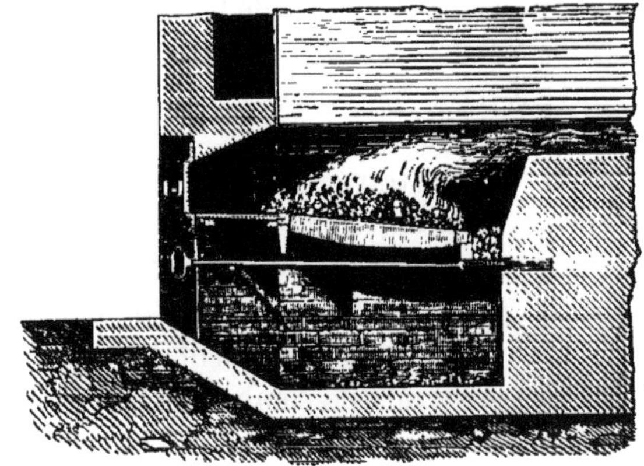

Fig. 124.

653. Lorsque les charbons sont très-collants, et qu'ils encrassent trop facilement les grilles, on emploie la disposition indiquée par la figure 125 : la grille est formée de barreaux de fer carrés qui dépassent la face du fourneau ; on peut alors, sans ouvrir la porte, agiter successivement chacun d'eux, séparer ou faire tomber dans le cendrier les scories qui y sont attachées. Cette disposition est principalement employée pour les foyers des fourneaux à réverbère, dans lesquels la température doit être plus élevée que dans ceux des

Fig. 125.

chaudières à vapeur, ce qui ne permet pas d'ouvrir la porte du foyer pour nettoyer la grille.

On a imaginé des grilles de dispositions et de formes très-diverses, dans le but d'obtenir une meilleure combustion ; nous en parlerons dans les chapitres suivants.

654. *Du foyer proprement dit.* — L'espace qui est au-dessus de la grille doit avoir une étendue suffisante pour contenir le combustible, et pour permettre à la flamme de se développer. L'épaisseur du com-

échauffements et refroidissements successifs, avait acquis un accroissement de longueur de 1 : 27 de sa longueur primitive. D'après M. Brix, un barreau de grille après dix-sept jours d'échauffement avait conservé un allongement permanent de 2 pour 100. Un autre barreau de mêmes dimensions, après un usage plus prolongé, avait acquis un accroissement permanent de 3 pour 100. Ces allongements se rapprochent d'un maximum à mesure que les alternatives se multiplient.

bustible sur la grille est très-difficile à déterminer, car on se trouve entre deux écueils qu'il faut également éviter : si l'épaisseur est trop petite, une grande partie de l'air qui passera à travers la grille échappera à la combustion, et en outre il faudra alimenter le foyer à de plus courts intervalles, circonstances qui, toutes deux, concourent à diminuer l'effet utile du combustible; d'un autre côté, si l'épaisseur est trop grande, l'air la traversera difficilement, et il se dégagera beaucoup de fumée et beaucoup de gaz combustibles. On conçoit, d'après cela, qu'il est impossible de donner une règle précise sur la hauteur du combustible qu'on doit accumuler sur la grille, attendu que cette hauteur devra dépendre, non-seulement de la nature, mais encore de la grosseur des morceaux de combustible.

Quant à l'espace qui doit se trouver au-dessus du combustible, entre la grille et la chaudière, il n'est point arbitraire : si la chaudière était trop rapprochée, comme elle est à une température beaucoup moins élevée que la flamme, elle l'éteindrait, et par suite on obtiendrait de la fumée et une mauvaise combustion; si, au contraire, elle était trop éloignée, elle ne recevrait qu'une partie du rayonnement, et il y aurait encore une perte d'effet utile, parce que l'air chaud sortirait à une température trop élevée.

655. On a reconnu par expérience que, pour les foyers à houille, il faut mettre, entre la grille et la chaudière ou le fond des bouilleurs, une distance de 30 à 35 centimètres, et de 40 pour les très-grands foyers. Cette distance doit être de 70 à 75 centimètres dans les foyers à bois, de 50 à 55 dans les foyers à tourbe, et de 60 environ dans ceux où l'on brûle du coke.

656. Mais si la chaudière devait être portée à une température très-élevée, peu différente de celle que prend l'air chaud à sa sortie du foyer, il faudrait, au contraire, placer la chaudière au milieu de la flamme, et négliger presque la circulation de l'air chaud, qui pourrait même dans certains cas la refroidir; à cause de la haute température de la chaudière, la combustion ne serait point ralentie. Il y aurait alors une grande perte de chaleur; mais elle serait inévitable, parce que, comme nous l'avons déjà dit, l'air ne peut s'échapper à une température inférieure à celle du corps chauffé, et par conséquent la perte de chaleur serait d'autant plus grande, que la température de la chaudière serait plus élevée.

657. J'ai eu plusieurs fois l'occasion de reconnaître qu'en effet on économise beaucoup de combustible, en rapprochant le corps à chauffer de la grille quand il doit arriver au rouge, et qu'au contraire il y a éco-

nomie à le mettre plus éloigné, quand il ne doit atteindre qu'une température peu élevée au-dessus de 100°, du moins lorsque le combustible produit de la flamme.

658. On conçoit aisément, qu'en augmentant la distance de la chaudière au foyer, on diminue la quantité de chaleur qu'elle reçoit par rayonnement, et que cette quantité doit varier à peu près en raison inverse du carré de la distance ; mais il semble que cette diminution doive être atténuée par l'accroissement des surfaces latérales, qui rayonnent sur la chaudière, et par une plus grande élévation dans la température des gaz qui sortent du foyer ; car, en supposant qu'il n'y ait point de chaleur perdue par la surface du fourneau, toute la chaleur qui n'est pas absorbée par le rayonnement sur la chaudière doit se retrouver dans l'air chaud. C'est certainement ce qui arrive, et si les surfaces de chauffe étaient assez étendues pour que le refroidissement des gaz fût complet, il est certain que l'effet utile produit serait indépendant de la distance de la chaudière au foyer, pourvu que cet espace fût suffisant pour la combustion des gaz ; mais, comme la surface de chauffe est limitée, il n'est pas douteux que l'air qui pénètre dans la cheminée ne soit à une température d'autant plus élevée, que cet air était plus chaud à l'entrée des carneaux.

659. Les foyers à bois devant avoir beaucoup de hauteur, à cause de la grande épaisseur du combustible et de l'espace nécessaire à la combustion, on les dispose souvent d'une manière particulière. La figure 126 représente une de ces dispositions ; la grille est horizontale et peu élevée au-dessus du sol ; l'air s'introduit à travers un grillage placé au niveau du sol, en avant du fourneau, et le foyer est muni de deux portes, l'une supérieure pour alimenter le foyer, l'autre inférieure qui

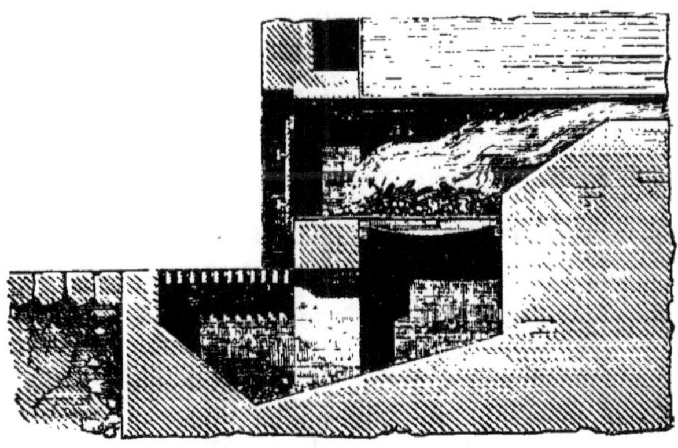

Fig. 126.

sert à le vider. On emploie aussi très-souvent la disposition indiquée figure 123. On peut prendre 40 centimètres pour la distance de l'origine de la grille à la chaudière, et 80 pour celle de son autre extrémité. Des dispositions analogues peuvent être employées pour les foyers à tourbe et à coke.

660. Les foyers sont toujours encaissés latéralement et au fond. Quelquefois on élève davantage le mur du fond, afin d'obliger la flamme et l'air brûlé à passer contre la chaudière dans un espace assez étroit. Cette disposition est sans avantage; elle a l'inconvénient de diminuer l'étendue de la partie de la chaudière qui reçoit le rayonnement du foyer, et de produire de promptes dégradations dans la partie qui se trouve au-dessus du feu. Ce dernier inconvénient s'est manifesté d'une manière très-marquée sur les chaudières de la manufacture de tabac à Paris, et depuis que l'on a abaissé le mur au niveau du sol du carneau, les chaudières ont cessé d'éprouver les fréquentes altérations dont on avait longtemps, mais en vain, cherché la cause.

661. *Portes des foyers.*—Entre l'extrémité de la grille et la porte du foyer, on doit laisser un intervalle de 30 à 40 centimètres, suivant la grandeur du foyer; quand la distance est trop petite, les portes rougissent, ce qui occasionne une perte de chaleur, et elles se détruisent rapidement. Cet espace est ordinairement occupé par une plaque de fonte engagée dans la maçonnerie, ou soutenue par des barres de fer. L'embrasure de la porte doit nécessairement aboutir aux deux extrémités de la grille, afin que le chauffeur puisse facilement et d'un seul coup d'œil en embrasser toute l'étendue.

662. Les portes doivent avoir seulement les dimensions nécessaires pour que le chargement de la grille se fasse avec facilité; on leur donne ordinairement 25 à 35 centimètres de hauteur, et une largeur qui dépend de celle de la grille. Maintenant on les construit toujours en fonte, et elles sont montées sur des plaques de même métal maintenues, contre la face antérieure du fourneau, par des boulons scellés dans la maçonnerie.

663. Les portes sont à un ou à deux battants, suivant leur grandeur; dans ce dernier cas, elles ne sont jamais dormantes, elles se maintiennent ouvertes ou fermées par le frottement des gonds, et elles sont garnies d'un crochet au moyen duquel le chauffeur les fait mouvoir. Souvent la plaque de fonte, sur laquelle se trouvent les gonds de la porte, se prolonge à la partie supérieure pour soutenir directement la tête des bouilleurs, et à la partie inférieure pour recevoir la porte du cendrier. Cette disposition est représentée, figure 127. L'ouverture du cendrier se ferme au moyen d'une plaque de fonte bien ajustée qu'on maintient en place par deux loquets tournants.

664. Quand les chaudières à vapeur sont à basse pression et sans bouilleurs, comme il y a en avant de la chaudière un canal à fumée, il y aurait quelquefois une trop grande distance de la porte à la grille, si

on mettait la porte dans le plan de la face du fourneau; pour la rapprocher, on soutient en avant une partie de la maçonnerie par une voûte
ou par une plaque de
fonte inclinée, ou enfin
on place la porte du foyer
dans une embrasure en
fonte. La première ·disposition est préférable
aux autres; c'est aussi
celle qui est le plus généralement employée.

665. Dans quelques
ateliers, j'ai vu employer
de simples plaques de
·tôle de 2 à 3 millimètres
d'épaisseur, percées, au
centre, d'une ouverture
circulaire, et posées librement dans l'embrasure de la porte; on les
enlève et on les place à

Fig. 127.

l'aide d'une tige de fer qu'on introduit dans l'ouverture. Ce mode de
fermeture, qui est à la vérité peu dispendieux d'établissement et d'un
service facile, est le .plus mauvais que je connaisse. Les plaques ne
ferment jamais bien, elles laissent pénétrer beaucoup d'air froid et par
les bords et par l'orifice, qui reste toujours ouvert; elles sont presque
toujours incandescentes, et par conséquent laissent perdre une grande
quantité de chaleur. Ainsi, l'économie apparente de leur construction
et de leur service est bien compensée et au delà par les pertes de chaleur qu'elles occasionnent.

666. Quelquefois on fixe derrière la porte, et parallèlement, à une
distance de quelques centimètres, une plaque de tôle maintenue par
quatre boulons. Cette disposition empêche la plaque extérieure de rougir, et diminue beaucoup sa température.

667. Quelquefois aussi les portes sont garnies intérieurement d'un
cadre rempli de terre à briques. Cette disposition est très-bonne pour
diminuer la perte de chaleur; elle est surtout utile pour les grands
foyers, parce qu'elle permet de réduire la distance de la grille à la
porte.

668.. Les foyers dont nous venons de parler, quand ils sont alimentés

avec de la houille, ont presque toujours le grave inconvénient de produire de la fumée, surtout aux instants de chargement. Il en résulte une
perte de combustible; et de plus, la fumée est très-incommode et souvent nuisible pour les habitations voisines. En outre, ils sont alimentés
par un volume d'air beaucoup plus grand que celui qui est nécessaire à
la combustion : de là une perte très-considérable d'effet utile.

669. On a fait un grand nombre d'essais pour éviter les inconvénients
que nous venons de signaler. Dans ces derniers temps, les efforts ont
été surtout dirigés vers la combustion de la fumée, ou plus exactement
sur les moyens d'empêcher la fumée de se produire. Cette combustion a
d'ailleurs été rendue obligatoire à Londres et à Paris, à cause de l'accroissement du nombre des générateurs dans ces deux villes. A Londres, un bill, connu sous le nom d'*Acte Palmerston*, enjoint à tous les
propriétaires de fourneaux de la métropole de brûler la fumée de leurs
foyers, sous peine des amendes stipulées dans le bill. A Paris, une or-
donnance du préfet de police du 11 novembre 1854 enjoint pareillement
aux propriétaires d'usines, dans lesquelles on fait usage de la vapeur,
de brûler complétement la fumée de leurs fourneaux, ou d'alimenter
les foyers avec des combustibles qui n'en produisent pas. Le délai assi-
gné pour la mise à exécution était de six mois; mais nous devons dire
que jusqu'à présent ces ordonnances restent forcément inexécutées en
France, parce qu'il n'existe pas d'appareil fumivore remplissant toutes
les conditions exigées.

670. Les foyers constituent une des parties les plus importantes d'un
appareil de chauffage. Nous décrirons successivement les différentes
dispositions qui ont été essayées pour les améliorer, en commençant
par les plus anciennes. Nous essaierons ensuite, en examinant ce qui se
passe dans les foyers, d'en déduire les dispositions les plus avantageuses
dans les différents cas qui peuvent se présenter.

CHAPITRE II.

DIFFÉRENTES FORMES DE FOYERS.

Foyers à flamme renversée.

671. Dans un grand nombre de fourneaux, la flamme est plus ou
moins inclinée, et même renversée au delà du foyer; mais cette circonstance, qui est indépendante de la direction de la flamme dans le foyer

même, n'est pas celle dont il s'agit ici : nous voulons parler des foyers dans lesquels la flamme se développe à sa naissance dans une direction opposée à celle qu'elle prend naturellement.

672. La flamme s'élève verticalement par la légèreté spécifique que la chaleur donne aux gaz combustibles et à ceux qui sont produits par la combustion. Mais cette direction ne peut exister que dans un air calme, ou qui se meut dans le sens que la flamme tend à suivre naturellement. Quand le mouvement de l'air a une direction différente, les gaz combustibles prennent une direction qui résulte de leur vitesse propre et de la vitesse de l'air ; et lorsque la vitesse du courant d'air est très-grande relativement à celle des gaz qui se dégagent, la flamme suit sensiblement la direction de ce courant. Il résulte de là que, si le courant d'air s'introduisait par la partie supérieure du foyer, la flamme se propagerait verticalement du haut en bas ; et, pour produire ce mouvement, il suffirait que l'espace qui se trouve au-dessous de la grille communiquât avec une cheminée préalablement échauffée.

673. Les foyers à flamme renversée ont l'avantage de brûler plus complétement la fumée que les autres foyers, parce que les gaz combustibles, qui tendent naturellement à s'élever à cause de leur densité moindre que celle de l'air, vont en quelque sorte à la rencontre du courant d'air ; par la même raison, les flammes sont beaucoup plus courtes. Mais ces foyers ne peuvent être employés pour la houille : les grilles se trouveraient en contact avec la surface incandescente du combustible, et seraient bientôt détruites. Cet inconvénient n'existe pas dans les foyers ordinaires, parce que les grilles sont continuellement refroidies par l'air qui vient alimenter la combustion ; et, d'ailleurs, la combustion n'est bien active qu'à une certaine distance au-dessus de la grille.

674. On avait proposé, pour les chaudières à vapeur, de brûler la houille à flamme renversée sur des grilles creuses constamment remplies d'eau, et communiquant avec la chaudière. Les barreaux auraient formé ainsi un grand nombre de petits bouilleurs qui n'auraient pu s'échauffer à une température suffisante pour que le métal fût altéré ; mais cette disposition est trop compliquée, elle exigerait de trop fréquentes réparations, et ne présenterait pas des avantages assez importants pour compenser ces inconvénients.

675. On a également proposé de se servir de barreaux en terre réfractaire. Cette disposition pourrait être convenable pour le bois et la tourbe ; mais, pour la houille et le coke, les résidus se vitrifieraient sur les barreaux et les mettraient promptement hors de service.

676. La figure 128 représente une coupe verticale d'un foyer à bois,

à flamme renversée. L'espèce de trémie dans laquelle le bois est engagé doit être garnie de plaques de tôle ou de fonte. Le bois descend par son propre poids, auquel peut s'ajouter une pression exercée par le chauffeur ; il doit être coupé d'une longueur égale à la largeur de la trémie dont la section est celle d'une grille destinée à brûler la même quantité de bois dans le même temps. Ces

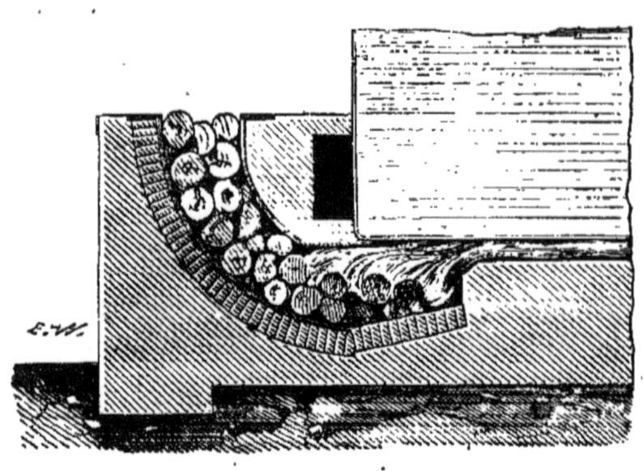

Fig. 128.

foyers marchent très-bien, sans donner de fumée et sans produire d'accumulation de cendres dans le foyer proprement dit ; toutes celles qui se produisent sont entraînées dans les carneaux ; la combustion est si complète que les carneaux sont à peine noircis. J'ai eu l'occasion de voir plusieurs chaudières à vapeur dont les foyers étaient ainsi disposés et qui donnaient des résultats très-satisfaisants.

Quoique les foyers pour bois, à flamme renversée, ne produisent point de suie (du moins tous ceux que j'ai eu l'occasion d'observer sont dans ce cas), il est prudent cependant de se ménager les moyens de nettoyer au besoin les carneaux ; et pour cela, on doit creuser, dans le sol et au delà des chaudières, un espace dans lequel s'ouvrent les portes des carneaux et par où l'on puisse les nettoyer, au moyen d'un ringard dont le manche s'allonge par des pièces qui se montent à vis.

677. Cette même méthode pourrait être employée pour brûler la tourbe ; mais comme ce combustible produit beaucoup de cendres, il faudrait disposer l'appareil comme il est indiqué

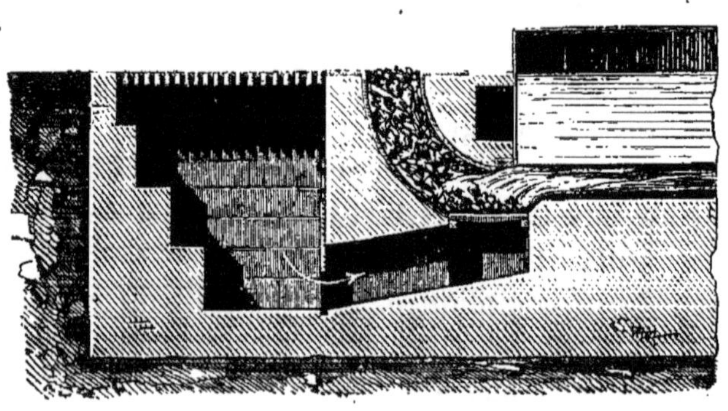

Fig. 129.

dans la figure 129. En avant de la trémie se trouve un espace recouvert d'un grillage et dans lequel le chauffeur peut descendre pour dégorger la grille au moyen d'un ringard. Il serait possible qu'il fût avantageux de laisser passer continuellement un faible courant d'air à travers la grille. Je dois dire cependant que les foyers à flamme renversée appliqués à la tourbe n'ont point encore été essayés, et qu'alors on ne peut rien affirmer de positif sur leur efficacité, quoiqu'il soit bien probable qu'ils réussiraient comme pour le bois.

678. Dans les foyers à poteries communes, on brûle la houille dans des caisses latérales en maçonnerie, fermées de tous côtés, excepté en dessus, où elles sont garnies d'une porte destinée à introduire le combustible et l'air nécessaire à la combustion ; la face adossée au fourneau est percée de plusieurs orifices, par lesquels la flamme pénètre dans le fourneau. Ces

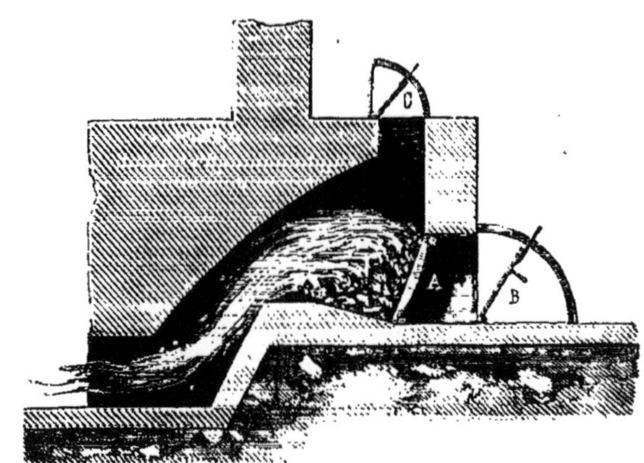

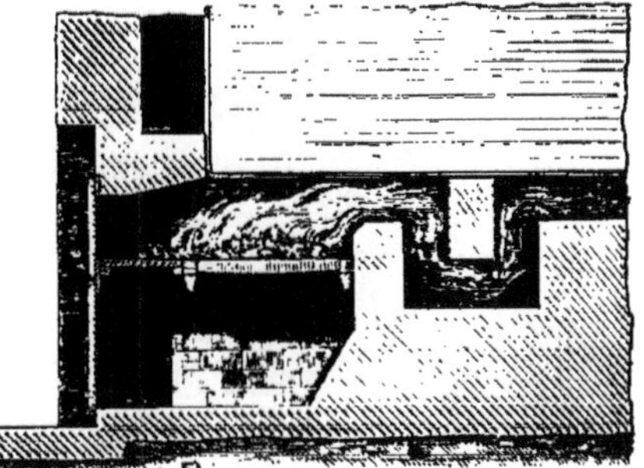

Fig. 130.

foyers produisent peu de fumée ; ils seraient cependant remplacés avec avantage par celui qui est indiqué dans la figure 130. La combustion est alimentée et par l'air qui passe à travers la grille A, dont la quantité est réglée par le registre B, et par celui qui pénètre à travers l'orifice C, qui sert à introduire le combustible, et dont on peut aussi régler à volonté l'ouverture.

679. On a encore imaginé de renverser la flamme au delà du foyer (*fig.* 131), en la faisant passer sous une voûte. Deux petites ouvertures, dont la section se réglait par des registres, permettaient d'introduire de l'air dans les gaz enflammés, pendant le renversement du courant, afin de compléter la combustion. Dans des expériences faites, il y a quelques années, par MM. Thomas et Laurens, sur un foyer disposé ainsi, avec un peu

Fig. 131.

de soin, on évitait complétement la fumée et on obtenait une économie de combustible d'un dixième environ ; mais la voûte était assez rapidement détruite par la haute température.

Foyers à réverbère.

680. Dans cette disposition, le foyer est surmonté d'une voûte en briques réfractaires, et l'air chaud s'échappe tantôt par des orifices diversement placés dans la voûte, tantôt à la suite quand elle est cylindrique. Le foyer se trouve ainsi à une très-haute température, et si le combustible est facilement décomposable, comme le bois, la tourbe et les houilles grasses, il se dégage beaucoup plus de fumée que dans les foyers ordinaires : ainsi, ces prétendus foyers fumivores produisent un effet opposé à celui qu'ils promettent. En outre, ils ont le grand inconvénient de diminuer ou de rendre presque nul l'échauffement de la chaudière par rayonnement, et par conséquent d'exiger des surfaces de chauffe beaucoup plus étendues. Cette disposition pourrait cependant être très-utile pour certains anthracites qui ne brûlent bien qu'à une haute température.

Foyers à injection d'air sur la flamme.

681. Les foyers fumivores à courants d'air froid paraissent avoir été employés pour la première fois par Watt. Mais ce fut Robertson qui prit le premier, en 1801, une patente en Angleterre, pour la construction de ces foyers. Son appareil consistait en une grille un peu inclinée vers le fond ; l'air extérieur arrivait à travers la grille comme dans les appareils ordinaires, mais le foyer était alimenté de combustible par une trémie placée au-dessus de la porte, et au-dessus de la trémie se trouvait une fente étroite par laquelle entrait un courant d'air qui arrivait directement sur la flamme.

Fig. 132.

La figure 132 représente un appareil analogue à celui de Robertson, mais beaucoup plus simple ; on étale le combustible sur la grille avec un ringard ; on fait tomber le résidu au moyen d'une coulisse qui se trouve au delà de la grille, et on peut surveiller la combustion par la fente qui laisse arriver l'air sur la flamme.

Les appareils dans lesquels le foyer est alimenté par une trémie supérieure ou placée au niveau de la grille, ont l'avantage de ne pas produire autant de fumée que les appareils ordinaires, parce que l'introduction du combustible s'opère d'une manière à peu près continue; mais il est difficile de gouverner le feu et de maintenir constamment le combustible à une hauteur convenable.

682. *Appareil de M. Darcet.* — Dans la disposition imaginée par M. Darcet, une fente étroite, horizontale (*fig.* 133), pratiquée dans l'autel, laissait arriver un courant d'air extérieur, que le chauffeur pouvait régler à volonté et qui venait à la rencontre de la flamme. Cette disposition, établie en 1814 aux bains du Pont-Royal, a donné de bons résultats.

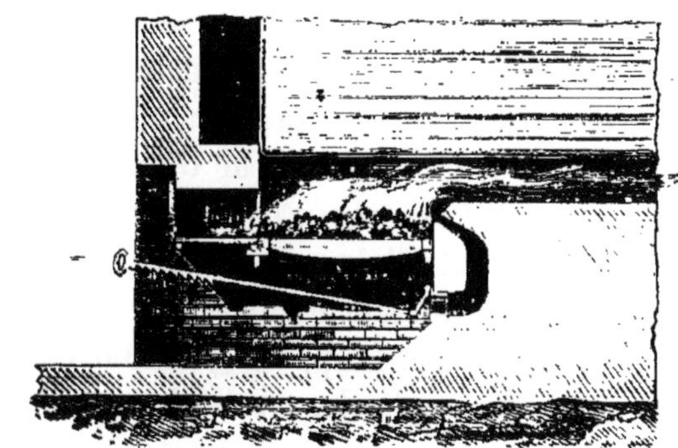

Fig. 133.

683. *Appareil de M. Parkes.* — En 1820, M. Parkes a pris, en Angleterre, un brevet pour une disposition semblable à celle de M. Darcet. M. Parkes s'est servi comparativement de l'air froid et de l'air chaud, et il n'a trouvé aucune différence dans les résultats. Il a aussi employé l'appareil d'alimentation de Robertson (681) pour éviter la production de la fumée au moment du chargement. D'après une enquête du parlement, l'appareil de M. Parkes doit être rangé parmi ceux qui donnent les résultats les plus satisfaisants; dans beaucoup de cas, il produit la combustion, sinon complète, du moins à peu près complète de la fumée.

684. *Appareil de M. Chapman de Whitby.* — Dans cet appareil, l'air s'échauffe en passant à travers les barreaux creux qui forment la grille. Il se rend dans une chambre située derrière l'autel, d'où il est versé sur la flamme par une fente horizontale, comme dans la disposition imaginée par M. Darcet. Afin d'éviter le mauvais effet résultant de l'ouverture de la porte du foyer pour introduire le combustible, M. Chapman effectuait le chargement par une trémie placée au-dessus du foyer ou par la méthode indiquée (681). Cet appareil donnait d'assez bons résultats.

685. On a aussi imaginé d'introduire dans la flamme, au delà du foyer, de l'air chauffé dans des tuyaux de fonte placés dans les carneaux. La disposition la plus simple consistait en un certain nombre de cônes en fonte communiquant avec l'air extérieur, disposés en quinconce à la suite du foyer, et dont la surface était percée d'un grand nombre de petits orifices par lesquels l'air échauffé se répandait dans toutes les directions.

686. *Appareil de M. Lefroy.* — Cet appareil se compose d'un petit corps de maçonnerie placé en avant du fourneau et renfermant le foyer ; une trémie placée au-dessus permet de jeter sur la grille un volume déterminé de combustible, sans établir de communication entre l'intérieur et l'extérieur. Quatre ouvertures longues, étroites, sont percées dans les faces latérales du foyer, dans la voûte et dans la maçonnerie qui se trouve au delà de la grille ; elles sont ordinairement fermées, mais elles s'ouvrent simultanément par un mécanisme très-simple après chaque chargement. Les remous et les tourbillonnements qu'éprouve la fumée par ces courants d'air qui arrivent de différents côtés, et dans un espace à une très-haute température, produisent une combustion complète de la fumée. L'appareil, au moyen duquel on charge le foyer, se compose d'un cylindre vertical en tôle, fermé par un couvercle, et fixé par la partie inférieure sur une feuille de tôle d'une longueur qui excède le double du diamètre du cylindre ; cette feuille de tôle est percée au-dessous du cylindre d'une ouverture d'un même diamètre, et elle glisse à volonté sur une autre feuille de tôle fixée à la partie supérieure du foyer. On voit facilement que, par cette disposition, quand le cylindre qui renferme la charge de combustible est amené au-dessus du foyer, le combustible tombe, et quand on le ramène à côté, l'orifice supérieur du foyer se trouve fermé ; ainsi le chargement a lieu sans établir de communication avec l'extérieur.

Ces appareils ont eu à l'origine beaucoup de vogue ; on en a construit dans un grand nombre d'ateliers ; mais on y a complétement renoncé, d'abord parce que l'effet utile du combustible était diminué par suite de la trop grande quantité d'air introduite dans le foyer à chaque charge ; ensuite parce que les chaudières étaient facilement brûlées dans le voisinage du foyer, et surtout parce qu'on était privé de la surface directe de chauffe.

687. *Expériences de M. Combes sur l'influence des injections d'air.* — On doit à M. Combes des expériences très-intéressantes sur les effets produits par des injections d'air à la suite du foyer ; je rapporterai un extrait du Mémoire qui a paru dans le *Bulletin de la Société d'encouragement,* tome XLIV.

Les expériences ont été faites sur le foyer d'un générateur à deux bouilleurs de la forme ordinaire ; la surface de la grille était de $0^{mq}65$, la somme des espaces vides était le quart de la surface totale ; la hauteur de la cheminée était de 20^m, la section au sommet de $0^{mq}20$; la surface de chauffe du générateur de 15^{mq} ; on brûlait par heure sur la grille environ 80^k de houille menue très-fumeuse, à peu près 1^k23 par décimètre carré ; les scories étaient noires et pâteuses, de sorte qu'on était obligé de décrasser souvent et péniblement les barreaux. De chaque côté de la grille, on avait pratiqué un canal s'ouvrant à l'extérieur et débouchant en arrière de l'autel, à 0^m15 de distance ; ces deux ouvertures étaient pratiquées dans les faces latérales de la maçonnerie, et produisaient des jets opposés ; chacune avait 0^m20 de hauteur verticale et 0^m065 de largeur ; leur surface réunie était de $0^{mq}0234$, à peu près $0,16$ de la surface libre de la grille et $0,12$ de celle de la cheminée au sommet. Les orifices d'admission de l'air pouvaient être fermés à volonté. Un autre orifice avait été pratiqué dans le canal de circulation de la fumée autour de la chaudière pour en extraire des gaz et les analyser. L'ouverture du cendrier était fermée par une porte à deux vantaux, percés chacun de trois orifices rectangulaires égaux, ayant ensemble une surface de $0^{mq}168$, et par conséquent plus grands que la surface libre des barreaux de la grille. Les charges successives étaient à peu près de 20^k, et les intervalles de chargement de 12 à 14 minutes ; on tisait une fois dans cet intervalle. Derrière l'autel, se trouvait une plaque de fonte horizontale percée d'un grand nombre de trous, par lesquels on pouvait faire arriver de l'air extérieur ; mais on ne s'est pas servi de ce mode d'admission de l'air, parce qu'on a reconnu que le premier était au moins aussi efficace.

Lorsque les ouvreaux pour l'admission de l'air extérieur étaient fermés, une fumée noire se manifestait après chaque chargement et durait de 3 à 4 minutes ; à cette fumée succédait une fumée jaunâtre, à peu près de même durée, qui s'éclaircissait ensuite graduellement, de manière à disparaître complétement à la fin de l'intervalle qui séparait deux chargements consécutifs ; le tisage donnait toujours lieu à une fumée noire d'une minute au plus de durée. D'après ces observations, il y a, dans une heure, 18 minutes de fumée noire, 14 minutes de fumée jaune et 28 minutes pendant lesquelles la fumée est sensiblement nulle.

En réduisant la consommation de houille à 40^k par heure, l'intervalle des chargements est de 22 à 25 minutes, il y a peu de fumée noire, moins de fumée jaune, et plus de temps pendant lequel la fumée est imperceptible ; en moyenne, par heure, 2 minutes de fumée noire, 10 minutes de fumée légère, et 47 minutes sans fumée.

Si l'on observe, au moyen d'un regard ménagé à l'arrière du fourneau, on reconnaît que le conduit, aussitôt après le chargement, se remplit d'une fumée opaque, qui n'est sillonnée par aucun trait de flamme, de sorte que, immédiatement après que le chauffeur a fermé les portes du fourneau, il est impossible d'apercevoir le feu qui est à l'extrémité de ce conduit; si, au moment où la fumée est ainsi le plus épaisse, on débouche les deux ouvreaux qui laissent arriver l'air en arrière de l'autel, la fumée prend feu immédiatement et brûle avec une flamme allongée qui arrive jusqu'à l'extrémité des bouilleurs : ferme-t-on les ouvreaux, la flamme s'éteint sur-le-champ. Cette manœuvre peut être répétée aussi souvent qu'on le veut, tant qu'on est dans la période où le fourneau produit une fumée passablement épaisse. La personne, dont l'œil est appliqué au regard, distingue ainsi parfaitement, par ce qui se passe dans le conduit, les instants où les ouvreaux sont ouverts et fermés. Si l'on observe le sommet de la cheminée, on en voit sortir des flots de fumée noire, quelques instants après l'ouverture des conduits d'air, après quoi la fumée s'éclaircit et reste ensuite légère et transparente. La première irruption de la fumée est produite par la première introduction de l'air qui chasse devant lui la fumée opaque dont les carneaux et la cheminée étaient remplis.

Si on laisse les ouvreaux constamment ouverts, la combustion étant poussée activement, on n'a plus de fumée noire, même après le chargement. La durée de la fumée légère diminue aussi. En définitive, sur une heure, on a, en moyenne, trois quarts de minute de fumée noire, 21 minutes de fumée légère, 38 minutes un quart sans fumée sensible.

Les ouvreaux étant à demi bouchés, on a, en moyenne, une combustion moins vive; dans une heure, une minute de fumée noire, 23 minutes de fumée légère, et 36 minutes sans fumée. Les teintes noires et légères de la fumée produite quand les ouvreaux sont ouverts, sont moins foncées que lorsque les ouvreaux sont fermés.

Quand la combustion est lente, la fumée reste à peu près la même, soit qu'on tienne les ouvreaux entièrement ouverts, soit qu'on les ouvre à moitié.

En résumé, la fumée qui se produit par une combustion lente, les ouvreaux étant ouverts, n'est guère plus forte que celle d'un foyer domestique et ne paraît pas de nature à incommoder le voisinage ; celle qui se manifeste par une combustion vive dans le même fourneau, lorsque les ouvreaux sont fermés, est épaisse, opaque, chargée de noir de fumée, de manière à la rendre fort incommode pendant près d'un tiers du temps. Il est donc possible, sinon de faire disparaître complétement, au moins de diminuer de beaucoup la fumée, en laissant arriver de l'air au delà du foyer, à quelques centimètres derrière l'autel, lorsque le fourneau est pourvu d'une cheminée produisant un bon tirage.

Des essais nombreux sur les gaz écoulés ont donné les résultats suivants. Les ouvreaux étant fermés, les gaz après la charge, lorsqu'ils emportent une fumée noire, contiennent en volume, de 0,10 à 0,13 d'acide carbonique, et de 0,08 à 0,065, d'oxygène libre ; le surplus est formé d'azote et de gaz combustibles. Lorsque la fumée est légère, les ouvreaux d'admission de l'air étant fermés, les gaz renferment de 0,07 à 0,09 d'acide carbonique, et 0,10 d'oxygène libre. Enfin lorsque la fumée est complétement nulle, les gaz contiennent 0,06 d'acide carbonique et 0,13 d'oxygène libre.

Lorsque les conduits d'admission de l'air sont entièrement ouverts, les gaz, après le chargement, renferment de 0,06 à 0,08 d'acide carbonique et de 0,09 à 0,10 d'oxygène libre. A mesure que la combustion avance, la quantité d'acide carbonique diminue et celle de l'oxygène libre augmente ; à la fin de l'intervalle qui sépare deux chargements consécutifs, la cheminée ne produisant plus de fumée apparente, les gaz renferment 0,05 d'acide carbonique et 0,14 d'oxygène libre ; et les gaz combustibles ne dépassent pas 0,025.

En définitive, la fumée reste épaisse, tant qu'il existe dans le courant gazeux plus d'acide carbonique que d'oxygène libre en volume ; elle commence à s'éclaircir, lorsque les volumes sont égaux ; et elle est nulle, lorsque le volume de l'oxygène est égal à deux fois celui de l'acide carbonique.

688. On a mesuré avec l'anémomètre les volumes d'air qui pénétraient dans le fourneau à travers la grille, et les canaux d'admission. Il résulte de ces expériences, que la quantité d'air qui s'introduit par le cendrier est très-faible après chaque chargement ; que cette quantité augmente à mesure que la houille se transforme en coke ; et qu'à la fin de l'intervalle qui sépare deux chargements, elle est à peu près quatre fois plus grande qu'au commencement. Le tisage, qui donne lieu à une bouffée de fumée noire, a aussi pour effet de diminuer la quantité d'air qui traverse la grille. Celle qui s'introduit par les ouvreaux demeure à peu près constante : immédiatement après le chargement, elle est plus du double de celle qui traverse la grille ; à la fin de l'intervalle qui sépare deux chargements, elle n'en est guère que la moitié. L'introduction de l'air par les conduits paraît déterminer un accroissement de

vitesse dans le courant d'air qui pénètre à travers la grille, dans les instants qui suivent le chargement de combustible : c'est, sans doute, l'effet d'un accroissement de tirage, produit par l'élévation de température qu'occasionne la combustion des produits de la distillation de la houille. Pour une combustion de 80^k de houille à l'heure, le volume d'air entrant par les conduits complétement ouverts était de $14^{mc}33$ par minute ; cet air devait jaillir dans le courant de fumée avec une vitesse de 8^m par seconde. Le volume d'air entrant par le cendrier et traversant la grille était de $5^{mc}34$, immédiatement après un chargement, et s'élevait à 19^{mc} à la fin de l'intervalle qui sépare deux chargements. En supposant que la variation ait été uniforme, on trouve que le volume d'air appelé par kilogramme de houille brûlé a été de $19^{mc}87$.

La quantité d'eau vaporisée par kil. de houille a varié de 4^k87 à 5^k37. L'admission de l'air, par les conduits tenus constamment ouverts, n'a eu aucune influence sur l'économie du combustible, probablement parce que l'accroissement de chaleur, produit par la combustion complète des gaz, était compensé par l'abaissement de température provenant d'un excès d'air, quand le combustible était presque entièrement transformé en coke. Il y aurait alors de l'avantage à ne laisser entrer l'air dans le fourneau, que pendant les premiers instants qui suivent chaque chargement.

Ces expériences sont restées jusqu'à présent sans aucun résultat pratique. Du reste, la quantité de vapeur, produite par kilogr. de houille dans cette chaudière, est inférieure, comme on le verra plus loin, à la production moyenne des chaudières employées dans l'industrie. Il est regrettable que, dans son mémoire, M. Combes ne mentionne pas la quantité de carbone, qui est tenue en suspension par les gaz, et qui rend la fumée visible et incommode.

Foyers doubles combinés.

689. Dans les appareils de ce genre, on fait passer la flamme qui sort d'un foyer ordinaire à houille sur ou à travers un autre foyer, dans lequel brûle du coke. De cette manière, les gaz combustibles qui sortent du premier foyer se trouvent, à leur passage sur le second, à une température suffisante pour brûler, et il suffit, pour que la combustion ait lieu, d'admettre l'air extérieur en quantité suffisante.

L'appareil imaginé par Watt se compose de deux foyers distincts, l'un alimenté par la houille, l'autre par du coke. Cette disposition est très-efficace quand les portes sont fermées, mais elle l'est très-peu quand elles sont ouvertes, parce qu'il n'y a qu'une petite quantité de gaz qui traverse le coke; d'ailleurs, elle exige deux combustibles.

On pourrait facilement disposer les appareils de manière à alimenter les deux foyers avec de la houille, et à obtenir cependant le même effet que si l'un d'eux était constamment alimenté avec du coke; il suffit, pour cela, de charger alternativement les deux foyers, et de faire passer la fumée du foyer qu'on charge sur l'autre; car, pendant la seconde moitié de la combustion de la houille, ce combustible est à peu près à l'état de coke. L'appareil pourrait être disposé comme l'indique la figure 134; on forcerait la fumée du foyer qu'on vient de charger à passer sur l'autre, au moyen de deux registres en fonte épaisse qu'on élèverait et qu'on abaisserait successivement.

690. On pourrait aussi employer la disposition figure 135. La grille est circulaire et mobile, de manière à tourner suc-

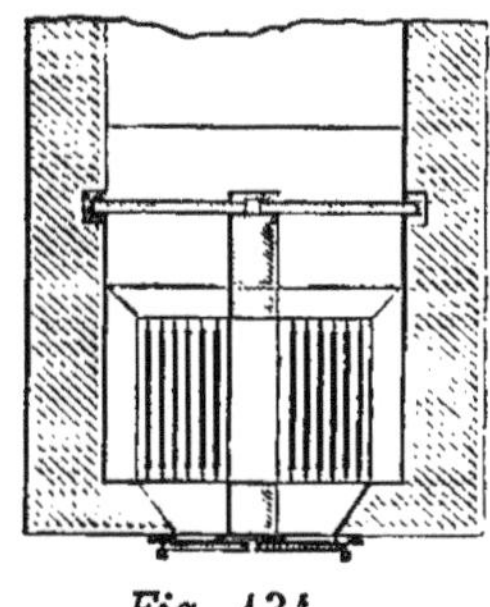
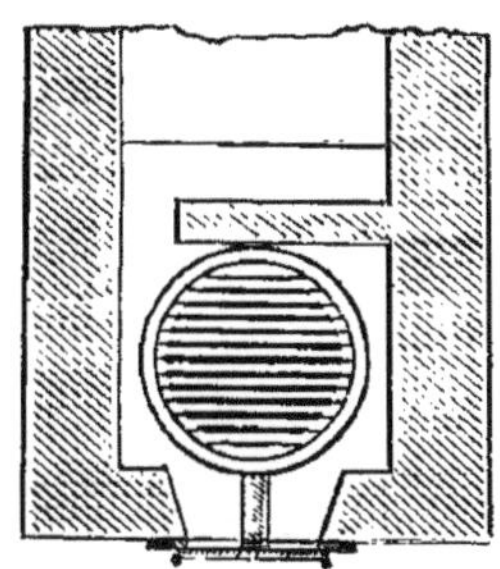

Fig. 134.   Fig. 135.

cessivement en sens contraire d'un demi-tour. On amènerait toujours du même côté, le plus éloigné de l'ouverture du carneau, la partie de la grille qu'on chargerait de houille. Tous ces appareils sont compliqués; ils font perdre une partie de la surface de chauffe, et ils n'ont pas été adoptés par l'industrie.

691. *Appareils de M. Hall, de M. Fairbairn et de M. Buzonnière.* — D'après la description de ces appareils, qui se trouve dans le *Bulletin de la Société d'encouragement*, t. II, p. 139, les gaz provenant du foyer à houille passeraient sur ou à travers un foyer à coke, immédiatement avant de pénétrer dans la cheminée. C'est certainement un moyen de brûler la fumée, pourvu que les gaz renferment un excès d'air; mais cette combustion coûterait bien cher.

692. *Appareil de MM. Chanter.* — Cet appareil

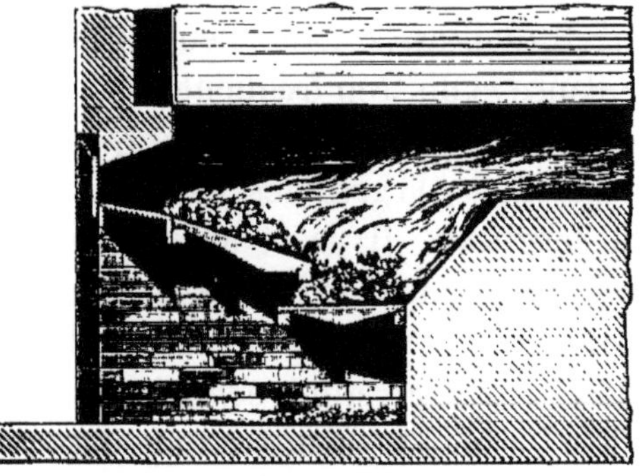

Fig. 136.

(*fig.* 136) se compose de deux grilles, la première inclinée, afin, de faciliter l'écoulement du coke à l'arrière, la seconde horizontale, un peu plus basse, pour permettre l'enlèvement des scories. Cette disposition, appliquée aux générateurs fixes, paraît brûler assez complétement la fumée quand le feu est bien dirigé. En y ajoutant le mode d'alimentation indiqué (681), l'efficacité serait bien plus certaine.

L'appareil appliqué aux locomotives se composait de deux grilles disposées comme nous venons de le dire : un bouilleur d'une forme particulière descendait très-près de l'extrémité de la première, et forçait les gaz qui s'en dégageaient à passer à travers le coke qui couvrait la seconde. D'après les inventeurs, on brûlait complétement la fumée, en employant $\frac{3}{4}$ de houille et $\frac{1}{4}$ de coke ; mais, comme cette disposition, qui date d'un grand nombre d'années, n'est plus employée, il est à présumer qu'elle ne remplissait pas les conditions énoncées, ou qu'elle avait d'autres inconvénients qui l'ont fait abandonner.

Foyers à alimentation continue.

693. La fumée provenant principalement du mode de chargement intermittent généralement employé, on a pensé de bonne heure que, si on parvenait à verser d'une manière continue le combustible sur la grille, on arriverait facilement à rendre les foyers fumivores. On a imaginé pour cela un grand nombre d'appareils ; je me contenterai de faire une courte description des plus importants.

694. *Appareil de Brunton.* — Cet appareil était composé d'une grille circulaire horizontale, mobile autour d'un axe vertical passant par son centre et faisant une révolution en 3 ou 4 minutes ; une trémie, placée au-dessus du fourneau, renfermait la houille divisée, qu'un mouvement de va-et-vient, imprimé à la plaque qui terminait la trémie, faisait tomber sur la grille à peu près à la moitié du rayon. Cet appareil brûlait assez complétement la fumée, mais il exigeait trop de surveillance et de trop fréquentes réparations.

695. *Appareil de Henley perfectionné par M. Collier.* — Dans cette disposition, la grille est fixe et l'appareil est appliqué contre la face du fourneau. Il se compose principalement d'une trémie à débit continu, de deux cylindres broyeurs, horizontaux, à pointes de diamant, et de deux projecteurs circulaires, contigus, placés dans le même plan horizontal, qui tournent en sens inverse et concourent au même effet. La houille, à mesure qu'elle descend par la trémie, est réduite partie en petits éclats, partie en poussier par les broyeurs ; ainsi préparée, elle tombe sur les projecteurs, dans l'espace qui est compris

entre leurs deux axes, et elle est continuellement lancée par eux sur la chauffe incandescente. La forme des projecteurs est celle d'une roue composée d'une coquille conique droite et de six palettes trapézoïdales, verticales, implantées autour de la coquille. Leur vitesse est de près de 200 tours à la minute, et l'on conçoit qu'un léger effet de ventilation doit se joindre à leur effet principal. Le débit du combustible est facile à régler à l'aide d'une vis de rappel. Tout le système est en fer, et se trouve établi sur une grande et forte plaque du même métal, verticale et percée convenablement du côté du fourneau. Cette plaque étant placée sur des roulettes, l'appareil peut alternativement servir deux .chaudières.

D'après M. Cordier, à qui nous avons emprunté les détails qui précèdent (*Comptes rendus des séances de l'Académie des sciences*, 1837), l'appareil dont nous venons de donner une description sommaire fonctionnait depuis six mois. Voici les avantages qu'il y trouvait :

1° Le chauffage est parfaitement régulier ; 2° toutes les parties du combustible, ou presque toutes, sont brûlées sous les bouilleurs ou sous la chaudière ; 3° la fumée qui se dégage au sommet de la cheminée n'excède pas la quantité qui est produite par beaucoup de foyers domestiques alimentés par le bois ; elle est d'ailleurs d'une teinte roussâtre très-claire, et elle n'offre aucun des inconvénients qui rendent si incommode le voisinage des grands ateliers chauffés à la houille ; 4° on consomme à peu près $\frac{1}{10}$ de combustible de moins que par les procédés de chauffage ordinaires ; 5° on emploie sans difficulté la houille menue ; 6° le tisage s'exécute facilement sans qu'on ouvre le fourneau : à cet effet, on se contente, à l'aide d'un ringard à crochet promené sous la grille, de piquer de temps à autre la couche de combustible en ignition, de manière à ce qu'elle ne conserve jamais plus de 3 centimètres d'épaisseur ; 7° le chauffeur, se trouvant chargé d'une surveillance extrêmement facile, peut donner plus de soin à la machine ; il a besoin d'ailleurs d'une moindre habileté que les chauffeurs ordinaires. Enfin, l'appareil peut être appliqué à toute espèce de fourneaux ; il peut ensuite en être séparé sans perdre de sa valeur, et rentrer dans la circulation commerciale. Le travail dépensé par la machine a été évalué à $\frac{1}{2}$ cheval, c'est-à-dire, à $\frac{1}{12}$ de la force totale.

Malgré tous les avantages énoncés par le savant académicien, cet appareil ne s'est pas répandu.

696. *Foyer à grille fixe et à distributeur direct.* — Cet appareil a été établi dans l'ancienne fabrique de produits chimiques de M. Payen, à Grenelle, pour alimenter un générateur à deux bouilleurs ; voici

comment il était disposé. La profondeur de la grille correspondait à l'intervalle de l'extrémité antérieure de la chaudière et du mur traversé par les bouilleurs; à la partie supérieure se trouvaient trois trémies correspondant à l'intervalle des bouilleurs et aux espaces qui les séparaient des murs latéraux; chacune de ces trémies renfermait un cylindre broyeur qui laissait écouler la houille divisée, sur la grille. Les cylindres broyeurs faisaient moyennement 45 tours par minute, et versaient 15^k de houille à l'heure sur le foyer. Ce système de distribution, exempt de mécanisme agissant dans le feu, d'une construction très-simple, et ne laissant point dégager sensiblement de fumée, paraissait supérieur aux autres; cependant il ne s'est pas répandu davantage.

697. *Appareils de M. Player.* — Ces appareils ont été imaginés pour brûler les anthracites qui donnent peu de résidus et se délitent dans le foyer, comme celles du pays de Galles et d'Amérique. Le foyer de M. Player se compose (*fig.* 137) d'une grille à barreaux étroits, au-dessus de laquelle se trouve un tube constamment rempli d'anthracite, qui, à partir de l'orifice inférieur, forme un talus s'étendant jusqu'aux bords de la grille, de sorte que le combustible descend à mesure qu'il se consume. Il n'y a point de porte à ouvrir et à fermer, par conséquent point de courant d'air froid sur le combustible; et l'anthracite, étant échauffé progressivement à mesure qu'il descend, ne décrépite plus dans le foyer, et n'éteint plus celui qui est en ignition, en le refroidissant.

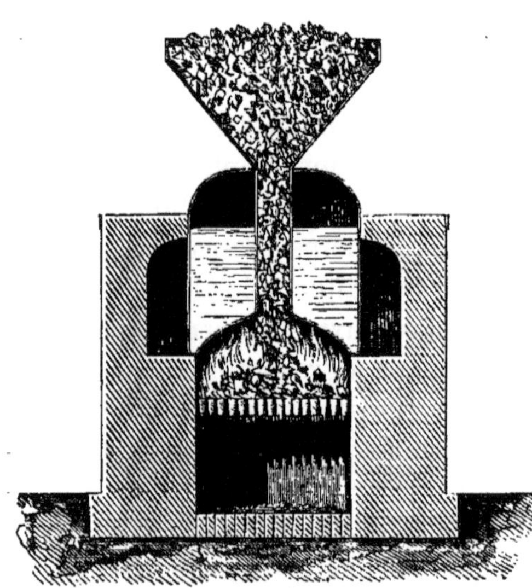

Fig. 137.

le refroidissant. L'alimentation est régulière, et le chauffeur n'a d'autre travail à faire que de remplir de temps en temps la trémie qui surmonte le tube d'alimentation et de régler l'activité de la combustion par le registre de la cheminée. La figure 137 représente cette disposition appliquée à une chaudière à vapeur à basse pression.

Une machine à vapeur a travaillé 72 heures consécutives avec un foyer à anthracite disposé comme nous venons de l'indiquer, sans qu'il ait été nécessaire de tisonner, de dégager la grille et de faire tomber les escarbilles. L'anthracite employé était menu sans être en poudre, et on le versait toutes les quatre heures dans la trémie. On avait placé de l'eau dans le cendrier, pour obtenir un peu de flamme. On a établi, dans la même usine, cinq foyers de forgerons, disposés de la même manière, et un four destiné à fondre la fonte ; tous ont donné de bons résultats. Depuis, on a appliqué la même disposition de foyers à des poêles et à des calorifères. Dans les foyers de forgerons et les foyers à réverbère, le canal qui alimente le foyer de combustible est placé latéralement.

La figure 138 représente une coupe de la chaudière d'une machine à vapeur pour bateau, de la force de 24 chevaux, construite par M. Manby. La grille avait une surface égale aux $\frac{5}{4}$ de celles qui sont ordinairement destinées

Fig. 138.

à brûler le même poids de houille, et le tube d'alimentation, une section égale à $\frac{1}{4}$ de celle de la grille.

Ces foyers, qui ne sauraient bien fonctionner qu'avec des anthracites très-purs et en fragments réguliers, ne se sont nullement répandus.

Foyers à injections de vapeur ou d'air sous la grille.

698. *Injection de la vapeur.* — L'introduction de la vapeur dans les foyers a été faite de deux manières différentes : on l'a fait arriver librement dans le cendrier au-dessous de la grille, ou d'abord dans des grilles creuses, d'où elle s'échappait par de petits orifices percés sur leurs faces latérales. Les détenteurs de brevet pour l'injection de la vapeur sous la grille ou dans des grilles creuses ont publié, il y a quelques années, plusieurs résultats d'expériences faites dans différents lieux, d'où il semblait résulter de ce nouveau mode de combustion une économie de combustible qui s'élevait de 21 à 30 pour 100. Ces résultats paraissaient fort extraordinaires ; car l'introduction de la vapeur pouvait faire produire de la flamme à des com-

bustibles qui brûlent ordinairement sans flamme ; mais, comme la quantité de chaleur produite par la formation de l'eau est égale à celle qui est absorbée par sa décomposition, il ne pouvait pas y avoir accroissement de chaleur. Aussi des expériences, faites, avec tout le soin convenable, par une commission de l'Institut, et d'autres, faites à la Manufacture des Tabacs de Paris, ont-elles nettement démontré que l'introduction de la vapeur n'a aucune influence sur la quantité de chaleur développée.

699. *Injection d'air sous la grille.* — Depuis, on a imaginé de fermer les orifices du cendrier et d'injecter sous la grille un courant d'air froid. On a publié qu'on obtenait ainsi une très-grande économie de combustible. On avait même monté un grand atelier pour construire ces appareils ; mais l'entreprise n'a pas réussi. On ne comprend pas en effet comment ces courants forcés auraient pu augmenter la puissance calorifique du combustible. Cependant cette disposition pourrait être utile pour les fourneaux mal construits qui ont un trop faible tirage, provenant ou d'une trop grande étendue des surfaces de chauffe, ou d'une trop petite section des carneaux et de la cheminée ; mais elle serait sans influence dans les fourneaux bien disposés, comme l'expérience le démontre. Cependant cette disposition a été conservée pour quelques foyers métallurgiques et permet d'employer des combustibles de moindre qualité.

700. *Injection de vapeur et d'air.* — On a enfin imaginé d'introduire dans le cendrier, hermétiquement fermé, un courant de vapeur par un tuyau placé au centre d'un tube s'ouvrant dans le cendrier et à l'extérieur. Le courant de vapeur produit un appel d'air et une pression dans le cendrier, lorsque le jet remplit tout le tuyau. Cette disposition est bonne quand les cheminées n'ont qu'un faible tirage, ou quand on refroidit complétement la fumée, et peut remplacer le tirage par une machine. Dans certaines circonstances elle serait même plus commode qu'un ventilateur, mais elle serait plus propre à diminuer l'effet utile qu'à l'augmenter.

Foyers alimentés par de l'air chaud.

701. La substitution de l'air chaud à l'air froid dans les hauts fourneaux et dans les forges a produit partout une très-grande économie de combustible, et, dans certains cas, un accroissement dans la production journalière. On a d'abord expliqué cet effet par l'élévation de température qui résultait de l'emploi de l'air chaud. M. Berthier en

a donné une autre raison généralement admise : elle repose sur l'hypothèse bien probable que l'affinité de l'air chaud pour le charbon est beaucoup plus grande que celle de l'air froid, et que, lorsqu'on emploie de l'air chaud, ce gaz se trouve entièrement dépouillé d'oxygène dans un très-court chemin. D'après cette hypothèse, la combustion se trouve à peu près concentrée dans l'ouvrage ; la température y est alors beaucoup plus élevée que par l'emploi de l'air froid, et par suite elle est moins élevée au delà : ces deux circonstances sont favorables à l'économie du combustible ; car la haute température qui, dans l'emploi de l'air froid, se produit au-dessus de l'ouvrage par la continuité de la combustion, paraît être sans utilité. Cette explication se trouve appuyée par ce fait bien constaté, que la température de l'air chaud doit être d'autant moins élevée que le combustible a plus d'affinité pour l'oxygène. Ainsi, 150 à 250° suffisent pour les fourneaux chauffés au charbon de bois, tandis qu'il en faut 300 pour ceux qui sont chauffés au coke, et il est probable que l'anthracite exigerait une température encore plus élevée.

702. On ne sait pas quelle serait l'influence de l'air chaud dans les foyers ordinaires, du moins avec injection sous la grille, aucune expérience décisive n'ayant été tentée à ce sujet. Mais l'injection de l'air chaud au delà du foyer dans une direction qui ne serait pas celle de la fumée, aurait certainement l'avantage de brûler les gaz combustibles par son action directe et par le mélange que le mouvement de l'air injecté produirait dans les veines d'air et des gaz émanés du foyer.

Foyers à goudron.

703. Les fabricants du gaz destiné à l'éclairage ont cherché, à une époque où le goudron n'avait que très-peu de valeur dans le commerce, à employer comme combustible celui qui se produit dans la distillation de la houille. On imagina d'abord de le verser sur du coke placé sur la grille ; mais une grande partie du goudron était volatilisée sans être brûlée ; et comme la température du foyer était très-élevée, la partie de la cornue qui se trouvait au-dessus de la grille était promptement altérée. On a alors employé les deux dispositions suivantes, qui toutes deux ont donné de bons résultats. Dans certaines usines, on a muré l'orifice du cendrier, on a enlevé la grille, et on a rempli le cendrier de coke, de manière qu'il s'élevât presque à la hauteur de l'emplacement de la grille ; puis on a fait tomber le goudron en filet très-fin sur le coke. L'air nécessaire à la combustion pénètre par un orifice d'un décimètre carré

au centre duquel passe le tuyau à goudron; la veine d'air arrive dans
le foyer en éprouvant peu de variations de section et de vitesse, et dans
une direction perpendiculaire au plan de l'orifice. Par cette disposition,
100 kilog. de goudron produisent l'effet de 3 hectolitres combles de
coke, pesant 120 kilog.

704. Dans d'autres usines, on a brûlé le goudron dans un petit vase
de fonte de 10 à 15 centimètres de diamètre (*fig.* 139); le courant d'air

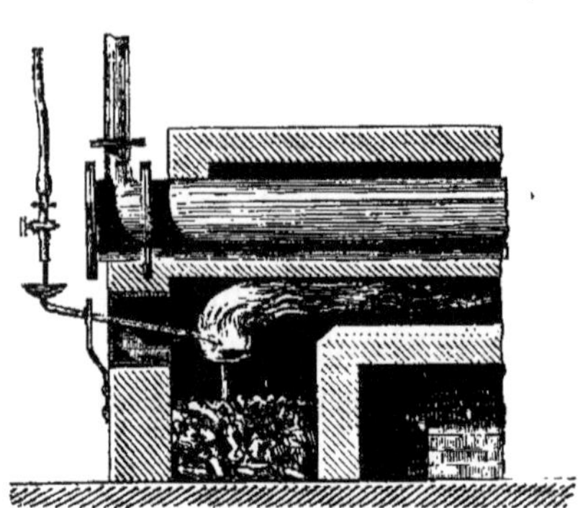

Fig. 139.

s'introduisait, comme dans la première disposition, par une ouverture qui donne passage au tuyau à
goudron. En réglant convenablement l'orifice d'entrée de l'air et sa
position, on parvenait à brûler le
goudron assez complétement, et
l'effet produit était à peu près le
même que dans l'appareil précédent. Il est probable que, dans ces
deux dispositions, on ne brûlait la
fumée qu'à la condition de faire
passer sur le goudron un certain excès d'air, et qu'on aurait obtenu
un effet utile beaucoup plus grand, si l'on était parvenu à diminuer cet
excès.

705. On avait proposé de brûler le goudron dans des appareils analogues aux becs de lampes, en maintenant le goudron à la même hauteur au moyen d'un réservoir à niveau constant; mais les tubes, nécessairement très-étroits, auraient probablement été obstrués, et je
doute que, sans un courant d'air forcé, on eût réussi.

706. Je pense que le meilleur moyen de brûler le goudron consisterait à le faire arriver dans un godet en fonte traversé par un large tube
vertical de même métal, fermé à la partie supérieure, communiquant
par la partie inférieure avec une machine soufflante, et percé latéralement d'un grand nombre de petits orifices dirigés horizontalement.
L'air, n'étant admis que par le tube, sortirait chaud et par des jets horizontaux qui, traversant la fumée, la brûleraient facilement et avec
beaucoup moins de dépense d'air que par les procédés employés. L'appareil placé dans le foyer s'altérerait peu, à cause du courant d'air qui
refroidirait constamment le métal; d'ailleurs le prix en serait si peu
élevé, qu'un remplacement même assez fréquent serait sans inconvénient. On pourrait peut-être, du reste, supprimer la soufflerie en
se servant du tirage d'une cheminée puissante, qui donnerait aux

veines d'air une vitesse bien suffisante pour effectuer la combustion. On pourrait d'ailleurs régler l'orifice d'introduction de l'air extérieur.

Foyers à gaz.

707. Dans un assez grand nombre de cas, les opérations chimiques et principalement les opérations métallurgiques, qu'on produit par l'action de la chaleur, introduisent dans l'air brûlé des gaz combustibles, qui étaient autrefois complétement perdus et qu'on utilise maintenant. J'insisterai principalement sur les gaz qui s'échappent des hauts-fourneaux, parce qu'ils sont presque entièrement formés d'azote et d'oxyde de carbone, et que ce dernier gaz, s'y trouvant dans une grande proportion, peut par sa combustion complète produire une grande quantité de chaleur et une température très-élevée. J'exposerai succinctement la longue série des essais qui ont été faits pour utiliser de différentes manières la chaleur des gaz des hauts-fourneaux.

708. Le premier emploi de la flamme des hauts-fourneaux paraît avoir été fait en 1812 par M. Aubertot, pour la cuisson de la chaux et des briques. Le rapport détaillé de M. Berthier sur les dispositions de M. Aubertot contient l'indication d'une partie des usages auxquels on pourrait employer la chaleur perdue des hauts-fourneaux et des fours à réverbère qui servent au travail du fer ; mais M. Berthier ne prévoyait pas alors que, par la combustion des gaz qui sortent des gueulards, on pourrait produire les effets de quantité de chaleur et de température aujourd'hui réalisés, parce qu'à cette époque la puissance calorifique de l'oxyde de carbone était estimée bien au-dessous de sa valeur réelle.

709. En 1833, à la suite de la découverte de MM. Neilson et Taylor, relative à l'emploi de l'air chaud dans le travail du fer, des calorifères de différentes formes furent placés sur les gueulards des hauts-fourneaux, pour y être chauffés à l'aide de la chaleur qui se développait naturellement en ce lieu.

De 1834 à 1835, M. Houzeau-Muiron plaça de même au gueulard des caisses dans lesquelles le bois était torréfié par la flamme perdue du haut-fourneau.

A la même époque, MM. Thomas et Laurens commencèrent à construire des chaudières à vapeur destinées à faire mouvoir les machines soufflantes, et qui étaient chauffées par des foyers placés à une petite distance des bords des gueulards ; les gaz étaient brûlés sous les chaudières par des courants d'air dont la section était réglée par des registres.

En 1838, M. Robin, directeur des Forges de Niederbronn, proposa de chauffer, par les gaz perdus des hauts-fourneaux, des chaudières à vapeur placées loin des gueulards. Mais, comme il prenait les gaz immédiatement au-dessous d'une plaque qui maintenait le gueulard fermé, l'écoulement était interrompu toutes les fois qu'on chargeait le fourneau ; il fallait donc rallumer les gaz après chaque charge ; on subissait ainsi divers inconvénients, entre autres une certaine irrégularité de chauffage.

En 1839, MM. Thomas et Laurens imaginèrent, pour l'utilisation des mêmes gaz, plusieurs dispositions très-importantes, qui consistaient dans un mode de prise de gaz à l'aide duquel on obtient un écoulement permanent, dans un appareil qui dépouille les gaz des poussières qu'ils entraînent, enfin, dans une disposition particulière des foyers à gaz.

710. *Prise de gaz de MM. Thomas et Laurens.* — La condition indispensable à remplir consistait à recueillir le gaz d'une manière continue, sans nuire cependant à l'allure si délicate du haut-fourneau. Ces ingénieurs, après de longs travaux poursuivis jusqu'en 1841 et 1842, et même plus tard encore, sur les diverses sortes de hauts-fourneaux, sont parvenus à ce résultat par le système dit improprement de la trémie. Il consiste dans un élargissement de la partie supérieure de la cuve, afin d'y constituer un réservoir de gaz, et en un tronc de cône métallique, ou trémie, ouvert par les deux bouts et plongeant dans cette capacité, au milieu de laquelle il est maintenu suspendu. D'un ou de plusieurs points du réservoir annulaire qui est concentrique à la trémie, partent les tuyaux ou canaux destinés à conduire le gaz aux divers foyers utilisateurs. La charge se fait dans le tronc de cône, dont la partie inférieure a généralement un plus grand diamètre que la partie supérieure ; la capacité de ce tronc de cône est telle, qu'il contient encore une certaine quantité de matières à l'instant où une nouvelle charge s'exécute. Dans certains cas, et surtout dans les hauts-fourneaux d'un grand diamètre au gueulard, la trémie est munie d'une fermeture hydraulique que l'on manœuvre avec la plus grande facilité pour opérer le chargement du haut-fourneau ; les bords du couvercle mobile plongent dans une rigole pleine d'eau, qui entoure le haut de la trémie. Le système de la prise des gaz à l'aide d'une fermeture hydraulique, qui est dû à MM. Thomas et Laurens, a été appliqué, en France principalement, aux hauts-fourneaux au coke. Les règles établies par ces ingénieurs pour déterminer la hauteur à laquelle doit avoir lieu la prise du gaz dans un haut-fourneau reposent sur ce principe, contraire aux errements suivis

à Wasseralfingen , que le gaz ne doit être recueilli qu'au gueulard même, ou non loin de celui-ci, là enfin où il n'exerce plus d'action utile à la préparation des minerais; qu'en conséquence il est un très-grand nombre de circonstances où les hauts-fourneaux doivent subir un certain exhaussement pour recevoir, sans nuire à leur allure économique, la trémie ou une prise de gaz.

711. *Nettoyage des gaz.*— L'appareil que MM. Thomas et Laurens ont employé pour le nettoyage des gaz est fondé sur les mêmes principes que les appareils que nous décrirons plus tard pour séparer de la vapeur l'eau qu'elle entraîne. Il consiste en une sorte de cloche renversée, recevant à sa partie supérieure le tuyau de conduite du gaz, ouverte par le bas et plongeant dans un vase plein d'eau : le gaz repart de la partie supérieure de cette cloche par un autre tuyau qui aboutit aux divers foyers. Le gaz arrivant de haut en bas, à une petite distance de la surface de l'eau, les matières en suspension, en vertu de leur inertie, sont projetées dans l'eau où elles restent, tandis que le gaz purifié se dégage par le tuyau de sortie. Cette épuration, qui a l'avantage d'empêcher l'encombrement des conduites souvent si longues dans beaucoup d'usines, est d'autant plus importante que les opérations effectuées par la combustion du gaz sont plus sujettes à être viciées par la présence des poussières entraînées. L'appareil précité est ordinairement disposé pour que le gaz y soit soumis, avant sa sortie, à plusieurs projections successives, et de plus, pour qu'il soit facile de retirer de l'eau au fond de laquelle elles se sont précipitées, les poussières et les folles mines, sans qu'il en résulte de suspension dans le passage du gaz au travers de l'épurateur.

712. *Foyers à gaz.* — Les foyers se divisent en deux classes : 1° les foyers dans lesquels la température doit être seulement suffisante pour le chauffage des chaudières à vapeur et de l'air d'alimentation des hauts-fourneaux ; 2° les foyers à haute température.

Les foyers du premier genre sont disposés par MM. Thomas et Laurens, de manière que les gaz, poussés par la pression intérieure du haut-fourneau, arrivent dans une caisse placée dans la voûte qui se trouve au-dessus de l'espace ordinairement occupé par la grille et s'échappent, de haut en bas, en lames minces, dans une direction plus ou moins inclinée. L'air extérieur s'introduit également en lames minces, dans la même direction, et on a ainsi un foyer à flamme presque renversée. En général les foyers à flamme renversée sont ceux qui donnent les meilleurs résultats, lorsque la nature du combustible permet de les employer.

Les foyers du deuxième genre, destinés à produire de hautes températures, sont à courant d'air forcé. La figure 140 montre la disposition qui a été employée en Allemagne, notamment à Wasseralfingen, par M. Faber du Faur. Les gaz étaient pris à une distance du gueulard égale au tiers de la hauteur du haut-fourneau, pour les avoir plus riches en oxyde de carbone et chargés de moins de vapeur d'eau. Ils arrivaient dans un canal en maçonnerie C, et l'air, conduit par un canal D en fonte, était lancé par un petit nombre d'orifices *o,o,o*. Par cette disposition, beaucoup de gaz échappait à la combustion, et beaucoup d'air à l'action du gaz. En outre, les gaz étant recueillis aux deux tiers de la hauteur du haut-fourneau, l'allure se trouvait dérangée, parce que les gaz n'avaient pas encore produit tout leur effet. On perdait sur la marche du haut-fourneau presque autant que l'on gagnait par la combustion des gaz. Aussi cette méthode a-t-elle été partout abandonnée.

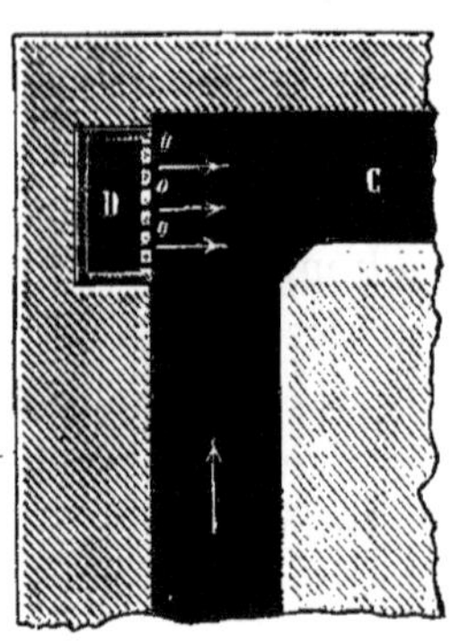

Fig. 140.

713. MM. Thomas et Laurens ont disposé leur foyer à haute température de manière à produire une combustion complète et à pouvoir faire varier la longueur et la composition de la flamme elle-même.

La construction de ces foyers destinés à produire les hautes températures repose sur trois principes. Le premier consiste à faire écouler les gaz et l'air en filets minces parallèles et intercalés ; le second, à donner à l'air et aux gaz des vitesses différentes ; le dernier, à ne mettre les gaz et l'air en contact qu'après avoir échauffé fortement l'un des deux ou mieux l'un et l'autre. L'effet du premier principe est évident ; celui du second s'explique facilement en considérant que si les deux gaz avaient la même vitesse, les veines voisines seraient bientôt séparées par une couche d'azote et d'acide carbonique, qui les accompagnerait et arrêterait la combustion ; quant à l'influence du troisième, elle repose sur ce fait que la température provenant de la combustion des gaz augmente à mesure qu'elle a été produite par de l'air ou des corps à une température plus élevée.

714. Un appareil constitué d'après ces principes par MM. Thomas et Laurens (*fig.* 141) consiste en deux capacités rectangulaires B et C, superposées, ayant une paroi commune ; il est placé obliquement ou debout dans l'espace qu'occupe la grille dans les foyers ordinaires.

L'air est poussé par une machine soufflante, et parcourt des tuyaux de fonte chauffés à la chaleur perdue du four ; il arrive par un tuyau ADD dans la capacité B, d'où il s'échappe par un grand nombre de très-petits tubes o', o', o', o'. Le gaz du haut-fourneau, après s'être également échauffé, arrive par le tube FFE dans le compartiment C, placé à côté du premier ; le couvercle de ce compartiment porte un grand nombre de tubulures en fonte o, o, o, o, concentriques aux tubes à air. La pres-

Fig. 141

sion de l'air est de 15 à 20 centimètres d'eau, celle des gaz combustibles de 3 à 6 ; la température de l'air est de 300 à 400°, celle des gaz de 200 à 300°. Par cette disposition, on obtient une très-bonne combustion, on règle avec une extrême facilité les volumes relatifs d'air et de gaz qui arrivent dans les becs, et on rend à volonté les flammes oxydantes ou désoxydantes, longues ou courtes.

Il résulte des analyses faites par M. Bunsen, de Cassel, sur la composition des gaz des hauts-fourneaux, que la quantité d'acide carbonique diminue et que celle d'oxyde de carbone augmente à mesure que le gaz est pris à des profondeurs croissantes. Ce chimiste remarque que le gaz, pris à une distance du gueulard égale à peu près à un tiers de la hauteur du fourneau, et qui contient alors 0,33 d'oxyde de carbone, exige pour sa combustion un volume d'oxygène égal à celui qu'il renferme ; et il en conclut, d'après la théorie de Welter, que la quantité de chaleur, utilisée dans le fourneau, est seulement la moitié de celle que le charbon employé peut développer, et que ce gaz pourrait produire par sa combustion la température nécessaire à la fusion de la fonte. Mais ces calculs tendraient à faire regarder cette opération comme impossible par la combustion des gaz pris au gueulard, puisque ceux-ci ne contiennent plus que 0,20 à 0,25 d'oxyde de carbone ; cette impossibilité n'existe pas, comme nous allons le voir. D'ailleurs, on sait que la loi de Welter est inexacte.

716. D'après les analyses de M. Ebelmen, faites plus récemment, les gaz, qui s'élèvent dans les hauts-fourneaux, renferment des quantités d'oxyde de carbone décroissantes des tuyères au gueulard. Dans un haut-fourneau de Vienne, marchant au coke, ayant une hauteur de 11^m, les quantités d'oxyde de carbone trouvées dans les gaz pris à une distance de 0^m 62 au-dessus des tuyères, à 4^m 36 ; à 1^m au-dessous du gueulard, et au gueulard, ont été en volume, de 0,37 ; 0,33 ; 0,32, et 0,25 ; au gueulard la vapeur d'eau formait les 0,06 du mélange des gaz. D'autres analyses faites sur un haut-fourneau de Pont-l'Évêque, ont donné des résultats peu différents. Dans les hauts-fourneaux au charbon de bois, la température au gueulard est comprise entre 100° et 200° ; dans les hauts-fourneaux au coke, cette température varie de 360° à 430° ; dans tous elle augmente rapidement du gueulard aux tuyères.

Il résulte des nombreuses analyses faites par M. Ebelmen, sur les hauts-fourneaux de Clerval et d'Audincourt, que les gaz, qui s'échappent du gueulard de ces hauts-fourneaux sont à peu près composés de la manière suivante :

	En volumes.			En poids.
Acide carbonique.......	12,0	12,0 . 1,529	=	18,35
Oxyde de carbone.......	23,0	23,0 . 0,967	=	22,24
Hydrogène.............	6,0	6,0 . 0,069	=	0,41
Azote.................	59,0	59,0 . 0,9713	=	57,30

Le nombre des calories, fournies par la combustion de ces gaz, est

$$22,24 \; . \; 2,403 + 29,674 = 65,409$$

Quant à la température produite, pour l'obtenir, il faut évidemment transformer en équivalents d'eau (213), tous les gaz entre lesquels se répartit la chaleur, et diviser le nombre des calories produites par la somme de ces équivalents.

Acide carbonique du gaz avant la combustion..	18,35 . 0,216 =	3,96
Azote du gaz avant la combustion............	57,30 . 0,244 =	13,98
Acide carbonique formé par la combustion...	34,94 . 0,216 =	7,54
Vapeur d'eau..............................	3,60 . 0,475 =	1,71
Azote introduit avec l'air.................	42,56 . 0,244 =	10,48
		37,67

$$\text{Température} = \frac{65409}{37,67} = 1736°$$

Si l'on avait pris pour la puissance calorifique de l'hydrogène 34462, la température aurait été de 1791°. Elle serait encore plus élevée, si le gaz était pris à une plus grande profondeur, parce qu'il serait plus riche en oxyde de carbone.

Le résultat serait à peu près le même pour un haut-fourneau au coke.

717. D'après les analyses de M. Ebelmen, dans un cubilot de 3^m de hauteur alimenté par du coke, les gaz, au gueulard, renferment de 0,09 à 0,14 d'oxyde de carbone, de 0,09 à 0,19 d'hydrogène carboné, de 0,0038 à 0,0115 d'hydrogène, de 0,71 à 0,75 d'azote. En prenant la moyenne de ces nombres, et comparant la chaleur que ces gaz peuvent développer par leur combustion à la puissance calorifique du combustible consommé, on trouve que la chaleur perdue dans un cubilot est à peu près les 2/3 de la chaleur totale.

Foyers dans lesquels les combustibles solides sont d'abord transformés en gaz combustibles. (Gazogènes.)

718. Les foyers à gaz ont de grands avantages sur les foyers ordinaires ; la combustion peut y être rendue complète, en employant seulement le volume d'air rigoureusement nécessaire ; on peut faire varier à volonté l'intensité du foyer, laisser dans les produits de la combustion, de l'air ou du gaz non altérés, et enfin obtenir un effet régulier et continu ; ces résultats sont faciles à atteindre en ouvrant plus ou moins les robinets d'accès de l'air et des gaz.

Ces avantages, bien constatés par toutes les expériences qui ont été faites en employant les gaz des hauts-fourneaux dans des appareils bien disposés, ont évidemment conduit à transformer les combustibles solides en gaz combustibles, qu'on fait brûler ensuite dans des foyers analogues à ceux que nous avons décrits précédemment. Les premières recherches sur cet objet ont été faites en France par MM. Thomas et Laurens, et par M. Ebelmen, et en Allemagne par M. Faber-Dufaur.

La question de priorité d'invention relative à ce procédé, qui fut soulevée à l'occasion des générateurs de gaz installés aux forges d'Audincourt, sur les conseils de M. Ebelmen, fut résolue en faveur de MM. Thomas et Laurens, à la suite de longs débats judiciaires et d'une laborieuse expertise ; les travaux et publications de M. Ebelmen, ainsi que les essais tentés en Allemagne, furent reconnus ne pouvoir être valablement opposés aux travaux de MM. Thomas et Laurens et aux brevets pris par leurs soins.

719. Voici les dispositions indiquées par ces derniers ingénieurs. Le combustible est placé dans un fourneau ayant intérieurement la

forme d'un cylindre vertical, ou d'un prisme, fermé à la partie supérieure et muni d'une trémie destinée à opérer le chargement sans produire d'interruption dans l'écoulement du gaz ; la forme d'un petit haut-fourneau est celle qui convient généralement le mieux. L'air, comprimé par une soufflerie, est lancé dans une ou plusieurs tuyères établies au bas du fourneau, en contre-haut, cependant, d'une sorte de creuset réservé à la partie inférieure : ce creuset porte sur sa face antérieure une dame, ou une porte, par laquelle les crasses produites et les laitiers s'écoulent, grâce à leur liquéfaction, ou bien s'enlèvent à l'aide d'un nettoyage exécuté à la main. D'après la nature du combustible et celle des matières étrangères qu'il renferme, on règle la nature et la dose des fondants qu'il convient de jeter dans le gueulard au moment de la charge. On pourrait aussi opérer l'injection de l'air dans les tuyères, à l'aide de vapeur fortement surchauffée. En introduisant alors des poids d'air et de vapeur qui soient dans le rapport de 35 à 1, la chaleur développée par la formation de l'oxyde de carbone est suffisante pour décomposer l'eau et donner aux gaz formés la température de 500° environ.

Le fourneau du générateur de gaz doit avoir assez de hauteur pour que tout l'oxygène de l'air soit transformé en oxyde de carbone. Cette hauteur varie entre 1^m et 3^m : la plus petite convient encore au charbon de bois ; la plus grande, au coke ; et même de plus grandes encore conviendraient mieux avec un combustible possédant plus de densité et plus de résistance à la désagrégation que le coke le plus ordinaire. La disposition, qui vient d'être décrite, est applicable au bois, au charbon de bois, au fraisil, à la tourbe, au coke, aux anthracites, aux houilles sèches et même aux houilles demi-grasses qui ne sont pas sujettes à un trop grand boursouflement. Les houilles grasses qui s'agglomèrent fortement au feu doivent être mélangées dans de certaines proportions avec du coke ou des houilles maigres. Le coke provenant du gaz d'éclairage trouverait un très-bon débouché dans le service des gazogènes.

720. Les générateurs de gaz établis aux forges d'Audincourt pour opérer des réchauffages de fer, marchèrent uniquement avec de la braise, ou des déchets de halle à charbon de bois convenablement nettoyés. M. Ebelmen a fait de nombreuses analyses des gaz produits par ce genre d'appareils. Avec le roulement indiqué tout à l'heure, les gaz étaient formés en volume de la manière suivante : acide carbonique 0,50 ; oxyde de carbone 33,30 ; hydrogène 2,80 ; azote 63, 40. Les poids de l'oxyde de carbone et de l'hydrogène sont 32,201 et 0,193 ;

par suite la quantité de chaleur développée par la combustion du poids total du gaz est égale à 32,2 . 2403 + 0,193 . 29674 = 83103; la somme des équivalents en eau de l'acide carbonique, de l'azote et de la vapeur d'eau, calculée comme précédemment, est de 39,64 ; par suite la température produite est 83103 : 39,64 = 2096°.

En employant de l'air renfermant 1 : 5 de son volume de vapeur, les gaz étaient formés de 5,6 d'acide carbonique; 27,2 d'oxyde de carbone; 14,2 d'hydrogène, et de 53,2 d'azote : la quantité totale de chaleur développée était 26,3 . 2403 + 0,96 . 29674 = 91686; et la température produite par la combustion était 91686 : 42,30 = 2167°.

721. En employant de la tourbe, M. Ebelmen a reconnu que les 2/3 seulement de l'oxygène de l'air étaient transformés en oxyde de carbone; ainsi le charbon de tourbe fortement chauffé n'agit pas sur l'acide carbonique aussi bien que le charbon de bois; il est probable qu'avec une plus grande hauteur de combustible, on produirait une transformation complète. Sous ce rapport, le charbon de tourbe se rapproche du coke ; car dans les mêmes circonstances il faut une plus grande hauteur de coke que de charbon de bois pour convertir l'oxygène de l'air en oxyde de carbone. Dans un cubilot, l'air peut traverser 1ᵐ50 de coke sans qu'il y ait plus de 1 : 3 de l'oxygène de l'air transformé en oxyde de carbone; si l'on employait du charbon de bois, la formation de l'oxyde de carbone serait plus rapide, et d'autant plus que le charbon serait plus combustible. On voit alors pourquoi, dans les fourneaux à vent, on obtient une température plus élevée avec le coke qu'avec le charbon de bois, et pourquoi on n'emploie jamais de charbon de bois dans les cubilots. Ces différences d'action du coke et du charbon de bois sur l'acide carbonique, pour le transformer en oxyde de carbone, proviennent probablement de la combustibilité plus ou moins grande des charbons et de l'état dans lequel se trouvent les résidus de la combustion.

722. Il résulte des analyses précédentes de M. Ebelmen sur les gaz des générateurs, que l'acide carbonique qui se forme d'abord est décomposé par le charbon; qu'il en est de même de la vapeur d'eau, pourvu que le combustible traversé ait une assez grande épaisseur; dans ces actions il n'y a point de chaleur perdue, car la puissance calorifique du combustible se retrouve en totalité dans celle des gaz produits, augmentés de la quantité de chaleur qu'ils renferment. Mais l'eau qui existe toute formée dans le combustible et celle qui se forme, sans donner de chaleur par la combinaison de l'oxygène et de l'hydrogène qui s'y trouvent en proportions convenables, produisent nécessairement un abaissement de température, puisque cette eau se

transforme en hydrogène et en oxyde de carbone qui ont une certaine puissance calorifique. Cet abaissement de température doit compenser exactement la puissance calorifique des gaz combustibles qui proviennent de la décomposition. Aussi la quantité d'eau que peut renfermer le combustible, ou celle de la vapeur qu'on peut introduire, ne peut-elle pas dépasser une certaine limite, pour que la température se maintienne au point nécessaire à la production des actions chimiques ; quand l'eau est fournie par de la vapeur, on peut dépasser la limite en question en introduisant de la vapeur sur chauffée. Il est important que les gaz combustibles ne sortent pas du générateur à une température élevée, quand ils ont à parcourir un long trajet avant de se rendre aux foyers, à cause de la chaleur qui serait perdue dans le trajet; mais comme, dans certains cas, il est important qu'ils soient très-chauds, on les échauffe au moyen d'une partie de la chaleur perdue du four lui-même quand ils y arrivent trop froids.

723. Pour mieux comprendre les phénomènes qui se produisent dans les appareils dont il est question, et surtout l'influence de la vapeur d'eau, considérons un fourneau vertical en maçonnerie épaisse, ayant la forme d'un petit haut-fourneau, rempli d'un combustible ne renfermant que du carbone et des matières fixes qui se renouvelle par la partie supérieure, maintenue fermée dans les intervalles de chargement; à la partie inférieure se trouvent des tuyères qui injectent de l'air sous une certaine pression. Quand le régime sera établi, l'oxygène de l'air se transformera d'abord en acide carbonique, et ce gaz, en s'élevant à travers le combustible incandescent, se transformera progressivement en oxyde de carbone, et la transformation sera complète, si la hauteur du combustible est suffisante; cette hauteur dépend de la nature du combustible, de la pression du vent et de la quantité d'air injecté. L'oxygène étant entièrement transformé en oxyde de carbone, pour chaque kilogramme de charbon brûlé, la quantité de chaleur produite sera de 2473 unités de chaleur, et comme on aura introduit $5^k 73$ d'air renfermant $4^k 41$ d'azote, et qu'il se sera formé $2^k 33$ d'oxyde de carbone, la température du gaz sera donnée par l'équation

$$t(4,41 \cdot 0,244 + 2,33 \cdot 0,248) = 2473 = 1,65t \;\; ; \; \text{d'où} \;\; t = 1498° ;$$

température très-élevée, quoique la quantité de chaleur dégagée soit assez faible, parce que le volume d'air employé est très-petit. On est loin d'atteindre cette température dans les gazogènes; les combustibles contiennent tous une quantité d'eau plus ou moins grande qui, par sa décomposition, absorbe beaucoup de chaleur, comme nous allons le voir. Cette décomposition, réunie à quelques autres causes de perte, ne permet pas à la température des gaz de s'élever au-dessus de 800° environ.

Supposons maintenant que le charbon étant à une température élevée, on n'y introduise que de la vapeur d'eau ; admettons qu'elle soit décomposée et calculons la quantité de chaleur produite. Un atome de carbone produira 1 atome d'oxyde de carbone et 2 atomes d'hydrogène ; ainsi 75 de carbone produiront 175 d'oxyde de carbone et $2.6,25 = 12,50$ d'hydrogène ; ou 1 de carbone produira 2,33 d'oxyde de carbone et 0,166 d'hydrogène. La puissance calorifique de ces deux gaz sera $2,33 . 2403 + 0,166 . 34462 = 11350$; or, comme la puissance calorifique du carbone est seulement de 8080, il y a un accroissement de puissance de $11350 — 8080 = 3270$; et comme l'eau, en se décomposant et en se reformant, ne peut pas produire de chaleur, il s'ensuit nécessairement que les gaz ont éprouvé un abaissement de température ; le fourneau se refroidirait donc rapidement et la décomposition de l'eau serait bientôt arrêtée. L'opération ne pourrait se continuer qu'autant que le combustible serait renfermé dans une enceinte fermée chauffée extérieurement.

Si l'air, qui est introduit pour effectuer la combustion partielle du carbone, renfermait de la vapeur d'eau en quantité croissante, la température du foyer s'abaisserait progressivement ; à une certaine limite toute la vapeur serait décomposée, et la température des gaz serait celle où la décomposition de la vapeur cesse d'avoir lieu ; pour un plus grand excès de vapeur, une partie échapperait à la décomposition et la température du mélange s'abaisserait.

724. Malgré les avantages que présente la formation directe des gaz, avantages au premier rang desquels se trouve celui de pouvoir appliquer des combustibles inférieurs et même de rebut, là où des combustibles de choix étaient précédemment nécessaires, ce mode de combustion ne s'est pas encore propagé. S'adressant plus particulièrement aux usines métallurgiques, il a trouvé en France un premier obstacle très-puissant, l'insuffisance habituelle du moteur de ces usines : il fallait installer tout exprès des souffleries à vapeur et de plus des constructions assez coûteuses, car les fours à gaz sont plus chers d'installation que les fours ordinaires ; ils doivent d'abord être disposés de manière à chauffer l'air de combustion.

Dans certaines contrées de l'Allemagne, les gazogènes sont au contraire employés sur une grande échelle : ils fonctionnent avec du bois préalablement desséché. Le bon marché et la facilité des transports de

ce combustible jusqu'aux usines ont favorisé ces créations. Le pud-
dlage, le soudage et le réchauffage du fer s'opèrent à l'aide de gazogènes constitués d'après les méthodes que nous avons indiquées.

On ne saurait douter qu'une modification dans les circonstances
particulières qui ont empêché la propagation de ce procédé en France,
n'en amène un emploi assez étendu et qu'il ne soit appelé tôt ou tard à
jouer un rôle important dans l'industrie métallurgique.

CHAPITRE III.

NOUVELLES DISPOSITIONS DE FOYERS.

725. Dans ces dernières années, on a proposé un grand nombre de
dispositions nouvelles de foyers, ayant en général pour but la suppression
de la fumée. Nous allons examiner successivement les plus importantes.

726. *Appareil de M. Wye Williams.* — Cet appareil consiste en une
caisse placée derrière l'autel d'un foyer ordinaire ; l'air extérieur y pénètre et s'écoule ensuite, à la rencontre du courant des gaz chauds, par
un grand nombre d'orifices. L'auteur préfère une injection d'air froid
à une injection d'air chaud, parce que, sous le même volume, l'air froid
contient plus d'oxygène. Il paraîtrait que cet appareil est assez répandu
en Angleterre où il serait regardé comme très-efficace.

727. *Appareil de M. Prideaux.* — Cet appareil ne diffère d'un
foyer ordinaire que par la disposition toute particulière de la porte du
foyer, qui est formée d'un cadre renfermant trois séries de jalousies en
fer. Ces jalousies s'ouvrent et se ferment ensemble manœuvrées par
un piston qui, sollicité par son propre poids, se meut dans un cylindre
plein d'eau d'un diamètre un peu plus grand ; la vitesse est réglée par le
mouvement de l'eau qui se trouve en dessous et qui passe en dessus.
Par cette disposition, on introduit dans le foyer un volume d'air additionnel, décroissant dans l'intervalle de deux charges consécutives.
D'après des expériences faites dans l'arsenal de Portsmouth, l'appareil
de M. Prideaux, appliqué à des chaudières de bateaux, a donné de bons
résultats sous le rapport de la combustion de la fumée.

728. *Appareil de M. Grar.* — L'appareil décrit (689) avait le grand
inconvénient d'exiger des registres placés près du foyer et qui auraient
été promptement mis hors de service, et de soustraire, en grande partie,
la chaudière au rayonnement du foyer. M. Grar a évité ces inconvénients au moyen de la disposition représentée dans les figures 142,

143. Les foyers, au nombre de 6, pour un générateur de 130 chevaux, sont placés dans le sens de la longueur du générateur ; à chaque extrémité est un registre, qui permet de faire marcher les gaz à droite ou à gauche ; au-dessus des foyers se trouve une chaudière ; au-dessous , une seconde chaudière que les produits de la combustion parcourent dans toute sa longueur, avant de se rendre dans la cheminée. Les foyers doivent être alimentés dans un certain ordre en rapport avec la position des registres. Supposons tous les foyers allumés et les gaz marchant de gauche à droite : on alimentera successivement le foyer le plus à gauche, et successivement les deux suivants ; alors on changera, par le mouvement des registres, le sens du mouvement des gaz, et on alimentera successivement le 6me, le 5me, le 4me foyer ; et puis, après un nouveau change-

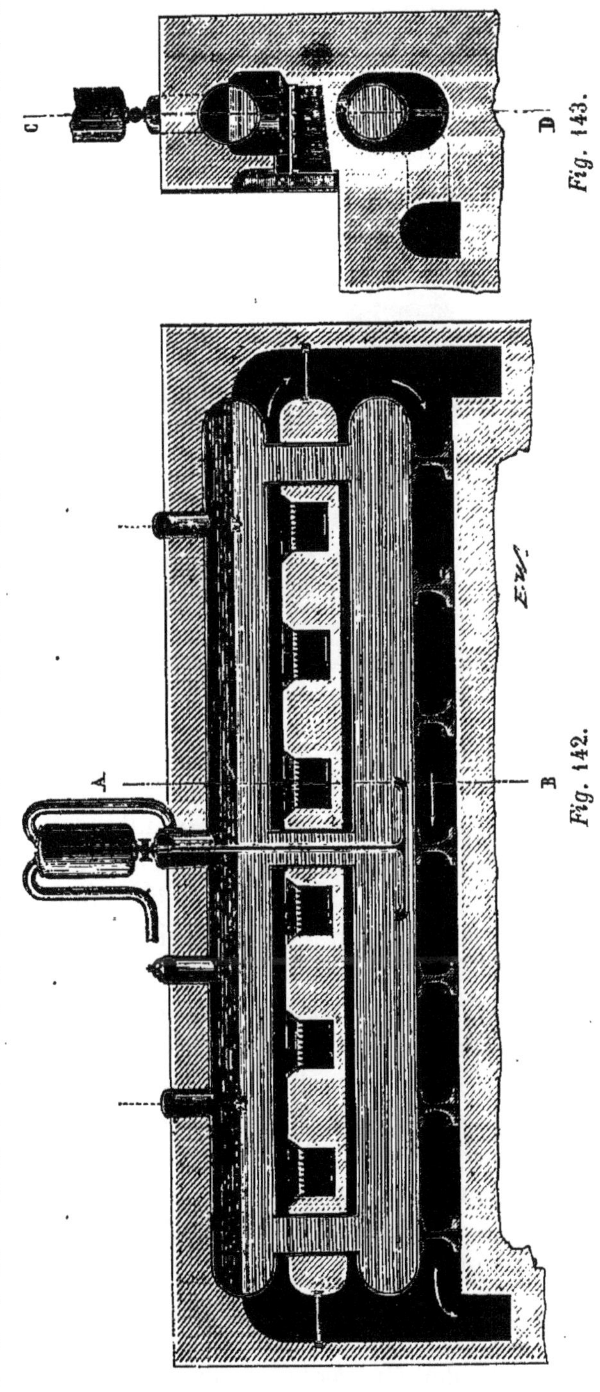

ment dans le sens du mouvement des gaz, le 1er, le 2me et le 3me. Ces

dispositions peuvent être employées avec tout autre nombre de foyers.
Bien que les résultats obtenus soient, d'après l'auteur, très-satisfaisants,
je ne sache pas que cette disposition, qui a l'inconvénient d'exiger des
chauffeurs très-soigneux et une grande place latéralement, se soit
beaucoup répandue.

729. *Appareil de M. Juches, importé par M. Tailfer.* — Cet appareil, représenté en coupe verticale (*fig.* 144), se compose d'une grille

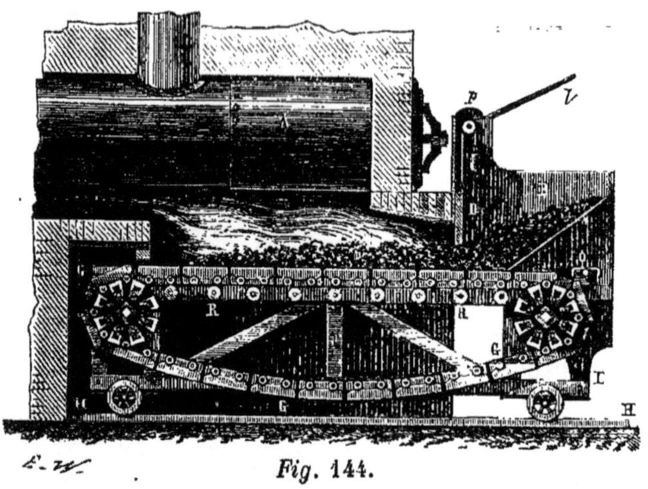

Fig. 144.

articulée, dont les barreaux sont perpendiculaires à la longueur du
foyer et s'avancent régulièrement de l'avant à l'arrière, avec une vitesse de 27 à 30 millimètres par minute, emportant la houille menue
dont elle s'est chargée en avant : A, chaudière ou bouilleur ; B, trémie
renfermant la houille menue, dont l'introduction est réglée par l'élévation plus ou moins grande du registre D manœuvré par le levier *l ;*
R, R, rouleaux qui supportent la grille ; GGG, grille articulée tournant
sur des tambours polygonaux qui dirigent son mouvement ; ils sont
fixés sur un bâti, en fonte, mobile sur des galets et sur deux rails H, H ;
cette disposition permet de retirer la grille pour la réparer. Pendant
le mouvement de la grille, le combustible doit brûler progressivement
et arriver à l'extrémité à l'état de mâchefer, qui tombe par une plaque
inclinée dans une auge.

D'après les expériences de M. Combes, l'appareil de M. Tailfer est
complétement fumivore, pourvu que la section de la cheminée soit suffisante. On doit employer du charbon menu, car les morceaux un peu
volumineux n'auraient pas le temps de brûler complétement ; la hauteur
du registre doit être réglée par expérience, de manière que l'extrémité
de la grille soit recouverte par une quantité de mâchefer suffisante pour

prévenir l'introduction d'un trop grand excès d'air. Les expériences n'ont fait reconnaître aucune économie dans l'emploi de cet appareil, qui d'un autre côté paraît bien compliqué, susceptible de dérangements fréquents, et qui doit exiger bien du soin de la part du chauffeur. En outre, sa régularité présente un grave inconvénient pour les machines qui doivent s'arrêter pour les repas des ouvriers, ou pour tout autre motif, ou bien fonctionner à des forces variables. Il est difficile de régler la combustion proportionnellement à la vapeur demandée et surtout de la suspendre presque complétement. Il est cependant employé dans quelques établissements, parce qu'il a l'avantage de brûler de mauvaises houilles.

730. *Appareil de Cutler perfectionné par le docteur Arnott.* — En 1815, M. Cutler imagina pour les foyers domestiques la disposition suivante. L'encadrement du foyer était fermé en bas par une plaque de fonte verticale d'environ 0ᵐ30 de hauteur, qui se terminait, dans le même plan, par une grille de 0ᵐ10 à 0ᵐ15 de hauteur ; derrière cette plaque, se trouvait une plaque horizontale ayant une surface un peu inférieure à la section horizontale du foyer, et qu'on pouvait faire monter ou descendre au moyen de deux chaînes passant sur deux poulies, d'une manivelle et d'un contre-poids. La plaque horizontale étant au niveau du sol, on la recouvrait de charbon jusqu'à la naissance de la grille, et on plaçait au-dessus du coke qu'on allumait ; la chaleur, transmise de haut en bas à la houille, la décomposait, et les gaz, en traversant le coke incandescent, étaient brûlés par l'air qui traversait la grille ou qui arrivait au delà ; à mesure que le coke était consumé, on relevait la charge de charbon au moyen de la manivelle. Depuis, cet appareil a été perfectionné par le docteur Arnott ; il a remplacé les chaînes d'un aspect désagréable par une crémaillère située au-dessous de la plaque horizontale, et qu'on fait mouvoir par une tige de fer non à demeure ; il a appliqué au foyer un rideau de tôle pour activer la combustion, et destiné surtout à allumer le coke au commencement du chauffage.

Les foyers du docteur Arnott consument très-bien la fumée dans les circonstances où ils sont établis, et ils sont surtout commodes, en ce sens que la charge de charbon peut suffire à la consommation d'une journée entière. Je reviendrai sur ces appareils en parlant des foyers domestiques.

731. *Appareils de M. Letestu et de M. Boquillon.* — M. Letestu et M. Boquillon ont imaginé, à peu près à la même époque, un appareil consistant en un cylindre horizontal formant une grille continue, mobile autour de son axe, et pouvant s'ouvrir sur une portion de sa surface. Le cylindre étant en partie rempli de coke incandescent, on y introduit de la houille par la porte, et, après l'avoir fermée, on retourne le cylindre de manière à placer la houille au-dessous du coke. Cette disposition ne peut évidemment être employée que pour les foyers domestiques; il est probable qu'avec un feu bien dirigé, elle produirait la combustion de la fumée, comme celle du docteur Arnott, mais elle est moins commode. J'ajouterai, d'une manière générale, que ces dispositions sont de nature à faciliter la formation de l'oxyde de carbone.

732. *Appareil de M. Dumery.* — L'appareil de M. Dumery (*fig.* 145) repose sur les mêmes principes que ceux de M. Cutler et de M. Arnott; le foyer est alimenté par le bas, la houille se distille en chemin, et les gaz sont brûlés par l'air en traversant le coke incandescent. Voici la disposition d'un appareil remplaçant une grille ordinaire d'un générateur fixe à foyer extérieur. Les deux barreaux du centre de la grille sont conservés, les autres sont enlevés; dans les deux espaces rectangulaires restés libres de chaque côté des barreaux conservés, aboutissent deux tuyaux en fonte B, à section rectangulaire, dont l'axe est circulaire, et qui sortent à travers les faces latérales du cendrier; la section de chacun d'eux dans le plan des barreaux conservés remplit exactement l'espace resté libre par les barreaux supprimés; mais la section décroît à partir de ce point jusqu'à l'extrémité libre, de manière que chaque côté y soit plus petit à peu près de 0,12. Les deux extrémités extérieures des tuyaux sont libres, et les surfaces des parties intérieures des tuyaux sont garnies de fentes destinées à l'admission de l'air. Enfin, dans chaque tuyau, se trouve une espèce de piston A destiné à pousser le charbon vers le milieu du foyer. Pour se servir de cet appareil, on remplit les tuyaux de charbon jusqu'à la naissance des fentes destinées à fournir l'air nécessaire à la combustion; on place au-dessus du coke, qu'on allume par la méthode ordinaire; quand le coke est en partie consumé, au moyen des pistons, on pousse, vers l'extrémité intérieure des tuyaux, du combustible en grande partie transformé en coke; on charge ensuite

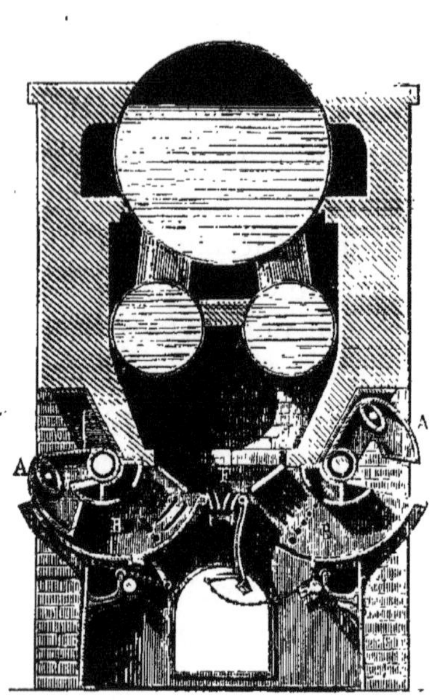

Fig. 145.

extérieurement les tuyaux, et on continue la même manœuvre.

Les appareils de M. Dumery ont été appliqués à un certain nombre de foyers ordinaires, et aussi à une locomotive du chemin de fer de l'Est, dans le but de remplacer le coke par la houille. Ils ont certainement l'avantage de brûler la fumée, du moins pour une consommation de combustible renfermée dans certaines limites et pour une certaine profondeur du foyer; d'autant plus que, d'après les expériences de M. Ebelmen sur les fours à coke, que nous avons rapportées (177), les gaz qui proviennent de la distillation de la houille sont plus combustibles que le coke. On peut d'ailleurs faire varier à volonté l'épaisseur de la couche de coke, qui dépasse le plan des barreaux conservés.

On ne sait pas, jusqu'à présent, si dans cet appareil l'air extérieur arrive en volume seulement suffisant pour effectuer la combustion complète des gaz et du coke, ou si les gaz qui se dégagent du foyer renferment de l'oxygène libre ou de l'oxyde de carbone, et c'est une question du plus grand intérêt sous le rapport économique. Des expériences prolongées feraient facilement connaître ce qui arrive, et conduiraient probablement à une modification nécessaire à la production du maximum de température, et par suite d'effet utile. D'après la note de M. Dumery, présentée à l'Académie des sciences, il semblerait qu'il y a une injection d'air au-dessus du foyer, car on y trouve ces mots : « L'absence d'intermittence rend ici rationnelle et avantageuse l'introduction d'un volume additionnel d'air au-dessus du foyer. » Cette addition d'air ne ferait-elle pas supposer qu'il y a transformation en oxyde de carbone d'une portion de l'acide carbonique formé dans la partie inférieure du foyer? Dans tous les cas, même dans les expériences citées par M. Dumery, ces foyers ne donneraient pas autant de vapeur que les foyers à grille ordinaire bien disposés.

On a proposé récemment une disposition qui a beaucoup d'analogie avec celle que je viens de décrire : l'appareil est composé de deux grilles horizontales, situées dans le même plan et séparées par un intervalle rectangulaire occupé par une caisse de même forme, à jour, dans laquelle se trouve un piston, supportant le combustible ; par le mouvement ascensionnel du piston, le combustible plus ou moins distillé se déverse de chaque côté sur la grille. Cette disposition produit évidemment le même effet que les appareils à alimentation continue ; seulement elle est peut-être moins commode pour le chargement.

733. *Appareil de M. de Marsilly.* — M. Commines de Marsilly et M. Chobrzynski ont appliqué à des générateurs fixes et à un certain nombre de locomotives une disposition particulière de grille. Cette dis-

position consiste en une série de barres plates de fonte placées en escalier et terminées par une grille formée de barreaux très-espacés. La
figure 146 présente une coupe transversale d'une de ces grilles, appli-

Fig. 146.

quée à une chaudière à bouilleur. L'inspection seule de la figure suffit
pour faire comprendre la disposition de l'appareil. Le chauffeur
pousse successivement la houille d'échelon en échelon, et charge directement le premier. L'air extérieur pénètre à travers le combustible par
les intervalles des échelons et par ceux des barreaux. Cette disposition
est très-commode pour faire marcher progressivement le combustible
vers la grille à coke. Les grilles à gradins sont employées sur un certain nombre de locomotives à marchandises pour remplacer le coke
par la houille, et les résultats sont satisfaisants.

Une notice sur les foyers fumivores par M. Viollet, revue par
M. Combes, insérée dans le *Bulletin de la Société d'encouragement*,
t. II, p. 133, renferme tous les détails de construction d'une grille
à gradins appliquée à un générateur fixe, consommant à peu près
100 kilogrammes de houille par heure. La surface totale de la projection horizontale de la grille était de 1^m14 ; la somme totale des espaces
libres d'entrée de l'air était de 0^m26 : ainsi on brûlait à peu près 1 kilogramme par décimètre carré de grille, renfermant un quart d'espace
libre. Dans cet appareil, M. de Marsilly avait produit une injection d'air
chauffé au-dessous du premier carneau ; cet air débouchait à 0^m12 au-

dessous de l'autel par 6 orifices ayant ensemble une section de 0^m_q 01.

Voici les résultats des expériences faites par M. de Marsilly :

« La grille est ordinairement recouverte de combustible sur une épaisseur de 0^m 10 à 0^m 15. Au moment de charger, le chauffeur pousse en avant la houille qui se trouve sur la première plaque, la remplace par de nouveau combustible, et ouvre les carneaux par lesquels s'introduit l'air extérieur. En ce moment, il se dégage toujours un peu de fumée ; mais, après une ou deux minutes, elle a complétement disparu. Elle n'est jamais noire ni épaisse, comme celle que donnent, dans les foyers ordinaires, les houilles de Mons et de Denain. Deux ou trois minutes après le chargement, on ferme le conduit d'introduction de l'air, et la cheminée n'émet plus de fumée perceptible. On a brûlé ainsi des houilles flénu de Mons de la mine des Douze-Actions, houilles qui produisent ordinairement beaucoup de fumée. Sur la nouvelle grille, elles donnent une fumée assez abondante encore au moment du chargement et quand on agite le combustible avec un ringard ; cette fumée persiste pendant une ou deux minutes. M. de Marsilly croit que l'air n'arrivait pas en assez grande abondance, ou n'était pas assez chaud pour la brûler. On doit remarquer que la houille menue émet moins de fumée que la galletterie, surtout quand on a eu soin de la mouiller un peu, et que l'on charge beaucoup à la fois. Avec les houilles maigres de Charleroi, et aussi avec les houilles flénu de Mons, mélangées d'un cinquième de houilles sèches de Fresnes ou de Charleroi, il n'y a aucune émission de fumée, même au moment du chargement. Les houilles maigres de Fresnes brûlent bien sur cette grille, et s'y maintiennent ardentes ; mais, comme elles ne donnent pas de flamme, la grille étant trop éloignée des bouilleurs, la pression dans la chaudière et la production de vapeur baissent rapidement. Les houilles flénu de Mons brûlent avec une flamme beaucoup plus courte que sur les grilles ordinaires ; cette flamme ne s'allonge et ne dépasse l'autel que dans les instants qui suivent le chargement du foyer. Quelque temps après, et lorsque la fumée a disparu, l'extrémité de la flamme arrive seulement aux bouilleurs. Les mélanges de houilles de Mons avec celles de Fresnes ou de Charleroi donnent une flamme plus courte encore que les houilles de Mons employées seules ; pour des mélanges semblables, la grille est trop éloignée des bouilleurs. Le défaut de pureté des houilles ne nuit pas autant à la combustion que dans les foyers ordinaires. Le mâchefer s'accumule au bas de la grille ou sur les plaques de la partie en escalier sans y adhérer, parce que ces plaques s'échauffent peu. Ainsi, il ne met pas obstacle à l'arrivée de l'air par les intervalles entre les plaques échelonnées. En passant un ringard plat entre deux d'entre elles, on dégage facilement ces intervalles, sans faire tomber les plus petites parcelles de combustible. »

D'après trois séries d'expériences ayant duré de quatre à dix heures, la grille étant alimentée par du flénu de Mons, la quantité d'eau vaporisée par kilogramme de houille a varié de 5^k 84 à 6^k 41.

M. Leplay a publié en 1843 une disposition de ce genre, qu'il a donnée comme étant appliquée en Carinthie.

734. *Appareil de M. Beaufumé.* — Cet appareil se compose d'une caisse carrée en tôle, pleine d'eau, à doubles parois entre-toisées dans le genre des boîtes à feu de locomotives. La grille est placée à la partie inférieure et le combustible est chargé sur une épaisseur de 0^m 60 à 0^m 70. L'air lancé au-dessous de la grille par un ventilateur, qui est mis en mouvement par une petite machine à vapeur, produit d'abord de l'acide carbonique et de la vapeur d'eau; mais ces gaz se transforment bientôt en oxyde de carbone et en hydrogène, en traversant le charbon incandescent; un tuyau les amène au-dessous de la chaudière, où ils s'enflamment, après avoir été mélangés avec de l'air lancé aussi par le ventilateur. Cet appareil est donc un véritable gazogène en tôle (718), entouré d'eau. Le chargement s'effectue au moyen de deux trémies à double valve, disposées de manière qu'il ne puisse jamais y avoir communication directe entre le foyer et l'extérieur.

L'appareil de M. Beaufumé a été essayé à l'Exposition universelle de 1855. Sa marche a été signalée par de nombreux accidents et de fréquentes réparations. Il faut beaucoup de temps pour la mise en train, et, jusqu'à ce que les gaz soient allumés, il se dégage une grande quantité de fumée. La production moyenne de vapeur paraît avoir été de 7^k 75 par kilog. de houille.

La transformation des combustibles en gaz est un procédé excellent, lorsqu'il s'agit de produire de hautes températures, ou bien qu'il est utile de transporter la chaleur à distance, ou encore lorsqu'il est nécessaire d'avoir à volonté des flammes oxydantes ou désoxydantes, comme dans les fourneaux métallurgiques; mais, quand il ne s'agit que de former de la vapeur ou de desservir des foyers à moyenne température, cette transformation nous paraît être bien compliquée. Le gazogène est une première chaudière exigeant beaucoup de soins à cause de sa forme et du faible volume d'eau. Dans la disposition adoptée par M. Beaufumé, la grille est difficile à décrasser et on ne peut brûler que des combustibles choisis. En outre, la machine à vapeur et le ventilateur, tout en compliquant le service, augmentent le prix d'installation.

735. *Appareil de MM. Molinos et Pronnier.* — L'appareil dont il est question, appliqué à un générateur, a fonctionné régulièrement pen-

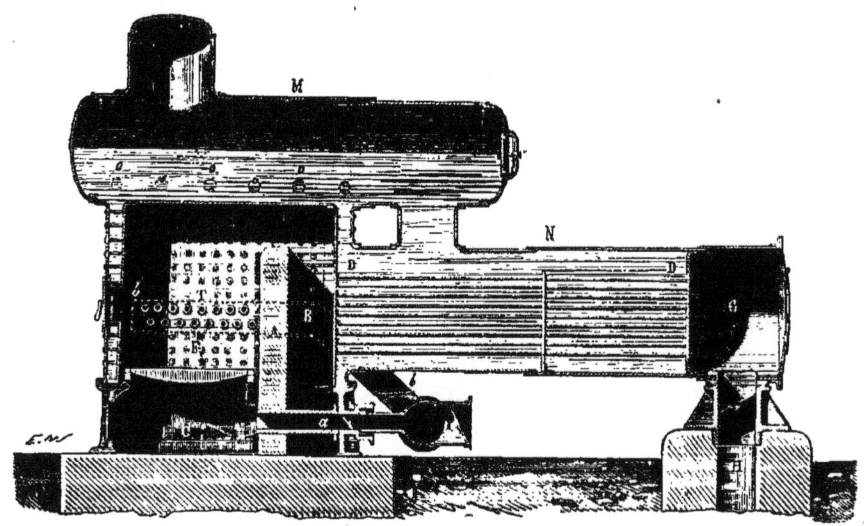

Fig. 147.

dant cinq mois dans la galerie des machines, à l'Exposition universelle de Paris. Il a depuis été établi, avec d'importantes modifications, dans plusieurs usines. Voici, d'après une note communiquée par MM. Molinos et Pronnier à la Société des ingénieurs civils, la description et le mode de fonctionnement de cet appareil :

« Ce générateur (*fig.* 147 et 147 *bis*) se compose d'une boîte à feu F analogue à celle d'une locomotive, mais dont la grille est séparée de la plaque tubulaire par un mur en brique A formant autel, et une chambre B dont nous expliquerons le rôle plus loin. Le corps cylindrique N est

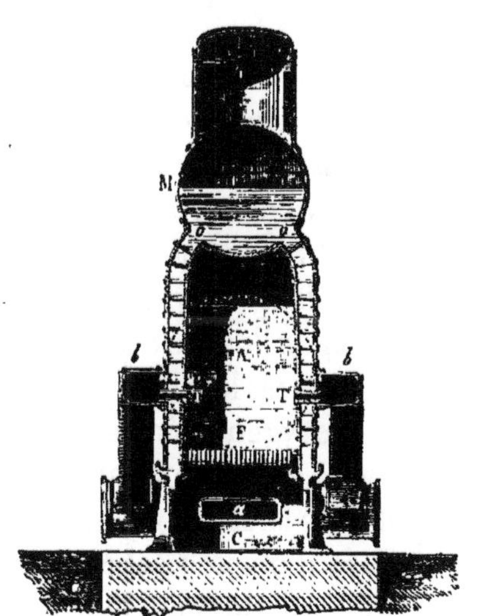

Fig. 147 bis.

rempli complétement de tubes DD. La chambre de vapeur est placée au-dessus de la boîte à feu, de manière que le corps cylindrique soit toujours maintenu plein d'eau. Cette chambre de vapeur est formée d'un cylindre en tôle M, avec lequel viennent se raccorder normalement les parois de la boîte à feu, commé le montre la figure 147 *bis,* et est percée de trous *o, o, o,* qui permettent à la vapeur formée dans les parois latérales de la boîte à feu de se rendre dans le réservoir. Cette disposition permet de supprimer les entretoises du ciel du foyer. La grille est placée à 0ᵐ 45 de la porte du foyer. Au-dessous se trouve un cendrier C pouvant se fermer hermétiquement. Les deux parois latérales du foyer sont percées d'une double rangée de tubes TT. Sur tous les orifices extérieurs de ces tubes se meut un registre composé d'une plaque percée de trous correspondant aux tubes, et au moyen duquel on peut, en le déplaçant plus ou moins, régler à volonté l'ouverture des tubes, ou même les fermer tout à fait. Ces tubes sont enfermés dans des boîtes appliquées contre les parois de la chaudière, dans lesquelles on envoie de l'air au moyen d'un ventilateur par le tuyau *bb.* Un autre tuyau *a* muni d'un registre introduit sous la grille l'air soufflé par ce ventilateur. Les gaz à la sortie des tubes se réunissent dans la boîte à fumée G et se rendent par le tuyau H à une cheminée qui ne sert qu'à leur dégagement, et qui par conséquent peut n'avoir qu'une faible hauteur. Voici maintenant le but de ces dispositions :

« Le charbon est chargé sur la grille, sur une épaisseur d'environ 0ᵐ 45, de manière que sa surface corresponde à peu près à la première rangée de tubes latéraux. L'air, chassé par le ventilateur, traverse cette couche de combustible, se brûle complétement, et se transforme en oxyde de carbone et en acide carbonique. A la surface même du combustible, ces gaz rencontrent des veines d'air, animées d'une grande vitesse, qui viennent les percer dans une direction perpendiculaire, de manière qu'il se forme un tourbillonnement dont le résultat est de produire un mélange intime des gaz, et de favoriser leur combustion. Cette combustion de l'oxyde de carbone se produit réellement, puisque toutes les circonstances les plus favorables se trouvent réunies, c'est-à-dire la quantité d'oxygène nécessaire, un mélange intime et une température suffisante. Les gaz enflammés passent ensuite au-dessus de l'autel, et se replient dans la chambre B, pour pénétrer dans les tubes. Il est donc impossible qu'il puisse s'échapper du foyer une seule veine de gaz qui ne soit brûlée, et, de plus, la combustion est entièrement terminée avant que les gaz pénètrent dans les tubes, c'est-à-dire avant qu'ils se trouvent au contact d'un corps relativement froid, qui doit nécessairement arrêter cette combustion, quand bien même toutes les autres circonstances de mélange et de proportion d'air seraient propres à la favoriser. Les avantages qu'on a cru devoir retirer des éléments que nous venons de décrire sont nombreux et d'une grande importance. Les expériences, dont nous donnons plus loin les résultats, les ayant établis d'une manière irrécusable, nous allons les énumérer.

« 1° La combustion dans cette chaudière est complète, dans le sens chimique du mot, c'est-à-dire que le combustible doit être complétement brûlé, les gaz amenés au maximum d'oxydation, sans qu'il y ait pourtant un excès d'oxygène, c'est-à-dire que les produits de la combustion doivent être, à très-peu de chose près, composés d'eau, d'acide carbonique et d'azote. En effet, la disposition permet d'introduire sous la grille une quantité d'air telle, qu'à la faveur de l'épaisseur de la couche de combustible, l'oxygène soit complétement transformé en oxyde de carbone ; il ne peut donc y avoir admission d'un excès d'air, comme dans les grilles ordinaires. D'un autre côté, grâce à l'introduction d'une quantité d'air, qu'on peut régler à volonté, au-dessus de la grille, au mélange intime des gaz et à leur température, la combustion est rendue complète. On doit donc obtenir une économie notable de combustible.

« 2° La pression de l'air, outre qu'elle est indispensable au mélange intime, et, par suite, à l'introduction de la quantité minimum d'air, a pour résultat de localiser la combustion, c'est-à-dire de faciliter notablement les opérations que nous venons de décrire, et de produire la combustion de la plus grande partie des gaz aux environs de la surface du combustible, où la température se trouve par conséquent très-élevée. De là doivent résulter deux avantages : 1° la faculté de pouvoir consommer, par décimètre carré de grille, une quantité de charbon plus considérable que sur les grilles ordinaires : par suite, de produire une plus grande quantité de vapeur à surface de chauffe égale ; 2° une meilleure utilisation de cette surface de chauffe, puisque, par suite de la localisation de la température, les gaz ont plus de temps pour se refroidir et se refroidissent plus vite, en vertu de leur plus grande différence de température avec le corps à échauffer. Cette dernière condition permet de réaliser économiquement la production d'une plus grande quantité de vapeur par mètre carré de surface de chauffe, et c'est là un point très-remarquable, attendu que ces deux conditions sont généralement incompatibles.

« 3° La conséquence de la perfection avec laquelle s'accomplit la combustion dans ce foyer, est évidemment la suppression totale de la fumée, visible ou invisible, c'est-à-dire de tout gaz entraînant en suspension des matières fuligineuses, ou n'étant pas parvenu lui-même à son maximum d'oxydation ; il arrive d'ailleurs que l'influence des charges est nulle sur la production de la fumée, ce qui tient à ce que la quantité de charbon introduite est très-faible relativement à celle qui est en combustion.

« L'expérience a établi d'une manière positive que ces faits s'accomplissent comme on l'avait prévu. La moyenne d'une cinquantaine d'expériences, suivies par les ingénieurs de la commission impériale ou par le jury, a présenté, en effet, les chiffres suivants, qui, dans toutes les expériences, se sont reproduits avec une constance remarquable : Production de vapeur par kilog. de charbon, 10^k ; production de vapeur par mètre carré de surface de chauffe, 35^k. Un générateur, établi à Oullins, a donné, pendant plus d'un an d'expériences, des résultats identiques sous le rapport de l'économie du combustible.

« On a fait, au mode d'expérience suivi dans cette occasion, l'objection que la vapeur pouvait être plus mouillée que celle des chaudières ordinaires. On a tenu à s'éclairer expérimentalement sur ce point, et, à cet effet, on a fait construire un petit appareil pour dessécher la vapeur, dont on a préalablement vérifié l'efficacité. En appliquant deux de ces appareils simultanément, l'un à cette chaudière, l'autre à l'une de celles qui jouissent dans l'industrie d'une réputation méritée, une chaudière de M. Farcot, on a trouvé que la vapeur était plus sèche que celle qui est fournie par les générateurs ordinaires, et qu'en conséquence on pouvait regarder l'économie réelle comme représentée au moins par le rapport des chiffres de production, qui est celui de 10^k à 6^k. Des expériences plus récentes, faites à la Manufacture des tabacs, ont aussi constaté que la quantité d'eau entraînée était très-faible.

« On ne peut considérer l'emploi du ventilateur comme une objection sérieuse au système. Aujourd'hui que les petites machines spéciales et économiques se sont tout à fait répandues, il est impossible que les préjugés qui ont restreint l'emploi des ventilateurs dans l'industrie ne disparaissent pas rapidement. Pour s'en bien convaincre, il suffit de réfléchir que l'établissement d'un ventilateur, mu par un petit cheval alimentaire, coûtera beaucoup moins cher que la construction d'une cheminée ; que le rapport de l'effet utile d'un ventilateur à celui d'une cheminée est au moins de 25 à 1 ; enfin, que le bruit, qui n'est d'ailleurs une objection que dans un certain nombre de cas, peut être à peu près supprimé.

« Pour les locomotives, nous trouvons dans l'application de ce système des avantages d'une grande importance. On peut, en effet, sans modifier en quoi que ce soit la disposition actuelle d'une Crampton, par exemple, augmenter sa surface de chauffe dans le rapport de 3 à 2, et faciliter l'emploi de la houille en produisant une économie notable de combustible.

« Enfin, pour les bateaux, où une économie de poids, de place et de combustible est une question capitale, n'est-il pas évident que l'emploi de chaudières produisant 10^k de vapeur par kilogramme de charbon, 35^k par mètre carré de surface de chauffe, et permettant, par suite, de réduire la surface de chauffe et la provision de charbon, serait un immense progrès? Nous pensons que l'emploi de cette chaudière et du ventilateur serait propre à le réaliser. »

736. Les avantages de l'appareil dont il vient d'être question ne peuvent pas être mis en doute, mais on ne peut brûler dans le foyer que des houilles qui s'agglomèrent peu par l'action de la chaleur ; en outre, la chaudière tubulaire exige nécessairement que l'eau d'alimentation ne produise que peu ou point de dépôts, attendu que ces dépôts ne peuvent être enlevés qu'avec de grandes difficultés, comme nous le verrons plus loin en parlant des générateurs à vapeur.

737. *Appareil de M. Prunier.* — M. Prunier, ingénieur civil, a essayé de brûler la fumée en plaçant à la suite du foyer un mur vertical de pierre ponce que les gaz sont obligés de traverser; les morceaux de ponce, de 4 à 5 centimètres de diamètre, étaient maintenus entre deux murs de briques placées de champ, et éloignés de 0^m40. Dans les premiers instants, après l'allumage du foyer, il se dégageait un peu de fumée, et une très-grande quantité se déposait sur la ponce; mais celle-ci devenait bientôt rouge; la fumée cessait alors complétement, et celle qui y avait été déposée d'abord était brûlée; l'effet utile du combustible était sensiblement augmenté. Mais la ponce s'usait très-rapidement. De nouveaux essais se poursuivent, en substituant à la ponce des briques percées de trous nombreux, et placées de champ à distance, ou des briques pleines, disposées de manière que le courant d'air brûlé soit obligé de monter et de descendre plusieurs fois en formant une seule veine.

738. Je regarde comme très-probable qu'on parviendra ainsi à brûler complétement la fumée, du moins quand les murs auront été échauffés au rouge, parce que les changements de direction de l'air brûlé produiront le mélange d'air non altéré et des gaz combustibles et que la température sera assez élevée pour produire la combustion. Il n'y aura point de perte provenant de la suppression du rayonnement direct du foyer sur la partie du fond de la chaudière située au delà, parce que ce rayonnement sera remplacé par celui du mur vertical; enfin, en donnant à la section du courant qui change de direction une surface plus

grande que celle de la cheminée, on pourra réduire la résistance, de manière qu'elle n'ait point d'influence sensible sur le tirage. Si, par exemple, la section était double, et s'il y avait quatre changements de direction, la perte de charge, abstraction faite du frottement, serait égale à 0,4 de la charge correspondante à la vitesse. Le seul inconvénient que présenterait cette disposition consisterait dans le renouvellement des murs de briques, qui se détruiraient rapidement par la chaleur, mais le foyer pourrait être disposé de manière que ce renouvellement pût s'effectuer facilement, et la dépense de ce renouvellement serait peu considérable.

CHAPITRE IV.

CONSIDÉRATIONS GÉNÉRALES SUR LES FOYERS.

739. Occupons-nous d'abord des foyers ordinaires, de ceux dont la grille est à peu près horizontale et dont les charges sont intermittentes. Les phénomènes qui s'y produisent sont très-compliqués, et pour le même appareil on peut brûler la même quantité d'un même combustible sur des surfaces de grilles très-différentes et avec des épaisseurs de combustible très-variables ; mais on produit aussi des effets utiles qui peuvent présenter de grandes différences.

Supposons, par exemple, que, pour une certaine grille et une certaine épaisseur de combustible, la moitié de l'air échappe sans altération ; si l'on augmente l'épaisseur de la couche de combustible, la résistance du foyer augmentera ; une plus petite quantité d'air traversera le foyer ; une plus petite quantité échappera à la combustion ; la température des gaz et du foyer augmentera, et l'effet utile deviendra plus considérable. Au delà d'une certaine épaisseur de combustible, il se formera de l'oxyde de carbone ; la consommation de combustible pourra rester la même, mais l'effet utile ira en diminuant ; la consommation de combustible ne diminuera que quand le volume d'air appelé sera réduit au quart de ce qu'il était d'abord. Si, au contraire, on diminuait l'épaisseur du combustible, la résistance du foyer diminuerait aussi ; il passerait plus d'air, dans le même temps, à travers le combustible, une plus grande partie échapperait sans altération ; la consommation de combustible pourrait rester constante, mais l'effet utile diminuerait nécessairement. Des phénomènes tout à fait semblables se produiraient par la diminution ou l'accroissement de surface de la grille, l'épaisseur de la couche de combustible restant constante. Ainsi, pour un même appareil, on peut faire varier la surface de la grille et l'épaisseur de la couche de combustible dans des limites très-étendues, sans changer notablement les quantités de combustible consommées, mais en produisant des effets utiles fort différents. Ajoutons à cela que l'influence de l'épaisseur de la couche de combustible varie avec sa nature et la grosseur des morceaux.

740. Il résulte évidemment de ce que nous venons de dire, que la condition importante à remplir consiste à employer une surface de la grille et une épaisseur du combustible telles que la totalité de l'oxygène de l'air soit transformée en acide carbonique. Cette transformation peut être réalisée, pour les combustibles qui brûlent sans flamme, comme le charbon, le coke, les houilles sèches, les anthracites, pourvu que l'effet que doit produire le foyer soit constant et que sa température doive être élevée. On conçoit facilement que par des analyses d'air, ou seulement en observant les effets utiles produits, avec différentes épaisseurs de combustible, on puisse arriver à la détermination de l'épaisseur la plus convenable. On pourrait craindre cependant que, par suite de l'inégalité des morceaux de combustible, et des variations inévitables d'épaisseur de la couche, les chemins étant dans certains points plus longs, il ne s'y formât de l'oxyde de carbone, et que, d'un autre côté, les parties offrant une résistance moindre ne laissassent passer de l'oxygène libre. Cette transformation ne pourrait pas être réalisée, même approximativement, pour les combustibles qui brûlent avec flamme, parce que la combustion des gaz exige nécessairement que l'air qui a traversé la grille renferme encore une certaine quantité d'oxygène, et, comme le volume des gaz combustibles qui se dégagent est très-variable entre deux chargements, si le volume d'air était suffisant au commencement, plus tard il serait trop considérable, d'autant plus que le foyer présentant une résistance décroissante à mesure que la combustion fait des progrès, le volume d'air qui le traverse augmente constamment dans l'intervalle de deux charges, comme le constatent les expériences de M. Combes (633); et c'est le contraire qui devrait avoir lieu.

741. On a cru longtemps que l'oxyde de carbone se formait très-facilement dans les foyers, par un petit accroissement de l'épaisseur de la couche de combustible; mais des expériences positives ont changé les idées qu'on avait à cet égard.

Dans les fours à puddler et à réchauffer le fer, dans lesquels l'épaisseur de la couche de houille varie de $0^m\,20$ à $0^m\,25$, et où la consommation par décimètre carré est d'environ $1^k 5$, les gaz qui s'échappent de la cheminée ne renferment, d'après les analyses de M. Ebelmen, que 0,07 à 0,08 d'air non altéré, et des quantités insensibles de gaz combustibles. Dans les mêmes fours où la porte est fermée par un talus de houille qu'on pousse successivement sur la grille, qui est recouverte de $0^m 25$ à $0^m 30$ de ce combustible, il ne se dégage pas sensiblement d'oxyde de carbone, mais seulement un peu d'hydrogène carboné ; la quantité d'air qui échappe à la combustion est au plus de 0,05, et la température du fourneau est d'environ 1800°. L'absence de l'oxyde de carbone peut être reconnue à l'inspection de la flamme qui s'échappe par l'ouverture de la cheminée : elle n'a point la teinte bleue qui caractérise la combustion de ce gaz.

D'après un grand nombre d'expériences, MM. Thomas et Laurens avaient émis l'opinion que dans un foyer renfermant une épaisseur de coke de $0^m 30$ à $0^m 50$, il ne se forme de l'oxyde de carbone que par une combustion lente, ou bien lorsque celle-ci est produite à l'aide de tuyères par insufflation d'air, mais nullement dans le cas d'un tirage par une cheminée ; dans les foyers ordinaires, avec des épaisseurs de houille de $0^m 15$ à $0^m 25$, il ne s'en produirait point, suivant ces ingénieurs.

Dans les fours à fondre l'acier, où la température est extrêmement élevée, on n'obtiendrait pas évidemment cette température, s'il se formait une quantité notable d'oxyde de carbone, ou s'il se dégageait une quantité sensible d'air non altéré ; dans ces foyers, l'épaisseur de la couche de combustible et l'activité de la combustion sont telles, qu'on obtient à peu près le maximum de température.

742. L'influence de l'activité de la combustion, sur la formation de l'oxyde de carbone, a été l'objet d'expériences récentes faites par M. Schlesinger, chef des laboratoires de la Manufacture impériale des Tabacs de Paris. Ces expériences ont été faites sur un fourneau rectangulaire en briques, de $0^m 55$ de hauteur ; la grille avait $0^m 30$ sur $0^m 35$. A $0^m 35$ au-dessus de la grille, la paroi du fourneau était traversée par un tuyau en porcelaine, destiné à prendre les gaz provenant de la combustion pour les analyser ; le fourneau était fermé à la partie supérieure par une plaque de tôle horizontale percée d'un orifice de $0^m 15$; la porte du cendrier était percée d'un orifice dont on pouvait faire varier à volonté la surface, pour rendre la combustion plus ou moins active.

Voici de quelle manière on a opéré : lorsque le coke était embrasé, on en établissait le niveau à la hauteur du tube de porcelaine, qui servait de point de repère ; on notait l'heure et on pesait une certaine quantité de coke ; on donnait à l'orifice du cendrier une ouverture convenable ; d'heure en d'heure, on dégorgeait la grille et on ajoutait du combustible ; à une certaine époque, on arrasait le foyer, on prenait l'heure et on pesait le combustible non employé. On connaissait ainsi la quantité de coke brûlé, par heure, sur une grille d'une certaine dimension, et on pouvait facilement en déduire celle qui était brûlée par décimètre carré et par heure ; les gaz ont été recueillis et analysés avant et après le ringalage. Ces expériences ont donné les résultats suivants :

Pour une combustion de 0^k 092 par décimètre carré et par heure, et pour une épaisseur de coke de 0^m 35, il ne sortait point d'oxyde de carbone, et le volume d'air qui échappait à la combustion était seulement de 0,017 avant le ringalage et de 0,019 après.

Pour une combustion de 0^k 17 par décimètre carré et par heure, et pour la même épaisseur de combustible, il s'est formé 0,07 d'oxyde de carbone avant le ringalage et seulement 0,04 après.

Enfin, pour une consommation de 0^k 34, la combustion était très-vive, le coke était bien rouge, une flamme bleue s'élevait constamment au-dessus du fourneau, et les quantités d'oxyde de carbone ont été de 0,09 et de 0,07 avant et après le ringalage.

Ainsi, pour une épaisseur de coke de 0^m 35, il ne se forme d'oxyde de carbone qu'autant que la consommation par décimètre carré et par heure atteint 0^k 17, et ce gaz augmente avec la consommation.

Ces expériences ne s'accordent ni avec les observations de MM. Thomas et Laurens, ni avec ce qui se passe dans la fabrication de l'acier et du fer. Cela tient sans doute à ce que ce foyer expérimental se trouvait dans des conditions de tirage spéciales. De plus, la consommation de combustible par décimètre carré de grille et par heure n'a varié que dans de faibles limites, et est restée toujours bien au-dessous de la consommation moyenne dans les foyers ordinaires. On ne peut donc rien conclure de ces expériences.

143. MM. Foucou et Amigues ont fait, sur le chemin de fer de Paris à Chartres et sur une locomotive à marchandises, de nombreuses expériences au sujet de la composition de l'air brûlé, au repos et à différentes vitesses ; les gaz étaient pris dans un des tubes et recueillis dans des flacons au moyen d'un aspirateur.

Ces gaz, analysés sous la direction de M. Lucca, ont donné les résultats suivants.

	REPOS.	VITESSE A L'HEURE.		
		18 kil.	40 kil.	50 kil.
Acide carbonique......	11,15	14,20	17,05	17,45
Oxyde de carbone......	7,24	4,95	2,10	1,80
Hydrogène...........	1,35	0,15	0,05	0,40
Oxygène...........	4,20	4,45	1,95	2,70
Azote	74,00	76,40	78,80	77,65
Carbures d'hydrogène..	2,06	0,05	0,05	0,00

Aux vitesses moyennes des trains de marchandises, entre 20 et 25 kilomètres par heure, la proportion d'acide carbonique est à peu près de 15, et celle de l'oxyde de carbone varie de 4 à 5.

D'après ces expériences, la combustion est d'autant plus complète que la vitesse est plus grande; mais, d'après M. Foucou, cette loi n'existe que jusqu'à la vitesse de 50 kilomètres; pour des vitesses plus grandes, la proportion d'oxyde de carbone augmente; pour une vitesse de 65 kilomètres, la proportion d'acide carbonique descend à 16,50, et celle de l'oxyde de carbone remonte à 2,46.

Il est probable, d'après les expériences que je viens de rapporter, que la formation de l'oxyde de carbone dépend non-seulement de l'épaisseur du combustible et de l'activité de la combustion, mais encore de la grosseur des morceaux, de la température du foyer et de celle de l'enceinte du foyer.

744. Le charbon de bois, dans les mêmes circonstances, produit de l'oxyde de carbone beaucoup plus facilement que le coke, et c'est, sans aucun doute, pour cette raison que, pour fondre la même quantité de fonte dans les cubilots, il faut plus de charbon que de coke. Dans les hauts fourneaux, le contraire a lieu : il faut plus de coke que de charbon de bois. Mais les phénomènes sont très-différents : il se produit des actions chimiques, dans lesquelles la facilité avec laquelle le combustible se transforme, d'abord en acide carbonique et ensuite en oxyde de carbone, joue un grand rôle.

Avant de tirer aucune conséquence des faits que nous venons de rapporter, essayons de déterminer, au moins approximativement, la température des foyers.

745. *Température des foyers.* — Si un foyer est environné de toutes parts d'une maçonnerie épaisse, de manière qu'il y ait peu de perte de chaleur par le rayonnement et par les parois intérieures, la surface supérieure du combustible et la surface intérieure de l'enceinte seront sensiblement à la même température, ainsi que le courant d'air chaud;

alors la température commune sera celle que nous avons calculée (220), dans les circonstances que nous venons d'indiquer. Pour un foyer à houille ou à coke, si la totalité de l'oxygène de l'air était transformée en acide carbonique, la température serait à peu près de 2700°; si la moitié de l'oxygène échappait à la combustion, cette température serait seulement d'environ 1200°; si la quantité d'air appelé était plus grande, la température s'abaisserait à peu près proportionnellement; mais ces températures calculées seraient un peu abaissées par le refroidissement de la surface extérieure du foyer et par son rayonnement dans l'ouverture du dégagement des gaz.

746. Si le foyer était placé dans une enceinte à une température constante, ce qui arrive pour tous les foyers intérieurs des générateurs à vapeur, la température du foyer serait considérablement diminuée par son rayonnement contre l'enceinte ; car la chaleur rayonnée ne serait restituée qu'en partie ; mais, dans tous les cas, les gaz sortant du foyer devraient en avoir sensiblement la température.

747. Pour obtenir une valeur approchée de la température du foyer et des gaz, admettons que le pouvoir rayonnant du charbon soit le même que celui des corps ternes, et désignons par R la quantité de chaleur émise par mètre carré et par heure ; nous aurons (701) :

$$R = ma^t\left(a^\theta - 1\right)\;;\; m = 124,72K\;;\; K = 3,6\;;\; \text{et}\; a = 1,0077\;;$$

t étant l'excès de la température du foyer sur celle de l'enceinte, et θ celle de l'enceinte. En supposant $\theta = 150°$, et en prenant successivement pour t

500°	600°	700°	800°	900°	1000°

on trouve pour R

19408	43371	95013	226190	445500	902100

et par décimètre carré

194	434	950	2262	4455	9621....(a)

Ainsi les quantités de chaleur rayonnées croissent suivant une loi très-rapide avec la température ; car elles varient à peu près dans le rapport de 48 à 1, pour des excès de température variant de 850 à 350, c'est-à-dire de 2,4 à 1.

Si la surface de la grille était telle que chaque décimètre carré correspondît à une consommation de 1^k de houille par heure, et si la totalité de l'oxygène de l'air était employée, le poids de l'air serait à peu près de 11^k, et la température que prendrait cet air en traversant le foyer serait de 2700°; mais le rayonnement abaissera la température du foyer et celle de l'air, et cet abaissement sera tel que la quantité de chaleur qui restera dans l'air, augmentée de celle qui est rayonnée, forme la puissance calorifique du combustible. Si l'on admet, ce qui doit peu s'éloigner de la réalité, que l'air prend la température de la surface du foyer, il sera facile d'obtenir par tâtonnement une valeur approchée de cette température. Dans le cas dont il s'agit, la température de la surface du combustible sera inférieure à 1000°, car, pour cette température, la quantité de chaleur rayonnée l'emporterait sur la quantité de chaleur produite; en supposant que la température du foyer soit de 900°, la chaleur rayonnée serait de 4455, et celle qui resterait dans l'air serait de 900. 11 : 4 = 2475, et la somme totale serait de 6930, inférieure à la puissance calorifique du combustible; ainsi la température du foyer sera supérieure à 900°; elle s'éloignerait peu de 910°, et la quantité de chaleur rayonnée serait presque double de celle qui est entraînée par l'air.

Si l'on suppose que l'oxygène de l'air étant toujours absorbé en totalité, la grille ait une surface double, c'est-à-dire qu'on ne brûle que 0^{k}5 de houille par décimètre carré et par heure, le poids d'air qui traversera la grille sera de 5^{k}5; et, en faisant la même supposition que précédemment, on trouve que la température commune du foyer et de l'air est à peu près de 832°; la chaleur entraînée par l'air sera de 1144 unités, et celle qui est rayonnée sera de 2970; par conséquent, la chaleur rayonnée serait égale à celle qui est entraînée par l'air chaud multipliée par 2,6.

Si on supposait, toujours dans les mêmes circonstances d'une absorption complète de l'oxygène de l'air, que l'on ne brûle que 0^{k}1 de houille par décimètre carré et par heure, le poids de l'air qui passerait par heure par décimètre de grille serait de 1^{k}1; la quantité de chaleur par décimètre carré et par heure, de 800; la température commune irait à peu près à 650°; les quantités de chaleur rayonnées et entraînées seraient de 622 et 178, quantités dont le rapport est égal à 3,49.

Ainsi, à mesure que la surface de la grille augmente, la température du foyer et celle de l'air s'abaissent, et la quantité totale de chaleur rayonnée va en croissant, ainsi que le rapport de cette quantité à celle qui est entraînée par l'air. Il n'en est pas ainsi quand une certaine partie d'air échappe à la combustion.

En admettant un appel d'air double de celui qui est nécessaire à la combustion, et une combustion de 1 kilogramme de houille par décimètre carré, le poids de l'air qui traverserait chaque décimètre carré de grille par heure serait de 22 kilogrammes; la quantité de chaleur produite sera de 8000; la température commune de l'air et du foyer, de 850°; la quantité de chaleur entraînée par l'air, de 4675; et celle qui est rayonnée, seulement de 3358. Le rapport du premier nombre au second est de 1,39.

En supposant, dans les mêmes circonstances, une consommation de $0^k 5$ par décimètre carré de grille, le poids de l'air qui traversera cette surface dans une heure sera de 11 kilogrammes; la quantité de chaleur produite, de 4000; la température commune de l'air et du foyer, de 770; la quantité de chaleur entraînée par le courant d'air sera à peu près de 2117, la quantité de chaleur rayonnée de 1800. Le rapport du premier nombre au second est de 1,17.

Enfin, en admettant dans les mêmes circonstances une consommation de $0^k 1$, le poids de l'air qui traversera la grille sera de $2^k 2$; la quantité de chaleur produite, de 800; et on trouve que la température commune de l'air et du foyer est de 610°; que les quantités de chaleur entraînées par l'air et rayonnées sont 335 et 465. Le rapport du premier nombre au second est 0,72.

Ainsi, en supposant qu'il entre dans le foyer un volume d'air double de celui qui est nécessaire, à mesure que la surface de la grille augmente, pour la même consommation de combustible, la température du foyer s'abaisse, la quantité de chaleur, entraînée par l'air, d'abord plus grande que celle qui est rayonnée, finit par être plus petite.

Nous avons supposé que la température de l'enceinte était de 150°; si elle était plus basse, la perte de chaleur par le rayonnement serait plus grande, et par suite celle qui est entraînée par les gaz serait plus petite. Si cette température était plus élevée, le rayonnement deviendrait plus faible, et il serait nul si la température de l'enceinte était égale à celle du foyer.

748. Nous venons de supposer deux cas extrêmes : celui où l'enceinte ne perd point de chaleur et prend, par conséquent, la température du foyer, et celui où l'enceinte possède une température constante, très-basse relativement à celle du foyer. Supposons maintenant que le foyer soit disposé comme dans le premier cas, mais qu'il renferme des corps qui absorbent la chaleur et dont la température soit constante : c'est ce qui existe dans tous les foyers de générateurs à foyers extérieurs et dans tous les fourneaux destinés à chauffer des liquides. Il est évident, d'a-

près ce qui précède, qu'une partie seulement de la chaleur rayonnante du combustible sera absorbée, et cette quantité dépendra de l'étendue de la surface du corps relativement à la surface du foyer, de la quantité de combustible brûlée par décimètre carré de surface de grille et de la température du corps; alors la température du foyer sera intermédiaire entre celles que nous avons trouvées dans les deux cas extrêmes précédemment considérés.

749. On voit, d'après tout ce que nous venons de dire, que dans les foyers intérieurs dont le tirage est produit par une cheminée, où l'on brûle à peu près 1 kilogramme de houille par décimètre carré, et où le volume d'air employé est égal à une ou deux fois celui qui est nécessaire à la combustion, la température dépasse peu 800°; dans les foyers extérieurs, où les bouilleurs et les chaudières forment une grande partie de l'enceinte du foyer, la température doit être peu différente, mais cependant supérieure.

750. Je ne connais qu'une seule expérience sur la température des foyers; elle a été faite en projetant rapidement un certain volume de houille, en grande partie transformée en coke, dans un poids connu d'eau dont on connaissait la température. Le foyer appartenait à un générateur à foyer extérieur et à bouilleur; le poids de l'eau était de 120 kilogrammes, sa température de 7°; le poids de la houille pesée après l'opération, lorsqu'elle avait été complétement privée d'eau par une dessiccation de dix heures à une température supérieure à 100°, était de 24 kilogrammes: la température de l'eau a été portée de 7 à 37°. La capacité calorifique du coke étant 0,2, la température cherchée était donnée par l'équation

$$24 \cdot 0,2(t - 37) = 120 \cdot (37 - 7) \; ; \text{ d'où } t = 723.$$

Mais on ne peut rien déduire de rigoureusement exact de cette expérience, parce qu'on ne connaissait ni la quantité de houille brûlée par décimètre carré de grille et par heure, ni la quantité d'air en excès qui traversait le foyer. Elle tend cependant à confirmer les chiffres que nous avons trouvés par le calcul.

751. *Comparaison des grandes et des petites grilles.* — Les ingénieurs sont très-divisés sur les avantages et les inconvénients des grandes et des petites grilles, c'est-à-dire des foyers à combustion lente et des foyers à combustion vive. Un grand nombre de faits paraissent favorables aux grandes grilles. D'après M. Wicksteed, dans une chaudière cylindrique à foyer intérieur, où l'on brûlait 0^k228 de houille par

décimètre carré de grille, on a obtenu $8^k 524$ de vapeur par kilogramme de houille. La consommation de combustible ayant été réduite à $0^k 127$ par décimètre carré de grille, la quantité de vapeur a été de $8^k 425$. Dans une chaudière en tombeau (système de Watt et Boulton), en brûlant $0^k 531$ par décimètre carré de grille, on a obtenu $8^k 301$ de vapeur par kilogramme de houille. Dans les chaudières de Cornwall, qui sont renommées pour leur grand effet utile, les surfaces de grille sont telles que chaque décimètre carré brûle par heure de $0^k 15$ à $0^k 20$. Mais on ne peut rien conclure de ces expériences, parce qu'elles sont insuffisantes et qu'elles ne sont pas accompagnées des renseignements nécessaires. Pour en déduire l'avantage des grandes grilles sur les petites, il aurait fallu des expériences comparatives qui n'ont pas été faites ; en outre, les effets produits par la combustion de 1 kilogramme de houille sont trop forts, parce que la vapeur renferme toujours de l'eau entraînée mécaniquement, et qui peut varier dans des limites très-étendues, suivant la position de l'origine du tuyau d'écoulement de la vapeur. Il aurait fallu connaître la quantité d'air qui échappait à la combustion, l'étendue de la surface de chauffe des chaudières et la température de l'air à la sortie des carneaux ; car on conçoit que, si ces surfaces étaient assez grandes pour que la fumée fût refroidie à une température peu supérieure à $100°$, toutes les grilles qui seraient traversées par un même volume d'air, pour brûler un même poids de combustible, produiraient le même effet utile. Un autre élément, qu'il aurait été aussi important de connaître, c'est la nature de la houille, la grosseur des morceaux et son épaisseur sur la grille.

M. Çavé a fait un grand nombre d'expériences sur les effets produits par des foyers de différentes surfaces, alimentés par la même houille ; les quantités de houille brûlées par décimètre carré et par heure ont varié de $0^k 70$ à $0^k 24$. Les résultats obtenus ont été sensiblement les mêmes ; du moins les variations ont été de même ordre que celles qui ont été obtenues dans plusieurs expériences avec la même grille.

752. Essayons maintenant, par des considérations théoriques, de nous rendre compte de l'influence des grandes et des petites grilles. Il y a, dans l'influence de la grandeur des grilles, plusieurs effets à considérer : la répartition de la chaleur produite entre l'air et le rayonnement, les circonstances de la combustion, la plus ou moins grande facilité de l'alimentation, et enfin la résistance du foyer au mouvement de l'air.

Considérons deux grilles de dimensions très-différentes, sur lesquelles on brûle dans le même temps le même poids du même combustible, dans les mêmes circonstances, c'est-à-dire en employant le même volume d'air en excès. Si aucune partie d'oxygène n'échappait à la combustion, d'après ce que nous avons vu (747), la quantité de chaleur rayonnée sur la chaudière irait en croissant avec la surface de la grille ; dans l'hypothèse d'une chaudière à 150°, pour des surfaces de grille brûlant 1^k ; $0^k 5$; $0^k 1$, les quantités de chaleur rayonnée seraient égales à 2 ; 2,6 ; 3,49, de celle qui est entraînée par l'air, et la température de l'air étant de 910°, 832°, 650°, pour la même étendue de surface de chauffe, l'effet utile sera évidemment d'autant plus grand que la grille aura une plus grande surface. Si l'on suppose que l'oxygène ne soit absorbé qu'à moitié, pour les trois surfaces de grille que nous venons de considérer, les quantités de chaleur rayonnée, rapportées à celles qui sont entraînées par l'air, seraient 0,72 ; 0,85 ; 1,39 ; ainsi elles iraient encore en croissant avec la surface de la grille ; et comme les températures de l'air seraient 850°, 770°, 610°, il y aurait encore de l'avantage à employer de grandes grilles. Mais, comme en général les surfaces de chauffe ont de grandes dimensions, la température de l'air à l'extrémité du canal serait peu différente et l'accroissement d'effet utile peu considérable. Les grandes grilles sont avantageuses quand on n'emploie que la chaleur rayonnante, et surtout quand elles ne sont pas traversées par un excès d'air. Ces considérations n'expliquent point cependant le grand avantage, bien constaté en Cornwall, des grandes grilles ; il est probable que les soins tout particuliers apportés à la conduite du feu empêchent l'introduction d'un trop grand excès d'air.

Quant à l'influence de la grandeur de la grille sur les phénomènes qui accompagnent la combustion, elle est très-compliquée et varie avec la nature du combustible. Si le combustible est du coke ou une houille sèche non flambante ou de l'anthracite, l'état du combustible ne change pas, suivant les époques de la combustion ; on peut alors par tâtonnement déterminer l'épaisseur du combustible pour laquelle la totalité de l'oxygène de l'air est utilisée ; alors les grandes grilles à feux dormants deviennent avantageuses, et, pourvu que leurs dimensions absolues ne soient pas trop grandes, l'alimentation périodique des foyers ne présente point de difficultés. Mais si les houilles sont plus ou moins grasses, elles changent de nature dans le foyer à mesure que la combustion s'avance. Au commencement, elles donnent beaucoup de flamme, et cessent d'en produire quand elles sont transformées en coke ; alors, pour que la quantité d'air qui échappe à la combustion fût sensiblement constante, il faudrait que le volume d'air, qui traverse la grille, allât constamment en décroissant entre deux chargements. Toutefois, pour ces houilles, les grandes grilles sont encore avantageuses, parce que, à chaque charge-ment, une partie seulement de la surface du foyer est recouverte de com-bustible, il se dégage moins de fumée et la combustion est plus complète ; en d'autres termes, la grille est constamment couverte de coke, et, si l'é-paisseur en est suffisante pour qu'il n'échappe qu'une petite quantité d'air à la combustion, les charges nouvelles, très-divisées à la surface du coke, ne dégagent qu'une faible quantité de gaz, qui est brûlée par l'excès d'air traversant le coke. C'est d'ailleurs ce qui résulte des expériences de M. Combes sur des grilles où l'on brûlait $1^k 23$ et $0^k 5$ de houille par décimètre carré et par heure.

Les combustions très-lentes, et par conséquent les grandes grilles, sont surtout avantageuses quand les consommations sont très-faibles ; les cendres s'accumulent à la surface et préservent du refroidissement le combustible qui se trouve au-dessous, et qui peut brûler avec une grande lenteur.

Les grandes grilles ont, en outre, l'avantage de diminuer la résis-tance que l'air éprouve à traverser le combustible ; elles sont indispen-sables quand le tirage est faible, soit à cause d'une trop petite section de la cheminée, soit parce que le refroidissement de l'air brûlé est trop grand.

753. Cependant des ingénieurs très-habiles, qui étaient partisans des grilles sur lesquelles on brûlait de $0^k 7$ à $0^k 8$ de houille par décimètre carré et par heure, reviennent aux petites grilles brûlant à peu près $1^k 2$ de houille dans les mêmes circonstances. Ils aiment mieux laisser dégager de la fumée et des gaz combustibles que de laisser passer trop d'air non altéré ; et cette dernière condition, qui peut être satisfaite en donnant à la couche de houille une épaisseur convenable, variable avec sa nature et la grosseur des morceaux, peut être plus facilement réalisée et maintenue avec de petites grilles qu'avec de grandes. On pourrait craindre qu'avec des grilles disposées comme nous venons de le dire, et portées à une haute température, les chaudières ne fussent plus promptement altérées que par les grands foyers à une basse tem-pérature ; mais dans les locomotives, où la température est bien plus élevée que dans les foyers ordinaires, les enveloppes des foyers ne s'altè-rent qu'à la suite d'un assez long usage et malgré certaines causes qui sembleraient devoir accélérer l'altération du métal.

754. On a constaté, par une longue pratique, que les matières étran-gères qui se trouvent dans les combustibles et qui constituent les cen-dres ont une très-grande influence sur les effets utiles que produisent ces combustibles. Cette influence ne consiste pas uniquement dans une

réduction de la puissance calorifique proportionnelle à la quantité de matières étrangères; elle est beaucoup plus grande : il y a, entre les effets produits par des cokes à 0,15 et 0,02 de cendres, des différences qui paraissent difficiles à expliquer. Pour le coke à 0,15 de cendres, la puissance calorifique serait 0,85 . 8000 = 6800 ; et la température produite serait 2687°, au lieu de 2700 que donnerait le coke pur ; ainsi la différence des effets ne provient pas de la différence des températures produites par la combustion. Il me paraît très-probable que l'influence des cendres provient de ce qu'elles se déposent à la surface du combustible en couches plus ou moins poreuses, ou s'y vitrifient et empêchent le contact immédiat de l'air avec le combustible, et par suite qu'il passe à travers le foyer d'autant plus d'air sans altération que le combustible renferme plus de cendres.

Cette influence des cendres est beaucoup moins sensible dans les foyers à température moyenne que dans les foyers à haute température. Dans ces derniers, les cendres fondent inévitablement et absorbent ainsi de la chaleur; et, en outre, l'effet utile de ces foyers augmente très-rapidement avec la températue obtenue.

755. Il me reste maintenant à parler des différents foyers fumivores qui ont été proposés, et dont il a été question précédemment. D'abord, il paraît, d'après un grand nombre d'expériences, et surtout d'après celles de M. Combes (687), que la combustion de la fumée ne produit pas d'économie sensible, probablement parce que l'excès d'air qu'on est obligé d'introduire dans le foyer, pour effectuer la combustion, fait plus que compenser l'accroissement de chaleur produite. Quand on est obligé de brûler la fumée pour se conformer aux ordonnances de police, on peut hésiter entre un grand nombre d'appareils qui, presque tous, peuvent satisfaire à la condition dont il s'agit. Voici mon opinion sur le mérite de ces appareils.

756. Tous les anciens appareils dans lesquels l'alimentation du foyer a lieu d'une manière continue, ou par la rotation de la grille, ou par une injection continue de combustible (694, 695, 696), sont jugés depuis longtemps, car ils ont disparu des ateliers; ils sont chers, compliqués, sujets à des réparations fréquentes, et doivent tous laisser passer beaucoup d'air sans altération. L'appareil à grille à mouvement longitudinal (729) paraît être dans les mêmes conditions, et on ne peut pas douter que, dans le jeu nécessaire au mouvement de la grille sur les deux faces latérales, il ne passe beaucoup d'air qui échappe à la combustion, d'autant plus que cet air n'éprouve aucune résistance pour entrer dans le foyer. Répétons d'ailleurs que la régularité du chauffage de

ces appareils est un inconvénient dans un grand nombre de circonstances.

757. Les appareils dans lesquels la fumée des foyers à houille passe sur des foyers à coke peuvent donner de bons résultats, lorsqu'ils sont bien dirigés. L'appareil de MM. Chanter (692) et celui de M. Grar (728) me semblent pouvoir être employés avec sécurité, mais à la condition d'être desservis par des chauffeurs intelligents.

758. La grille à échelons (733), dans laquelle le chauffeur pousse continuellement le combustible vers le foyer à coke, peut produire aussi de bons résultats; mais elle a l'inconvénient d'exiger un travail presque continu de la part du chauffeur.

759. Dans un grand nombre d'appareils, la combustion de la fumée a lieu par des injections d'air sur la flamme, et ces injections ont été faites d'un grand nombre de manières différentes. La disposition indiquée au n° 682 me paraît seule remplir les conditions nécessaires pour brûler complétement la fumée, en n'introduisant dans le foyer que peu d'air en excès.

760. Les appareils dans lesquels le combustible s'élève de bas en haut (732) semblent réunir les circonstances les plus favorables, non-seulement à la combustion de la fumée, mais à l'emploi le plus utile du combustible, à la condition pourtant que, dans les grands appareils, il y aura une injection d'air dans le foyer, parce que l'accès de l'air par les faces latérales pourrait être insuffisant si la surface de la grille était très-grande; toutefois, jusqu'à présent, les résultats ont été moins bons qu'avec les foyers ordinaires. Ajoutons que ces appareils ont l'inconvénient d'exiger une assez grande place de chaque côté du fourneau, ce qui est assez difficile à obtenir à cause de la position des générateurs au-dessous du sol.

761. Les appareils dans lesquels les combustibles seraient transformés en gaz (734), de manière à exiger des combustibles choisis, sont d'une installation très-coûteuse et très-compliquée, quand on les compare aux foyers ordinaires; et, d'après les expériences faites à l'Exposition, ils ne rachètent pas ces inconvénients par une économie de combustible. D'ailleurs, jusqu'à présent, ils n'ont jamais pu fonctionner d'une manière régulière et suivie.

762. Les foyers dans lesquels la combustion a lieu par une injection d'air (735), au moyen d'un ventilateur, dans une chambre à feu fermée, permettent évidemment de brûler la fumée, de régler le volume d'air de manière à transformer en acide carbonique presque la totalité de l'oxygène de l'air; enfin, dans certains cas exceptionnels, de refroidir

presque complétement les gaz, et par suite d'obtenir un plus grand effet utile que par les autres dispositions. Mais une pratique prolongée est nécessaire pour les apprécier définitivement.

Quant à la disposition de M. Prunier, je n'ai rien à ajouter à ce que j'en ai dit (737).

763. Dans toutes les dispositions de foyer, sans exception, on ne peut parvenir que par tâtonnements à produire le meilleur effet utile, même en supposant que l'effet à produire soit constant, et que la qualité du combustible ne change pas, ainsi que la grosseur moyenne des morceaux ; ces tâtonnements se font en variant l'épaisseur du combustible et l'ouverture du registre ; mais le chauffeur n'a aucun guide, quand l'effet à produire n'est pas constamment le même. On n'aura réellement de bons foyers, que quand on possédera un instrument indiquant à chaque instant l'état de l'air brûlé. Si la consommation de combustible était constante, un thermomètre placé à l'extrémité de la chaudière, ou dans le canal qui conduit les gaz à la cheminée, pourrait servir de guide au chauffeur pour régler l'épaisseur du combustible et l'ouverture du registre, parce que le maximum de température indiqué par l'instrument correspondrait au maximum de température produite par la combustion. La température s'abaisserait par un accroissement d'air sans altération qui traverserait le combustible, et par la formation de l'oxyde de carbone. Mais si la consommation n'est pas constante, il y aurait pour chacune une température maximum différente, et qui serait évidemment d'autant plus basse que la consommation de combustible serait plus petite. Un manomètre à tube incliné qui communiquerait avec le tuyau d'écoulement de l'air brûlé et qui serait disposé comme je l'ai indiqué au n° 563, serait très-utile pour reconnaître les conditions dans lesquelles s'effectue la combustion, parce que la charge indiquée par l'instrument donnerait la vitesse d'écoulement, qu'on en déduirait le volume d'air employé pour brûler chaque kilogramme de combustible, et qu'on pourrait régler le registre de manière à s'approcher du volume d'air qui produit le maximum d'effet ; mais cela suppose encore que l'état du foyer est constant. On voit encore ici une nouvelle raison pour éviter les variations périodiques qui se produisent toujours dans les foyers ordinaires entre deux chargements.

764. Si l'appareil était disposé de manière à refroidir complétement et utilement l'air brûlé, ce qui peut avoir lieu dans quelques circonstances, l'air en excès introduit dans le foyer aurait peu d'importance et tous les soins devraient être portés sur la combustion la plus complète possible de la fumée.

CHAPITRE V.

FOYERS POUR LES DIVERS COMBUSTIBLES.

765. Après ces considérations générales sur les foyers, je vais indiquer les dispositions qui me paraissent les plus avantageuses pour les différentes espèces de combustibles, en restreignant mes observations aux foyers des générateurs, ou du moins à ceux qui ne se trouvent pas dans des conditions exceptionnelles, comme dans certaines opérations métallurgiques.

766. *Foyers à houilles plus ou moins grasses.*—Ces foyers sont toujours à grille horizontale ou légèrement inclinée, et alimentés par intermittence. Il n'y a rien d'absolu dans l'étendue de la surface de la grille relativement à la quantité de houille consommée; mais on pourra se décider pour les grandes ou les petites grilles d'après ce que nous avons dit précédemment (751), suivant que le foyer sera ou ne sera pas environné d'un corps à une haute température; et dans le dernier cas, suivant qu'il sera plus ou moins important d'avoir une combustion très-active, et suivant la facilité plus ou moins grande du service d'après les dimensions de la grille.

Ces foyers, tels qu'on les dispose ordinairement, ont plusieurs graves inconvénients. Le premier consiste dans l'obstruction des orifices libres de la grille par l'agglomération des fragments de combustible résultant de la fusion pâteuse qu'il éprouve par la chaleur, circonstance qui oblige le chauffeur à remuer fréquemment la masse en combustion, ou par la porte ou par un crochet qu'il passe à travers les barreaux de la grille. Le second provient de la variation d'état du combustible dans l'intervalle de deux chargements consécutifs, pendant lequel il passe à l'état de coke, et oppose au passage de l'air une résistance décroissante à mesure que la combustion fait des progrès; par suite la quantité d'air qui échappe à la combustion augmente progressivement dans l'intervalle de deux chargements. Enfin il se dégage toujours beaucoup de fumée à l'instant du chargement et encore après pendant un certain temps, surtout quand, les houilles étant menues, on les mouille pour éviter qu'elles ne soient entraînées par le courant d'air.

Le premier et le dernier inconvénients signalé disparaissent en grande partie quand les grilles ont une très-grande surface et qu'elles sont chargées à des époques assez rapprochées, parce que la houille introduite ne recouvre qu'une partie de la surface de la grille. On obvie aussi en partie à ces deux inconvénients en ayant soin de ne mettre le combustible frais que sur l'avant de la grille et à chaque charge de pousser ce combustible vers l'arrière, ce qui est facile pour les grilles inclinées; par cette disposition, la houille qui se trouve en avant se distille en grande partie, et les gaz dégagés, traversant la partie de la grille qui renferme de la houille déjà transformée en coke, se trouvent dans des conditions favorables à la combustion de la fumée.

Ces foyers pourraient recevoir une grande amélioration, en chargeant les grilles de manière que la totalité de l'air qui traverse le combustible fût absorbée, et en injectant, par le seul effet du tirage de la cheminée, de l'air extérieur sur les gaz qui s'échappent du foyer, de manière à bien mêler les veines de gaz et d'air.

La disposition suivante me paraît bien préférable à celles qui ont été proposées. La grille est environnée, au fond et latéralement, de tuyaux creux en fer, en fonte ou en terre réfractaire, d'une assez grande section; ces trois tuyaux communiquent entre eux et viennent s'ouvrir de chaque côté de la porte, où les deux orifices sont fermés par un registre que le chauffeur peut ouvrir plus ou moins; les trois tuyaux sont percés latéralement de fentes étroites très-rapprochées, disposées de manière que les jets d'air soient inclinés à l'horizon à peu près de 45°. Les tuyaux ayant une grande section, les veines d'air qui s'échapperont des fentes auront à peu près la vitesse qui résulte du tirage; elles se prolongeront à une grande distance, et, comme les unes sont perpendiculaires à la direction de la flamme et les autres dirigées en sens contraire, elles se mêleront intimement avec les gaz sortant du foyer; en outre, comme les veines d'air seront à une température élevée, toutes les conditions se trouveront réunies pour obtenir une combustion complète. Les expériences que nous avons déjà citées sur l'influence des jets d'air au delà du foyer dans des circonstances beaucoup moins favorables permettent de présumer que cette disposition serait efficace. Mais il faudrait déterminer, par des expériences préalables, l'ouverture qu'il convient de donner aux orifices d'accès de l'air, ouverture qui devrait décroître dans l'intervalle de deux chargements. Il faudrait aussi que le canal eût une section suffisante et qu'il en fût de même de la somme des surfaces des orifices d'écoulement. La section des canaux devrait être assez grande, relativement à la somme des orifices d'écoulement, pour que l'air extérieur n'y éprouvât que peu de résistance. Quant aux sections des orifices d'écoulement, il faut remarquer que l'air n'ayant que peu de résistance à vaincre, la vitesse d'écoulement serait à peu près

quatre ou cinq fois plus grande que celle de l'air dans le cendrier ;
il suffirait, par conséquent, que la somme des surfaces des orifices fût
égale à peu près à un dixième de la section de la cheminée. Mais
l'épaisseur du combustible sur la grille devrait être assez grande pour
que la totalité de l'oxygène de l'air fût transformée en acide carbonique,
et une partie de celui-ci en oxyde de carbone.

767. On pourrait simplifier cette disposition en ne produisant d'injection qu'au fond du foyer. Derrière l'autel se trouverait un grand cylindre de fonte ou de terre réfractaire fermée par les deux bouts, communiquant par la partie inférieure avec le fond du cendrier au moyen
d'une ouverture ayant la largeur de la grille et qui pourrait être fermée
par un registre à la disposition du chauffeur. Il serait percé d'un
grand nombre de fentes placées de manière à diriger obliquement
des veines d'air dans le foyer.

On pourrait aussi supprimer le dégagement de fumée qui accompagne
toujours l'ouverture de la porte, en employant le mode d'alimentation
indiqué au n° 681 et en se servant d'une seconde grille sur laquelle on
rejetterait le coke, ce qui faciliterait beaucoup l'enlèvement des résidus.

La figure 148 représente l'ensemble de ces dispositions. A plaque de
fonte sur laquelle le com-
bustible est accumulé et
d'où on le pousse sur la
première grille ; E fente
étroite fermée par une vitre, qui permet au chauffeur
de voir l'état du foyer ;
P première grille inclinée ;
C seconde grille sur la-
quelle s'accumulent le coke
et les résidus ; F tuyau en
fonte ou en terre réfractaire
fermé par les deux bouts,
portant à sa partie supé-
rieure un grand nombre de petites buses a, étroites horizontalement,
et inclinées de manière que les jets d'air aient à peu près l'inclinaison
de la flamme, mais en sens contraire ; G prise d'air double dans le
cendrier ; H registre destiné à régler l'entrée de l'air dans le tuyau F,
et qu'on dispose au moyen de la poignée K, et des crans I.

Fig. 148.

768. Je regarde comme très-probable que cette disposition consti-
tuerait un très-bon système fumivore, sans accès d'une trop grande

quantité d'air inutile, si le feu était bien dirigé ; et je pense que, si les différentes dispositions qui ont été employées pour introduire des jets d'air dans les foyers n'ont pas donné de bons résultats, cela tient à ce qu'ils étaient trop grands ou trop petits, qu'ils n'étaient pas assez divisés, et que l'air sortant n'avait pas été préalablement échauffé. J'ai sous les yeux un ouvrage anglais sur les foyers à houille, publié en 1854 par C. W. Williams Esq., dans lequel se trouvent représentés tous les modes d'injection de l'air ; dans tous, l'air est lancé dans le sens de l'air brûlé ou perpendiculairement, et dans un très-grand nombre l'air arrive de l'extérieur dans un espace fermé d'une grande hauteur, situé derrière la grille, d'où il s'écoule par des orifices percés dans une plaque de fonte verticale, plus ou moins inclinée ou horizontale. Il est évident que la division des jets n'a d'influence que dans cette dernière position de la plaque ; car, dans toutes les autres, les jets ne restent séparés qu'à une petite distance de la plaque et sont réunis bien avant qu'ils aient atteint les gaz combustibles.

769. Pour les très-grands foyers, dont la surface ne pourrait pas être alimentée d'une manière régulière par le procédé dont je viens de parler, on pourrait faire marcher progressivement le combustible vers la seconde grille, au moyen d'une disposition très-simple. Au-dessous de la grille se trouverait une espèce de râteau formé de tiges de fer fixées à une pièce horizontale placée dans le cendrier ; le râteau renfermerait autant de systèmes de tiges qu'il y a d'intervalles entre les barreaux ; dans chacun, les tiges seraient renfermées dans le même plan vertical que les intervalles des barreaux, et seraient espacées d'environ $0^m 10$. Il est évident qu'en élevant les tiges par un mouvement de rotation de l'axe commun, et en lui imprimant un mouvement en arrière de $0^m 10$, toute la masse de combustible marcherait de $0^m 10$ vers l'extrémité de la grille. On obtiendrait ainsi le même effet qu'avec la grille à échelons de M. Marsilly ; mais le travail qu'exigerait cet appareil serait beaucoup moins assujettissant ; il serait intermittent, tandis que, pour la grille à échelons, le chauffeur est occupé, sans interruption, soit à charger les premiers échelons, soit à faire descendre progressivement le combustible jusqu'à la grille inférieure.

770. *Foyers à houilles sèches et à anthracite ne se délitant pas au feu.* — Les houilles sèches, c'est-à-dire celles qui ne produisent pas sensiblement de flamme, et les anthracites qui ne se délitent point par l'action de la chaleur, peuvent être brûlés dans les foyers ordinaires, de manière à produire un très-bon effet utile, parce que ces foyers sont toujours sensiblement dans le même état, mais à la condition que

l'épaisseur du combustible et le tirage soient convenables. L'épaisseur
du combustible doit être d'autant plus considérable, que les morceaux
sont plus gros et que la surface de la grille est plus petite, afin que le
foyer soit à une haute température et qu'il ne se dégage qu'un petit volume d'air sans altération. Une injection d'air pourrait être utile pour
mêler les veines d'air brûlé, contenant, les unes de l'oxyde de carbone,
les autres de l'oxygène libre; mais alors il faudrait que l'épaisseur du
combustible fût encore plus grande. Quelques essais feraient facilement connaître l'épaisseur du combustible et la position du registre
les plus convenables.

Il n'y a qu'un petit nombre d'années qu'on sait employer les
houilles sèches; avant, on faisait venir à Fresnes des houilles grasses
d'Anzin pour alimenter les générateurs des machines d'extraction.
C'est M. Evrard, ingénieur, qui paraît avoir réussi le premier à employer les houilles sèches pour les générateurs. Il se servait d'une
grille d'une grande surface, car la consommation de houille par
heure et par décimètre carré était de $0^k 4$; l'épaisseur de la couche de
combustible était de $0^m 20$, et la distance de la grille aux bouilleurs
de $0^m 50$. Je regarde comme très-probable que, quand ces houilles
seront mieux appréciées et que l'on connaîtra mieux les dispositions
les plus convenables des foyers dans lesquels elles doivent être brûlées,
elles seront préférées aux houilles grasses dans un grand nombre de
cas, parce que les foyers à houilles sèches sont plus faciles à diriger que
ceux à houilles grasses, et que les houilles sèches peuvent produire
un plus grand effet utile, sous le même poids, que les autres houilles.
Les foyers sont plus faciles à diriger, parce que l'épaisseur de la
couche de combustible étant considérable, une petite variation d'épaisseur est sans influence, tandis qu'elle est très-grande dans les foyers
à houille produisant de la flamme. Malgré leur plus faible puissance
calorifique, l'effet utile des houilles sèches peut être plus grand que
celui des houilles flambantes, parce que les premières produisant peu
de gaz combustibles, on peut donner à la couche de combustible
l'épaisseur convenable pour ne laisser échapper du foyer qu'une
petite quantité d'air sans altération.

771. *Foyers à houilles sèches et à anthracite se délitant au feu.* —
Ces combustibles peuvent être brûlés dans des foyers ordinaires, en
employant quelques précautions pour le chargement de la grille, et
surtout en se servant des barreaux minces et peu écartés. Il serait toutefois préférable de les brûler dans les foyers à alimentation continue
que nous avons décrits (697). Il faudrait déterminer la hauteur de l'ex-

trémité du tuyau d'alimentation, de manière que la grille soit toujours couverte de combustible, et que la couche de moindre épaisseur soit convenablement déterminée. Mais ce mode de combustion exige que les combustibles ne laissent pas trop de résidus. En outre, il est probable que les veines d'air brûlé qui ont traversé des épaisseurs de combustibles très-différentes ne seront pas composées de la même manière ; que celles qui ont traversé les couches les plus minces renfermeront de l'oxygène libre, tandis que d'autres pourront contenir de l'oxyde de carbone ; il serait alors avantageux de mêler les veines par une introduction d'air extérieur, en donnant à la couche de moindre épaisseur une épaisseur suffisante pour absorber la totalité de l'oxygène de l'air. Pour les grands foyers, il faudrait évidemment employer plusieurs tubes d'alimentation.

772. *Foyers à bois et à tourbe.*— Ces combustibles produisent beaucoup de flamme et n'encrassent pas les grilles, car les résidus passent facilement à travers les barreaux. La meilleure disposition est celle qui est indiquée au n° 651 ; mais il serait très-avantageux de produire une injection d'air au delà de l'autel, comme je l'ai indiqué pour les houilles (767). Les foyers à flamme renversée (676, 677), sont très-faciles à diriger et produisent une combustion complète de la fumée ; mais ils appellent un excès d'air qu'il est difficile de modérer.

773. *Foyers à sciure de bois et à tannée en poudre.*— Ces combustibles doivent être brûlés sur des grilles horizontales, à grandes surfaces, afin que la vitesse de l'air y soit très-petite, et qu'il y ait peu de combustible entraîné. Pour éviter que le combustible ne passe à travers les barreaux de la grille, on peut la recouvrir d'une couche de 5 à 6 centimètres de coke ou d'escarbilles sur laquelle on le jette. Il y a toujours beaucoup de cendres entraînées, d'autant plus que la grille est plus petite relativement à la consommation, et par suite les carneaux doivent être souvent nettoyés. Pour ces foyers, comme pour les autres, des injections d'air seraient très-utiles.

Quant aux foyers employés en métallurgie, dans lesquels il est important d'obtenir la plus haute température possible, et, par conséquent, d'employer le plus faible excès d'air, la transformation préalable du combustible en gaz paraît être la condition la plus avantageuse.

LIVRE VI.

ÉMISSION ET TRANSMISSION DE LA CHALEUR.

774. Nous avons examiné, dans les livres précédents, tout ce qui se rattache à la production de la chaleur par la combustion; cette chaleur, produite dans les foyers, passe quelquefois directement dans les corps qui doivent être échauffés, comme dans les fourneaux métallurgiques et dans les fours à briques, etc.; mais, dans un grand nombre de cas, elle doit être employée à chauffer de l'eau, de l'air ou d'autres corps, par transmission à travers des enveloppes de diverses natures. Ainsi, pour compléter les considérations générales, qui doivent précéder l'examen détaillé des différents usages de la chaleur, il nous reste à parler de l'émission de la chaleur par les surfaces et de sa transmission à travers les corps.

CHAPITRE PREMIER.

ÉMISSION DE LA CHALEUR PAR DES SURFACES MAINTENUES A UNE TEMPÉRATURE CONSTANTE.

775. Le cas dont il est question est celui d'un tuyau chauffé intérieurement par la vapeur et exposé à l'air; celui d'un vase plein d'eau chaude, etc. La quantité de chaleur émise par une surface maintenue à une température constante et exposée à l'air, dépend de l'étendue de cette surface, de sa forme, de sa température et de celle de l'air; il est important d'en connaître la valeur en unités de chaleur, par unité de surface, pendant l'unité de temps, en fonction des éléments qui la font varier, du moins pour les cas qui se présentent ordinairement dans les applications.

Pour comprendre comment cette quantité de chaleur émise peut être déterminée, considérons un vase métallique plein d'eau chaude; les métaux étant fort bons conducteurs de la chaleur, la surface extérieure du vase sera à la température de l'eau qu'il contient. Supposons que le poids de l'eau, augmenté de celui du vase multiplié par sa capacité calorifique, soit représenté par P en kilogrammes, que S soit sa surface en mètres carrés, et que l'air extérieur soit à 0°; représentons par θ le temps, estimé en secondes, qui s'écoule pendant que l'eau se refroidit, de T degrés à T — 1 degrés. La quantité d'unités de chaleur perdue pendant le temps θ est évidemment égale à P, et doit être sensiblement la même que celle qui serait sortie du vase pendant le même temps, si sa température eût été constante et égale à la moyenne de T et de T — 1, c'est-à-dire à T — $\frac{1}{2}$. D'après cela, la quantité de chaleur M que perdrait par heure et par mètre carré la surface du vase, si la température était maintenue à T — $\frac{1}{2}$, serait

$$ M = \frac{P}{S} \cdot \frac{3600}{\theta} = \frac{1}{\theta} \cdot \frac{P \cdot 3600}{S} . $$

Ainsi, en observant les temps θ, θ', θ'', etc., qui correspondent à des refroidissements successifs de 1°, on en déduira les quantités de chaleur qui seraient émises par mètre carré et par heure pour les excès correspondants de température. Il restera ensuite à chercher par tâtonnement la loi que suivent ces résultats en fonction des excès de température.

776. Lorsqu'un vase plein d'eau chaude se refroidit, on appelle vitesse du refroidissement le rapport entre une variation très-petite de température dt et le temps $d\theta$ pendant lequel elle s'effectue; ainsi, on a $v = \dfrac{dt}{d\theta}$; or, comme Pdt représente la quantité de chaleur émise pendant le temps $d\theta$, si par un moyen quelconque la température du vase restait constante, les quantités de chaleur émises pendant le même temps deviendraient aussi constantes, et celle qui serait émise dans l'unité de temps serait évidemment égale à P$dt : d\theta$, ou à Pv. Ainsi, l'unité de temps étant la seconde, on aura aussi

$$ M = v \cdot \frac{P \cdot 3600}{S} . $$

En faisant $v = 1 : \theta$, ce qui revient à supposer la vitesse constante pendant le refroidissement de 1°, on retombe sur la première valeur de M.

777. *Loi de Newton.* — Newton avait admis que la vitesse du refroidissement dans l'air était proportionnelle à l'excès de la température du corps sur celle de l'air, et il avait posé la formule

$$ v = qt ; $$

t étant l'excès de température et q un coefficient variable avec la nature du corps; mais cette loi est inexacte : les vitesses varient beaucoup plus rapidement.

778. *Lois de Dulong et Petit.* — MM. Dulong et Petit ont fait de nombreuses expériences sur le refroidissement d'un thermomètre placé dans une enceinte fermée, remplie de différents gaz sous différentes pressions, et maintenue à une température constante par son immersion dans un bain. Ces habiles physiciens ont constaté les faits suivants :

1° Le refroidissement d'un corps résulte de son rayonnement et du contact du fluide environnant;

2° La vitesse du refroidissement provenant du rayonnement est la même pour tous les corps, mais sa valeur absolue varie avec la nature des surfaces. Elle est représentée par la formule

$$v = ma^{\theta}\left(a^{t} - 1\right),$$

dans laquelle m représente un nombre qui dépend de la nature de la surface du corps, a le nombre 1,0077, θ la température de l'enceinte, et t l'excès de la température du corps sur celle de l'enceinte;

3° La vitesse du refroidissement provenant du contact du fluide environnant est aussi la même pour tous les corps; mais sa valeur absolue est indépendante de la nature de la surface; elle ne dépend que de la forme du corps et de l'excès de sa température sur celle de l'enceinte. Cette vitesse pour l'air, sous la pression de 0,76, est représentée par la formule

$$v = nt^{1,233}$$

dans laquelle n est un nombre variable avec la forme et l'étendue de la surface du corps, et t l'excès de la température du corps sur celle de l'air environnant.

779. *Nouvelles expériences.* — En admettant que ces lois soient parfaitement exactes, les formules qui les représentent ne peuvent servir à rien tant que les coefficients m et n ne seront pas connus pour les différentes natures de surfaces et pour les différentes formes de corps. J'ajouterai que MM. Laprévotaye et Desains avaient trouvé, dans certains cas, des résultats qui ne s'accordaient point avec les formules ci-dessus. J'ai donc cru devoir reprendre la question, mais en la réduisant à l'étude du refroidissement des corps dans l'air, sous la pression ordinaire et dans des enceintes ternes; car le refroidissement d'un corps dans différents gaz, sous différentes pressions et dans des enceintes dorées ou argentées, est une question purement spéculative qui ne se rencontre jamais dans les applications.

780. On trouvera à la fin de cet ouvrage les détails des appareils et des méthodes de calcul employés dans les expériences; ici je me bornerai à quelques indications générales et à l'énoncé des résultats qui ont été obtenus.

781. Des expériences, qui avaient pour objet de trouver les valeurs absolues du refroidissement, ne pouvaient pas être faites sur de simples thermomètres; j'ai employé des sphères en laiton mince, dont les diamètres étaient compris entre $0^m 05$ et $0^m 30$; plusieurs cylindres dont les diamètres ont varié de $0^m 03$ à $0^m 30$, et les hauteurs de $0^m 05$ à $0^m 50$; plusieurs vases rectangulaires de dimensions différentes; tous ces vases ont été employés successivement nus et recouverts de diverses matières. L'eau qu'ils renfermaient était sans cesse agitée. Les températures étaient estimées au moyen de thermomètres très-sensibles. Les temps se mesuraient à l'aide d'un compteur de Bréguet à pointage. Les vases étaient placés dans une enceinte ouverte à double paroi, dont l'intervalle était rempli d'eau, et l'air s'y renouvelait en prenant la température de l'enceinte.

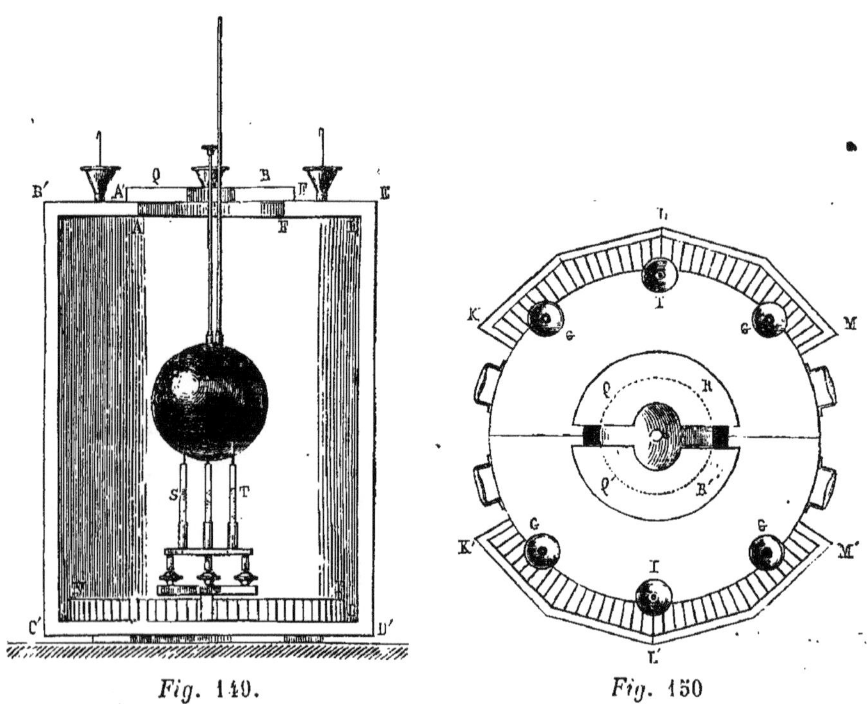

Fig. 149.   Fig. 150

782. Les figures 149 et 150 représentent, la première, une coupe

verticale de la chambre à température constante; la seconde, une projection horizontale.

ABCDEF et A'B'C'D'E'F' sont deux cylindres en tôle plombée, concentriques, dont l'intervalle est rempli d'eau; cette enveloppe est composée de deux parties égales, séparées par un plan vertical et qu'on maintient réunies par des crochets. Le cylindre intérieur a 1ᵐ de hauteur et 0ᵐ 80 de diamètre; l'intervalle qui sépare les deux enveloppes a 0ᵐ 03, et l'eau qu'il renferme est souvent agitée par des plaques horizontales annulaires, fixées à des tiges de fer verticales, qui sortent par les douilles G, G, G, G. Les températures de l'eau renfermée dans chaque moitié de l'enveloppe sont indiquées par des thermomètres placés dans les douilles I et I. KLM et K'L'M' sont deux canaux verticaux adossés à chacune des deux moitiés de la chambre; ils sont ouverts en dessus et communiquent par le bas chacun avec une des ouvertures N, P (*fig.* 149) pratiquées à la partie inférieure de chacune des deux moitiés de l'enceinte; ces canaux sont formés extérieurement par des planches de sapin, et renferment, dans toute leur hauteur, des plaques épaisses de tôle soudées perpendiculairement à la surface extérieure de l'enveloppe; chacune a 0ᵐ 10 de hauteur; une largeur égale à celle du canal et les plaques d'une même rangée horizontale sont placées au milieu des intervalles des plaques de la rangée qui précède et de celle qui suit; des plaques semblables existent dans les ouvertures N et P. QR et Q'R' sont deux demi-cylindres en fer-blanc fermés et pleins d'eau à la température ordinaire : ils servent à fermer plus ou moins l'orifice AF de la chambre. ST est un trépied à vis portant trois tubes de verre terminés par de petits bouchons de bois , dans lesquels pénètrent les extrémités des tiges de cuivre soudées à la partie inférieure du vase dont on veut observer le refroidissement.

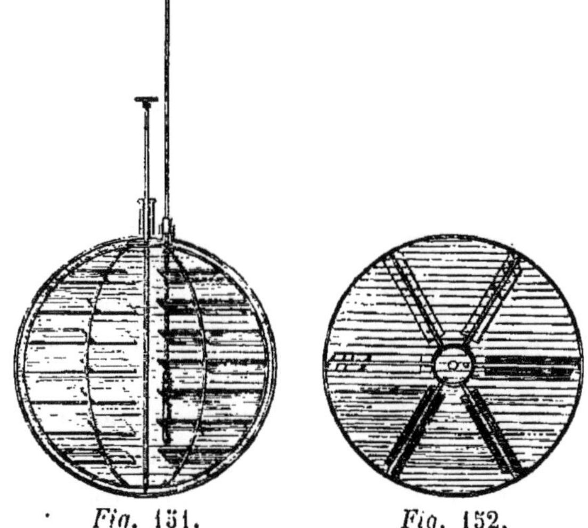

Fig. 151.   Fig. 152.

783. Les figures 151 et 152 représentent une coupe verticale et une coupe horizontale d'un vase sphérique garni de son agitateur. Les plaques destinées à agiter l'eau sont soudées à six demi-cercles en fer, fixés par la partie inférieure à l'axe et dont les extrémités supérieures se terminent à un petit cercle horizontal dans l'intérieur duquel passe le petit cylindre à jour destiné à recevoir le thermomètre. Les vases cylindriques, d'un grand diamètre, sont disposés de la même manière (*fig.* 153 et 154). Lorsque les cylindres n'ont qu'un petit diamètre, l'agitateur est placé à côté du cylindre à jour qui renferme le réservoir du thermomètre (*fig.* 155 et 156).

784. J'ai représenté dans les figures 157, 158, 159, 160, 161 diffé-

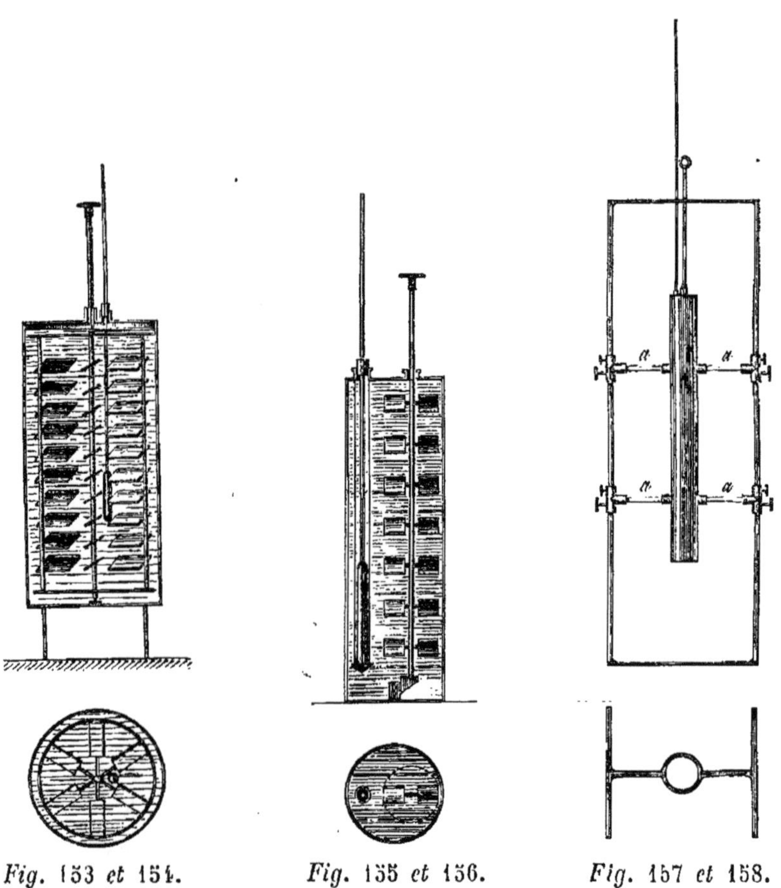

Fig. 153 et 154.   Fig. 155 et 156.   Fig. 157 et 158.

rentes dispositions qui ont été employées pour fixer, dans un cadre placé dans l'enceinte, des cylindres verticaux et horizontaux. Ces dispositions avaient pour objet de rendre les cylindres parfaitement immobiles, malgré les mouvements de l'agitateur. Les cadres sont en fer ou en laiton; les tiges a, a, a.... sont très-minces et en bois de sapin : elles pénètrent dans de très-petits appendices métalliques soudés aux vases.

Pour les cylindres placés horizontalement, la tige de l'agitateur tournait dans un bouchon qui fermait la tubulure ; il y avait un peu de jeu entre la tige et le bouchon, mais l'eau ne sortait pas à cause de la dilatation qu'éprouvait la petite quantité d'air restée dans le vase, dilatation due à la contraction de l'eau par le refroidissement.

La figure 162 est une coupe d'un vase cylindrique terminé par deux demi-sphères et renfermant deux agitateurs.

Lorsque les vases devaient être longs et étroits, j'employais des cylindres de fer étirés, remplis de mercure ; l'agitateur du liquide n'était plus nécessaire, et un thermomètre à long réservoir introduit dans le vase, en donnait exactement la température.

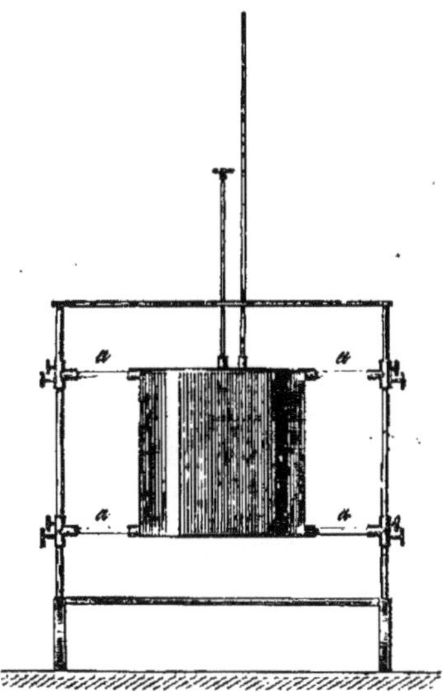

Fig. 159.

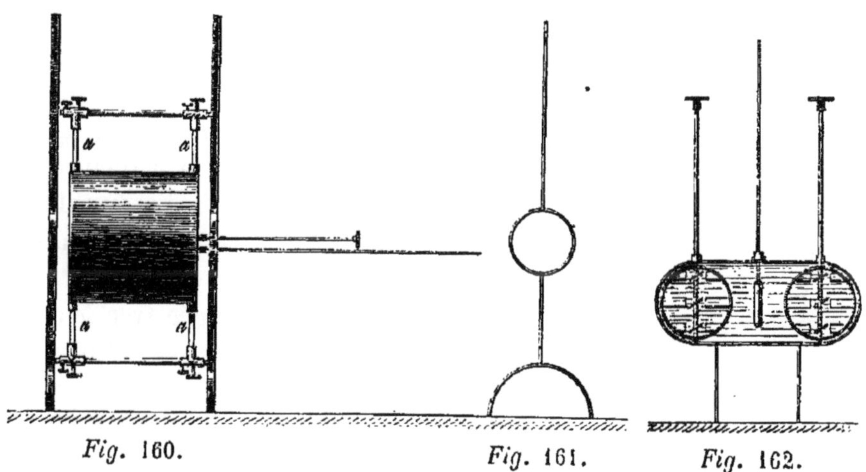

Fig. 160.

Fig. 161.

Fig. 162.

785. La figure 163 représente le petit appareil employé pour lire sur les échelles des thermomètres. Il se compose d'une petite plaque ab, recouverte de papier blanc ; c et d sont deux douilles à travers lesquelles passe la tige du thermomètre ; chacune renferme un petit anneau de liége que l'on comprime plus ou moins à l'aide d'une vis de pression ; au milieu de la plaque ab se trouvent deux petites tiges parallèles entre elles et perpendiculaires à la direction de la plaque, sur lesquelles sont

fixés, par des têtes de vis, deux fils métalliques très-fins, ou deux cheveux; ces fils déterminent un plan perpendiculaire à la tige du thermomètre et dans lequel l'œil doit être placé pour observer. Cette disposition était nécessaire à cause du mouvement que le thermomètre éprouve par suite de la rotation de l'agitateur, mouvement qui ne permettait pas de se servir d'un cathétomètre.

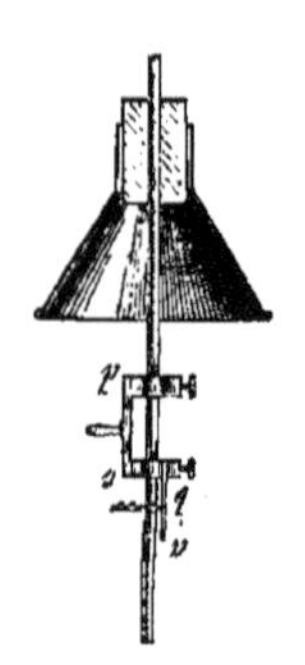

Fig. 163.

786. On voit dans la figure 164 l'appareil employé pour remplir les vases à certaines époques de leur refroidissement, condition indispensable pour que la surface de refroidissement restât constante. La condition à laquelle il fallait satisfaire est celle-ci : remplir d'eau un vase opaque, dont le niveau est descendu, sans sortir le vase de l'enceinte à température constante et sans faire déverser le liquide. L'appareil se compose d'un tube de verre AB ouvert par les deux bouts et garni d'une boule C ; à côté se trouve un autre tube de verre DEF, recourbé, également ouvert par les deux bouts ; les extrémités B et D sont à la même hauteur ; les deux tubes sont fixés, par leurs extrémités inférieures, dans un bouchon qui entre facilement dans une tubulure du vase ; le bouchon porte, à sa partie supérieure, une petite plaque de laiton d'un diamètre plus grand que celui de la tubulure, ce qui permet d'enfoncer toujours le bouchon de la même quantité ; lorsque le bouchon est en place, le point B est à la hauteur que le liquide doit atteindre. Pour remplir le vase, on enlève le bouchon mobile qui forme la tubulure, et on le remplace par le bouchon qui porte les tubes : la boule C étant pleine d'eau et l'extrémité A étant fermée avec le doigt, lorsque l'appareil est en place, on ouvre l'extrémité A et on aspire par l'extrémité F ; il est évident que le niveau du liquide dans le vase aura atteint les extrémités inférieures des tubes, quand on aspirera de l'eau par le tube DEF ; à cet instant, on ferme l'extrémité A, on enlève l'appareil et on remet le bouchon ordinaire dans la tubulure.

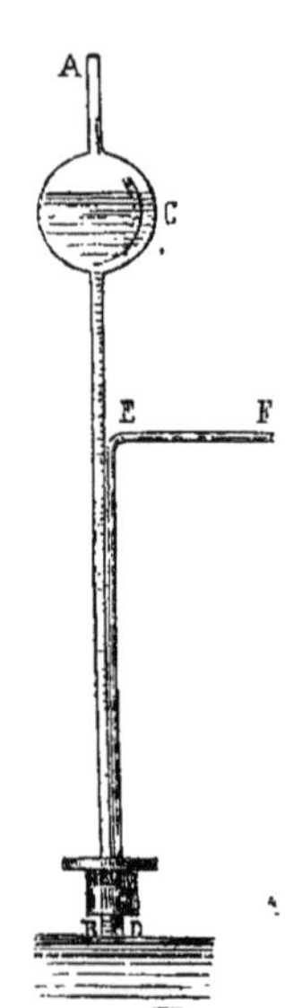

Fig. 164 .

787. Voici maintenant de quelle manière on opérait. Le vase étant rempli d'eau chaude et placé sur son support, on fermait l'enceinte ; on réglait l'ouverture de dégagement de l'air, de manière que sa surface fût à peu près égale à la section horizontale du vase ; l'agitateur de ce dernier était tourné d'une manière continue et ceux de l'enceinte étaient mis

de temps en temps en mouvement. On observait le temps que le thermomètre employait pour s'abaisser d'un petit nombre de divisions, à différentes époques. Les températures indiquées par le thermomètre étaient ramenées à ce qu'elles auraient été, si toute la tige avait été plongée dans l'eau, en admettant, ce qui a été constaté par l'expérience et par le calcul, que la tige était exactement à la température de l'air environnant. On déduisait facilement de ces expériences la vitesse du refroidissement cherchée.

788. Après avoir obtenu la valeur de v, et par suite (776) les valeurs de M, pour des excès de température compris entre 25° et 65°, j'ai cherché à les lier par une formule simple, et j'ai trouvé qu'elles satisfaisaient à la suivante :

$$M = at(1 + bt).$$

Cette formule s'accorde parfaitement avec celles de Dulong et Petit dans les limites de température que nous venons d'indiquer, et il en résulte que ces dernières formules sont très-probablement exactes jusqu'à un excès de température de 260°, comme ces deux célèbres physiciens l'ont indiqué.

Le refroidissement résultant à la fois du rayonnement et du contact de l'air, il était nécessaire, pour déterminer les coefficients de la formule, de séparer les effets produits par ces deux causes; j'ai employé pour cela la méthode suivante.

Supposons que M représente la quantité de chaleur perdue par un vase recouvert de noir de fumée, M′ celle qui est perdue par le même vase avec une surface brillante; désignons par A la quantité de chaleur perdue par le contact de l'air et qui est la même pour les deux surfaces; par R et R′ les quantités de chaleur perdues par le rayonnement du noir de fumée et du métal; on a

$$M = A + R \; ; \; M' = A + R' \; ; \text{ et par suite } \; M - M' = R - R'.$$

Supposons maintenant que $R = c\,R'$; la dernière équation deviendra

$$M - M' = R'(c - 1) \; ; \text{ d'où } \; R' = \frac{(M - M')}{c - 1} \; ;$$

et comme, $M = at\,(1 + bt)$, et $M' = a't\,(1 + b't)$, la valeur de R′ sera

$$R' = \frac{a - a'}{c - 1}\,t + \frac{ab - a'b'}{c - 1}\,t^2.$$

Ayant ainsi l'expression générale de la valeur de R′, celle de A s'en déduisait facilement, car on a $A = M′ - R′$.

Pour obtenir les rapports c des rayonnements, voici la méthode dont je me suis servi; elle repose sur une des lois de Petit et Dulong. Deux vases métalliques terminés d'un côté par une face plane, verticale, nue ou couverte de différentes matières, sont placés en regard, de manière que leurs surfaces planes soient parallèles et à des distances égales d'une pile thermo-électrique, en communication avec un rhéomètre très-sensible. L'une des surfaces est maintenue à une température constante, et on fait varier la température de l'autre jusqu'à ce que les effets produits sur les deux faces de la pile soient les mêmes, c'est-à-dire jusqu'à ce que l'aiguille du rhéomètre revienne au zéro. En désignant par m et $m′$ les pouvoirs rayonnants des deux surfaces, par t et $t′$ les excès de leurs températures sur celle θ de la pile, on a, d'après Petit et Dulong, pour les quantités de chaleur rayonnées, $ma^\theta(a^t - 1)$, et $m′a(a^{t′} - 1)$, et comme ces quantités sont égales, on en déduit

$$c = \frac{R}{R′} = \frac{m}{m′} = \frac{a^{t′} - 1}{a^t - 1}.$$

Il résulte de toutes ces expériences les formules suivantes :

789. La quantité de chaleur émise par rayonnement dans une enceinte dont la température diffère peu de 12° et pour des excès de température compris entre 25° et 65° est donnée par la formule

$$R = Kt(1 + 0{,}0056t) \quad \dots\dots\dots\dots\dots\dots\dots\dots (a)$$

K est un coefficient qui dépend de la nature de la surface; t est l'excès de température.

790. La quantité de chaleur perdue par le contact de l'air dans les mêmes circonstances est donnée par la formule

$$A = K′t(1 + 0{,}0075t) \quad \dots\dots\dots\dots\dots\dots\dots\dots (b)$$

K′ est un coefficient qui dépend de la forme et des dimensions du corps; t est l'excès de température.

791. Quand l'excès de température est faible, on peut négliger les termes du second degré, et on a pour la quantité totale de chaleur émise

$$M = R + A = (K + K′)t = Qt$$

c'est-à-dire la loi de Newton.

Les formules (a) et (b) n'ont été déterminées que pour des excès de température compris entre 25° et 65°; pour des excès de température plus considérables, il faudra se servir des formules de Petit et Dulong. Nous allons, en conséquence, énoncer ces formules d'une manière générale et donner les valeurs des coefficients K et K', pour les différentes surfaces et les différents corps, d'après les résultats de nos expériences.

Formules générales relatives à l'émission de la chaleur dans l'air.

792. La quantité de chaleur émise par une surface maintenue à une température constante, dépend du rayonnement et du contact de l'air; de sorte que, si on désigne par M la quantité totale de chaleur émise pendant un certain temps, par R et A, celles qui proviennent du rayonnement et du contact de l'air, on a

$$M = R + A \dots\dots\dots\dots\dots\dots\dots\dots (1)$$

793. *Chaleur émise par rayonnement.* — La quantité de chaleur émise par rayonnement, par unité de surface et par unité de temps, est indépendante de la forme et de la grandeur du corps, pourvu que sa surface n'ait pas de parties rentrantes; elle ne dépend que de la nature de la surface, de l'excès de sa température sur celle de l'enceinte et de la valeur absolue de cette dernière.

794. Lorsqu'un corps est placé dans une enceinte à surface terne, ce qui a presque toujours lieu, excepté dans des recherches de laboratoire, la quantité R de chaleur émise par rayonnement, par mètre carré et par heure, est donnée par la formule

$$R = 121,72 . Ka^{\theta}\left(a^{t} - 1\right) \dots\dots\dots\dots (2)$$

dans laquelle θ représente la température de l'enceinte, t l'excès de la température de la surface sur celle de l'enceinte, a un nombre constant égal à 1,0077, et K un nombre qui dépend de la nature de la surface.

VALEURS DE K POUR DIFFÉRENTES MATIÈRES.

Argent poli	0,13	Zinc	0,24
Papier argenté	0,42	Étain	0,215
Laiton poli	0,258	Tôle polie	0,45
Papier doré	0,23	Tôle plombée	0,65
Cuivre rouge	0,16	Tôle ordinaire	2,77

Tôle oxydée	3,36	Noir de fumée	4,01
Fonte neuve	3,17	Pierre à bâtir	3,60
Fonte oxydée	3,36	Plâtre	3,60
Verre	2,91	Bois	3,60
Craie en poudre	3,32	Étoffes de laine	3,68
Poussière de bois	3,53	Calicot	3,65
Charbon en poudre	3,42	Étoffes de soie	3,71
Sable fin	3,62	Eau	5,31
Peinture à l'huile	3,71	Huile	7,24
Papier	3,77		

795. Pour le papier et les étoffes, la couleur est sans influence. On voit, d'après ce tableau, que les matières pulvérulentes ont des pouvoirs émissifs peu différents. M. Masson avait déjà reconnu que toutes les matières en poudre très-fine, obtenues par précipitation et non cristallisées, ont le même pouvoir émissif.

796. Pour éviter les calculs qu'exigerait la formule (2), j'ai renfermé dans le tableau suivant les quantités de chaleur émises par rayonnement, par mètre carré et par heure, pour différents excès de tem-

EXCÈS de TEMPÉRATURE.	VALEURS DE R.	EXCÈS de TEMPÉRATURE.	VALEURS DE R.
10°	$11{,}2 \cdot \mathrm{K}$	130°	$239{,}3 \cdot \mathrm{K}$
	$1{,}14 \cdot \mathrm{K}(t-\theta)$		$1{,}87 \cdot \mathrm{K}(t-\theta)$
20	$23{,}2 \cdot \mathrm{K}$	140	$269{,}5 \cdot \mathrm{K}$
	$1{,}18 \cdot \mathrm{K}(t-\theta)$		$1{,}97 \cdot \mathrm{K}(t-\theta)$
30	$36{,}1 \cdot \mathrm{K}$	150	$302{,}1 \cdot \mathrm{K}$
	$1{,}22 \cdot \mathrm{K}(t-\theta)$		$2{,}06 \cdot \mathrm{K}(t-\theta)$
40	$50{,}1 \cdot \mathrm{K}$	160	$339{,}0 \cdot \mathrm{K}$
	$1{,}28 \cdot \mathrm{K}(t-\theta)$		$2{,}17 \cdot \mathrm{K}(t-\theta)$
50	$65{,}3 \cdot \mathrm{K}$	170	$377{,}4 \cdot \mathrm{K}$
	$1{,}35 \cdot \mathrm{K}(t-\theta)$		$2{,}27 \cdot \mathrm{K}(t-\theta)$
60	$81{,}7 \cdot \mathrm{K}$	180	$418{,}5 \cdot \mathrm{K}$
	$1{,}43 \cdot \mathrm{K}(t-\theta)$		$2{,}38 \cdot \mathrm{K}(t-\theta)$
70	$99{,}3 \cdot \mathrm{K}$	190	$463{,}2 \cdot \mathrm{K}$
	$1{,}50 \cdot \mathrm{K}(t-\theta)$		$2{,}50 \cdot \mathrm{K}(t-\theta)$
80	$118{,}5 \cdot \mathrm{K}$	200	$511{,}2 \cdot \mathrm{K}$
	$1{,}55 \cdot \mathrm{K}(t-\theta)$		$2{,}62 \cdot \mathrm{K}(t-\theta)$
90	$138{,}7 \cdot \mathrm{K}$	210	$563{,}1 \cdot \mathrm{K}$
	$1{,}59 \cdot \mathrm{K}(t-\theta)$		$2{,}75 \cdot \mathrm{K}(t-\theta)$
100	$161{,}3 \cdot \mathrm{K}$	220	$619{,}0 \cdot \mathrm{K}$
	$1{,}65 \cdot \mathrm{K}(t-\theta)$		$2{,}88 \cdot \mathrm{K}(t-\theta)$
110	$185{,}3 \cdot \mathrm{K}$	230	$679{,}5 \cdot \mathrm{K}$
	$1{,}72 \cdot \mathrm{K}(t-\theta)$		$3{,}03 \cdot \mathrm{K}(t-\theta)$
120	$211{,}3 \cdot \mathrm{K}$	240	$744{,}8 \cdot \mathrm{K}$
	$1{,}80 \cdot \mathrm{K}(t-\theta)$		$3{,}24 \cdot \mathrm{K}(t-\theta)$
130	$239{,}3 \cdot \mathrm{K}$	250	$818{,}7 \cdot \mathrm{K}$

pérature, en supposant l'enceinte à 15°, température ordinaire des lieux échauffés. Comme on peut supposer, sans erreur sensible, que la quantité de chaleur émise croît uniformément avec la température dans un intervalle de 10°, j'ai placé dans le tableau les formules qui représentent les quantités de chaleur émises en fonction de l'excès de température.

Si la température de l'enceinte était de

$$0° \quad 10° \quad 20° \quad 30° \quad 40° \quad 50° \quad 60° \quad 70° \quad 80° \quad 90° \quad 100°,$$

les nombres du tableau précédent devraient être multipliés par

$$0,89 \quad 0,96 \quad 1,04 \quad 1,12 \quad 1,21 \quad 1,31 \quad 1,41 \quad 1,52 \quad 1,65 \quad 1,78 \quad 1,92.$$

797. *Chaleur transmise par le contact de l'air.* — La perte de chaleur provenant du contact de l'air est indépendante de la nature de la surface du corps et de la température de l'enceinte ; elle ne dépend que de l'excès de la température du corps sur celle de l'enceinte, et de la forme et des dimensions du corps. Cette perte de chaleur, par mètre carré et par heure, est donnée par la formule

$$A = 0,552 K' t^{1,233} \quad \dots\dots\dots\dots\dots\dots\dots\dots\dots (3)$$

dans laquelle t représente l'excès constant de la température du corps sur celle de l'enceinte, et K' un nombre qui varie avec la forme et les dimensions du corps.

798. Pour les corps sphériques, on a

$$K' = 1,778 + \frac{0,13}{r} ;$$

r représente le rayon de la sphère. En prenant successivement pour r

$$0^m 5 \quad 0^m 10 \quad 0^m 20 \quad 0^m 40 \quad 0^m 80$$

on trouve pour K' les valeurs suivantes

$$4,38 \quad 3,08 \quad 2,43 \quad 2,10 \quad 1,94.$$

799. Pour les cylindres horizontaux à base circulaire, on a

$$K' = 2,058 + \frac{0,0382}{r}$$

r représentant le rayon du cylindre. En prenant successivement pour r

$$0^{m}05 \quad 0^{m}10 \quad 0^{m}15 \quad 0^{m}20 \quad 0^{m}25 \quad 0^{m}30 \quad 0^{m}40$$

on trouve pour K′

$$2,82 \quad 2,44 \quad 2,30 \quad 2,25 \quad 2,21 \quad 2,18 \quad 2,15.$$

800. Pour les cylindres verticaux, le refroidissement dépend à la fois de leur hauteur et de leur diamètre, et la valeur de K′ est donnée par l'équation

$$K' = \left\{ 0,726 + \frac{0,0345}{\sqrt{r}} \right\} \left\{ 2,43 + \frac{0,8758}{\sqrt{h}} \right\}$$

Dans cette formule, r est le rayon du cylindre, et h sa hauteur.

801. Le tableau suivant renferme les valeurs de K′ pour un certain nombre de hauteurs et de diamètres.

RAYON des CYLINDRES.	HAUTEUR DES CYLINDRES.						
	$0^{m}50$	1^{m}	2^{m}	3^{m}	4^{m}	5^{m}	10^{m}
$0^{m}025$	3,55	3,20	2,95	2,84	2,79	2,73	2,62
$0^{m}05$	3,22	2,90	2,68	2,57	2,52	2,48	2,38
$0^{m}10$	3,05	2,75	2,54	2,44	2,39	2,35	2,26
$0^{m}20$	2,93	2,65	2,45	2,35	2,30	2,26	2,17
$0^{m}30$	2,88	2,60	2,40	2,31	2,26	2,22	2,13
$0^{m}40$	2,85	2,57	2,37	2,28	2,23	2,20	2,11
$0^{m}50$	2,83	2,55	2,36	2,26	2,22	2,18	2,09

802. Pour les surfaces planes verticales, la valeur de K′ est donnée par la formule empirique, h étant la hauteur verticale de la surface,

$$K' = 1,764 + \frac{0,636}{\sqrt{h}} \quad \dots\dots\dots\dots\dots (7)$$

803. Le tableau suivant donne les valeurs de K' pour diverses valeurs de h.

VALEURS DE h.	VALEURS DE K'.	VALEURS DE h.	VALEURS DE K'.
0^m 10	3,848	2^m	2,21
0^m 20	3,186	3^m	2,13
0^m 30	2,926	4^m	2,08
0^m 40	2,770	5^m	2,05
0^m 50	2,66	10^m	1,96
0^m 60	2,585	15^m	1,92
1^m	2,400	20^m	1,90

804. Le tableau suivant renferme les quantités de chaleur émises par mètre carré et par heure pour différents excès de température, et, de même que pour le tableau (796), les formules qui donnent, pour un intervalle de 10°, les quantités de chaleur émise en fonction de l'excès de température.

EXCÈS de TEMPÉRATURE.	VALEURS DE A.	EXCÈS de TEMPÉRATURE.	VALEURS DE A.
10°	$9,4 \cdot K'$	130°	$223,1 \cdot K'$
	$1,05 \cdot K'(t - \theta)$		$1,74 \cdot K'(t - \theta)$
20	$22,2 \cdot K'$	140	$244,4 \cdot R'$
	$1,176 \cdot K'(t - \theta)$		$1,76 \cdot K'(t - \theta)$
30	$36,6 \cdot K'$	150	$266,1 \cdot K'$
	$1,27 \cdot K'(t - \theta)$		$1,79 \cdot K'(t - \theta)$
40	$52,2 \cdot K'$	160	$288,1 \cdot K'$
	$1,34 \cdot K'(t - \theta)$		$1,81 \cdot K'(t - \theta)$
50	$68,6 \cdot K'$	170	$310,5 \cdot K'$
	$1,40 \cdot K' t - \theta)$		$1,83 \cdot K'(t - \theta)$
60	$86,0 \cdot K'$	180	$333,2 \cdot K'$
	$1,46 \cdot K'(t - \theta)$		$1,85 \cdot K'(t - \theta)$
70	$104,0 \cdot K'$	190	$356,1 \cdot K'$
	$1,51 \cdot K'(t - \theta)$		$1,88 \cdot K'(t - \theta)$
80	$122,6 \cdot K'$	200	$379,4 \cdot K'$
	$1,55 \cdot K'(t - \theta)$		$1,90 \cdot K'(t - \theta)$
90	$141,7 \cdot K'$	210	$402,9 \cdot K'$
	$1,59 \cdot K'(t - \theta)$		$1,92 \cdot K'(t - \theta)$
100	$161,5 \cdot K'$	220	$426,7 \cdot K'$
	$1,63 \cdot K'(t - \theta)$		$1,95 \cdot K'(t - \theta)$
110	$181,5 \cdot K'$	230	$450,7 \cdot K'$
	$1,67 \cdot K'(t - \theta)$		$1,97 \cdot K'(t - \theta)$
120	$202,1 \cdot K'$	240	$475,0 \cdot K'$
	$1,70 \cdot K'(t - \theta)$		$1,99 \cdot K'(t - \theta)$
130	$223,1 \cdot K'$	250	$498,6 \cdot K'$

805. On voit, à l'inspection des deux tableaux (n° 796 et n° 804), que la formule de Newton est complétement inexacte ; les coefficients des valeurs de R et A, au lieu de rester constants, varient pour des excès de température compris entre 0° et 250°, le premier, dans le rapport de 1 à 3,24 ; le second, dans le rapport de 1 à 2. La loi de Newton n'est approchée que pour de faibles excès de température.

806. En résumant ce qui précède, on a pour la valeur de M

$$M = R + A = 124,72 K a^{\theta}\left(a^{t} - 1\right) + 0,552 K' t^{1,233} \quad \ldots \ldots (8)$$

Mais on pourra toujours, dans toutes les applications, calculer les valeurs de R et de A d'après les tableaux (796) et (804) ; on obtiendra ainsi, par des calculs très-simples, des approximations bien suffisantes.

807. Nous appliquerons ces formules à un cas qui se présente fréquemment : celui de tuyaux de fonte horizontaux chauffés par la vapeur à 100°, la température de l'enceinte étant de 15°.

Pour $r = 0^{m}05$, on a M = 128,6 . 3,36 + 132,15 . 2,82 = 432 + 373 = 805
» $r = 0^{m}10$ » M = 128,6 . 3,36 + 132,15 . 2,44 = 432 + 322 = 774
» $r = 0^{m}15$ » M = 128,6 . 3,36 + 132,15 . 2,26 = 432 + 299 = 731

Les quantités de vapeur condensées correspondantes sont $1^{k}50$; $1^{k}44$; et $1^{k}34$. Ces nombres sont un peu plus petits que ceux qui résultent des observations directes, probablement à cause de l'eau entraînée mécaniquement par la vapeur.

808. Pour un cylindre en tôle de 1^{m} de diamètre, placé dans un espace chauffé à 20°, et renfermant de la vapeur à 1, 2, 3, 4, 5, 6, 7, 8 atmosphères, les excès de température seraient de

| 80° | 101° | 115° | 125° | 133° | 140° | 146° | 152° |

et les quantités de chaleur transmises par mètre carré et par heure seraient de

| 671 | 915 | 1015 | 1224 | 1355 | 1428 | 1523 | 1619. |

809. Pour un tuyau de tôle horizontal de $0^{m}125$ de rayon renfermant de l'air à 150°, l'air extérieur étant à 15°, on aurait

$$M = 254 . 2,77 + 233 . 2,37 = 703 + 552 = 1255.$$

Influence des enveloppes sur l'émission de la chaleur.

810. *Influence des enveloppes fermées de toutes parts.* — Lorsqu'un vase rempli d'eau est environné de plusieurs enveloppes fermées de toutes parts, dont l'air ne peut pas se renouveler, la quantité de chaleur transmise diminue à mesure que le nombre des enveloppes augmente et suivant une loi qu'on peut déterminer au moins approximativement.

Considérons un vase métallique plein d'eau, environné d'abord d'une seule enceinte exactement fermée et assez éloignée de la surface du vase pour que l'air s'y meuve facilement. Désignons par S et S′ les surfaces du vase et de l'enveloppe, par t et t' les excès de leurs températures sur celles de l'air, admettons que la transmission de la chaleur ait lieu suivant la loi de Newton, qui est suffisamment exacte, quand les excès de température sont peu considérables. Si la température du vase reste constante, les quantités de chaleur émises par le vase et l'enveloppe seront (791) $Q(t-t')S$, et $Qt'S'$, et comme ces quantités doivent être égales, on aura

$$S(t-t') = S't' \quad ; \text{ d'où } \quad t' = t \cdot \frac{S}{S+S'} ;$$

la quantité de chaleur M émise par le vase, qui était QSt quand il était sans enveloppe, deviendra

$$M = Q\frac{SS't}{S+S'} .$$

811. Si le vase était recouvert de deux enveloppes, les surfaces étant S, S′, S″, les excès de température t, t', t''; les quantités de chaleur émises par le vase, la première et la seconde enveloppe seront $QS(t-t')$; $QS'(t'-t'')$ et $QS''t''$; ces quantités étant égales entre elles, on trouve pour la valeur de t'' et pour la quantité de chaleur émise

$$t'' = \frac{SS't}{SS''+SS'+S'S''} \quad ; \text{ et } \quad M = Q\frac{SS'S''t}{SS''+SS'+S'S''} .$$

812. Si le vase était recouvert de trois enveloppes, on trouverait de même pour la quantité de chaleur émise

$$Q = M \cdot \frac{SS'S''S'''t}{SS'S''+SS''S'''+S'S''S'''+SS'S''} .$$

813. Pour un nombre quelconque n d'enveloppes, la quantité de chaleur émise serait égale à celle qui serait émise par le vase libre, multipliée par le produit des surfaces de toutes les enveloppes, divisée par la somme des produits $n-1$ à $n-1$ des surfaces du vase et des enveloppes.

814. J'ai fait quelques expériences pour vérifier l'exactitude de ces formules, et j'ai obtenu des résultats qui s'accordent assez bien avec le calcul. J'ai d'abord employé un vase de fer-blanc cylindrique et terminé par deux cônes; les enveloppes étaient de même matière et de même forme, et leurs distances étaient à peu près de $0^m.005$; les surfaces du vase et des enveloppes étaient dans les rapports des nombres 260, 320, 420, 480, 560. Dans les mêmes circonstances, les quantités de chaleur émises par le vase seul et recouvert successivement de 1, 2, 3 et 4 enveloppes, ont été de

$$1 \qquad 0,59 \qquad 0,44 \qquad 0,34 \qquad 0,31,$$

tandis que celles qui résultent des formules sont

$$1 \qquad 0,57 \qquad 0,41 \qquad 0,33 \qquad 0,28.$$

815. Si les enveloppes différaient peu les unes des autres, en les regardant comme égales, la différence des températures de deux enveloppes consécutives serait constante et on aurait pour l'excès de température t' de la dernière enveloppe et pour la quantité de chaleur émise M

$$t' = \frac{t}{n+1} \quad ; \text{ et } \quad \mathrm{M} = \mathrm{Q} \cdot \frac{St}{n+1} \cdot$$

Cette égalité pourrait être obtenue, si le vase n'émettait de la chaleur que par une surface plane, et s'il y avait au delà une série de surfaces planes maintenues par un corps conduisant mal la chaleur. Quand les enveloppes sont très-grandes et suffisamment rapprochées, on peut aussi négliger les différences de leurs surfaces.

816. Lorsque les enveloppes ont des pouvoirs rayonnants très-différents, les calculs deviennent compliqués, et ne présentent plus autant de certitude. Je rapporterai seulement une série d'expériences faites sur le même vase dont j'ai déjà parlé, peint avec un vernis noir et recouvert d'enveloppes en fer-blanc. Le vase étant successivement seul et recouvert de 1, 2, 3, 4 enveloppes, les quantités de chaleur émises dans les mêmes circonstances ont été

$$1 \qquad 0,38 \qquad 0,33 \qquad 0,30 \qquad 0,25.$$

817. Le même vase de fer-blanc, mais sans vernis, ayant été exposé à l'air sans enveloppe, et ensuite placé sous une cloche de verre, les quantités de chaleur émises ont été dans le rapport des nombres 1 et 0,78; la surface du vase était de $0^m 026$ et celle de la cloche de $0^m 032$. Pour le même vase recouvert de noir de fumée et la même cloche, le rapport a été celui de 1 à 0,50. Les résultats ont été sensiblement les mêmes pour des cloches de verre ayant $0^m 0446$ et $0^m 0 611$. Pour une cloche de $0^m 1350$, le rapport a été celui de 1 à 0,61. Ainsi, on peut admettre que, quand les corps n'ont pas un grand pouvoir rayonnant, la quantité de chaleur émise est presque diminuée de moitié par une enveloppe de verre dont la surface n'excède pas le triple de la surface du corps.

818. Le même vase de fer-blanc, recouvert d'un vernis noir, étant environné successivement de 1, 2, 3, 4 cloches de verre, séparées par des intervalles de $0^m 005$, les quantités de chaleur émises, dans les mêmes circonstances, ont été de 1 ; 0,50 ; 0,34 ; 0,30. En plaçant autour du vase les deux dernières cloches, la quantité de chaleur émise a été de 0,42. Chacune des cloches de verre employées dans ces expériences était percée au sommet d'un orifice à travers lequel passait la tige du thermomètre (le réservoir plongeant dans le vase plein d'eau), et reposait sur une table de bois, recouverte d'une lame de ouate; on avait pris les précautions nécessaires pour éviter le passage de l'air par les orifices des cloches.

819. Les formules relatives aux enveloppes multiples ne se vérifient sensiblement que lorsque ces enveloppes sont assez éloignées les unes des autres pour que l'air se meuve facilement dans les espaces qui les séparent. Quand elles sont très-rapprochées, la quantité de chaleur transmise décroît avec leur nombre, suivant une loi beaucoup moins rapide. C'est un résultat tout à fait opposé à celui qu'on devait attendre, parce qu'il semble que, l'air étant gêné dans ses mouvements, la transmission d'une enveloppe à la suivante est uniquement due au rayonnement; mais il y a, par l'air immobile, une transmission directe dont il faut tenir compte. Nous verrons plus loin les formules applicables à ce cas particulier.

820. *Influence des enveloppes ouvertes à la partie supérieure et à la partie inférieure.* — Les enveloppes dont il est question, ralentissent le refroidissement dû au rayonnement, mais elles accélèrent celui qui provient du contact de l'air, en augmentant la vitesse de sa circulation. Pour reconnaître l'influence de ces enveloppes sur le refroidissement total, j'ai observé dans les mêmes circonstances le refroidissement d'un

vase noirci, quand il était sans enveloppe, et successivement environné de 1, 2, 3 et 4 cylindres de tôle ouverts par les deux bouts, ayant des diamètres croissants de $0^m 01$. Ces cylindres étaient suspendus de manière que l'air pût facilement y pénétrer. Pour un même abaissement du thermomètre du vase et la même température extérieure, il a fallu $13' 3''$; $19' 57''$; $16' 46''$; $15' 44''$; et $15' 40''$. Avec un cylindre de fer-blanc dont le diamètre excédait celui du vase de $0^m 03$, la durée du refroidissement a été de $17' 44''$.

Il résulte de là que, pour les corps ayant un grand pouvoir émissif, des enveloppes cylindriques de même hauteur, ouvertes par les deux bouts, ralentissent le refroidissement. Mais il n'en serait plus ainsi, si la vitesse de l'air, dans les espaces annulaires formés par le corps et les enveloppes, était augmentée par le prolongement des enveloppes, ou par toute autre cause; la vitesse du refroidissement pourrait non-seulement dépasser celle du corps sans enveloppe, mais elle pourrait augmenter indéfiniment avec la vitesse de circulation de l'air. Lorsque le vase est en métal poli, une seule enveloppe accélère le refroidissement; les autres sont sans influence.

Émission de la chaleur dans l'air par les tuyaux.

821. *Émission de la chaleur dans l'air qui parcourt un tuyau dont les surfaces sont maintenues à une température constante.* — Considérons un tuyau métallique dont la surface soit maintenue à une température constante, et dans lequel passe un courant d'air; supposons que toutes les veines élémentaires aient sensiblement la même vitesse, ou qu'une tranche d'air perpendiculaire à la surface du tuyau, prise à l'origine, conserve sa forme pendant qu'elle parcourt le tuyau. Dans son trajet, la circonférence de cette tranche sera à la température du tuyau et la chaleur se propagera de sa circonférence au centre; après un certain temps, la tranche d'air aura sensiblement la température du tuyau; si, à cet instant, elle n'a pas parcouru toute la longueur du tuyau, le reste de son parcours sera évidemment sans influence; si, à la sortie du tuyau, la chaleur n'a pas eu le temps de se propager jusqu'au centre, la température moyenne de la tranche sera d'autant plus élevée qu'elle sera restée plus longtemps dans le tuyau. La température de l'air sortant dépendra donc de la vitesse d'écoulement et de la longueur du tuyau.

Nous avons supposé que le tuyau était circulaire et que la tranche était toujours renfermée entre deux plans; mais tout ce que nous avons

dit est également vrai pour un tuyau de forme quelconque, et malgré la
différence de vitesse des veines élémentaires qui a toujours lieu ; seulement le temps nécessaire pour que le centre de la veine prenne la
température de la circonférence augmentera avec la différence de vitesse. Nous ajouterons que, quand le tuyau est horizontal, ou plus ou
moins incliné, la répartition de la chaleur dépend non-seulement de la
transmission à travers l'air, mais des mouvements qui résultent de l'é-
chauffement de l'air. On voit, d'après cela, combien les phénomènes
qui se produisent dans l'échauffement de l'air, qui parcourt un tuyau
à une température constante, sont compliqués ; on peut toutefois déduire de ce qui précède quelques principes généraux utiles dans certaines circonstances.

1° Lorsqu'un courant d'air parcourt un tuyau, maintenu à une température constante, supérieure à celle de l'air, en supposant que la vitesse, d'abord très-petite, augmente progressivement, l'air sortira à la
température du tuyau jusqu'à une certaine limite de vitesse qui dépendra du contour du tuyau, de sa section et des inégalités de vitesse
des différentes veines élémentaires. Cette vitesse augmentera à mesure
que le tuyau aura une plus petite section. Il est impossible de prévoir,
si, dans les mêmes conditions, cette vitesse serait plus grande ou plus
petite quand le tuyau est vertical que quand il est horizontal, parce
que, dans le premier cas, les accroissements de vitesse résultant de
l'échauffement contre les parois, appellent de l'air intérieur, tandis que,
dans le second cas, les couches d'air en contact avec la surface inférieure sont constamment déplacées, circonstances qui tendent toutes les
deux à répartir la chaleur.

2° Lorsque la limite de vitesse dont je viens de parler a été atteinte,
l'air s'échappe à une température décroissante, parce que dans chaque
tranche la température est décroissante de la circonférence au centre,
et d'autant plus que la vitesse de l'air est plus grande ; mais la quantité
de chaleur entraînée par l'air augmente avec sa vitesse ; c'est un fait
bien constaté par l'expérience, et qui s'explique facilement, en admettant que la somme des quantités de chaleur propagées dans chaque
tranche augmente très-rapidement avec le temps, car le nombre des
tranches écoulées dans l'unité de temps étant proportionnel à la vitesse, et le temps du séjour de chaque tranche étant en raison inverse
de la vitesse, si la quantité de chaleur qui se propage dans une tranche
croît très-rapidement avec le temps, la quantité de chaleur entraînée
par l'air augmentera avec la vitesse.

822. Dans la pratique, on peut admettre, comme une approximation

suffisante, que la quantité de chaleur émise par le tuyau est sensiblement égale à celle qu'il émettrait à l'air libre, par le contact de l'air, à une température moyenne entre celle de l'entrée et celle de la sortie. J'ai vérifié ce principe, au moyen d'un vase cylindrique de $0^m 40$ de hauteur et de $0^m 20$ de diamètre, percé au centre d'un canal de $0^m 10$ de diamètre, dont toutes les surfaces étaient couvertes de papier ; en observant le refroidissement, quand l'orifice du canal était ouvert et quand il était fermé, j'ai reconnu que dans ce dernier cas la perte de chaleur était à peu près la moitié de celle du tuyau central à l'air libre.

823. *Émission de la chaleur dans l'air qui parcourt un canal renfermant un tuyau maintenu à une température constante.* — Ce cas a la plus grande analogie avec le précédent, seulement la diffusion de la chaleur s'effectue plus rapidement, parce que les couches d'air concentriques vont en augmentant de surface à mesure qu'elles sont plus éloignées de la surface du tuyau, et la surface intérieure du canal étant chauffée par rayonnement échauffe aussi les couches d'air en sens contraire de l'échauffement par le tuyau. Ici, comme dans le cas précédent, il y a une limite de vitesse au-dessous de laquelle l'échauffement de l'air est complet, et au delà de laquelle la température de l'air diminue, quoique la quantité de chaleur entraînée croisse avec la vitesse.

824. Dans le cas dont il s'agit, on peut prendre approximativement, pour la quantité de chaleur émise, celle que le tuyau émettrait à l'air libre à la température moyenne entre celle d'entrée et celle de sortie.

825. A ce sujet, voici le résultat de deux expériences faites à la prison d'Étampes pour comparer les effets produits par des tuyaux verticaux et horizontaux, pleins d'eau chaude, placés dans un canal parcouru par l'air à échauffer.

Pour les tuyaux verticaux de $0^m 11$ de diamètre, ayant une surface de $1^{mq} 20$, le volume d'air, chauffé à 60° par heure, a été de 52^{mc}.

Pour les tuyaux horizontaux de $0^m 135$ de diamètre, ayant une surface de $2^{mq} 30$, le volume d'air, chauffé à 60° par heure, a été de 34^{mc}.

D'après ces expériences, il semblerait que les tuyaux transmettent plus de chaleur à l'air quand ils sont verticaux que quand ils sont horizontaux. Il est probable que les tuyaux renfermaient de l'eau sensiblement à la même température, mais il aurait fallu savoir comment étaient disposés les canaux renfermant les tuyaux; car si le canal horizontal était pratiqué dans le sol, et le canal vertical dans une muraille, ou en saillie, les quantités de chaleur transmises à travers les parois du canal auraient pu produire les différences observées; la section des canaux pouvait aussi avoir de l'influence. On ne peut donc réellement rien déduire de certain de ces expériences.

CHAPITRE II.

TRANSMISSION DE LA CHALEUR A TRAVERS LES CORPS SOLIDES.

826. Lorsqu'un corps solide est terminé par deux faces parallèles maintenues à des températures constantes, mais différentes, le corps est traversé par un flux constant de chaleur proportionnel à la surface et à la différence de température des deux faces, et en raison inverse de la distance de ces deux faces. Cette loi peut se déduire de la nature même du mouvement de la chaleur. En effet, considérons une plaque homogène, d'une épaisseur e, ayant une surface égale à l'unité, et dont les faces sont maintenues à des températures constantes t et t'. Imaginons que l'épaisseur de la plaque soit divisée en un très-grand nombre de tranches très-minces; la plaque entière étant évidemment traversée dans le même temps par une quantité de chaleur égale à celle qui traverse une partie quelconque de la plaque, la même quantité de chaleur devra passer dans le même temps à travers chacune des tranches élémentaires en question; or, comme pour un même corps, la quantité de chaleur transmise ne peut dépendre que de l'épaisseur et de l'excès de température, et que les épaisseurs sont les mêmes, il s'ensuit nécessairement que les excès de température des faces sont les mêmes, et par conséquent, que dans l'épaisseur de la plaque, la température varie uniformément de t à t'; mais la quantité de chaleur qui traverse une tranche étant la même que celle qui traverse un nombre quelconque de tranches, comme les différences de température des faces extrêmes sont proportionnelles aux nombres des tranches, et qu'il en est de même des épaisseurs, l'égalité en question ne peut subsister qu'autant que le flux de chaleur est proportionnel à l'excès de température et en raison inverse de l'épaisseur; on a donc:

$$\mathrm{M} = \frac{C(t - t')}{e} = (t - t') : \frac{e}{C}$$

Dans cette expression, M représente la quantité de chaleur transmise par unité de surface et dans l'unité de temps, t et t' les températures des deux faces, e l'épaisseur de la plaque, et C la *conductibilité* de la matière, c'est-à-dire la valeur de M pour $t - t' = 1$ et pour $e = 1$.

Cette formule a été vérifiée par expérience.

Nous examinerons successivement la conductibilité des corps bons conducteurs de la chaleur, c'est-à-dire des métaux, et ensuite celle des corps mauvais conducteurs.

Conductibilité des métaux.

827. Lorsqu'une barre métallique est maintenue par une de ses extrémités à une température constante, la chaleur se propage dans la barre et se perd par sa surface. En supposant que la barre soit assez longue pour que la chaleur ne parvienne pas à son extrémité, et qu'elle ait une section assez petite pour que tous les points de la même section aient sensiblement la même température, on trouve facilement par le calcul, pour l'excès de la température y d'une section sur celle de l'air, à une distance x de l'extrémité, la relation

$$y = Ae^{-x\sqrt{\frac{ph}{Cs}}}$$

dans laquelle A représente l'excès constant de la température de l'extrémité échauffée sur celle de l'air, s la section de la barre, p le contour de la section, h le coefficient de refroidissement et C la conductibilité de la barre.

828. En 1816, M. Biot a vérifié l'exactitude de cette formule par de nombreuses expériences (*Traité de physique*, 1816). Plus tard, en 1836, M. Despretz a fait de nouvelles expériences qui ont confirmé celles de M. Biot, et qui lui ont permis de déterminer les rapports de conductibilité des métaux. Ce physicien a donné pour ces rapports les nombres suivants :

Or	1000		Fer	374
Platine	981		Zinc	363
Argent	973		Étain	303
Cuivre	898		Plomb	179

829. Mais ces nombres ne peuvent pas être considérés comme très-exacts, d'abord parce que la loi de Newton, sur laquelle repose la formule (827), s'éloigne trop de la vérité quand les excès de température

sont considérables, et en outre parce que les températures des différents points des barres ont été mesurées en y creusant des trous pour y loger les réservoirs des thermomètres, circonstance qui produit des étranglements dans les barres, et doit avoir eu une certaine influence sur les résultats.

830. Les nombres trouvés par M. Despretz ne représentant que des rapports, ne pourraient servir à aucun calcul dans les applications, tant qu'on ne connaîtrait pas la valeur absolue de la conductibilité d'un de ces métaux. En 1841 j'ai repris la question, et j'ai fait, pour déterminer cette conductibilité en unités de chaleur, un grand nombre d'expériences dont on trouvera les détails dans une note placée à la fin de cet ouvrage; ici, je me bornerai à une description sommaire de l'appareil employé et à l'énoncé des résultats obtenus.

Un vase cylindrique, plein d'eau et environné d'une matière conduisant mal la chaleur, est fermé par une plaque métallique dont le contour est séparé de la paroi du vase par un anneau de liége; la surface inférieure de la plaque est chauffée par la vapeur, et on observe le réchauffement de l'eau qui est continuellement mise en mouvement par un agitateur. En admettant que la quantité de chaleur qui traverse la plaque soit proportionnelle à la différence de température de ces deux faces, on a, en observant que cette quantité de chaleur est proportionnelle à la vitesse de refroidissement (776),

$$d\mathrm{T} = - a\mathrm{T}dt \quad ; \text{ et } \quad m \log \mathrm{T} = \mathrm{C} - at$$

m étant le module des tables de logarithmes, 2,3025, et T la différence de température après le temps t. En désignant par A la température qui correspond à $t = 0$, comme on doit avoir dans ce cas $\mathrm{T} = \mathrm{A}$, on trouve $\mathrm{C} = m \log \mathrm{A}$, et la formule donne

$$a = \frac{m}{t} (\log \mathrm{A} - \log \mathrm{T}) \; ;$$

les logarithmes étant ceux des tables et a le refroidissement qui aurait lieu en une seconde pour un excès de température de 1°. Deux observations donnaient une valeur de a, et l'identité de ces valeurs déduites de différentes observations combinées deux à deux constatait l'exactitude de la loi supposée. Ces expériences, répétées avec des plaques de cuivre, de plomb, de zinc, d'étain, de fer et de fonte, ont donné les mêmes résultats. Mais, ce qui m'a d'abord beaucoup étonné, les valeurs de a étaient sensiblement les mêmes pour ces différents métaux, quelle que fût leur épaisseur, quoiqu'elle eût varié de 1 à 20 millimètres. Dans toutes ces expériences, j'avais remarqué une influence très-sensible de la vitesse de rotation de l'agitateur; la valeur de a augmentait ou diminuait notablement avec cette vitesse. En considérant, en outre, que la vapeur, en se condensant, devait couvrir la surface inférieure de la plaque d'une couche d'eau presque stagnante, il était très-probable que, dans ces expériences, la surface de la plaque chauffée par la vapeur n'était pas à 100°, et que l'autre face n'était pas non plus à la température indiquée par le thermomètre. La chaleur traversait réellement une lame métallique comprise entre deux lames d'eau, dont l'une était sensiblement immobile, et l'autre ne se renouvelait que entement; et, comme la conductibilité de l'eau est très-petite relativement à celle des métaux, l'influence de la conductibilité du métal disparaissait.

831. Pour vérifier cette conjecture, j'ai supprimé le chauffage par la vapeur; j'ai rempli le vase supérieur d'eau à 0°, et j'ai plongé la plaque, qui le fermait inférieurement, de 1 à 2 millimètres dans un vase rempli d'eau à la température ordinaire; j'ai terminé l'agitateur intérieur par des bandes de crin qui, dans le mouvement, rasaient la surface de la plaque, et l'eau qui mouillait l'autre face était renouvelée au moyen d'un ruban de fil tendu de champ dans un carré horizontal, auquel on donnait un mouvement rapide de va-et-vient. Par cette disposition l'échauffement de l'eau du vase était très-lent, et le liquide qui mouillait les faces de la plaque pouvait être renouvelé avec rapidité. En employant des plaques de plomb, ayant des épaisseurs comprises entre 0^m001 et 0^m025, les valeurs de a ont varié de 0,00060 à 0,00025. Les autres métaux ont donné des résultats analogues.

Je devais penser, d'après cela, qu'en augmentant beaucoup la vitesse de renouvellement des liquides qui baignent les deux faces des plaques, et en employant des plaques épaisses des métaux les moins conducteurs, on arriverait à des coefficients qui seraient dans le rapport inverse des épaisseurs.

832. Je disposai pour cela un nouvel appareil, dans lequel l'agitateur intérieur était mis en mouvement par un système d'engrenage; l'agitateur extérieur consistait en une roue horizontale excentrique au vase, également mise en mouvement par un engrenage, et dont les rayons étaient formés par des tresses fortement tendues, qui, dans le mouvement de rotation, frottaient contre la surface extérieure de la plaque.

La figure 165 représente une coupe verticale de ce dernier appareil, la figure 166 une projection horizontale, et la figure 167 une coupe à plus grande échelle de la partie inférieure du vase. ABCD est un vase en fer-blanc fermé inférieurement par la plaque métallique E, dont la figure 167 indique le mode d'ajustement. Ce vase renferme un tube en cuivre qui porte des palettes placées à différentes hauteurs et à la partie inférieure des toiles de crin ; le tube est guidé dans son mouvement par deux anneaux qui l'enveloppent et qui sont fixés dans leurs positions par les tiges I I et I'I', et il est terminé supérieurement par une petite roue dentée mise en mouvement au moyen de la manivelle M'.

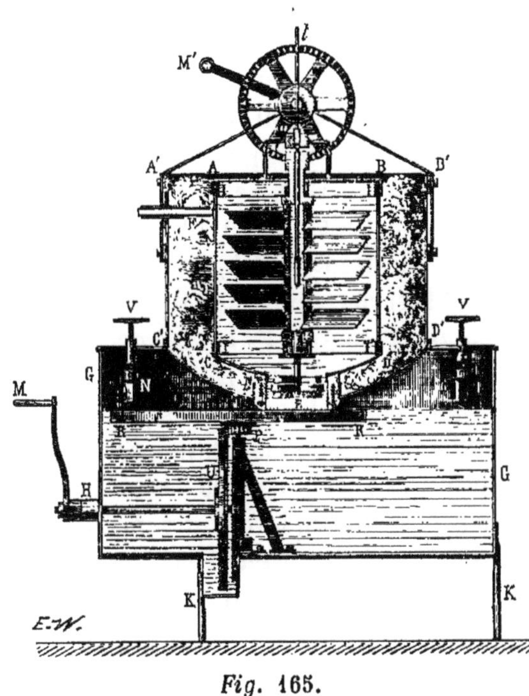

Fig. 165.

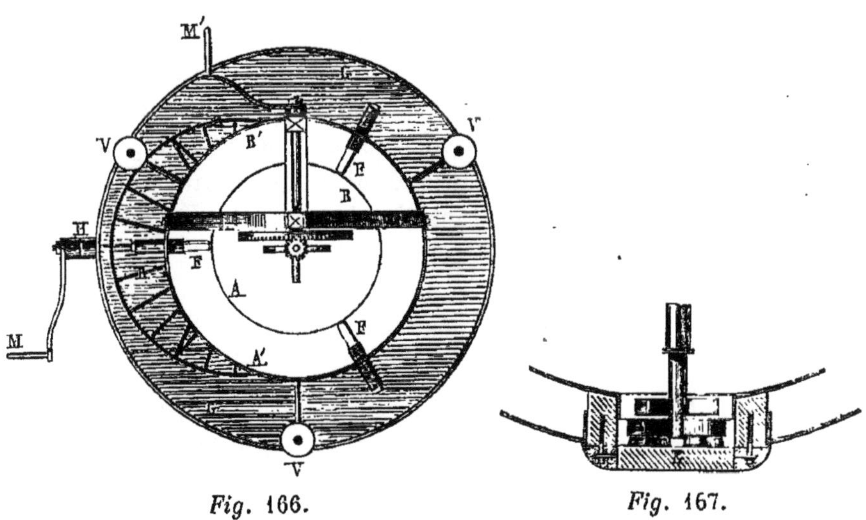

Fig. 166.

Fig. 167.

Le vase est fermé par un couvercle dont les bords sont mastiqués, et à travers lequel passe le tube qui porte les ailes destinées à agiter le liquide; ce couvercle porte un anneau O, suspendu à 1 centimètre au-dessus du tuyau, dans lequel on place un bouchon percé, à travers lequel passe la tige du thermomètre dont le réservoir se trouve à peu près au milieu du vase, et qui reste fixe pendant le mouvement des agitateurs. A'B'C'D' est un second vase qui enveloppe le premier, auquel il est fixé par trois tiges de verre F,F,F ; il est rempli de coton cardé, et garni de trois pieds à vis V,V,V, qui se placent sur les supports N, N, soudés au vase inférieur GG ; le vase A'B'C'D' supporte la roue dentée à manivelle qui engrène avec le pignon du tube central. Enfin le vase GG renferme une roue horizontale RR, dont les ailes en tresse frottent dans leur mouvement la surface inférieure de la plaque E ; cette roue est mise en mouvement par le pignon P, la roue dentée U et la manivelle M, dont l'axe traverse la boîte à étoupe II.

Au moyen de cet appareil j'ai pu renouveler 1600 fois par minute le liquide en contact avec les faces de la plaque métallique. En plaçant dans le vase ouvert de l'eau à peu près à 24°, dans le vase intérieur de l'eau à la température ordinaire, et en employant des plaques de plomb, l'une de 0^m020, l'autre de 0^m015 d'épaisseur, dans les mêmes circonstances, la durée du même réchauffement du vase intérieur a été de 500″ pour la première plaque, et de 380″ pour la seconde ; ce dernier chiffre ne diffère que de 5″ des trois quarts du premier. Ainsi l'on peut considérer la loi des épaisseurs comme vérifiée directement.

Dans ces expériences, la température moyenne du bain extérieur a été de 24° 04, et n'a différé des températures extrêmes que d'une petite fraction de degré ; les excès de températures au commencement et à la fin des expériences étaient 8° 91 et 9° 55. Alors la quantité de chaleur transmise à travers la plaque de 0^m020 d'épaisseur était 0,000294 par minute ; le poids de l'eau renfermée dans le vase, augmenté du poids du vase multiplié par sa capacité calorifique, étant de 3^k287, la quantité de chaleur qui serait transmise à travers la plaque pour une différence de température de 1°, serait égale à

$$0,000294 \times 3,287 = 0,000966 ;$$

et comme la plaque avait $0^m005026$ de surface, la quantité d'unités de chaleur qui serait transmise dans les mêmes circonstances à travers 1 mètre carré, serait

$$0,000966 \times \frac{1}{0,005026} = 0,192$$

et pour une plaque de 1^m d'épaisseur, et pendant une heure, elle serait

$$0,192 \cdot 0,02 \cdot 3600 = 13,83.$$

833. Alors, en admettant les rapports de conductibilité des métaux trouvés par M. Despretz, on obtient les nombres suivants pour les quantités de chaleur qui seraient transmises dans une heure à travers des plaques de 1 mètre carré de surface, de 1 mètre d'épaisseur, et dont les surfaces seraient maintenues à des températures constantes qui différeraient de 1°.

Or.................	77	Fer.................	28
Platine.............	75	Zinc...............	28
Argent.............	74	Étain..............	22
Cuivre.............	69	Plomb.............	14

Mais ces conductibilités ont été obtenues dans des circonstances particulières qui ne se rencontrent jamais dans la pratique.

D'après d'anciennes expériences de Clément, une plaque de cuivre de 1 mètre carré de surface, de 2 à 3 millimètres d'épaisseur, en contact d'un côté avec de la vapeur à 100°, et de l'autre avec de l'eau à 28°, condense par heure 100^k de vapeur, pour une différence de température de 72", et par conséquent $1^k 30$ pour une différence de 1°.

D'après des expériences plus récentes de MM. Thomas et Laurens, dans lesquelles le cuivre était disposé en un seul tuyau d'un petit diamètre, on a évaporé 400^k d'eau par heure et par mètre carré, pour une différence de température de 45°, ce qui fait 9^k, pour une différence de température de 1°. Le chiffre obtenu par MM. Thomas et Laurens est beaucoup plus élevé que celui de Clément, parce que la surface de transmission étant celle d'un tuyau d'un petit diamètre, l'air était complétement expulsé, circonstance qui augmente beaucoup la quantité de vapeur condensée.

On voit que dans les circonstances même les plus favorables, le chiffre obtenu pour la transmission de la chaleur à travers le cuivre, quand on ne renouvelle pas le liquide qui mouille les surfaces, est beaucoup plus petit que celui qui résulte des expériences que nous avons rapportées, à cause de la couche d'eau sensiblement immobile qui recouvre au moins une des surfaces.

834. Ainsi, quoique les lois de la transmission de la chaleur à travers les plaques, admises par les physiciens, soient exactes, ces lois ne sont point applicables à la transmission de la chaleur d'un liquide à un autre, à travers une plaque métallique; et on peut admettre que, dans les limites d'épaisseurs généralement employées, la nature et l'épaisseur du métal sont sans influence sensible; mais si, dans certains cas, il y avait un grand avantage à augmenter cette transmission, même en dépensant du travail, on y parviendrait par une agitation qui renouvellerait très-rapidement les couches liquides en contact avec les surfaces des plaques.

Tout ce qui précède suppose que les deux surfaces des plaques sont en contact avec des liquides, et par conséquent ne doit être appliqué qu'au chauffage des liquides par des liquides, ou par la vapeur; car la vapeur, en se condensant contre les surfaces des plaques, les mouille, et tout se passe comme si le chauffage avait lieu par un liquide. Mais quand les liquides sont chauffés par des gaz, et quand les gaz sont chauffés par d'autres gaz, en est-il encore ainsi? C'est ce que nous allons examiner.

835. Parlons d'abord du chauffage des liquides par les gaz: c'est, par exemple, le cas des chaudières à vapeur, du moins pour la partie des chaudières qui ne reçoit pas le rayonnement du foyer. Je n'ai point fait d'expériences directes à ce sujet; mais les résultats de la pratique ne permettent pas de douter que, si la nature et l'épaisseur du métal ont une influence, elle est très-petite; car on a reconnu depuis longtemps que les chaudières de fonte, de cuivre et de tôle de mêmes dimensions, mais dans lesquelles le métal a des épaisseurs très-variables, donnent sensiblement les mêmes produits dans les mêmes circonstances: c'est un fait sur lequel tous les ingénieurs sont d'accord. On peut d'ailleurs facilement s'en rendre compte. Lorsque l'épaisseur du métal augmente ou que sa conductibilité diminue, la température de sa surface extérieure augmente: c'est un fait bien constaté, car dans les chaudières de fonte, la surface extérieure rougit souvent, et quant aux chaudières de fer, l'altération qu'elles éprouvent par l'action de la chaleur augmente avec leur épaisseur; mais comme la quantité de chaleur qui se transmet augmente avec la température de la surface extérieure, on conçoit que l'influence de la nature et de l'épaisseur du métal doit être très-faible. C'est d'ailleurs ce qui a été constaté par des expériences récentes de M. Boutigny; en faisant évaporer de l'eau dans des capsules d'argent, de même forme et de mêmes dimensions extérieures, mais d'épaisseurs très-différentes, les quantités d'eau évaporées, dans les mêmes circonstances et dans le même temps, ont été exactement les mêmes.

836. Quant à la transmission de la chaleur d'un gaz à un autre gaz

à travers une plaque métallique, comme, à volume égal, les gaz ont une chaleur spécifique beaucoup plus petite que les liquides, et que leur conductibilité est très-faible, on peut regarder l'influence de la nature et de l'épaisseur de la plaque comme étant absolument nulle, attendu que la quantité de chaleur qui peut traverser la plaque, même dans les cas les plus défavorables, est incomparablement plus grande que celle qui la traverse réellement, et par conséquent, dans aucun cas, l'épaisseur du métal ne peut ralentir la transmission. La quantité de chaleur qui traverse la plaque est uniquement déterminée par la différence de température des deux gaz, les pouvoirs absorbants et émissifs des deux surfaces de la plaque, et surtout par les mouvements des lames de gaz qui sont en contact avec les surfaces de la plaque métallique.

Ainsi on voit que, dans tous les cas, le renouvellement rapide des couches de liquide ou de gaz, qui touchent les surfaces de la plaque métallique, a une très-grande influence sur la transmission de la chaleur, mais que cette circonstance est beaucoup plus importante pour les gaz que pour les liquides.

837. On doit donc chercher la disposition des appareils la plus favorable à ce renouvellement, par l'effet seul des mouvements que les fluides doivent prendre pour entrer et sortir des appareils, et par ceux qui résultent du réchauffement et du refroidissement. Mais, pour les gaz, on peut en outre produire artificiellement dans leurs masses des mouvements qui occasionnent un renouvellement rapide des couches en contact avec les surfaces métalliques, soit par une action directe qui n'exigerait qu'un faible travail, soit en employant une partie de la force qui résulte de l'écoulement.

838. Considérons, par exemple, de l'air brûlé à une haute température, s'écoulant dans un canal cylindrique horizontal, environné d'eau qu'il doit échauffer. Les couches d'air qui sont en contact avec le métal se refroidissent très-rapidement; mais toutes les petites veines élémentaires n'ayant qu'une vitesse parallèle à l'axe du canal, les couches changeront de place très-lentement; car la seule cause du changement réside dans l'accroissement de densité qui résulte du refroidissement; elle n'existe que pour la moitié supérieure du canal, et elle ne tend à produire le déplacement qu'avec une faible vitesse. Il en serait évidemment de même pour toute autre direction du canal. On conçoit, d'après cela, que si la section du canal est très-grande, ainsi que la vitesse de l'air brûlé à sa sortie, la plus grande partie des veines centrales n'auront pas été amenées en contact avec l'enveloppe, et

qu'elles auront conservé leur température primitive. Mais si on plaçait dans le canal des roues à palettes montées sur le même axe et mises en mouvement par un moteur quelconque, les veines centrales seraient jetées à la surface intérieure du cylindre, et on obtiendrait ainsi un bien plus grand refroidissement du gaz. Le mouvement du gaz du centre à la circonférence pourrait même être produit par le mouvement de translation du gaz lui-même; il suffirait, pour cela, de placer dans le canal un certain nombre de roues à palettes inclinées sur l'axe comme les ailes des moulins à vent; ces appareils, auxquels le mouvement de translation du gaz imprimerait une certaine vitesse de rotation, produiraient évidemment l'effet des roues à palettes dont les plans passent par l'axe de rotation.

839. On pourrait encore augmenter la transmission de la chaleur par un autre procédé qui, dans certains cas, pourrait être très-efficace.

Nous avons vu que dans la transmission de la chaleur à travers une plaque, il faut distinguer l'absorption par une des faces, l'émission par l'autre et la transmission à travers la plaque ; et nous savons que, dans les circonstances ordinaires, la quantité de chaleur que peut transmettre la plaque est beaucoup plus grande que celle qu'elle peut absorber ou émettre. Il résulte de là que si, au lieu d'employer des plaques façonnées de différentes manières, on se servait de plaques traversées par des barres, plongeant jusqu'à une certaine profondeur dans les deux fluides liquides ou gazeux, dont l'un doit échauffer l'autre, on augmenterait l'étendue des surfaces en contact avec les deux fluides, et par suite l'effet produit ; d'autant plus que les lames des fluides en contact avec les surfaces des barres seraient constamment renouvelées par le mouvement de translation des fluides.

Considérons, par exemple, un canal horizontal parcouru par de l'air brûlé, et devant servir à échauffer de l'air que l'on fait mouvoir, en sens contraire, dans un canal enveloppant; si la surface du canal intérieur est traversée par des barres métalliques qui se prolongent en dehors d'une certaine quantité, et si elles ne sont pas disposées dans les mêmes plans, les parties intérieures des barres s'échaufferont dans toute leur étendue, et cette chaleur se dissipera sur les surfaces extérieures; le courant d'air brûlé pourra être refroidi uniformément dans tous les points de sa section, et la chaleur sera transmise dans tous les points de la section du courant d'air extérieur. Cette disposition peut être utile, surtout quand il est important d'effectuer la transmission dans un petit espace ; mais elle a souvent des inconvénients, soit

pour la construction des appareils, soit par la difficulté de nettoyer les
surfaces d'absorption ou d'émission.

840. En principe, toutes les fois qu'il s'agit de faire passer de la
chaleur d'un corps en mouvement dans un autre, il est important que
ce dernier se meuve en sens contraire; car, à mesure que le corps
chaud marche, il rencontre le corps auquel il doit transmettre sa chaleur à une plus basse température, et la transmission continue, ce qui
n'arriverait pas si les corps marchaient dans le même sens. Considérons, par exemple, deux tuyaux concentriques, le tuyau intérieur
parcouru par l'air chaud ou de l'eau chaude; l'intervalle des deux
tuyaux, que je suppose d'une section égale à celle du tuyau intérieur
parcouru par de l'air froid ou de l'eau froide, mais en sens contraire;
si les tuyaux ont une assez grande longueur, et les fluides une assez
faible vitesse, il est évident qu'il y aura un échange complet de température à la sortie de l'air ou de l'eau, tandis que si les deux fluides
marchaient dans le même sens, comme l'un se refroidit et que l'autre
s'échauffe, leurs températures se rapprocheraient constamment, elles
finiraient par être égales, et, à partir de ce point, la transmission s'arrêterait.

Conductibilité des corps mauvais conducteurs.

841. Il n'en est pas des corps mauvais conducteurs comme des métaux ; dans presque tous les cas ils propagent toute la chaleur qu'ils
peuvent réellement transmettre et leur faculté conductrice est très-
importante à connaître.

M. Despretz est le seul physicien qui se soit occupé de la conductibilité de quelques-uns de ces corps. Des expériences faites sur la
propagation de la chaleur à travers des barres de marbre, de porcelaine et de terre cuite, ont donné pour le rapport de conductibilité de
ces trois corps, les nombres 23,6; 12,2; 11,4. Mais ce mode d'expérience présente, indépendamment des causes d'erreur que nous avons
signalées (829), en parlant de la conductibilité des métaux, celle qui
résulte de l'hypothèse de l'uniformité de température dans tous les
points d'une même section, hypothèse qui s'éloigne d'autant plus de la
vérité que le corps est plus mauvais conducteur. D'ailleurs, les résultats de ces expériences, en supposant même qu'ils fussent parfaitement
exacts, ne donnant que des rapports, ne pouvaient servir à rien dans
les applications.

842. Dans la seconde édition de cet ouvrage, j'ai donné les résultats
de quelques expériences faites pour déterminer la conductibilité des

corps dont il s'agit ; mais les méthodes que j'avais employées n'étaient pas assez exactes pour donner, dans tous les cas, des résultats suffisamment approchés. J'ai repris ces recherches en employant des méthodes variées et plus exactes ; les détails de ces expériences sont renfermés dans une note placée à la fin de cet ouvrage ; ici je me bornerai à un aperçu de ces méthodes et à l'énoncé des résultats obtenus.

843. Dans la première méthode que j'ai employée, le corps mauvais conducteur était renfermé entre des sphères de cuivre mince ; la sphère intérieure était pleine d'eau chaude constamment agitée, et la sphère extérieure était plongée dans un bain renfermant un grand volume d'eau à la température ordinaire, constamment agitée, très-près de la surface de la sphère. Il résulte du calcul que, pour certaines relations entre les températures des différents points de l'enveloppe sphérique au commencement des expériences, et auxquelles satisfont les corps qui ne sont pas trop mauvais conducteurs, le refroidissement de l'eau chaude suit la loi de Newton ; et on peut facilement déduire le coefficient de conductibilité de celui du refroidissement. Pour le sable quartzeux, la poudre de bois d'acajou et la colle d'amidon, la vitesse du refroidissement suivait exactement la loi indiquée, et j'ai pu obtenir la valeur de la conductibilité de ces matières. Mais, pour le coton et les charbons en poudre, le refroidissement suivait une loi plus rapide, et les expériences n'ont conduit à rien de certain ; seulement, pour le coton, la vitesse du refroidissement, dans les mêmes circonstances, ayant été sensiblement la même pour des densités comprises entre 0,0077, et 0,076, j'ai dû en conclure que la conductibilité du coton est indépendante de sa densité, et par conséquent que la conductibilité de la fibre ligneuse est égale à celle de l'air stagnant.

844. La figure 168 représente une coupe verticale de l'appareil. ABCD est un cadre en cuivre qui se place dans une cuve en fer plombée, pleine d'eau à la température ordinaire. Sur la barre inférieure BC se trouvent trois roues dentées horizontales E, F, G (*fig.* 169) ; la première E reçoit un mouvement de rotation par la tige verticale HI, fixée par la partie inférieure au centre de la roue et munie à sa partie supérieure de la manivelle K ; L est une douille destinée à maintenir la tige. La roue G est percée au centre d'une ouverture circulaire à travers laquelle passe la douille fixe M, dans laquelle s'engage la tige N, soudée à la surface de la sphère extérieure, et qui est destinée à la soutenir. La roue G porte un cercle horizontal (*fig.* 170) à huit rayons, garnis chacun d'une plaque de cuivre P inclinée à 45° ; à sa circonférence se trouvent huit tiges verticales Q, Q, reliées entre elles à la partie supérieure par un

autre cercle horizontal; sur chacune de ces tiges on fixe avec des vis des portions de cercle RR, R'R', garnies d'un grand nombre de petites

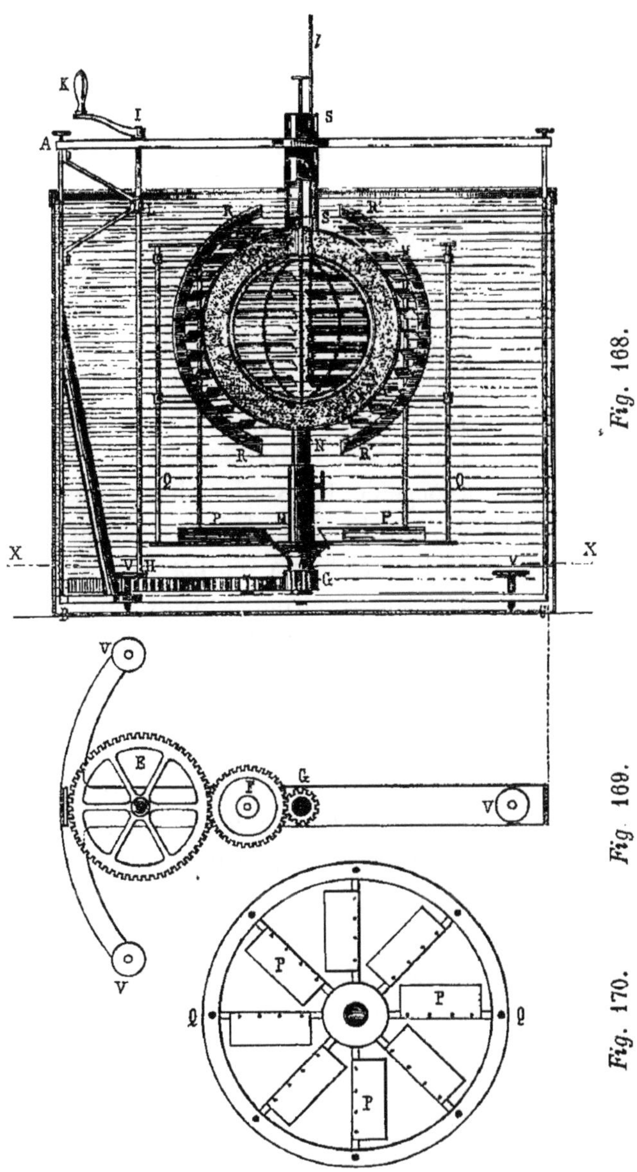

plaques de cuivre inclinées, dont les côtés sont très-rapprochés de la surface extérieure de l'enveloppe sphérique. SS est un cylindre en cuivre mastiqué à la partie supérieure de l'enveloppe extérieure ; il recouvre trois douilles qui communiquent avec la sphère intérieure ; dans l'une passe la tige du thermomètre, dans une autre la tige de l'agitateur, et la troisième, ordinairement fermée, peut recevoir un bouchon qui porte les tubes destinés à remplir le vase intérieur quand le niveau de l'eau a baissé. La surface extérieure de la petite sphère et la surface intérieure de la grande sphère sont couvertes de noir de fumée. La surface de la sphère extérieure est composée de deux parties qui se réunissent par emboîtement; le joint est rendu étanche avec de la cire. Des thermomètres, qui ne sont pas indiqués dans les figures, donnaient la température de l'eau du bain. Pendant toute la durée de l'expérience, l'eau intérieure était agitée par une disposition analogue à celle qui a été employée dans les expériences sur le refroidissement (782), et l'eau extérieure au moyen de la manivelle K. La vitesse du refroidissement se mesurait comme dans les expériences sur le refroidissement dans l'air, et en faisant de la même manière les corrections relatives à l'eau qu'on introduisait dans le vase, avant chaque observation, pour le maintenir plein.

845. Dans la seconde méthode, je me suis servi d'une enveloppe cylindrique, formée du corps dont je voulais déterminer la conductibilité; elle était chauffée intérieurement par la vapeur, et sa surface était exposée à l'air dans l'enveloppe à température constante, employée pour les expériences sur le refroidissement dans l'air. Lorsque le régime est établi, la quantité de chaleur qui traverse l'enveloppe est évidemment égale à celle qui s'échappe par sa surface; or, il existe une relation très-simple entre les rayons des cylindres de l'enveloppe, la température de la vapeur, celle de la surface extérieure de l'enveloppe, celle de l'air environnant, le coefficient de refroidissement de la surface extérieure, et la conductibilité de la matière de l'enveloppe. Toutes ces quantités peuvent être mesurées facilement, excepté la température de la surface de l'enveloppe. Nous verrons bientôt comment elle a été déterminée.

846. La figure 171 représente la disposition générale de l'appareil. Pour les matières pulvérulentes, je me servais d'un cylindre *abcd* de 0^m 20 de hauteur et d'un diamètre variable, couvert de papier; il était surmonté d'un tube *ef* fermé en dessus par un bouchon à travers lequel passait la tige d'un thermomètre dont le 100me degré dépassait de fort peu la surface supérieure du bouchon; ce tube était garni latéralement d'un tuyau *fg* communiquant avec un vase produisant de la vapeur; à sa partie inférieure, le vase était soudé à un tuyau *hik*, coudé en *i*, destiné à faire écouler l'eau provenant de la vapeur condensée et la vapeur en excès. A 2 centimètres au-dessous du cylindre *abcd*, le tube *hi* était garni de trois tiges horizontales en

fer, de $0^m 02$ de largeur, destinées à soutenir un plateau de bois lm, qu'on introduisait en enlevant le tube horizontal ik, et en faisant pas-

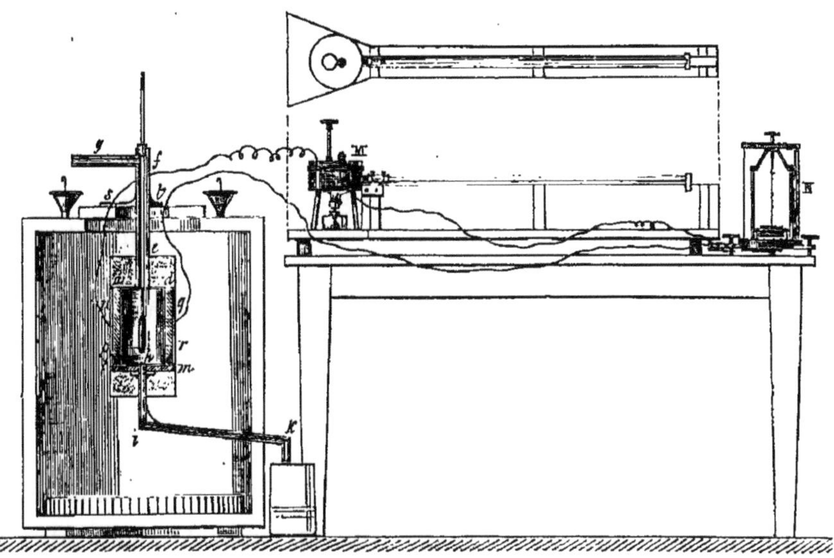

Fig. 171.

ser les tiges du tube à travers des fentes correspondantes pratiquées dans le plateau : par un petit mouvement de rotation, le plateau se trouvait soutenu. Avant son introduction, on avait fixé sur la partie supérieure du plateau un cylindre de verre $nprq$ très-mince, ouvert par les deux bouts, de même diamètre que le plateau, et maintenu au moyen d'une bande de papier collée à la fois sur le verre et sur le bois. Le cylindre de verre était recouvert de papier blanc sur toute sa surface, et la feuille de papier dépassait ses deux extrémités à peu près de $0^m 10$. La matière qui devait être soumise à l'expérience était placée entre les deux cylindres $abcd$ et $nprq$, et on remplissait de coton cardé le cylindre de papier qui formait les deux prolongements du cylindre de verre. L'appareil que nous venons de décrire était suspendu dans la chambre à température constante, qui a été employée dans les expériences sur le refroidissement, au moyen des tiges s, t qui s'appuyaient sur les bords de l'orifice de la chambre. On faisait passer de la vapeur dans le cylindre de fer-blanc, souvent pendant plusieurs heures, afin d'être bien assuré que le régime était établi.

847. La température de la surface du cylindre a été obtenue de la manière suivante : un ruban de fer très-mince, de $0^m 01$ de largeur et de 2^m de longueur, était soudé à ses deux extrémités à deux rubans de

cuivre rouge de mêmes dimensions ; l'une des soudures et les parties adjacentes du ruban étaient appliquées contre le cylindre de verre, l'autre sur la surface d'un vase cylindrique M, renfermant de l'eau dont on pouvait facilement faire varier la température, et qui contenait un agitateur et un thermomètre ; enfin, les deux extrémités libres des rubans de cuivre pouvaient être mises en communication avec un rhéomètre très-sensible N. Lorsqu'on voulait mesurer la température de la surface du cylindre, on fermait le circuit et on élevait la température de l'eau du vase, jusqu'à ce que l'aiguille du rhéomètre revînt au zéro ; à cet instant les deux soudures étaient à la même température, et par conséquent celle de la surface du cylindre était égale à celle de l'eau du vase. Pour fixer les soudures à la surface des deux cylindres, on employait une tresse de coton de $0^m 02$ de largeur, qui enveloppait le ruban métallique et le pressait sur une très-grande partie de la circonférence du cylindre ; le ruban était maintenu serré par une boucle, et les extrémités libres du ruban sortaient par des fentes pratiquées dans la tresse. Le thermomètre destiné à indiquer la température de l'eau renfermée dans le vase, dont la surface était en contact avec la seconde soudure du circuit, était placé horizontalement afin de rendre la lecture plus facile ; sa tige était protégée par une planche verticale placée au-dessous ; on pouvait facilement estimer 0,02 de degré ; le vase était chauffé par une lampe à alcool. Le rhéomètre construit par M. Ruhmkorff était assez sensible pour indiquer un vingtième de degré de différence entre les deux soudures.

848. Le cylindre de verre environnant était sans influence, à cause de sa faible épaisseur et de la grande conductibilité du vase. J'ai aussi employé une enveloppe de papier collée sur trois cylindres de fer-blanc de même axe et de mêmes rayons, de 0,01 de hauteur, maintenus par deux tiges étroites de fer-blanc (*fig.* 172); la bande de fer-blanc permettait de serrer le ruban métallique destiné à mesurer la température de la surface du cylindre. Cette méthode a donné les mêmes résultats que le cylindre de verre.

Fig. 172.

849. Pour les corps solides, tels que les pierres, les marbres, j'ai employé des cylindres creux, peints à l'huile intérieurement et recouverts de papier sur la surface extérieure ; le plus souvent, pour être mieux assuré que l'eau ne pouvait pas pénétrer la matière, la surface extérieure était recouverte d'une feuille d'étain fixée avec de la colle de fécule. Les cylindres étaient fermés à chaque extrémité par une lame de caoutchouc, puis par un disque de bois ; pour les cylindres de bois, comme

pour ceux de fer-blanc, la vapeur arrivait par la partie supérieure, et
s'écoulait par le bas. Ils étaient soutenus par la partie inférieure, et
isolés par les deux bouts au moyen de cylindres de papier remplis de
coton (*fig.* 173). Pour les bois, j'ai employé la même disposition, lorsqu'il s'agissait d'observer la conductibilité perpendiculairement aux
fibres ; mais, pour l'observer parallèlement, j'ai employé des portions de cylindres dont les surfaces étaient
perpendiculaires aux fibres, elles étaient fortement
comprimées contre le cylindre de fer-blanc couvert
de papier, qui avait pour rayon celui du cylindre
intérieur des enveloppes de bois.

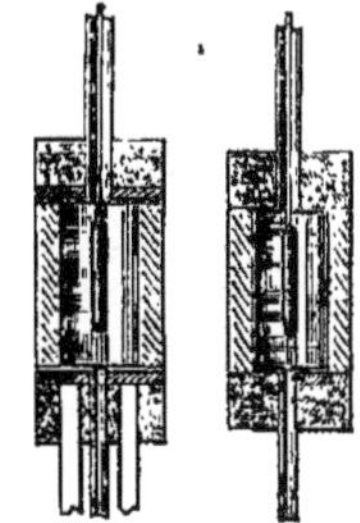

850. Quant aux papiers et aux étoffes, on les enroulait contre un cylindre de fer-blanc, toujours couvert
de papier, et on les maintenait par une bande de pa-

*Fig.*173. *Fig.*174.

pier fort, ayant une hauteur double de celle du cylindre, et qui était
maintenue elle-même par le ruban métallique et la tresse qui l'enveloppait (*fig.* 174).

851. La formule qui donne la conductibilité est la suivante :

$$C = \frac{QR'm(t'' - t''') (\log R' - \log R)}{t' - t''}.$$

Dans cette formule, C est la conductibilité de la matière ; R, R' les
rayons des cylindres intérieur et extérieur ; $m = 2{,}3025$; t', t'', t''', les
températures de la vapeur, de la surface extérieure de l'enveloppe et de
l'air ; Q représente le coefficient d'émission de la chaleur et est égal à la
somme K $+$ K' (791), chacune des valeurs de K et de K' étant multipliée
par le coefficient correspondant à la température de la surface (796, 804).

852. Enfin, dans le dernier mode d'expérience, j'employais des
plaques rectangulaires verticales, isolées sur leur pourtour ; une des
faces était échauffée par la vapeur, et l'autre était exposée à l'air libre
d'une chambre à température constante. Une formule plus simple encore que pour les cylindres permettait de déduire des mêmes éléments
la conductibilité de la matière ; mais, pour mesurer la température de
la surface libre, j'ai employé une autre méthode beaucoup plus exacte.
En face de la plaque chauffée, se trouvait un vase plein d'eau de même
forme ; les surfaces en regard étaient couvertes de papier, et à la même
distance de ces surfaces se trouvaient les pôles d'une pile thermo-électrique, communiquant avec un rhéomètre très-sensible ; il est évident
que la température de la face libre était égale à celle de l'eau du vase
quand l'aiguille du rhéomètre était au zéro.

853. La figure 175 représente l'appareil vu en dessus ; les figures 176 et 177, les élévations des deux longues faces ; la figure 178, une coupe verticale perpendiculaire aux deux élévations. Dans toutes ces figures, les mêmes lettres indiquent les mêmes objets. ABCD (*fig.* 175) est une caisse rectangulaire en tôle plombée, fermée de toutes parts et pleine d'eau ; elle est environnée

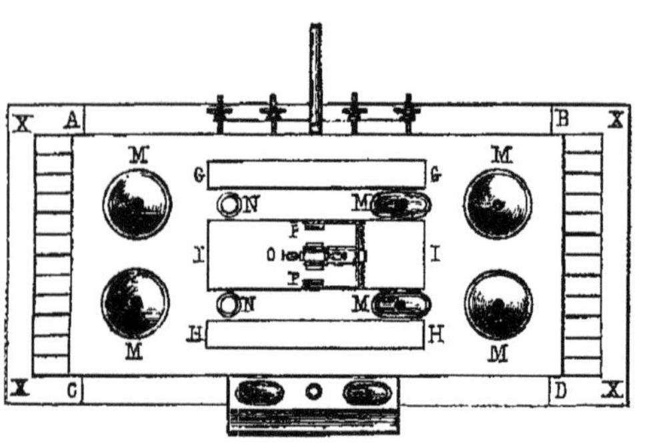

Fig. 175.

d'une caisse en bois XXXX ; les fonds et les petites faces de ces deux caisses sont séparés par un intervalle de 0^m06, les grandes faces de la caisse de tôle ne sont qu'en partie couvertes de bois. Les espaces AXXC et BXXD, qui séparent les deux faces latérales de la caisse de tôle de celle de bois, renferment un grand nombre de plaques de tôle verticales, soudées

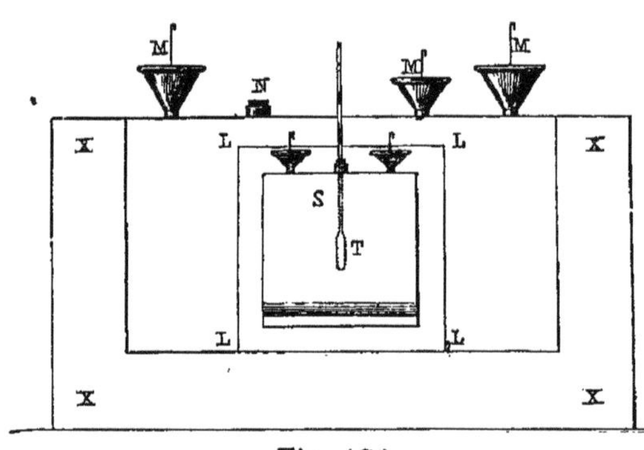

Fig. 176.

à la caisse de tôle ; elles ont pour objet de donner à l'air qui traverse les canaux AXXC et BXXD la température de l'eau renfermée dans la caisse de tôle. GG et HHH sont deux canaux rectangulaires verticaux, qui traversent de part en part la caisse de tôle et qui communiquent par le bas de la caisse avec les canaux AXXC et BXXD.

Il est un canal pratiqué dans la caisse de tôle, mais

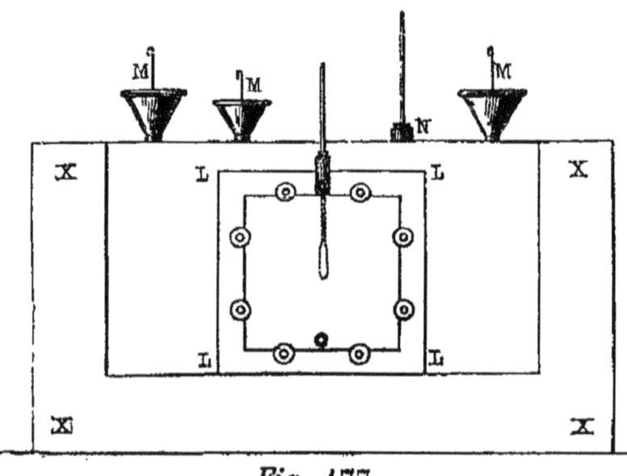

Fig. 177.

qui ne la traverse pas de part en part. K et K (*fig.* 178) sont deux tubes circulaires horizontaux, de même axe et de même diamètre, ouverts par les deux bouts. L, L, L, L sont des ouvertures rectangulaires, de 0^m 20 de côté, percées dans les grandes faces de la caisse de tôle, qui s'ouvrent à l'extérieur et dans les canaux GG, HHH; ces canaux, ces cylindres et ces ouvertures sont environnés d'eau. M, M, M, M sont des entonnoirs qui surmontent les tubulures par lesquelles passent les agitateurs. N, N sont des tubulures par lesquelles passent les tiges des thermomètres. O est une pile thermo-électrique fixée dans le canal H, dans l'axe commun des deux tubes K, K, et à égale distance de leurs extrémités voisines; ses pôles communi-

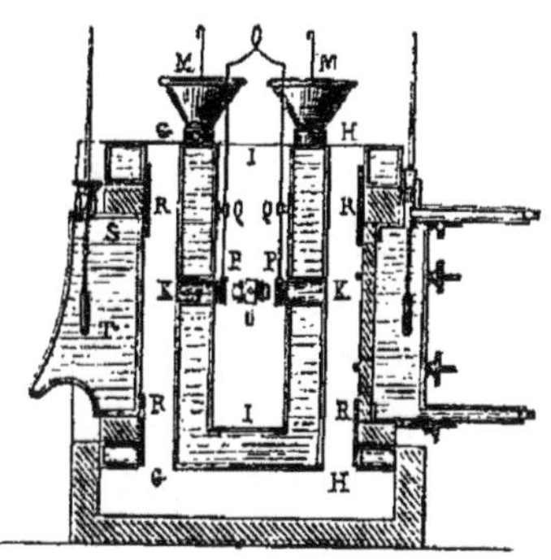

Fig. 178.

quent avec un rhéomètre très-sensible qui n'est point indiqué dans les figures. P, P sont des écrans solidaires doubles, mobiles autour des axes Q, Q, destinés à intercepter les rayons de chaleur qui arrivent à la pile par les ouvertures K, K. Les ouvertures rectangulaires L, L, L, L sont destinées à recevoir les corps, dont les surfaces en regard de la pile doivent agir sur elle; mais, comme les surfaces voisines de la pile doivent toujours être à la même distance de ses extrémités, les bords internes des ouvertures L, L, L, L sont garnis de quatre petits arrêts R, R, R, R, contre lesquels les corps viennent s'appuyer; la figure 179, qui représente une des faces de la caisse, lorsque l'ouverture L, L, L, L est libre, montre la disposition de ces arrêts.

854. L'une des ouvertures L, L, L, L, est toujours occupée par un vase de cuivre ST (fig. 178) plein d'eau, garni de deux agitateurs et d'un thermomètre très-sensible; une partie de sa sur-

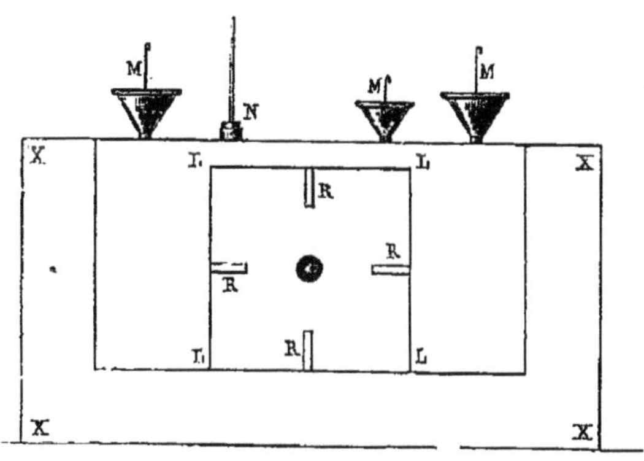

Fig. 179.

face inférieure est disposée de manière qu'on puisse facilement la chauffer au moyen d'une lampe à alcool; ce vase est environné d'un cadre en bois de sapin, qui le sépare des bords de l'ouverture, dans lequel il est placé afin d'éviter l'échauffement de l'eau de la caisse; ce vase est fixé dans sa position par de petits coins en bois.

855. Dans l'autre ouverture, on place les plaques dont on veut mesurer la conductibilité ; elles s'appuient sur les arrêts R, R, R, R, et sont chauffées sur l'autre face par la vapeur ; leurs dispositions sont différentes suivant que les matières sont solides ou pulvérulentes. Dans la figure 178, on a supposé qu'il s'agissait d'une matière solide ; la figure 180 représente à une plus grande échelle la disposition de l'appareil ; *abcd* est un vase rectangulaire en cuivre dont la face est percée d'une grande ouverture, comme on le voit dans les figures 181 et 182, qui représente la première, la face *ab*, la seconde, une coupe du vase perpendiculaire à cette face. Le vase reçoit la vapeur par le tube *ef*, et l'eau condensée, ainsi que la vapeur en excès, s'échappent par le tube *gh ;* une lame mince et étroite de caoutchouc est posée sur les bords de l'ouverture de la face *ab*, et, contre le caoutchouc, on pose la plaque, que l'on maintient serrée par des tiges de cuivre, terminées d'un côté par un crochet, et de l'autre par un filet de vis et un écrou ; le vase renferme un thermomètre qui donne la température de la vapeur, et il est environné d'un cadre en bois de sapin comme le vase à eau qui se se trouve dans l'autre ouverture ; on le fixe de même par des coins en bois.

La figure 183 représente la disposition employée pour les ma-

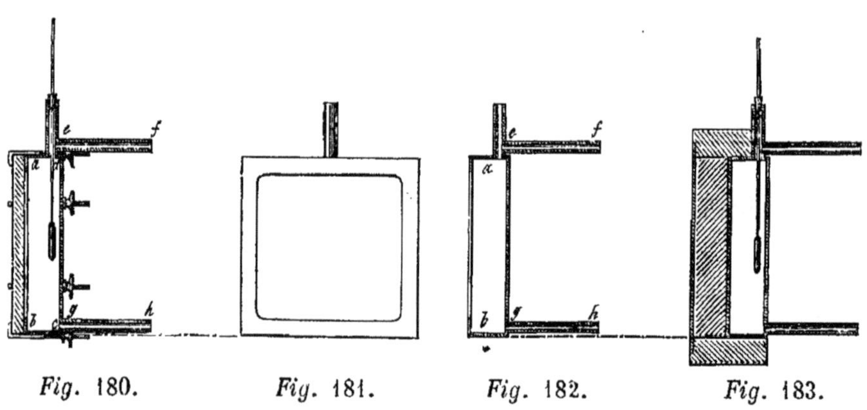

Fig. 180.
Fig. 181.
Fig. 182.
Fig. 183.

tières pulvérulentes : toutes les faces du vase à vapeur sont pleines ; il est environné du cadre en bois qui doit l'isoler des bords de l'ouverture L, L, L, L, et le cadre est fermé par une lame mince de verre ou de fer-blanc recouverte de papier sur deux faces. Le papier extérieur sert à la fixer. La matière pulvérulente est placée entre le vase à vapeur et la lame mince.

856. La figure 184 est une projection horizontale de la pile thermo-électrique et de la disposition employée pour régler sa position.

abcd est la pile, *e* et *f* sont deux appendices communiquant avec les pôles, et auxquels sont fixés les fils qui communiquent avec le rhéomètre. La pile est soutenue par deux tiges *g*, *h*, fixées à une boîte *ik*, traversée par une crémaillère *lm* qui engrène dans un pignon qu'on peut faire tourner avec une clef. Par cette disposition, on peut amener la boîte au point convenable quand les deux faces qui rayonnent sur ses extrémités sont les mêmes et ont la même température. Pour qu'on puisse

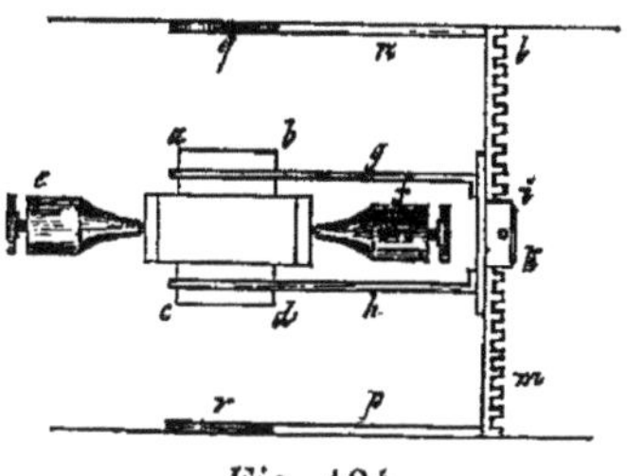

Fig. 184.

fixer la crémaillère, elle porte à ses extrémités deux tiges *p*, *n*, qui se terminent chacune par un cercle taraudé intérieurement *q*, *r* ; on visse dans ces cercles des cylindres qui passent dans les ouvertures K, K (*fig.* 178), et ces derniers sont maintenus en place par des cales en bois.

857. La figure 185 représente la disposition qui a été employée pour déterminer les rapports des pouvoirs rayonnants des corps et dont il a été question (788). Dans les deux ouvertures L, L, L, L, de l'appareil précédent se trouvent deux vases de cuivre ; l'un est chauffé par la vapeur, l'autre renferme de l'eau dont on peut élever la température à un degré convenable ; les surfaces des vases sont recouvertes des matières dont on veut mesurer les pouvoirs rayonnants, celui qui rayonne le moins étant du côté de la vapeur. Pour le verre, j'ai employé la disposition de la fi-

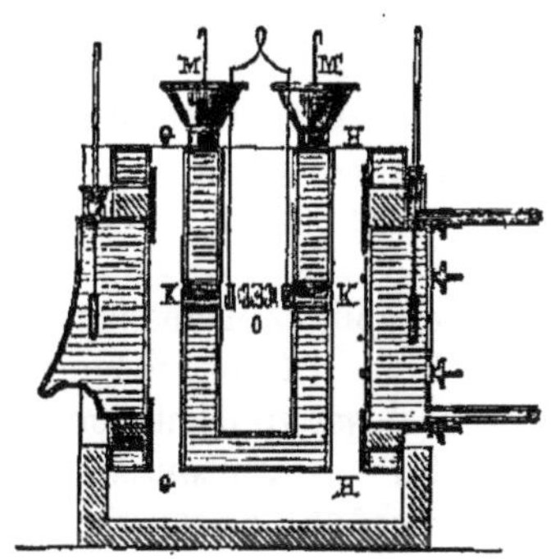

Fig. 185.

gure 178 ; l'ouverture du vase était fermée par une lame mince de verre retenue par les moyens indiqués précédemment pour des plaques épaisses.

858. En égalant, comme dans les autres méthodes, la quantité de chaleur qui traverse la plaque à celle qui est émise par la surface libre, on arrive à la formule très-simple :

$$C = \frac{eQ(t' - t'')}{t - t'},$$

C étant la conductibilité de la matière, *e* l'épaisseur de la plaque ; Q la valeur de K + K' modifiée par les coefficients correspondant à la température de la surface (796, 804); t, t', t'' étant les températures de la vapeur, de la surface extérieure de la plaque, et de l'air environnant.

859. Les tableaux suivants renferment, pour un certain nombre de corps, les valeurs de C, déduites des expériences que je viens de décrire.

Ces nombres représentent les quantités de chaleur qui traverseraient dans une heure une plaque de la matière ayant 1 mètre carré de surface, 1 mètre d'épaisseur, les deux faces ayant des températures qui diffèrent de 1 degré.

MATIÈRES CONTINUES, OU DONT LES PARTIES SONT AGGLOMÉRÉES.

Charbon des cornues à gaz	$d = 1,61$	$C = 4,96$
Marbre gris à grains fins	$d = 2,68$	$C = 3,48$
Marbre blanc saccharoïde à gros grains	$d = 2,77$	$C = 2,78$
Pierre calcaire à grains fins	$d = 2,34$	$C = 2,08$
Id. id	$d = 2,27$	$C = 1,69$
Id. id	$d = 2,17$	$C = 1,70$
Pierre de liais à bâtir à gros grains	$d = 2,24$	$C = 1,32$
Id. id	$d = 2,22$	$C = 1,27$
Plâtre ordinaire gâché	$d = $ »	$C = 0,331$
Plâtre ordinaire très-fin, gâché	$d = 1,25$	$C = 0,520$
Plâtre de moulage très-fin, gâché	$d = 1,25$	$C = 0,44$
Plâtre aluné, gâché	$d = 1,73$	$C = 0,63$
Terre cuite	$d = 1,98$	$C = 0,69$
Id	$d = 1,85$	$C = 0,51$
Bois de sapin, transmission perpendiculaire aux fibres	$d = 0,48$	$C = 0,093$
Id. transmission parallèle aux fibres	»	$C = 0,170$
Bois de noyer, transmission perpendiculaire aux fibres	$d = $ »	$C = 0,103$
Id. transmission parallèle aux fibres		$C = 0,174$
Bois de chêne, transmission perpendiculaire aux fibres		$C = 0,211$
Liége	$d = 0,22$	$C = 0,143$
Caoutchouc	$d = $ »	$C = 0,170$
Gutta-percha	$d = $ »	$C = 0,172$
Colle d'amidon	$d = 1,017$	$C = 0,425$
Verre	$d = 2,44$	$C = 0,75$
Id	$d = 2,55$	$C = 0,88$

MATIÈRES PULVÉRULENTES

Sable quartzeux	$d = 1,47$	$C = 0,27$
Brique pilée, gros grains	$d = 1,0$	$C = 0,139$
Brique pilée, passée au tamis de soie	$d = 1,76$	$C = 0,165$
Brique en poudre fine obtenue par décantation	$d = 1,55$	$C = 0,140$
Craie en poudre un peu humide	$d = 0,92$	$C = 0,108$
Craie en poudre lavée et séchée	$d = 0,85$	$C = 0,086$

Craie en poudre lavée, séchée et comprimée....... $d = 1,02$ $C = 0,103$
Fécule de pommes de terre...................... $d = 0,71$ $C = 0,098$
Cendres de bois.............................. $d = 0,45$ $C = 0,06$
Poudre de bois d'acajou...................... $d = 0,31$ $C = 0,065$
Charbon de bois ordinaire en poudre........... $d = 0,49$ $C = 0,079$
Braise de boulanger en poudre passée au tamis de soie. $d = 0,25$ $C = 0,068$
Charbon de bois ordinaire en poudre passée au tamis
   de soie.................................. $d = 0,41$ $C = 0,081$
Coke pulvérisé............................... $d = 0,77$ $C = 0,160$
Limaille de fer.............................. $d = 2,05$ $C = 0,158$
Bi-oxyde de manganèse........................ $d = 1,46$ $C = 0,163$

MATIÈRES FILAMENTEUSES.

Coton en laine, quelle que soit sa densité................... $C = 0,040$
Molleton de coton,   id. .... $C = 0,040$
Calicot neuf,   id. .... $C = 0,050$
Laine cardée,   id. .... $C = 0,044$
Molleton de laine,   id. .... $C = 0,024$
Édredon,   id. .... $C = 0,039$
Toile de chanvre neuve .... $d = 0,54$ $C = 0,052$
   id.   vieille................... $d = 0,58$ $C = 0,043$
Papier blanc à écrire........................ $d = 0,85$ $C = 0,043$
Papier gris non collé........................ $d = 0,48$ $C = 0,034$

860. Il est important de remarquer que, la conductibilité des matières textiles étant sensiblement indépendante de leur densité, il s'ensuit nécessairement que leur conductibilité est la même que celle de l'air stagnant. La valeur de C relative à la colle d'amidon peut aussi être regardée comme égale à celle de l'eau stagnante. J'ai encore reconnu que pour les matières qui conduisent mal la chaleur, l'humidité augmente beaucoup leur faculté conductrice.

CHAPITRE III.

CONSIDÉRATIONS GÉNÉRALES ET APPLICATIONS DES FORMULES.

861. Nous avons vu précédemment (826) qu'en désignant par M la quantité de chaleur qui traverse dans l'unité de temps une plaque, à faces parallèles, ayant l'unité de surface et dont les faces sont maintenues à des températures constantes t et t', on a

$$M = \frac{C(t - t')}{e} = (t - t') : \frac{e}{C} \quad\cdots\cdots\cdots\cdots\cdots(a)$$

Dans cette expression, e représente l'épaisseur de la plaque et C la conductibilité, c'est-à-dire la valeur de M pour $t - t' = 1$ et $e = 1$.

862. Si le corps était formé de deux plaques superposées, ayant des épaisseurs e et e', et des conductibilités C et C', en désignant par θ la température commune des faces en contact, on a évidemment, quand le régime est établi :

$$M = \frac{C(t - \theta)}{e} \quad \text{et} \quad M = \frac{C'(\theta - t')}{e'} .$$

En éliminant θ entre ces deux équations, on trouve

$$M = (t - t') : \left(\frac{e}{C} + \frac{e'}{C'} \right).$$

On trouverait de même pour un nombre quelconque de plaques

$$M = (t - t') : \left(\frac{e}{C} + \frac{e'}{C'} + \frac{e''}{C''} + \frac{e'''}{C'''} + \ldots \right) \ldots \ldots (b)$$

863. Au moyen des tableaux (859) et des formules précédentes, on peut facilement calculer les quantités de chaleur transmises par les plaques, lorsqu'on connaît les températures de leurs surfaces. Mais ces températures ne sont jamais connues exactement, et on ne pourrait les mesurer que par des expériences très-délicates, impossibles en pratique; et d'ailleurs, dans l'établissement des projets, il faut avoir au moins une valeur approchée des quantités de chaleur transmises en fonction des températures de l'air qui se trouve en dehors des surfaces.

864. Considérons d'abord une enceinte fermée par des murailles, dont une seule est exposée à l'air extérieur, et qui est maintenue intérieurement à une température T, la température de l'air extérieur étant θ. Le régime une fois établi, la quantité de chaleur qui traversera la muraille exposée à l'air sera évidemment égale à celle qui pénétrera dans le même temps dans la muraille par sa surface intérieure, et à celle qui sortira dans le même temps par sa surface extérieure ; la surface intérieure sera à une température t, inférieure à T, et la surface extérieure sera à la température t' supérieure à θ. On peut admettre que le réchauffement de la surface intérieure et le refroidissement de la surface extérieure s'effectuent suivant les mêmes lois. Alors, en désignant par M la quantité de chaleur transmise par mètre carré et par

heure, on aurait trois expressions de M : l'une en fonction de la conductibilité C de la matière de la muraille, les deux autres en fonction
des coefficients K et K' de refroidissement par le rayonnement et le contact de l'air, équations d'où l'on pourrait déduire les valeurs de t et de t'
en fonctions de quantités connues ; mais, si on employait les formules
de refroidissement de Dulong (794,797), le calcul serait impossible,
et, même en admettant les formules plus simples (789 et 790), on serait conduit à une équation du second degré assez compliquée et d'un
usage fort difficile ; il vaut mieux admettre pour le réchauffement et
le refroidissement la loi de Newton (791), qui est d'une exactitude suffisante pour de faibles excès de température, d'autant plus que, dans tous
les calculs relatifs à la transmission de la chaleur, on ne peut jamais
espérer qu'une approximation un peu grossière, parce qu'il y a des
circonstances dont il est impossible de tenir compte, comme l'accroissement de température des points de la surface extérieure à mesure
qu'ils sont plus élevés, l'action des vents, celle du soleil, etc. D'après
cela, nous aurons

$$ M = \frac{C(t - t')}{e} \quad ; \quad M = Q(T - t) \quad ; \quad M = Q(t' - \theta); $$

équations qui donnent

$$ t = \frac{T(C + Qe) + C\theta}{2C + Qe} \quad ; \quad t' = \frac{\theta(C + Qe) + TC}{2C + Qe} \quad ; \text{ et } \quad M = \frac{CQ(T - \theta)}{2C + Qe} \cdot \quad (a) $$

865. Il résulte de cette dernière formule plusieurs conséquences importantes. Si Qe était très-petit relativement à $2C$ et pouvait être négligé,
la formule se réduirait à $M = Q\,(T - \theta) : 2$, et la valeur de M serait indépendante de C et de e, c'est-à-dire de la nature du corps et de son
épaisseur. Cette circonstance peut se présenter quand la valeur de e est
très-petite relativement à celle de C.

Considérons, par exemple, le plomb, qui est le métal le plus mauvais conducteur, et pour lequel $C = 14$; en supposant que les surfaces
de la plaque soient ternes, Q sera à peu près égal à 6, et pour des
épaisseurs de $0^m\,01$; $0^m\,02$; $0^m\,03$, les valeurs de $2C + Qe$ seront
$28 + 0,06$; $28 + 0,12$; $28 + 0,18$, qui diffèrent bien peu les unes des autres. Il en serait, à plus forte raison, de même pour les autres métaux.
Si l'on suppose qu'une plaque de matière filamenteuse, pour laquelle la
plus petite valeur de C est $0,04$, ait $0^m\,0001$ d'épaisseur, ce qui est à
peu près celle d'une feuille de papier, la valeur de $2C + Qe$ sera égale

à $0,08 + 0,0006$; le second terme, étant petit relativement au premier, pourra encore être négligé, et la valeur de M serait la même que précédemment. Ainsi, une feuille de papier transmet autant de chaleur qu'une lame métallique dont l'épaisseur peut varier dans des limites fort étendues.

Pareille chose a lieu pour des plaques de verre de plusieurs millimètres d'épaisseur, car pour le verre $C = 0,75$; $Q = 2,91 + 2,20 = 5,10$, et $2C + Qe = 1,50 + 5,10e$, et pour des épaisseurs de $0^m 001$; $0,002$; $0,003$, cette dernière expression devient $1,5 + 0,0051$; $1,5 + 0,0102$; $1,5 + 0,01503$.

866. Si l'on supposait C très-petit et l'épaisseur e assez grande pour que $2C$ pût être négligé par rapport à Qe, la valeur de M se réduirait à $C(T - \theta) : e$; elle serait, par conséquent, indépendante de l'état de la surface, et en raison inverse de e; mais, comme la valeur de C n'est jamais inférieure à Q pour les corps non métalliques, il faudrait, même pour les corps les plus mauvais conducteurs, que l'épaisseur fût très-grande. Par exemple, pour des matières filamenteuses, avec $e = 0^m 50$, on aurait $2C + Qe = 0,08 + 6 \cdot 0,5 = 0,08 + 3$.

867. Si l'on avait deux murs juxtaposés, en admettant qu'il n'y ait pas de variations brusques de température dans le passage de la chaleur du premier au second, ce qui est d'ailleurs confirmé par l'expérience, et en désignant par x la température à la jonction des deux murs, par e et e' leurs épaisseurs, par C et C' leurs conductibilités, on aura, après l'établissement du régime,

$$M = \frac{C(t - x)}{e} \quad ; \quad M = \frac{C'(x - t')}{e'} \quad ; \quad M = Q(T - t) \quad ; \quad M = Q(t' - \theta),$$

équations qui donnent

$$M = \frac{Q(T - \theta)}{2 + Q\left(\dfrac{e}{C} + \dfrac{e'}{C'}\right)}.$$

On trouverait de même, pour un nombre quelconque de murs dont les épaisseurs seraient e, e', e'', e''' et les conductibilités $C, C', C'', C'''\ldots$,

$$M = \frac{Q(T - \theta)}{2 + Q\left(\dfrac{e}{C} + \dfrac{e'}{C'} + \dfrac{e''}{C''} + \dfrac{e'''}{C'''}\cdots\right)} \quad\ldots\ldots\ldots\ldots(b)$$

868. Pour faire comprendre l'usage de ces formules, nous applique-

rons les premières (a) (864) à un cas particulier. Nous supposerons un mur de 10^m de hauteur, formé de pierres calcaires, ayant une conductibilité égale à 1,70; les coefficients K et K′ étant 3,60 (794) et 1,96 (803), nous aurons Q = K + K′ = 5,56; nous supposerons T = 15°, et θ = 6°; la valeur de T est la température ordinaire des lieux habités, et celle de θ est à peu près la valeur moyenne de la température extérieure à Paris pendant les sept mois de chauffage. Avec ces nombres, en prenant successivement pour e,

| 0^m10 | 0^m20 | 0^m30 | 0^m40 | 0^m50 | 0^m60 | 0^m70 | 0^m80 | 0^m90 | 1^m00 |

les formules (a) donnent pour t les valeurs suivantes :

| $11°15$ | $11°61$ | $12°00$ | $12°31$ | $12°56$ | $12°77$ | $12°96$ | $13°11$ | $13°24$ | $13°29$ |

pour t'

| $10°$ | $9°66$ | $9°38$ | $9°16$ | $8°99$ | $8°83$ | $8°71$ | $8°60$ | $8°50$ | $8°37$ |

et pour M

| 25,40 | 22,25 | 19,84 | 17,85 | 16,23 | 14,95 | 13,81 | 12,84 | 12,00 | 11,20. |

869. Les formules qui précèdent ne sont applicables à la transmission de la chaleur à travers une muraille exposée à l'air libre, qu'autant que toutes les autres surfaces de la pièce peuvent être considérées comme ayant sensiblement la température de l'enceinte, ce qui ne peut à peu près exister que quand la première muraille est seule exposée au refroidissement extérieur. Quand toutes les murailles de la pièce sont exposées à l'air extérieur, toutes les surfaces intérieures sont à des températures peu différentes et inférieures à celle de l'air, et par conséquent, pour la même température de l'air intérieur, la quantité de chaleur transmise, dans les mêmes circonstances, par mètre carré et par heure, est plus petite que dans le premier cas. C'est ce qui arrive pour les pavillons isolés ne formant qu'une seule pièce à chaque étage, et pour les églises.

870. Dans le cas où toutes les murailles de la pièce sont exposées à l'air extérieur, le réchauffement des surfaces intérieures des murailles a lieu seulement par les mouvements de l'air, parce que les surfaces intérieures étant à la même température, leur rayonnement réciproque

est sans influence; alors, en conservant les notations précédentes, on aura

$$M = \frac{C(t - t')}{e} \quad ; \quad M = Q(t' - \theta) \quad ; \quad M = K'(T - t) \quad ; \text{ et } \quad Q = K + K'$$

équations qui donnent

$$t = \frac{Q(eK'T + C\theta) + CK'T}{C(Q + K') + QeK'} \quad ; \quad t' = \frac{Q(eK'\theta + C\theta) + CK'T}{C(Q + K') + QeK'} \quad ;$$

$$M = \frac{K'CQ(T - \theta)}{C(Q + K') + QeK'}.$$

871. Si le mur était formé de deux murs juxtaposés ayant des épaisseurs e et e', des conductibilités C et C', on aurait

$$M = \frac{C(t - x)}{e} \quad ; \quad M = \frac{C'(x - t')}{e'} \quad ; \quad M = Q(t' - \theta) \quad ; \text{ et } \quad M = K'(T - t) ;$$

et par suite

$$M = \frac{K'Q(T - \theta)}{Q + K + K'Q\left(\dfrac{e}{C} + \dfrac{e'}{C'}\right)}.$$

S'il y avait un nombre quelconque de murs, la formule générale serait

$$M = \frac{K'Q(T - \theta)}{Q + K' + K'Q\left(\dfrac{e}{C_\iota} + \dfrac{e'}{C'} + \dfrac{e''}{C''} + \ldots\ldots\right)}.$$

En faisant comme précédemment $C = 1{,}70$; $K = 3{,}60$; $K' = 1{,}96$; $K + K' = 5{,}56$; $T = 15°$; $\theta = 6_{\circ}$, on trouve, en supposant que e soit égal à

0ᵐ10 0ᵐ20 0ᵐ30 0ᵐ40 0ᵐ50 0ᵐ60 0ᵐ70 0ᵐ80 0ᵐ90 1ᵐ00

pour t les valeurs suivantes :

8°86 9°31 9°70 10°03 10°33 10°60 10°83 11°04 11°23 11°24

pour t'

8°16 8°00 7°86 7°74 7°64 7°55 7°46 7°39 7°32 7°26

et pour M

12,01 11,13 10,38 9,71 9,14 8,62 8,16 7,75 7,37 7,03.

Il est utile de remarquer que si les murailles avaient une hauteur de 20^m, la perte par le contact de l'air serait 1,90 au lieu de 1,96, et on obtiendrait sensiblement les mêmes résultats.

872. Les valeurs de M que nous avons obtenues dans ce dernier cas sont plus petites que dans le premier; ce résultat provient, comme je l'ai déjà dit, de ce que la température de la surface intérieure des murs est beaucoup plus basse.

873. Je ferai remarquer que, dans les deux cas que nous venons d'examiner, il faudrait prendre quelques précautions pour mesurer la température; si le thermomètre était librement exposé à l'air, la température qu'il indiquerait serait celle de l'air, modifiée par le rayonnement réciproque de son réservoir et de l'enceinte, et par conséquent il indiquerait une température inférieure à celle de l'air; il faudrait nécessairement soustraire son réservoir au rayonnement de l'enceinte, en l'environnant de plusieurs enveloppes concentriques, ouvertes par les deux bouts, entre lesquelles on renouvellerait rapidement l'air. L'effet produit sur un thermomètre par l'abaissement de la température de la surface intérieure de l'enceinte se manifesterait évidemment sur les personnes qui se trouveraient dans l'enceinte, et, par conséquent, pour que la sensation de chaleur qu'elles éprouveraient restât la même, il faudrait nécessairement que la température de l'air augmentât à mesure que la température de la surface intérieure de l'enceinte s'abaisserait.

874. Les deux cas que nous avons considérés ne se rencontrent jamais exactement: dans le premier cas les surfaces intérieures des murailles qui ne sont pas exposées à l'air extérieur n'ont jamais exactement la température de l'air, à cause de leur rayonnement sur les surfaces intérieures des autres murailles et des vitres; dans le second cas, il y a toujours des parties de l'enceinte, les planchers et les plafonds, qui ne sont pas exposées au refroidissement extérieur, et souvent il s'y trouve des maçonneries intérieures, comme celles qui séparent les nefs des églises. Ces maçonneries sont chauffées par l'air et rayonnent sur les surfaces intérieures des murs extérieurs. Enfin, dans les deux cas, s'il y a un chauffage par des surfaces rayonnantes, par des poêles, des calorifères ou des tuyaux, les rayons de chaleur arrivent sur les surfaces intérieures de l'enceinte et en élèvent la température. Mais, comme nous le verrons plus loin, on peut considérer les effets produits dans les deux cas que nous avons supposés comme des limites extrêmes de ceux qui se rencontrent généralement dans la pratique.

875. *Murailles discontinues.* — Dans ce qui précède, nous avons

supposé que les murailles étaient continues ; mais si elles étaient formées de murs à faces parallèles, séparés par des intervalles occupés par l'air, la quantité de chaleur transmise pourrait être beaucoup plus petite. En supposant que les intervalles soient assez larges pour que l'air puisse s'y mouvoir facilement, on peut admettre, sans crainte de s'éloigner beaucoup de la vérité, que la quantité de chaleur transmise à travers les espaces occupés par l'air est égale à $Q(x — x')$, x et x' étant les températures des faces en regard, tandis qu'elle serait représentée par $\frac{C}{e}(x — x')$, si cet espace était occupé par une matière ayant une conductibilité C et une épaisseur e : ainsi on obtiendra la valeur de M, dans les deux cas que nous avons considérés, en remplaçant dans les formules générales $\frac{e}{C}$ par $\frac{1}{Q}$. Alors la formule générale relative au premier cas, en supposant successivement 1 et 2 intervalles libres, deviendra

$$M = \frac{Q(T — \theta)}{2 + Q\left(\dfrac{e}{C} + \dfrac{1}{Q} + \dfrac{e'}{C'}\right)} \quad ; \quad M = \frac{Q(T — \theta)}{2 + Q\left(\dfrac{e}{C} + \dfrac{1}{Q} + \dfrac{e'}{C'} + \dfrac{1}{Q} + \dfrac{e''}{C''}\right)}.$$

Si les murs étaient de même nature et de même épaisseur e et en nombre n, on aurait

$$M = \frac{Q(T — \theta)}{2 + \dfrac{nQe}{C} + n — 1}.$$

En supposant un mur continu de même épaisseur totale, la quantité de chaleur transmise M' serait

$$M' = \frac{Q(T — \theta)}{2 + \dfrac{nQe}{C} + \dfrac{(n — 1)Qe}{C}} = \frac{Q(T — \theta)}{2 + \dfrac{Qe}{C} \cdot (2n — 1)}$$

et on aurait

$$\frac{M}{M'} = \frac{2 + \dfrac{Qe}{C}(2n — 1)}{2 + \dfrac{nQe}{C} + n — 1}.$$

876. En supposant que les intervalles libres et les murs aient $0^m 02$ d'épaisseur et que les parties pleines soient en terre cuite, on aura $Q = 5,56$; $C = 0,60$, et le rapport précédent deviendra

$$\frac{M}{M'} = \frac{2 + 0,185(2n - 1)}{2 + 0,185 . n + n - 1}.$$

En faisant successivement n égal à

$$1 \qquad 2 \qquad 3 \qquad 4 \qquad 5 \qquad 10$$

on trouve pour les rapports de $M : M'$

$$1 \qquad 0,75 \qquad 0,64 \qquad 0,57 \qquad 0,53 \qquad 0,43.$$

877. Il semble, au premier abord, qu'il y aurait de l'avantage à diminuer l'épaisseur des couches d'air, de manière à le rendre immobile ; mais alors il y aurait une transmission directe de la chaleur à travers l'air, et si l'épaisseur était trop petite, la transmission serait plus grande que quand l'air peut se mouvoir facilement. En effet, dans chaque intervalle plein d'air, la quantité de chaleur transmise est représentée par $(x - x')\left(K + \dfrac{0,04}{e}\right)$, et si l'on supposait $e = 0^m 02$, $\dfrac{0,04}{e}$ serait égal à 2, qui est à peu près la valeur de K', et pour une valeur de e plus petite, le facteur de $(x - x')$ serait plus grand que Q.

Pour que des intervalles pleins d'air diminuent la transmission de la chaleur, il faut nécessairement que $\dfrac{c}{C}$ soit toujours plus petit que $\dfrac{1}{K + \dfrac{0,04}{e}}$; or, dans le cas dont il s'agit $C = 0,60$, $K = 2$, et pour des valeurs de e égales à

$$0^m 0001 \qquad 0^m 001 \qquad 0^m 01 \qquad 0^m 02 \qquad 0^m 03 \qquad 0^m 04 \qquad 0^m 05$$

les valeurs de $\dfrac{e}{C}$ sont

$$0,000166 \qquad 0,00166 \qquad 0,0166 \qquad 0,0332 \qquad 0,0492 \qquad 0,0664 \qquad 0,0830$$

tandis que les valeurs de $\dfrac{1}{K + \dfrac{0,04}{e}}$ sont

$$0,0024 \qquad 0,024 \qquad 0,166 \qquad 0,25 \qquad 0,30 \qquad 0,33 \qquad 0,357.$$

On aurait évidemment les mêmes résultats pour des valeurs plus grandes de C; mais il n'en serait plus ainsi, si la valeur de C était beaucoup plus petite ; si, par exemple, elle était 10 fois plus petite et égale à 0,06, la valeur de $\dfrac{1}{K + \dfrac{0,04}{e}}$ ne l'emporterait sur celle de $\dfrac{e}{C}$ que jusqu'à une épaisseur de 0,01 ; au delà elle deviendrait plus petite.

On voit facilement, d'après ce que je viens de dire, que l'interposition des couches d'air serait surtout avantageuse si les surfaces libres en regard avaient un très-faible pouvoir rayonnant.

Il résulte de ce qui précède que les briques creuses doivent transmettre beaucoup moins de chaleur que les briques pleines de même épaisseur, ce qui est parfaitement confirmé par l'expérience.

878. On arriverait à des résultats analogues pour le second cas que nous avons examiné (870), en faisant les mêmes modifications à la formule générale relative à des murs juxtaposés de différente nature : il y aurait encore, comme dans le cas que nous venons d'examiner, diminution de transmission toutes les fois que $\dfrac{e}{C}$ serait plus grand que la transmission à travers la lame d'air augmentée du rayonnement des surfaces en regard.

879. Il est facile maintenant de trouver la quantité de chaleur perdue par un vase entouré d'enveloppes très-rapprochées. Ainsi, en supposant une seule enveloppe et en désignant par t et t' les températures des deux surfaces, on a

$$\left. \begin{aligned} M &= (t - t')\left(K + \frac{C}{e}\right) \\ M &= (t' - t'')(K_1 + K') \end{aligned} \right\} \text{, d'où } M = (K_1 + K')(t - t'')\left\{ \frac{K + \dfrac{C}{e}}{K + \dfrac{C}{e} + (K_1 + K')} \right\}.$$

En supposant deux enveloppes et en désignant par θ la température de la seconde surface, on a

$$\left. \begin{aligned} M &= (t - \theta)\left(K + \frac{C}{e}\right) \\ M &= (\theta - t')\left(K + \frac{C}{e}\right) \\ M &= (t' - t'')(K_1 + K') \end{aligned} \right\} \text{, d'où } M = (K_1 + K')(t - t'')\left\{ \frac{K + \dfrac{C}{e}}{K + \dfrac{C}{e} + 2(K_1 + K')} \right\}.$$

En augmentant successivement d'une unité le nombre des enveloppes, on trouve que le coefficient de $(K_1 + K')$, au dénominateur de la fraction, augmente successivement de 1, et on est conduit à la formule générale

$$M = (K_1 + K')(t - t'') \left\{ \frac{K + \dfrac{C}{e}}{K + \dfrac{C}{e} + m(K_1 + K')} \right\}$$

dans laquelle K représente le rayonnement des surfaces intérieures, K_1 celui de la surface extérieure, K' la quantité de chaleur prise à cette surface par le contact de l'air extérieur, C la conductibilité de l'air, e l'épaisseur des lames d'air, et m le nombre des enveloppes.

En supposant $K = K_1 = 3,77$; $K' = 3,85$; $C = 0,040$, et $e = 0^m001$; pour les valeurs suivantes de m

	0	1	2	3	4;

on trouve que les valeurs de M sont dans le rapport des nombres,

1	0,87	0,77	0,69	0,62.

Des expériences directes ont donné,

1	0,90	0,75	0,67	0,60.

Si l'on avait fait le vide entre les enveloppes, la transmission de la chaleur n'aurait lieu que par le rayonnement, et la quantité de chaleur transmise se déduirait évidemment de la formule précédente, en y faisant $C = 0$. Elle devient alors

$$M = \frac{(K_1 + K')(t - t'')K}{K + m(K_1 + K')}.$$

En supposant que les enveloppes soient en zinc, on aurait $K = K_1 = 0,24$; en les supposant au nombre de 10, et en prenant $K' = 4$, $t = 100$, $t' = 15$, on trouve $M = 2,11$. Pour comparer cette transmission à celle qui aurait lieu si l'intervalle qui sépare le corps de la dernière enveloppe était occupé par de l'édredon, corps le plus mauvais conducteur, supposons que l'intervalle soit de 0^m01. La formule de la transmission de la chaleur à travers une plaque est $CQ(t - t') : (C + Qe)$, dans laquelle C est la conductibilité de la matière, qui pour l'édredon est $0,036$, Q la perte de la chaleur par la surface extérieure qui est ici $4,24$, et e l'épaisseur que nous avons supposée de 0^m01. Pour ces différentes valeurs numériques, on trouve que la quantité de la chaleur transmise est égale à 185, à peu près 90 fois plus grande qu'avec les enveloppes et le vide.

Le moyen que je viens d'indiquer pour diminuer la transmission de la chaleur est le plus efficace que je connaisse. Pour l'appliquer à deux cylindres métalliques concentriques, il faudrait fermer aux deux bouts l'intervalle qui les sépare par un corps mauvais conducteur, puis souder près d'une des extrémités un très-petit tuyau de plomb, qui servirait à faire le vide et que l'on fermerait ensuite en le comprimant et soudant son extrémité à la flamme d'un chalumeau. Cette disposition serait surtout avantageuse pour les appareils servant à faire de la glace.

880. *Transmission de la chaleur à travers les vitres.* — Pour la transmission de la chaleur à travers les vitres, nous examinerons deux cas extrêmes : d'abord, le premier dont il a été question pour la transmission de la chaleur à travers les murailles, et ensuite le cas d'une enceinte entièrement vitrée.

881. Supposons d'abord que les vitres soient placées dans une pièce dont une seule face soit exposée à l'air, les autres faces seront sensiblement à la température de l'air intérieur. Les rayons de chaleur obscure ne traversant pas le verre, les vitres s'échaufferont d'un côté par le rayonnement des surfaces intérieures et par le contact de l'air chaud, et se refroidiront de l'autre par des causes analogues. En admettant que le réchauffement et le refroidissement s'effectuent de la même manière, pour les mêmes excès de température, et en remarquant que, pour les petites épaisseurs des vitres, les quantités de chaleur transmises sont indépendantes de leur épaisseur, comme nous l'avons vu précédemment (865), on aura, en conservant les notations précédentes,

$$M = (T - x)Q \quad ; \quad M = (x - \theta)Q \quad ; \text{ d'où } \quad x = \frac{T + \theta}{2} \quad , \text{et} \quad M = \frac{T - \theta}{2} Q.$$

Pour des hauteurs de

$$1^m \qquad 2^m \qquad 3^m \qquad 4^m \qquad 5^m$$

les valeurs de K' (803) étant égales à

$$2{,}400 \qquad 2{,}210 \qquad 2{,}130 \qquad 2{,}08 \qquad 2{,}05$$

et le rayonnement du verre étant égal à 2,91, on trouve, pour ces différentes hauteurs et pour une différence de température de 1° entre T et θ, les valeurs suivantes de M

$$2{,}630 \qquad 2{,}560 \qquad 2{,}520 \qquad 2{,}496 \qquad 2{,}479$$

Le plus grand de ces nombres est plus petit que celui que j'avais trouvé autrefois par des expériences directes, parce que j'avais employé une vitre d'une plus petite hauteur, et que je n'avais pas pris toutes les précautions dont j'ai depuis reconnu la nécessité.

Si la température intérieure était de 15°, la température extérieure de 6°, celle des vitres serait de 10°5, et les quantités de chaleur émises par mètre carré et par heure seraient, pour les hauteurs dont nous venons de parler, de

$$23,85 \qquad 23,04 \qquad 22,68 \qquad 22,46 \qquad 22,32$$

882. Considérons maintenant une enceinte entièrement vitrée, chauffée par l'air chaud, et faisons abstraction de l'effet produit par le sol. Les vitres ne seront échauffées que par l'air, parce que, toutes les surfaces étant à la même température, leur rayonnement réciproque ne produira aucun effet. On aura alors, en conservant les notations précédentes,

$$M = (T - x)K' \quad ; \quad M = Q(x - \theta)$$

équations qui donnent

$$x = \frac{K'T + Q\theta}{Q + K'} \quad ; \text{ et } \quad M = \frac{QK'(T - \theta)}{Q + K'} .$$

On trouverait, comme dans le cas précédent, que, pour des hauteurs de

$$1^m \qquad 2^m \qquad 3^m \qquad 4^m \qquad 5^m$$

les quantités de chaleur transmises par mètre carré et par heure, pour une différence de 1°, sont

$$1,65 \qquad 1,54 \qquad 1,49 \qquad 1,47 \qquad 1,45.$$

Pour une température intérieure de 15° et une température extérieure de 6°, les quantités de chaleur transmises sont

$$14,85 \qquad 13,86 \qquad 13,41 \qquad 13,23 \qquad 13,05$$

Ces nombres sont plus petits que ceux que nous avons trouvés précédemment (881), parce que les vitres sont à une plus basse température.

883. Les deux cas que nous venons d'examiner, comme ceux dont nous avons parlé à l'occasion de la transmission de la chaleur à travers les murailles, ne se rencontrent jamais exactement. Dans le pre-

mier cas, les surfaces des murs en face des vitres ont toujours une température inférieure à celle de l'air, et dans le second il y a toujours une partie de la surface de l'enceinte qui n'est pas vitrée ; et, quand le chauffage a lieu en partie par le rayonnement des surfaces échauffées, les rayons qui arrivent directement sur les vitres augmentent la quantité de chaleur qu'elles transmettent. Mais, dans tous les cas, les quantités de chaleur réellement transmises sont comprises entre celles que nous avons calculées pour les deux cas extrêmes. Nous reviendrons sur cette question en parlant du chauffage des lieux habités.

884. *Vitres multiples.* — S'il y avait plusieurs vitres parallèles, séparées par des intervalles suffisants pour que l'air pût s'y déplacer facilement, comme les deux faces de chaque vitre seraient sensiblement à la même température, on obtiendrait la valeur de M, dans le premier cas que nous avons considéré, en supposant nulles les épaisseurs e, e', e''... dans la formule générale (875). Alors pour 2, 3, 4..... n vitres, les valeurs de M seraient

$$\frac{Q(T - \theta)}{2 + 1} \quad ; \quad \frac{Q(T - \theta)}{2 + 2} \quad ; \quad \frac{Q(T - \theta)}{2 + 3} \quad ; \quad \cdots \cdots \cdots \quad \frac{Q(T - \theta)}{2 + n - 1} \quad ;$$

et les rapports de ces valeurs à celle qui est relative à une seule vitre seraient

$$\frac{2}{3} \quad ; \quad \frac{1}{2} \quad ; \quad \frac{2}{5} \cdots \cdots \cdots \cdots \cdots \cdots \frac{2}{1 + n} \cdot$$

Des rideaux plus ou moins épais produiraient sensiblement les mêmes effets. Si la distance des vitres était inférieure à 2 centimètres, la transmission serait augmentée, parce que la transmission par l'air, $0,04 : 0,02$, est égale à la transmission par le contact de l'air et son renouvellement, et qu'à des distances plus petites la transmission par l'air immobile serait plus grande.

Dans le cas d'une enceinte complétement vitrée, si on pouvait négliger la différence des surfaces, on retomberait dans le cas des enceintes multiples égales (815) ; mais il faudrait changer dans la formule Q en K', et $n + 1$ en n, parce que, dans cette formule, n est le nombre total des surfaces, y compris celle du vase. Alors les quantités de chaleur transmises seraient en raison inverse du nombre des enveloppes. Mais c'est un cas tout à fait hypothétique, qui ne peut jamais se réaliser, ni relativement à la continuité des enceintes vitrées, ni relativement à l'égalité de leurs surfaces.

Dans le second cas que nous avons considéré pour les murailles, le calcul, relativement à la transmission de la chaleur à travers les vitres, serait très-compliqué, parce qu'il faudrait faire intervenir les surfaces des vitres, et on n'arriverait à rien de bien exact, à cause de l'influence des planchers et des plafonds, dont on ne peut pas tenir compte.

Le cas que nous avons examiné le premier donne évidemment le maximum de transmission ; c'est le seul où l'on puisse calculer avec une suffisante exactitude la quantité de chaleur transmise par les vitres, et les nombres obtenus suffisent, dans tous les cas, pour obtenir une appréciation suffisante des quantités de chaleur perdues.

885. *Transmission de la chaleur à travers des enveloppes cylindriques.* — Le cas que nous considérons maintenant est, par exemple, celui d'un tuyau métallique parcouru par de la vapeur, et environné de matières très-peu conductrices, afin de diminuer la perte de chaleur dans le trajet.

Désignons par M la quantité de chaleur transmise par unité de longueur, dans l'unité de temps, par $\check{R}$ et R' les rayons des cylindres intérieur et extérieur, par t et t' leurs températures, et par θ la température extérieure. Quand le régime est établi, la quantité de chaleur qui traverse l'enveloppe est égale à celle qui traverse en même temps un élément annulaire infiniment mince de rayon r ; cette dernière étant égale à la surface $2\pi r$ de cet élément multipliée par la conductibilité C de la matière, par la différence de température dt de ses deux surfaces, et en raison inverse de leur distance dr, on aura

$$M = \frac{-2\pi r C dt}{dr} \quad ; \quad \text{d'où} \quad Cdt = -\frac{M}{2\pi}\frac{dr}{r} \, .$$

Le signe — exprime que les variations de la température et du rayon de l'enveloppe ont lieu en sens contraire. En intégrant la dernière équation entre les limites t et t' pour dt, et R et R' pour dr, il vient

$$C(t - t') = \frac{M}{2\pi} m(\log R' - \log R) \quad ; \text{ et } \quad M = \frac{2\pi C(t - t')}{N}$$

m étant le module des tables de logarithmes, 2,3025, et N représentant $m (\log R' - \log R)$.

Mais on a en même temps $M = 2\pi R'Q (t' - \theta)$; en éliminant t' entre ces deux équations, on trouve finalement

$$M = \frac{2\pi R'Q(t - \theta)}{1 + \dfrac{QR'N}{C}} \quad \dots\dots\dots\dots\dots\dots\dots\dots\dots\dots (a)$$

S'il y avait deux enveloppes contiguës, en désignant par x la température de la seconde enveloppe, on aurait

$$C(t - x) = \frac{M}{2\pi} N \quad ; \quad C'(x - \theta) = \frac{M}{2\pi} N' \quad ; \text{ et } \quad M = 2\pi R''Q(t' - \theta) ,$$

équations, qui, par l'élimination de x, donnent

$$M = \frac{2\pi Q R''(t - \theta)}{1 + Q R'' \left(\dfrac{N}{C} + \dfrac{N'}{C'} \right)} .$$

En répétant les calculs pour 3, 4... enveloppes, on serait conduit à la formule générale

$$M = \frac{2\pi Q R^{(n)}(t - \theta) .}{1 + Q R^{(n)} \left(\dfrac{N}{C} + \dfrac{N'}{C'} + \dfrac{N''}{C''} + \cdots\cdots \right)} .$$

886. Reprenons maintenant la formule relative à une seule enveloppe

$$M = \frac{2\pi R'QC(t - \theta)}{C + QR'm(\log R' - \log R)} \quad \cdots\cdots\cdots\cdots\cdots\cdots (b)$$

Si nous supposons que la quantité C soit très-petite, par rapport à QR'N, la formule se réduira à $2\pi C (t-\theta) : m (\log R' - \log R)$, expression indépendante de Q et qui décroît à mesure que R' augmente : ainsi, dans ce cas, la transmission ne change pas avec l'état de la surface. Si, au contraire, la valeur de C était très-grande, par rapport au terme suivant, on aurait $M = 2\pi QR' (t-\theta)$, expression indépendante de C et qui croît proportionnellement à R'.

La première supposition se réaliserait pour une enveloppe de coton ou de laine ; la seconde, si l'on supposait que l'enveloppe eût une conductibilité presque métallique.

887. Le rapport de cette valeur de M à la quantité de chaleur qui serait transmise, dans les mêmes circonstances, par le tuyau nu est évidemment égal à

$$\frac{C}{R} \cdot \frac{1}{C + QR'm (\log R' - \log R)} .$$

On voit, à l'inspection de cette dernière formule, qu'il n'y a pas toujours avantage, sous le rapport de la perte de chaleur, à couvrir un tuyau d'un corps, même mauvais conducteur, car cette expression n'est pas nécessairement plus petite que l'unité; et pour la même valeur de C, elle varie avec R et R'. Il y a pour C certaines valeurs appartenant à des corps réputés mauvais conducteurs, qui donnent pour M des valeurs plus grandes que celle qui correspond au cylindre nu ; alors, pour ces corps, l'accroissement de surface du cylindre a plus d'influence que le ralentissement dans la transmission de la chaleur à travers leur épaisseur.

888. Prenons pour exemple un tuyau de fonte horizontal de $0^m 05$ de rayon et de 1^m de longueur, chauffé par la vapeur et recouvert successivement de différentes épaisseurs de coton.

En supposant l'air extérieur à 15°, il résulte de ce que nous avons dit (807), que la quantité de chaleur émise par mètre carré et par heure, quand le tuyau est nu, est égale à 805, et pour 1^m de longueur, cette quantité deviendra $805 \cdot 2\pi R = 252,77$.

Pour trouver les quantités de chaleur transmises par mètre courant et par heure, par le tuyau, quand il est recouvert d'une couche de coton ayant

| $0^m 01$ | $0^m 02$ | $0^m 03$ | $0^m 04$ | $0^m 05$ | $0^m 10$ | $0^m 15$ |

d'épaisseur, il faut, dans la formule, faire $C = 0,04$; $R = 0,05$, et donner successivement à R' les valeurs

| 0,06 | 0,07 | 0,08 | 0,09 | 0,10 | 0,15 | 0,20. |

Pour obtenir les valeurs de Q, il faut se souvenir que $Q = K + K'$; K et K' étant les coefficients de refroidissement par rayonnement et par le contact de l'air ; si l'on suppose la matière enveloppante couverte de toile, on aura $K = 3,65$; et les valeurs de K' se déduiront de la formule (799). On trouve ainsi pour K'

| 2,70 | 2,60 | 2,53 | 2,48 | 2,44 | 2,31 | 2,24 |

et pour les valeurs de Q

| 6,35 | 6,25 | 6,18 | 6,13 | 6,09 | 5,96 | 5,90. |

Les valeurs de N sont

| 0,182 | 0,336 | 0,459 | 0,587 | 0,693 | 1,098 | 1,385. |

En substituant dans la formule (a) les nombres constants, elle devient

$$M = \frac{21,36 \cdot QR'}{0,04 + QR'N},$$

et on obtient les résultats suivants :

$$R' = 0,06 \qquad R = 0,05 \qquad M = \frac{8,138}{0,109} = 74,6$$

$$R' = 0,07 \qquad R = 0,05 \qquad M = \frac{9,345}{0,186} = 50,2$$

$$R' = 0,08 \qquad R = 0,05 \qquad M = \frac{10,550}{0,271} = 39,1$$

$$R' = 0,09 \qquad R = 0,05 \qquad M = \frac{11,75}{0,363} = 32,3$$

$$R' = 0,10 \qquad R = 0,05 \qquad M = \frac{13,01}{0,462} = 28,2$$

$$R' = 0,15 \qquad R = 0,05 \qquad M = \frac{18,09}{1,02} = 18,7$$

$$R' = 0,20 \qquad R = 0,05 \qquad M = \frac{25,205}{1,674} = 15,0$$

Si les enveloppes étaient recouvertes d'une lame de fer-blanc, on aurait $K = 0,4$, et, par suite, les valeurs de Q deviendraient

$$3,10 \qquad 3,00 \qquad 2,93 \qquad 2,88 \qquad 2,84 \qquad 2,71 \qquad 2,65$$

et on trouverait pour les valeurs de M

$$53,8 \qquad 40,8 \qquad 33,3 \qquad 28,8 \qquad 25,7 \qquad 17,8 \qquad 14,6.$$

L'influence du faible rayonnement de la surface va en diminuant à mesure que l'épaisseur de la couche augmente, parce que la valeur de C, relativement au terme QR'N, va toujours en diminuant, et que, si l'on pouvait négliger C, la valeur de M deviendrait tout à fait indépendante de Q.

889. Dans les calculs précédents, nous avons admis 0,04 pour la valeur de C; si on supposait une conductibilité 2 fois, 4 fois, 8 fois... n fois plus grande, il suffirait, pour obtenir les valeurs de M correspondantes, de multiplier le numérateur des fractions qui représentent les valeurs de M, dans le tableau précédent, par 2, 4, 8.... n, et d'ajouter au dénominateur, 0,04; 0,12; 0,28.... 0,04 $(n-1)$. C'est ainsi qu'on a obtenu les valeurs suivantes qui correspondent aux mêmes valeurs de R' et aux mêmes températures intérieure et extérieure. La quantité de chaleur qui serait émise par le cylindre nu serait toujours égale à 252.77.

Tableau des quantités de chaleur transmises par mètre courant par un tuyau cylindrique horizontal de 0ᵐ 05 de rayon, chauffé à 100°, placé dans une enceinte à 15°, et recouvert d'une enveloppe de différentes épaisseurs et de différentes conductibilités.

CONDUCTIBILITÉ.	ÉPAISSEUR DE LA COUCHE ENVELOPPANTE.						
	0ᵐ 01	0ᵐ 02	0ᵐ 03	0ᵐ 04	0ᵐ 05	0ᵐ 10	0ᵐ 15
	QUANTITÉS DE CHALEUR TRANSMISES.						
0,04	74,6	50,2	39,1	32,3	28,2	18,7	15,0
0,08	109,2	82,7	67,8	58,3	51,8	34,1	29,1
0,16	142,1	122,1	107,9	97,3	89,4	63,4	56,6
0,32	167,3	160,4	153,1	146,3	140,2	111,3	103,2
0,64	183,6	190,2	193,8	195,2	196,0	178,6	177,3
1,28	193,3	209,7	223,4	234,5	244,6	256,1	276,7
2,56	198,0	221,0	241,9	260,8	279,2	327,0	384,6
5,12	200,7	227,1	252,3	276,3	300,4	379,6	477,6

890. On voit, d'après ce tableau, que les valeurs de M diminuent très-rapidement avec l'accroissement d'épaisseur quand la conductibilité est très-petite; que les variations sont très-faibles pour $C = 0,64$; et que, pour des valeurs de C plus grandes, les valeurs de M augmentent avec l'épaisseur de la matière enveloppante. Pour d'autres valeurs du rayon du cylindre intérieur, les mêmes phénomènes se reproduiraient encore, mais pour d'autres épaisseurs.

891. Comme on conduit souvent de la vapeur par des tuyaux dans lesquels il importe de diminuer, autant que possible, sa condensation, nous avons calculé le tableau suivant, qui donne les quantités de chaleur émises, par mètre courant de tuyaux, de différents rayons, chauffés par la vapeur, recouverts de différentes épaisseurs de coton, et placés dans une enceinte à 15°. Pour chaque rayon du cylindre et chaque épaisseur de matière enveloppante, le tableau présente deux nombres, celui qui est supérieur représente la quantité de chaleur émise par mètre courant, et le nombre inférieur, le rapport de cette quantité à celle qui serait perdue, si le tuyau était nu. J'ai supposé la fonte oxydée et son rayonnement égal à 3,35.

RAYON du CYLINDRE.	ÉPAISSEURS DE LA COUCHE ENVELOPPANTE.							
	0^{m}00	0^{m}01	0^{m}02	0^{m}05	0^{m}04	0^{m}03	0^{m}10	0^{m}15
	QUANTITÉS DE CHALEUR TRANSMISES PAR MÈTRE COURANT.							
0,01	75,92	22,40 (0,295)	16,5 (0,217)	13,9 (0,183)	12,3 (0,162)	11,2 (0.147)	8,7 (0,114)	7,9 (0,104)
0,02	120,15	35,8 (0,298)	25,6 (0,213)	20,9 (0,174)	17,7 (0,147)	15,6 (0,129)	11,5 (0,095)	9,8 (0,081)
0,03	164,33	49,0 (0,298)	33,7 (0,305)	26,7 (0,162)	22,8 (0,138)	20,1 (0,122)	11,1 (0,085)	11,6 (0,070)
0,04	208,56	61,7 (0,295)	41,8 (0,200)	33,3 (0,159)	27,5 (0,131)	24,2 (0,111)	16,4 (0,078)	13,4 (0,064)
0,05	252,64	74,5 (0,294)	50,2 (0,198)	39,1 (0,154)	32,1 (0,128)	28,2 (0,111)	18,7 (0,073)	15,0 (0,058)
0,10	473,51	137,7 (0,290)	90,2 (0,190)	68,2 (0,144)	55,8 (0,117)	47,7 (0,100)	29,3 (0,061)	22,6 (0,047)
0,15	694,84	200,8 (0,289)	130,4 (0,187)	97,6 (0,110)	78,7 (0,113)	66,4 (0,095)	39,6 (0,057)	30,8 (0,044)
0,20	916,20	263,9 (0,288)	169,3 (0,184)	125,8 (0,137)	101,5 (0,110)	85,4 (0,093)	49,9 (0,054)	38,2 (0,044)

892. Dans tout ce qui précède, j'ai supposé que la valeur de Q était constante, c'est-à-dire que la loi de Newton, relative au refroidissement, existait pour tous les excès de température ; or, il n'en est pas ainsi, comme nous l'avons vu (805), et la valeur de Q augmente assez rapidement avec la température ; ainsi, les différentes valeurs de M, calculées d'après la formule (a), ne peuvent être considérées que comme des valeurs approchées, et d'autant plus exactes, qu'elles sont plus petites, parce que l'excès de la température décroît avec M. Mais il est facile, dans chaque cas particulier, d'obtenir une valeur de la quantité de chaleur transmise très-voisine de la réalité. Supposons que l'on ait d'abord calculé la valeur de M par la formule (885) ; en divisant cette valeur par SQ, on aura la température t' de la surface, et au moyen des formules renfermées dans les tableaux (796), (804), on en déduira une nouvelle valeur Q_1 de Q, puis de nouvelles valeurs M_1 et t_1, et ainsi de suite, jusqu'à ce que deux valeurs de M consécutives soient égales.

Je prendrai pour exemple un tuyau de fonte de 0^m05 de rayon, recouvert de 0,01 de coton, renfermant de la vapeur à 100°, et placé dans de l'air à 15°. Nous avons déjà trouvé pour ce cas $M = 74,6$. La surface du mètre courant extérieur étant de 0^m377, l'excès de température de la surface sera de $74.6 : 0,377 . 6,35 = 31° 21$; la nouvelle valeur de Q est $Q_1 = 3,65 . 1,22 + 2,70 . 1,27 = 7,88$; d'où l'on tire $M_1 = 80° 1$; $t_1 = 80,1 : 2,97 = 27°$; puis $Q_2 = 7,47$; $M_2 = 78,4$; et $t_2 = 27° 84$; ainsi, la valeur de M est de 78 au lieu de 74, différence fort peu considérable. La différence serait encore beaucoup plus petite pour des épaisseurs plus grandes de la matière enveloppante.

893. En général, quand les tuyaux n'ont qu'un petit diamètre, le second terme du dénominateur de la valeur de M est très-grand relativement au premier terme, du moins quand la matière enveloppante conduit mal la chaleur. En ce cas, on voit que le dénominateur est presque proportionnel à Q comme le numérateur, et, par suite, que la valeur de Q a peu d'influence. Ainsi, les résultats numériques que nous avons rapportés peuvent être considérés comme suffisamment approchés pour la pratique. Mais il n'en serait plus de même, si, la différence des rayons ne changeant pas, la valeur de R était très-grande, parce que la différence des logarithmes pourrait rendre dominant le second terme du dénominateur de M, et on trouverait une différence notable entre les résultats du calcul direct et ceux de la méthode d'approximation que j'ai indiquée.

894. Je prendrai pour exemple particulier un cas qui se rencontre dans presque tous les générateurs de vapeur. Leur surface est, en général, recouverte de matières conduisant mal la chaleur, et il est important de connaître l'influence des différentes matières qu'on peut employer pour diminuer la perte de chaleur. Je supposerai que le cylindre formant la chaudière a 1^m de diamètre; la quantité de chaleur émise par mètre carré et par heure est donnée par la formule suivante

$$M = \frac{QC(t - \theta)}{C + QR'n \log R'} \cdot \quad \dots\dots\dots\dots\dots \quad (a)$$

Admettons qu'on ait, comme précédemment, $Q = 2,1 + 3,65 = 5,75$, et que la matière enveloppante soit de la poussière de bois mélangée d'un peu de terre argileuse et de bourre pour la rendre plastique; nous pourrons admettre que $C = 0,1$. En prenant pour l'épaisseur de la matière enveloppante

0^m01 0^m02 0^m03 0^m04 0^m05, la surface extérieure de l'enveloppe étant nue, la formule (a) donne directement pour M

$$292 \qquad 213 \qquad 168 \qquad 141 \qquad 116 \ldots\ldots(1),$$

et par la méthode d'approximation indiquée (892)

$$340 \qquad 232 \qquad 180 \qquad 146 \qquad 110 \ldots\ldots(2);$$

si la surface est couverte d'une lame d'étain, on a par la formule (a)

$$150 \qquad 126 \qquad 109 \qquad 97 \qquad 80 \ldots\ldots(3),$$

et par la méthode d'approximation

$$197 \qquad 153 \qquad 127 \qquad 109 \qquad 86 \ldots\ldots(4).$$

Il résulte de ces nombres et de ce que la chaleur émise par la surface libre est 671, que les enveloppes seules réduisent la transmission de la chaleur à

$$0,506 \qquad 0,346 \qquad 0,27 \qquad 0,217 \qquad 0,164 \ldots\ldots(5)$$

et ces mêmes enveloppes recouvertes d'étain à

$$0,29 \qquad 0,228 \qquad 0,189 \qquad 0,164 \qquad 0,13 \ldots\ldots(6).$$

Les lames d'étain ont une influence très-grande, mais qui diminue avec l'épaisseur, car les rapports des nombres correspondants des séries (5) et (6) sont

$$0,57 \qquad 0,65 \qquad 0,70 \qquad 0,75 \qquad 0,80 \ldots\ldots(7).$$

J'ai supposé $t = 100$; si la température était supérieure, les valeurs de M seraient proportionnelles à $t - 0$; mais alors, les quantités de chaleur émises croissant plus rapidement que les excès de température, les nombres de la série (5) diminueraient à mesure que la température augmenterait.

Si, par exemple, la vapeur était à 140°, ce qui correspond à 4 atmosphères environ, l'excès de température serait de 120°; les quantités de chaleur transmises par l'enveloppe nue seraient de

$$595 \qquad 406 \qquad 315 \qquad 255 \qquad 192$$

et les quantités relatives de chaleur transmise

$$0,416 \qquad 0,281 \qquad 0,220 \qquad 0,178 \qquad 0,134.$$

On aurait sensiblement les mêmes résultats pour des enveloppes en bois de sapin et de noyer, formées de planches parallèles aux fibres.

895. *Transmission de la chaleur à travers les enveloppes sphériques.* — En conservant les mêmes notations que précédemment, on trouve

$$M = -\frac{4\pi r^2 C dt}{dr} \quad ; \text{ ou} \quad 4\pi C dt = -M\,\frac{dr}{r^2},$$

et en intégrant cette dernière équation entre les limites t et t' pour t, R et R' pour r, on a

$$4\pi C(t - t') = M\left(\frac{1}{R} - \frac{1}{R'}\right) \quad ; \text{ d'où} \quad M = \frac{4\pi CRR'(t - t')}{R' - R}.$$

Mais comme $M = 4\pi R'^2 Q(t' - \theta)$, en éliminant t', on trouve

$$M = \frac{4\pi CQRR'(t - \theta)}{CR + QR'(R' - R)}$$

équation dans laquelle M représente la quantité de chaleur émise par la surface totale de la sphère. Pour obtenir celle qui est émise par mètre carré, il est évident qu'il faudrait diviser M par $4\pi R'^2$.

Diffusion de la chaleur.

896. Dans tout ce qui précède, nous n'avons considéré la transmission de la chaleur à travers les corps que lorsqu'un régime permanent de température y était établi ; dans ce cas, les lois de la transmission sont très-simples, et les formules que nous avons données permettent de calculer les quantités de chaleur transmises dans les différents cas qui se présentent ordinairement. Mais, avant l'établissement du régime, dans les corps terminés par deux surfaces dont l'une reçoit la chaleur et l'autre la disperse, et pendant toute la durée de l'échauffement, pour les corps indéfinis dans un sens, les températures des différents points varient avec leurs positions et avec le temps, suivant des lois très-compliquées, qui dépendent à la fois de la forme des corps, de la conductibilité de la matière, de sa capacité calorifique et de sa densité ; alors ce ne sont pas toujours les corps formés des matières qui conduisent le mieux la chaleur qui la dispersent le plus facilement, parce que la dispersion dépend du rapport de la conductibilité à la capacité calorifique de la matière.

897. Il résulte des calculs consignés dans la note ci-jointe (1), que si l'on considère une surface plane indéfinie maintenue à une température T, et au-dessous un corps homogène, d'une très-grande épaisseur,

(1) La question dont il s'agit a été résolue, à ma prière, par M. Cauchy ; voici la formule à laquelle cet habile géomètre a été conduit

$$T' = T \left\{ 1 - \frac{2}{\sqrt{\pi}} \int_0^{\frac{x}{2\sqrt{kt}}} e^{-\varphi^2} d\varphi. \right\}.$$

Dans cette formule, T représente la température constante de la surface plane qui termine le milieu, dont la température initiale était $0°$, T' représente la température d'une couche du milieu, située à une distance x et après le temps t, et k le rapport de la conductibilité de la matière à sa capacité calorifique multipliée par sa densité. Les valeurs de l'intégrale

$$A = \frac{2}{\sqrt{\pi}} \int_0^{\varphi} e^{-\varphi^2} d\varphi.$$

ont été calculées par Kramp, et se trouvent rapportées dans l'ouvrage de M. Cournot sur la théorie des chances et des probabilités. Nous donnerons ici quelques valeurs de cette intégrale qui permettront de calculer les valeurs de T' avec un degré suffisant d'approximation.

$\varphi = 0 \ldots \ldots A = 0,000$	$\varphi = 0,8 \ldots A = 0,742$	$\varphi = 1,6 \ldots A = 0,976$
$\varphi = 0,1 \ldots A = 0,112$	$\varphi = 0,9 \ldots A = 0,796$	$\varphi = 1,7 \ldots A = 0,983$
$\varphi = 0,2 \ldots A = 0,223$	$\varphi = 1,0 \ldots A = 0,842$	$\varphi = 1,8 \ldots A = 0,989$
$\varphi = 0,3 \ldots A = 0,328$	$\varphi = 1,1 \ldots A = 0,880$	$\varphi = 1,9 \ldots A = 0,993$
$\varphi = 0,4 \ldots A = 0,428$	$\varphi = 1,2 \ldots A = 0,910$	$\varphi = 2,0 \ldots A = 0,995$
$\varphi = 0,5 \ldots A = 0,520$	$\varphi = 1,3 \ldots A = 0,934$	$\varphi = 2,1 \ldots A = 0,997$
$\varphi = 0,6 \ldots A = 0,603$	$\varphi = 1,4 \ldots A = 0,952$	$\varphi = 2,2 \ldots A = 0,998$
$\varphi = 0,7 \ldots A = 0,677$	$\varphi = 1,5 \ldots A = 0,966$	$\varphi = 2,3 \ldots A = 0,999$

Il est important de remarquer que, les valeurs des conductibilités données précédemment représentant les quantités de chaleur qui traversent, dans une heure, des plaques d'un mètre carré de surface, d'un mètre d'épaisseur, et dont les températures des surfaces diffèrent de $1°$, il faut prendre le mètre pour unité de longueur, et l'heure pour unité de temps. Dans les calculs relatifs à l'eau, j'ai supposé que sa conductibilité était la même que celle de la colle d'amidon. Voici du reste les valeurs des conductibilités C. des capacités caloriques c, et des densités d admises pour calculer les valeurs de k relatives aux différents corps que j'ai considérés :

Sable quartzeux..	C = 0,27 ;	$c = 0,2$;	$d = 1,47$;	$k = 0,917$
Pierre calcaire...	C = 1,27 ;	$c = 0,21$;	$d = 2,22$;	$k = 2,76$
Fer............	C = 29,0 ;	$c = 0,113$;	$d = 7,73$;	$k = 33,00$
Marbre	C = 2,78 ;	$c = 0,2$;	$d = 2,77$;	$k = 5,018$
Plâtre	C = 0,331 ;	$c = 0,196$;	$d = 1,25$;	$k = 1,351$
Eau stagnante...	C = 0,425 ;	$c = 1,10$;	$d = 1$;	$k = 0,425$
Air.............	C = 0,01 ;	$c = 0,25$;	$d = 0,0013$;	$k = 123.$

à la température 0°, après une minute, les températures à des distances de

$$0^m001, \qquad 0^m01; \qquad 0^m1, \qquad 1^m0,$$

seront

Pour le sable......................	0,988 T;...0,887 T;...0,154 T;...0,000
Pour la pierre calcaire de construc.	0,997 T; ..0,973 T;...0,745 T;...0,001 T
Pour le fer.......................	0,999 T;...0,992 T;...0,924 T;...0,339 T
Pour le marbre à gros grains....	0,999 T;...0,993 T;...0,938 T;...0,139 T
Pour le plâtre, de construction ...	0,996 T;...0,962 T;...0,624 T;...0,000
Pour l'eau stagnante.............	0,993 T;...0,930 T;...0,300 T;...0,000

898. La formule qui a servi à calculer ces nombres est une conséquence rigoureuse du principe élémentaire de la transmission de la chaleur qui a été constaté par un trop grand nombre d'expériences pour qu'il soit permis de douter de son exactitude ; mais dans l'établissement de cette formule, on a négligé l'effet de la dilatation et des variations de capacités calorifiques par la température ; cependant, comme pour les corps solides, les dilatations, les variations de capacités et probablement les variations de conductibilité sont faibles, on peut regarder la formule comme représentant les faits avec une grande approximation. Alors les nombres que nous venons de rapporter font voir avec quelle rapidité la chaleur se disperse dans les corps, même dans ceux qui conduisent mal la chaleur, après l'établissement d'un régime permanent de température.

899. Si l'on appliquait la formule à l'air supposé stagnant, ce qui arriverait s'il était échauffé par la partie supérieure, on n'obtiendrait certainement qu'une approximation un peu vague, à cause de la grande dilatation qu'il éprouverait et des variations inconnues de sa conductibilité avec l'accroissement de température. Cependant, comme les résultats du calcul peuvent au moins donner une idée de la rapidité avec laquelle la chaleur se dissémine dans ce corps, nous les indiquerons. Après une minute et aux distances

$$0^m001.........0^m01,..........0^m1........... \text{ et } 1^m$$

les températures indiquées par la formule sont

$$0,999 \text{ T};......0,996 \text{ T};......0,960 \text{ T};........0,620 \text{ T}$$

et après 1, 4, 9, 16, 25, 36 secondes, les températures aux mêmes distances seraient

$$
\begin{array}{lllll}
1'' & \dots\dots 0{,}997\ T; & \dots\dots 0{,}973\ T; & \dots\dots 0{,}730\ T; & \dots\dots 0{,}00056\ T \\
4'' & \dots\dots 0{,}998\ T; & \dots\dots 0{,}986\ T; & \dots\dots 0{,}865\ T; & \dots\dots 0{,}0844\ T \\
9'' & \dots\dots 0{,}999\ T; & \dots\dots 0{,}991\ T; & \dots\dots 0{,}908\ T; & \dots\dots 0{,}2520\ T \\
16'' & \dots\dots 0{,}999\ T; & \dots\dots 0{,}993\ T; & \dots\dots 0{,}931\ T; & \dots\dots 0{,}38851\ T \\
25'' & \dots\dots 0{,}999\ T; & \dots\dots 0{,}994\ T; & \dots\dots 0{,}948\ T; & \dots\dots 0{,}4900\ T \\
36'' & \dots\dots 0{,}999\ T; & \dots\dots 0{,}995\ T; & \dots\dots 0{,}954\ T; & \dots\dots 0{,}5710\ T \\
\end{array}
$$

Si la formule employée était exactement applicable à l'air, il en résulterait que la dispersion de la chaleur à travers l'air serait plus grande qu'à travers tous les autres corps ; mais on peut certainement conclure de ces résultats que la dispersion de la chaleur à travers l'air s'effectue avec une grande rapidité. Ce fait explique d'ailleurs un grand nombre de phénomènes qui paraissaient fort singuliers.

900. Dans les églises chauffées par de l'air chaud qui s'échappe d'un certain nombre d'orifices percés dans le sol, les températures de l'air à 2^m et 20^m de hauteur diffèrent à peine de 1 degré, comme cela a été constaté à la Madeleine et à Saint-Roch. Dans le refroidissement des corps provenant du contact de l'air, la quantité de chaleur perdue diminue très-lentement avec la hauteur des corps, ce qui ne peut s'expliquer que par la facile dispersion de la chaleur à travers l'air. Il résulte aussi de ce fait que, dans le chauffage des appartements par des foyers découverts, on utilise non-seulement une partie du rayonnement, mais encore une partie de la chaleur produite qui se transmet par dispersion à l'air environnant.

901. M. Darcy, ingénieur en chef des ponts et chaussées, a fait des expériences fort intéressantes sur le refroidissement éprouvé par l'eau chaude du puits artésien de Grenelle, en parcourant des tuyaux placés dans la terre. La longueur totale de la conduite en fonte était de 2320^m ; son diamètre variait de 0^m162 à 0^m25. Le volume d'eau écoulé par seconde était de 3^l68 ; le refroidissement de $26°75$ à $20°90$, c'est-à-dire de $5°85$; la perte de chaleur par seconde était donc de $3{,}68 \cdot 5{,}85 = 21°53$, et par heure de $21{,}50 \cdot 3600 = 77508$ calories ; et comme les tuyaux avaient une surface totale de 1527^m84, la quantité de chaleur émise par mètre carré et par heure était de $77508 : 1527{,}84 = 50{,}70$ pour une température moyenne de $23°8$. Le temps employé par une tranche liquide pour parcourir la longueur du canal était de $8^h30'$. Le liquide en repos s'est refroidi de $5°5$ en 7 heures. Il est probable que la transmission est proportionnelle à la température du

tuyau, et que pour de la vapeur elle serait comprise entre 200 et 300 calories.

902. *Influence des variations de la température extérieure sur la quantité de chaleur transmise par les murailles.* — Dans ce que nous avons dit sur la transmission de la chaleur à travers les corps mauvais conducteurs, nous avons supposé que le régime était établi, et par conséquent que les températures intérieure et extérieure étaient constantes ; ordinairement le chauffage est dirigé de manière que la température intérieure ne change pas , mais la transmission de la chaleur est toujours soumise à l'influence des variations de la température extérieure. Ces variations sont de deux espèces : le décroissement et l'accroissement général de la température moyenne extérieure pendant la saison du chauffage, et les perturbations accidentelles qui se manifestent fréquemment chaque jour. Examinons successivement les influences de ces deux espèces de variations.

Dans notre climat, le chauffage a généralement lieu du 1er octobre à la fin d'avril, et, pendant ces sept mois, les températures moyennes extérieures, déduites de dix années d'expérience, sont de

Octobre.	Novembre.	Décembre.	Janvier.	Février.	Mars.	Avril.
11°	7°3	3°01	2'29	4°34	6°59	10°49,

En supposant que la température intérieure soit maintenue à 15°, que les murailles soient toutes exposées à l'air, et que leur épaisseur soit de 1ᵐ, la quantité totale de chaleur transmise par mètre carré pendant toute la durée du chauffage, en admettant que le régime soit constamment établi, sera (871) de $7{,}03 . 210 . 24 = 35431^c$, et la chaleur renfermée dans la muraille à 15° serait $1000 . 2{,}2 . 02 . 15 = 6600$. Cette dernière quantité n'étant que les 12 centièmes de la première, et le refroidissement de la muraille n'étant jamais complet, on conçoit facilement que si les variations de température avaient lieu d'une manière continue, sans oscillations brusques, quelle que soit la loi suivant laquelle la muraille se refroidira dans la première période de l'hiver et se réchauffera dans la seconde, les quantités de chaleur, émises et absorbées successivement par la muraille, ne pourront avoir qu'une faible influence sur la transmission, dans l'hypothèse d'un régime constamment maintenu. On voit en outre que, pendant le décroissement de la température extérieure, le refroidissement des murailles diminuera d'une petite quantité la chaleur à fournir pour maintenir la température intérieure, et que, pendant l'accroissement de la température extérieure, il y aura plus de chaleur à fournir pour rétablir le régime primitif des murailles.

903. D'après ce que je viens de dire, la courbe des températures moyennes mensuelles des mois de chauffage ne présente qu'un minimum ; mais, chaque jour, il y a plusieurs variations successivement en sens contraire, de sorte que la courbe réelle des températures offre un grand nombre de sinuosités autour de la courbe des températures moyennes. Ces variations agissent directement par les vitres sur l'espace échauffé, parce que les vitres prennent à peu près instantanément une température moyenne entre celle de l'intérieur et de l'extérieur. Il n'en est pas de même des murailles : elles fournissent, lorsque la température extérieure s'abaisse, une certaine quantité de chaleur, et lorsque la température extérieure se relève au point primitif, elles absorbent la même quantité de chaleur, de sorte que la quantité de chaleur à fournir, pour produire une température constante, varie beaucoup moins rapidement que la température extérieure. Comme ces variations sont égales et de signes contraires autour de la courbe des températures moyennes, de quelque manière que s'effectuent les refroidissements et les réchauffements partiels de la muraille, les pertes et les gains finissent par se compenser, et la dépense totale de chaleur pendant la durée du chauffage reste la même que si la température extérieure avait toujours été celle qui correspond à la courbe des températures moyennes mensuelles, ou bien encore que si la température extérieure était constamment restée à la température moyenne, comme l'expérience le démontre.

904. Les phénomènes qui se produisent dans les murailles par des variations brusques dans la température extérieure sont très-compliqués. S'il survient un refroidissement, il y a un accroissement de perte par la surface extérieure, un abaissement de température qui se propage de proche en proche jusqu'à la surface intérieure, et si cette température de l'air extérieur dure un temps suffisant, il s'établira dans la muraille un nouveau régime. Dans cet intervalle, les températures des différents points de la muraille éprouveront des variations qu'il serait réellement impossible de calculer, car ces calculs seraient encore plus compliqués que ceux de la transmission de la chaleur dans un milieu indéfini à une température constante (897). Mais comme les murailles ont rarement une épaisseur qui dépasse $0^m 50$, que la dissémination de la chaleur à travers les corps, même d'une assez faible conductibilité comme les matériaux de construction, s'effectue avec une grande rapidité, et que les différences de température des

deux surfaces ne sont en général que d'un petit nombre de degrés, on peut supposer que, pendant toutes les variations de température qui précèdent l'établissement du nouveau régime, les températures des différents points de la muraille croissent toujours uniformément de l'extérieur à l'intérieur. Cette supposition n'est jamais réalisée ; mais elle permet de suivre à peu près les phénomènes qui accompagnent un refroidissement de l'air extérieur.

Considérons d'abord une muraille appartenant à une pièce dont les autres faces ne sont pas exposées à l'air ; supposons, comme dans l'article (868), $T = 15°$; $\theta = 6°$; $C = 1,70$, et $c = 0,50$; nous aurons $t = 12° 56$; $t' = 8° 99$, et $M = 16,23$. Si la température extérieure devenait $0°$, les formules (a) (864), donneraient $t = 10° 87$; $t' = 4° 12$; et $M = 22,93$; la quantité de chaleur perdue par la muraille par mètre carré, pour passer du premier régime au second, serait de .

$$1000 \cdot 0,5 \cdot 2,22 \cdot 0,21 \left[\frac{12,56 + 8,99}{2} - \frac{10,87 + 4,12}{2} \right] = 382 \text{ calories,}$$

et comme ce refroidissement a lieu pendant que la température de la surface extérieure s'abaisse de $8° 99$ à $4° 12$, ce refroidissement est décroissant ; en admettant l'hypothèse de la variation uniforme de température, ce refroidissement aura lieu dans le même temps que si l'excès de température de la surface extérieure était égal à $\dfrac{8° 99 + 4° 12}{2}$, ou de $6°55$; or, comme, pour un excès de température de $8°99$, il sort par heure $16,23$ calories, le refroidissement en question s'effectuerait dans un nombre d'heures égal à $\dfrac{382.1,37}{16,23} = 32$.

Cela suppose toutefois que la température intérieure est maintenue à $15°$, et que le refroidissement de la muraille s'effectue comme nous l'avons supposé ; mais en réalité le refroidissement sera beaucoup moins rapide, parce que la température de la surface extérieure sera beaucoup plus basse que nous ne l'avons admis, et que les températures des différentes tranches de la muraille se succéderont suivant une autre loi qui concourra aussi à ralentir le refroidissement.

905. On voit d'après cela que, si une pièce ne se refroidissait que par ses murailles, les variations de la température extérieure ne se manifesteraient que très-lentement et très-affaiblies à l'intérieur. Mais les pièces ont toujours des fenêtres vitrées, et le verre prenant presque instantanément la température moyenne entre celle de l'intérieur

et celles de l'extérieur, il faut, pour maintenir la pièce à une température constante, des accroissements de chaleur qui varient avec la température extérieure, et qui sont en général très-grands relativement à ceux qui résulteraient de la transmission de la chaleur à travers les murailles.

Considérons, par exemple, une pièce n'ayant qu'une seule face exposée à l'air, ayant 4^{mq} de surface vitrée et 6^{mq} de murailles de $0^m 50$ d'épaisseur ; la température intérieure étant de $15°$ et la température extérieure de $6°$, la quantité totale de chaleur transmise sera (881 et 868) de $4 . 23 + 6 . 16,23 = 92 + 97,38$. Si on suppose que la température extérieure s'abaisse à $0°$, la quantité de chaleur transmise par les vitres sera portée immédiatement de 92 à 153, tandis que la transmission à travers les murailles s'élèvera très-lentement, en 32 heures, de $97,38$ à $137,58$, et certainement, en réalité, dans un temps beaucoup plus long. Ainsi les vitres ont une influence beaucoup plus grande que les murailles sur les variations de la température intérieure ou sur les quantités de chaleur à fournir pour maintenir la température, à moins cependant que les murailles ne soient très-minces et n'aient une grande étendue relativement aux surfaces vitrées.

906. Comme il est important d'avoir une idée bien nette des variations de température qui se produisent sur les surfaces des murailles pendant la durée d'une saison de chauffage, ainsi que des quantités de chaleur transmises pour différentes valeurs de la température extérieure et des quantités de chaleur renfermées dans les murailles, j'ai calculé ces différents éléments pour des murailles de $0^m 5$, $1^m 0$, $1^m 5$, et 2^m d'épaisseur d'après les formules (870), qui supposent toutes les murailles exposées à l'air. J'ai pris $C = 1,70$; $K = 3,60$; $K' = 1,96$; $Q = 5,56$; en supposant que la densité de la pierre soit égale à $2,2$, et sa capacité calorifique à $0,2$, la quantité de chaleur renfermée dans un mètre carré de muraille à la température v est égale à

$$1000 . c . 2,2 . 0,2 . v = 440 . cv.$$

Lorsque les températures varieront uniformément de t à t', entre les deux surfaces, la quantité de chaleur renfermée dans la muraille à partir de $0°$ sera $440 . c \dfrac{t + t'}{2}$; je la désignerai par A et on aura, en appelant T la température intérieure de la pièce et θ la température extérieure, pour $c = 0^m 50$,

$$t = 0,48T + 0,52\theta. \quad t' = 0,18T + 0,817\theta. \quad M = 1,015(T - \theta). \quad A = 220(0,33T + 0,668\theta) ;$$

pour $e = 1^m 00$,

$$t = 0{,}60\mathrm{T} + 0{,}4\theta. \quad t' = 0{,}14\mathrm{T} + 0{,}86\theta. \quad \mathrm{M} = 0{,}782(\mathrm{T} - \theta). \quad \mathrm{A} = 440(0{,}37\mathrm{T} + 0{,}68\theta);$$

pour $e = 1^m 50$,

$$t = 0{,}675\mathrm{T} + 0{,}32\theta. \quad t' = 0{,}114\mathrm{T} + 0{,}89\theta. \quad \mathrm{M} = 0{,}635(\mathrm{T} - \theta). \quad \mathrm{A} = 660(0{,}39\mathrm{T} + 0{,}60\theta);$$

pour $e = 2^m$,

$$t = 0{,}726\mathrm{T} + 0{,}27\theta. \quad t' = 0{,}096\mathrm{T} + 0{,}90\theta. \quad \mathrm{M} = 0{,}535(\mathrm{T} - \theta). \quad \mathrm{A} = 880(0{,}41\mathrm{T} + 0{,}58\theta).$$

Chauffage intermittent.

907. Dans ce qui précède, nous avons supposé le chauffage continu ; mais souvent il est interrompu pendant la nuit, et d'autres fois il n'a lieu que pendant un temps très-limité ; de là deux questions à étudier, la perte de chaleur par la suspension du chauffage pendant la nuit, et la quantité de chaleur à dépenser pour maintenir pendant un certain temps une pièce à une certaine température.

908. *Chaleur perdue par les murailles pendant la suspension du chauffage.* — Durant cette suspension, qui a généralement lieu pendant la nuit, la chaleur émise par la surface extérieure des murailles produit un certain refroidissement dans leur masse et par suite un certain refroidissement intérieur qui s'ajoute à celui qui provient des vitres. Ce refroidissement des pièces pendant la suspension du chauffage est une question très-importante, malheureusement très-compliquée, mais sur laquelle des considérations théoriques peuvent cependant conduire à des résultats utiles pour la pratique.

909. Considérons le cas le plus simple, celui où tous les murs de l'enceinte sont exposés à l'air ; toutes les surfaces intérieures se trouveront sensiblement à la même température, et la chaleur émise par les murailles proviendra uniquement de celle qu'elles renfermaient. J'ai essayé de calculer les températures des différents points de la muraille à une époque quelconque de son refroidissement en employant les principes et les formules de Fourier (*Traité analytique de la chaleur*) ; on arrive ainsi facilement à une équation très-simple qui donne la température d'un point quelconque en fonction de toutes les données de la question. Cette équation renferme des constantes arbitraires dont on détermine facilement la valeur en supposant qu'à l'origine du refroidissement les températures, dans les différents points de la muraille, se succèdent suivant le régime du refroidissement ; mais pour les dé-

terminer de manière qu'à l'origine du refroidissement les températures soient celles du régime de transmission, on serait conduit à des calculs très-longs, à des formules composées d'une infinité de termes et qui ne seraient réellement d'aucune utilité dans la pratique. Toutefois, on peut admettre les faits suivants comme bien démontrés par l'expérience et par le calcul.

1° Quand une muraille est abandonnée à son propre refroidissement, la surface extérieure se refroidit rapidement, d'autant plus que sa conductibilité et sa capacité calorifique sont plus petites. La ligne des températures intérieures, qui était une ligne droite quand la transmission régulière était établie, devient une ligne courbe qui vient couper, à des distances croissantes avec le temps, la ligne droite du régime de transmission. La courbe du refroidissement s'approche ensuite toujours davantage, avec le temps, de celle du refroidissement régulier, en supposant que l'état primitif ait été celui du refroidissement régulier correspondant à l'origine du temps.

2° La quantité de chaleur transmise par la muraille, et qui résulte uniquement de son refroidissement, n'est jamais qu'une fraction très-petite de celle qu'elle laisserait passer dans un régime régulier de transmission.

3° La quantité de chaleur perdue par une muraille pendant dix heures n'est généralement qu'une petite partie de celle qu'elle renfermait à l'origine du refroidissement, du moins pour des murailles de $0^m 50$ d'épaisseur ; par exemple, en admettant $T = 15$; $0 = 6$, $t = 10,33$, $t' = 7,64$, $M = 9,14$ (871), la quantité de chaleur renfermée, par chaque mètre carré de surface, serait de $500 . 2,2 . 0,2 . 8,98 = 1975$; tandis que la quantité de chaleur qui serait perdue dans dix heures par une transmission régulière serait seulement de $9,14 . 10 = 91,4$ et la quantité de chaleur perdue par le refroidissement serait beaucoup plus petite.

4° Le refroidissement, pendant les intermittences de chauffage, résulte principalement de la transmission de la chaleur à travers les vitres, et de l'appel extérieur à travers les fissures des portes et des fenêtres, quand les pièces ont une cheminée.

910. *Chauffage momentané d'une pièce.* — Lorsqu'une pièce ne doit être occupée que pendant un temps très-court, on peut la chauffer ou par de l'air chaud seulement, ou par le rayonnement et par l'air chaud ; dans tous les cas, la perte de chaleur est représentée par la chaleur qui passe à travers les vitres et par celle qui est absorbée par les murailles. La chaleur reçue par les murailles, par le rayonne-

ment, ou par les courants d'air qui viennent se refroidir contre leur surface, se propage de proche en proche dans leur épaisseur suivant des lois très-compliquées. Quand l'air de la pièce a été porté à une certaine température et que le chauffage cesse, le refroidissement de l'air est assez rapide, parce que la chaleur arrive dans les murailles et dans les vitres, non-seulement par les courants d'air descendant, mais aussi par la dissémination de la chaleur à travers la masse d'air ; aussi, pour maintenir l'air à une température sensiblement constante, il faut un chauffage permanent.

Observations sur l'usage des formules.

911. Tous les calculs que nous venons de faire, relativement à la transmission de la chaleur, ne peuvent pas être considérés comme rigoureusement exacts. Ceux qui sont relatifs aux transmissions élémentaires reposent sur deux hypothèses qui ne sont vraies que dans certaines limites : la loi de Newton pour le refroidissement, qui n'est approchée que pour de faibles excès de température, et la supposition que tous les points de la surface du corps exposé à l'air sont à la même température ; ce qui n'est pas exact, car les parties inférieures sont toujours à une plus basse température que les parties supérieures. Relativement aux formules qui représentent la transmission de la chaleur à travers les murailles, les deux suppositions que nous avons faites (864 et 870) ne sont réellement que des cas extrêmes, entre lesquels se trouve chaque cas particulier. Mais il ne faut pas se faire illusion sur l'importance pratique de l'exactitude rigoureuse des formules et de la précision du calcul ; les plus légers mouvements de l'air ont une grande influence sur la quantité de chaleur qu'il enlève ; pour les corps exposés à l'air libre, les variations accidentelles et périodiques qu'il éprouve ne permettent jamais l'existence d'un régime permanent dans les températures intérieures ; enfin, dans les calculs préliminaires, on est obligé d'employer pour la conductibilité des nombres qui pour tous les corps, excepté pour les matières textiles, ne sont pas parfaitement exacts, car ils dépendent de leur densité, pour les pierres de leur état de cristallisation, pour les bois de la direction des fibres. Ainsi on ne peut regarder les résultats du calcul que comme des approximations seulement suffisantes pour guider les ingénieurs. Mais les appareils de chauffage et de ventilation ont toujours, dans les circonstances ordinaires, un excès de puissance, parce qu'ils doivent avoir été calculés pour les circonstances les plus défavorables, excès

de puissance que l'on détruit, à l'inspection des thermomètres et des anémomètres, par le mouvement des registres et l'alimentation du foyer; alors l'incertitude du calcul, qui est toujours renfermée dans des limites assez restreintes, se trouve reportée sur l'excès de puissance des appareils, excès de puissance qui n'est jamais nécessaire que dans des cas rares et de courte durée. Ceci n'est point particulier aux appareils de chauffage; dans tous les genres d'application, les calculs reposent toujours sur certaines données qui ne sont jamais connues qu'approximativement, et toujours les appareils, quel que soit l'usage auquel ils sont destinés, doivent avoir un excès de puissance ou un excès de résistance destinés à couvrir les incertitudes du calcul, ou à satisfaire à des circonstances exceptionnelles.

NOTE.

TABLES ET RENSEIGNEMENTS

RELATIFS

AUX PROPRIÉTÉS PHYSIQUES DES CORPS.

Dans cette note, nous allons énoncer rapidement et sans aucune démonstration les principaux faits physiques, et donner les nombres indispensables pour les calculs dans les applications. Ce résumé, avec les tables qui l'accompagnent, complète les matières traitées dans ce volume, qui renfermera tous les éléments nécessaires à l'étude des divers modes d'emploi de la chaleur dans l'industrie.

§ I. — DENSITÉ.

1. On appelle densité d'un corps par rapport à un autre, le rapport du poids d'un certain volume du premier corps au poids d'un égal volume du second.

2. Pour les corps solides et liquides, la densité se prend par rapport à l'eau à la température de 4°.

3. Pour les gaz, les densités sont rapportées à l'air. Pour avoir la densité d'un gaz par rapport à l'eau, quand on connaît la densité par rapport à l'air, il suffit de multiplier cette dernière par le nombre 0,00129, qui représente la densité de l'air par rapport à l'eau.

4. Les tableaux suivants donnent les densités des principaux corps solides, liquides et gazeux, à la température de 0°.

TABLEAU DE LA DENSITÉ DE QUELQUES CORPS SOLIDES, LIQUIDES ET GAZEUX

A LA TEMPÉRATURE DE 0°.

SOLIDES.

Platine laminé	21,50	Topaze de Saxe	3,5610
Or laminé	19,50	Diamants les plus lourds	3,5310
Or (monnaie de France)	17,65	Diamants les plus légers	3,5010
Tungstène	17,50	Flint-glass	3,3293
Palladium	11,80	Spath fluor	3,1911
Plomb	11,445	Tourmaline verte	3,1555
Rhodium, environ	10,60	Saphir du Brésil	3,1308
Argent fondu	10,47	Arbeste roide	2,9958
Osmium, environ	10	Marbre de Paros	2,8376
Bismuth	9,90	Quartz jaspe onyx	2,8160
Cuivre en fil	8,88	Émeraude verte	2,7755
Nickel	8,80	Perles	2,7500
Cuivre fondu	8,78	Chaux carbonatée cristallisée	2,7182
Bronze	8,70	Quartz jaspe	2,7101
Cadmium	8,70	Corail	2,6800
Bronze d'artillerie	8,67	Cristal de roche pur	2,6530
Molybdène	8,62	Quartz agate	2,6150
Ruthénium, environ	8,60	Feldspath limpide	2,5644
Cobalt	8,50	Aluminium	2,560
Laiton	8,39	Verre de Saint-Gobain	2,4882
Manganèse	8,00	Porcelaine de la Chine	2,3847
Acier non écroui	7,82	Chaux sulfatée cristallisée	2,3177
Fer, varie de 7,7 à	7,90	Chaux, environ	2,3
Étain	7,29	Graphite naturel	2,20
Fonte de fer	7,20	Porcelaine de Sèvres	2,1457
Zinc laminé	7,20	Potasse, environ	2,1
Zinc fondu	6,86	Soufre natif	2,0332
Antimoine, environ	6,80	Soufre fondu	1,99
Protochlorure de mercure	6,50	Azotate de potasse	1,933
Tellure	6,11	Sel commun	1,92
Chrome, environ	6,00	Ivoire	1,9170
Arsénic, environ	5,80	Albâtre	1,8740
Titane	5,30	Chlorure de potassium, envir.	1,84
Iode	4,95	Anthracite	1,8000
Spath, pesant	4,43	Phosphore, environ	1,77
Sélénium	4,32	Alun	1,7200
Rubis oriental	4,2833	Houille compacte	1,3292
Topaze orientale	4,0107	Jaïet	1,2592
Saphir oriental	3,9941	Succin	1,0780
Alumine naturelle	3,9	Résine	1,7

Camphre	0,986	Orme rouge	0,800
Sodium	0,9726	Pommier	0,733
Cire	0,97	Bois d'oranger	0,705
Poudre de guerre	0,95	Sapin jaune	0,657
Beurre	0,94	Tilleul	0,604
Glace fondante	0,9300	Bois de cyprès	0,598
Caoutchouc	0,925	Bois de cèdre	0,561
Potassium	0,8651	Peuplier blanc d'Espagne	0,529
Hêtre	0,852	Bois de sassafras	0,482
Frêne	0,845	Peuplier ordinaire	0,383
If	0,807	Liége	0,240

DENSITÉ DE DIVERS CORPS SOLIDES DÉTERMINÉE PAR LE POIDS DU MÈTRE CUBE.

D'après M. Poncelet.

Pierre à plâtre	2,168	Sable terreux	1,700
Gypse ou plâtre fin	2,264	Terre végétale légère	1,400
Pierre meulière	2,484	Terre argileuse	1,600
Marbre noir et blanc	2,717	Terre glaise	1,900
Briques { les plus cuites	2,200	Maçonnerie de moellons, 1,700 à 2,300	
Briques { les moins cuites	1,500	Chêne le plus pesant, le cœur.	1,170
Tuiles ordinaires	2,000	Chêne le plus léger	0,850
Sable pur	1,900		

LIQUIDES.

Mercure (d'après M. Regnault)	13,59593	Eau distillée	1,0000
		Vin de Bordeaux	0,9993
Acide sulfurique (consistance oléagineuse)	1,843	Vin de Bourgogne	0,9915
		Huile de lin	0,94
Acide azoteux	1,550	Huile d'olive	0,9153
Chloroforme	1,52523	Éther chlorhydrique	0,874
Sulfure de carbone	1,293	Huile essentielle de térébenthine	0,875
Eau de la mer Morte	1,2403		
Acide azotique	1,2175	Bitume liquide, dit naphte.	0,8475
Acide acétique monohydraté, à 18°	1,063	Alcool du commerce	0,84
		Alcool absolu	0,792
Eau de la mer	1,0263	Éther sulfurique	0,736
Lait	1,03	Acide cyanhydrique	0,697

GAZ ET VAPEUR A LA TEMPÉRATURE DE 0°, SOUS LA PRESSION 0,76.

D'après M. Regnault.

Air	1,0000	Hydrogène	0,0692
Oxygène	1,1056	Chlore	2,4400
Azote	0,9713	Brôme	5,3900

Protoxyde d'azote	1,5250	Vapeur d'éther sulfhydrique.	3,1380
Deutoxyde d'azote	1,0390	Vapeur d'éther cyanhydrique	1,9021
Oxyde de carbone	0,9674	Vapeur de chloroforme	5,3000
Acide carbonique	1,5290	Liqueur des Hollandais	3,4500
Sulfure de carbone	2,6325	Éther acétique	3,0400
Acide sulfureux	2,2470	Vapeur d'acétone	2,0220
Acide chlorhydrique	1,2474	Vapeur de benzine	2,6943
Acide sulfhydrique	1,1912	Vapeur d'essence de térében-	
Gaz ammoniac	0,5894	thine	4,6978
Hydrogène protocarboné	0,5527	Vapeur de chlorure phospho-	
Hydrogène bicarboné	0,9672	reux	4,7445
Vapeur d'eau	0,6210	Vapeur de chlorure arsénieux	6,2510
Vapeur d'alcool	1,5890	Vapeur de chlorure de sili-	
Vapeur d'éther	2,5563	cium	5,8600
Vapeur d'éther chlorhydrique	2,2350	Vapeur de chlorure d'étain	9,2000
Vapeur d'éther bromhydrique	3,7316	Vapeur de chlorure de titane	6,8360

§ II. — TEMPÉRATURE. — THERMOMÈTRES.

5. Lorsqu'un corps s'échauffe, on dit que sa température augmente, qu'elle baisse quand il se refroidit, et que les corps ont la même température lorsque, par leur contact, leur état de chaleur ne change pas, quoiqu'ils puissent alors produire sur nos organes des effets fort différents. On est convenu de mesurer la température par les variations de volume des corps, qui accompagnent toujours les variations de température; et, comme la température de la glace fondante et celle de l'ébullition de l'eau sont constantes, on est convenu de prendre, pour degré de température, l'accroissement de chaleur correspondant à un accroissement de volume du corps thermométrique égal à $\frac{1}{100}$ de l'accroissement de volume qu'il éprouve en passant de la température de la glace fondante à celle de l'ébullition de l'eau, sous la pression de $0^m 76$. Mais comme tous les corps ne se dilatent pas de la même manière, une même température intermédiaire à celles de la glace fondante et de l'ébullition serait représentée par des nombres différents, lorsqu'on emploierait différentes substances thermométriques. On a donc été obligé de convenir aussi de la nature du corps thermométrique. On a choisi les gaz, attendu que tous se dilatant de la même manière, les effets de la chaleur dans ces corps sont indépendants de leur nature, et doivent être plus simples que quand les corps sont à l'état liquide ou solide. Mais comme le mercure se dilate de la même manière que les gaz dans des limites très-étendues, on peut employer indifféremment l'air ou le mercure. On emploie aussi l'alcool comme substance thermométrique; mais comme la dilatation de cette substance est très-irrégulière, du moins par rapport à celle du mercure, on gradue ces in-

struments en déterminant un grand nombre de points de l'échelle par comparaison avec un thermomètre étalon à mercure.

6. On emploie trois échelles thermométriques différentes : l'échelle centigrade, qui renferme 100 divisions, de la glace fondante à l'ébullition de l'eau ; l'échelle de Réaumur, qui en contient 80 ; enfin, celle de Fahrenheit, qui marque 32° pour la température de la glace fondante et 212° pour celle de l'ébullition. En désignant par C, R et F les indications de ces trois échelles dans la même circonstance, on a évidemment

$$C = \frac{5}{4} R \quad \text{et} \quad C = (F - 32) \frac{5}{9}.$$

7. Comme il est impossible de se procurer des tubes capillaires parfaitement cylindriques, lorsqu'on veut faire des observations très-exactes, on emploie des tubes divisés en parties d'égale capacité ; on note les indications de l'échelle arbitraire qui correspondent aux températures de la glace fondante et de l'ébullition, et on déduit facilement de ces nombres la température qui correspond à une indication quelconque de l'échelle. Dans toutes les recherches de précision, on vérifie souvent l'indication qui correspond à la glace fondante, attendu qu'elle change, du moins pendant un certain temps, par un travail intérieur du verre.

8. Les thermomètres à air sont formés, comme les thermomètres à mercure, d'un tube très-capillaire, terminé par un réservoir ; mais le tube est ouvert à la partie supérieure, et le réservoir ainsi qu'une partie de la tige contiennent de l'air sec, séparé de l'air extérieur par une bulle de mercure. La tige est divisée en parties d'égale capacité, dont le volume est une fraction connue de celui du réservoir. En désignant par V et V′ les volumes de l'air de l'instrument à la température de la glace fondante et à la température T que l'on veut déterminer, par P et P′ les pressions de l'atmosphère dans ces deux circonstances, et par a le coefficient de dilatation de l'air, on a

$$T = \frac{P'V' - PV}{aPV}.$$

Dans cette formule on a négligé la dilatation du verre, parce qu'elle est 150 fois plus petite que celle de l'air.

9. Il y a dans les thermomètres deux espèces de sensibilité : celle qui fait apprécier de très-petites variations de température, et celle qui permet à ces instruments de se mettre très-promptement en équilibre de température avec le milieu environnant. Pour obtenir la première espèce de sensibilité, il faut donner aux tiges des thermomètres un très-petit diamètre, et aux réservoirs une grande capacité. La dernière exige au contraire que la masse thermométrique soit très-petite. Ainsi, on ne

peut pas réunir dans un même instrument ces deux espèces de sensibilité à un très-haut degré.

10. Lorsqu'il s'agit de mesurer de petites différences de température, on emploie des appareils qui sont composés de deux boules de verre, fixées aux extrémités d'un tube de verre capillaire recourbé sous la forme d'un U. La partie inférieure renferme une bulle d'alcool coloré, ou une longue colonne de ce liquide, qui sépare complétement l'air d'une des boules de celui que renferme l'autre. On conçoit que la plus petite différence de température des deux boules sera manifestée par un mouvement du liquide intermédiaire.

11. *Thermomètres à maxima et à minima.* — Ces instruments sont destinés à conserver la trace du maximum ou du minimum de température dans un certain laps de temps. Les plus simples sont disposés comme les thermomètres ordinaires, mais ils sont placés horizontalement ; ceux qui sont destinés à indiquer les maxima sont à mercure et renferment un petit cylindre d'acier que le mercure pousse devant lui quand la température s'élève, et qu'il abandonne quand elle baisse ; ceux qui doivent indiquer les minima sont à alcool, et leur tige renferme un petit index en émail que le liquide entraîne quand la température baisse, et qu'il abandonne dans sa position quand la température s'élève.

12. *Thermomètres métalliques.* — Tous les instruments dont nous venons de parler sont fondés sur la différence de dilatation des liquides et du verre ; on emploie aussi des instruments fondés sur l'inégale dilatation des métaux. Ces appareils sont formés de deux barres de métaux différents, d'inégale longueur, appliquées l'une contre l'autre et fixées par une de leurs extrémités ; l'extrémité libre de la plus courte coïncide avec des points de l'autre, variables avec la température. On peut graduer ces appareils comme les thermomètres à mercure, mais les divisions sont très-rapprochées. On augmente ordinairement la dilatation apparente à l'aide d'un ou plusieurs leviers. Ces appareils sont rarement employés.

13. *Mesure des hautes températures.* — Les instruments destinés à la mesure des hautes températures portent le nom de *pyromètres*. Le plus généralement employé est celui de Wedgwood. Il est fondé sur le retrait qu'éprouve l'argile soumise à l'action de la chaleur : ce retrait croît avec la température, mais suivant une loi inconnue et qui varie avec la nature de l'argile ; il est dû, jusqu'à une certaine limite, à l'eau que cette matière abandonne ; mais au delà il paraît provenir uniquement d'une plus forte agglomération de la matière. Le pyromètre de Wedgwood est composé d'une plaque de cuivre sur laquelle sont fixées deux règles de même métal inclinées entre elles, et entre lesquelles se placent de petits cônes tronqués en argile qui s'élèvent d'autant plus qu'ils ont éprouvé un plus grand retrait. Les cônes doivent être faits avec la même pâte renfermant la même quantité d'eau, et être recuits à la même température ; Wedg-

wood a adopté le rouge naissant, et a marqué zéro au point où les cônes s'arrêtent : au delà, 240 divisions sont tracées sur une des règles. Pour reconnaître la température d'un fourneau, on y introduit un des petits cônes d'argile placé dans un creuset ; on le retire quand il en a pris la température, on le laisse refroidir et on le place entre les deux règles en le faisant glisser jusqu'au point le plus élevé qu'il puisse atteindre. Le degré de l'échelle auquel il parvient indique la température. Dans le pyromètre de Wedgwood, le zéro correspond à 580° du thermomètre centigrade, et chaque division a 72°. Ces instruments sont surtout utiles pour reconnaître des variations de température ; ils ne sont employés que dans les fourneaux à poteries.

§ III. — DILATATION DES CORPS.

DILATATION DES CORPS SOLIDES.

14. Le tableau suivant renferme les résultats des expériences faites par plusieurs physiciens. L'unité est la longueur du corps à 0°. Le tableau donne l'accroissement de longueur pour un accroissement de température de 100°. Il est évident que pour avoir le coefficient de dilatation, c'est-à-dire l'accroissement de longueur pour un accroissement de température de 1°, il suffit de diviser par 100 les nombres du tableau.

DILATATION LINÉAIRE DES CORPS SOLIDES, DE 0° A 100°.

DÉSIGNATION DES SUBSTANCES.	DILATATION.	
	FRACTIONS décimales.	FRACTIONS ordinaires.
D'après MM. Laplace et Lavoisier.		
Flint-glass anglais....	0,00081166	1/1248.
Platine (selon Borda)......................	0,00085655	1/1167
Verre de France avec plomb	0,00087199	1/1147
Tube de verre sans plomb..................	0,00087572	1/1142
Idem............................	0,00089694	1/1115
Idem............................	0,00089760	1/1114
Idem........	0,00091750	1/1090
Verre de Saint-Gobain	0,00089089	1/1122
Acier non trempé..................... ··	0,00107880	1/927
Idem............................	0,00107915	1/927
Idem........	0,00107960	1/926
Acier trempé jaune, recuit à 65°.............	0,00123956	1/807
Fer doux forgé	0,00122045	1/819
Fer rond passé à la filière........	0,00123504	1/ 12
Or de départ.......................	0.00146606	1/682
Or au titre de Paris, recuit...............	0,00151361	1/661
Idem, non recuit........................	0,00155155	1/645
Cuivre.................................	0,00171220	1/584
Idem..............................	0,00171733	1/582
Idem.............	0,00172240	1/581
Cuivre jaune ou laiton.................	0,00186670	1/535
Idem.............................	0,00187821	1/533
Idem.............................	0,00188970	1/529
Argent au titre de Paris..................	0,00190868	1/524
Argent de coupelle.....................	0,00190974	1/524
Étain des Indes ou de Malacca	0,00193765	1/516
Étain de Falmouth	0,00217298	1/462
Plomb................	0,00284836	1/351
D'après Smeaton.		
Verre blanc (tubes de baromètre).............	0,00083333	1/1175
Régule martial d'antimoine	0,00108333	1/923
Acier..............	0,00115000	1/870
Acier trempé.........	0,00122500	1/816
Fer...................................	0,00125833	1/795
Bismuth.	0,00139167	1/719
Cuivre rouge battu	0,00170000	1/588
Cuivre rouge 8 parties, étain 1..............	0,00181667	1/550
Cuivre jaune fondu.......................	0,00187500	1/533
Cuivre jaune 16 parties, étain 1.	0,00190833	1/524
Fil de laiton	0,00193333	1/517
Métal de miroir de télescope.................	0,00193333	1/517
Soudure, cuivre 2 parties, zinc 1........ ...	0,00205833	1/486
Étain fin	0,00228333	1/438
Étain en grains.......................	0,00248333	1/403
Soudure blanche, étain 1 partie, plomb 2.....	0,00250533	1/399
Zinc, 8 parties, étain 1, un peu forgé	0,00269167	1/372
Plomb................................	0,00286667	1/349
Zinc..............................	0,00294167	1/340
Zinc allongé au marteau de 1/12.............	0,00310833	1/322

DÉSIGNATION DES SUBSTANCES.	DILATATION.	
	FRACTIONS décimales.	FRACTIONS ordinaires.
D'après le major général Roy.		
Verre en tube..........................	0,00077550	1/1289
Verre en verge solide.....................	0,00080833	1/1237
Fer fondu (prisme de)	0,00111000	1/901
Acier (verge d')........................	0,00114450	1/874
Cuivre jaune de Hambourg.................	0,00185550	1/539
Cuivre jaune anglais, en forme de verge	0,00189296	1/528
Cuivre jaune anglais, en forme d'auge ou canal rectangulaire...............	0,00189450	1/528
D'après M. Troughton.		
Platine........	0,00099180	1/1003
Acier........	0,00118990	1/840
Fer tiré à la filière.......................	0,00144010	1/694
Cuivre..............................	0,00191880	1/521
Argent....	0,00208260	1/480
D'après M. Wollaston.		
Palladium.............................	0,00100000	1/1000
D'après MM. Dulong et Petit.		
Platine, de 0° à 100....................	0,00088420	1/1103
Idem. de 0° à 300.....................	0,00091827	1/1089
Verre, de 0° à 100....................	0,00086133	1/1161
Idem. de 0° à 200....................	0,00094836	1/1032
Idem. de 0° à 300....................	0,00101084	1/987
Fer, de 0° à 100....................	0,00118210	1/846
Idem. de 0° à 300....................	0,00146842	1/681
Cuivre, de 0° à 100....................	0,00171820	1/582
Idem. de 0° à 300....................	0,00188324	1/531

15. Laplace et Lavoisier ont reconnu que les dilatations d'un même corps étaient uniformes de 0° à 100°, c'est-à-dire que, pour un même nombre de degrés compris dans ces limites, la longueur des barres augmentait d'une même fraction de leur longueur primitive.

Cependant MM. Petit et Dulong ont trouvé que, pour un même nombre de degrés, la dilatation croissait avec la température, comptée sur le thermomètre à air. A la vérité, cet accroissement est presque inappréciable dans les limites de 0° à 100°; mais de 0° à 300 il est assez considérable comme on peut le voir par le tableau précédent.

16. L'accroissement de surface qu'un corps éprouve par son échauffement est sensiblement égal au double de l'accroissement linéaire, et l'accroissement de volume au triple de cet accroissement; de sorte qu'en désignant par L, S et V la longueur, la surface et le volume d'un corps à

0°, par L′, S′ et V′, la longueur, la surface et le volume du même corps à t°, et enfin par δ la dilatation linéaire pour 1°, on a

$$L' = L(1 + \delta t) ; \quad S' = S(1 + 2\delta t) ; \quad V' = V(1 + 3\delta t).$$

17. Un corps creux d'une matière homogène, augmente de volume par l'accroissement de température de la même quantité que s'il était plein.

DILATATION DES LIQUIDES.

18. D'après les expériences de M. Dulong, les dilatations de l'air et du mercure sont les mêmes jusqu'à 100°; mais en partant du nouveau coefficient de dilatation de l'air, l'identité se prolonge plus loin; car si un thermomètre à mercure indiquait 360°, un thermomètre à air, dans les mêmes circonstances, indiquerait 350°. Ainsi on peut sans erreur sensible admettre que les thermomètres à air et à mercure s'accordent jusqu'aux températures les plus élevées.

Le coefficient de dilatation du mercure est de $\frac{1}{5550}$.

Le coefficient de dilatation apparent du mercure dans le verre est de $\frac{1}{6480}$.

19. Les dilatations des autres liquides relativement à celles du mercure, sont très-irrégulières. L'eau a un maximum de densité qui correspond à 4°.

20. Le tableau suivant donne les densités et le volume de l'eau, à toutes les températures depuis — 9° jusqu'à 100°, le volume à 4° étant 1.

21.

TABLEAU DES VOLUMES ET DES DENSITÉS DE L'EAU,

DEPUIS — 9° JUSQU'A 100°.

D'après M. Despretz.

TEMPÉRAT.	VOLUMES.	DENSITÉS.	TEMPÉRAT.	VOLUMES.	DENSITÉS.
— 9°	1,0016311	0,998371	46°	1,01020	0,989903
— 8	1,0013734	0,998628	47	1,01067	0,989412
— 7	1,0011354	0,998865	48	1,01109	0,989032
— 6	1,0009184	0,999082	49	1,01157	0,988562
— 5	1,0006987	0,999302	50	1,01205	0,988093
— 4	1,0005619	0,999437	51	1,01248	0,987674
— 3	1,0004222	0,999577	52	1,01297	0,987196
— 2	1,0003077	0,999692	53	1,01345	0,986728
— 1	1,0002138	0,999786	54	1,01395	0,986243
0	1,0001269	0,999873	55	1,01445	0,985756
1	1,0000730	0,999927	56	1,01495	0,985270
2	1,0000331	0,999966	57	1,01547	0,984766
3	1,0000083	0,999999	58	1,01597	0,984281
4	1,0000000	1,000000	59	1,01647	0,983798
5	1,0000082	0,999999	60	1,01698	0,983303
6	1,0000309	0,999969	61	1,01752	0,982782
7	1,0000708	0,999929	62	1,01809	0,982231
8	1,0001216	0,999878	63	1,01862	0,981720
9	1,0001879	0,999812	64	1,01913	0,981229
10	1,0002684	0,999731	65	1,01967	0,980709
11	1,0003598	0,999640	66	1,02025	0,980152
12	1,0004724	0,999527	67	1,02085	0,979576
13	1,0005862	0,999414	68	1,02144	0,979010
14	1,0007146	0,999285	69	1,02200	0,978473
15	1,0008751	0,999125	70	1,02255	0,977947
16	1,0010215	0,998979	71	1,02315	0,977373
17	1,0012067	0,998794	72	1,02375	0,976800
18	1,00139	0,998612	73	1,02440	0,976181
19	1,00158	0,998422	74	1,02499	0,975619
20	1,00179	0,998213	75	1,02562	0,975018
21	1,00200	0,998004	76	1,02631	0,974364
22	1,00222	0,997784	77	1,02694	0,973766
23	1,00244	0,997566	78	1,02761	0,973132
24	1,00271	0,997297	79	1,02823	0,972545
25	1,00293	0,997078	80	1,02885	0,971959
26	1,00321	0,996800	81	1,02954	0,971307
27	1,00345	0,996562	82	1,03022	0,970666
28	1,00374	0,996274	83	1,03090	0,970027
29	1,00403	0,995986	84	1,03156	0,969405
30	1,00433	0,995688	85	1,03225	0,968757
31	1,00463	0,995391	86	1,03293	0,968120
32	1,00494	0,995084	87	1,03361	0,967482
33	1,00525	0,994777	88	1,03430	0,966887
34	1,00555	0,994480	89	1,03500	0,966183
35	1,00593	0,994104	90	1,03566	0,965567
36	1,00624	0,993799	91	1,03639	0,964887
37	1,00661	0,993433	92	1,03710	0,964227
38	1,00699	0,993058	93	1,03782	0,963558
39	1,00734	0,992713	94	1,03852	0,962908
40	1,00773	0,992329	95	1,03925	0,962232
41	1,00812	0,991945	96	1,03999	0,961547
42	1,00853	0,991542	97	1,04077	0,960827
43	1,00894	0,991139	98	1,04153	0,960125
44	1,00938	0,990707	99	1,04228	0,959434
45	1,00985	0,990246	100	1,04315	0,958634

DILATATION DE DIFFÉRENTS LIQUIDES.

DILATATION APPARENTE DANS LE VERRE POUR 1º.

Eau	1/2200	= 0,000466
Acide chlorhydrique (densité 1,137)	1/1700	= 0,000600
Acide azotique (densité 1,400)	1/900	= 0,001100
Acide sulfurique (densité 1,850)	1/1700	= 0,000600
Éther sulfurique	1/1400	= 0,000700
Huile d'olive et de lin	1/1200	= 0,000800
Essence de térébenthine	1/1400	= 0,000700
Eau saturée de sel marin	1/2000	= 0,000500
Alcool	1/900	= 0,001100
Mercure	1/6480	= 0,000154

DILATATION ABSOLUE POUR 1º.

Mercure de 0º à 100º (Dulong et Petit).	1/5550	= 0,000180180
Mercure de 100º à 200º (Id.)	1/5425	= 0,000184331
Mercure de 200º à 300º (Id.)	1/5300	= 0,000188679
Mercure de 0º à 100º (M. Regnault)	1/5512	= 0,000181530

DILATATION DES GAZ.

22. Tous les gaz se dilatent uniformément, du moins à partir des températures suffisamment éloignées de celles qui correspondent à leur liquéfaction. Ainsi en désignant par V_0 le volume d'un gaz à 0°; par V, son volume à $t°$ on a :

$$V = V_0(1 + at).$$

23. La valeur de a serait égale, d'après Gay-Lussac, à 0,00375; d'après Rudberg à 0,00364. D'après M. Regnault, elle varie un peu avec la nature des gaz ; pour l'air elle est égale à 0,003670 quand la pression ne change pas, et à 0,003665 quand le volume reste constant.

24.   TABLEAU DE LA DILATATION ABSOLUE DE QUELQUES GAZ DE 0° A 100°.

D'après M. Regnault.

DÉSIGNATION DES GAZ.	DILATATION	
	SOUS VOLUME constant.	SOUS PRESSION constante.
Air atmosphérique.............................	0,3665	0,3670
Hydrogène....................................	0,3667	0,3661
Azote..	0,3668	
Oxyde de carbone.............................	0,3667	0,3669
Acide carbonique.............................	0,3688	0,3710
Protoxyde d'azote	0,3676	0,3719
Acide sulfureux..............................	0,3845	0,3903
Cyanogène	0,3829	0,3877

25.   TABLEAU DE LA DILATATION DE L'AIR ET DE L'ACIDE CARBONIQUE

A DIFFÉRENTES PRESSIONS, SOUS UN VOLUME CONSTANT, DE 0° A 100°.

PRESSION EN MILLIMÈTRES DE MERCURE		RAPPORTS	COEFFICIENT
A 0°.	A 100°.	DES DENSITÉS A 0°.	DE DILATATION.
AIR ATMOSPHÉRIQUE.			
109,72	149,01	0,1444	0,36482
174,36	237,17	0,2294	0,36513
266,06	395,07	0,3501	0,36542
374,67	510,35	0,4930	0,36587
375,23	510,97	0,4937	0,36572
760,00		1,0000	0,36650
1678,40	2286,09	2,2084	0,36760
1692,53	2306,23	2,2270	0,36800
2144,18	2924,04	2,8213	0,36894
3655,56	4992,09	4,8100	0,37091
ACIDE CARBONIQUE.			
758,47	1034,54	1,0000	0,36856
901,09	1230,37	1,1879	0,36943
1741,73	2387,72	2,2976	0,37523
3589,07	4759,03	4,7318	0,38598

26.   DILATATION DE QUELQUES GAZ A DIFFÉRENTES PRESSIONS.

LA PRESSION RESTANT CONSTANTE.

DÉSIGNATION DES GAZ.	PRESSION EN MILLIM. DE MERCURE.	COEFFICIENT DE DILATATION.
Air atmosphérique .... {	760 2525 2620	0,0036706 0,0036944 0,0036964
Hydrogène........................ {	760 2545	0,0036613 0,0036616
Acide carbonique.................. {	760 2520	0,0037099 0,0038455
Acide sulfureux.................. {	760 980	0,003902 0,003980

§ IV. — CHALEURS SPÉCIFIQUES.

CHALEUR SPÉCIFIQUE DES CORPS SOLIDES ET LIQUIDES.

27. La chaleur spécifique d'un corps solide ou liquide est le nombre d'unités de chaleur nécessaire pour élever d'un degré la température d'un kilogramme de ce corps.

28. Le tableau suivant donne la chaleur spécifique de quelques corps d'après divers physiciens.

CHALEURS SPÉCIFIQUES DES CORPS SOLIDES ET LIQUIDES.

DÉSIGNATION DES SUBSTANCES.	CHALEUR SPÉCIFIQUE.	OPÉRATEURS.
Fer	0,11379	M. Regnault.
Zinc	0,09555	Id.
Cuivre	0,09515	Id.
Argent	0,05701	Id.
Arsenic	0,08140	Id.
Plomb	0,03140	Id.
Bismuth	0,03084	Id.
Antimoine	0,05077	Id.
Étain des Indes	0,05623	Id.
Étain anglais	0,05695	Id.
Nickel	0,10863	Id.
Cobalt	0,10696	Id.
Platine laminé	0,03243	Id.
Platine en mousse	0,03293	Id.
Palladium	0,05927	Id.
Or	0,03244	Id.
Soufre	0,20259	Id.
Acier Haussmann	0,11848	Id.
Fine-metal	0,12728	Id.
Fonte de fer blanche de Bourg	0,12983	Id.
Charbon	0,24111	Id.
Manganèse très-carburé	0,14411	Id.
Mercure	0,03332	Id.
Alliage 1 at. de plomb et 1 at. étain	0,04073	Id.
Alliage 1 at. de plomb, 2 at. étain	0,04506	Id.
Alliage 1 at. de plomb, 1 at. antimoine	0,03880	Id.
Alliage 1 at. bismuth, 1 at. étain	0,04000	Id.
Alliage 1 at. bismuth, 2 at. étain	0,04504	Id.
Alliage 1 at. bismuth, 2 at. étain, 1 at. antimoine	0,04621	Id.
Alliage 1 at. bismuth, 2 at. étain, 1 at. antimoine, 2 at. zinc	0,05657	Id.
Alliage 1 at plomb, 2 at. étain, 1 at. bismuth	0,04476	Id.
Alliage 1 at. plomb, 2 at. étain, 2 at. bismuth	0,06082	Id.
Alliage 1 at. mercure, 1 at. étain	0,07294	Id.
Alliage 1 at. mercure, 2 at. étain	0,06591	Id.
Alliage 1 at. mercure, 1 at. plomb	0,03827	Id.
Protoxyde de plomb, en poudre	0,05118	Id.
Protoxyde de plomb, fondu	0,05089	Id.
Protoxyde de manganèse	0,15701	Id.
Oxyde de cuivre	0,14201	Id.
Oxyde de nickel	0,16234	Id.
Magnésie	0,24394	Id.
Oxyde de zinc	0,12480	Id.
Peroxyde de fer (fer oligiste)	0,16695	Id.
Colcothar peu calciné	0,17569	Id.
Colcothar calciné une deuxième fois	0,17167	Id.
Colcothar fortement calciné	0,16921	Id.
Colcothar fortement calciné une deuxième fois	0,16707	Id.
Acide arsénieux	0,12786	Id.
Oxyde de chrome	0,17960	Id.
Oxyde de bismuth	0,06053	Id.
Oxyde d'antimoine	0,09009	Id.
Alumine (corindon)	0,19762	Id.
Saphir	0,21732	Id.
Acide stannique	0,09326	Id.
Acide stannique artificiel	0,17164	Id.
Acide stannique (rutile)	0,17032	Id.
Acide antimonieux	0,09535	Id.

DÉSIGNATION DES SUBSTANCES.	CHALEUR SPÉCIFIQUE.	OPÉRATEURS.
Acide tungstique	0,07983	M. Regnault.
Acide molybdique	0,13240	Id.
Acide silicique	0,19132	Id.
Acide borique	0,23743	Id.
Oxyde de fer magnétique	0,16780	Id.
Protosulfure de fer	0,13570	Id.
Sulfure de nickel	0,12813	Id.
Sulfure de zinc	0,12303	Id.
Sulfure de plomb	0,05086	Id.
Sulfure de mercure	0,05117	Id.
Protosulfure d'étain	0,08365	Id.
Sulfure d'antimoine	0,08403	Id.
Sulfure de bismuth	0,06002	Id.
Bisulfure de fer	0,13069	Id.
Bisulfure d'étain	0,11932	Id.
Sulfure de cuivre	0,12118	Id.
Sulfure d'argent	0,07460	Id.
Pyrite magnétique	0,16023	Id.
Chlorure de sodium	0,21401	Id.
Chlorure de potassium	0,17295	Id.
Protochlorure de mercure	0,05205	Id.
Protochlorure de cuivre	0,13827	Id.
Chlorure d'argent	0,09109	Id.
Chlorure de baryum	0,08957	Id.
Chlorure de strontium	0,11990	Id.
Chlorure de calcium	0,16420	Id.
Chlorure de magnésium	0,19460	Id.
Chlorure de plomb	0,06641	Id.
Protochlorure de mercure	0,06889	Id.
Chlorure de zinc	0,13618	Id.
Perchlorure d'étain	0,10161	Id.
Chlorure de manganèse	0,14255	Id.
Chloride d'étain	0,14759	Id.
Fluorure de calcium	0,21492	Id.
Nitrate de potasse	0,23875	Id.
Nitrate de soude	0,27821	Id.
Nitrate d'argent	0,14352	Id.
Nitrate de baryte	0,15228	Id.
Chlorate de potasse	0,20956	Id.
Phosphate de potasse	0,19102	Id.
Phosphate de soude	0,22833	Id.
Phosphate de plomb	0,08208	Id.
Phosphate de plomb	0,07982	Id.
Arséniate de potasse	0,15631	Id.
Arséniate de plomb	0,07280	Id.
Sulfate de potasse	0,19010	Id.
Sulfate de soude	0,23115	Id.
Sulfate de baryte	0,11285	Id.
Sulfate de strontiane	0,14279	Id.
Sulfate de plomb	0,08723	Id.
Sulfate de chaux	0,19656	Id.
Sulfate de magnésie	0,22159	Id.
Chromate de potasse	0,18505	Id.
Bichromate de potasse	0,18937	Id.
Borate de potasse	0,21975	Id.
Borate de soude	0,23823	Id.
Borate de plomb	0,11409	Id.
Borate de potasse	0,20478	Id.
Borate de soude	0,25709	Id.
Borate de plomb	0,09046	Id.
Carbonate de potasse	0,21623	Id.

DÉSIGNATION DES SUBSTANCES.	CHALEUR SPÉCIFIQUE.	OPÉRATEURS.
Carbonate de soude	0,27275	M. Regnault.
Carbonate de chaux (*spath d'Islande*)	0,20858	Id.
Aragonite	0,20850	Id.
Marbre saccharoïde gris	0,20989	Id.
Craie blanche	0,21485	Id.
Carbonate de baryte	0,11038	Id.
Carbonate de strontiane	0,14483	Id.
Carbonate de fer	0,19345	Id.
Carbonate de plomb	0,08596	Id.
Dolomie	0,21743	Id.
Noir animal	0,26085	Id.
Charbon de bois	0,24150	Id.
Coke du cannel-coal	0,20307	Id.
Coke de la houille	0,20085	Id.
Charbon de l'anthracite du pays de Galles	0,20172	Id.
Charbon de l'anthracite de Philadelphie	0,20100	Id.
Graphite naturel	0,20187	Id.
Graphite des hauts fourneaux	0,49792	Id.
Graphite des cornues du gaz	0,20360	Id.
Diamant	0,14687	Id.
Chaux vive	0,2169	Laplace et Lavoisier.
Huile d'olive	0,3096	Id.
Acide sulfurique (densité 1,87)	0,3346	Id.
Acide nitrique (densité 1,30)	0,6614	Id.
Vinaigre	0,920	Dalton.
Acide hydrochlorique	0,600	Id.
Alcool (densité 0,81)	0,700	Id.
Alcool (densité 0,793)	0,622	Id.
Éther sulfurique (densité 0,76)	0,660	Id.
Éther sulfurique (densité 0,715)	0,520	Despretz.
Essence de térébenthine (densité 0,872)	0,472	Id.
Bois de pin	0,650	Mayer.
Bois de chêne	0,570	Id.
Bois de poirier	0,500	Id.
Flint-glass	0,190	Dalton.
Chlorure de sodium	0,230	Id.
Fer...... de 0° à 100°	0,1098	Petit et Dulong.
Fer...... de 0 à 200	0,1150	Id.
Fer...... de 0 à 300	0,1218	Id.
Fer...... de 0 à 350	0,1255	Id.
Mercure . de 0 à 100	0,0330	Id.
Mercure.. de 0 à 300	0,0350	Id.
Platine... de 0 à 100	0,0335	Id.
Platine... de 0 à 300	0,0355	Id.
Antimoine de 0 à 100	0,0507	Id.
Antimoine de 0 à 300	0,0547	Id.
Argent... de 0 à 100	0,0557	Id.
Argent... de 0 à 300	0,0611	Id.
Zinc..... de 0 à 100	0,0927	Id.
Zinc..... de 0 à 300	0,1015	Id.
Cuivre... de 0 à 100	0,0940	Id.
Cuivre... de 0 à 300	0,1013	Id.
Verre.... de 0 à 100	0,1770	Id.
Verre.... de 0 à 300	0,1900	Id.
Platine....... à 100	0,03350	Pouillet.
Platine....... à 300	0,03434	Id.
Platine....... à 500	0,03518	Id.
Platine....... à 700	0,03600	Id.
Platine....... à 1000	0,03718	Id.
Platine....... à 1200	0,03818	Id.

29. La chaleur spécifique d'un même corps augmente avec la température, surtout lorsqu'il s'approche de la température à laquelle il commence à se ramollir; elle varie aussi avec l'état d'agrégation des molécules et elle est d'autant plus petite que cette agrégation est plus grande.

30. M. Regnault a reconnu, à la suite des nombreuses expériences dont nous venons de donner les résultats, que :

1° Pour les métaux, les chaleurs spécifiques sont en raison inverse de leurs poids atomiques.

2° *Il en est de même pour les groupes de corps de même composition et de constitution chimique semblable.*

3° La chaleur spécifique d'un alliage est sensiblement égale à la moyenne de celles des métaux alliés.

31. Pour la chaleur spécifique de l'eau aux diverses températures, M. Regnault a donné le tableau suivant :

DEGRÉS du thermomètre à air.	CHALEUR spécifique de l'eau de $T°$ à $(T + dT°)$.	CHALEUR spécifique moyenne de l'eau entre 0° et T°.	DEGRÉS du thermomètre à air.	CHALEUR spécifique de l'eau de $T°$ à $(T + dT°)$.	CHALEUR spécifique moyenne de l'eau entre 0° et T°.
0	1,0000	«	120	1,0177	1,0067
10	1,0005	1,0002	130	1,0204	1,0076
20	1,0012	1,0005	140	1,0232	1,0087
30	1,0020	1,0009	150	1,0262	1,0097
40	1,0030	1,0013	160	1,0294	1,0109
50	1,0042	1,0017	170	1,0328	1,0121
60	1,0056	1,0023	180	1,0364	1,0133
70	1,0072	1,0030	190	1,0401	1,0146
80	1,0089	1,0035	200	1,0440	1,0160
90	1,0109	1,0042	210	1,0481	1,0174
100	1,0130	1,0050	220	1,0524	1,0189
110	1,0153	1,0058	230	1,0568	1,0204

CHALEURS SPÉCIFIQUES DES FLUIDES ÉLASTIQUES.

32. On peut la considérer sous deux points de vue différents : 1° quand la pression reste la même et que le gaz, en s'échauffant, peut se dilater; 2° lorsque le volume est constant, et que la force élastique augmente avec la température. La chaleur spécifique sous pression constante est la seule qui se rapporte à la définition donnée pour celle des corps solides ou liquides. C'est aussi la seule qui se soit prêtée jusqu'ici à une détermination expérimentale directe.

33. D'après les travaux de M. Regnault, la chaleur spécifique de l'air, sous pression constante, est :

Entre — 30° et + 10°........................... 0,2377
Entre + 10° et 100°........................... 0,2379
Entre + 100° et 225°........................... 0,2376

La température serait donc sans influence sensible; il paraît en être de même de la pression, depuis une jusqu'à dix atmosphères. Les expériences faites sur plusieurs autres gaz ont conduit M. Regnault à des conclusions analogues.

34.   TABLEAU DES CHALEURS SPÉCIFIQUES DES FLUIDES ÉLASTIQUES.

D'après M. Regnault.

DÉSIGNATION DES GAZ.	CHALEURS SPÉCIFIQUES	
	EN POIDS.	EN VOLUME.
GAZ SIMPLES.		
Oxygène..............................	0,2182	0,2412
Azote.	0,2440	0,2370
Hydrogène..............................	3,4046	0,2356
Chlore..............................	0,1214	0,2962
Brôme..............................	0,05518	0,2992
GAZ COMPOSÉS.		
Protoxyde d'azote..............................	0,2238	0,3413
Deutoxyde d'azote..............................	0,2315	0,2406
Oxyde de carbone..............................	0,2179	0,2399
Acide carbonique..............................	0,2164	0,3308
Sulfure de carbone..............................	0,1575	0,4146
Acide sulfureux..............................	0,1553	0,3489
— chlorhydrique..............................	0,1845	0,2302
— sulfhydrique..............................	0,2423	0,2886
Gaz ammoniac..............................	0,5080	0,2994
Hydrogène protocarboné..............................	0,5929	0,3277
— bicarboné..............................	0,3694	0,3572
Vapeur d'eau..............................	0,4750	0,2950
— d'alcool..............................	0,4513	0,7171
— d'éther..............................	0,4810	1,2296
— — chlorhydrique..............................	0,2737	0,6117
— — bromhydrique..............................	0,1816	0,6777
— — sulfhydrique..............................	0,4005	1,2568
— — cyanhydrique..............................	0,4255	0,8293
— de chloroforme..............................	0,1568	0,8310
Liqueur des Hollandais..............................	0,2293	0,7911
Éther acétique..............................	0,4008	1,2184
Vapeur d'acétone..............................	0,4125	0,8341
— de benzine..............................	0,3754	1,0114
Essence de térébenthine..............................	0,5061	2,3776
Vapeur de chlorure phosphoreux..............................	0,1316	0,6386
— — arsénieux..............................	0,1122	0,7013
— — de silicium..............................	0,1329	0,7788
— — d'étain..............................	0,0939	0,8639
— — de titane..............................	0,1263	0,8634

35. Le nombre 0,475, donné pour la chaleur spécifique de la vapeur d'eau, n'est guère que la moitié de celui qu'avaient trouvé Delaroche et Berard; il est remarquable que la chaleur spécifique de la vapeur d'eau soit à peu près égale à celle de la glace et seulement la moitié de celle de l'eau.

§ V. — CHANGEMENTS D'ÉTAT DES CORPS.

TEMPÉRATURE DE FUSION DES CORPS.

36. Lorsqu'un corps solide passe à l'état liquide sous l'influence d'un foyer de chaleur, il s'échauffe jusqu'à la température de la fusion ; mais arrivée à ce terme, la température reste constante jusqu'à la fusion totale.

Le tableau suivant donne les températures de la fusion de différents corps en degrés centigrades, d'après M. Pouillet.

TABLEAU DES TEMPÉRATURES DE FUSION.

Mercure	—39°	Plomb	320°
Essence de térébenthine	—10	Zinc	360
Glace	0,0	Antimoine	432
Suif	33,33	Bronze	900
Phosphore	43	Argent très-pur	1000
Stéarine	43 à 49	Or, au titre des monnaies.	1180
Acide acétique	45	Or très-pur	1250
Sperma-ceti	49	Fonte blanche très-fusible.	1050
Acide margarique	55 à 60	Fonte blanche peu fusible.	1100
Potassium	58	Fonte grise très-fusible...	1100
Cire non blanchie	61	Fonte grise deuxième fusion	1200
Cire blanche	68		
Sodium	90	Fonte manganésée	1250
Iode	107	Aciers les plus fusibles...	1300
Soufre	115	Aciers les moins fusibles..	1400
Étain	230	Fer doux français	1500
Bismuth	262	Fer martelé anglais	1600

CHALEUR LATENTE DE FUSION.

37. Lorsqu'un corps passe de l'état solide à l'état liquide, il absorbe une certaine quantité de chaleur sans que sa température augmente. Cette chaleur absorbée se dégage, lorsque le liquide se solidifie. Elle a reçu le nom de chaleur latente de fusion.

38.   TABLEAU DES CHALEURS LATENTES DE FUSION DE QUELQUES CORPS.

D'après M. Person.

	TEMPÉRAT. de FUSION	CHALEUR latente DE FUSION.		TEMPÉRAT. de FUSION	CHALEUR latente DE FUSION.
Eau	0°	79,25	Étain...............	235°0	14,25
Phosphore	44,2	5,03	Bismuth	270,5	12,64
Soufre............	115,0	9,37	Plomb	331,0	5,37
Azotate de soude....	310,5	62,98	Zinc..............	433,3	28,13
— de potasse...	339,0	47,37	Cadmium	328,0	13,58
Chlorure de calcium.	28,5	40,70	Argent.............	»	21,07
Phosphate de soude.	36,1	66,80			

TEMPÉRATURE DE L'ÉBULLITION.

39. Lorsqu'un liquide renfermé dans un vase ouvert est soumis à l'action d'un foyer de chaleur, le liquide s'échauffe; la surface émet une quantité croissante de vapeurs dont la force élastique augmente avec la température et finit par devenir égale à la pression atmosphérique ; alors les vapeurs se forment dans l'intérieur même de la masse liquide et s'élèvent en bulles qui viennent crever à la surface. Ce phénomène a été nommé *ébullition*. Lorsqu'un liquide est en ébullition, la température reste constante jusqu'à ce que toute la masse soit évaporée. Ce phénomène est analogue à celui que présente la fusion des corps solides.

40. Le tableau suivant donne les températures de l'ébullition de différents corps sous la pression de 0^m 76.

TABLEAU DES TEMPÉRATURES DE L'ÉBULLITION.

Éther sulfurique................................	37°3
Sulfure de carbone	47,0
Alcool...	79,7
Dissolution saturée de sulfate de soude.............	100,7
Dissolution d'acétate de plomb	102,0
Dissolution de chlorure de sodium.................	106,9
Dissolution de chlorhydrate d'ammoniaque..... ...	114,4
Dissolution de nitre.............................	115,6
Dissolution de tartre............................	116,7
Dissolution de nitrate d'ammoniaque..............	125,3
Dissolution de sous-carbonate de potasse...........	140,0
Essence de térébenthine..........................	157,0
Phosphore......................................	200,0
Soufre...	299,0
Acide sulfurique................................	310,0
Huile de lin....................................	316,0
Mercure	360,0

CHALEUR LATENTE DE VAPORISATION.

41. Les liquides, en se transformant en vapeur, absorbent une certaine quantité de chaleur qui reste latente dans la vapeur, et qui est restituée quand la vapeur se condense. C'est ce qu'on appelle chaleur latente de vaporisation. Le tableau suivant donne, d'après M. Despretz, la chaleur latente de quelques vapeurs, et la quantité totale de chaleur nécessaire pour porter la température de quelques liquides de 0° à l'ébullition, et les vaporiser.

	CHALEUR LATENTE DE VAPORISATION.	CHALEUR TOTALE.
Eau	531	631
Alcool.............................	207	255
Éther sulfurique.................	96,8	109,3
Essence de térébenthine...........	76,8	149,2

42. D'après M. Regnault, la chaleur latente de la vapeur d'eau varie avec la température de l'ébullition, et la quantité C de chaleur, nécessaire pour faire passer 1 kilogramme d'eau à la température T, et pour la vaporiser à cette température, est donnée par la formule

$$C = A + BT$$

A est un coefficient égal à 606,5 et B un autre coefficient égal à 0,305. Au moyen de cette formule, on a formé le tableau suivant.

CHALEUR TOTALE ET CHALEUR LATENTE DE LA VAPEUR D'EAU A DIVERSES TEMPÉRATURES.
D'après M. Regnault.

TEMPÉRATURE de la vapeur saturée.	CHALEUR TOTALE prise par 1 kil. de vapeur saturée, depuis 0°.	CHALEUR LATENTE.	TEMPÉRATURE de la vapeur saturée.	CHALEUR TOTALE prise par 1 kil. de vapeur saturée, depuis 0°.	CHALEUR LATENTE.
0	606,5	606,5	120	643,1	522,3
10	609,5	599,5	130	646,1	515,1
20	612,6	592,6	140	649,2	508,0
30	615,7	585,7	150	652,2	500,7
40	618,7	578,7	160	655,3	493,6
50	621,7	571,6	170	658,3	486,2
60	624,8	564,7	180	661,4	479,0
70	627,8	557,6	190	664,4	471,6
80	630,9	550,6	200	667,5	464,3
90	633,9	543,5	210	670,5	456,8
100	637,0	536,5	220	673,6	449,4
110	640,0	529,4	230	676,6	441,9

LIQUÉFACTION ET SOLIDIFICATION DES GAZ.

43. Le plus grand nombre de gaz, soumis à une température assez basse et sous une pression suffisante, finissent par se liquéfier, et quelques-uns même se solidifient. Il est très-probable qu'il en serait de même pour tous, si l'on pouvait abaisser assez la température, ou augmenter la pression.

44. M. Faraday a obtenu, à l'état solide, les gaz renfermés dans le tableau suivant, avec leur température de fusion.

TEMPÉRATURES DE FUSION DE QUELQUES GAZ.

D'après M. Faraday.

Cyanogène	— 35°	Acide sulfureux	— 76°
Acide iodhydrique	— 51	Acide sulfhydrique	— 86
Acide carbonique	— 58	Acide bromhydrique	— 88
Oxyde de chlore	— 60	Protoxyde d'azote	— 100
Ammoniaque	— 75		

45. Les tableaux suivants donnent la température en degrés centigrades, et la pression en atmosphères correspondant à la vaporisation de quelques gaz liquéfiés.

TABLEAU DES TEMPÉRATURES ET DES PRESSIONS

CORRESPONDANT A LA VAPORISATION DES GAZ QUI SE LIQUÉFIENT LE PLUS FACILEMENT.

TEMPÉRATURES.	ACIDE SULFUREUX.	CYANOGÈNE.	AMMONIAQUE.
— 18	$0^{at}7$	$1^{at}2$	$2^{at}5$
0	1,5	2,4	4,4
+ 4,4	1,8	2,8	5,0
32	4,3	6,2	11,0
38	5,1	7,3	»

46. Le tableau suivant indique les températures et les pressions qui correspondent à la vaporisation de quelques autres gaz liquéfiés.

TEMPÉRAT.	PRESSIONS EN ATMOSPHÈRES.					
	GAZ oléfiant.	ACIDE carbonique.	PROTOXYDE d'azote.	GAZ chlorhydrique.	GAZ sulfhydrique.	HYDROGÈNE arsénié.
	atm.	atm.	atm.	atm.	atm.	atm
— 87°2	»	»	1,0	»	»	»
— 78,9	»	1,2	1,4	»	»	»
— 73,3	9,3	1,8	1,8	1,8	1,0	»
— 59,4	»	4,6	3,6	»	»	0,9
— 51,1	13,9	7,1	5,4	5,1	1,9	1,4
— 40,0	17,0	11,1	8,7	7,7	2,9	2,3
— 28,9	21,2	16,3	13,3	10,9	4,2	3,5
— 17,8	27,2	22,8	19,3	15,0	6,1	5,2
— 6,7	36,8	30,7	26,8	21,1	8,4	7,4
— 1,1	42,5	37,2	31,1	25,3	9,9	8,7
+ 2,4	»	»	»	30,7	11,8	10,0

47. A la température de — 110° sous la pression de 27 atmosphères, l'hydrogène et l'oxygène n'ont pu être liquéfiés. — A la même température, l'acide de carbone, sous une pression de 40^{at}, l'azote et le bioxyde d'azote, sous une pression de 50^{at}, n'ont donné aucun signe de liquéfaction.

§ VI. — MÉLANGES RÉFRIGÉRANTS.

48. Certaines actions chimiques produisent des abaissements de températures. Le tableau suivant indique les mélanges employés pour obtenir un froid plus ou moins considérable.

MÉLANGES.	PARTIES.	ABAISSEMENT DE TEMPÉRATURE.	FROID PRODUIT.
Eau................... Nitre................... Chlorhydrate d'ammoniaque.	16 5 5	de + 10° à — 12°	22°
Eau................... Chlorhydrate d'ammoniaque. Nitre .... Sulfate de soude	16 5 5 8	de + 10° à — 16°	26
Eau................... Azotate d'ammoniaque......	1 1	de + 10° à — 16°	26
Eau................... Azotate d'ammoniaque...... Sous-carbonate de soude....	1 1 1	de + 10° à — 19°	29
Eau................... Chlorure de potassium...... Chlorhydrate d'ammoniaque. Azotate de potasse	4 57 32 20	de + 10° à — 5°	15
Neige ou glace pilée .... Sel marin	2 1	de + 10° à — 10°	20
Neige ou glace pilée........ Sel marin .... Sel ammoniac...............	5 2 1	de + 10° à — 14°	24
Neige ou glace pilée......... Sel marin .... Sel ammoniac............... Nitre...................	24 10 5 5	de + 10° à — 18°	28
Neige ou glace pilée........ Sel marin .... Azotate d'ammoniaque......	12 5 5	de + 10° à — 21°	31
Sulfate de soude .... Acide azotique étendu d'eau	3 2	de + 10° à — 19°	29
Sulfate de soude .... Sel ammoniac............... Nitre .... Acide azotique étendu	6 4 2 4	de + 10° à — 23°	33
Sulfate de soude .... Azotate d'ammoniaque...... Acide azotique étendu d'eau	6 5 4	de + 10° à — 26°	36
Phosphate de soude......... Acide azotique étendu	9 4	de + 10° à — 29°	39
Sulfate de soude........... Acide sulfurique à 36°......	20 16	de + 10° à — 8°15	18,15
Sulfate de soude........... Résidu d'éther à 33°........	22 17	de + 10° à — 8°	18
Sulfate de soude........... Acide chlorhydrique...	8 5	de + 10° à — 17°	27

§ VII. — TENSION DES VAPEURS.

49. Lorsqu'un espace vide renferme un liquide vaporisable, il se remplit instantanément de toute la vapeur qui peut se former à la tempéra-

ture du liquide. Si l'espace augmente, le liquide fournit de nouvelle vapeur, de manière que la force élastique et la densité de la vapeur restent constantes; si l'espace diminue, une certaine partie de la vapeur se condense, de manière à conserver à celle qui reste sa tension et sa densité primitives. Mais cette permanence n'a lieu qu'autant que, dans le premier cas, une source de chaleur fournit au liquide la chaleur employée à la formation des vapeurs; et que, dans le second, l'enveloppe peut absorber et disperser la chaleur qui résulte de la condensation partielle de la vapeur. En admettant les mêmes hypothèses, si l'on élevait ou si l'on abaissait la température du liquide, pendant toutes les variations de l'étendue de l'espace, la vapeur aurait toujours la tension et la densité maximum qui correspondent à la température du liquide.

50. On appelle vapeur saturée, la vapeur qui a le maximum de tension et le maximum de densité correspondant à sa température.

51. Si un espace saturé de vapeurs ne renfermait point de liquide, en supposant que l'enveloppe ne fournît point de chaleur et n'en absorbât point, par l'accroissement du volume de l'espace, la densité, la tension et la température de la vapeur diminueraient; et ces quantités augmenteraient par la diminution de l'espace; il paraît que dans ces deux circonstances la vapeur reste toujours saturée et qu'il n'y a pas de vapeur condensée.

52. En général, une vapeur non saturée se comporte comme un gaz permanent par les variations de température et de pression, pourvu que ces variations ne l'amènent pas à la saturation.

La mesure de la force élastique de la vapeur d'eau saturée à de hautes températures présentait de grandes difficultés et n'était pas sans danger. Jusqu'en 1830, époque de la publication des expériences de MM. Dulong et Arago, on ne connaissait à peu près exactement que les températures correspondant à des pressions inférieures à 8 atmosphères. Dans les expériences de MM. Dulong et Arago, la pression a été portée jusqu'à 24 atmosphères correspondant à une température de 224° 20. Plus récemment, M. Regnault a repris cette question, les pressions se sont élevées jusqu'à 27 $\frac{1}{2}$ atmosphères, correspondant à 230°, et les résultats obtenus, s'accordant autant que le permettent des expériences aussi délicates avec ceux de MM. Dulong et Arago, viennent confirmer le travail si remarquable de ces deux illustres physiciens.

53. Les tableaux suivants renferment la tension de la vapeur d'eau, à différentes températures.

TABLEAU DES FORCES ÉLASTIQUES DE LA VAPEUR D'EAU, DE — 32° A 100°.

D'après M. Regnault.

TEMPÉRAT.	FORCES ÉLASTIQUES en millimètres de mercure.	TEMPÉRAT.	FORCES ÉLASTIQUES en millimètres de mercure.	TEMPÉRAT.	FORCES ÉLASTIQUES en millimètres de mercure.
	mm		mm		mm
— 32°	0,310	+ 13°	11,162	+ 57°	129,251
31	0,336	14	11,908	58	135,505
30	0,365	15	12,699	59	142,015
29	0,397	16	13,536	60	148,791
28	0,431	17	14,421	61	155,839
27	0,468	18	15,357	62	163,170
26	0,509	19	16,346	63	170,791
25	0,553	20	17,391	64	178,714
24	0,602	21	18,495	65	186,945
23	0,654	22	19,659	66	195,496
22	0,711	23	20,888	67	204,376
21	0,774	24	22,184	68	213,596
20	0,841	25	23,550	69	223,165
19	0,916	26	24,988	70	233,093
18	0,998	27	26,505	71	243,393
17	1,084	28	28,101	72	254,073
16	1,179	29	29,782	73	265,147
15	1,284	30	31,548	74	276,624
14	1,398	31	33,406	75	288,517
13	1,521	32	35,359	76	300,838
12	1,656	33	37,411	77	313,600
11	1,803	34	39,565	78	326,811
10	1,963	35	41,827	79	340,488
9	2,137	36	44,201	80	354,643
8	2,327	37	46,691	81	369,287
7	2,533	38	49,302	82	384,435
6	2,758	39	52,039	83	400,101
5	3,004	40	54,906	84	416,298
4	3,271	41	57,910	85	433,041
3	3,644	42	61,055	86	450,344
2	3,879	43	64,346	87	468,221
1	4,224	44	67,790	88	486,687
0	4,600	45	71,391	89	505,759
+ 1	4,940	46	75,158	90	525,450
2	5,302	47	79,093	91	545,778
3	5,687	48	83,204	92	556,757
4	6,097	49	87,499	93	588,406
5	6,534	50	91,982	94	610,740
6	6,988	51	96,661	95	633,778
7	7,492	52	101,543	96	657,535
8	8,017	53	106,636	97	682,029
9	8,574	54	111,945	98	707,280
10	9,165	55	117,478	99	733,305
11	9,792	56	123,244	100	760,000
12	10,457				

84. Le tableau suivant renferme, pour les températures comprises entre 0 et 230°, les tensions correspondantes de la vapeur, le volume occupé par un kilogramme de vapeur et le poids du mètre cube. Les températures ont été mesurées au moyen du thermomètre à air.

TABLEAU DE LA FORCE ÉLASTIQUE,
DU VOLUME ET DE LA DENSITÉ DE LA VAPEUR D'EAU.

TEMPÉR. de la vapeur.	TENSION de la vapeur en prenant l'atmosphère pour unité.	HAUTEUR de la colonne de mercure faisant équilibre à la tension de la vapeur.	HAUTEUR de la colonne d'eau faisant équilibre à la tension de la vapeur.	VOLUME occupé par un kil. de vapeur, en mètres cubes.	POIDS du mètre cube de vapeur.
		m	m	mc	k
0°	$^1/_{166}$ ou 0,0060	0,0046	0,0625	205,22240	0,00487266
5	0,0085	0,0065	0,0884	147,75371	0,00676800
10	0,0133	0,0091	0,1237	107,48908	0,00930320
15	0,0167	0,0127	0,1727	78,35263	0,01276340
17,86	$^1/_{50}$ ou 0,0200	0,0152	0,2067	66,14496	0,01512517
20	0,0229	0,0174	0,2366	58,18440	0,01721000
25	0,0309	0,0235	0,3195	43,81498	0,02281840
29,37	$^1/_{25}$ ou 0,0400	0,0304	0,4134	34,36449	0,02909000
30	0,0414	0,0315	0,4283	33,23320	0,03008428
33,30	$^1/_{20}$ ou 0,0500	0,0380	0,5167	27,85253	0,03590307
35	0,0550	0,0418	0,5684	25,40909	0,03927636
37,38	$^1/_{16}$ ou 0,0625	0,0475	0,6459	22,57831	0,04430600
40	0,0722	0,0549	0,7465	19,70135	0,05075875
42,66	$^1/_{12}$ ou 0,0833	0,0633	0,8607	17,23227	0,05803375
45	0,0939	0,0714	0,9709	15,37885	0,06497714
46,25	$^1/_{10}$ ou 0,1000	0,0760	1,0334	14,51564	0,06892666
50	0,1209	0,0919	1,2496	12,13377	0,08236000
50,60	$^1/_8$ ou 0,1250	0,0950	1,2918	11,76950	0,08495800
53,35	$^1/_7$ ou 0,1428	0,10857	1,4755	10,39195	0,09622000
55	0,1546	0,11748	1,5975	9,64802	0,10365238
56,63	$^1/_6$ ou 0,1666	0,12666	1,7214	8,99644	0,11119230
60	0,1958	0,14879	2,0222	7,73688	0,12923823
60,40	$^1/_5$ ou 0,2000	0,15184	2,0657	7,58297	0,13185937
65	0,2460	0,18694	2,5120	6,24774	0,16005555
65,36	$^1/_4$ ou 0,2500	0,19000	2,5821	6,15667	0,16240770
70	0,3067	0,23309	3,1695	5,08438	0,19665454
75	0,3796	0,28851	3,9231	4,16858	0,23991111
80	0,4666	0,35464	4,8224	3,43994	0,29072857
81,72	$^1/_2$ ou 0,5000	0,38000	5,1642	3,22712	0,30983570
85	0,5697	0,43304	5,8885	2,85644	0,35001166
90	0,6914	0,52545	7,1457	2,28699	0,41892000
92,18	$^3/_4$ ou 0,7500	0,57000	7,7463	2,21512	0,45141000
95	0,8339	0,63378	8,6181	2,00605	0,49848777
100	1 ou 1,0000	0,7600	10,3304	1,696000	0,5913
105	1,1926	0,9064	12,3252	1,441136	0,6938857
106,33	1 $^1/_4$ ou 1,2500	0,9500	12,9105	1,380541	0,7243000
110	1,4150	1,0754	14,6233	1,230642	0,8125166
111,83	1 $^1/_2$ ou 1,5000	1,1400	15,4926	1,167228	0,8567000
115	1,6703	1,2694	17,2613	1,054766	0,9467400
116,50	1 $^3/_4$ ou 1,7500	1,3300	18,0747	1,012619	0,9875250
120	1,9622	1,4913	20,2787	0,910674	1,098075
120,64	2 ou 2,0000	1,5200	20,6568	0,895462	1,115717
124,39	2,250	1,7200	23,2389	0,798033	1,253057
125	2,2946	1,7439	23,7135	0,788682	1,267941
127,83	2,500	1,9000	25,8210	0,729463	1,370875
130	2,6714	2,0303	27,6080	0,685943	1,457334
130,98	2,750	2,0900	28,4031	0,668363	1,496207
133,91	3 ou 3,000	2,2800	30,9852	0,616697	1,620384
135	3,0969	2,3537	32,0056	0,599031	1,669346
136,72	3,250	2,4700	33,5673	0,573576	1,743400
139,29	3,500	2,6600	36,1490	0,534694	1,865826
140°	3,5758	2,7176	36,9539	0,525188	1,903826

TEMPÉR. de la vapeur.	TENSION de la vapeur en prenant l'atmosphère pour unité.		HAUTEUR de la colonne de mercure faisant équilibre à la tension de la vapeur.	HAUTEUR de la colonne d'eau faisant équilibre à la tension de la vapeur.	VOLUME occupé par un kil. de vapeur, en mètres cubes.	POIDS du mètre cube de vapeur.
		atm	m	m	mc	k
141,72		3,750	2,8500	38,7315	0,503167	1,987318
144	4 ou	4,000	3,0100	41,3130	0,474320	2,108285
145		4,1118	3,1250	42,4937	0,462251	2,163500
146,28		4,250	3,2300	43,8950	0,448860	2,227800
148,44		4,500	3,4200	46,4780	0,426093	2,346833
150		4,7118	3,5810	48,6944	0,408213	2,449666
152,35		4,750	3,6100	49,0600	0,405507	2,466055
152,26	5 ou	5,000	3,8000	51,6420	0,386960	2,584176
154,15		5,250	3,9900	54,2240	0,370170	2,701352
155		5,3789	4,0880	55,5886	0,361807	2,763687
155,94		5,500	4,1800	56,8060	0,351778	2,8122505
157,64		2,750	4,3700	59,3880	0,310669	2,934600
159,25	6 ou	6,000	4,5600	61,9700	0,327779	3,050785
160		6,1197	4,6510	63,2443	0,321724	3,108142
165		6,9394	5,2740	71,6730	0,287055	3,482167
165,40	7 ou	7,0000	5,3200	72,2990	0,281938	3,509307
170		7,8434	5,9610	81,0577	0,256784	3,893666
170,84	8 ou	8,0000	6,0800	82,627	0,252423	3,970636
175		8,8381	6,7170	91,3378	0,230490	4,318500
175,77	9 ou	9,0000	6,840	92,955	0,226771	4,407700
180		9,9289	7,546	102,6105	0,207403	4,820000
180,30	10 ou	10,000	7,600	103,284	0,206248	4,848444
184,60	11 ou	11,0000	8,360	113,612	0,189189	5,283250
185		11,1220	8,4530	114,9439	0,187265	5,340500
188,54	12 ou	12,0000	9,1200	123,941	0,174952	5,714250
190		12,4250	9,443	128,4059	0,169437	5,911428
195		13,816	10,520	143,0510	0,153660	6,504286
200		15,356	11,689	158,9170	0,138717	7,317166
205		17,039	12,956	176,1757	0,127494	7,342800
210		18,842	14,325	194,7913	0,116464	8,581600
215		20,264	15,801	214,8620	0,106716	9,369000
220		22,881	17,390	236,4692	0,097865	10,20628
225		25,118	19,097	259,6810	0,090041	11,09589
230		27,534	20,926	284,5517	0,083115	12,03722

§ VIII. — MÉLANGE DES GAZ ET DES VAPEURS.

55. Lorsqu'on met un liquide dans un vase fermé renfermant un gaz sec, on observe les faits suivants :

1° Les vapeurs ne se forment que lentement, et ce n'est qu'après un temps plus ou moins long que le gaz renferme toute la vapeur qui peut se produire à la température du liquide.

2° La force élastique du mélange saturé de vapeurs est égale à la force élastique du gaz augmentée de la tension maximum de la vapeur à cette température, et par conséquent la quantité de vapeur que renferme le gaz est égale à celle qui se produirait à la même température dans le même espace vide.

56. Ainsi les vapeurs se développent dans les gaz comme dans le vide; seulement les gaz opposent à l'évaporation un obstacle mécanique qui la retarde, et le mélange des gaz et des vapeurs s'effectue comme celui des gaz permanents.

57. POIDS DE LA VAPEUR RENFERMÉE DANS UN MÈTRE CUBE D'AIR SATURÉ

A DIFFÉRENTES TEMPÉRATURES, SOUS LA PRESSION DE 0^m76.

TEMPÉRATURE.	POIDS EN GRAMMES.	TEMPÉRATURE.	POIDS EN GRAMMES.
0°	5,2	50°	63,63
5	7,2	55	88,74
10	9,50	60	105,84
15	12,83	65	127,20
20	16,78	70	141,96
25	22,01	75	173,74
30	28,51	80	199,24
35	37,00	85	227,20
40	46,40	90	251,34
45	58,60	95	273,78
50	63,63	100	295

§ IX. — HYGROMÉTRIE.

58. On désigne sous le nom d'état hygrométrique de l'air, le rapport de la quantité de vapeur d'eau qui se trouve dans l'air, à la quantité maximum qui pourrait s'y trouver si l'air était saturé; ou le rapport de la tension de la vapeur d'eau dans l'air à la tension maximum correspondante à cette température.

59. L'hygromètre de Saussure donne des indications desquelles on peut facilement déduire l'état hygrométrique de l'air, d'après le tableau suivant :

TABLEAU DE LA FORCE ÉLASTIQUE DE LA VAPEUR,

CORRESPONDANTE AUX DEGRÉS DE L'HYGROMÈTRE, A LA TEMPÉRATURE DE 10° CENTÉSIMAUX, EXPRIMÉE EN CENTIÈMES DE LA TENSION A LA SATURATION.

TENSION de la vapeur.	DEGRÉS correspondants de l'hygromèt.	TENSION de la vapeur.	DEGRÉS correspondants de l'hygromèt.	DEGRÉS de l'hygrom.	TENSIONS correspondantes de la vapeur.	DEGRÉS de l'hygrom.	TENSIONS correspondantes de la vapeur.
0	0,00	51	72,94	0	0,00	51	28,58
1	2,19	52	73,68	1	0,45	52	29,38
2	4,37	53	74,41	2	0,90	53	30,17
3	6,56	54	75,14	3	1,35	54	30,97
4	8,75	55	75,87	4	1,80	55	31,76
5	10,94	56	76,54	5	2,25	56	32,66
6	12,93	57	77,21	6	2,71	57	3 ,57
7	14,92	58	77,88	7	3,18	58	34,47
8	16,92	59	78,55	8	3,64	59	35,37
9	18,91	60	79,22	9	4,10	00	36,28
10	20,91	61	79,84	10	4,57	61	37,31
11	22,81	62	80,46	11	5,05	62	38,34
12	24,71	63	81,08	12	5,52	63	39,36
13	26,61	64	81,70	13	6,00	64	40,39
14	28,51	65	82,32	14	6,48	65	41,42
15	30,41	66	82,90	15	6,96	66	42,58
16	32,08	67	83,48	16	7,46	67	43,73
17	33,76	68	84,06	17	7,95	68	44,89
18	35,43	69	84,64	18	8,45	69	46,04
19	37,11	70	85,22	19	8,95	70	47,19
20	38,78	71	85,77	20	9,45	71	48,51
21	40,27	72	86,31	21	9,97	72	49,82
22	41,76	73	86,86	22	10,49	73	51,14
23	43,26	74	87,41	23	11,01	74	52,45
24	44,75	75	87,95	24	11,53	75	53,76
25	46,24	76	88,47	25	12,05	76	55,25
26	47,55	77	88,99	26	12,59	77	56,74
27	48,86	78	89,51	27	13,14	78	58,24
28	50,18	79	90,03	28	13,69	79	59,73
29	51,49	80	90,55	29	14,23	80	61,22
30	52,81	81	91,05	30	14,78	81	62,89
31	53,96	82	91,55	31	15,36	82	64,57
32	55,11	83	92,05	32	15,94	83	66,24
33	56,27	84	92,54	33	16,52	84	67,92
34	57,42	85	93,04	34	17,10	85	69,59
35	58,58	86	93,52	35	17,68	86	71,49
36	59,61	87	94,00	36	18,30	87	73,39
37	60,64	88	94,48	37	18,92	88	75,29
38	61,66	89	94,95	38	19,54	89	77,19
39	62,69	90	95,43	39	20,16	90	79,09
40	63,72	91	95,90	40	20,78	91	81,09
41	64,63	92	96,36	41	21,45	92	83,08
42	65,53	93	96,82	42	22,12	93	85,08
43	66,43	94	97,29	43	22,79	94	87,07
44	67,34	95	97,75	44	23,46	95	89,06
45	68,24	96	98,20	45	24,13	96	91,25
46	69,03	97	98,69	46	24,86	97	93,44
47	69,83	98	99,10	47	25,59	98	95,63
48	70,62	99	99,55	48	26,32	99	97,81
49	71,42	100	100,00	49	27,06	100	100,00
50	72,21			50	27,79		

60. Cette table fournit un moyen très-simple de déterminer le poids de la vapeur renfermé dans un volume d'air donné, lorsqu'on connaît la température et le degré de l'hygromètre. En effet, la température de l'air étant connue, le tableau (53) donnera la tension maximum de la vapeur à cette température ; d'où on déduira sa densité, et en multipliant cette densité par la tension de la vapeur correspondant au degré de l'hygromètre, on aura la densité de la vapeur dans l'air. Pour avoir le poids de la vapeur renfermée dans un volume quelconque, il faudra multiplier la densité obtenue par le poids d'un volume d'eau égal au volume donné.

61. Proposons-nous, par exemple, de déterminer le poids de la vapeur d'eau contenue dans 1 mètre cube d'air, à la température de 10°, et à 60° de l'hygromètre. La densité maximum de la vapeur à 10° est 0,00000974 ; à 60° de l'hygromètre, sa tension est égale à 0,36 de la tension maximum. Ainsi, la densité de la vapeur dans l'air est $0,00000974 \times 0,36 = 0,0000035$; or, un mètre cube d'eau pèse 1000^{kil} ou 1000000 de grammes. Le poids de la vapeur renfermée dans un mètre cube sera donc $0,0000035 \times 1000000^{\text{gr}} = 3^{\text{gr}}5$.

62. Rarement, dans les couches inférieures de l'atmosphère, l'hygromètre marque 100°, même quand il pleut. L'indication moyenne dans toutes les saisons de l'année est 72. Ainsi, la quantité de vapeur contenue dans l'air est en moyenne la moitié de celle qui correspond à la saturation. La limite de sécheresse, à la surface de la terre, est de 40°.

FIN DE LA NOTE.

TABLE DES MATIÈRES

RENFERMÉES DANS LE PREMIER VOLUME.

LIVRE PREMIER.

DE LA COMBUSTION ET DES COMBUSTIBLES.

LIVRE II.

ÉCOULEMENT DES GAZ COMPRIMÉS.

LIVRE V.

DES FOYERS.

LIVRE VI.

ÉMISSION ET TRANSMISSION DE LA CHALEUR.

NOTE.

TABLES ET RENSEIGNEMENTS RELATIFS AUX PROPRIÉTÉS PHYSIQUES DES CORPS.

FIN DU PREMIER VOLUME.

Corbeil, typographie et stéréotypie de Crété.